"十四五" 职业教育国家规划教材

"十二五" 职业教育国家规划教材

全国电力高职高专 "十二五" 系列教材

电力技术类（动力工程）专业系列教材

中国电力教育协会审定

电厂水处理设备运行与维护

全国电力职业教育教材编审委员会　组　编

黄成群　李艳萍　主　编

王　颂　张中华　马　克　梅其政　副主编

洪锦从　宋丽莎　主　审

中国电力出版社

CHINA ELECTRIC POWER PRESS

内 容 提 要

本书系统地介绍火电厂水处理设备工艺原理、设备结构、设备运行与维护。内容包括：认识锅炉补给水处理，运行与维护澄清池、滤池、超滤装置、反渗透装置、逆流再生离子交换器、混合离子交换器和电除盐装置；认识热力系统水处理，运行与维护凝结水精处理设备、给水全挥发和加氧处理设备、炉水处理设备；认识电厂其他水处理，包括循环冷却水处理、发电机内冷水处理、废水处理、锅炉化学清洗、热力设备停用保护，水汽集中取样分析装置。

本书可作为高职高专电力技术类（动力工程）专业电厂水处理课程的教材，也可作为企业岗位培训、职业资格鉴定的培训教材，还可作为电力、化工、石油、冶金和纺织等单位从事电厂水处理工作人员的参考书。

图书在版编目（CIP）数据

电厂水处理设备运行与维护/全国电力职业教育教材编审委员会组编；黄成群，李艳萍主编. —北京：中国电力出版社，2012.12（2025.1重印）

全国电力高职高专"十二五"规划教材. 电力技术类（动力工程）专业系列教材

ISBN 978 - 7 - 5123 - 3924 - 8

Ⅰ.①电… Ⅱ.①全…②黄…③李… Ⅲ.①电厂—水处理设施—高等职业教育—教材 Ⅳ.①TM621.7

中国版本图书馆CIP数据核字（2012）第309071号

中国电力出版社出版、发行

（北京市东城区北京站西街19号 100005 http://www.cepp.sgcc.com.cn）

廊坊市文峰档案印务有限公司印刷

各地新华书店经售

*

2012年12月第一版 2025年1月北京第六次印刷

787毫米×1092毫米 16开本 23.75印张 575千字

定价 68.00元

参 与 院 校

序

为深入贯彻《国家中长期教育改革和发展规划纲要》（2010—2020）精神，落实鼓励企业参与职业教育的要求，总结、推广电力类高职高专院校人才培养模式的创新成果，进一步深化"工学结合"的专业建设，推进"行动导向"教学模式改革，不断提高人才培养质量，满足电力发展对高素质技能型人才的需求，促进电力发展方式的转变，在中国电力企业联合会和国家电网公司的倡导下，由中国电力教育协会和中国电力出版社组织全国 14 所电力高职高专院校，通过统筹规划、分类指导、专题研讨、合作开发的方式，经过两年时间的艰苦工作，编写完成本套系列教材。

全国电力高职高专"十二五"系列教材分为电力工程、动力工程、实习实训、公共基础课、工科基础课、学生素质教育六大系列。其中，动力工程专业系列汇集了电力行业高等职业院校专家的力量进行编写，各分册主编为该课程的教学带头人，有丰富的教学经验。教材以行动导向形式编写而成，既体现了高等职业教育的教学规律，又融入电力行业特色，适合高职高专动力工程专业的教学，是难得的行动导向式精品教材。

本套教材的设计思路及特点主要体现在以下几方面。

（1）按照"项目导向、任务驱动、理实一体、突出特色"的原则，以岗位分析为基础，以课程标准为依据，充分体现高等职业教育教学规律，在内容设计上突出能力培养为核心的教学理念，引入国家标准、行业标准和职业规范，科学合理设计任务或项目。

（2）在内容编排上充分考虑学生认知规律，充分体现"理实一体"的特征，有利于调动学生学习积极性。是实现"教、学、做"一体化教学的适应性教材。

（3）在编写方式上主要采用任务驱动、项目导向等方式，包括学习情境描述、教学目标、学习任务描述、任务准备、相关知识等环节，目标任务明确，有利于提高学生学习的专业针对性和实用性。

（4）在编写人员组成上，融合了各电力高职高专院校骨干教师和企业技术人员，充分体现院校合作优势互补，校企合作共同育人的特征，为打造中国电力职业教育精品教材奠定了基础。

本套教材的出版是贯彻落实国家人才队伍建设总体战略，实现高端技能型人才培养的重要举措，是加快高职高专教育教学改革、全面提高高等职业教育教学质量的具体实践，必将对课程教学模式的改革与创新起到积极的推动作用。

本套教材的编写是一项创新性的、探索性的工作，由于编者的时间和经验有限，书中难免有疏漏和不当之处，恳切希望专家、学者和广大读者不吝赐教。

全国电力职业教育教材编审委员会

前 言

本书由校企合作，共同开发。本书突破传统教材在内容上的编写方式，采用行动导向的编写方式。基于实际工作过程设计学习情境，每一学习情境内容按照教学目标、任务描述、任务准备、相关知识、任务实施、知识拓展几个部分递进完成。读者带着任务学习，重点突出任务实施部分，即设备运行、运行参数控制、常见故障及处理。知识拓展部分是在完成基本任务的基础上提升专业水平，介绍新技术、新工艺、新设备等。本教材强调实际操作能力的培养，体现工学结合原则，并将最新的研究成果、先进的教学手段和教学方式、教学改革成果等纳入教材中，做到有针对性、实用性和科学性。

本书共十个学习情境，学习情境一～六主要由重庆电力高等专科学校黄成群编写；学习情境七～十主要由山东电力高等专科学校李艳萍编写；学习情境五中任务三、学习情境十中任务一由保定电力职业技术学院王颂编写；保定电力职业技术学院马克、山西电力职业技术学院张中华、重庆电力高等专科学校梅其政、山东电力研究院杨文祥等也参加了某些章节的编写。全书由黄成群统稿。

本书由中广核台山核电合营有限公司洪锦从正研级高级工程师和山东电力研究院宋丽莎高级工程师审稿，主审老师对本书进行了认真的审阅，提出了许多宝贵的意见和建议，在此表示衷心的感谢。

本书还特别邀请了中国电厂化学网 CEO 李敬业、大亚湾核电运营有限公司王岱宗、深圳能源妈湾电厂程虹、深圳能源集团冯逸仙、深圳市广前电力有限公司陈泽强五位高级工程师参与审定工作，他们对本书的内容设计和各学习情境内容提出了许多宝贵的意见和建议，在此向他们表示深切的谢意。

编 者

2012 年 11 月

目　　录

学习情境一　认识锅炉补给水处理

【教学目标】

1. 知识目标
(1) 理解天然水的杂质及特征。
(2) 理解水质指标。
(3) 知道电厂用水的水源。
(4) 知道锅炉补给水处理系统。

2. 能力目标
(1) 会识绘锅炉补给水处理系统流程简图。
(2) 会水质全分析相关计算。
(3) 能正确分析各水处理设备的功能、主要监测项目。

【任务描述】

锅炉补给水处理是为满足火电厂锅炉用水的要求，通过物理的、化学的手段，将天然水中的悬浮物、胶体和溶解物质等杂质去除的过程。补给水处理是电厂水处理的重要组成部分。班长组织各学习小组在仿真机或实训室环境下，认真分析水源水质特点，编制工作计划后，认识锅炉补给水处理系统及各水处理设备的功能。

【任务准备】

课前预习相关知识部分。根据锅炉补给水水质的要求，分析电厂水源水质特点，经讨论后编制认识锅炉补给水处理的工作计划，并独立回答下列问题。

(1) 电厂用水水源有哪几种？
(2) 按照水质天然水可分为哪几类？
(3) 天然水中主要含有哪些杂质？
(4) 水中的胶体物质有哪些？
(5) 水中的溶解物质有哪些？
(6) 天然水中的二氧化碳从何而来？
(7) 二氧化碳在天然水中有哪些存在形式？
(8) 溶解固体、含盐量和电导率表示的意义有何异同？
(9) 表征硬度大小的单位有哪几种？硬度分为几类？
(10) 碱度和酸度的含义是什么？
(11) 水中的碱度有哪几种？各种碱度的相互关系如何？
(12) 水中的有机物有哪些形态？如何表示其含量？
(13) 化学耗氧量的意义是什么？COD_{Mn} 和 COD_{Cr} 有什么差别？
(14) 全硅、胶体硅和活性硅的含义及相互关系如何？
(15) 天然水中硅化合物有哪些形态？

（16）如何对水质全分析的结果进行校核？

【相关知识】

一、电厂用水的水源

（一）水在火电厂中的作用

在电厂中，水的用途是多方面的，主要用于发电过程中的能量传递、工质冷却、设备冷却、废渣输送、煤堆喷淋和生活、消防和绿化等场合。在火电厂的生产过程中，水担负着传递能量和冷却的作用。水是整个热力系统的工作介质，也是某些热力设备的冷却介质，可称得上电厂中流动的"血液"。

（二）电厂用水的水源及水质特点

水源是电厂维持生产的基本保障条件。在选择水源上应兼顾政策性、经济性和环保要求。目前电厂用水的水源主要有地表水和地下水两种。另外，中水也正逐渐成为电厂用水的另一种水源。

1. 地表水

地表水是指流动或静止在陆地表面的水，主要是指江河水、湖泊水、海水和水库水。

（1）江河水。江河水流域面积广阔，又是敞开流动的水体，所以水质易受自然条件影响，而且随季节变化的幅度大，是水源中最为活跃的部分。江河水的化学组分具有多样性与易变性。

通常江河水中悬浮物和胶体杂质含量较多，浊度高于地下水，且随地区和季节的不同，差异很大。我国幅员辽阔，大小河川纵横交错，自然地理条件相差悬殊，因而各地区江河水的浊度也相差很大。黄土高原、黄河水系，由于水土流失严重，悬浮物和含砂量较高，随季节变化的范围也很大：冬季枯水季节悬浮物含量有时仅几十毫克/升至几百毫克/升；而夏季多雨季节，可增加到几克/升至数百克/升。东北、华东和中南地区大部分河流的浊度均比较低，只是雨季时河水较浑，平均悬浮物含量 $50 \sim 400 mg/L$。

江河水的含盐量及硬度较低，其含盐量一般为 $50 \sim 500 mg/L$，硬度一般为 $1.0 \sim 8.0 mmol/L$，是电厂用水最合适的水源。江河水最大的缺点是易受工业废水、生活污水及其他各种人为的污染。

（2）湖泊及水库水。湖泊及水库水主要由江河水和降水补给，水质与江河水类似。湖泊及水库水的流动性小，进出水交替缓慢，停留时间较长。其水质的一般特征是：经过长期自然沉淀，浊度较低；化学耗氧量和生化需氧量较高，溶解氧较低。

湖泊水易受生活污水和工业废水的污染，有机物、总氮、总磷的含量普遍较高，甚至出现水质富营养化，藻类大量繁殖，使水产生色、嗅、味，化学耗氧量升高，溶解氧下降。此外，由于水的不断蒸发，湖泊水含盐量会升高。湖泊水按含盐量分为淡水湖水、微咸水湖水和咸水湖水，前两种可作为电厂用水的水源。

由降水作为主要补给的水库水，一般得到较好的水源保护，各种污染物含量和浊度、含盐量都较低，是电厂用水的优质水源。

（3）海水。海水的盐类含量是常见地表水及地下水的 100 倍上下，其一特点是以氯化钠为主，镁的含量比钙的含量高；另一特点是全世界海洋水的成分大致相近。海水的主要组成为氯离子 18950mg/L、钠离子 10560mg/L、镁离子 1272mg/L、硫酸根离子 2652mg/L、钙离子 400mg/L、钾离子 380mg/L、溴离子 62mg/L、硼 46mg/L。未经过淡化处理的海水主要用来冷却热交换器设备。在电力行业标准 DL/T 783—2001《火力发电厂节水导则》4.1.1.2 条中指出，滨海电厂的主机凝汽器冷却水应使用海水，辅机应采用海水开式与淡水闭式相结合的冷却系统。

　　2. 地下水

　　存在地球表面以下的土壤和岩层中的水称为地下水。

　　地下水是由雨水和地表水经过地层的渗流而形成的。水在地层渗透过程中，通过土壤和砂砾的过滤作用，悬浮物和胶体已基本或大部分去除，所以地下水浊度普遍较低。

　　由于地下水长期与石灰石等矿物质接触，溶解了各种可溶性物质，因而水中的含盐量、胶体硅、铁、CO_2 等通常高于地表水。含盐量的多少及盐类的成分，取决于地下水流经地层的矿物质成分、地下水埋深和与岩石接触时间等。我国水文地质条件比较复杂，各地区地下水含量相差很大。一般情况下，多雨地区如东南沿海地区及西南地区，由于地下水受大量雨水补给，故含盐量相对低些；干旱地区如西北、内蒙古等地，地下水含盐量较高。

　　如果在土壤中含有较多有机物时，氧气将消耗于生物氧化，产生 CO_2、H_2S 等气体，此气体溶于水中，使水具有还原性。还原性的水与高价铁锰矿石反应，使它们以低价离子形态进入水中，因此地下水游离 CO_2 含量高，并普遍含有 Fe^{2+} 和 Mn^{2+}。

　　地下水受外界影响小，水质比较稳定，可以用作电厂用水的水源。

　　3. 中水

　　中水一词起源于日本，对应给水、排水的内涵而得名，是指洁净程度介于给水与排水之间的水。中水在工业利用方面称为"回用水"，主要是指城市污水或生活污水经处理达到一定的水质标准后，可在一定范围内重复使用的非饮用水。中水作电厂循环冷却水补充水在国外早已有应用，近几年来在国内也逐渐成为研究的热点。

　　中水可以作为电厂冷却水的补充水。中水水质不稳定，胶体颗粒细小，含盐量高，暂硬较高，含有大量氨氮、磷酸盐及微生物等污染物质。应根据具体水质情况和冷却水系统的水质要求选择有效的城市污水处理措施，以便中水回用。

　　二、天然水中的杂质及特征

　　天然水体是海洋、河流、湖泊、沼泽、水库、冰川、地下水等地表和地下储水体的总称，包括水和水中各种物质、水生生物及底质。天然水体在自然循环运动中，无时不与大气、土壤、岩石、各种矿物质、动植物等接触。由于水是一种很强的溶剂，极易与各种物质混杂，所以天然水体中不同程度地含有各种杂质。

　　天然水中杂质有的呈固态，有的呈液态或气态，它们大多以分子、离子或胶体颗粒状态存在于水中。表 1-1 为天然水中常见的杂质。

　　天然水中杂质种类很多，按其性质可分为无机物、有机物和微生物；按分散体系，即水中杂质颗粒的大小，分为悬浮物、胶体和溶解物质。水处理实践表明，只要杂质尺寸处在同一范围内，无论何种杂质，其除去方法都基本相同。因此，水处理应用中是按后者进行分类的。下面介绍这些杂质的情况。

表 1 - 1　　　　　　　　　　　　　　天然水中常见的杂质

主要离子		溶解气体		生物生成物	胶体		悬浮物质
阴离子	阳离子	主要气体	微量气体		无机	有机	
Cl^-	Na^+	O_2	N_2	NH_3、NO_3^-	$SiO_2 \cdot nH_2O$	腐殖质	硅铝铁酸
SO_4^{2-}	K^+	CO_2	H_2S	NO_2^-	$Fe(OH)_3 \cdot nH_2O$		
HCO_3^-	Ca^{2+}		CH_4	PO_4^{3-}	$Al_2O_3 \cdot nH_2O$		砂粒
CO_3^{2-}	Mg^{2+}			HPO_4^{2-}			黏土
				$H_2PO_4^-$			微生物

（一）悬浮物

悬浮物是指颗粒直径较大，一般在 100nm 以上的微粒。它们在水中是不稳定的，在重力或浮力的作用下易于分离出来。比水密度大的悬浮物，当水静置时或流速较慢时会下沉，在天然水中常见的此类物质是砂子和黏土类无机物；比水密度小的悬浮物，当水静置时会上浮，这类物质中常见的是动植物生存过程中产生的物质或死亡后腐败的产物，它们是一些有机物。此外，还有些密度与水相近的，它们会悬浮在水中。近年来，随着工业污染的加剧，一些排入水体的工业污染物也逐渐成为悬浮物的主要部分。

由于悬浮物颗粒对进入水中的光线有折射、反射作用，因此，悬浮物是水发生混浊的主要原因。

（二）胶体

胶体是指颗粒直径为 1~100nm 之间的微粒。胶体颗粒在水中有布朗运动，它们不能靠静置的方法自水中分离出来。而且，因胶体表面带电，同类胶体之间有同性电荷的斥力，不易相互黏合成较大的颗粒，所以胶体在水中是比较稳定的。

在天然水中，胶体物质既有机物，也有无机物，一般以有机胶体为主。有些溶于水的高分子化合物，由于分子较大，具有与胶体相似的性质，也被看做有机胶体。有机胶体物质多来自土壤的有机质，来自动植物的生物分解作用，如腐殖质、氨基酸、蛋白质等，它们是水体产生色、嗅、味的主要原因。无机胶体大都是由许多不溶于水的分子组成的集合体，有硅酸盐和铁、铝、锰等物质。硅酸盐是地壳的主要构成成分，岩石和由岩石风化形成的土壤中都以硅酸盐为主。最常见的如石英、长石、花岗岩、高岭土等，它们常以二氧化硅表示。铁、铝氧化物的水合物（氢氧化物）多为胶体状态，它们的溶度积很小，溶解度低，在水中的含量低于 1mg/L。

水中胶体物质的存在，使水在光照下显得浑浊。

（三）溶解物质

溶解物质是指颗粒直径小于 1nm 的微粒。它们大都以离子或溶解气体状态存在于水中。

1. 离子态杂质

离子态杂质包括阳离子和阴离子，水中常见的阳离子有 Ca^{2+}、Mg^{2+}、Na^+、K^+、Fe^{3+} 和 Mn^{2+} 等，阴离子有 HCO_3^-、Cl^-、SO_4^{2-}、NO_3^- 等。水中离子态杂质来源于水在与岩石、土壤等物质接触的过程中溶解的某些矿物质。不同的矿物质与水接触，就可溶出相应的杂质离子，成为水中各种离子的主要来源。

下面着重介绍天然水中主要离子的来源。

石灰石（$CaCO_3$）和石膏（$CaSO_4 \cdot 2H_2O$）的溶解是 Ca^{2+}、HCO_3^-、SO_4^{2-} 的主要来源，白云石（$MgCO_3 \cdot CaCO_3$）和菱镁矿（$MgCO_3$）是 Mg^{2+} 的主要来源。$CaCO_3$、$MgCO_3$ 在水中的溶解度虽然很小，但当水中含有游离态 CO_2 时，$CaCO_3$、$MgCO_3$ 被转化为较易溶的 $Ca(HCO_3)_2$、$Mg(HCO_3)_2$ 而溶于水中，其反应为

由于上述反应，所以天然水中存在 Ca^{2+}、Mg^{2+}、HCO_3^-、SO_4^{2-}。在含盐量不大的水中，Mg^{2+} 的含量一般为 Ca^{2+} 的 $25\% \sim 50\%$，水中 Ca^{2+}、Mg^{2+} 是形成水垢的主要成分。

钠盐矿、钾盐矿是 Na^+、K^+ 的主要来源。含钠的矿石在风化过程中易于分解，释放出 Na^+，所以地表水和地下水中普遍含有 Na^+。因为钠盐的溶解度很高，在自然界中一般不存在 Na^+ 的沉淀反应，所以在高含盐量水中，Na^+ 是主要阳离子。天然水中 K^+ 的含量远低于 Na^+，这是因为含钾的矿物比含钠的矿物抗风化能力大，所以 K^+ 比 Na^+ 较难转移至天然水中。由于在一般水中 K^+ 的含量不高，而且化学性质与 Na^+ 相似，因此在水质分析中，常以（$K^+ + Na^+$）之和表示它们的含量，并取加权平均值 $25g/mol$ 作为两者的摩尔质量。

天然水中都含有 Cl^-，这是因为水流经地层时，溶解了其中的氯化物，所以 Cl^- 几乎存在于所有的天然水中。氯化物主要存在于古海洋沉积物和干旱地区内陆湖的沉积物中，还存在于曾经遭受海水侵蚀过的岩石孔隙中以及海洋泥质岩中。在所有这些岩石和沉积物中，几乎都是 Na^+ 和 Cl^- 伴随在一起。

硝酸根的存在常表明水体曾有生物污染，如果有亚硝酸根则表明仍存在生物污染，此时甚至还可检出氨（铵、胺）。

由上可知，天然水中最常见的阳离子是 Ca^{2+}、Mg^{2+}、K^+、Na^+，阴离子是 HCO_3^-、SO_4^{2-}、Cl^-、NO_3^-、$HSiO_3^-$，某些地区的地下水中还含有较多的 Fe^{2+} 和 Mn^{2+}。

2. 溶解气体

天然水中常见的溶解气体有 O_2 和 CO_2，有时还有 H_2S、SO_2 和 NH_3 等。

天然水中 O_2 的主要来源是大气中 O_2 的溶解，因为空气中含有 20.95% 的氧，水与大气接触使水体具有自充氧的能力。另外，水中藻类的光合作用也产生一部分的氧，但这种光合作用并不是水体中氧的主要来源，因为在白天靠这种光合作用产生的氧，又在夜间的新陈代谢过程中消耗了。

由于水中微生物的呼吸、有机质的降解以及矿物质的化学反应都消耗氧，如水中氧不能从大气中得到及时补充，水中氧的含量可以降得很低。所以，一般情况下，地下水的氧含量总是比地表水低，地表水氧的含量一般在 $0 \sim 14mg/L$ 之间。

天然水中 CO_2 的主要来源为水中或泥土中有机物的分解和氧化，地下水中的 CO_2 还因地层深处进行的地质过程而生成，如碳酸氢钙的分解。地表水的 CO_2 含量常不超过 $20 \sim 30mg/L$，地下水的 CO_2 含量较高，有时达到几百毫克/升。

天然水中 CO_2 并非来自大气，而恰好相反，它会向大气中析出，因为大气中 CO_2 的体积百分数只有 $0.03\% \sim 0.04\%$，与之相对应的溶解度仅为 $0.5 \sim 1.0mg/L$。

水中 O_2 和 CO_2 的存在是使金属发生腐蚀的主要原因。

（四）主要无机化合物

1. 碳酸化合物

在天然水中，特别是在低含盐量的水中，碳酸化合物是主要成分，是造成结垢和腐蚀的主要因素，是锅炉水处理的重要去除对象。

在水中碳酸化合物有四种不同的存在形态：溶于水的气体二氧化碳、分子态碳酸、HCO_3^- 和 CO_3^{2-}，这四种化合物统称为碳酸化合物，气体二氧化碳和分子态碳酸称为游离二氧化碳。在水溶液中，这四种碳酸化合物有以下平衡关系：

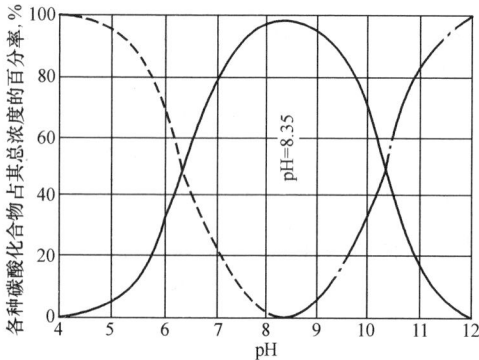

$$CO_2 + H_2O \rightleftharpoons H_2CO_3 \rightleftharpoons H^+ + HCO_3^- \rightleftharpoons 2H^+ + CO_3^{2-}$$

图 1-1 各种碳酸化合物的相
对量与 pH 值的关系（25℃）
----- CO_2 ── HCO_3^- ──·── CO_3^{2-}

由上述平衡关系可计算出不同的 pH 值时，各种碳酸化合物的百分率。图 1-1 所示为 25℃时，上述关系的曲线。由图 1-1 可以看出，当 pH＜4.2 时，水中只有 CO_2 一种形态；当 pH＞12.1 时，水中只有 CO_3^{2-} 一种形态；当 pH 值为 4.2～8.3 时，水中 CO_2 和 HCO_3^- 并存，其中在 pH＝6.35 处，CO_2 和 HCO_3^- 各占 50％；当 pH 值为 8.3～12.1 时，水中 HCO_3^- 和 CO_3^{2-} 并存，其中在 pH＝10.33 处，HCO_3^- 和 CO_3^{2-} 各占 50％。

固体 $CaCO_3$ 在水中的溶解和析出是水中常见的反应。例如，含有游离 CO_2 的水溶解地层 $CaCO_3$ 是天然水中含有 $Ca(HCO_3)_2$ 的来源。又如，用生水供给锅炉会因析出 $CaCO_3$ 而形成水垢。$CaCO_3$ 的这些反应与它的化学特性有关。HCO_3^- 和 CO_3^{2-} 之间的转换关系：$2HCO_3^- \rightleftharpoons CO_2 + CO_3^{2-}$，取决于水中游离 CO_2 量。当水中游离 CO_2 增多时，反应向生成 HCO_3^- 的方向转移，CO_3^{2-} 减少，会促使固体 $CaCO_3$ 溶解；当 CO_2 减少时，反应向生成 CO_3^{2-} 的方向转移，会促使 $CaCO_3$ 沉淀生成。

2. 硅酸化合物

硅酸化合物是天然水中的一种主要杂质，它是因水流经地层时，与含有硅酸盐和铝硅酸盐岩石相作用而带入的。一般地下水的硅酸化合物含量比地表水多，天然水中硅酸化合物含量一般在 1～20mg/L SiO_2 的范围内，地下水有时高达 60mg/L。

硅酸化合物比较复杂，在水中存在的形态包括离子态、分子态和胶体。硅酸化合物的形态与其本身含量、pH 值、其他离子（如 Ca^{2+}、Mg^{2+}）含量等有关。

硅酸的通式为 $x SiO_2 \cdot y H_2O$，当 $x=1$，$y=2$ 时，称为正硅酸 H_4SiO_4；当 $x=1$，$y=1$ 时，称为偏硅酸（或硅酸）H_2SiO_3；当 $x>1$ 时，硅酸呈聚合态，称为多硅酸。当水中 SiO_2 的浓度增大时，它会聚合成二聚体、三聚体、四聚体等，这些聚合体在水中很难溶解。随聚合体的增大，SiO_2 会由溶解态转变成胶态，甚至成凝胶态自水中析出。

不同的 pH 值条件下，由 $H_2SiO_3 \rightleftharpoons H^+ + HSiO_3^- \rightleftharpoons 2H^+ + SiO_3^{2-}$ 平衡关系，可计算出各种硅酸化合物的相对量，其结果见表 1-2。

表 1 - 2						不同的 pH 值时各种硅酸化合物的相对量	
pH 值 硅酸形式	5	6	7	8	9	10	11
H_2SiO_3（%）	100.0	100.0	99.7	96.9	75.8	23.5	2.6
$HSiO_3^-$（%）			0.3	3.1	24.2	75.3	84.0
SiO_3^{2-}（%）						1.2	13.4

从表 1 - 2 可以看出，当 pH 值较低时，硅酸以游离态分子形式存在，水中胶态硅酸增多；当 pH＞7 时，水中同时有 H_2SiO_3 和 $HSiO_3^-$；当 pH＞11 时，水中以 $HSiO_3^-$ 为主；只有碱性较强的水中才出现 SiO_3^{2-}。

　　3. 铁的化合物

在天然水中铁是常见的杂质。水中的铁有亚铁（Fe^{2+}）和高铁（Fe^{3+}）两种。在深井水中因溶解氧的浓度很小和水的 pH 值较低，水中会有大量 Fe^{2+} 存在，有多达 10mg/L 以上的，这是因为常见的亚铁盐类溶解度较大，水解度较小，Fe^{2+} 不易形成沉淀物。

当水中溶解氧浓度较大和 pH 值较高时，Fe^{2+} 会氧化成 Fe^{3+}，而 Fe^{3+} 的盐类很容易水解，从而转变成 $Fe(OH)_3$ 沉淀物或胶体。在地表水中，由于溶解氧的含量较多，所以 Fe^{2+} 的量通常很小。但在含有腐殖酸的沼泽水中，Fe^{2+} 的量可能较多，因为这种水的 pH 值常接近于 4，Fe^{2+} 会与腐殖酸形成络合物，这种络合物不易被溶解氧氧化。在 pH 值为 7 左右的地表水中，一般只含有呈胶溶态的 $Fe(OH)_3$。

　　（五）有机物

天然水中的有机物是十分复杂的分子集合体，按其形态有溶解物、胶体和悬浮状态三种形式。

有机物主要来自土壤中的腐殖质、工业废水和生活污水。腐殖质是由动植物残体经微生物新陈代谢产生，为暗色、含氮的芳香结构的酸性高分子化合物。腐殖质中的有机物按其性质大体上可分为腐殖酸和富里酸，腐殖酸可溶于碱性溶液，但不溶于酸性溶液，在水中多呈胶体状态；富里酸可溶于酸，在水中多是溶解状态。在水处理中，过去讨论的重点往往是腐殖酸、富里酸等天然有机物，但近年来因为工业废水污染严重，地表水中存在的有机物主要是工业污染物，因此，有机物的组成更为复杂。

水中有机物在进行生物氧化分解时，需要消耗水中的溶解氧，在缺氧条件下腐败，恶化水质、破坏水体。

　　（六）微生物

天然水中的微生物种类繁多，常见的微生物有藻类、细菌、真菌和原生动物，其中藻类、细菌和真菌对用水系统的影响较大。

藻类广泛分布于各种水体和土壤中，最常见的有蓝藻、绿藻和硅藻等，它们是水体产生黏泥和臭味的主要原因之一。藻类的细胞内含有叶绿素，它能进行光合作用，其结果一是使水中溶解氧增加，二是使水的 pH 值上升。

细菌是一类形体微小、结构简单、多以二分裂方式进行繁殖的原核生物，是自然界中分布最广、个体数量最多的有机体。细菌呈球状、杆状、弧状、螺旋状等形状，它们通常是以单细胞或多细胞的菌落生存。在循环冷却水中常见的细菌主要有铁细菌、硫酸盐还原菌和硝化细菌。

真菌是具有丝状营养体的单细胞微小植物的总称。当真菌大量繁殖时会形成一些丝状物，附着于金属表面形成黏泥。

微生物在循环冷却水系统中极易生长繁殖，其结果是使水的颜色变黑，发生恶臭，同时会形成大量黏泥，严重影响冷却水系统的正常运行。

三、电厂用水的水质指标

水质是指水和其中杂质共同表现出的综合特性，也就是常说的水的质量。天然水体的水质是由所含杂质的数量和组成决定的。

由于工业用水的种类繁多，因此对水质的要求也各不相同。电厂用水的水质指标有两类：一类是表示水中杂质离子组成的成分指标，如 Ca^{2+}、Mg^{2+}、Na^+、Cl^-、SO_4^{2-} 等；另一类指标是表示某些化合物之和或表征某种性能，这些指标是由于技术上的需要而专门制定的，故称为技术指标，见表 1-3。

表 1-3　　　　　　　　　　　　电厂用水的技术指标

指标名称	符号	单位	指标名称	符号	单位
pH 值	pH	/	硬度	YD 或 H	mmol/L
全固体	QG	mg/L	碳酸盐硬度	H_T	mmol/L
悬浮固体	SS	mg/L	非碳酸盐硬度	H_F	mmol/L
浊度	ZD	FTU	碱度	JD 或 B	mmol/L
透明度	TD	cm	酸度	SD 或 A	mmol/L
总溶解固体	TDS	mg/L	化学耗氧量	COD	mg/LO_2
灼烧减少固体	SG	mg/L	生化需氧量	BOD	mg/LO_2
含盐量	YL 或 C	mg/L 或 mmol/L	总有机碳	TOC	mg/L
电导率	DD	$\mu S/cm$	氨氮	NH_3-N	mg/L
稳定度	—	—	菌落总数	—	CFU/mL

（一）悬浮固体和浊度

1. 悬浮固体

悬浮固体（SS）是水样在规定的条件下，经过滤能够分离出来的固体，单位为 mg/L。这项指标仅能表征水中颗粒较大的悬浮物，而不包括能穿透滤纸的颗粒小的悬浮物及胶体，所以有较大的局限性。此法需要将水样过滤，滤出的悬浮物需经烘干和称量等手续，操作麻烦，不易用作现场的监督指标。

2. 浊度

浊度是反映水中悬浮物和胶体含量的一个综合性指标，它是利用水中悬浮物和胶体颗粒对光的透射或散射作用来表征其含量的一种指标，即表示水浑浊的程度。

利用测量透射光强度的浊度仪称为透射光浊度仪，测得的浊度称为透射光浊度；利用测量散射光强度的浊度仪称为散射光浊度仪，测得的浊度称为散射光浊度。此外，浊度仪还可对透射光和散射光均进行测量，测得的浊度称为积分球浊度。

浊度通过专用仪器测定，操作简便。由于标准水样浊度的配制方法不同，所使用的单位也不相同，目前以福马肼聚合物［由硫酸肼 $N_2H_4SO_4$ 和六次甲基四胺 $(CH_2)_6N_4$ 配制成的浑浊液］作为浊度标准的对照溶液，与水样相比较，所测得的浊度单位用福马肼单位。采用福马肼作为对照溶液，利用透射光原理测得的浊度称为透射光福马肼浊度，用 FTU 表示；采用福马肼作为对照溶液，利用散射光原理测得的浊度称为散射光福马肼浊度，用 NTU 表示。后者有较好的准确度和精密度。

（二）表征水中溶解盐类的指标

1. 含盐量

含盐量是表示水中各种溶解盐类的总和。其测定方法是先分析出水中所有离子的含量，然后再计算出含盐量的值。含盐量有两种表示方法：一是质量表示法，即将水中各种阴、阳离子的含量以质量浓度（mg/L）为单位全部相加；二是物质的量浓度表示法，即将水中各种阳离子（或阴离子）均按带一个电荷的离子为基本单元，计算其物质的量浓度（mmol/L），然后将它们（阳离子或阴离子）相加。

由于水质全分析比较麻烦，只能定期（如一个季度或一年）测定，不宜作运行控制指标。

2. 溶解固体

总溶解固体物（TDS）是指在规定的条件下，水样经过滤除去悬浮固体后，经蒸发、干燥所得的残渣重量，单位用 mg/L 表示。这种方法实际测得的是在蒸发时水中不挥发性物质的质量，主要是水中各种溶解性盐类。溶解固体只能近似表示水中溶解盐类的含量，因为在过滤时水中的胶体及部分有机物与溶解盐类一样能穿过滤纸，蒸干时某些物质的湿分和结晶水不能除尽，有些有机物分解了，水中原有的碳酸氢盐全部转换为碳酸盐。

3. 电导率

水中所含的盐类电离，使水具有导电能力，利用测量水的电导率推知水的溶解固体，解决了实测溶解固体的困难。

水的电导率是指在一定温度下，$1cm^3$ 正方体水的两个相对面之间电阻的倒数，其符号可用 DD 表示，常用单位为 $\mu S/cm$。水的电导率大小除与水中离子含量有关外，还与离子的种类和水的温度有关。如纯水可解离出少量氢离子和氢氧根离子，在 25℃ 下的电导率仅为 $0.055\mu S/cm$；氢离子和氢氧根离子的电导率高于其他盐类离子，多价离子高于 1 价离子。一般情况下，温度每改变 1℃，电导率将发生 1.4% 的变化，通常取 25℃ 的电导率为标准值，以便于比较。

虽单凭电导率不能计算水中含盐量，但在水中离子的组成比较稳定的情况下，可以根据试验求得电导率与含盐量的关系，将测得的电导率换算成含盐量，因而在实际应用中可直接以电导率反映水中含盐量。

（三）硬度

硬度是指水中某些易形成沉淀的多价金属离子的总浓度，在天然水中，形成硬度的物质主要是钙、镁离子，所以通常认为硬度就是指水中这两种离子的含量，它在一定程度上表示了水中结垢物质的多少。水中钙离子含量称钙硬（H_{Ca}），镁离子含量称镁硬（H_{Mg}），总硬度是指钙硬和镁硬之和，即 $H = H_{Ca} + H_{Mg} = c\left(\dfrac{1}{2}Ca^{2+}\right) + c\left(\dfrac{1}{2}Mg^{2+}\right)$。电力行业标准 DL434—1991《电厂化学水专业实施法定计量单位的有关规定》、国家标准 GB 12145—2008《火力发电机组及蒸汽动力设备水汽质量标准》、GB 1576—2008《工业锅炉水质》均规定用 $\dfrac{1}{2}Ca^{2+}$ 和 $\dfrac{1}{2}Mg^{2+}$ 为基本单元。根据 Ca^{2+}、Mg^{2+} 与阴离子组合形式的不同，又将硬度分为碳酸盐硬度和非碳酸盐硬度。

1. 碳酸盐硬度（H_T）

碳酸盐硬度是指水中钙、镁的碳酸盐及碳酸氢盐的含量。钙、镁的碳酸氢盐在水沸腾时就从溶液中析出而产生沉淀，所以有时也叫暂时硬度。

2. 非碳酸盐硬度（H_F）

非碳酸盐硬度是指水中钙、镁的硫酸盐、氯化物等的含量。由于这种硬度物质和钙、镁的碳酸盐在水沸腾时不能析出沉淀，所以有时也称永久硬度。在实际应用中，因为水中的碳酸盐含量很低，因此可以认为永久硬度与非碳酸盐硬度相等。

硬度的单位为毫摩尔/升（mmol/L），这是一种最常用的表示物质浓度的方法，是我国的法定计量单位。在美国硬度单位为 ppm $CaCO_3$，这里的 ppm 表示百万分之一，它与 mg/L 大致相当；在德国硬度单位采用的是德国度°G，1°G 相当于 10mg/L CaO 所形成的硬度。

以上几种硬度单位的关系如下：

$$1mmol/L = 2.8°G = 50ppm\,CaCO_3$$

（四）碱度和酸度

1. 碱度

碱度是指水中能接受 H^+，与强酸进行中和反应的物质的总量。简写代号为 JD 或 B，单位用 mmol/L 表示。与硬度一样，在美国和德国分别用 ppm $CaCO_3$ 和°G 为单位。

形成碱度的物质如下：

（1）强碱，如 NaOH、$Ca(OH)_2$ 等，它们在水中全部以 OH^- 形式存在。

（2）弱碱，如 NH_3 的水溶液，它在水中部分以 OH^- 形式存在。

（3）强碱弱酸盐类，如碳酸盐、碳酸氢盐、磷酸盐等，它们水解时产生 OH^-。

在天然水中的碱度成分主要是碳酸氢盐，有时还有少量的腐殖酸盐。水中常见的碱度形式是 OH^-、CO_3^{2-} 和 HCO_3^-，当水中同时存在有 HCO_3^- 和 OH^- 的时候，就会发生化学反应，即

$$HCO_3^- + OH^- \longrightarrow CO_3^{2-} + H_2O$$

故一般说水中不能同时含有 HCO_3^- 碱度和 OH^- 碱度。根据这种假设，水中的碱度可能有五种不同的形式：只有 OH^- 碱度，只有 CO_3^{2-} 碱度，只有 HCO_3^- 碱度，同时有 $OH^- + CO_3^{2-}$ 碱度，同时有 $CO_3^{2-} + HCO_3^-$ 碱度。

水中的碱度是用中和滴定法进行测定的，这时所用的标准溶液是 HCl 或 H_2SO_4 溶液，酸与各种碱度成分的反应为

$$OH^- + H^+ \longrightarrow H_2O \tag{1-1}$$

$$CO_3^{2-} + H^+ \longrightarrow HCO_3^- \tag{1-2}$$

$$HCO_3^- + H^+ \longrightarrow H_2O + CO_2 \tag{1-3}$$

如果水的 pH 值较高，用酸滴定时，上述三个反应将依次进行。当用甲基橙作指示剂，因终点的 pH 值为 4.2，所以上述三个反应都可以进行到底，所测得的碱度是水的全碱度，也叫甲基橙碱度；如用酚酞作指示剂，终点的 pH 值为 8.3，此时只进行式（1-1）、式（1-2）的反应，反应式（1-3）并不进行，测得的是水的酚酞碱度。因此，测定水中碱度时，所用的指示剂不同，碱度值也不同。

若取水样 V mL，加入酚酞指示剂后，用硫酸标准溶液 $[c(1/2H_2SO_4)=c \text{ mol/L}]$ 滴定至终点，消耗的体积为 a mL，再加入甲基橙指示剂，又消耗硫酸标准溶液的体积为 b mL，该水样酚酞碱度（$B_{酚}$）、甲基橙碱度（$B_{甲}$）与 OH^-、CO_3^{2-}、HCO_3^- 的关系见表 1-4。

表 1-4　　酚酞碱度（$B_{酚}$）、甲基橙碱度（$B_{甲}$）与 OH^-、CO_3^{2-}、HCO_3^- 的关系

a 与 b 的关系	水中存在的离子	$B_{酚}$ 与 $B_{甲}$ 的关系	各离子的量		
			OH^-	$1/2CO_3^{2-}$	HCO_3^-
$b=0$	只有 OH^-	$B_{酚}=B_{甲}$	$ac \cdot 1000/V$	0	0
$a=b$	只有 CO_3^{2-}	$2B_{酚}=B_{甲}$	0	$2ac \cdot 1000/V$	0
$a=0$	只有 HCO_3^-	$B_{酚}=0$	0	0	$bc \cdot 1000/V$
$a>b$	$OH^- + CO_3^{2-}$	$2B_{酚}>B_{甲}$	$(a-b)c \cdot 1000/V$	$2bc \cdot 1000/V$	0
$a<b$	$CO_3^{2-} + HCO_3^-$	$2B_{酚}<B_{甲}$	0	$2ac \cdot 1000/V$	$(b-a)c \cdot 1000/V$

2. 酸度

酸度是指水中能提供 H^+，与强碱进行中和反应的物质总量，简写代号为 SD 或 A，单位用 mmol/L 表示。

可能形成酸度的物质有强酸、强酸弱碱盐、弱酸和酸式盐。天然水中酸度的成分主要是碳酸，一般没有强酸酸度。在水处理过程中，如 H 离子交换器出水出现有强酸酸度。水中酸度的测定是用强碱标准溶液来滴定的。所用指示剂不同时，所得到的酸度不同。如用甲基橙作指示剂，测出的是强酸酸度。

酸度并不等于水中氢离子的浓度。水中氢离子的浓度常用 pH 值 $[pH=-\lg c(H^+)]$ 表示，它表示呈离子状态的 H^+ 量；而酸度则表示中和滴定过程中可以与强碱进行反应的全部 H^+ 量，其中包括原已电离的和将要电离的两个部分。同样道理，碱度并不等于水中氢氧离子的浓度，水中氢氧离子的浓度常用 pOH 表示，是指呈离子状态的 OH^- 量。

（五）表示水中有机物的指标

天然水中的有机物种类繁多，成分也很复杂，很难进行逐类测定。通常是利用有机物的可氧化特性，用某些指标间接地反映它的含量，如化学氧化、生物氧化和燃烧等三种氧化方法，都是以有机物在氧化过程中所消耗氧或氧化剂的量来表示有机物可氧化程度的。

1. 化学耗氧量（COD）

化学耗氧量是指在规定条件下，用氧化剂处理水样时，水样中有机物氧化所消耗该氧化剂的量，即为化学耗氧量，简写代号为 COD，单位用毫克/升 O_2 表示。COD 值越高，表示水中有机物越多。测定 COD 的方法通常有两种：一种是重铬酸钾法，用 COD_{Cr} 表示，简称铬法；另外一种是高锰酸钾法，用 COD_{Mn} 表示，简称锰法。由于每一种有机物的可氧化性

不同，每一种氧化剂的氧化能力也不同，所以化学耗氧量只能表示所用氧化剂在规定条件下所能氧化的那一部分有机物的含量，并不表示水中全部有机物的含量。测定化学耗氧量时，应严格控制氧化反应条件，温度、氧化时间和 pH 值对测定结果影响较大。

铬法测定原理与锰法相同，只是将氧化剂换成了氧化能力更强的 $K_2Cr_2O_7$，同时氧化温度和氧化时间与锰法不同。因为 $K_2Cr_2O_7$ 的氧化能力比 $KMnO_4$ 强，所以 COD_{Cr} 一般要比 COD_{Mn} 大，两者之间没有固定的比例关系。在使用 COD 的过程中，一定要标明是铬法还是锰法，否则意义含糊，无使用价值。

另外，无论是 $K_2Cr_2O_7$ 还是 $KMnO_4$，都有可能氧化水中的 Cl^-、Fe^{2+} 等还原性无机离子，如果这些离子的含量很高，测定结果会有一定的误差。

2. 生化需氧量（BOD）

生化需氧量是指在特定条件下，水中的有机物进行生物氧化时所消耗溶解氧的量，即为生化需氧量，单位也用毫克/升 O_2 表示。因为水中有机物可以作为微生物的营养源，微生物在吸收水中有机物后，又按一定比例吸收水中溶解氧，在体内对有机物进行生物氧化，所以水中微生物需要的氧量间接反映了水中有机物的多少。

构成有机体的有机物大多是碳水化合物、蛋白质和脂肪等，其生物氧化的整个过程一般可分为两个阶段：第一个阶段主要是有机物被转化为二氧化碳、水和氨的过程；第二个阶段主要是氨转化为亚硝酸盐和硝酸盐的过程。BOD 通常指第一阶段有机物氧化所需的氧量。

由于利用微生物氧化水中有机物是一种生化反应，所以反应速率一般比化学反应慢，而且受温度的影响。因此一般规定 20℃ 作为测定 BOD 的标准温度，在此温度下，通常需要 20d 左右才能基本完成第一阶段有机物的氧化过程。因此，BOD 的反应时间采用 20d，用 BOD 或者 BOD_{20} 表示。但此时间太长，在实用上有困难。试验表明，一般有机物的 5d 生化需氧量就可以达到 20d 的 70% 左右，因此目前都以 5d 作为测定 BOD 的时间，用 BOD_5 表示。

3. 总有机碳（TOC）

总有机碳是指水中有机物的总含碳量，它是以碳的数量表示水中含有机物的量。因为有机物均含有碳元素，因此可以通过测定其含碳量来反映有机物的量。直接测定有机物中的碳含量并非容易，所以常将其转换成易于测定的物质。例如，将水样中有机物在 900℃ 高温和加催化剂的条件下气化、燃烧，使其变成 CO_2，然后用红外线测定 CO_2 的量。因为在高温下水样中的碳酸盐也分解产生 CO_2，故上面测得的为水样中的总碳（TC）。为此，在测定总碳的同时，还需要对同一水样中的碳酸盐在 150℃ 时分解产生的 CO_2（有机物却不能被分解氧化）进行测定，测得无机碳，两者之差即为总有机碳。

此外，用仪器测定有机物完全燃烧所消耗氧的量，称总需氧量（TOD）。

上述 COD、BOD、TOC、TOD 都只能笼统地反映水被有机物污染的程度，不能区分有机污染物的具体组成，也无法知道有机物的真正含量。

（六）活性硅和非活性硅

活性硅是指在水中以离子态或者单分子态存在的硅酸化合物。在硅的测定中，这部分硅酸能与钼酸铵起反应而显色，故又称为溶解硅。

水中以多分子态存在的硅酸化合物具有胶体的某些性质，所以称为胶体硅。胶体硅不能与钼酸铵起反应，又称为非活性硅。如果向水中加氢氟酸溶液，胶体硅可以转化为单分子活性硅，能够与钼酸铵起显色反应。所以，在水质分析中测定全硅时，先向水样中加入氢氟酸，将胶体硅转化为活性硅，然后再加钼酸铵等药剂进行反应，测定的结果即为全硅。

全硅是指水中以各种形式存在的硅酸化合物的总和，即胶体硅和活性硅之和。全硅与活性硅的差值为胶体硅。水中硅酸化合物由于形态复杂，通常统一写成 SiO_2。

（七）氨氮和菌落总数

1. 氨氮

氨氮是指以氨或铵离子形式存在的化合氨。氨氮主要来源于人和动物的排泄物，雨水径流及农用化肥的流失也是氨氮的重要来源。另外，氨氮还来自化工、冶金、煤炭、鞣革、化肥等工业废水中，中水再利用时也会带入较多的氨氮。当氨溶于水时，其中一部分氨与水反应生成铵离子，另一部分形成水合氨，也称非离子氨。非离子氨是引起水生生物毒害的主要成分，而氨离子相对基本无毒。国家标准Ⅲ类地面水，规定非离子氨的浓度不大于 0.02mg/L。

氨氮是水体中的营养素，可导致水产生富营养化现象，是水体中的主要耗氧污染物，对某些水生生物有毒害。当以中水作为工业冷却水或循环冷却水的补充水时，若氨氮浓度较高，有可能在冷却水系统中滋长大量微生物，甚至生成黏泥、泥垢。此外，氨氮在硝化细菌的作用下，会部分转化为硝酸盐和亚硝酸盐，这可能导致水的 pH 值下降和设备腐蚀等。

2. 菌落总数

菌落总数是指水样在一定条件（如培养基成分、培养温度和时间、pH 值等）下培养后，所得 1mL 水样中所含细菌菌落的总数，单位通常用 CFU/mL（菌落数/毫升）表示。GB 5749—2006《生活饮用水卫生标准》规定，菌落总数限值为 100CFU/mL。

细菌在自然界的分布很广，存在于土壤、水、空气和动植物体表面及消化道等处，其中土壤是细菌的主要存在场所。水中菌落总数在一定程度上反映了水被微生物污染的程度，水中菌落总数增多，说明水的生物污染加重。

四、锅炉补给水质量要求

为了保证锅炉、汽轮机等热力设备正常运行，对锅炉用水的质量有严格的要求，而且机组中蒸汽的参数越高，对其要求也就越严。

锅炉补给水的质量，以不影响给水质量为标准。根据 GB/T 12145—2008《火力发电机组及蒸汽动力设备水汽质量》，锅炉补给水质量可参照表 1-5 的规定控制。

表 1-5　　　　　　　　　　火力发电机组锅炉补给水质量标准

锅炉过热蒸汽压力 （MPa）	二氧化硅 （μg/L）	除盐水箱进水电导率（25℃） （μS/cm）		除盐水箱出口 电导率（25℃） （μS/cm）	TOC[①] （μg/L）
		标准值	期望值		
5.9～12.6	—	≤0.20	—	≤0.40	
12.7～18.3	≤20	≤0.20	≤0.10		≤400
>18.3	≤10	≤0.15	≤0.10		≤200

① 必要时监测。

【任务实施】

本任务以某超临界参数机组为例，认识锅炉补给水处理。

一、分析生水水质

该电厂以长江水为水源，水质资料见表1-6。

表1-6　　　　　　　　　　　生水水质分析报告

分析项目	单位	取样日期		
		2002年11月27日	2003年3月12日	2003年7月3日
$K^+ + Na^+$	mg/L	4.54	7.16	3.52
Ca^{2+}	mg/L	34.79	38.69	24.03
Mg^{2+}	mg/L	9.23	10.45	6.08
Fe^{3+}	mg/L	0.069	0.058	0.18
Al^{3+}	mg/L	0.084	0.042	0.019
NH_4^+	mg/L	0.037	0.15	0.051
Cl^-	mg/L	2.08	4.16	4.7
SO_4^{2-}	mg/L	18.9	30.3	9.1
HCO_3^-	mg/L	137.9	151.32	95.9
CO_3^{2-}	mg/L	0	0	0
NO_3^-	mg/L	1.9	1.0	1.4
NO_2^-	mg/L	0	0	0
总固体	mg/L	198	210	1848
溶解性固体	mg/L	163	177	89
悬浮物固体	mg/L	35	33	1759
游离二氧化碳	mg/L	3.24	3.42	1.32
全硅（SiO_2）	mg/L	6.82	5.61	6.33
非活性硅	mg/L	1.34	1.10	0.53
耗氧量（COD_{Mn}）	mg/L	1.6	0.34	1.32
pH值		8.17	8.07	8.14

从表 1-6 可看出，源水的悬浮物含量大部分时间内较低，夏季洪水季节因挟带大量泥沙，悬浮物含量达到 1759mg/L；源水的溶解性固体低，小于 200mg/L，属于低含盐量水；源水受各种人为的污染小，COD_{Mn} 低。此江水是电厂用水最合适的水源。

二、认识锅炉补给水处理系统

该电厂生水采取以下水处理工艺后，生产出的补给水水质达到表 1-5 的规定值。

（1）预沉淀设备。生水为长江水，夏季悬浮物固体含量高达 1759mg/L，超过澄清设备的进水标准。为了降低悬浮物固体含量，因而设置预沉淀设备。

（2）澄清设备。胶体颗粒越小，在水中沉降就越困难。为了除去这类杂质，必须设法将其颗粒变大，这就需要澄清处理。

（3）过滤设备。水经过沉淀和澄清处理后，其浊度仍然比较高，通常在 10NTU 以下。这种水不能直接送入后续除盐设备，而需要进一步降低水中浊度，最有效的方法就是过滤处理。

（4）离子交换除盐设备。水经预处理后，除去了水中的悬浮物、胶体和大部分有机物，但水中的溶解盐类并没有除去。除去水中离子态杂质最为普遍的方法是离子交换法。离子交换除盐是利用阳、阴树脂分别交换水中所含的阳离子和阴离子，生产出"纯"水。只装有阳（或阴）树脂的交换器称阳（或阴）床，既装有阳树脂，又装有阴树脂的交换器称混床。水经过阳床后，碳酸化合物转变成 CO_2，因而设置除碳器将其除去。

经过阳床和阴床处理过的水，不能满足超临界参数机组锅炉补给水的要求。混床能够得到纯度很高的水，通常采用在阳床和阴床之后串以混床进行深度除盐。

锅炉补给水处理系统流程如图 1-2 所示。

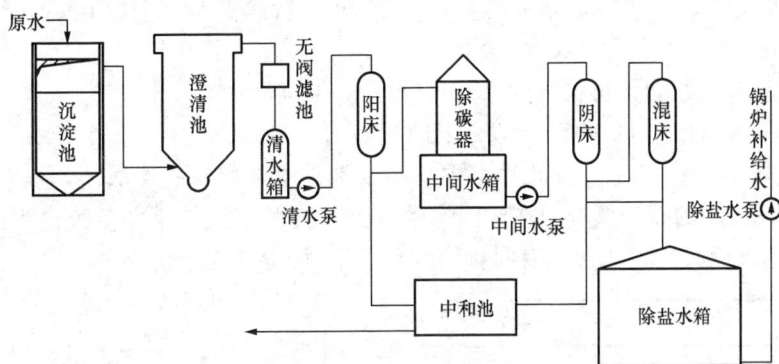

图 1-2　某锅炉补给水处理系统流程简图

【知识拓展】

一、天然水的分类

在水处理中，有时为了选择处理方法、对水处理设备进行工艺计算，或者判断可能生成沉积物的组成，需要对天然水体进行分类。天然水体分类的方法有许多种，下面从锅炉补给水处理的角度介绍几种分类方法。

1. 按硬度分类

按水中硬度的高低，可将天然水分为五种类型，见表 1-7。

表 1 - 7　　　　　　　　　　　　天 然 水 按 硬 度 分 类　　　　　　　　　　mmol/L

类别	极软水	软水	中等硬度水	硬水	极硬水
硬度	<1.0	1.0～3.0	3.0～6.0	6.0～9.0	>9.0

根据这种分类，我国天然水的水质是由东南沿海的极软水，向西北经软水和中等硬度水而递增至硬水。

2. 按含盐量分类

按水中含盐量的高低，可将天然水分为四种类型，见表 1 - 8。

表 1 - 8　　　　　　　　　　　　天 然 水 按 含 盐 量 分 类　　　　　　　　　　mg/L

类别	低含盐量水	中等含盐量水	较高含盐量水	高含盐量水
含盐量	<200	200～500	500～1000	>1000

我国江河水大都属于低含盐量和中等含盐量水，地下水大部分是中等含盐量水。

3. 按阴阳离子的相对含量分类

溶于水的盐类大都是呈离子状态的，所以水分析的结果理应表示成离子，但是，为了研究问题方便起见，有时人为地将水中阴、阳离子结合起来，写成化合物的形态，这称为水中离子的假想结合。其方法为，阳离子按 Ca^{2+}、Mg^{2+}、$Na^+ + K^+$ 的顺序排列，阴离子按 HCO_3^-、SO_4^{2-}、Cl^- 的顺序排列，根据水分析得出的各种离子量的多少作图解，例如图 1 - 3。在此种水中，因 HCO_3^- 量大于 Ca^{2+} 量，故所有的 Ca^{2+} 都看作是由 $Ca(HCO_3)_2$ 形成的，因此图中 ab 量代表 $Ca(HCO_3)_2$，同理，可以推知 bc 量代表 $Mg(HCO_3)_2$，cd 量代表 $MgSO_4$，余下的 de 量代表 Na^+ 和 K^+ 的盐类。

根据此种假想的结合，可将天然水分为碱性水和非碱性水。

碱度大于硬度（B＞H）的水，即 $c(HCO_3^-) > c(1/2Ca^{2+}) + c(1/2Mg^{2+})$ 称为碱性水，它的图解如图 1 - 4 所示。在此种水中，硬度都是由碳酸氢盐形成的，没有非碳酸盐硬度，而有 Na^+ 和 K^+ 的碳酸氢盐。在碱性水中，B 和 H 的差值，相当于 Na^+ 和 K^+ 的碳酸氢盐量。此量称为过剩碱度（B_G），有时称为"负硬"，即 $B_G = B - H$。

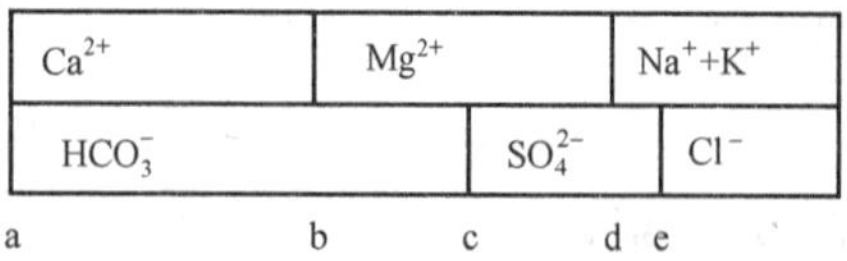

图 1 - 3　水中离子的假想结合

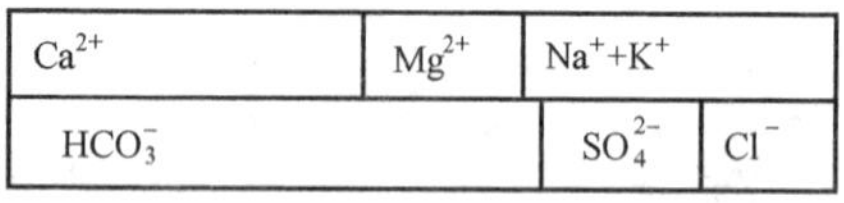

图 1 - 4　碱性水图解

反之，硬度大于碱度（H＞B）的水，称为非碱性水，此时水中有非碳酸盐硬度（H_F）存在。非碱性水又可分为两类：一类称为钙硬水，其特征为 $c(1/2Ca^{2+}) > c(HCO_3^-)$，所以在假想结合中全部 HCO_3^- 与 Ca^{2+} 结合，因而水中没有镁的碳酸盐硬度，如图 1 - 5（a）所示；另一类称为镁硬水，其特征为 $c(1/2Ca^{2+}) < c(HCO_3^-)$。因而水中有镁的碳酸盐硬度，如图 1 - 5（b）所示。

此外，天然水又可分为碳酸盐型和非碳酸盐型，前者为阴离子中碳酸氢根较多，即 $c(HCO_3^-) > c(1/2SO_4^{2-}) + c(Cl^-)$；后者为碳酸氢根较少，即 $c(HCO_3^-) < c(1/$

$2SO_4^{2-}$）$+c(Cl^-)$。我国天然水多数为碳酸盐型。

二、水质全分析相关计算

（一）水质全分析结果的校核

水质校核是根据水质分析结果中各成分的相互关系，检查是否符合水质组成的一般规律，从而判断分析结果的准确性。水质校核的内容主要有以下几个方面。

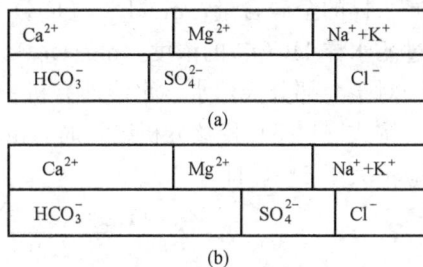

图 1-5 非碱性水中钙、镁的分配关系

(a) 钙硬水；(b) 镁硬水

1. 水中阳离子与阴离子物质的量总和的校核

根据物质电中性的原则，水中正电荷的总数与负电荷的总数相等。因此，水中各种阳离子物质的量总和与各种阴离子物质的量总和必然相等，即

$$\sum c_{阳} = \sum c_{阴}$$

式中：$\sum c_{阳}$为各种阳离子物质的量浓度之和，mmol/L；$\sum c_{阴}$为各种阴离子物质的量浓度之和，mmol/L。

$$\sum c_{阳} = c\left(\frac{1}{2}Ca^{2+}\right) + c\left(\frac{1}{2}Mg^{2+}\right) + c(Na^+) + c(K^+) + \cdots$$

$$\sum c_{阴} = c(HCO_3^-) + c\left(\frac{1}{2}SO_4^{2-}\right) + c(Cl^-) + c(NO_3^-) + \cdots$$

在测定各种离子时，由于各种原因会导致分析结果产生误差，使得$\sum c_{阳}$与$\sum c_{阴}$往往不相等，其误差δ用式（1-4），即

$$\delta = \frac{\sum c_{阳} - \sum c_{阴}}{\sum c_{阳} + \sum c_{阴}} \times 100\% \tag{1-4}$$

误差$|\delta|$不应大于2%。

在使用式（1-4）时应注意：①各种离子的浓度单位均应换算成以 mmol/L 表示。②如钠钾离子是根据阴、阳离子差值而求得的，则（1-4）式不能应用。钾的含量可根据多数天然水中钠和钾的比例7∶1（摩尔比）近似估算。③计算弱酸、弱碱的离子浓度时，应根据实测 pH 值时各离子所占的百分数对其量进行校正。④如果δ超过2%则表示分析结果不正确，或者分析项目不全面。

2. 含盐量和溶解固体的校核

水的总含盐量是水中阳离子和阴离子浓度（mg/L）的总和。通常溶解固体的含量可以代表水中的总含盐量，但由于溶解固体在测定操作上的原因，实测的溶解固体与含盐量并不相等。产生偏差的主要原因有：①过滤操作时，不属于溶解盐类的杂质，如胶体硅酸、铁铝氧化物及水溶性有机物都能穿过滤纸而进入水中；②在水样受热烘干时，由于HCO_3^-变成CO_2和H_2O（$2HCO_3^- \longrightarrow CO_3^{2-} + CO_2\uparrow + H_2O\uparrow$）挥发而损失，其损失量为

$$\frac{M(CO_2) + M(H_2O)}{2M(HCO_3^-)} = \frac{62}{122} = 0.51$$

所以当用溶解固体来校核含盐量时，需对实测的溶解固体进行校正，校正后的溶解固体为

$$(RG)_{校} = RG + 0.51c(HCO_3^-) - c(SiO_2)_{全} - c(R_2O_3) - \sum c(有机物) \tag{1-5}$$

式中：RG 为实测溶解固体，mg/L；$(RG)_{校}$为校正后的溶解固体含量，mg/L；$c(SiO_2)_{全}$为

过滤水样的全硅含量，mg/L；$c(R_2O_3)$ 为过滤水样的铁铝氧化物含量，mg/L；$c(HCO_3^-)$ 为过滤水样 HCO_3^- 的浓度，mg/L；$\sum c(有机物)$ 为过滤水样的水溶性有机物含量，mg/L。

对于大部分天然水，水溶性有机物含量都很小，计算时可以忽略不计。

按式（1-5）校核分析结果时，溶解固体校正值 $(RG)_校$ 与阴阳离子总和之间的相对误差应不大于 5%，即

$$\frac{(RG)_校-(\sum B_阳+\sum B_阴)}{\sum B_阳+\sum B_阴}\times 100\% \leqslant 5\% \qquad (1-6)$$

式中：$\sum B_阳$ 为阳离子浓度之和，mg/L；$\sum B_阴$ 为除活性硅外的阴离子浓度之和，mg/L。

对于含盐量小于 100mg/L 的水样，相对误差可放宽至 10%。

3. pH 值的校正

根据电离平衡关系，水的 pH 值、CO_2、HCO_3^- 浓度之间有一定的关系，对于 pH<8.3 的水样，pH 值可以根据 CO_2、HCO_3^- 的含量按式（1-7）算出，即

$$pH = 6.37+\lg c(HCO_3^-)-\lg c(CO_2) \qquad (1-7)$$

对于 pH>8.3 的水样，pH 值按式（1-8）算出，即

$$pH = 10.33+\lg c(CO_3^{2-})-\lg c(HCO_3^-) \qquad (1-8)$$

式中 $c(HCO_3^-)$、$c(CO_2)$、$c(CO_3^{2-})$ ——水中 HCO_3^-、CO_2、CO_3^{2-} 的浓度，mol/L。

pH 计算值与实测值的差应小于 0.2。

（二）实例

以表 1-6 中 2003 年 3 月 12 日生水水质分析报告结果为例进行计算。

（1）校核该水阳离子与阴离子物质的量总和、含盐量和溶解固体、pH 值。

（2）计算该水的硬度、碳酸盐硬度、非碳酸盐硬度、钙硬、镁硬、负硬（过剩碱度）、全碱度、甲基橙碱度、酚酞碱度。

（3）按"阴阳离子的相对含量"分类，此水属什么类型的水？

解：（1）校核

1）校核该水阳离子与阴离子物质的量总和

首先将水中阴、阳离子的含量用 mmol/L 表示，即

阳 离 子	阴 离 子
$c(K^++Na^+)=7.16/25=0.29$	$c(Cl^-)=4.16/35.45=0.12$
$c(1/2Ca^{2+})=38.69/20.04=1.93$	$c(1/2SO_4^{2-})^-=30.3/48.04=0.63$
$c(1/2Mg^{2+})=10.45/12.15=0.86$	$c(HCO_3^-)=151.32/61.02=2.48$
$c(1/3Fe^{3+})=0.058/18.62=0.00$	$c(NO_3^-)=1.0/62=0.02$
$c(1/3Al^{3+})=0.042/8.994=0.00$	$c(HSiO_3^-)=(5.61\times3\%)/60=0.00$
$c(NH_4^+)=0.15/18.04=0.01$	

$$\sum c_阳=c(Na^++K^+)+c(1/2Ca^{2+})+c(1/2Mg^{2+})+c(1/3Al^{3+})$$
$$=0.29+1.93+0.86+0.01=3.09 \text{ (mmol/L)}$$

$$\sum c_阴=c(Cl^-)+c(1/2SO_4^{2-})+c(HCO_3^-)+c(NO_3^-)+c(HSiO_3^-)$$
$$=0.12+0.63+2.48+0.02=3.25 \text{ (mmol/L)}$$

其误差 δ 用式（1-4）计算，即

$$\delta=\frac{\sum c_阳-\sum c_阴}{\sum c_阳+\sum c_阴}\times 100\%=\frac{3.09-3.25}{3.09+3.25}\times 100\%=-2.5\%$$

误差 $|\delta|$ 大于 2%，表明分析结果不正确，或者分析项目不全面。

2）校核该水含盐量和溶解固体

根据式（1-5）计算，即

$$(RG)_{校} = RG + 0.51c(HCO_3^-) - c(SiO_2)_全 - c(R_2O_3) - \sum c(有机物)$$
$$= 177 + 0.51 \times 151.32 - 5.61 - 0.34 = 248.22 \ (mg/L)$$

$$\sum B_阳 + \sum B_阴 = 7.16 + 38.69 + 10.45 + 0.058 + 0.042 + 0.15 + 4.16 + 30.3 + 151.32 + 1.0$$
$$= 243.33 \ (mg/L)$$

根据式（1-6）计算，溶解固体校正值 $(RG)_{校}$ 与阴阳离子总和之间的相对误差，即

$$\frac{(RG)_{校} - (\sum B_阳 + \sum B_阴)}{\sum B_阳 + \sum B_阴} \times 100\% = \frac{248.22 - 243.33}{243.33} = 2\%$$

相对误差不大于 5%，溶解固体分析结果正确。

但是，由于 1）校核结果表明，阳离子与阴离子的含量分析结果不正确或者分析项目不全面，因此即使溶解固体校正值 $(RG)_{校}$ 与阴阳离子总和之间的相对误差不大于 5%，此溶解固体分析结果还是不可信。

3）校核 pH 值

$$c(CO_2) = 3.42mg/L = 3.42/44mmol/L = 7.77 \times 10^{-5} mol/L$$

由 1）得 $c(HCO_3^-) = 2.48mmol/L = 2.48 \times 10^{-3} mol/L$

按式（1-7）计算，即

$$pH = 6.37 + \lg c(HCO_3^-) - \lg c(CO_2)$$
$$= 6.37 + \lg(2.48 \times 10^{-3}) - \lg(7.77 \times 10^{-5}) = 7.87$$

pH 计算值与实测值 8.07 的差等于 0.2（应小于 0.2），表明实测值 8.07 不正确。

（2）计算硬度（H）和碱度（B）

$H = c(1/2Ca^{2+}) + c(1/2Mg^{2+}) = 1.93 + 0.86 = 2.79 \ (mmol/L)$；

$H_T = c(HCO_3^-) = 2.48mmol/L$；

$H_F = H - H_T = 2.79 - 2.48 = 0.31 \ (mmol/L)$；

$H_{Ca} = c(1/2Ca^{2+}) = 1.93mmol/L$；

$H_{Mg} = c(1/2Mg^{2+}) = 0.86mmol/L$。

$H > B$，没有负硬度。

$B_全 = c(HCO_3^-) = 2.48mmol/L$；

因 pH<8.3，$B_{酚酞} = 0$　$B_{甲基橙} = B_全 = 2.48mmol/L$。

（3）水的分类

因 $H > B$，且 $c(1/2Ca^{2+}) < c(HCO_3^-)$，可知此水属镁硬度的非碱性水。

三、水质全分析报告

水质全分析报告格式参见表 1-9（摘自 DL/T 5068—2006）。

表 1-9　　　　　　　　　　　　水 质 全 分 析 报 告

工程名称		化验编号	
取水地点		取水部位	
取水时气温　　℃		取水日期　　年　月　日	
取水时水温　　℃		分析日期　　年　月　日	
水样种类			

透明度			嗅味		
项目	mg/L	mmol/L	项目	mg/L	mmol/L
阳离子	$K^+ + Na^+$			硬度	总硬度		
	Ca^{2+}				非碳酸盐硬度		
	Mg^{2+}				碳酸盐硬度		
	Fe^{2+}				负硬度		
	Fe^{3+}			酸碱度	甲基橙碱度		
	Al^{3+}				酚酞碱度		
	NH_4^+				酸度		
	Ba^{2+}				pH 值		
	Sr^{2+}			其他	氨氮		
	合计				游离 CO_2		
阴离子	Cl^-				$COD_{Mn/Cr}$		
	SO_4^{2-}				BOD_5		
	HCO_3^-				溶解固形物		
	CO_3^{2-}				全固形物		
	NO_3^-				悬浮物		
	NO_2^-				细菌含量		
	OH^-				全硅（SiO_2）		
					非活性硅（SiO_2）		
	合计				TOC		
离子分析误差			溶解固体误差		
pH 值分析误差					

注：水样采集参见 GB/T 6907—2005《锅炉用水和冷却水分析方法　水样的采集方法》的规定

化验单位：　　　　负责人：　　　　校核者：　　　　化验者：

学习情境二　运行与维护澄清池

【教学目标】

1. 知识目标

（1）理解混凝处理原理。

（2）理解混凝剂配制及投加系统的构成及工作过程。

（3）理解沉淀池和澄清池的结构、工作过程及特点。

（4）知道常用混凝剂名称及性质。

（5）知道监督的水质指标和工艺参数。

2. 能力目标

（1）会做混凝试验。

（2）会配制及投加混凝剂等药剂，会调整加药量，会判断及处理加药系统故障。

（3）会启动、运行、停运澄清池，进行日常检查维护。

（4）能调整澄清池运行参数，判断和处理常见故障。

（5）能正确采集、分析水样，正确使用与维护浊度仪。

【任务描述】

悬浮物颗粒越小，在水中沉降就越困难，而水中的胶体基本上不会因重力作用而自由沉降。为了除去这类杂质，必须设法将其颗粒变大，这就需混凝处理或澄清处理。班长组织各学习小组在仿真机或实训室环境下，认真分析运行规程，编制工作计划后，正确运行与维护澄清池，并确保系统安全、经济运行。

【任务准备】

课前预习相关知识部分。根据澄清池的结构及工作过程，经讨论后编制运行与维护澄清池的工作计划，并独立回答下列问题。

（1）水中的胶体颗粒为什么不易沉降？

（2）怎样使胶体颗粒沉降？

（3）混凝处理的原理和作用是什么？

（4）助凝处理的作用是什么？

（5）影响混凝效果的因素有哪些？

（6）常用的混凝剂有哪几种？

（7）碱式氯化铝有什么特点？

（8）聚丙烯酰胺絮凝剂有什么特点？

（9）如何确定混凝剂的加入量？

（10）混凝试验应注意哪些事项？

（11）混凝剂配制及投加系统的构成及工作过程是怎样的？

（12）澄清处理的作用是什么？

（13）机械搅拌澄清池结构及工作过程是怎样的？

（14）机械搅拌澄清池运行参数有哪些？

（15）澄清池的"翻池"是什么？如何解决？

（16）机械搅拌澄清池排泥方式有哪些？各有何优缺点？

（17）机械搅拌澄清池容易发生哪些问题？如何解决？

（18）常用的混凝、沉淀、澄清设备有哪些？工作过程有何异同？

（19）水力循环澄清池容易发生哪些问题？如何解决？

（20）气浮工艺容易发生哪些问题？如何解决？

【相关知识】

一、胶体的稳定性与脱稳

1. 胶体的稳定性

试验表明，颗粒直径大于 0.1mm 以上的细砂，可借助重力在 2min 内除去；而颗粒直径小于 0.001mm 的细粒黏土，沉降速度非常缓慢；当颗粒直径达到胶体大小时，实际上已不可能自行沉降，它们能长时间在水中保持悬浮分散状态，这种现象统称为"分散颗粒的稳定性"。

水中胶体具有稳定性的原因有以下三种：

（1）胶体颗粒的动力稳定性。动力稳定性又称沉降稳定性，是由于存在布朗运动，使水中的胶体颗粒可以长时间保持分散状态而不发生沉降的特性。

（2）胶体颗粒的带电现象。如果将胶体颗粒的水溶液加入一支 U 形管中，两端插入电极并接直流电源，可见到水中胶体颗粒向某一个电极方向迁移和浓集，说明这些胶体颗粒是带电的。有的胶体颗粒向正极方向移动，如黏土颗粒、细菌及蛋白质一类的高分子有机化合物，说明它们带有负电荷；有的胶体颗粒向负极方向移动，如金属铝和铁的氢氧化物等，说明它们带有正电荷。由于胶体颗粒的这种带电现象，使相同的胶体颗粒之间产生相互排斥作用，不能相互凝聚，而长期稳定地存在于水中。

（3）胶体颗粒的溶剂化作用。胶体颗粒按其对溶剂（水）的亲和力强弱，分为亲水性胶体和憎水性胶体。亲水性胶体在水中保持稳定性的原因是在胶体颗粒表面上有一个具有一定厚度的水膜。水膜具有定向排列结构，当两个亲水性胶体颗粒相碰时，水膜被挤压变形，但因水膜有力图恢复原定向排列结构的能力，而使水膜具有弹性，从而使两个相碰撞的胶体颗粒"擦肩而过"而不凝聚。天然水体中的亲水胶体主要是一些高分子的有机化合物。

憎水胶体颗粒在水中的稳定性在于它的带电性，这可由双电层结构来说明。

2. 胶体颗粒的双电层结构

现以 $FeCl_3$ 水解而形成的 $Fe(OH)_3$ 胶体为例，说明其双电层结构。$Fe(OH)_3$ 胶体的核心是许多 $Fe(OH)_3$ 分子的集合体，称为胶核。胶核具有较大的表面积，它能吸附水中某些与胶体组成相近似，或性质、大小相近似的离子（如 FeO^+），这种离子称为电位形成离子，简称电位离子。在电位离子层（FeO^+）外侧，因受到正电荷的吸引力，分布着大量电荷符号相反的离子，简称反离子（例如 Cl^-）。其中的部分反离子受到较大的静电引力（有时还有吸附力的作用），与胶核表面的离子层紧密结合，形成吸附层（又称固定层）。在吸附层外的反离子，受到正电荷的引力较小，因此在热运动和浓差扩散的影响下，分散到溶液之中，形成扩散层。

由上述可知，双电层是由吸附层和扩散层两个部分组成的，胶核、吸附层和扩散层组成的整体称胶团，如图 2-1（a）所示，胶团呈中性。当胶体微粒和水溶液发生相对位移时，吸附层中的离子和扩散层中部分离子随胶核一起运动，这部分称为胶粒，而扩散层中的其余离子则或多或少地滞留在水溶液中，因此在这里存在一滑动界面。由此可知，所谓胶体带电，实际上是胶粒带电。$Fe(OH)_3$ 胶体带正电荷。

在胶体微粒与水溶液之间实际上有三种不同的电位 [见图 2-1（b）]：胶核表面处的电位（整个双电层的电位），即热力学电位 φ_0，吸附层与扩散层分界处的电位 φ_d 以及滑动界面处的电位，即 ζ 电位。对于足够稀的溶液，在扩散层中随着距离的增加，电位的改变很缓慢，而固相所束缚的水合层很薄，因此可把 ζ 电位与 φ_d 等同看待。ζ 电位的大小直接影响到胶体颗粒的稳定性，ζ 电位越高，颗粒之间的斥力越大，稳定性就越高；反之，ζ 电位越低，颗粒之间的斥力越小，也就越不稳定。ζ 电位随水溶液中电解质浓度的不同而有较大的变化，这种变化与扩散层厚度有关，一般来说，浓度大时扩散层厚度减薄，ζ 电位下降。

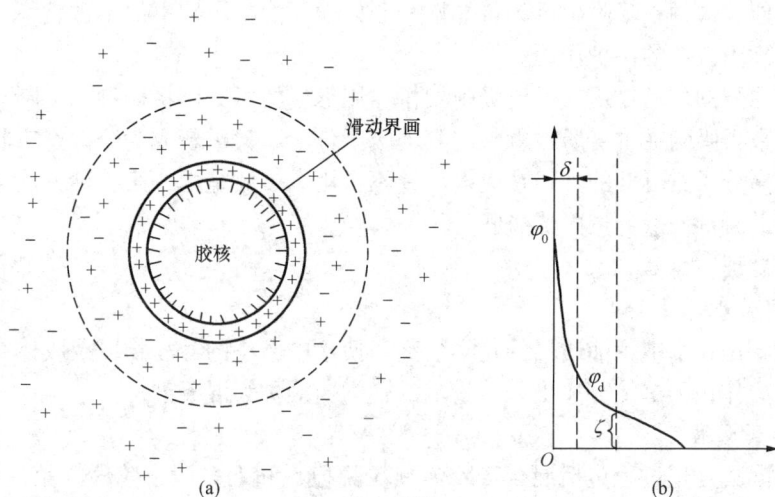

图 2-1 胶体结构和双电层中电位的分布
（a）胶体结构；（b）双电层中电位的分布

3. 胶体的脱稳

胶体由于 ζ 电位降低或其他原因失去聚集稳定性的过程称为胶体脱稳。胶体脱稳的方法按其作用机理不同，可分为以下几种：

（1）投加带高价反离子的电解质。向含有负电荷胶体的天然水中投加带高价反离子的电解质后，水中反离子的浓度增大，此时水中胶体微粒的扩散层在反离子的压缩下减薄，ζ 电位下降，消除了静电排斥力，使胶体颗粒脱稳。

试验证明，投加的电解质，其反离子的价数越高，凝聚的效果就越好。在投加量相同的情况下，二价离子的凝聚效果为一价离子的 50～60 倍，三价离子为一价离子的 700～1000 倍。

（2）投加带相反电荷的胶体。向天然水中投加与原有胶体电荷相反的胶体后，由于电性中和作用，使两种胶体的 ζ 电位值均降低或消失而发生脱稳，产生凝聚。为使两种胶体凝聚，必须控制适当的投加量，如投加量不足，仍保持一定的 ζ 电位值，凝聚效果不好；如果投加量过大，由于原来水中带负电荷的黏土颗粒因吸附了过多的正离子而带正电荷，使胶体颗粒发生再稳定现象。

（3）投加高分子絮凝剂。此种方法是利用絮凝剂线性结构的分子内含有的－COOH、－NH₂、－OH、－CONH 等活性基团，与胶体颗粒发生吸附，在不同的胶体颗粒之间架桥，使其连接、长大并脱稳。

当高分子絮凝剂投加到水中后，开始时是某一个链节的官能团吸附在某一个胶粒上，而另一个链节伸展到水中吸附在另一个胶粒上，从而形成了一个"胶体颗粒 - 高分子絮凝剂 - 胶体颗粒"的絮凝体，即高分子絮凝剂在两个颗粒之间起到一个吸附架桥作用。

如果高分子絮凝剂伸展到水中的链节没有被另一个胶体颗粒所吸附，就有可能折回吸附到所在胶体颗粒表面上的另一个吸附位上，使胶体颗粒表面的吸附位全部被占据，从而失去再吸附的能力，形成再稳定状态。

如果投加的高分子絮凝剂过多，致使每一个胶体颗粒的吸附位都被高分子絮凝剂所占据，失去同其他胶体颗粒吸附架桥的可能性，胶体颗粒的稳定性不但不被破坏，反而得到加强，这种现象称为胶体的保护作用。

如果受到强烈的搅动作用，通过吸附架桥作用形成的絮凝体将被打碎，断裂的高分子链节就会折转过来再吸附在本身所占颗粒的其他吸附位上，又重新成为分散稳定状态。

单纯投加高分子絮凝剂的方式在火电厂并不常用，一般是配合第一种方法来使用，称为助凝。使用的助凝剂一般为聚丙烯酰胺。

二、混凝处理

（一）混凝处理原理

混凝处理就是在水中投加适当的化学药剂，使水中微小的悬浮物以及胶体结合成大的絮凝体，并在重力作用下沉淀分离出来。投加的化学药剂称为混凝剂。

1. 混凝处理过程

一般认为混凝处理过程包括混合（胶体颗粒脱稳）和絮凝两个阶段。第一阶段是混合，它是指向水中投加混凝剂后进行快速混合，混凝剂均匀地分散于水中并与胶体微粒迅速接触，使胶体颗粒表面的双电层被压缩或电性中和而失去稳定性。这一过程所需要的时间很短，在 10～30s 内完成，最多不超过 2min。第二个阶段是絮凝，它是指脱稳后的胶体颗粒相互黏附长大，形成可沉降的大的絮凝体（通常称作矾花）的过程，这一过程需要的时间为 15～30min。

2. 混凝处理原理

混凝剂加入水中后，会产生羟基桥联和水解反应，这样水中就有各种形态和不同电荷的可溶性络合离子同时存在。以铝盐为例，一般来讲，铝盐在低 pH 值下，高电荷低聚合度的多核羟基络合离子占主要地位；在高 pH 值下，低电荷高聚合度的高聚离子占主要地位；当 pH 值为 7～8 时，聚合度很大的中性氢氧化铝沉淀物占绝大多数；当 pH＞8.5 时，氢氧化铝沉淀物又重新溶解为阴离子。铁盐与铝盐相似，只是适应的 pH 值较宽。

在混凝处理中，起混凝作用的是这些水解、桥联的中间产物。具有低电荷高聚合度的多核羟基络合离子，由于分子结构呈链状，可通过吸附架桥作用发生凝聚；具有高电荷低聚合度的多核羟基络合离子，可通过电性中和，压缩双电层，降低 ζ 电位，减少胶体颗粒之间的斥力，使颗粒之间发生碰撞而凝聚；天然水体中的 pH 值一般在 6.5～7.8 之间，此时以聚合度很大的氢氧化物沉淀为主，由于它的表面积大，吸附能力强，可通过与水中脱稳的胶体颗粒发生吸附，形成网状沉淀物，进一步卷扫、网捕水中胶体颗粒及 SiO_2 和有机物，形成共沉淀。

如前所述，混凝处理的效果在很大程度上取决于混凝剂的存在形态是否能对水中的胶体颗粒发挥最有效的混凝作用，因而影响混凝效果的工艺条件很多。其中影响较大的有水温、pH 值（原水碱度）、混凝剂剂量、水力条件、接触介质和原水的浊度（详见任务实施中运行参数调整）。此外，当水中含有较多有机物时，它们会吸附在胶体颗粒的表面上，起到保护胶体的作用，使胶粒之间不容易聚集，结果使混凝效果变差。在这种情况下，可采用加氯的办法破坏这些有机物。

（二）混凝剂及助凝剂

1. 混凝剂

火电厂通常使用的混凝剂主要是无机盐和无机聚合高分子两类。其中无机盐类混凝剂包括明矾（硫酸铝钾）、硫酸铝等铝盐和硫酸铁、三氯化铁和硫酸亚铁等铁盐；无机高分子类混凝剂常用的有聚合铝（又称碱式氯化铝）、聚合铁、聚合铝铁等。目前火电厂常用的混凝剂为聚合铝或聚合铁，无机盐类混凝剂已经很少使用。聚合铝（PAC）是目前火电厂应用最广泛的一种混凝剂，本书重点介绍聚合铝的特点。

由于影响混凝剂水解过程的因素很多，pH 值、水温等都会影响水解产物的形态，使得混凝处理的效果不稳定，对水质的适应性较差。聚合铝是以各种中间产物和 $Al(OH)_3(s)$ 的形式直接投入水中，不再经过水解、羟基桥联等一系列过程，从而使混凝过程变得相对简单，影响因素减少，混凝效果易于控制。

聚合铝可以看做是 $AlCl_3$ 经水解逐步转为 $Al(OH)_3$ 的过程中，各种中间产物通过羟基架桥反应聚合成的高分子化合物，化学式可以表示成碱式氯化铝 $[Al_n(OH)_mCl_{3n-m}]$ 或聚合氯化铝 $[Al_2(OH)_nCl_{6-n}]_m$，其中 n 为 1～5 之间的任一整数，m 为 ≤10 的整数。聚合物中 OH^- 与 $1/3Al^{3+}$ 相对比值可在一定程度上反映它的成分，对其性质也有很大影响，这个比值称为碱化度（或盐基度），以 B 表示，即

$$B=\frac{c(OH^-)}{c(1/3Al^{3+})}$$

例如 $AlCl_3$ 的碱化度 $B=0$；$[Al(OH)_3]_n$ 的碱化度 $B=100\%$；$Al_2(OH)_5Cl$ 的碱化度 $B=83.3\%$。B 值与混凝效果有密切关系，B 值小，则相对分子质量小，混凝能力低；B 值过大时，溶液不稳定，会生成氢氧化铝的沉淀物。使用中一般控制 B 值为 $50\%～80\%$。聚合铝通常为淡黄色或黄色粉末，质量控制指标有氧化铝（Al_2O_3）含量及碱化度（B）。

总体来讲，与铝盐和铁盐混凝剂相比，聚合铝具有以下特点：

（1）混凝反应速度快，烧杯试验发现，反应速度最快时仅 10s 即有矾花生成。

（2）与硫酸铝等混凝剂相比，PAC 的剂量范围广，在处理大多数地表水时，维持 20～100mg/L 的剂量都可以取得良好的混凝效果。

（3）低温混凝效果明显优于硫酸铝、氯化铁等无机盐类混凝剂。

（4）适用的 pH 值范围比铝盐、铁盐广。

聚合铝使用过程中应注意以下问题：

（1）储存。因为 PAC 容易潮解成块，储存时要注意包装袋完整，保持密封。

（2）配药。在配药时应先启动搅拌装置，然后再将药粉缓缓加入配药容器并保持搅拌，否则，药粉接触水后容易结块而沉淀在槽底。

（3）加药管道不宜使用不锈钢、碳钢等材质，而应使用衬胶（塑）、铝塑管。另外，也可以使用 ABS 和 PVC 等工程塑料管，由于在使用过程中，工程塑料管容易老化，出现过因振动破裂或黏接效果差而泄漏的问题，因而要注意材料和黏接的质量、固定和支撑的设计等。

其他混凝剂名称及性质见表 2-1。

表 2-1　　　　　　　　　　　　　　　常用混凝剂名称及性质

名称	分子式	一般性质
硫酸铝	$Al_2(SO_4)_3 \cdot 18H_2O$	（1）含无水硫酸铝 52%～57%； （2）适用于 pH=6～8 的原水； （3）投加量较大时，处理后水中强酸阴离子含量明显增加； （4）不适用于低温、低浊度的原水
硫酸亚铁	$FeSO_4 \cdot 7H_2O$	（1）适用碱度高、浊度高、pH=8.1～9.6 的原水，或与石灰处理配合使用； （2）原水 pH 值较低时，常采用加氯氧化方法，使二价铁变成三价铁； （3）原水色度较深或有机物含量较高时，不宜采用； （4）对加药设备的腐蚀性较强
三氯化铁	$FeCl_3 \cdot 6H_2O$	（1）适用于高浊度、pH=6.0～8.4 的原水； （2）易溶解、易混合、残渣少，但对金属腐蚀性大，对混凝土也有腐蚀性，因发热容易使塑料容器和设备变形； （3）形成矾花大而致密，沉降速度快，适用于低温水； （4）不宜用于低浊度原水
聚合硫酸铁（PFS）	$[Fe_2(OH)_n(SO_4)_{3-n/2}]_m$ （通式）	（1）是无机高分子化合物； （2）适用于有机物含量较高的原水或有机废水的处理，pH=4.5～10； （3）净化效率高，形成的矾花大而致密，沉降速度快； （4）缺点是投加量较大时处理后水的 pH 值低于 6，如过滤效果不好则水中铁含量有所升高

2. 助凝剂

当由于原水水质等方面的问题，单独采用混凝剂不能取得良好的效果时，需要投加一些辅助药剂来提高混凝处理效果，这种辅助药剂称为助凝剂。助凝剂分无机类和有机类。在无机类的助凝剂中，有的用来调整混凝过程中的 pH 值，有的用来增加絮凝物的密度和牢固性。典型的无机助凝剂有氧化钙、水玻璃、膨润土；有机类的助凝剂大都是水溶性的聚合物，分子呈链状或树枝状，其主要作用有：①离子性作用，即利用离子性基团进行电性中和，起絮凝作用；②利用高分子聚合物的链状结构，借助吸附架桥起凝聚作用。典型的有机助凝剂有聚甲基丙烯酸钠、聚丙烯酰胺（PAM）等。

未水解的聚丙烯酰胺产品，应水解后使用。另外，溶解箱和计量箱不应用铁制容器，这样会造成 PAM 的活性降解，絮凝作用降低。可选用聚乙烯基乙醚溶解箱和计量箱。

PAM 的水解可用以下方法：在溶解箱内放入 20% 的 NaOH，现场配制，按照每天的加药量，将固体 PAM 慢慢倒入不断搅拌的 20%NaOH 溶液中，在全部溶解后，静置 2h（最好先做试验，确定最佳水解时间），再转入到计量箱中，并用水稀释 10 倍，按澄清池进水流量调整加药量。

三、沉淀处理

水中固体颗粒在重力的作用下，从水中分离出来的过程称为沉淀（沉降）。这里所说固体颗粒可以是水中原有的泥砂、黏土颗粒，也可以是在混凝处理中生成的絮凝物。

固体颗粒在水中的沉降受到许多因素的影响，包括颗粒本身的特性（密度、粒径和形状）、水的密度和黏度、水中悬浮物含量和水流状态等。在静止的水中，如果颗粒沉降时没有受到其他颗粒和构筑物壁面的影响，则发生的是自由沉降；如果在沉降过程中还受到周围颗粒的干扰，沉降速度和自由沉降时的速度不一样，这种沉降称为拥挤沉降或干扰沉降。而在发生混凝反应后的水流中，颗粒的沉降过程更为复杂。

1. 自由沉降

在自由沉降过程中，悬浮颗粒在水中受到三个力的作用，即重力、浮力和阻力。重力向下，浮力向上，阻力与颗粒的运动方向相反（即向上）。如果悬浮颗粒为圆球，颗粒从静止开始沉降，有一个瞬间（约 0.1s）加速过程，在此过程中，阻力迅速增加到与浮力和重力达到均衡，即合力为零，加速过程结束，之后颗粒保持等速沉降运动。等速沉降速度 v 可以用斯托克斯公式来表示，即

$$v = \frac{d^2 g(\rho_2 - \rho_1)}{18\mu} \tag{2-1}$$

式中：ρ_2、ρ_1 为颗粒、水的密度；μ 为水的黏度；g 为重力加速度；d 为颗粒直径。

由式（2-1）可知，颗粒的粒径和密度越大，沉速就越快；水温增加，水的黏度和密度降低，沉速也加快；如果（$\rho_2 - \rho_1$）<0，则沉速为负值，表明颗粒不是下沉，而是上浮。

自由沉降是一种非常理想的情况，实际水处理工艺中的悬浮物沉降远比它复杂得多，所以实际的沉降速度不可能使用式（2-1）来求，但是斯托克斯公式中的基本关系都是适用的，可以用来分析许多因素对沉淀过程的影响。

经常遇到的一个影响因素就是悬浮颗粒在流动水中的沉降。由于实际工业设备都是连续运行的，所以颗粒是在流动的水中进行沉降，其沉降情况与上述静止水中互不干扰的沉降有很大不同。此时，悬浮颗粒除了受重力垂直下沉外，还有水平方向的运动，垂直方向的下沉可以近似用斯托克斯公式来描述，水平方向运动速度则可看作水流的流速，所以悬浮颗粒实际下沉轨迹是一条斜线，它的下沉速度是两个速度的合速度。

2. 拥挤沉降

当天然水中悬浮物浓度大于 5000mg/L，以及在混凝处理过程中，形成的絮凝物浓度很高时，颗粒之间的相互碰撞以及由于相互作用所产生的作用力影响很大。这时颗粒的沉降就不是简单的自由沉降，而是拥挤沉降。颗粒下沉产生的上涌水流和尾流对周围颗粒下沉有影响，颗粒浓度越大，这种影响就越大。因此拥挤沉降的速度要小于自由沉降速度。这种拥挤沉降有一个非常特殊的现象，就是在沉降过程中出现一个浑水和清水的交界面，沉淀过程实际上就是交界面下沉的过程，交界面下的悬浮颗粒浓度一般可看作均匀的。

3. 压缩沉降

随着沉降的进行，水中全部颗粒不断向底部聚集，当这里的浓度增加至颗粒间相互接触

时，此后发生的沉降是压缩沉降，又称污泥的浓缩。沉淀池积泥区中的沉降、松土的自然板结都可看成为这种沉降。在压缩沉降过程中，先沉降的颗粒将承受上部沉泥的重量，颗粒间空隙中的水由于压力增加和结构变形被挤出，使污泥浓度增加。压缩沉降过程中污泥厚度随时间呈指数规律减薄。

4. 絮凝沉降

天然水中胶体或矾花大都具有絮凝能力，特别是经过混凝处理后的悬浮颗粒，颗粒碰撞后发生聚集，随着颗粒的下沉，粒径也不断增加，沉降速度加快。

四、澄清处理

前面介绍了混凝和沉淀，如果将两个过程在同一个设备中完成，那么这种处理工艺就是常说的水的澄清处理，它是电厂水处理中常见的处理工艺。澄清处理的技术特点是在池内维持一定量的悬浮泥渣层，与加了混凝剂的原水一起进行混合、反应和沉淀过程，从而获得较为理想的处理效果。

澄清处理的重要特征是利用了泥渣对颗粒的絮凝和过滤作用来提高出水水质。

1. 泥渣的絮凝作用

澄清池运行时，泥渣返送回原水后加速了絮凝体（矾花）的形成和长大，其原因如下：

（1）进入原水的泥渣相当于提高了悬浮颗粒的初始速度，缩短了颗粒间的距离，使颗粒间的碰撞次数增加。

（2）由于返送回原水的是新生泥渣，具有较高的活性，可起到晶核和吸附等作用。

（3）回流的泥渣及携带的新生矾花要在池内循环，与絮凝物一次性通过沉淀区相比，沉淀时间延长了，与此相应的反应（微小矾花吸附于原有大颗粒矾花之上的絮凝反应）时间也延长了，微小矾花浓度衰减速度越快。

2. 泥渣的过滤作用

澄清池工作时，总保持着一定高度的泥渣层，它是由大颗粒、高浓度的矾花形成的。投加混凝剂后的原水与回流的泥渣一起，经过搅拌混合生成微小矾花后，必须穿过泥渣层。这种泥渣层类似滤层，通过筛分和吸附等作用，一方面促使微小矾花迅速生成粗粒矾花，另一方面将这些矾花截留在泥渣层中。泥渣层高度越高，水中微小矾花浓度衰减速度就越快。

五、机械搅拌澄清池

澄清池按泥渣状态可分为泥渣悬浮式澄清池和泥渣循环式澄清池。电厂水处理中，最常用的澄清设备为泥渣循环式机械搅拌澄清池。

（一）设备结构

图 2-2 所示为某一典型机械搅拌澄清池的结构。

各部分的结构及特点简述如下。

（1）环形三角槽。三角槽起配水的作用。位置在澄清器中部，因为断面近似于三角形，所以称为三角槽。在三角槽上均匀地开着许多孔眼或缝隙，以便进水均匀地分配到第一反应室四周。实践证明，开孔配水不易堵塞且易做到布水均匀。图 2-3 所示为缝隙和孔眼布水方式示意，孔径为 100mm 左右。三角槽壁面（第二反应室侧壁或三角槽斜边）上常开设人孔，目的在于清除槽内淤泥。三角槽顶部设有一只排气管，以排除进水中带入的空气。

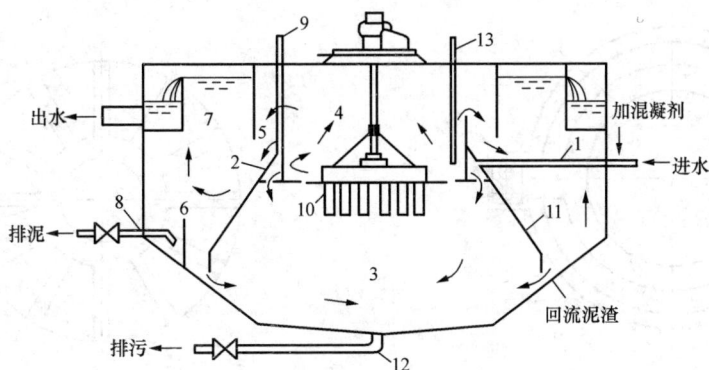

图 2-2　机械搅拌澄清池的结构

1—进水管；2—三角槽；3—第一反应室；4—第二反应室；5—导流室；6—分离室；

7—集水槽；8—侧排泥斗；9—排气管；10—搅拌浆板；11—伞形板；

12—底部排泥；13—助凝剂加药管

（2）第一反应室。第一反应室由倾角为 45°～60°的伞形板和倾角约为 45°的外圆斜壁及坡度约为 7.5% 池底围成。

（3）第二反应室。第二反应室由直径不相等的两个同心圆筒上下错开一定高度组成，两个圆筒间形成折流区（导流室）。为了充分利用水流动能，促使水流更好地紊动，提高容积利用系数和破坏水流的整体旋转，内

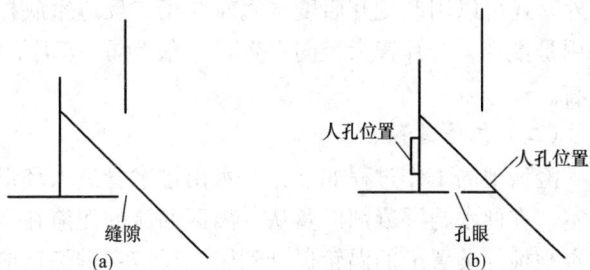

图 2-3　缝隙和孔眼布水方式示意

（a）缝隙布水；（b）孔眼布水

筒的内侧设有导流板。导流室中也设置导流板，使旋转水流变成径向流后再进入分离室，有利于泥渣与水的分离。

（4）清水区、分离区和集泥区。由第二反应室外筒和池壁及池底斜壁围成，上部为清水区，中部为分离区，下部为集泥区。为了减少排泥耗水量，集泥区设有泥渣浓缩室，先将泥渣浓缩后再排泥。

（5）出水系统。出水系统采用清水区内设置集水槽形式。澄清池的池径不同，采用的集水槽也不同。池径较小的，采用单独环形集水槽（见图 2-4）；池径较大的，采用环形加辐射集水槽（见图 2-5）。集水槽是水泥现浇件或钢板预制成的，内壁有许多集水孔（φ25）均匀布置。孔口出流比较容易做到集水均匀，所以清水流入集水槽内的方式为孔口出流式。

（6）排泥系统。排泥采用排泥斗（侧排）和底部排泥相结合的形式。排泥斗安装在澄清器泥渣浓缩室侧壁，其数量与设备的直径大小有关，一般为 2、3 只。排泥斗的作用是：①排出多余的泥渣；②控制泥渣层高度和泥渣浓度；底部排泥常采用机械排泥，利用池底的刮泥机把污泥汇集在池底中心，然后通过池底排泥管排出池外。底部排泥的作用是：①澄清器排空；②排除沉积在澄清器底部的泥渣，作为排泥的辅助措施。

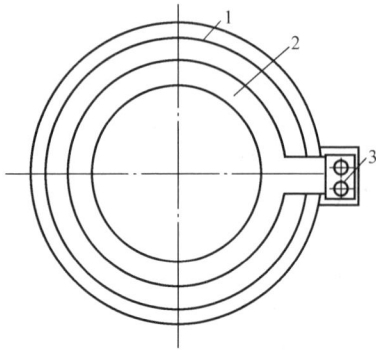

图 2-4　环形集水槽构造示意
1—池体；2—集水槽；3—集水斗

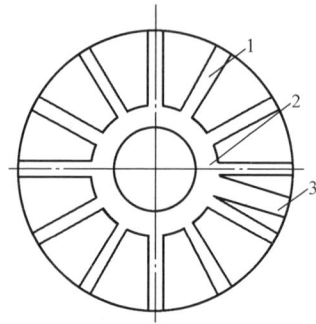

图 2-5　环形加辐射集水槽构造示意
1—辐射多孔集水槽；2—环形集水槽；3—总出水槽

（7）搅拌提升装置。搅拌提升装置是池的关键部件。搅拌机上部为涡轮、下部为叶片（桨板）。涡轮的作用类似泵，它可将含泥渣的水提升到第二反应室，其提升能力除与转速有关外，还可以用改变开启度（涡轮与第二反应室底板间的距离）的办法来调整。下部叶片的作用是搅拌，叶片皆为径向布置，一般为 6～8 片，长度（高度）为第一反应室高度的 1/3 左右。

（二）工作过程

澄清池的工作过程如下：原水由进水管进入环形三角槽，经槽底出水孔均匀流入第一反应室，在此水与混凝剂以及从分离区回流的泥渣在搅拌装置的搅动作用下充分混合，混合后的水被搅拌装置上的涡轮提升到第二反应室继续反应以形成较大的絮粒。然后，水流经设在第二反应室上部四周的导流室进入分离室。在分离室中，由于其截面大于第二反应室，水流速度下降，泥渣和水可分离，澄清水经集水槽排出。分离出的泥渣大部分通过回流缝回到第一反应室，不断形成循环，少部分进入泥渣浓缩室，浓缩至一定浓度后排出池外。

混凝剂、助凝剂配合使用时，两种药剂应按先后顺序投加，间隔时间大于 30s；若在管道中加入，距离至少大于 15m。若有杀菌处理，应加在混凝剂之前。混凝剂加药点宜选择澄清池的进水管或进口的配水井，助凝剂加药点宜选择第二反应室入口处，杀菌剂也加入进水管中。

（三）混凝剂加药系统

1. 混凝剂的溶解与配制

液体药剂可以直接稀释后投加，固体混凝剂通常配制成一定浓度的溶液后投加。一般混凝剂的配制浓度小于 10%，助凝剂的配制浓度小于 0.5%。配制过程中，先在溶解池中将块状或粒状的固体溶解成浓溶液，然后将浓溶液送入溶解箱中，加水配制成稀溶液。混凝剂的溶解和投加流程如图 2-6 所示。

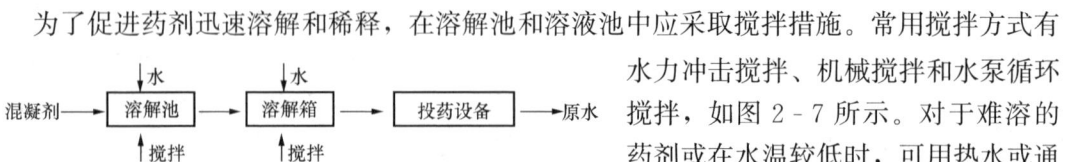

为了促进药剂迅速溶解和稀释，在溶解池和溶液池中应采取搅拌措施。常用搅拌方式有水力冲击搅拌、机械搅拌和水泵循环搅拌，如图 2-7 所示。对于难溶的药剂或在水温较低时，可用热水或通入蒸汽的办法促进其溶解。

图 2-6　混凝剂的溶解和投加流程示意

2. 混凝剂的投加

混凝剂的投加方式一般分为重力式和压力式。前者利用溶液箱与投药点的落差,使药液自流进入泵前的吸水管内或沉淀池和澄清设备的进水管内;后者是用水射器(喷射泵)或计量泵将药液加到设备的进水管上。

3. 混凝剂的配制及投加系统

图2-8和图2-9所示分别为目前电厂常用的固体混凝剂的配制及投加系统。

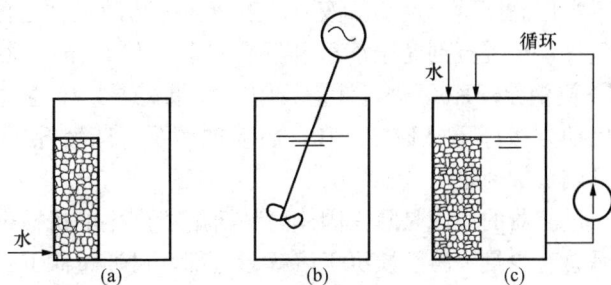

图2-7 混凝剂的搅拌方式
(a)水力冲击搅拌;(b)机械搅拌;(c)水泵循环搅拌

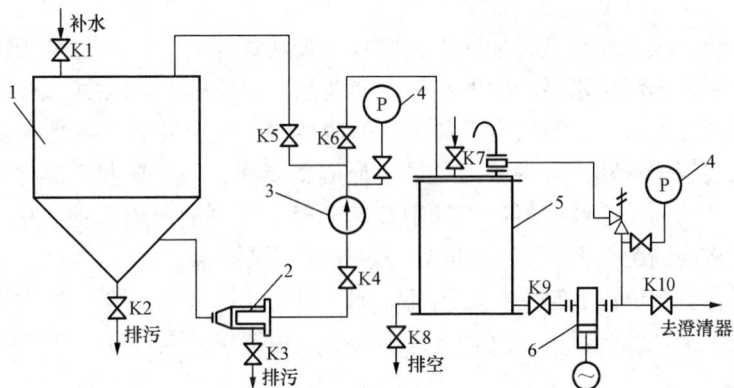

图2-8 A电厂混凝剂加药系统

1—溶解箱;2—过滤器;3—溶液泵;4—压力表;5—计量箱;6—计量泵

K1—溶解箱加水阀;K2—溶解箱排空阀;K3—排污阀;K4—溶液泵进口阀;

K5—循环阀;K6—计量箱入口阀;K7—计量箱加水阀;K8—计量箱

排空阀;K9—计量泵进口阀;K10—计量泵出口阀

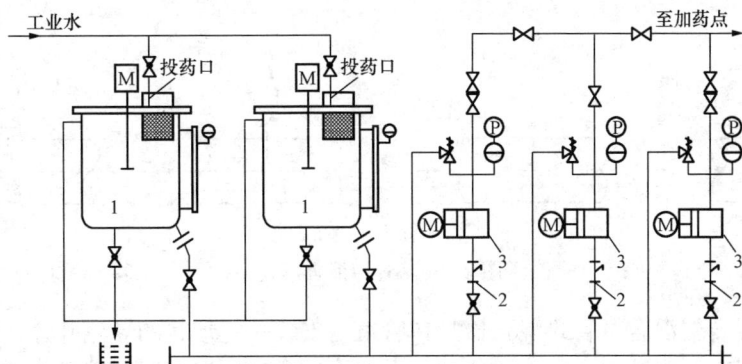

图2-9 B电厂混凝剂加药系统

1—溶解箱;2—过滤器;3—计量泵

A电厂混凝剂加药系统的工作过程如下:把固体药品投入溶液箱中,通过阀K1加水至规定水位高度后，启动溶液泵，溶液箱中药液经"过滤器→K4→溶液泵→K5→溶解箱"循环搅拌，至混凝剂完全溶解和混合均匀，停止循环搅拌。溶液箱上部的清液经"过滤器→K4→溶液泵→K6"进入计量箱中。如果需要，可通过 K7 加水稀释到所需浓度。按加药泵的启动方法打开阀 K9、K10，启动加药泵，药液升压后送往澄清池中。调节加药泵的冲程即可调节加药量。

过滤器的作用是除去固体药品溶解所产生的机械杂质，避免计量泵堵塞或磨损。药品溶解后总有少量不溶杂质沉于溶解箱底部，可通过阀 K2 排出。

B电厂混凝剂加药系统的工作过程如下：药剂放入投药口，在搅拌装置的作用下，药剂逐渐溶解，并在溶解箱内配制成一定的浓度，如 5%～20%。然后通过活塞式计量泵加至加药点。

4. 药液与水的混合

药液与水混合常用以下几种方法。

（1）水泵混合。水泵混合是将加注点设在水泵吸水管的进口处，依靠水泵的吸力将药剂和水一起吸入水泵，再利用水泵叶轮的旋转，使药剂均匀分散于原水中。此种混合形式混合效果好，不额外消耗能量，不需设混合装置，适应性强。但当水泵距离澄清池过远时，则含有混凝剂的原水在管道流动过程中，会过早地形成絮凝体。一旦这些絮凝体在管道中破碎，则很难重新聚集，不利于后续絮凝，当管中流速低时，还可能形成沉淀，堵塞管道。因此，当水泵与澄清池之间的距离大于 150m 时，不宜采用水泵混合。

（2）管道混合。管道混合是将混凝剂药液加入澄清池进水管，即生水管中，利用水流把药扩散于水体中的一种混合形式。这种方式不需要其他特殊的混合设备，布置简单，应用比较广泛。

药液加入管道的布置有多种形式，如图 2-10 所示。根据水力学知识可知，管内过水断面上水流流速呈抛物线分布，管壁处流速最小，管中心处流速最大，所以药液流出口越靠近管中心，混合强度越大。比较图 2-10 中各种形式可知，图（a）的混合效果最差，图（b）和（c）混合效果较好，因图（d）是多点投药，所以加药均匀性最好，但孔眼易堵塞。图（a）适用于小管径加药，图（b）目前应用最广泛，因为它与图（c）和（d）相比，安装较方便。

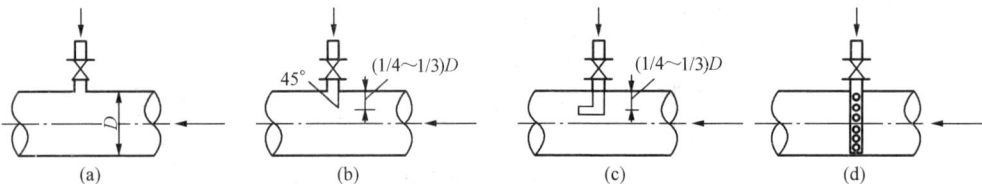

图 2-10　管道混合形式

（3）管式混合器混合。管式混合器是在管道内安装一定形状的导流叶片，使水产生分流或旋流，以增强药与水的混合效果。这种混合器分管式动态混合器和管式静态混合器，前者的叶片是旋转的，后者是静止的。管式静态混合器混合效果好，构造简单，安装方便，无活动部件，不增加维修工作量；其缺点是水头损失较大，且当流量减小时混合效果下降。图2-11所示为某管式静态混合器。

（4）机械搅拌混合。机械搅拌混合设有专门的混合池，在混合池内用电动机驱动搅拌器搅拌加入了药剂的原水，以达到药剂在原水中均匀分散的目的。搅拌速度可根据进水流量和浊度变化调节，以达到所要求的速度梯度值。这种混合方

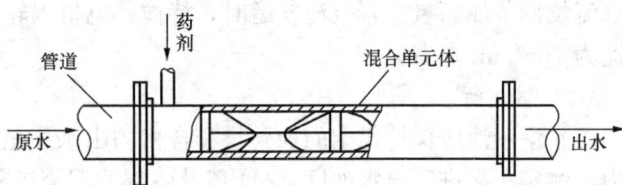

图 2-11 管式静态混合器

式混合效果好、适应流量范围广，缺点是设置机械设备增加了管理和维修工作量。

（5）分流隔板混合池。分流隔板混合池是利用隔板使水流局部受阻，改变流向而产生湍流来达到混合的装置。

【任务实施】

一、机械搅拌澄清池运行

1. 准备工作

澄清池投运前应做好各项准备工作。将池内打扫干净并封闭有关入口门；检查池体、阀门、测量装置和机电设备等是否正常、操作是否灵活，补充机电设备润滑油，开通冷却水等；检查生水泵、加药泵、机械搅拌器，使之具备运转条件；生水池放满水，药液配制完备。

必要时进行原水的烧杯试验，取得最佳混凝剂和最佳投药量。

2. 初次投运

（1）尽快形成所需泥渣浓度。一般调整进水量为设计流量的 1/2～2/3，投药量一般为正常加药量的 1～2 倍，并适当减小涡轮提升量。

（2）逐步提高转速，加强搅拌。如泥渣松散、絮粒较小或水温、进水浊度低时，可适当投加助凝剂或黏土促使泥渣层尽快形成；也可将另一正在运行的澄清池的泥渣加入初次投运的澄清池中，以缩短泥渣形成的时间。

（3）确定搅拌机开启度和转速。在泥渣形成过程中，进行转速和开启度的调整，在不扰动澄清区的情况下尽量加大转速和开启度。

（4）在形成泥渣的过程中，应经常取水样测定池内各部位的泥渣沉降比。若第一反应室及池底部泥渣沉降比开始逐步提高，则表明泥渣层在 2～3h 后即可形成。泥渣形成后，出水浊度达到设计要求，可逐步减少加药量至正常值，然后逐步增大进水量。当增大进水量时，应提前 20～30min 加大加药量，并开排泥阀降低泥渣层高度，再逐步增加水量。每次增加水量不宜超过设计水量的 20%，时间间隔不小于 1h，待水量增至设计负荷后，应稳定运行不小于 48h。

（5）当泥渣面达到规定高度（接近导流筒出口）时，应进行排泥，使泥渣层高度稳定。为使泥渣保持最佳活性，一般控制第二反应室泥渣 5min 沉降比在 10%～20% 范围内。

3. 正常投运

投运前 30min 启动澄清池搅拌机，搅动底部沉积的泥渣层，有利于活性泥渣的生成。然后，启动生水泵、生水泵出口门、澄清池进水门（根据进水水温，决定是否开生水加热器），向澄清池注水，不合格水从澄清池溢流管排放；同时启动加药泵，并根据进水浊度及

进水流量调节加药量。若空池投运时，待搅拌电机涡轮完全浸入水中时，启动搅拌机，调节转速为 10r/min 左右。

4. 正常运行

(1) 澄清池应保持稳定的加药量和合格的出水质量，应每隔 2～4h 记录一次进水流量、压力，测定一次进、出水浊度，pH 值及各部位泥渣沉降比。

(2) 澄清池的负荷应稳定，不宜大幅度波动。

(3) 进入澄清池的水应无空气，以避免由于空气的扰动而影响澄清池的出水质量。

(4) 当澄清池需要提高（或降低）负荷运行时，每次增减水量不超过额定水量的 20%，时间间隔不得低于 0.5h。

(5) 根据沉降比、出水浊度等确定排泥量，使第二反应室的沉降比维持在规定值。

(6) 定期检查搅拌机、生水泵、加药泵、混合加热器的运行情况，发现异常及时处理。

5. 停运

(1) 短期停用（72h 之内）。

1) 关闭澄清池进、出水阀，停加药泵及其出、入口阀关闭。

2) 保持机械搅拌机运行。

3) 刮泥机继续运行，保持泥渣不沉积；开底排和侧排适当排泥。

(2) 长期停运（超过 72h）。

1) 关闭澄清池进、出水阀，停加药泵及其出、入口阀关闭。

2) 开底部排污阀排水，当水位降至搅拌机叶轮时，停搅拌机，停刮泥机，关闭润滑水。

3) 放完澄清池余水，并将积泥冲洗干净。

6. 停池后重新运行

当澄清池停运 8～24h 重新启动时，因泥渣处于压实状态，所以应先从底部排出少量泥渣，并控制较大的进水量和加药量，使底部泥渣松动、活化；然后调整出力至设计值 2/3 左右运行，待出水水质稳定后，再逐渐降低加药量，加大进水量。

二、运行参数控制

1. 混凝剂加药量

混凝剂加药量对混凝效果有重要影响。图 2 - 12 所示为原水浊度 ZD 不同时（$ZD_1 < ZD_2 < ZD_3 < ZD_4$），混凝剂加药量对出水浊度的影响。从图 2 - 12 可作以下两点推论：

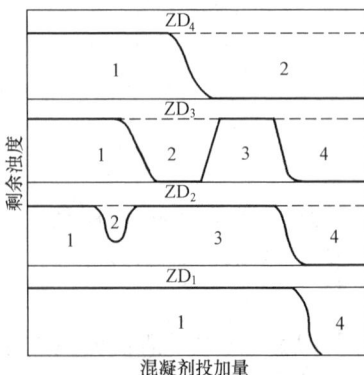

图 2 - 12　混凝剂量对混凝效果的影响

(1) 浊度低的水是一种难处理的水。因为水中浊度太低，颗粒间距离大，接触碰撞的机会减少，而架桥物的分子链长度是有限的，吸附架桥难度增加。为了达到良好混凝效果，混凝剂用量比较高。图 2 - 12 中 ZD_1 就是这种情况。

(2) 混凝剂加药量不当，不但不能除去胶体颗粒，反而会使胶体出现再稳定现象。如图 2 - 12 中 ZD_3 所示，曲线分成四个区域。在第一区，因剂量不足，尚未起到脱稳作用，剩余浊度较高；在第二区，因剂量适当，产生快速凝聚，出水剩余浊度急剧下降；在第三区，剂量继续增加，由于胶体颗粒吸附了过量的混凝剂水解中间产物，引起胶体颗粒电性变号，发生再稳现象，出水剩余浊度重新增加；在第四区，进一步提高剂量，使混凝剂过饱和程度增大，生成大量难溶的氢氧化物沉淀，通过吸附、网捕等作用，引起二次凝聚，出水剩余浊度又一次降低。

在澄清池运行中，如果发现出水混浊（外观与进水相似），反应区没有泥渣或者泥渣浓度很低，一般都是剂量不足造成的；如果发现处理后的水质澄清透明，浊度很低，但水中残留很多白色的氢氧化铝絮体（这些絮体是半透明的，对浊度值影响很小），一般是混凝剂量太大所致。因为混凝剂量太大，产生了大量的金属氢氧化物沉淀，澄清器反应区和分离区的泥渣浓度很高，活性较强，除浊效果很好。但此条件下形成的絮凝体的密度较低，泥渣层上涨很快，排泥频率增加，水耗相应增大。同时，水中残留的铝离子或铁离子浓度较高，不利于下一级处理。在通常使用的混凝剂量范围内，不会发生再稳现象。

由于混凝过程是一个复杂的物理化学过程，因而所需的混凝剂量目前无法根据计算来确定。为此，应根据原水水质和对处理后的水质要求，通过混凝试验（烧杯试验）来求得最佳剂量。

混凝试验装置是一台具有多个转轴的同步变速搅拌机，搅拌机设 4～6 组叶片，确定最优加药量的方法如下：①将一定体积的水样（一般为 500～1000mL）加入烧杯。②将搅拌桨板插入烧杯中，启动搅拌机，控制搅拌转速在 140r/min 左右。按照剂量要求迅速向烧杯中加入一定量的混凝剂，维持搅拌 2min。在此过程中，记录各烧杯中产生絮凝体的时间。③将搅拌转速调低至 40r/min，持续 10min 后停止。④搅拌结束后，轻轻提起搅拌机叶片，使水样静置 10min。观察每个烧杯中絮凝体的大小及清液层的情况，观察记录沉降情况。⑤取沉淀后的上层清液，测定各水样的残留浊度、有机物等项目，计算去除率，通过分析确定最优加药量。⑥数据异常时，进行重复性试验。

混凝试验是确定最优混凝条件的模拟试验。模拟试验的内容一般只需确定最优加药量和 pH 值，至于其他工艺条件，可根据经验和实际情况来决定。在电厂补给水预处理中，往往用絮凝体形成速度以及处理后水的浊度和有机物的去除率来判断混凝效果。

多年的运行经验表明，天然水混凝处理的最佳混凝剂量一般为 0.3～0.7mmol/L。下列混凝剂量数据可供混凝处理时选用：硫酸亚铁（以 $FeSO_4 \cdot 7H_2O$ 计）42～97mg/L；三氯化铁（以 $FeCl_3 \cdot 6H_2O$ 计）27～63mg/L；硫酸铝［以 $Al_2(SO_4)_3 \cdot 18H_2O$ 计］33～77mg/L，聚合铝（以 Al_2O_3 计）5～8mg/L，聚合铁（以 Fe^{3+} 计）5～10mg/L。

2. 水的 pH 值

水的 pH 值对混凝过程的影响是多方面的。

（1）pH 值对混凝剂水解产物形态的影响。混凝剂的水解过程是一个不断放出 H^+ 离子的过程，会改变水的 pH 值；反过来，原水的 pH 值直接影响到混凝剂不同形态的水解中间产物，从而影响絮凝反应的效果。

（2）pH 值对原水中有机物形态的影响。pH 值低时，水中腐殖质为带负电荷的腐殖酸胶体，此时易于用混凝除去；当 pH 值较高时，它转化为腐殖酸盐，因而除去率较低。

混凝处理需要的 pH 值范围因混凝剂品种而异。如铝盐混凝剂适宜的 pH 值范围是 6.5～7.5，若考虑去除腐殖酸类有机物的效果，则最佳的 pH 值为 6.0～6.5；铁盐比铝盐的使用 pH 值范围宽，一般为 6.0～8.4；聚合混凝剂适用的 pH 值较广，涵盖了大多数天然水的 pH 值范围，除石灰处理外，在混凝处理中一般不需要调整 pH 值。

　　尽管水的 pH 值（和碱度）对混凝效果影响较大，但在天然水体的混凝处理中，却很少采用投加碱性或酸性药剂来调节 pH 值，而是根据水质条件选择合适的混凝剂。这主要是因为大多数天然水为碳酸盐型水，缓冲能力强，接近于中性，投加酸、碱性物质会给后续处理增加负担。

　　3. 搅拌强度

　　混凝过程的两个阶段（混合和絮凝）对搅拌强度的要求不相同。混合阶段要求剧烈搅拌、快速完成，保证药剂在水中均匀分散；絮凝阶段的搅拌强度随着矾花长大而逐渐降低，以免打碎大颗粒矾花。涡轮转速一般设定为 $5\sim15\text{r/min}$，可根据需要调节。

　　由水体流动引起的颗粒碰撞在混凝过程的两个阶段起着主要作用，而决定水体流动状态的水力学因素是速度梯度。速度梯度 G 定义为两个相邻水层的水流速度差 $\mathrm{d}v$ 与它们之间距离 $\mathrm{d}y$ 之比，即

$$G = \frac{\mathrm{d}v}{\mathrm{d}y}$$

$G(\text{s}^{-1})$ 与单位体积水流所消耗的搅拌功率 $P(\text{W/m}^3)$ 及水的动力黏度 $\mu(\text{N}\cdot\text{s/m}^2)$ 的关系为

$$G = \sqrt{\frac{P}{\mu}}$$

　　增加 G 值，即增加搅拌强度，就会增多胶体颗粒之间的碰撞机会，有利于脱稳和形成矾花；但 G 值太大，反而会导致矾花的破裂。在混合阶段，速度梯度 G 为 $500\sim1000\text{s}^{-1}$；在絮凝阶段，G 值为 $20\sim70\text{s}^{-1}$。

　　4. 回流比

　　回流比是指回流泥渣量与进水量之比，又称回流倍数。增加回流比相当于增加了返送回原水中的污泥量，一方面有利于混凝，但另一方面增加了搅拌机械的电耗和缩短了水在第一、二反应区的停留时间，不利于矾花的长大。实践证明，回流比一般控制在 $3\sim5$ 范围内为宜。当需要调整回流比时，可通过改变叶轮转速及其开启度来实现。

　　搅拌机上部的涡轮和下部的叶片一般用同一根轴驱动，但是同轴驱动时搅拌强度和提升水量两者间难以协调，也就是规定的搅拌强度所应有的转速与规定的提升水量所应有的转速并不正好相等。当转速达到提升水量要求时，有可能搅拌强度不够；当加大转速保证搅拌强度时，又因提升水量太大，大量水冲击分离室内泥渣层，造成矾花上浮。为了协调或缓解上述矛盾，澄清池设有调流措施，以便运行时实施对提升水量的调整，达到最好处理效果。例如，升降转动轴，以调整提升叶轮的出口宽度（开启度）。当然，最彻底的解决办法是采用同心套轴，外面一根带动涡轮，里面一根驱动桨板。

　　澄清池的处理水量 Q、回流比、叶轮转速、叶轮厚度之间存在着密切的关系。叶轮厚度按式（2-2）经验式计算

$$B = \frac{Q'}{K D_\mathrm{Y}^2 n} \tag{2-2}$$

式中：B 为叶轮厚度，m；Q' 为叶轮提升流量［回流比一般取 $3\sim5$，则 Q' 为 $(4\sim6)\,Q$］，m^3/s；K 为系数，取 3.0；D_Y 为叶轮直径，m；n 为叶轮转数，r/min。

　　正常情况下，搅拌叶片外缘线速度采用 $0.4\sim0.6\text{m/s}$ 效果较好，这时提升叶轮的开启度一般在 $0.25\sim0.75$ 叶轮厚度范围内。

利用式（2-2），结合澄清池实际的叶轮直径和叶轮转数的范围，可分别计算出在不同回流比、不同处理水量状态下 B 与叶轮转数 n 之间的关系，并将数据结果制成曲线图。在实际运行中，以曲线图提供的参数为基础，结合岗位运行人员的经验和出水水质再进行微调。

5. 泥渣浓度

泥渣浓度是指在反应区和分离区等悬浮泥渣区单位体积水中泥渣的数量，一般用沉降比来表示。沉降比是指在规定时间（通常为5min）内沉降下来的泥渣体积占总体积的百分率。在一定的范围内，反应区的泥渣浓度越大，混凝反应速度就越快；分离区的泥渣浓度越大，泥渣层的过滤网捕作用就越强，出水水质好。但当泥渣浓度过大时，对澄清器的运行也不利。主要表现在悬浮泥渣层增长太快，排泥频繁，水耗大。同时，泥渣容易老化而失去活性。机械搅拌澄清池正常运行期间，第二反应室出口处泥渣浓度，一般控制5min沉降比为10%～20%。如果澄清池运行中测得的第二反应室沉降比大于规定值，则应排泥。

影响泥渣浓度的因素主要是澄清池的上升流速（出力）、混凝剂的剂量和原水中胶体、悬浮物的含量。①上升流速越大，泥渣受到的剪切力也越大，泥渣之间的距离就越大，因此泥渣浓度就低。当上升流速太大，超过泥渣内聚力之后，泥渣层就会被破坏，水中产生很多小的浮渣进入清水区，使浊度增大。因此，泥渣内聚力所能承受的最大上升流速决定了在该运行条件下澄清池的最大出力。②混凝剂的剂量和原水中胶体、悬浮物的含量对泥渣浓度的影响是相同的。混凝剂量（原水中的胶体、悬浮物的含量）越少，泥渣浓度也就越小，这就是为什么低浊水反而难处理的原因。混凝剂量大，泥渣的浓度也大。

6. 悬浮泥渣层高度（清水区高度）

悬浮泥渣层的高度是影响澄清效果的一个重要因素，泥渣层高度越高，泥渣层的过滤网捕作用就越强，出水水质就越好。这与过滤器滤层的高度对出水水质的影响是一致的。悬浮泥渣层高度也是需要控制的，如果高度太高，会因清水区变短而使矾花带入出水区，出水浊度将增加。同时，在有斜管的情况下，泥渣层过高有可能堵塞斜管，使出水水质变差。

悬浮泥渣层的高度通常控制在第二反应室外筒底口水平面稍下，超过规定值时则应排泥。检测泥渣面的方法有：用光电管探测泥渣面；在分离室泥渣面处设置取样管取水样观察；在池外壁设置观察窗直接观看泥渣面位置。

7. 排泥

在澄清器运行中的排泥操作，实质上就是控制泥渣特性的。通过排泥，排去活性较差的泥渣、调整泥渣浓度和悬浮泥渣层的高度。

排泥有连续排泥和间歇排泥两种方式。连续排泥就是连续不断地将浓缩泥渣从排泥管排出，由于这种排泥方式泥渣流动缓慢，所以泥渣容易沉积而堵塞排泥管；间歇排泥就是通过快开阀突然打开几秒钟至几分钟，实施快速排泥，然后关闭一段时间后再次快速排泥，采用这种排泥方式，由于泥渣快速运动，故管内污泥不致堆积。间歇排泥的快速启闭阀的周期和开启历时都可以调整，以适应排泥量的变化。该阀动作比较频繁，宜用自动阀，又因它处在泥水环境下工作，容易失灵或损坏，所以为检修方便，快开阀前一般设有检修闸阀。

间歇排泥主要有以下几种方式：

（1）手动排泥。这是使用最早的一种方法，凭经验间歇排泥。其缺点是较难将泥渣层高度控制在合理的范围内，运行人员操作维护工作量大，不是一种科学合理的方法。尤其是澄清池的出力或混凝剂量等变化后，泥渣层的增长速度随之变化，容易出现排泥不足或排泥过量的问题。

（2）控制时间自动排泥。这种排泥方式与手动排泥采用的原理是相同的，除了省去人工操作外，其他方面与手动排泥有相同的缺点。由于原理落后和投入率低等原因，该种排泥方式已逐渐被淘汰。

（3）根据泥渣层高度自动排泥。这种排泥方式是在设备体内设置泥位计检测泥渣层高度，以此为控制信号进行排泥。

（4）根据泥渣浓度自动排泥。这种排泥方式是通过连续监测分离区悬浮泥渣层的泥渣浓度来控制排泥的。

研究结果表明，在装有斜管时，对于大多数水质来讲，分离区泥渣浓度是逐渐增大的，当增大到一定程度后，渣层才开始淹没斜管而上升。因此，当浓度到达一定值时开始排泥，就可以控制泥渣层高度。对于很多澄清池，尤其是加装斜管后，运行时并没有清晰的泥渣层界面，甚至不存在泥渣层界面。在这种情况下，渣位的测量已经不可能，因此，采用泥渣浓度控制排泥比泥位高度控制更为合理。

此外，当泥渣有异样，如变黑、发臭、大块上浮时，也应加大排泥，逐步更新泥渣层。当处理水量较低或进水浊度太小时，为防止池底部及排泥管出现积泥现象，宜每 24h 进行一次大排泥。

8. 水温

水温对混凝处理效果有明显影响。因高价金属盐类的混凝剂，其水解反应是吸热反应，水温低时，混凝剂水解比较困难，不利于胶体的脱稳，所形成的絮凝物结构疏松，含水量多，颗粒细小。另外水温低时，水的黏度大，水流剪切力大，絮凝物不易长大，沉降速度慢。

在电厂水处理中，为了提高混凝处理效果，常常采用生水加热器对来水进行加热，但如果加热的水温太高，一是能耗高，二是水温不容易稳定，温度波动大，容易造成"翻池"。如果混凝剂使用聚合铝或者聚合铁，一般水温控制在 15℃ 以上即可；采用铝盐混凝剂时，水温 20~30℃ 比较适宜。相比之下，铁盐混凝剂受温度的影响较小，针对低温水处理效果较好。

三、常见故障处理

1. 出水浊度大

在澄清池运行中，发现出水混浊（外观与进水相似），反应区没有泥渣或者泥渣浓度很低。发生上述现象的原因及处理方法如下：

（1）原水浊度太低。原水浊度小于 20FTU 时，不易形成活性泥渣层，浊度越低越难处理。为了保证混凝效果，通常采用加入黏土、助凝剂等方法，培养泥渣层。

（2）助凝剂的加入量不足。最常见的原因是计量泵发生堵塞导致加药量减少甚至中断。堵塞的原因一般是在配药时溶解不彻底，药液箱底部沉积的固体药品形成黏泥进入计量泵，使计量泵的止回阀堵塞。加药量要合理、稳定，即使是短时间的断药都可能使混凝状况恶化。

（3）提高出力时调整幅度过大或出力太大。悬浮泥渣层在任何一个上升流速下都有一定的适应时间，如果升负荷太快，泥渣层容易被冲散而使出水水质恶化。因此，要注意控制升负荷速度。一般情况下，每次提升的幅度不超过满负荷的 20%。出力太大，泥渣层会被破坏，使出水浊度增大。

（4）泥渣回流因通道堵塞而中断。伞形罩底部回流缝宽窄不一，影响了水的均匀回流。严重时，回流缝较窄的地方被堵塞，回流泥渣量减少，出水水质差。遇此情况，放水清理使泥渣回流正常。

此外，排泥过量、提升叶轮的开度或转速不当，冬季加热期间水中带气泡，出水浊度都将增大。

2. 澄清池"翻池"

"翻池"是指澄清池内部由于水力分布的异常变化，引起水在垂直方向上的强烈对流，使悬浮泥渣层的泥渣上翻至清水区，出水浊度剧增的现象。

发生"翻池"现象的原因及处理方法如下：

（1）澄清池偏流。集水槽水平度不好造成澄清池偏流。一是设备制造完成后灌水，基础发生不均匀沉降使得设备整体倾斜，造成偏流；二是设备加工的质量问题，集水槽架设不水平，或者集水孔开孔不准确，造成集水孔的中心线不在一个平面上，上、下偏差较大，影响了出水的均匀性。

解决方法：严格控制澄清池基础的施工质量，减少不均匀沉降的发生；集水槽尽量采用钢制，以保证一定的制造精度；在设备完成盛水试验后，再组装集水槽。

（2）进出水温差过大。在夏季因阳光直射一部分池面引起翻池；冬季池内的水温高于环境温度，进水温度高，池面和靠近池壁处低，也容易引起翻池。

解决方法：监测澄清池进出水的温差，控制加热器的运行。在升温时，应注意控制升温速率，一般建议升温速率不超过 2℃/h。有些电厂的澄清池进水为循环水排水，欲利用循环水的高水温，省去生水加热器，但是，循环水水温因汽轮机的负荷变化而波动，造成澄清池进水温度的频繁波动，容易引起翻池。因此，澄清池应该设置独立的生水加热器。

【知识拓展】

一、混凝反应池

混凝反应池的作用是使失去稳定性的胶体颗粒或细小凝絮，继续进行絮凝反应，最后形成大颗粒絮凝体，所以反应池也称絮凝池。当采用澄清处理时，絮凝反应在澄清池中完成，故不另设反应池；而沉淀处理时，应在沉淀池前设混凝反应池。

下面介绍混凝沉淀处理中常见的几种混凝反应池。

（1）隔板式反应池。它是借助于水流在隔板中不断改变流向，形成紊流而完成絮凝物长大的反应池。为了使水流在隔板间的直线段产生有利于絮凝反应的紊流状态，隔板有的做成折板式或波纹状，有的平行布置，也有的交错布置，如图 2-13 所示。

（2）机械反应池。机械反应池通常由多个池子串联起来，每个池内都设有搅拌叶片，对水流进行搅拌。为满足絮凝体成长的要求，串联池子的搅拌强度从头至尾渐次降低，从而使得速度梯度值由大变小。按搅拌器桨板的形状分为桨板式、涡轮式和轴流桨式等多种，我国大都采用桨板式。按搅拌器转轴的布置又分为水平轴式和垂直式两种，目前采用垂直轴式的较多，如图 2-14 所示。

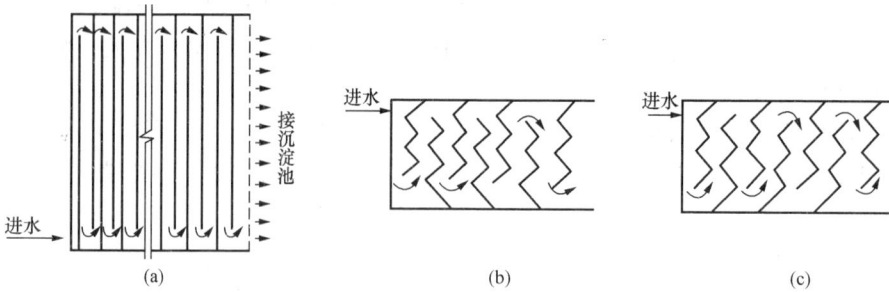

图 2-13 隔板式反应池
(a) 往复式；(b) 平行布置折板；(c) 交错布置折板

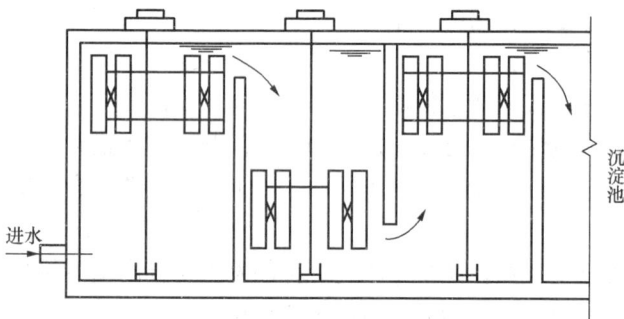

图 2-14 垂直轴式机械反应池

（3）旋流反应池。它是利用水以较高流速沿反应池切线进入，螺旋上升过程中完成絮凝物长大的反应池。

二、混凝沉淀池

水的沉淀处理是在沉淀池中完成的。沉淀池的种类有多种，平流式沉淀池是使用较早的一种沉淀设备，目前应用较多的是斜管（板）式沉淀池。集混合、絮凝、沉淀为一体的混凝沉淀设备如图 2-15 所示，称为混凝沉淀池。待处理的水依次通过混合器-反应池-沉淀池，完成净化处理的全过程。

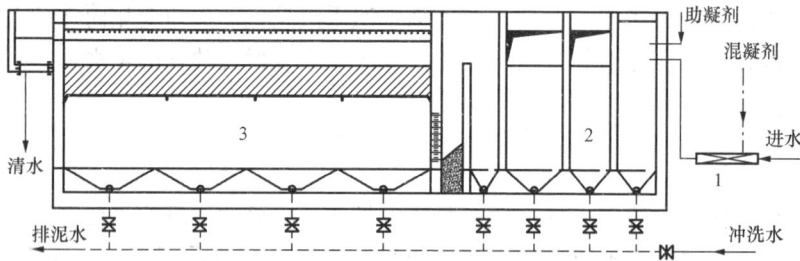

图 2-15 混凝沉淀设备
1—混合器；2—反应池；3—沉淀池

1. 结构

斜管（板）沉淀池的沉淀区是由一系列平行的斜管或斜板构成的，它利用斜管或斜板将水流分隔成薄层，增大了沉淀面积。同时，沉淀在斜管中或斜板上的泥渣自然滑下，很简便地解决了泥渣的排放。

（1）斜管（板）类型。在图 2-15 所示的沉淀池中，水流由下向上通过斜管或斜板，沉淀物由上向下，它们的方向正好相反，这种形式称为异向流。此外，还可以设计成同向流和横向流方式，图 2-16 所示为各种流向示意。目前，应用较多的是异向流。

（2）斜管（板）的倾角。斜管或斜板与水平线的倾角，从沉降分离效果来说，是越小越

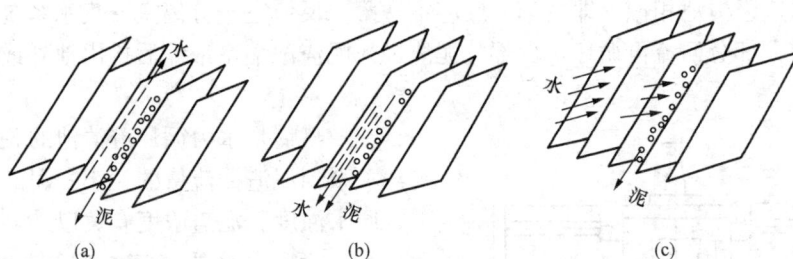

图 2-16　斜管或斜板式沉淀池中水与泥渣的流向
(a) 异向流；(b) 同向流；(c) 横向流（只适用于斜板式）

好，因为倾角小，沉淀面积就大（指投影面积），但从排泥需要来说，则要求保持足够的角度。通常，对于异向流此角以 55°～60°为宜，对于同向流此角以 30°～40°为宜。

（3）管径或板距。对于正六边形断面，一般用内切圆直径作为管径；对于矩形或平板断面，则以板垂直间距为板距。管内或板间沉淀区的水深与管径或板距成正比，管径或板距越小，沉降效率就越高，但是，过小的管径或板距将给其加工带来困难，使用时也容易被污泥堵塞。综合考虑这些因素，斜板或斜管的管径或板距应为 25～35mm。

（4）管长或板长。增加管长或板长虽然提高了沉淀效率，但也相应增加了其安装高度，增加了池子造价。由于斜管或板斜的入口和出口存在着受进水水流和出水水流干扰的过渡区，所以，管长或板长过短，有效沉降区所占比例会太小，沉淀效率下降。根据经验，沉淀段的管长或板长一般可以取 2～2.5m，滑泥段的管长或板长一般可以取 0.5m。安装斜管或斜板应注意支撑牢固。

（5）管（板）材。目前广泛采用聚氯乙烯或聚丙烯塑料。为了充分利用沉淀池的容积，通常将许多斜管或斜板密集在一起，安装在池子的沉淀区，例如截面为正方形、长方形、正六边形、波形等。

2. 斜管（板）式沉淀池的特点

如果在沉淀池的沉淀区沿池高分成若干薄层，让沉淀在这些薄层中进行，那么可使水中悬浮物的分离速度加快，从而缩短沉降时间和减少设备的体积。

斜管和斜板式沉淀池之所以能提高沉降效率，主要有以下原因：一是加装斜板或斜管后，改善了水力条件，水流比较稳定，不易产生涡流，有利于颗粒的沉降；二是增加了沉淀面积，缩短了颗粒沉降距离，沉降时间大大缩短。

三、水力循环澄清池

水力循环澄清池基本原理和结构与机械搅拌澄清池相似，只是泥渣循环的动力不是采用专用的搅拌机，而是靠进水本身的动能，所以它的池内没有转动部件。由于它结构简单，运行管理方便、成本低，适宜处理水量为 50～400m³/h，进水悬浮物含量小于 2000mg/L，高度上很适宜与无阀滤池相配套，因此在火电厂水处理中应用较多。

1. 结构

水力循环澄清池主要由进水混合室（喷嘴、喉管）、第一反应室、第二反应室、分离室、排泥系统、出水系统等部分组成，如图 2-17 所示。原水由池底进入，经喷嘴高速喷入喉管内，此时在喉管下部喇叭口处造成一个负压区，使高速水流将数倍于进水量的泥渣吸入混合室。水、混凝剂和回流的泥渣在混合室和喉管内快速、充分混合与反应。混合后的水的流程与机械搅拌加速澄清池相似，即由第一反应室→第二反应室→分离室→集水系统。从分离室沉下来的泥渣大部分回流再循环，少部分泥渣进入泥渣浓缩室浓缩后排出池外或由池底排出池外。

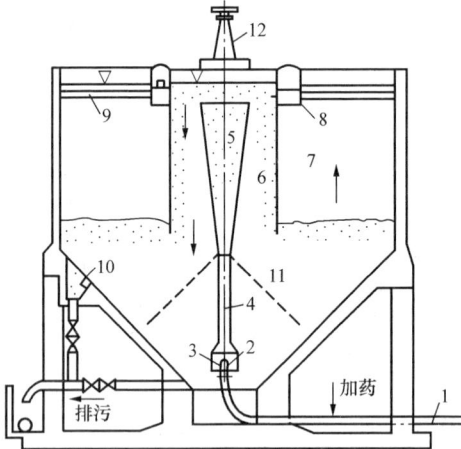

图 2-17　水力循环澄清池
1—进水管；2—喷嘴；3—混合室；4—喉管；5—第一反应室；
6—第二反应室；7—分离室；8—环形集水槽；9—汇水槽；
10—泥渣浓缩斗；11—伞形板；12—调节器

喷嘴是水力循环澄清池的关键部件，它关系到泥渣回流量的大小。泥渣回流量除与原水浊度、泥渣浓度有关以外，还与进水压力、喷嘴内水的流速、喉管的大小等因素有关。

2. 特点

水力循环澄清池有结构简单、容易建造、投资低和运行管理方便的优点，其缺点是池子不宜太大，单池出水不宜超过300m³/h。此外，容易出现以下问题：①运行稳定性差。主要是因为第一反应室的混合强度取决于喷嘴的流速，而喷嘴的流速与进水流量有关。当澄清池在低出力运行时，喷嘴的流速较低，泥渣回流量相应降低，进而影响混凝效果。②在运行中由于池底水的流动条件限制，底部容易积泥沙。为此，要求喇叭口距池底的距离不宜太大，一般小于0.6m。

在多年的运行实践中，很多电厂对水力循环澄清池的部分结构进行了如下改造：①喉管。最初设计的喉管是起稳流和混合的作用，但实际应用中发现喉管的作用不大，后来几个厂将喉管去掉以降低设备高度，结果证明，取消喉管是可行的。②喉嘴距。喉管与喷嘴的距离，原设计喉管与喷嘴的距离可调，以改变回流量。使用中发现此种调节对澄清池的运行没有明显的影响，再加上因锈蚀等原因使得调节装置不灵活，因此，多数电厂对此不再调节，取消了调节装置。

四、脉冲澄清池

与机械搅拌澄清器和水力循环澄清池不同，脉冲澄清池属于泥渣悬浮式澄清设备，池形大都做成圆形，图 2-18 所示为一种真空式脉冲澄清池。

脉冲澄清器由四个系统组成：①脉冲发生器系统；②配水系统，包括进水管、配水支管和挡板；③澄清区系统，包括悬浮层、清水区和集水装置；④排泥系统。

真空式脉冲澄清池的工作过程是：加有混凝剂的原水首先由进水管进入落水井，在此一方面由于原水不断进入，另一方面由于真空泵的抽气，使井内水位不断上升，这称

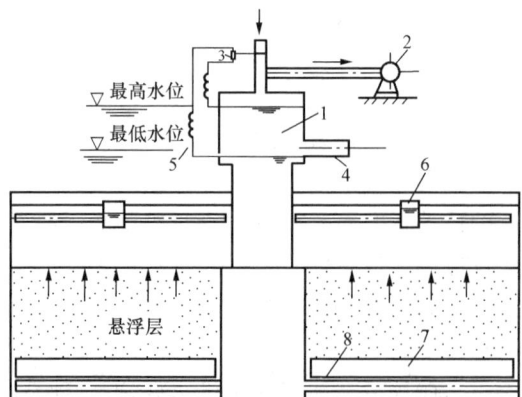

图 2-18　真空式脉冲澄清池
1—落水井；2—真空泵；3—空气阀；4—进水管；
5—水位电极；6—集水槽；7—稳流挡板；8—配水管

为充水期。当井内水位上升到最高水位时，继电器自动打开空气阀，外界空气进入破坏真空。这时水从落水井急剧下降，向澄清池底部放水，称为放水期。当水位下降到最低水位时，继电器自动关闭空气阀，真空泵重新启动，再次使水进入落水井，水位又一次上升，如此进行周期性的脉冲工作。

从落水井下降的水进入配水系统，由配水支管的孔眼中喷出，喷出的水流在挡板的作用下产生涡流，以促使药剂和水的混合和反应。然后水流从两块挡板的狭缝中向上冲出，使泥渣层上浮、膨胀，并在此进行接触絮凝。通过泥渣层的清水上升至集水管和集水槽后流出池外，完成净化作用。多余的泥渣在膨胀时溢流入泥渣浓缩室，在此浓缩后排出池外。

可见，脉冲澄清池也是利用上升水流的能量来完成泥渣颗粒的悬浮和搅拌作用，只是它的上升水流是利用脉冲配水的方法发生周期性的变化。当水的上升流速小时，泥渣悬浮层在重力作用下沉降、收缩、浓度增大，使颗粒排列紧密。当水的上升流速大时，泥渣悬浮层随水流的上涌而上浮、膨胀、浓度减小，使颗粒排列稀疏。泥渣悬浮层的这种周期性的脉冲式收缩与膨胀，不仅有利于颗粒之间的接触絮凝，还会使泥渣悬浮层内浓度分布均匀和防止泥渣沉降到池底。

脉冲周期为30～40s，充水时间为25～30s，放水时间为5～10s。

由于频繁地进行周期性的收缩和膨胀，脉冲澄清池对泥渣特性要求很高，尤其是泥渣的内聚力要好；否则，悬浮泥渣层很容易分散成松散的絮凝体进入清水区，使出水水质变差。因此，使用脉冲澄清池的电厂，泥渣内聚特性的试验是运行监督的项目之一。

脉冲澄清器还有其他形式，其工作原理完全相同，各种形式之间的区别主要在于脉冲发生系统。

五、气浮

气浮法是一种固-液分离或液-液分离技术。它是通过某种方法产生大量的微细气泡，使其与废水中密度接近于水的固体或液体污染物微粒黏附，形成密度小于水的气浮体，在浮力作用下，上浮至水面形成浮渣，从而实现固-液分离或液-液分离的过程。

根据气泡产生方式的不同，可以把气浮工艺分为电解气浮、分散空气气浮、溶气气浮和涡凹气浮等。目前，溶气气浮中压力溶气气浮的应用最为广泛。

1. 压力溶气气浮原理

压力溶气气浮的原理是：空气在加压条件下溶于水中，再使压力减为常压，把溶解的过饱和空气以微气泡的形式释放出来。气浮装置的结构如图2-19所示。这种工艺的工作过程如下：将一部分水加压，使过量的空气溶于水中形成溶气水；溶气水在与进水（事先已加入混凝剂并已经形成絮凝体）混合的过程中释放出大量的微气泡，这些微气泡会迅速吸附到水中的絮凝体上，使其密度小于水而快速上浮。这样，要除去的悬

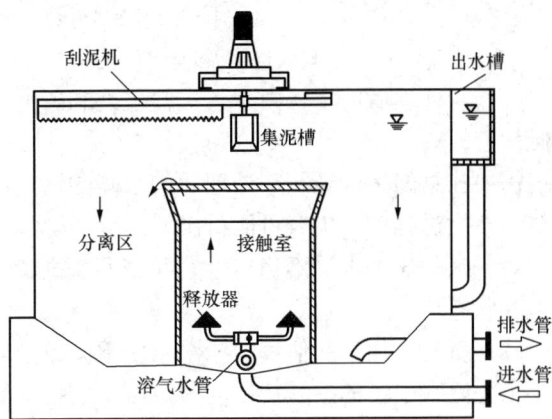

图2-19 气浮装置的结构示意

浮物等杂质浮于水面之上形成渣层，定期刮除，渣层下面是清水。

目前，气浮在电厂主要用于废水处理，很少用于工业水处理系统。已有的研究结果表明，气浮设备用来处理低温低浊、高藻、高有机物水，其效果明显优于普通沉淀法。国内许多发电厂是以低浊水作水源的，采用传统的混凝澄清处理时，存在设备体积大、出水水质差的问题，因此，气浮工艺具有广阔的应用前景。

2. 气浮工艺关键问题及解决

（1）气浮对原水水质有一定的要求。①泥沙的含量不宜过高。如果泥沙含量高，形成的絮凝体密度大，上浮后的带气颗粒容易因"失气"而下沉（即所谓"落渣"），影响水质。②水的表面张力不宜太大，否则，形成的微气泡直径大，容易破裂，落渣增多。

因此，气浮适用于水质相对稳定的地表水处理。如果水质不稳定，尤其是泥沙含量变化幅度大，不适合使用气浮处理。另外，有些水中含有微量的工业污染物，会影响混凝效果和气泡的质量，对气浮的稳定运行也会有不利影响。

（2）混凝处理的要求。如果混凝效果不好，则因为气泡和絮凝体不能很好地结合，容易产生落渣。有观点认为气浮处理时，混凝后形成的絮凝体尺寸不需要太大，只要有细微的絮粒即可，即微絮凝气浮。实际上，大尺寸的絮凝体对气浮是极其有利的，因为气泡与絮凝体容易吸附。微絮凝气浮需要溶气水产生的气泡数量多，直径小，而且水的表面张力要小；否则，出水水质不稳定。

（3）释放器的堵塞问题。需要控制溶气水的水质，利用清水溶气。同时，改进释放器的结构，以利于清堵。

（4）室外风吹、雨淋等原因引起的落渣。落渣严重影响气浮出水水质。解决的方法是调整好运行条件，必要时对室外设备考虑防雨、防风吹的措施。

六、石灰处理

石灰处理是对循环水的补充水或循环水旁流进行处理的方法，目的是消除补充水的部分碳酸盐硬度，软化水质，达到消除系统结垢的目的。

（1）石灰处理的化学反应。石灰处理是首先将高纯度的石灰（CaO）溶于水生成消石灰 $Ca(OH)_2$，并配制成一定浓度的石灰乳液，然后向补充水中投加。此法用于处理循环水的补充水时，因只需除去水中钙的碳酸盐硬度 $Ca(HCO_3)_2$，因此进行的化学反应为

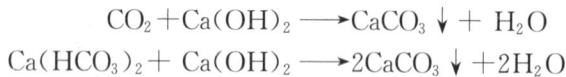

$$CO_2 + Ca(OH)_2 \longrightarrow CaCO_3 \downarrow + H_2O$$
$$Ca(HCO_3)_2 + Ca(OH)_2 \longrightarrow 2CaCO_3 \downarrow + 2H_2O$$

经石灰处理后的水，由于碳酸盐硬度和碱度大大降低，所以可以减轻它在循环水中的结垢倾向。

需要注意的是，经石灰处理后的水碳酸钙过饱和度大，水质安定性差。在循环水系统的受热、蒸发过程中，仍有可能析出 $CaCO_3$ 沉淀，所以运行中浓缩倍数不能过高。

为了消除这种水的不稳定性，可以用添加少量酸的办法，以保持水中 Ca^{2+} 和 CO_3^{2-} 呈未饱和状态。

（2）石灰投加量的估算。原水水质不同或处理目的不同时，投加的石灰量也不相同。当只要求去除水中钙的碳酸盐硬度时，石灰的投加量可按式（2-3）估算，即

$$c(1/2CaO) = c(1/2CO_2) + c[1/2Ca(HCO_3)_2] \tag{2-3}$$

式中：$c(1/2CaO)$ 为石灰投加量，mmol/L；$c(1/2CO_2)$ 为补充水中 CO_2 含量，mmol/L；$c[1/2Ca(HCO_3)_2]$ 为补充水中 $Ca(HCO_3)_2$ 含量，mmol/L。

在水的实际处理中，往往有许多因素影响上述化学反应，所以石灰的投加量只能是估算，实际投加量应由调整试验来确定。

（3）石灰处理系统。某电厂循环冷却水采用的石灰处理系统如图2-20所示，其工艺流程为

高纯度粉状消石灰 ——→ 石灰粉筒仓 ——→ 螺旋输粉机 ——→ 缓冲斗 ——→ 精密称重干粉给料机 ——→

石灰乳搅拌箱 ——→ 石灰乳泵 ——→

补充水 ——→ 澄清池 ——→ 变孔隙滤池 ——→ 冷却塔水池。
　　　　　　　　　　　加硫酸

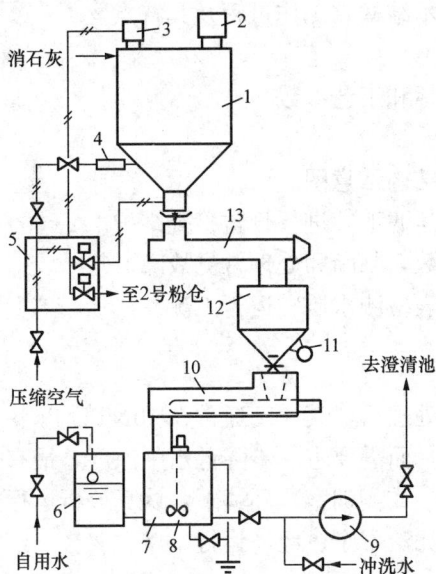

图 2-20　高纯度粉状消石灰处理系统

1—石灰粉筒仓；2—布袋滤尘器；3—粉位指示器；4—空气破拱装置；

5—气动控制盘；6—石灰乳辅助箱；7—石灰乳搅拌箱；

8—石灰乳搅拌器；9—石灰乳泵；10—精密称重干

粉给料机；11—振动器；12—缓冲斗；

13—螺旋输粉机

在上述工艺流程中，因为经石灰处理后的水，常含有许多微小晶粒，不能在澄清池中完全沉淀出来，形成一种很不稳定的过饱和体系。所以必须在滤池前加酸，调节 pH 值到 7.5～8.5 之间。

原水钙含量高而补充水量又大的循环冷却水系统常采用石灰处理，但投加石灰时，应注意防尘等劳动条件的改善。如能从设计上改进石灰投加法，此法是一种既经济又效果好的方法，尤其对碳酸盐硬度大的结垢型原水更适用，除碳酸盐硬度的效率更高。特别是采用城市中水作补充水水源，石灰处理方法更显现了它的技术优势。

学习情境三　运行与维护过滤设备

任务一　运行与维护滤池

【教学目标】

1. 知识目标

(1) 理解过滤设备的基本结构、工作过程及其特点。

(2) 知道过滤机理。

(3) 知道监督的水质指标和工艺参数。

2. 能力目标

(1) 会识读和绘制滤池结构示意图。

(2) 会启动、运行、停运滤池，进行日常检查维护。

(3) 能调整滤池运行参数，判断和处理常见故障。

(4) 能正确使用仪器仪表检测水质和运行工况。

【任务描述】

水经过混凝沉淀和澄清处理后，其浊度通常在10NTU以下，但仍然比较高。这种水还不能直接送入后续除盐设备，而需要进一步降低水中浊度，最有效的方法就是过滤处理。班长组织各学习小组在仿真机（或实训室）环境下，认真分析运行规程，编制工作计划后，正确运行与维护滤池，并确保滤池安全、经济运行。

【任务准备】

课前预习相关知识部分。根据重力式空气擦洗滤池和机械过滤器工作过程，经讨论后编制运行与维护滤池的工作计划，并独立回答下列问题。

(1) 水的过滤处理的目的？

(2) 常用的过滤设备有哪些类型？

(3) 粒状滤料的性能要求是什么？有哪些种类？

(4) 什么是滤料的粒径、有效粒径和平均粒径？什么是滤料的粒度？

(5) 什么是重力式过滤？什么是压力式过滤？

(6) 过滤器的截污、反洗机理是什么？

(7) 过滤器常见的反洗方式有哪几种？如何选择过滤器的反洗方式？

(8) 过滤器反洗时应注意哪些问题？

(9) 过滤器（池）运行的参数有哪些？

(10) 机械过滤器工作过程是怎样的？简述操作中应注意的问题。

(11) 重力式无阀滤池工作过程是怎样的？简述操作中应注意的问题。

(12) 滤池容易发生哪些问题？如何解决？

(13) 活性炭过滤器中活性炭的作用有哪些？简述运行控制要点。

(14) 叠片式过滤器工作过程是怎样的？简述运行控制要点。

（15）纤维式过滤器工作过程是怎样的？简述运行控制要点。

【相关知识】

一、过滤工艺类型

在重力或压力差作用下，水通过多孔材料层的孔道，而悬浮物被截留在介质上的过程，称为过滤。用于过滤的多孔材料称为滤料或过滤介质。过滤设备中堆积的滤料层称为滤层或滤床。装填滤料的钢筋混凝土构筑物称为滤池，装填滤料的钢制设备称为过滤器。根据过滤介质、过滤速度或过滤动力的差异，过滤工艺有多种不同的类型。

1. 按过滤介质分类

（1）粒状。水处理中广泛使用的粒状滤料有石英砂、无烟煤、活性炭、磁铁矿、锰砂、瓷砂等。

（2）粉状。水处理中使用的粉状过滤介质有粉末活性炭、纤维素纸浆粉和离子交换树脂粉。

（3）纤维状。纤维状过滤介质主要有两类：一类是由纤维材料制成的纤维球和纤维束长丝；另一类是将纤维丝卷绕在多孔骨架上构成的纤维滤芯。前者是利用纤维在压实状态下形成的微孔或者通道，滤除水中的悬浮杂质；纤维滤芯有线绕式、熔喷式等，都是将纤维按特定的工艺缠绕在多孔骨架（聚丙烯或不锈钢材质）上面制成的，这种滤芯能有效地去除水中的悬浮物、微粒、铁锈等杂物。

（4）膜状。膜状过滤介质主要有微滤和超滤，在火电厂主要用于反渗透的预处理系统。

（5）叠片式。叠片式过滤介质是一种较新的过滤设备，以色列最早发明，近年来国内已有生产。该种过滤器是将一组带有微槽的滤片叠压在一起，滤片之间的微槽形成过滤通道。反洗时，松开压紧弹簧，扩大过滤通道，截流的污物即可用水冲出。

2. 按滤速分类

（1）慢滤池。慢滤池是最早出现的一种过滤形式，因其滤速很慢（小于 1m/h），故称为慢滤池。慢滤池为重力式滤池，利用滤层表面滋生的生物膜分解水中的有害物质，净化水质，有杀菌消毒的作用，主要用于饮用水的直接过滤。因其滤速太慢，目前逐渐被淘汰。

（2）快滤池。随着过滤技术和其他相关水处理技术的发展，快滤池逐渐取代了慢滤池。快滤池的截污是以机械截留为主，没有慢滤池的细菌膜，杀菌由专门的杀菌消毒工艺取代。火电厂使用的快滤池的设计滤速一般为 8～12m/h。

3. 按过滤动力分类

（1）重力式过滤。过滤的动力来自水本身的重力。将水提升到一定的高度使其具有一定的势能，利用此能量克服滤层的水头损失（水流通过滤层的压力降）进行过滤。有很多滤池都为重力式的，常见的如重力式空气擦洗滤池、虹吸滤池、V 形滤池、无阀滤池等。重力式过滤的运行方式大多相同，都是顺流过滤。一般都采用单层滤料，各种滤池的差别主要在于反洗方式上。

（2）压力式过滤。进水带有一定的压力，利用此压力克服滤层的水头损失进行过滤。各种形式的机械过滤器（运行时相对压力大于零的过滤器）都是压力式过滤。

此外，按水流方向分类，有下向流（顺流）、上向流、双向流和辐射流过滤；按构成滤床的滤料品种数目分类，有单层滤料、双层滤料和三层滤料过滤；按阀门个数分类，有四阀滤池、双阀滤池、单阀滤池和无阀滤池等；按截留悬浮杂质部位分类，有表面过滤、深层（滤床）过滤。

二、过滤工艺原理

任务一主要介绍粒状介质过滤，膜状介质过滤在任务二中介绍。

在过滤过程中，水中的悬浮物被滤层截留，当滤层中截留有较多量悬浮颗粒时，需要将滤层进行反冲洗（简称反洗或冲洗）。

1. 过滤原理

杂质被滤料截留的机理比较复杂，一般认为主要有筛滤和接触黏附两种作用。

（1）阻力截留或筛滤作用。当含有悬浮颗粒的水由滤池上部进入滤层时，某些粒径大于滤料层孔隙的悬浮物由于吸附和机械筛滤作用，被滤层表面截留下来。此时被截留的悬浮颗粒之间会发生彼此重叠和架桥作用，经过了一段时间后，在滤层表面好像形成了一层附加的滤膜，在以后的过滤过程中，这层滤膜起主要的过滤作用。

筛滤作用的强度，主要取决于表层滤料的最小粒径和水中悬浮物的粒径，并与过滤速度有关。悬浮物粒径越大，表层滤料和滤速越小，就越容易形成表层筛滤膜，滤膜的截污能力也就越高。

（2）接触黏附作用。接触黏附主要有迁移和黏附两个过程。迁移是颗粒脱离流线接近滤料的过程，迁移的途径（见图 3-1）主要有：①布朗运动。较小的悬浮杂质颗粒，由于布朗运动与滤料颗粒发生碰撞。②惯性运动。当水通过滤料空隙所形成的弯弯曲曲通道时，被迫经常改变流动方向，而具有一定质量的悬浮杂质又具有力图保持原运动方向不变的惯性，这样杂质可能沿水流切线方向被抛至滤料表面。③重力沉降。具有一定质量的杂质，在重力作用下脱离流线而直接沉降在滤料颗粒上。④拦截。尺寸较大的悬浮杂质颗粒，被空隙小的滤料层阻拦不能前进，直接与滤料颗粒接触。⑤水力学作用。在滤料表面附近存在着水流速度梯度，非规则形状的杂质在力矩作用下，会产生转动而脱离流线与滤料颗粒表面接触。另外，杂质在水流紊动下也会跨越流线运动至滤料表面。

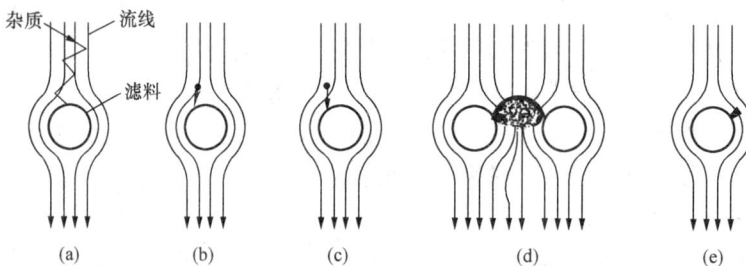

图 3-1 迁移途径示意

（a）布朗运动；（b）惯性运动；（c）重力；（d）拦截；（e）水力学

当水中杂质迁移至滤料表面上时，在范德华引力、静电力以及一些特殊化学力等若干种力的共同作用下，杂质被黏附于滤料颗粒表面上，或者黏附在滤料表面上原先黏附的杂质上。如由于滤料有巨大的表面积，它与悬浮物之间有明显的物理吸附作用；水中砂粒常带有负电荷，能吸附带有正电荷的铁、铝等胶体，进而又吸附带负电的黏土及多种有机物胶体等。

在实际过滤过程中，上述两种机理往往同时起作用，只是依条件不同而有主次之分。对粒径较大的悬浮颗粒,以阻力截留为主,由于这一过程主要发生在滤料表层,通常称为表面过滤。对于细微悬浮物,以发生在滤料深层的接触黏附为主,称为深层过滤。

2. 反洗原理

反洗是两种机理共同作用的结果。

(1)水力剪切。向上流动的水流高速冲刷滤料表面,带走污物。反洗水的流速越高,水流对滤料的剪切力就越强,反洗效果就越好。

(2)摩擦。反洗时松动的滤料之间因相对运动而产生摩擦,通过摩擦去掉污物。从这个角度来讲,并不是反洗水流速越大反洗效果越好,而是存在一个最佳的反洗膨胀率,使得滤料之间产生的摩擦最为强烈。空气辅助擦洗正是在较低的膨胀率条件下,利用气泡加强滤层的紊动和摩擦来改善反洗效果的。

3. 过滤效果

通常由出水水质和滤层的截污能力两个方面来评价过滤效果。截污能力也称泥渣容量,是指在一个过滤周期内单位体积滤料所截留的悬浮杂质量,单位以 kg/m^3 或 g/cm^3 计。截污能力大,表明整个滤料层所发挥的作用大。

4. 反洗方式

反洗的目的是除去滤层中截留的杂质,恢复滤料的截污能力。如果反洗不当,则可能导致滤池的部分面积永久堵塞,有效过滤面积减小,局部滤速过快,过滤效果变差。同时会使滤池的水头损失增长加快、过滤周期缩短。

过滤器常见的反洗方式有单用水反洗、空气擦洗、气水合洗。空气擦洗与气水合洗都利用空气搅动反洗水流,加强紊动和滤料颗粒之间的摩擦,强化反洗效果。

空气擦洗时,反洗水与空气分别通入滤层,擦洗是在水不流动的状态下进行的。其一般过程是:水反洗→停水进气→进气擦洗→水反洗→正洗→投运或备用。

气水合洗时,反洗水与空气同时通入滤层。其过程一般是:先将过滤器内的水排放到滤层上缘(水位距滤层 100~200mm),然后从底部送入压缩空气和反洗水,用气、水同时冲洗,此时设备内的水位上升,滤层发生膨胀。当水位升至排水口(管)附近时,必须停止进气,以免滤料流失,最后单用水反洗。待滤料洗净后停止反洗进行正洗,正洗水质合格后进入下一周期运行。

研究发现,单纯空气擦洗时,滤层会发生"收缩",即在气泡的鼓动下发生了类似"夯实"的现象。发生收缩后滤层的阻力增大,气体在滤层中会产生严重的偏流,影响反洗效果。气水合洗是空气擦洗的改进,但气水合洗的时间一定要控制好,否则会使滤料流失。一般当水位上升至排水口附近即可停止进气。有时为了延长合洗的时间,在合洗期间减小反洗水的流量。

过滤器反洗要滤除的杂质以泥沙类为主时,因为它们与滤料之间的黏附力较弱,一般只采用水冲洗就可以满足要求。气水合洗与空气擦洗,都能达到相近的反洗效果,可以根据具体情况选择。

三、滤料

可以用作粒状滤料的材料很多,但是必须满足下列要求:①有足够的机械强度,以减轻在运行和冲洗过程中滤料的磨损和破碎;②具有足够的化学稳定性,避免在过滤过程中发生溶解而污染水质;③外形接近于球状,表面粗糙而且有棱角,有利于污物的附着;④价格便宜、粒度适当等。

1. 滤料的粒度

滤料粒度（又称滤料的级配）包含粒径的大小和均匀性两个方面。

（1）粒径。粒径有两种表示法：平均粒径 d_{50} 和有效粒径 d_{10}。d_{50} 表示 50％质量的滤料能通过的筛孔孔径（以 mm 表示）；d_{10} 表示 10％质量的滤料能通过的筛孔孔径，它反映滤料的较细颗粒的尺寸。

（2）不均匀系数。不均匀系数 K_{80} 表示 80％质量的滤料能通过的筛孔孔径（d_{80}）与有效粒径 d_{10} 的比值，即 $K_{80}=d_{80}/d_{10}$。显然，不均匀系数越大，表示滤料中颗粒尺寸的大小相差就越大，颗粒就越不均匀。

粒径不合理，对过滤器的影响是显而易见的，小粒径的滤料形成的空隙小，过滤精度高，但也带来水头损失太大、过滤周期短的问题。如果粒径太大，水头损失不大，但过滤精度低，过滤器出水水质不好。

滤料颗粒的大小不均匀，则会出现两种情况：一是反洗强度无法控制，反洗强度大，小滤料会流失；反洗强度小，大滤料又不能松动，反洗效果差。二是滤层压差将会增长很快，因为过细的滤料在反洗后集中在滤层上部，无法利用滤层深处的截污能力，运行周期将会很短。通常对于砂滤池，不均匀系数应不大于 2；对于无烟煤滤料，不均匀系数应不大于 3。

2. 滤层厚度

滤层厚度是指滤料在过滤设备中的堆积高度。过滤时，达到某规定水质所需的滤层厚度，称悬浮杂质的穿透深度。穿透深度加上一定安全因素的厚度（例如增加 200mm）即为滤层的设计厚度。研究结果表明，穿透深度与滤速的 1.56 次方和滤料有效粒径的 2.46 次方的积成正比。因此，滤料粒径或滤速太大，细小悬浮杂质容易穿透滤层，出水水质差，不过，粒径或滤速不能太小，因为杂质的穿透能力差，滤层中的污泥局部集中，滤层堵塞快，水流阻力大，过滤能耗高，过滤周期短。所以滤料粒径和滤速必须合适。

3. 滤床中滤料的排列

滤床中滤料的排列方式对过滤起重要作用。单层滤料滤池的严重缺点是截留在滤层中的杂质分布不均匀，表层最多，越向下越少，以致表层滤料水头损失增加很快，过滤周期明显缩短。这是由于滤料粒径沿水流方向逐渐增大所造成的。如果使滤料粒径沿水流方向逐渐减小，进行所谓"反粒度"过滤，即过滤水先经过粗粒滤料，再依次流过粒径小的滤料，则滤层中杂质分布将趋于均衡，滤床截污能力将得到提高，滤床中水头损失的增加将会减缓，过滤周期将可延长。目前针对"反粒度"过滤工艺，采取两种措施：一是改变滤池的水流方向，从下部进水，上部出水，即所谓上向流过滤，或从滤池上下两端进水，中间出水，即双向流过滤；二是改变滤层的组成，采用双层或多层滤料的过滤工艺，如图 3-2 所示。

双层及多层滤料是当前国内外普遍采用的"反粒度"过滤技术。滤池结构和过滤方式与普通单层滤料滤池无多大差别，只是滤料组成改变。双层滤料组成为：上层采用比重小、粒径大的轻质滤料，下层采用比重大、粒径小的重质滤料。由于两种滤料在一定的反洗强度下，轻质滤料仍在上层，而重质滤料在下层，构成双层滤料过滤，如图 3-2（c）所示。虽然同一层滤料粒径仍由上而下递增，但就整个滤层而言，上层平均粒径大于下层平均粒径。实际运行经验证明，双层滤料截污能力较单层滤料约高一倍以上，在相同滤速下，过滤周期增长；在相同过滤周期下，滤速可提高。

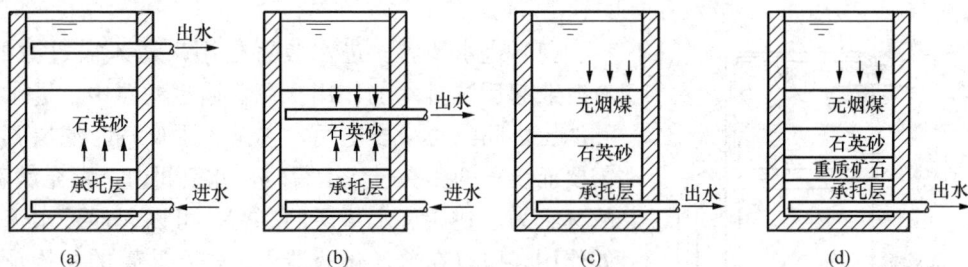

图 3-2　反粒度过滤工艺

(a) 上向流过滤；(b) 双向流过滤；(c) 双层滤料过滤；(d) 三层滤料过滤

多层滤料一般指三层滤料，如图 3-2（d）所示。上层为大粒径、小密度的轻质滤料，如无烟煤；中层为中等粒径、中等密度的滤料，如石英砂；下层为小粒径、大密度的重质滤料，如石榴石或磁铁矿颗粒。各层滤料平均粒径由上而下递减。三层滤料不仅截污能力大，而且下层重质细滤料对保证滤后水质有很大作用，故滤速比双层滤料还可高些。

目前普遍采用的是无烟煤和石英砂构成的双层滤料。根据无烟煤和石英砂的密度差，选配恰当的粒径级配，可形成良好的上粗下细的分层状态。根据生产经验，最粗无烟煤和最细石英砂粒径之比小于 3.5～4.0 时，可形成良好的分层状态。双层及三层滤料的级配及参数见表 3-1。

表 3-1　　　　　　滤料级配与滤速的经验数据（重力式/压力式）

类别	滤料组成		滤速（m/h）	强制滤速（m/h）
	粒径（mm）	滤层厚度（mm）		
单层滤料	石英砂 0.5～1.2	700/1200	8～10	10～14
双层滤料	无烟煤 0.8～1.8	400～500 /400	10～14	14～18
	石英砂 0.5～1.2	400～500 / 800		
三层滤料	无烟煤 0.8～1.6	450～600 / 450～600	18～20	20～25
	石英砂 0.5～0.8	230/230		
	重质矿石 0.25～0.5	70/70		
	以下为承托层 0.5～1.0	50/50		
	2.0～1.0	50/50		
	2.0～4.0	50/50		
	4.0～8.0	50/50		

四、滤池结构及工作过程

过滤设备类型很多，本书重点介绍机械过滤器、无阀滤池和重力式空气擦洗滤池三种常用过滤设备。

（一）机械过滤器

1. 基本结构

机械过滤器外壳为一个密闭的钢罐，在一定压力下进行工作，滤料层可以是单层、双层或三层的，双层滤料机械过滤器结构示意如图 3-3 所示。容器内上部装有进水装置及排气管，下部有配水装置，在容器外配备有必要的管道和阀门，器内装有一定高度的滤料层。

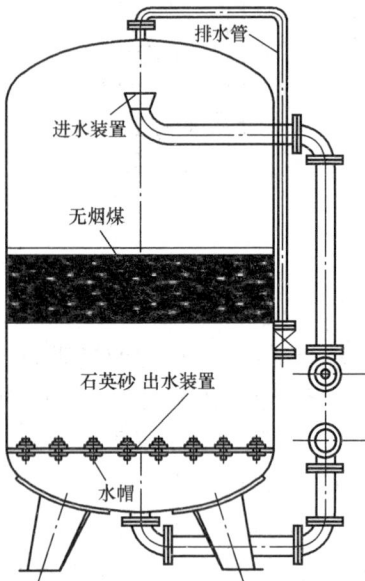

图 3-3 双层滤料机械过滤器

（1）进水装置。进水装置是用来送入需过滤的水，有时兼起反洗排水的作用。在普通过滤器中，进水装置和滤层之间隔着一段空间，它是为了反洗时滤层膨胀的需要而设置的。在过滤运行时，此空间内一直充满着水，故称它为水垫层。水垫层的存在，可以起促进水流均匀的作用，所以在普通过滤器中，进水装置的结构形式往往不是影响滤层中水流分布的主要因素，因而可以采用比较简单的结构，基本上都采用在进水管出口端设置一个口向上的漏斗。

（2）配水装置。配水装置（或称集配水装置、排水装置）是指安置在滤层下面，过滤时收集过滤后的水，反洗时用来送入反洗水的装置。它的作用是：①阻留滤料；②均匀集配水；③均衡滤层阻力，防止偏流。配水装置的基本形式有鱼刺形母支管式、多孔板水帽式和卵石垫层式，其中鱼刺形母支管式又有支管水帽式和支管打孔包塑料网式两种。

配水装置通常按配水时的阻力大小分为大阻力、中阻力和小阻力三种。大阻力配水时，水头损失一般大于 29.4kPa，母支管式、多孔板水帽式可为大阻力配水装置，卵石垫层式常为小阻力配水装置，配水时水头损失一般小于 4.9kPa。采用小阻力配水系统，水流到滤池各部分时压力损失的差别小，水头损失小，能耗低，节省动力，但水流稳定性差；采用大阻力排水系统，孔隙对水流的阻力远大于滤层和排水管道中的其他各种阻力，动力消耗大，但稳定性好。

配水系统对水流均匀性影响最大。布水不均匀容易造成过滤面死角，影响出水水质，降低过滤周期。反洗时水流、气流强度分布不均造成跑料。

（3）承托层。承托层设于滤料层和底部配水系统之间，一般是配合管式大阻力配水系统使用。其作用一方面支承滤料，防止过滤时滤料通过配水系统的孔眼流失；另一方面在反洗时均匀地向滤料层分配反洗水。滤池的承托层一般由一定厚度的天然卵石或砾石组成，其粒径和级配应根据冲洗时所产生的最大冲击力而确定，保证反洗时承托层不能发生移动。大阻力配水系统承托层粒径和厚度见表 3-1。

2. 工作过程

过滤器运行呈循环状态，一个运行周期包括：过滤→反洗→正洗。

过滤时，水经进水装置由上而下均匀流过滤层，水中机械杂质被截留，进一步降低了水的浊度。为了保证出水水质，过滤器通常运行到出水浊度或水头损失达到规定的允许值时停止运行，这时称过滤器失效。过滤器失效后进行反洗，利用由下向上的水流冲洗滤层，使滤料层发生松动、膨胀，将滤层中截留的污物用水冲出并排出过滤器，从而恢复滤层的清洁状态和截污能力，反洗至排水清澈为止。正洗是在反洗操作之后，按水的过滤方向通水，将不合格的出水排走，待正洗完成后，即可重新投入过滤。

（二）无阀滤池

无阀滤池以无阀门而得名，其特点是过滤和反洗过程自动地周而复始进行，其结构如图
3-4所示。

过滤时，浑水顺次经过进水分配
槽、U形进水管（其作用是为了防止
空气进入滤池）、虹吸上升管、伞形顶
盖下面的挡板后，均匀地分布在滤料
层上。过滤后的水通过配水系统进入
下部集水室，经连通管流至上部冲洗
水箱中，当冲洗水箱的水位达到出水
管处时，便开始向外送水。滤池运行
中，滤层不断截留杂质，造成滤层的
水流阻力逐渐增大，虹吸上升管内的
水位便相应地升高。当水位上升到虹
吸辅助管的管口时，水从虹吸辅助管
快速流下，于是借助此快速水流的夹
气作用，通过抽气管将虹吸上升管和
下降管中的空气抽走，虹吸管中真空
度逐渐增大，使虹吸上升管和下降管
中水位很快上升，当两上升水流汇合
后，便形成虹吸。这时过滤室内的水
被虹吸管迅速抽走，滤层上部压力急
剧下降，促使冲洗水箱中的水倒流至过滤室，经虹吸管排走，这便是滤层的反洗。

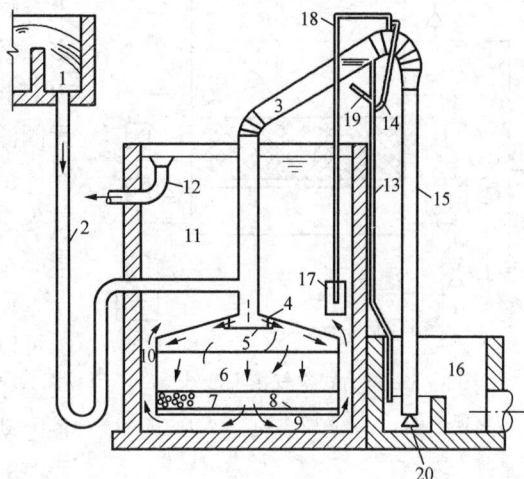

图3-4 重力式无阀滤池结构
1—进水分配槽；2—进水管；3—虹吸上升管；4—顶盖；5—挡板；
6—滤料层；7—承托层；8—配水系统；9—集水室；10—连通管；
11—冲洗水箱；12—出水管；13—虹吸辅助管；14—抽气管；
15—虹吸下降管；16—水封井；17—虹吸破坏斗；
18—虹吸破坏管；19—强制冲洗管；
20—冲洗强度调节器

在反洗过程中，冲洗水箱中的水位逐渐下降，当水位降到虹吸破坏管以下时，管口与大
气相通，大量空气进入虹吸管内将虹吸破坏，冲洗结束，过滤过程立即重新开始。从开始抽
气到虹吸形成，一般需2～3min，反洗时间为4～5min。无阀滤池从开始出水到虹吸上升管
中水位升至虹吸辅助管口之间的时间，即为无阀滤池的过滤周期。因此，虹吸辅助管的高度
实际上反映了滤池周期终止时的允许水头损失，它的大小决定滤池的过滤周期。允许水头损
失值一般控制在1.5～2.0m范围内。

无阀滤池的自动反洗只有在滤池的水头损失达到周期终点的允许水头损失值时才能进
行。如果滤池水头损失还未达到允许值，而由于某些原因需提前反洗时，则必须采用强制反
洗。为此，在无阀滤池中设有强制冲洗装置，它是一根插在虹吸辅助管与抽气管相接处上部
的压力水管。需强制反洗时，打开压力水管上的进水阀门，高压水流便很快地将虹吸管中空
气抽走，使虹吸形成。

无阀滤池主要优点是节省大型阀门，造价较低；冲洗可完全自动，也可进行强制冲洗，
因而操作管理较为方便。但池体土建结构较为复杂，滤料处于封闭结构中，装卸较为困难。

（三）重力式空气擦洗滤池

空气擦洗滤池是在无阀滤池基础上演变而来，过滤方式、滤层结构与无阀滤池基本相
似。设备隔为上、下两室，下部为过滤室，上部为反洗水箱，其结构如图3-5所示。

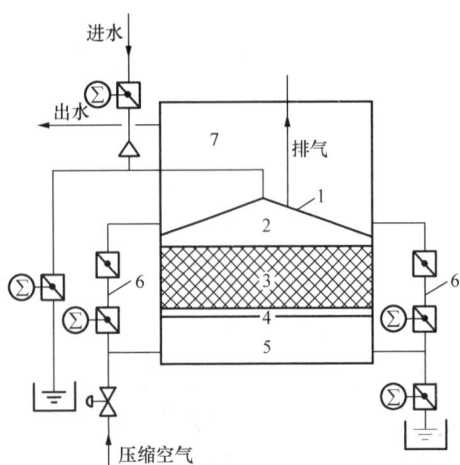

图 3-5 重力式空气擦洗滤池
1—过滤池顶盖；2—反洗膨胀空间；3—滤料层；
4—配水配气装置；5—集水室；6—连通管；
7—冲洗水箱

空气擦洗滤池与无阀滤池不同之处主要有：①取消了虹吸排水管，增加了一组阀门，包括进水阀、连通阀、反洗排水阀、正洗排水阀等；②没有虹吸排水管，设备高度比无阀滤池降低了很多；③设有滤料进行空气擦洗的装置；④可以在PLC控制下自动过滤、反洗、正洗，出水水质比无阀滤池好，能满足后级除盐系统的水质要求。

空气擦洗滤池也是顺流运行。设备投运时，首先进行正洗。正洗时间为 2～5min，在确认排水满足要求后，停止正洗，进入运行制水过程。

运行终点可以采用固定的制水周期来控制，也可以根据出水水质或水头损失来控制。当上述任一条件达到容许极限时可通过 PLC 指令控制各电动阀门进行反洗。目前大多数电厂为了方便程控的实施，采用第一种方式。

【任务实施】

一、滤池运行

（一）机械过滤器运行

1. 停运

关过滤器进水阀、出水阀，开启空气阀泄压后关闭。

2. 正常投运

（1）正洗。开启进水阀、空气阀，待空气阀出水后，关闭空气阀，开启正洗排水阀。

（2）运行。正洗至排水浊度小于 2～3NTU 时，开出水阀，关闭正洗排水阀，过滤器投运。每 2h 取样分析出水浊度一次，浊度应小于 2NTU。当过滤器出入口压差或出水浊度、过滤时间、出水量达到设定值，应解列运行设备，进行反洗。

3. 反洗

反洗前作好以下准备工作：①反洗水箱水位应在 2/3 以上；②反洗水泵应处于备用状态，阀门开关灵活；③罗茨风机处于良好备用状态；④过滤器各阀门处于关闭状态。

反洗步骤如下：

（1）排水。开启排气阀、正洗排水阀，排水至滤层上方 100～200mm，关闭正洗排水阀。

（2）空气擦洗。缓慢开启过滤器进气阀，开罗茨风机出口阀，启动罗茨风机，进行空气擦洗。擦洗滤料 3～5min 后，停罗茨风机，关罗茨风机出口阀和过滤器进气阀，静置 5min。

（3）反洗。关闭空气阀，开启过滤器反洗进水阀，反洗排水阀。启动反洗水泵，调节反洗水泵出口阀，控制反洗水流量。反洗时间 15 min，如果排水不清，可延长反洗时间，直至出水澄清为止。停反洗水泵，关过滤器反洗进水阀和反排阀。

滤池反洗时应注意：①反洗操作时，反洗流量应由小到大逐渐提高，以防止滤料乱层；②进气时不宜过猛，以免损坏配水装置，特别是 ABS 塑料水帽；③反洗强度应控制适当，应使滤料得到充分膨胀，但又要保证不流失滤料；④反洗采用气水合洗方式时，应注意监视排水口，防止滤料被气水带走。

4. 正洗

开启进水阀、空气阀，待空气阀溢水后，开正洗排水阀，关闭空气阀。调节正洗流量为运行流量。要注意观察排水中是否有滤料排出，以判断出水装置是否损坏。

5. 备用/投运

正洗至排水浊度小于 2NTU 时，正洗合格，关闭各阀门，备用；或开出水阀，关正洗排水阀，投入运行。

6. 初次投运

(1) 滤料装填。装填滤料前，应仔细检查滤料的品种、规格、数量是否符合设计要求。按设计要求的滤料高度和滤料视密度，估算装填数量。对多层滤料过滤器，应先装入密度较大的滤料，后装入密度较小的滤料。装填前，设备应充水至水帽上方 500~800mm 处，以免滤料下落时损坏水帽。装填完毕，观察滤层表面是否平整，如不平整，应打开上人孔盖板，平整后紧固人孔盖板。

(2) 滤料清洗。过滤器在装料后应进行反洗，控制流速 5~8m/h，以除去滤料中的脏物，同时使滤料层形成合理分布，反洗至出水澄清为止。

7. 过滤器维护

反洗时总有微量不易冲洗的污物残留在过滤器内，导致滤料的污染。滤料的污染会影响到过滤器的运行，出现出水浊度升高或过滤周期缩短等现象。在这种情况下，可进行化学清洗。一般用酸（盐酸或硫酸）来清除碳酸盐类、氢氧化铝和氢氧化铁等碱性物质，用氢氧化钠或碳酸钠溶液来洗去有机物，必要时可用氯水或漂白粉溶液来清除有机物。

(二) 无阀滤池运行

1. 投运

(1) 启动前的检查。无阀滤池整体完好，内无杂物；沉淀池、澄清池处于正常运行状态；取样管、虹吸管、排水管畅通。

(2) 投运。开启无阀滤池进水阀，调整好流量。当水位上升至出水槽时，应检查水质是否合格，如不合格应开启强制反洗门，进行强制反洗。出水合格时，开无阀滤池出水阀。

2. 停运

停运前先进行人工强制反洗，以防滤料结板，反洗后注满水，关闭滤池进出水阀，备用。

3. 维护

滤池出水水质超标而滤池又没自动反洗时，应强制反洗。无阀滤池不宜长期低流速运行，遇此情况必须加强人工强制反洗，以防滤料结块。无阀滤池不得长期超负荷运行。

(三) 重力式空气擦洗滤池运行

1. 停运

关滤池进水阀、连通阀，开启排空气阀泄压后关闭。

2. 投运

(1) 正洗。开启进水阀、排空气阀，待排空气阀出水后，关闭排空气阀，开启正洗排水阀。

（2）运行。正洗至排水浊度小于 2～3NTU 时，开连通阀，关闭正洗排水阀，滤池投运。每 2h 取样分析出水浊度一次，浊度应小于 2NTU，当滤池出入口压差或出水浊度、过滤时间、出水量超过允许值，应解列运行设备，进行反洗。

3. 反洗

反洗步骤如下：

（1）排水。开启排空气阀、正洗排水阀，排水至滤层上方 200mm，关闭正洗排水阀。

（2）空气擦洗。启动罗茨风机，开滤池进气阀，进行空气擦洗。擦洗强度 10～15L/（m²·s），时间为 3～5min。

（3）反洗。关闭进气阀、排空气阀，开启滤池连通阀、反洗排水阀，利用滤池冲洗水箱的水进行反洗，时间约 15min。

4. 正洗

关滤池连通阀、反洗排水阀，开启进水阀、排空气阀，待滤池满水后，开正洗排水阀，关闭排空气阀，保持正洗流速 10m/h，时间为 5～10min。

5. 备用/投运

正洗至排水浊度小于 2NTU 时，正洗合格，关闭各阀门，备用；或开连通阀，关正洗排水阀，投入运行。

滤池运行步骤及阀门状态见表 3-2。

表 3-2　　　　　　　　　　　滤池运行步骤及阀门状态

阀门 步骤	进水阀	连通阀	正排阀	反排阀	进气阀	排气阀
进水排气	○					○
正洗	○		○			
投运	○	○				
排水			○			○
擦洗					○	○
反洗		○		○		

注　○指阀门呈开启状态。

二、运行参数控制

1. 过滤周期

滤池的过滤周期一般按照滤层的水头损失来控制。如果水头损失过大易造成滤层破裂，大量水从裂缝部位穿出，从而影响出水水质。另外，滤层严重污染，反洗不易洗净，造成滤料结块等不良后果，同时，设备各部分是按一定压力设计的，不能承受过高的压力。单双层压力式过滤器控制在 5～6mH₂O，三层滤料控制在 10mH₂O 以内，滤池一般为 1.5～1.7mH₂O。

在水质稳定的情况下，由于与过滤器失效点对应存在着唯一的水头损失、出水浊度、过滤时间和出水量，所以，过滤周期也可以用出水浊度、过滤时间和出水量来控制。

由于浊度指标不能完全反映过滤过程的情况，所以实际运行中一般按照滤层的水头损失来控制。因为在过滤运行中，出水浊度的变动小且规律性不强，而且如果等运行到出水浊度显著增大时方进行反洗，则滤层已经受到严重的污染，以致不易冲洗干净。水头损失 h 和出水水质的变化如图 3-6 所示，图中 C_0 表示进水平均浊度，C_R 为失效点时的出水浊度。

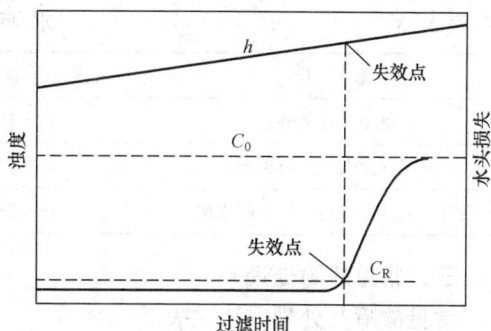

2. 过滤速度

过滤速度是指单位时间、单位面积上的过滤水量，简称滤速，即

图 3-6 水头损失和出水水质的变化

$$v = \frac{Q}{A} \tag{3-1}$$

式中：v 为过滤速度，m/h；Q 为过滤水流量（或称出力），m^3/h；A 为过水断面，m^2。

由式（3-1）可知，滤速越高，滤池的产水量就越大。但滤速的提高是有限的，滤速越高，流体的剪切力就越大，脱落的效果就越明显，出水浊度升高，且会导致水头损失增加，过滤周期缩短等问题。

滤池的滤速与滤层中的滤料结构有关，不同滤料结构时常用的过滤速度见表 3-1。

3. 反洗

反洗是否彻底是影响过滤效果的主要因素，反洗效果的关键是控制合适的反洗强度或反洗膨胀率，以及适当的反洗时间。

（1）反洗膨胀率。反洗时，滤层膨胀时增加的厚度与滤层原厚度比值的百分数称为滤层的反洗膨胀率，简称反洗膨胀率。对于一定反洗流速，滤料粒径不同时，膨胀率也不同，粒径小的滤料膨胀率大，粒径大的膨胀率小。对于同一滤料层，反洗时，细滤料趋向上部，粗滤料趋向下部，形成上细下粗的排布方式，滤料膨胀率自而下减小。由于上层滤料截留的悬浮杂质较多，所以应先满足上层滤料对膨胀率的要求，下层粗滤料达到最小流化程度即可。目前推荐使用的膨胀率为 50% 左右，无粒状滤料流失为准。

（2）反洗强度。为了使滤料处于悬浮状态，必须有足够的反洗水量。反洗时单位时间、单位过滤面积上通过的反洗水量称为反冲洗强度，简称反洗强度，单位为 $L/(m^2 \cdot s)$。以流速量纲表示的反洗强度称反洗流速，单位为 cm/s。

反洗强度与滤料粒径有关，当要求的膨胀率一定时，滤料的粒径越大，则需要的反洗强度也应越大；反洗强度还与水温有关，当水温越低时，由于水的黏度大，需要的反洗强度就越小。

膨胀率和反洗强度是从两个不同角度表示反洗强弱程度的指标，膨胀率是用滤层流态化程度表示反洗强弱的，而反洗强度则是以反洗水流速大小表示反洗强弱程度的。

（3）反洗时间。滤层反洗时，即使冲洗强度符合要求，若冲洗时间不足，也不能洗净滤料。反洗时间可通过试验确定。

水反洗常用的反洗强度、膨胀率和反洗时间见表 3-3。

表 3 - 3　　　　　　　　　　　　水 反 洗 条 件

滤　层	反洗强度 [L/（m²s）]	膨胀率（%）	反洗时间（min）
单层（石英砂）	12～15	45	5～7
双层（无烟煤．石英砂）	13～16	50	6～8
三层（无烟煤．石英砂．磁铁矿）	16～18	55	5～7

三、常见故障处理

常见故障及处理方法见表 3 - 4。

表 3 - 4　　　　　　　　　　　　滤池常见故障及消除方法

现象	原因	解决方法
滤池出水浊度超标	（1）进水浊度超标； （2）滤池超出力运行； （3）滤料乱层、滤层偏流或滤料不够； （4）历次反冲洗不彻底； （5）压缩空气进气阀不严、空气扰动	（1）调整澄清池出水合格； （2）调整出力在额定范围内； （3）检查滤层，消除偏流或补加滤料； （4）重新反冲洗，并增加反洗强度，检修进气阀； （5）排尽滤池内空气
滤池出水带有滤料	（1）下部配水装置损坏，如水帽破裂，多孔板与池体结合处漏滤料，垫层乱层； （2）反洗时反洗强度过大	（1）停运，通知检修人员处理缺陷，必要时由旁路进水； （2）降低反洗强度

【知识拓展】

一、活性炭吸附过滤

1. 活性炭过滤器

活性炭过滤器的结构形式与机械过滤器基本相同，不同之处在于滤层的高度和反洗水管径。滤层高度一般为 1.5～2.0m，是机械过滤器的 2 倍以上；活性炭的密度比石英砂低得多，反洗流速仅为石英砂过滤器的 60% 左右。

主要工艺参数如下：

（1）通水空塔流速。$v=5\sim10\text{m/h}$。

（2）进水浊度。小于 5NTU。

（3）活性炭层高度。$H=1.5\sim2.0\text{m}$。

（4）活性炭滤料。制造活性炭的原料常用的有果壳、木屑和无烟煤三种，吸附性能差别很大。如果用在除盐系统去除有机物，果壳碳的性能明显优于其他两种。

（5）反洗方式。采用空气和水联合反洗。空气擦洗强度 $\leqslant20\text{L/（m}^2\cdot\text{s）}$，时间 5～10min；水反洗强度 7～14L/（m²·s），时间 10～20min；正洗流速 $v=5\text{ m/h}$，时间 5～10min；滤层膨胀率为 30%～50%。

（6）活性炭使用寿命。一般为 2～3 年，饱和炭去再生或更换。目前有的厂每年更换 50%。

（7）活性炭床出水水质。悬浮固体小于 1.0mg/L，$COD_{Mn}<2\text{mg/L}$，游离氯 $<0.1\text{mg/L}$。具体的工艺参数应根据进水水质、活性炭品种及试验结果决定。

2. 吸附处理工艺原理

活性炭具有发达的微孔和巨大的比表面积，表面活性很强，对很多物质都有吸附能力。在锅炉补给水预处理系统中，一般使用活性炭吸附水中的有机物，有时也用于去除余氯和胶体硅，而且对用生物法或其他化学法难以去除的有机物如色度、异臭、表面活性剂、合成洗涤剂和染料等具有很强的吸附能力。

（1）除有机物。活性炭可以除去混凝澄清不能除去的那部分有机物。混凝澄清除去的主要是以悬浮态和胶体存在的大分子有机物，有机物去除率一般为 20%～50%（以 COD_{Mn} 计算）；而活性炭除去的主要是能够进入活性炭微孔内部的小分子有机物，有机物去除率一般在 20%～80% 之间（以 COD_{Mn} 计算）。

（2）除余氯。如果预处理阶段向水中投加了氧化性杀菌剂（如氯），则水中会含有一定浓度的余氯。为防止水中的余氯对后续离子交换树脂、反渗透膜等不耐氧化剂的水处理材料造成危害，有时需要用活性炭吸附余氯。

活性炭是一种优良的还原剂，而余氯有很强的氧化性，因此，活性炭对余氯的吸附不仅是一种物理吸附，而且伴随着氧化还原化学反应。以 Cl_2 为例，活性炭吸附余氯的化学反应为

$$2Cl_2 + C + 2H_2O \longrightarrow 4HCl + CO_2 \uparrow$$

由于上述反应的存在，活性炭对余氯的去除率很高。但是，余氯对活性炭微孔的破坏也很严重。常见的问题是活性炭颗粒容易破碎形成碎末，不仅活性炭的损耗很大，而且炭末可能会带入活性炭过滤器的出水中。因此，当水中存在较高浓度的余氯时，不宜直接使用活性炭进行处理，而应该预先加入还原剂，消耗掉大部分的余氯之后，再利用活性炭吸附。

3. 活性炭性质

活性炭一般以木材、果壳、煤炭为原料，通过粉碎、混合、碳化、活化和筛分等工艺制造而成。活化目的是造成细孔，扩大吸附面积。

活性炭粒度小，比表面积大，总孔容积也较大，不仅吸附能力强，而且吸附容量大，是非极性吸附剂。活性炭在制造过程中在表面有多种氧化物生成，这些氧化物一般带有羟基、羧基、羰基等含氧官能团，使得活性炭表面带有微量电荷，表现出一定的选择性吸附特征。

失效的活性炭可以再生恢复其吸附能力重新使用。活性炭再生方法很多，一般可分为热再生法、化学药剂再生法及生物再生法，目前以热再生为主，热源有蒸汽、电加热、油加热几种方法。蒸汽再生是最早的一种再生活性炭的方式，但其设备庞大，再生过程中炭的损失率较大，再加上高温蒸汽的来源受到限制，因此，目前已经被电加热再生取代。热再生基本原理：在无氧环境下，通过加热提高活性炭的温度，使吸附的有机物受热分解以气体形式逸出，从而使活性炭的微孔容积得到恢复。

4. 影响活性炭吸附性能的因素

（1）活性炭的结构及特性。活性炭的比表面积和微孔状态影响吸附容量，因活性炭吸附有机物主要在微孔中进行，微孔所占孔容和表面积的比例越大，吸附容量就越大。由于活性炭表面带微弱的电荷，水中极性溶质竞争活性炭表面的活性位置，导致活性炭对非极性溶质的吸附量降低，而对某些金属离子产生离子交换吸附或络合反应。

（2）吸附质的性质。吸附质的性质对活性炭吸附的影响主要从以下四个方面：①分子结构和表面张力。通常，芳香族有机物比脂肪族有机物易被活性炭吸附；越是能降低溶液表面

张力的有机物越容易被活性炭吸附。②有机物的分子量。一般水中有机物的分子量增加，吸附量也增加。但当分子量增加到一定程度后，大分子量会影响吸附质在活性炭孔中运动时，则吸附量下降。③有机物的溶解度。活性炭在本质上是一种疏水性物质，因此被吸附有机物的疏水性越强就越易被吸附。换言之，在水中溶解度越小的有机物就越易被活性炭吸附。④吸附质浓度增加，活性炭吸附量也随之上升。

（3）水的 pH 值。这是因为水的 pH 值影响水中有机物的形态，例如对于各种有机酸及含酸性基团的物质，它们在 pH 值高时易离解，其溶解度上升，所以相对而言在低 pH 值的酸性条件下易被吸附。因此，有人建议当活性炭过滤器以除去有机物为主时，宜放在阳床之后。

（4）温度。活性炭吸附是一种物理吸附，也是一个放热过程，因此低温环境对吸附有利；反之，当温度升高时，易发生解吸，所以活性炭失效后的再生多采用高温法进行处理。

（5）水中离子。一般天然水中存在的无机离子对活性炭吸附有机物几乎没有影响。但汞、铬、铁等金属离子含量较高时，则可能因为在活性炭表面起化学反应并生成沉淀，积累在炭粒内，使活性炭的孔径变小，影响活性炭的吸附效果。

（6）接触时间。因为吸附是液相中的吸附质向固相表面的一个转移过程，所以吸附质与吸附剂之间需要一定的接触时间，才能使吸附剂发挥最大的吸附能力。在处理水量一定的情况下，增加接触时间，意味着增加设备或增大设备，而且接触时间太长时，吸附量的增加并不明显。因此，一般设计时接触时间按 20min 考虑。

5. 运行控制要点

（1）装料。按设计要求的层高和到货活性炭的视密度，估算装填数量。装料前设备应充水至水帽上方 500～800mm 处，以免活性炭下落时损坏水帽。

（2）清洗。在装料后首先应用水浸泡一定的时间，使活性炭充分的润湿，然后再开始反冲洗。首次反洗的流速不宜过高，因为炭粒中含有很多空气，质轻，容易流失。初次反洗，排水中有很多炭粉，水的颜色为深黑色。待排水逐渐澄清后停止反洗，使炭层自然沉降。为了减少反洗时间，首次反洗时，也可以通入小流量的空气，加速炭粒表面炭粉的洗脱。

（3）活性炭过滤器出水中带有炭末。炭末来自滤层中破碎的炭粒。活性炭破碎的原因一般为进水氧化剂含量过高（如余氯很高）、空气擦洗强度太大、反洗时间太长等。对于离子交换除盐系统，炭末不会产生任何问题，因为即使炭末进入后面的阳床，在反洗时很容易洗出；但对于反渗透系统，就有可能进入保安过滤器甚至反渗透元件，使相应设备的压差增大。

解决的方法是调整进水的水质，降低进水悬浮物和氧化剂的含量，减少反洗，尤其是空气擦洗的次数。同时调整反洗强度和时间，减少颗粒的破碎。必要时，在活性炭过滤器底部铺一层约 200mm 左右的细砂，可有效地防止炭末的出现。铺细砂后，不能使用空气擦洗，以防止过滤器底部砂炭混杂。

二、活动孔板式纤维过滤器

该过滤器是以丙纶丝纤维为过滤介质的纤维过滤器。丙纶丝纤维具有强度高、化学稳定性好（耐酸、碱和耐腐蚀）、吸水率低、表面积大、水流阻力小等特点。它在结构上无活性基团，对水中悬浮物的吸附属于物理吸附，容易清洗。因此，它是一种比较理想的过滤材料。

1. 结构

图 3-7 所示为活动孔板式纤维过滤器的结构示意。过滤器本体形同普通过滤器，器内上部装有可上下移动的孔板，板下悬挂丙纶丝纤维，纤维束下端与固定孔板连接，构成过滤室。

2. 工作过程

过滤时上部进水，可移动孔板在水流作用下向下移动，纤维束被压实，水由上而下通过压实的纤维层完成截留悬浮杂质的过程；反洗时下部进水，可移动孔板在水流作用下向上移动，纤维束呈松散状态。当反洗水由下而上通过纤维滤层时，纤维束得以清洗。反洗时还可以辅以空气擦洗，以提高反洗效果。

三、孔隙调节型纤维过滤器（PCF）

1. PCF 过滤器原理

PCF 是韩国研发的一种过滤器，该过滤器一般有 4

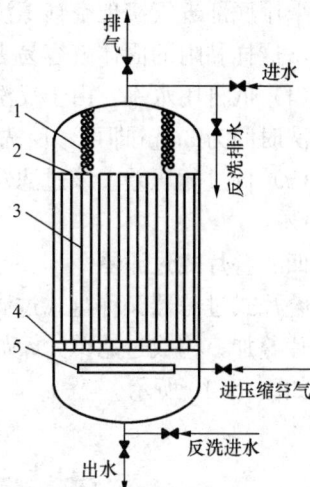

图 3-7　活动孔板式纤维过滤器
1—可调限位索；2—活动孔板；3—纤维束；
4—固定孔板；5—布气板

层聚丙烯纤维丝，每层 10 束，每束 220 根丝，每根丝围绕着中央产水管形成过滤介质。图 3-8 所示为纤维过滤器工作原理，在过滤过程中对纤维丝施以回转机具压榨，使其纤维丝纵向之间孔隙变小，水中的悬浮物均被挡住留在纤维丝外，过滤后得到清洁的处理水。当过滤器内被截留的悬浮污物增多，处理水量下降，压力差达到设定值时，自动进入反冲洗过程。反洗时让过滤器的压榨机具放松，使过滤纤维的孔隙在舒张的状态下，用压缩空气和处理水反冲洗，将污物通过排放管排除，然后又自动进入过滤过程。

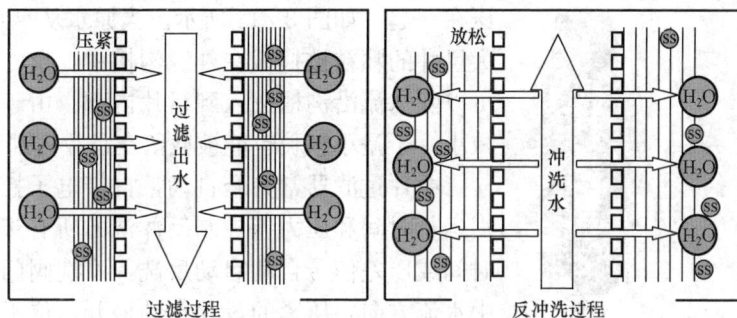

图 3-8　PCF 过滤器原理示意

2. PCF 过滤器的特点

（1）高精度。该过滤器过滤精度可以达到 $2\sim5\mu m$。

（2）高滤速。该过滤器滤速可达到 $60\sim100m^3/(m^2 \cdot h)$，单机处理量 500 m^3/h 的 PCF 过滤器直径仅为 2900mm，大大节约了过滤设备的占地面积，同时可以节约配套阀门、控制等附件的数量。

（3）高反洗强度。反洗彻底、迅速。一般来讲，纤维类过滤器过滤精度都很好，但在反洗方面存在较大问题。PCF 过滤器在反洗方面主要采取了以下手段：①在反洗时，让纤维丝放松，增大纤维丝之间的孔隙，这样反洗时纤维之间截留的悬浮物就容易冲出来。②反洗时，采用底部进气实现空气擦洗；同时利用空气上升的动力使纤维丝抖动，纤维丝之间产生摩擦，这样黏附的固体就容易去掉。

（4）低自用水率。由于反洗效果好，所以在较短的时间内就可以将过滤器反洗干净。一般反洗时间为 3min 即可，反洗自用水率为 0.5%～2%。

（5）低过滤压差。该过滤器的过滤压差为 784～980Pa，与一般的过滤器相比节约能耗约 50%。

四、叠片式过滤器

叠片式过滤器又称盘式过滤器，它由一组双面带不同方向沟槽的聚丙烯盘片构成，许多块盘片叠加，构成过滤单元，如图 3-9 所示。相邻两盘面上的沟槽便形成不规则的水流通道，如图 3-10 所示。

图 3-9　盘片过滤单元

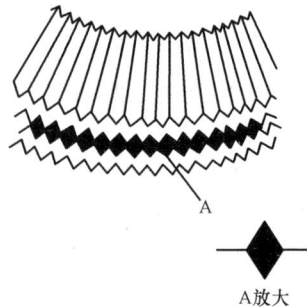

图 3-10　盘片过滤器沟槽

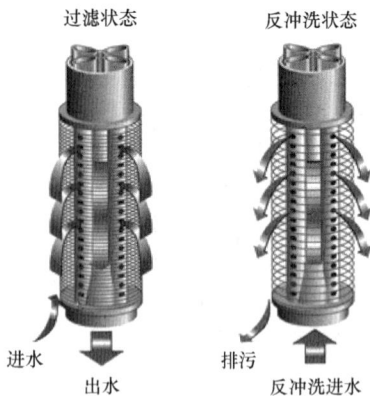

图 3-11　叠片过滤器工作过程示意

过滤过程中，盘片在弹簧力和水力作用下被紧密地压在一起，如图 3-11 所示。当原水从盘片外部进入时，大尺寸的颗粒被拦截在外缘沟槽中，尺寸比较小的颗粒可以随水流沿沟槽进入到盘片内部。由于沿程孔隙逐渐减小，于是小颗粒也能被截留在盘片内部沟槽中。

叠片过滤器常为全自动，自带电子控制装置，可根据运行时间和压力差控制反冲洗的所有步骤。由设定的时间或压差信号自动启动反洗，反洗阀门改变过滤单元中水流方向，压紧的盘片自动松开，位于滤芯中央的喷嘴沿切线方向喷水，使盘片高速旋转，通过冲刷和旋转作用，使盘片得到清洗。

盘式过滤器的过滤粒度取决于沟槽大小，通常有 20、50、100、200μm 多种规格，工作压力为 0.28～0.8MPa，工作温度为 4～70℃，使用 pH 值范围为 5～11.5，过滤时压力损失一般为 0.001～0.08 MPa。

五、直流混凝过滤

在水处理系统中，当原水悬浮物含量较高或变化较大时，通常采用混凝澄清和过滤处理。但当原水悬浮物较低（如低于 60mg/L），而胶体杂质（如胶体硅）含量较高时，可以不设澄清设备，而混凝仍是不可少的。在这种情况下，可以将混凝和过滤组织在一个设备中进行，这种处理工艺就是所谓的直流混凝过滤（或称混凝过滤）。

为使水中悬浮杂质能够渗透到滤层的深处，在混凝过程中需控制絮状物的颗粒尺寸，使其产生的絮状物很小，以便进入滤层。为此，一是选择合适的加药点，通常加药点到滤池的距离为滤池进水管管径的 50 倍；二是控制混凝剂加药量，其加药量比用澄清池的少。混凝剂与水的混合可采用管道混合或静态混合器。

直流混凝过滤需要特别注意防止过滤后混凝现象的发生。混凝过滤宜采用双层滤料或多层滤料滤池。

任务二　运行与维护超滤装置

【教学目标】

1. 知识目标

（1）理解超滤装置的基本结构、工作原理、特点。

（2）知道超滤机理。

（3）知道超滤膜性能指标。

（4）知道超滤装置监督的水质指标和工艺参数。

2. 能力目标

（1）会识读和绘制超滤系统的流程简图。

（2）会启动、运行、停运超滤装置，进行日常检查维护。

（3）能调整超滤装置运行参数，判断和处理常见故障。

（4）能正确分析膜污染原因，采取措施防止膜污染。

（5）能正确使用仪器仪表检测超滤装置水质和运行工况。

【任务描述】

水经过混凝沉淀、澄清和过滤后，其浊度通常在 2NTU 以下。这种水可直接送入后续离子交换除盐设备，但若是送入反渗透脱盐设备，需要进一步除去水中悬浮物和胶体，目前常采用超滤装置进行深度过滤。班长组织各学习小组在仿真机（或实训室）环境下，认真分析运行规程，编制工作计划后，正确运行与维护超滤装置，并确保系统安全、经济运行。

【任务准备】

课前预习相关知识部分。根据超滤装置工作原理，经讨论后编制运行与维护超滤装置的工作计划，并独立回答下列问题。

（1）什么是超滤？其工作原理是什么？

（2）有机超滤膜有哪些材质？

（3）什么是外压式膜组件？什么是内压式膜组件？有何特点？

（4）什么是死端过滤？什么是错流过滤？

（5）什么是超滤的透膜压差？有什么意义？

（6）什么是超滤装置的平均水回收率？

（7）超滤装置膜污染原因主要有哪些？如何解决？

（8）超滤装置出水水质主要控制哪些指标？

（9）超滤装置正常操作步骤有哪些？

（10）超滤容易发生哪些问题？如何解决？

【相关知识】

超滤（ultra filtration，UF）是以孔径为 0.005~1μm 的不对称多孔性半透膜作为过滤介质的深度过滤方式。其工作原理是：带有一定压力的水在超滤膜表面流动时，水分子、溶解盐类及小分子有机物可以透过滤膜到达膜的另一侧，而水中携带的悬浮物、胶体、微生物等颗粒性杂质则被超滤膜截留，从而除去水中的悬浮物、胶体、微生物等杂质，达到净化水的目的。

一、超滤工艺原理

（一）滤膜过滤原理

根据水中的微粒在膜中被截留的位置，可分为表面截留和内部截留，如图 3-12 所示。截留原理主要有以下三种：①筛分。膜拦截比其孔径大或孔径相当的微粒，也称机械截留。②吸附。微粒通过物理化学吸附而被膜截获。因此即使微粒尺寸小于孔径，也能因吸附作用而被膜截留。③架桥。微粒相互推挤，导致它们都不能进入膜孔或卡在膜孔中无法动弹。

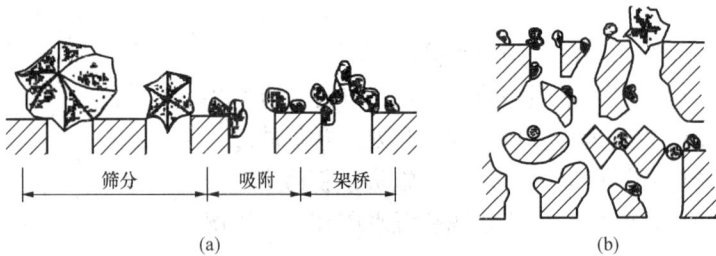

图 3-12　滤膜的截留原理示意
(a) 膜表面的截留；(b) 膜内部的截留

对于超滤膜来讲，由于膜孔径很小，截留机理是以机械筛分作用为主。

（二）超滤过程污染与控制

1. 浓差极化

在超滤过程中，由于水透过膜而使膜表面的溶质（或大分子物质）浓度增加，形成从膜表面溶质浓度到主体溶液浓度的浓度梯度边界层，即超滤膜浓差极化。浓度梯度形成的同时也出现了溶质和水由膜表面向主体溶液方向的反向扩散。

发生浓差极化时，由于大分子物质和胶体物质在膜表面截留会形成一个边界层。有边界层时，超滤的阻力增加，超滤膜的水通量下降，透过水（产水）质量变差，溶质析出污染膜。减缓浓差极化的措施有：增加水流紊动，降低边界层厚度；提高水温，增加溶质扩散系数；保持足够的进水流量，增加其携带污物能力；对膜面不断地进行清洗，消除已形成的边界层。

2. 膜污染

膜污染是指进水中的颗粒、胶体或溶质大分子，通过物理吸附、化学作用或机械截留在膜表面或膜孔内聚积而造成膜孔堵塞，使膜水通量下降和分离效果变差的现象。膜污染是一个复杂的过程，膜是否污染以及污染的程度归根于污染物与膜之间以及不同污染物之间的相互作用，其中最主要的是膜与污染物之间的静电作用和疏水作用。

影响超滤膜污染的因素很多，归纳起来主要是进水性质、膜及膜组件性质（膜结构，膜的物化性质，组件形式等）和操作条件。

防止膜污染，通常采取以下措施：①进水经过严格的预处理。大多数情况下膜污染是由不适当的进水预处理所致，这是因为原水中的悬浮物、胶体（如胶泥、胶体硅、胶体铁等）、有机物（如腐殖酸、丹宁酸等）和细菌、藻类及其衍生物等都可引起膜的污染。②使用永久强亲水性的膜材料，很好地克服膜的表面吸附污染；③选择孔径分布范围狭窄和没有大孔缺陷的超滤膜，能很好地克服颗粒的阻塞；④尽管进水经过严格的预处理，长期使用后膜表面仍然会受到污染，因此，膜装置在运行过程中应定期加入次氯酸钠等杀菌剂清洗，可以有效去除膜的表面附着。⑤控制料液流速、温度和 pH 值在合适范围内。

（三）超滤装置进水的预处理

大量的实验研究表明，超滤膜对降低悬浮物、浊度、病原体等水质指标方面有很好的效果，产水浊度可始终保持小于 0.1NTU，但是超滤膜对天然有机物及合成有机化合物的去除率并不高，出水 COD 偏大。因此尽管超滤允许在浊度小于 200NTU 的范围内可以直接过滤，但是由于直接超滤一方面会造成工艺整体对有机物的去除率不高，另一方面也会致使超滤负荷过重，运行周期缩短、膜通量低，存在膜元件污染迅速、清洗恢复率低、运行寿命短等问题，因此，在超滤前需对进水进行严格的预处理。

通常采用的预处理方法有混凝、沉淀澄清、预过滤、pH 调节、杀菌消毒等，这些方法可根据原水情况及处理的要求来选用。下述选择原则可供参考：①地下水及含悬浮物、胶体物质小于 50mg/L 时宜采用直接过滤或者混凝过滤；②地面水及含悬浮物、胶体物质大于 50mg/L 应采用混凝、沉淀澄清、过滤工艺；③原水中含有细菌、藻类及其他微生物较多时，必须先行杀菌，然后再按常规程序处理。如果水中含有较多的余氯或其他强氧化剂，可加入亚硫酸钠等还原剂或者用活性炭吸附去除。

目前应用在大中型工程上超滤的预过滤工艺主要有以下几种：

（1）多介质过滤工艺。这是一种传统的过滤工艺，对悬浮物、浊度、COD 等均有一定去除率，但占地面积大，效率偏低。

（2）叠片式过滤工艺。该工艺具有高效截留悬浮物、易清洗特点，但是叠片式过滤工艺因其特定的机械结构，对大于其过滤孔径的颗粒物具有较好的截留效果，而对于小粒径颗粒物造成的浊度和 COD 则无效果。因此叠片式过滤工艺适用于高悬浮物、低 COD 水质的处理。

（3）孔隙调节型纤维过滤工艺。该工艺具有过滤效果好、清洗彻底等优点。纤维过滤器不仅可以截留住悬浮物等颗粒性物质，且多层的纤维丝重叠形成的深层过滤性能，对溶解性有机物具有一定的黏附、截留和去除效果。

二、超滤膜材料及性能

1. 超滤膜材料及微孔结构

可以用来制造超滤膜的材质很多，目前在火电厂使用的主要是有机合成膜，包括聚偏氟乙烯（PVDF）、聚醚砜（PES）、聚丙烯（PP）、聚乙烯（PE）、聚砜（PS）、聚丙烯腈（PAN）、聚氯乙稀（PVC）等。20 世纪 90 年代初，聚醚砜材料率先在商业上取得了应用；而 90 年代末，性能更优良的聚偏氟乙烯超滤膜开始被广泛地应用于水处理行业。聚偏氟乙烯和聚醚砜成为目前最广泛使用的超滤膜材料。

　　超滤膜具有非对称断面结构，由一层均匀致密的、很薄的外皮层和多孔的海绵状支撑层构成。通常支撑层的孔径要比皮层高一个数量级以上。这种结构有以下的优点：①致密的皮层提高了过滤的精度；②多孔的支撑层增强了膜承受压力的能力，降低了过滤的阻力，并且使得穿过皮层的微小杂质被截留的概率降低到最小。这些优点使得超滤基本实现了表面过滤，清洗恢复性比微滤有明显的改善，因而其长期膜通量更稳定。

　　由于采用的是表面过滤，因此超滤的分离性能主要取决于膜表面皮层的孔径分布。由于目前膜制造技术的限制，皮层的微孔孔径并不是单一的，而是存在从纳米级至微米级的孔径分布。孔径分布范围越窄，可能"卡"入微孔的杂质越少，膜越不容易被污堵。如果膜分离皮层存在过大的微孔，虽然透水能力较强，但是出水质量变差，膜孔容易堵塞，膜通量衰减很快，而且反洗后膜通量的恢复不好，最终结果是产水质量和水量都下降。因此，超滤膜孔径分布范围的宽狭和有无过大孔的存在，是影响膜性能的关键因素。

　　2. 超滤膜性能

　　（1）化学稳定性。考虑超滤膜在反洗或化学清洗时有可能接触酸、碱、氧化剂等物质。化学稳定性好的材质，膜的运行寿命长，可以采取的化学清洗方法多，有利于在多种场合下的使用。PVDF、PP、PES在耐酸碱和耐氧化剂方面都可满足要求。相比而言，PVDF的化学稳定性最好，PP耐光降解性能较差，PES耐氧化剂要弱于PVDF。

　　（2）亲水性。亲水性的强弱对膜的抗有机物污染能力有很大影响。强亲水性的膜材料，不容易附着疏水性的有机污染物，即使污染后也容易清洗恢复。三种材料亲水性由强至弱顺序为PES＞PVDF＞PP。

　　（3）水通量。水通量也称膜通量，是指在一定的温度和透膜压差运行条件下，单位时间内透过单位膜面积的产水量。商品膜通常用25℃、0.1MPa透膜压差下纯水所得的数据表示。

　　（4）透膜压差。超滤装置在运行过程中膜两侧（进水侧与产水侧）水的压力差，称为透膜压差或跨膜压差，常用TMP表示。材料、结构、运行方式不同的超滤膜，其透膜压差是不一样的。在各种运行参数不变的前提下，不同厂家的新膜的TMP越小，表明其透水性越好。随着膜污染的加重，TMP将不断升高。

　　（5）截留率。截留率又称去除率、滤除率，是指一定分子量的溶质被超滤膜所截留的百分数。

　　（6）截留分子量。截留分子量又称切割分子量，是指能被超滤膜截留住90％以上的溶质最小分子量。

　　（7）适用pH值。适用pH值取决于膜材料，见表3-5。

表3-5　　　　　　　　　　　超滤膜的适用pH值范围和最高使用温度

超滤膜材质	纤维素	聚砜	聚醚砜	聚丙烯腈	聚偏氟乙烯
适用pH值	3～7	1～13	1～14	2～10	2～11
最高使用温度（℃）	30	90	95	45	70

　　（8）最高使用温度。考虑到膜的使用寿命和组件外壳材料的原因，实际使用温度应低于表3-5中所示的值。

三、超滤装置

超滤装置是指将若干个超滤膜组件并联组合在一起，并配备相应的水泵、自动阀门、检测仪表、支撑框架和连接管路等附件，能够独立进行正常过滤、反洗、化学清洗等工作的水处理装置。

1. 超滤组件

超滤组件是超滤装置（系统）的核心设备，有平板式、管式、螺旋卷式和中空纤维式等多种组件形式，在电厂水处理中常用中空纤维式超滤组件。

中空纤维膜实际上是很细的管状膜，一般外径 $0.5\sim2.0$mm，内径 $0.3\sim1.4$mm。中空纤维膜断面如图 3-13 所示。中空纤维膜填充密度高，单位膜面积价格低，但容易堵塞，抗污染能力差。反渗透装置也有中空纤维膜组件形式，相对于反渗透中空纤维膜，超滤中空纤维膜要粗得多，故超滤中空纤维组件也被称为毛细管组件。

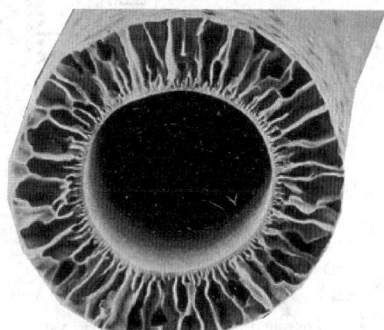

图 3-13 中空纤维膜断面

某厂超滤组件如图 3-14 所示，中空纤维膜丝在组件内呈垂直组装，用几千甚至上万根膜丝端部密封后放入一个圆柱形容器中构成。环氧树脂或聚氨酯等黏接材料端封的作用是密封住膜丝之间的间隙，从而使原液与透过液分离，防止原液不经过膜丝过滤而直接渗入到透过液中。

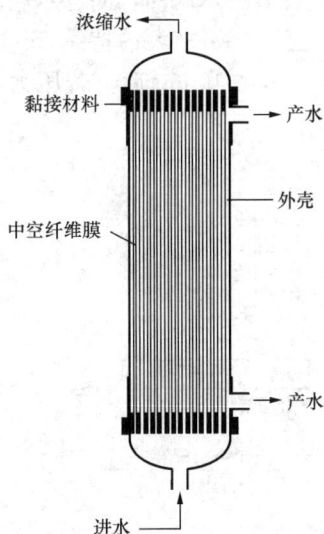

图 3-14 内压式中空纤维超滤组件

中空纤维组件有内压式和外压式两种。

（1）内压式。内压式中空纤维超滤组件如图 3-14 所示，进水在纤维管内流动，从管外壁收集透过水。

内压式膜元件的特点是膜丝内水的流动分布比较均匀；外部流动的是产水，所以污垢不会在膜丝之间堆积；可以用快速顺洗（正洗），即冲洗水流与膜孔成切向方向快速流过，从而可以将吸附在膜内孔表面上的污染物冲去，恢复膜的水通量。但是膜丝内部孔道小，膜表面积较小，对进水悬浮物含量要求较严，适用于原水水质较好的水处理系统。

（2）外压式。外压式中空纤维超滤组件如图 3-15 所示，进水在管外壁流动，产水从管内收集。

外压式膜元件的特点是膜丝外空间大，膜表面积较大，产水量较大；对原水水质要求低，适用于污水处理或原水水质波动较大的系统；反洗时由于水力分布均匀而更为有效，且可采用气水合洗的方式。但外压式的进水在纤维束之间流动，流动分布有可能不均匀，易产生堵塞和死角。

2. 完整性检验

在运行过程中，超滤膜有时会破损，组件也因断丝等多种原因会泄漏。完整性检验就是检查超滤膜以及整个装置是否发生破损和泄漏的试验。完整性检验包括压力衰减试验法和气

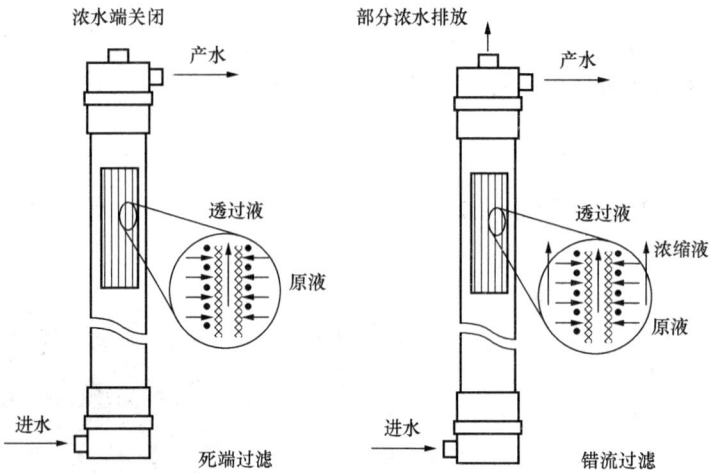

图 3-15　外压式中空纤维超滤组件

泡观察法。

（1）气泡观察法。如图 3-16（a）所示，在超滤装置每只组件的一端连接管路上加装一段透明检查管（如有机玻璃管）。检查时，膜组件充满水后，向进水侧缓慢通入无油压缩空气，空气会从膜组件内破裂的膜丝或有缺陷的大孔漏入膜的另一侧，并从检查管中溢出。如果在透明管中看到不连续、大小不一的气泡，即可确定该组件发生了断丝或有缺陷。

（2）压力衰减法。如图 3-16（b）所示，膜组件充满水后，打开产水阀门，向进水侧缓慢通入无油压缩空气，提高进气压力至小于泡点压力的某预定值。开始（大约持续 2min）会有少量水透过膜，待压力稳定在预定值时，关闭进气阀，保持压力 10min 后，若压力降超过允许值（如 0.025MPa），则膜组件存在泄漏。

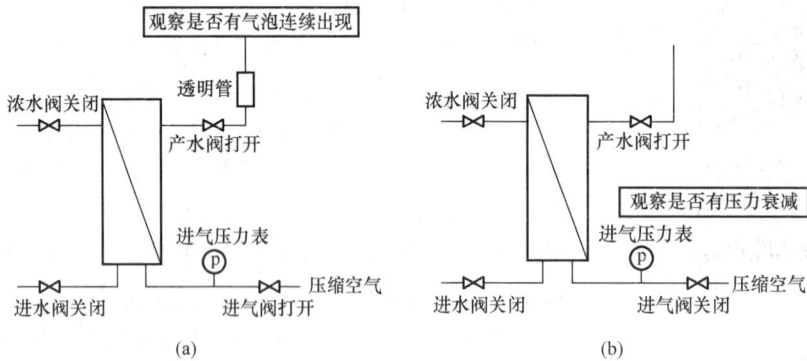

图 3-16　超滤组件的完整性测试原理示意
（a）气泡观察法；（b）压力衰减法

3. 运行方式

如图 3-15 所示，超滤有死端过滤和错流过滤两种运行方式。

（1）死端过滤。死端过滤又称全量过滤或全流过滤，是指超滤的进水全部透过膜而成为产水，没有浓水排放的过滤方式。死端过滤具有水回收率高、能量消耗小的优点。但是，膜容易被污染，因为滤除的所有杂质都将截留在膜丝内部及其表面上，运行压差上升很快。一般只能用于一些污堵物较少，比较"干净"水的处理。

（2）错流过滤。错流过滤是指进水中只有一部分水透过滤膜成为产水，另一部分水没有透过膜并以"浓水"的形式排出。

根据浓水循环还是排放又分为"错流排放过滤"和"错流回流过滤"两种运行方式。如果将浓水直接排放，就是错流排放过滤；如果将浓水通过循环泵打回到超滤进口进行循环，就是错流回流过滤。错流过滤及时地排出了浓缩的杂质，加上浓水的流动对膜表面一定的冲刷作用，因而减轻了杂质在膜表面的积累，防止了水的流道被堵死。错流回流过滤因为将部分浓水进行了循环，增加了浓水侧的流速，减轻了膜的污堵，可用于原水污染性较强的情况。其缺点是增加了循环的能耗。

4. 清洗方式

当运行一定时间，被截留物质越积越多时，超滤装置停止产水，进行清洗。超滤膜的清洗包括正洗、反洗、分散化学清洗、化学清洗几个步骤，这些步骤的选用及组合可根据水质、膜的材料和操作条件等选择。

（1）正洗。正洗又称顺洗或正冲。将进水流量提高，用高速水流冲刷膜表面上的沉积物，以达到清洁膜表面、改善反洗效果的目的。有时在反洗后还需要进行正洗，这是考虑到反洗之后，膜表面的部分污物已松动但未被冲走，通过大流量的正洗可以将这些污物洗去。正洗时间一般为 5～20s，频率为 1 次/（10～60）min。

（2）反洗。水流方向与产水方向相反，此操作是中空纤维膜组件特有的操作方式，可以有效地清除膜孔内部及滤膜表面形成的沉积物。一般反洗步骤分为两个过程，上反洗（顶部反洗）和下反洗（底部反洗）。为避免反洗水质不良在产水侧对膜产生污染和膜孔堵塞，一般采用超滤产水作为反洗水，或除去颗粒的纯净水为反洗水。反洗时间一般为 20～60s，频率为 1 次/（10～60）min。

为提高超滤装置的反洗效果及抑制膜组件内细菌滋生，可以向反洗水中加 NaClO 等杀菌剂，称为化学加强反洗（CEB），简称化学反洗或加强反洗。化学反洗时，常先分别上、下反洗同时加药冲洗 20～80s，必要时关闭所有泵及阀门浸泡 1～10min，最后用水冲洗。

外压式超滤装置反洗时，为提高反洗效果，一般采用辅以压缩空气的气水合洗方式，利用水气两相流的搅动作用对膜表面进行清扫。

（3）分散化学清洗。经多次反冲洗后，可能在膜表面黏附着不易冲洗掉的污物，此时就在膜丝的原水侧加入含有一定浓度化学药剂的水通过循环流动、浸泡等方式，将膜表面的污物清洗下来，即为分散化学清洗。化学药剂可根据不同的情况选用，通常为防止无机盐（铁、铝等高价金属的胶体或者悬浮物）引起的膜污染，选用一定浓度的酸溶液，如盐酸、草酸或柠檬酸等。为防止由有机物及微生物引起的膜污染，选用一定浓度的碱溶液，如 NaOH 和 NaClO 配合等。分散化学清洗频率为每天 1～4 次。

（4）化学清洗。反洗及化学反洗并不能将截留在超滤膜中的杂质完全清除，运行一段时间（1～6 个月）后，超滤膜的水通量会越来越小，此时应化学清洗。化学清洗采用提高清洗药剂的浓度，增加药剂的浸泡接触时间，药剂循环清洗来恢复超滤膜的性能。其具体方法为：①清洗之前，将超滤装置内的水排净。②采用正洗方式对系统进行循环化学清洗，时间为 30～45min。③再以产水方式对系统进行循环化学清洗，时间为 30～45min。如果需要，再进行化学试剂的浸泡。④用进水低压低流量冲洗超滤装置，将装置内的废液排放至中和池内处理，以免造成环境污染。待排放液的 pH 值达到 6～8 时，即可停止。

四、超滤系统

超滤系统由超滤本体装置、超滤反洗系统、超滤清洗系统及加药系统等构成。反洗系统由超滤反洗水箱、反洗水泵及管路组成；清洗系统由清洗药箱、清洗泵及连接管路组成；加药系统由次氯酸钠、亚硫酸钠、阻垢剂及盐酸药液箱、加药泵及连接管路组成。图 3-17 所示为某厂的超滤系统。

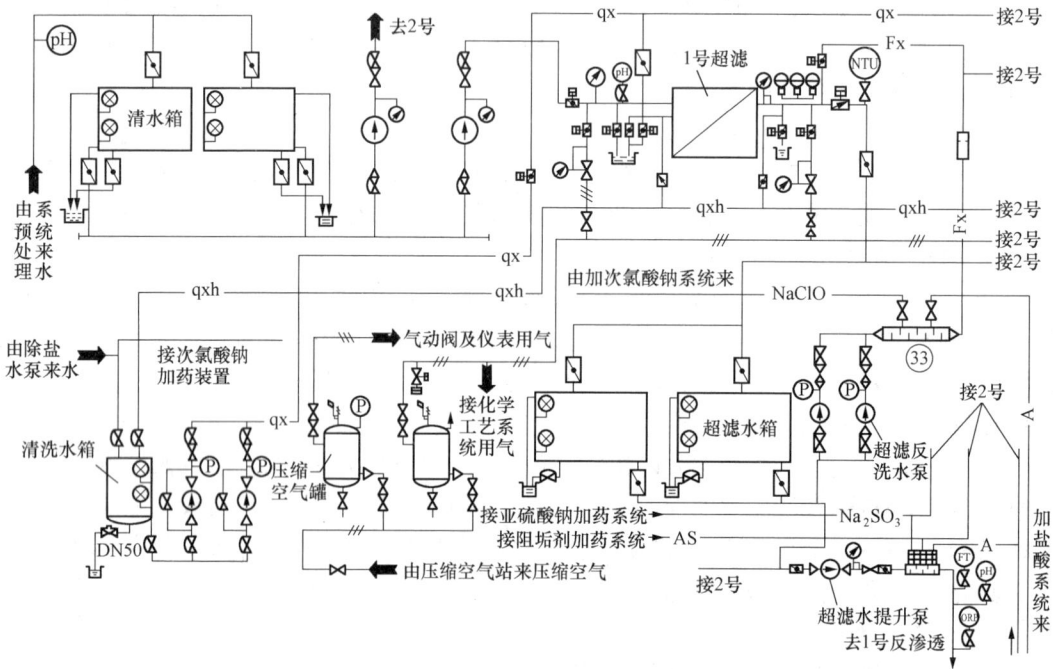

图 3-17　某厂超滤系统

qx—清洗液；qxh—清洗排放液回至清洗水箱；Fx—反洗液；ORP—氧化还原电位

【任务实施】

一、超滤装置运行

（一）外压式超滤装置运行

下面以某外压式膜组件（见图 3-18）为例，介绍超滤装置的运行。

1. 启动前的检查

（1）超滤前处理系统运行正常，管路清洗干净，超滤进水符合设计要求。

（2）排水系统已经准备完毕。

（3）PLC 程序已输入。

（4）电路系统检查已完成。

（5）管路系统连接完成并已清洗干净。

（6）所有的阀门、泵处于关闭状态。

2. 超滤组件的冲洗

（1）打开装置的产水排放阀和浓水排放阀。

（2）启动原水泵。

（3）缓慢调节超滤装置正洗手动阀门，维持较低的进水压力（低于 0.15MPa）。

（4）连续冲洗至排放水无泡沫，至此超滤装置启动前准备完毕。

3. 启动

根据进水确定超滤装置的允许最大产水量、工作压力、反洗时间间隔。OMEXELL™超滤元件进水压力应控制在膜两侧平均压力差不大于 0.21MPa。

流量和压力的调整程序如下：

（1）产水的调整。打开产水阀；缓慢打开进水阀门；调整进水阀门，使产水流量达到要求水量；如果同时有浓水排放，应同步调整。

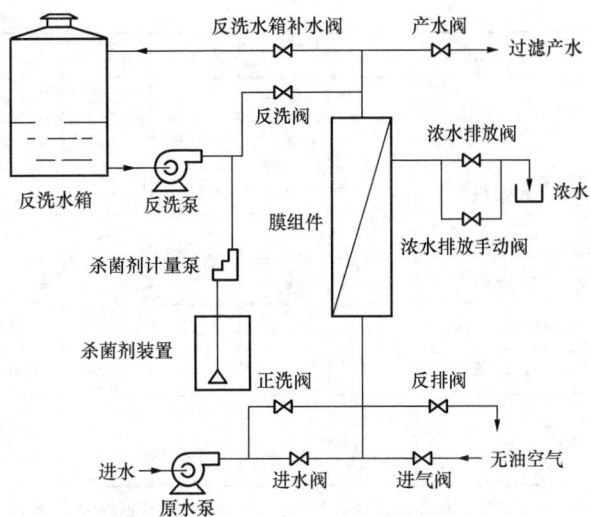

图 3-18　某外压式超滤装置管系

（2）浓水的调整（错流工作状态时）。缓慢打开浓水排放手动阀，调节至需要的排放量。

（3）反洗水压力的调整。全开浓水排放阀；启动反洗水泵；缓慢打开反洗阀；调整反洗水压力不大于 0.2MPa。

（4）气水合洗压力的调整。进入反洗程序；缓缓开启进气阀至进气压力为 0.1MPa。

4. 转入自动控制

当装置由手动控制将所有的流量、压力设置完毕后，装置需要关闭，然后以自动方式重新启动。

（1）关闭所有开关，将手动开关转为自动。

（2）启动超滤装置。

（3）调整产水压力保护开关，当产水压力高于设定值时，浓水排放阀自动开启。

超滤装置运行步骤及阀门状态参见表 3-6。

表 3-6　　　　　　　　　　超滤装置运行步骤及阀门状态表

运行步骤	序号	1	2	3	4	5	6	7	8	9	10
	步骤	运行	底部反洗	顶部反洗	气水反洗	气水正洗	正洗	分散清洗	浸泡	冲洗	停运
泵及阀状态	反洗水泵		○	○	○						
	氧化剂泵		○	○	○						
	化学药剂泵							○			
	进水阀	○									
	产水阀	○									
	正洗阀					○	○	○		○	

续表

运行步骤	序号	1	2	3	4	5	6	7	8	9	10
	步骤	运行	底部反洗	顶部反洗	气水反洗	气水正洗	正洗	分散清洗	浸泡	冲洗	停运
泵及阀状态	浓水排放阀			○	○	○	○	○		○	
	反洗阀		○	○	○						
	反排阀		○								
	进气阀				○	○					
	浓排手动阀	○	○	○	○	○	○	○		○	
时间		30～60min	20s	20s	20s	20s	20s	30s	5～10min	60s	

注 (1) 气水合洗的频率为1次/（8～24）h，分散化学清洗1～3次/天，根据实际水质确定。

(2) 浓水排放手动阀只在错流过滤方式时开启。

(3) 当不进行气水合洗和分散化学清洗时，运行步骤按1→2→3→6进行。

(4) ○指阀门或泵呈开启状态。

5. 停运

(1) 手动操作模式下的停运。打开浓水排放阀，冲洗15s；缓缓关闭进水阀。

(2) 自动控制模式下的停运。装置在自动模式下运行，当下面的一些情况发生时，装置会自动关闭或不能投入自动运行：①原水泵没接到运行指令，或者泵的手动开关没有置于自动状态；②进水或产水出口压力过高。

（二）内压式超滤装置运行

1. 启动前的检查及超滤组件的冲洗

内压式超滤装置在启动前的检查和组件的冲洗与外压式基本相同。

2. 启动

根据设计参数确定超滤装置的产水量、工作压力、反洗时间间隔，在启动初期，内压式超滤组件进水压力一般控制在0.05～0.08MPa（0.5～0.8bar）。

流量和压力的调整程序如下：

(1) 产水的调整。打开产水阀；缓慢打开进水阀门；调整进水阀门，使产水流量达到要求水量；如果同时有浓水排放，应同步调整。

(2) 浓水的调整（错流工作状态时）。缓慢打开浓水排放手动阀，调节至需要的排放量。

(3) 反洗水压力的调整。全开浓水排放阀；启动反洗水泵；缓慢打开反洗阀；调整反洗流量至设计值，同时要注意反洗水压力不大于0.2MPa，内压式超滤装置不需要加气反洗，因而反洗过程比较简单。

3. 转入自动控制

当装置由手动控制将所有的流量、压力设置完毕后，装置需要关闭，然后以自动方式重新启动。

(1) 关闭所有开关，将手动开关转为自动。

(2) 启动超滤装置。

（3）调整产水压力保护开关，当产水压力高于设定值，浓水排放阀自动开启。

超滤装置运行步骤及阀门状态参见表3-7。

表3-7　　　　　　　　　　　　　　超滤装置运行步骤及阀门状态表

步序	1a	1b	2	3	4a	4b	5
	运行		反洗		正冲		停运
	上进水	下进水	上排水	下排水	上进水	下进水	
总进水阀	○	○					
上进水阀	○				○		
下进水阀		○				○	
快冲进水阀					○	○	
产水阀	○	○					
上产水阀		○		○			
下产水阀			○				
反洗进水阀			○				
反洗上排阀			○			○	
反洗下排阀				○	○		
反洗水泵			○				
杀菌剂计量泵			○	⊙			
时间	30～60min	30～60min	30s	30s	30s	30s	

注　（1）步序中a、b为二选一，且在上位机上可以实现手动切换，即1a→2→3→4a→5或1b→2→3→4b→5。

（2）化学反洗的频率为1次/6～24h，根据调试确定。

（3）当不进行化学反洗时，执行反洗即在上反洗和下反洗时不打开杀菌剂计量泵。

（4）在执行停车程序时，检测正在执行的程序，若正在反洗，待程序执行完毕停泵关自控阀停车；如正在执行其他程序，关闭相关的自控阀门，然后执行反洗程序后停车。

（5）为避免水流冲击可能对膜组件造成的损坏，各步序中阀门的打开顺序应为先打开出口阀，确认打开后再操作进口阀，关闭顺序应为先关闭进水阀，确认后再关闭出口阀。

（6）○指阀门或泵呈开启状态。

4. 停运

超滤装置一般均采用自动模式运行，当下面的一些情况发生时，装置会自动关闭或不能投入自动运行：①原水泵没接到运行指令，或者泵的手动开关没有置于自动状态；②进水压力过低、产水出口压力过高、进水浊度过高。

（三）停运维护

（1）组件短期停用（2～3天），可每天运行30～60min，以防止细菌污染。

（2）组件长期停用（7天以上），关停前通常对外压式超滤装置进行一次手动气水合洗，内压式超滤装置进行一次化学清洗；然后向装置内注入保护液（1%亚硫酸氢钠溶液），关闭超滤装置所有的进出口阀。每月检查一次保护液的pH值，如pH≤3时应及时更换保护液。

（3）长时间关停后重新投入运行时，应将超滤装置进行连续冲洗至排放水无泡沫。

（4）停运期间注意事项：①自始至终保持超滤膜处于湿态，一旦脱水变干，将会造成膜组件不可逆损坏；②在装置长时间停运过程中，控制柜输出电源必须关闭，并且输入电源也应处于关闭状态。

（四）运行监督

1. 运行监督的工艺参数

为了保证超滤装置的稳定运行，通常每套超滤装置和整套超滤系统设有控制盘来监控各种参数。对于每套独立的超滤装置，需要监督进水（给水）压力、浓水压力、产水压力、产水流量、浓水流量（在错流方式下）。对于整套超滤系统，需要监督进水温度、产水流量、反洗流量、反洗压力。

2. 运行监督的水质指标

火电厂的超滤装置一般用于反渗透的预处理，因此，SDI（污染指数，以前也使用 FI 表示）是超滤出水指标中最重要的一项。除 SDI 外，还有浊度、COD_{Mn}、细菌等指标。

污染指数（SDI）又称淤塞指数，它是表示微量固体颗粒的水质指标，是超滤水质的一项重要的控制指标。测定浊度方法一般为光学法，测定 SDI 的方法为过滤法。当水中固体颗粒浓度很小时，光学法灵敏度不够，而过滤法比较适用。SDI 是通过平均孔径为 $0.45\mu m$ 的微孔滤膜测定的。具体步骤是：用直径为 47mm、平均孔径为 $0.45\mu m$ 的微孔滤膜，在 0.21MPa 的压力下过滤水样，记录最初滤过 500mL 的水样所花费的时间 t_0；继续过滤排水 15min 后，再记录滤过 500mL 水样所花费的时间 t_{15}。用下式计算 SDI：

$$SDI = \frac{100(t_{15}-t_0)}{15t_{15}}$$

大多数超滤系统的出水都可以满足反渗透对进水的要求，即 SDI<4，而且很多可以达到 SDI<1～3。

出水浊度是评价超滤性能的另一项指标。超滤的出水浊度一般都很低，大部分可以达到小于 0.5NTU 的水平，较好的情况下出水浊度可以达到小于 0.1NTU 的水平。

在除有机物方面，超滤与传统的混凝澄清过滤相比水平相当，这是因为超滤也只能除去悬浮状、胶态的有机物，而对大部分以分子态存在的有机物，没有去除能力。如果进水不加混凝剂直接过滤，超滤只能除去水中以悬浮态存在的有机物，去除率 10% 左右（以 COD_{Mn} 计）。如果在进水前配合混凝处理，则可去除 20%～50% 的有机物（以 COD_{Mn} 计）。

如果将超滤出水用于饮用水时，出水的细菌含量也是一项重要的控制指标。

3. 产水压力指数

当产水压力指数的值比初始值下降了 20% 以上时，应考虑对超滤系统进行化学清洗。产水压力指数按下式计算：

$$Q_l = \frac{Q_P}{TMP}$$

式中：Q_l 为产水压力指数；Q_p 为产水流量，应根据膜厂商温度校正系数换算成 25℃时的值；TMP 为透膜压差，为进水平均压力减产水压力。

死端过滤时，进水平均压力为进水压力；错流过滤时，进水平均压力为进水压力与浓水压力的平均值，这是因为水在膜表面流动的过程中要损失一定的压头，沿水流的方向压力是逐渐下降的。

二、运行参数控制

下面以某内压式超滤装置为例进行介绍。

1. 透膜压差

在超滤装置的运行中,透膜压差是一个非常重要的运行参数,它能够反映膜表面的污堵程度。因此,透膜压差不是一个固定数值,超滤膜运行一段时间后,随着污染物在膜表面的积累,透膜压差会慢慢增加。膜污染的速度主要取决于膜产水通量的大小,膜通量越大,膜的污染速度就越快。受污染的超滤膜需要清洗才能恢复膜通量。化学清洗虽能较完全地洗去膜面、膜孔中的污染物质,但拆洗过程复杂,耗时费料;对膜材质造成损害,使用寿命缩短;导致膜孔扩大,分离效能下降。因此,为减缓膜的污染,应根据来水的污染性选择合理的膜通量。

随着透膜压差的加大,膜对需截留物的去除率逐步降低;同时,透膜压差太大会造成中空纤维丝的受压失稳变形,发生不可逆损坏。

超滤系统在初始运行时透膜压差为 $0.03 \sim 0.05\text{MPa}$,大概在 0.1MPa 左右需要进行化学清洗。水温对透膜压差有影响,为了更精确地表明膜污染的程度,建议对透膜压差进行温度修正以排除温度的影响。

2. 进水压力

进水压力由透膜压差、超滤装置水流阻力、维持一定膜通量所必需的推动压力来决定。膜产水通量与进水压力在一定的范围内呈正比关系,增加进水压力,膜通量会增大。因此,在实际操作中,应维持合理的进水压力。

随着运行时间的延长,膜污染的程度将加重,透膜压差逐渐增大。为了维持一定的产水流量,对于产水背压固定的情况,意味着要慢慢增加进水压力。

在初始运行时进水压力一般为 $0.05 \sim 0.1\text{MPa}$,大概在 0.15MPa 左右需要进行化学清洗。

3. 进水温度

进水温度对透水通量有较显著的影响。一般水温每升高 $1℃$,透水通量约增加 2.0%。商品超滤组件标称的纯水透水通量是在 $25℃$ 条件下测试的。当水温随季节变化幅度较大时,应采取调温措施,或选择富裕量较大的超滤系统,以便冬季也能正常过滤。

进水温度还受所用膜材质限制,如聚丙烯腈膜不应高于 $40℃$,否则,可能导致膜性能的劣化和膜寿命的缩短。

4. 回收率

超滤的回收率在一个运行周期内是逐渐变化的,所以有平均水回收率的概念。平均水回收率是指超滤装置的净产水量与进水量的比值。净产水量的含义是实际产水量减去自用水量(主要是反洗耗水量)后的值。超滤在运行过程中,污堵是不可避免的,产水量是在逐步下降的,因此,只能计算一个运行周期的平均回收率。

回收率大小与进水水质、运行方式、反洗耗水量和膜通量有关。死端过滤方式时反洗耗水量是主要的影响因素,因此,在实际运行中要对反洗条件进行优化,在保证反洗效果的前提下,尽量减少反洗用水量,以提高超滤系统水的回收率。也可将反洗水返回预处理系统,提高水处理系统的总水回收率。

目前大部分超滤系统的回收率是按照大于 90% 来设计的,回收率的最佳值通过现场调试来确定。超滤装置的回收率一般可以达到 90%，某些情况下甚至可以达到 95%。由于超滤膜需要定期的反洗和化学清洗，因而超滤装置即使按照死端过滤的方式来制水，其回收率也无法达到 100%。

5. 过滤时间

超滤装置过滤时间（反冲洗时间间隔）太长，反洗不易洗净，会加快膜污染，透膜压差上升快。如某厂家的超滤膜组件设定间隔时间为 120min 与 60min 相比，透膜压差到达上升限度值的时间减少了 1/4 左右。超滤装置过滤时间过短，反洗过于频繁，则水回收率较低，同时，膜组件和自动阀门等部件的寿命会缩短。

过滤时间长短主要与原水水质、膜通量、要滤除杂质的性质、膜的性能、反洗及化学清洗的效率等因素有关。大部分超滤装置的过滤时间为 20～60min。

6. 反洗参数

不同厂家的超滤膜组件对反洗的流量、压力、反洗方式的要求不尽相同。反洗流量的控制一般是按照单位膜面积的反洗水通量来选择，一般选择 100～150GFD［加仑/（英尺^2·天），等于 170～255 L/（m^2·h）］。若反洗流量过大，需要更多的反洗水，会降低系统回收率。反洗压力一般选择 0.15MPa，考虑到反洗系统的管路损失，一般选择反洗泵的压力为 0.2MPa。

7. 化学清洗参数

不同厂家的超滤膜组件对化学清洗的时间间隔、流量、压力、清洗方式的要求不尽相同。

（1）清洗周期。一般根据透膜压差升高程度或水通量下降程度决定是否需要清洗。

（2）压力控制。反冲洗时，必须将压力控制在膜厂商规定的值以下，以防膜受损。

（3）清洗流量。提高流量可以加大清洗水在膜表面的流速，提高除污效果。反冲洗时，反洗流量通常是正常运行时透过通量的 2～4 倍。

（4）清洗历时。每次清洗历时的长短应从清洗效果和经济性两方面来考虑。

（5）清洗液温度和 pH 值。清洗过程中应持续监测清洗液的 pH 值和温度，确保其在设定范围内。在组件允许的使用温度范围内，可以适当提高清洗液温度来加快反应。长期循环清洗液有可能使温度升高并超过 40℃，这种情况下应再加入 UF 过滤液、RO 产水或自来水，使温度降低至 40℃以下。如果需要，适度调节 pH 值。

（6）清洗剂及浓度。提高清洗剂浓度，可加快清洗反应，但可造成药品浪费，甚至伤害超滤设备。

化学清洗一般采用循环清洗膜丝内腔，应先用碱液＋氧化剂清洗，然后用酸液循环清洗。如果清洗后，膜组件的膜通量没有恢复到最初启动值的情况时，应再次用碱液＋氧化剂清洗。高错流流量将提高清洗效果。

在保证清洗效果的同时还要考虑清洗药品之间是否会相互反应，是否会形成对膜有污染的沉淀物。一般来讲，当使用多种化学药剂进行清洗时，要在更换药剂的中间对膜进行彻底地漂洗，以避免不同化学品之间相互作用，降低清洗效果，生成有害物质。

常见膜清洗化学药剂见表 3-8。

三、常见故障处理

（1）不可逆污堵。超滤装置在运行过程中，膜的不可逆污堵是最大的问题，也是超滤装置至今难以大规模应用的症结。不可逆污堵的速度、化学清洗后的恢复率，是超滤能否使用的决定因素。由于影响因素太多，缺乏可靠的分析手段和方法，因此，超滤的选择目前还只能通过模拟实验来进行。通过实验，选择超滤膜的种类、运行方式，并对反洗工艺、杀菌工艺和化学清洗工艺进行试验，找到减缓超滤膜通量的下降的方法，并对不可逆污堵的情况进行预测。

表3-8   常见膜清洗化学药剂

分类	功能	常用清洗剂	去除的污染物类型
碱	亲水、溶解	NaOH	有机物（蛋白质，细菌残骸等）
酸	溶解	盐酸、柠檬酸、硝酸	垢类、金属氧化物
氧化/杀生剂	氧化、杀菌	$NaClO$、H_2O_2	微生物
螯合剂	螯合	柠檬酸、EDTA	垢类、金属氧化物

（2）断丝。断丝原因一般是由于膜丝振动太大引起的。膜丝的振动对于改善反洗效果是不可缺少的，例如使用空气反洗时，就是利用膜丝强烈的振动来提高反洗效率的。一般来讲，一只元件内装有上万根膜丝，少量的断丝不会立即影响水质，因此，运行中不易察觉。如果断丝已经影响了水质，首先要查找断丝的组件，其方法是：①水质检测来判断。在每一根膜组件的产水侧设置取样点，通过分析产水质量，判断膜组件是否完好。当断丝量较少时，因为水质不会有明显的变化，这种方法无效。②通过完整性检测可以确定少量断丝的膜组件的位置。

对断丝的处理一般是找出破损的膜丝，进行封堵。如果断丝或被封堵的膜丝量增加到一定程度（如大于30%），则需要更换整只元件。

（3）控制系统和阀门损坏。由于需要频繁的反洗，因此，超滤装置的阀门容易损坏。对几个操作频率很高的关键阀门，需要配置高质量的产品。另外，平时应该备有相同规格的备用阀门，以保证有故障时能够及时更换。

超滤装置其他故障及处理方法见表3-9。

表3-9   其 他 故 障 及 处 理

序号	现象	原因	解决方法
1	超滤膜两侧压力差太高	（1）超滤膜组件被污染； （2）产水流量过高； （3）进水温度过低	（1）查出污染原因，采取相应的清洗方法，调整冲洗参数； （2）根据操作步骤重新调整流量； （3）提高进水温度
2	产水流量小	（1）超滤膜被污染； （2）阀门开度设置不正确； （3）流量计问题； （4）供水压力太低； （5）进水温度过低	（1）查出污染原因，采取相应的清洗方法，调整冲洗参数； （2）检查并保证所有应该打开的阀门处于开启状态，并调整阀门开度； （3）校准流量计，保证正确运行； （4）恢复正常供水压力； （5）提高进水温度
3	产水水质较差	膜组件发生破损	封堵破损膜丝，或更换膜组件

【知识拓展】

微滤（MF）

微滤和超滤虽都是在压差下借滤膜进行液体的分离，但膜的分离范围不同。微滤器又称为微孔过滤器、精密过滤器，孔径一般在 $0.1\sim10\mu m$ 之间，孔隙率可高达 80%，厚度在 $150\mu m$ 左右。以前的反渗透系统设计中，常用孔径 $5\mu m$ 微滤器作为预处理系统中的最后一道处理工序，对反渗透装置起安全保障作用，故又称保安过滤器。

微滤（MF）是以多孔膜为过滤介质，在 $0.1\sim0.3MPa$ 压力的推动下，截留溶液中的砂砾、淤泥、黏土等颗粒和贾第虫、隐孢子虫、藻类和一些细菌等，而大量溶剂、小分子及少量大分子溶质都能透过膜的分离过程。微滤主要用于分离液体中尺寸超过 $0.1\mu m$ 的物质。

微滤膜按材质可分为聚合物膜和无机膜两大类。常见的聚合物膜有醋酸-硝酸混合纤维素、聚丙烯、聚氯乙烯、聚四氟乙烯、聚偏氟乙烯、聚酰胺、聚砜和聚碳酸酯等。无机膜则是用氧化铝或氧化锆陶瓷、玻璃、金属氧化物等制得的。

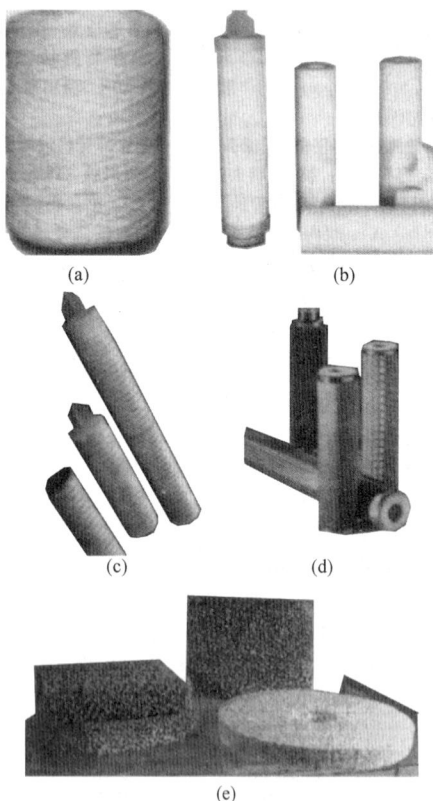

图 3-19 五种微孔滤芯外观
(a) 线绕滤芯；(b) PP 喷熔滤芯；(c) 折叠滤芯；
(d) 陶瓷滤芯；(e) 不锈钢滤芯

微滤器常用多个滤芯组装而成，滤芯有线绕滤芯、喷熔滤芯、折叠滤芯、陶瓷滤芯、不锈钢滤芯等多种形式（见图 3-19）。①线绕滤芯。又称蜂房式线绕滤芯，它是由纺织纤维线（如丙纶线、脱脂棉线、玻璃纤维线）依各种特定的方式在内芯（又称多孔骨架，如聚丙烯管、不锈钢管）上缠绕而成，具有外疏内密的蜂窝状结构。②PP 喷熔滤芯是用聚丙烯粒子，经过加热熔融、喷丝、牵引、成形而制成的管状滤芯。③折叠式滤芯。用微孔滤膜折叠制作的管状过滤器件，膜材料主要有聚醚砜膜、聚四氟乙烯膜、聚偏氟乙烯膜、尼龙膜、混纤膜、聚丙烯和活性炭纤维膜等。④陶瓷滤芯。一般由硅藻土和黏土经配料、混料、成型、高温烧结制成，有管式和板式两种滤元，具有耐酸碱腐蚀、耐高温、孔径分布均匀等特点。⑤不锈钢滤芯。有多种方法制作滤孔，如不锈钢板冲孔，用不锈钢丝缠绕、编织，以及用不锈钢纤维烧结等。

反渗透系统中常用 $5\mu m$ 过滤精度的滤芯作为保安过滤器的滤元，用 $20\sim100\mu m$ 过滤精度的微滤器作为超滤的前置过滤设备。

保安过滤器常用图 3-20 所示的形式，滤元固定在隔板上，水自中部进入保安过滤器内，隔板下部出水室引出，杂质被阻留在滤元上。这种滤元的优点是过滤精度高，制造方便，价格便宜，使用安全，杂质不易穿透，但反洗和化学清洗效果不明显，只能一次性使用，当运行压差达到 $0.08\sim0.2MPa$ 时需要更换滤元。即使保安过滤器进出口压差没有超过规定值，通常滤芯使用也不应超过 3 个月，以免滋生细菌，造成对膜新的污染。对备用或长期停运的保安过滤器，要采取加甲醛保护的方法防止细菌大量繁殖。

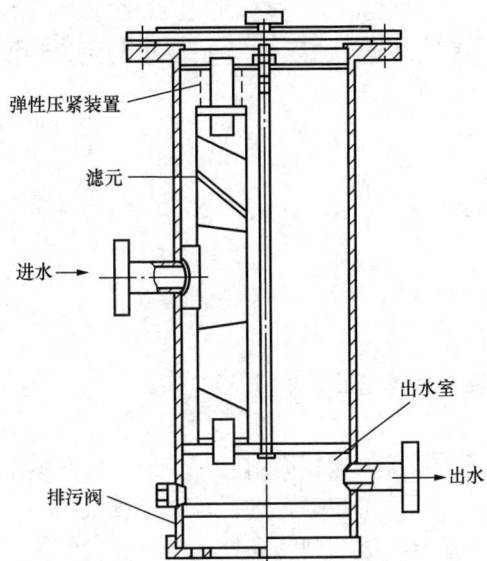

图 3-20 保安过滤器

学习情境四 运行与维护反渗透装置

【教学目标】

1. 知识目标

（1）理解反渗透机理。

（2）理解反渗透装置的基本结构、工作原理、特点。

（3）知道反渗透膜性能。

（4）知道反渗透装置监督的水质指标和工艺参数。

2. 能力目标

（1）会识读和绘制反渗透系统的流程简图。

（2）会启动、运行、停运反渗透装置，进行日常检查维护。

（3）能调整反渗透装置运行参数，判断和处理常见异常情况。

（4）能正确分析反渗透膜污染原因，采取措施防止膜污染。

（5）能正确使用仪器仪表检测反渗透装置水质和运行工况。

【任务描述】

水经预处理后，除去了水中的悬浮物、胶体和大部分有机物，但水中的溶解盐类并没有除去，因此用于锅炉补给水时，还必须进一步处理。除去水中溶解盐类最常用的方法是反渗透（reverse osmosis membrane，RO）和离子交换法。对于含盐量较高的水源或机组对给水品质有特殊要求时，一般采用反渗透工艺进行预脱盐。班长组织各学习小组在仿真机（或实训室）环境下，认真分析运行规程，编制工作计划后，正确运行与维护反渗透装置，并确保系统安全、经济运行。

【任务准备】

课前预习相关知识部分。根据反渗透装置工作原理，经讨论后编制运行与维护反渗透装置的工作计划，并独立回答下列问题。

（1）什么是反渗透？其除盐原理是什么？

（2）火电厂用于水处理的 RO 膜有哪些类型？各有什么特点？

（3）RO 膜的主要特性有哪些？

（4）影响 RO 膜稳定性的因素有哪些？

（5）什么是回收率？为什么要控制回收率的范围？

（6）什么是脱盐率？如何计算？

（7）什么是能量回收装置？有哪些类型？

（8）反渗透装置出水水质主要控制哪些指标？

（9）反渗透装置正常操作步骤有哪些？

（10）反渗透容易发生哪些问题？如何解决？

（11）RO 膜的污染有哪几类形式？是怎样形成的？

（12）RO膜元件内进水侧的网格有什么作用？

（13）RO膜化学清洗系统有哪些设备？

（14）RO膜的微生物污染控制的目的是什么？控制方法有哪些？

（15）进水压力过高对膜有什么影响？

（16）影响反渗透运行的因素有哪些？

（17）反渗透装置的段、级指的是什么？

（18）什么是反渗透的浓差极化？如何控制？

（19）反渗透进水要经过哪些预处理？

（20）反渗透的阻垢方法有哪些？

（21）反渗透系统停运保护期间需要注意哪些问题？

【相关知识】

反渗透脱盐是一种以压力差为推动力，利用选择性膜只能透过溶剂（这里为水）而不能透过溶质的选择透过性，分离水中离子、分子或胶体等溶质，使水得以净化的膜分离技术。

一、反渗透工艺原理

（一）反渗透脱盐原理

1. 脱盐原理

在一定温度下，用一张易透水而难透盐的半透膜将淡水与盐水隔开，如图4-1所示。由于淡水中水的摩尔分数比盐水中水的摩尔分数高，即淡水中水的化学位比盐水中水的化学位高，从热力学观点看，水分子会自动地从化学位较高的左边淡水室穿透半透膜向化学位较低的右边盐水室转移，这一过程称为渗透，如图4-1（a）所示。这时，虽然盐在右室中的化学位比在左室中的高，但由于膜具有半透性，不会发生盐从右室进入左室的迁移过程。随着左室中的水不断进入右室，右室含盐量下降，加之右室水位升高和左室水位下降，导致右室水的化学位增加，直到与左室中水的化学位相等，渗透停止。这种对溶剂（这里为水）的膜平衡称为渗透平衡，如图4-1（b）所示。平衡时淡水液面和同一水平面的盐水液面所承受的压力分别为"p"和"$p+\rho gh$"，后者与前者之差（ρgh）称为渗透压差，以$\Delta\Pi$表示。这里，p表示大气压力，ρ表示水的密度，g表示重力加速度，h表示两室水位差。若在右边盐水液面上施加一个超过渗透压差的外压（即$\Delta p>\Delta\Pi$），则可以驱使右室中的一部分水分子向相反的方向渗透穿过膜进入左室，即盐水室中的水被迫渗透到左室淡水中，如图4-1（c）所示，由于其渗透方向与自然渗透方向相反，因此称其为反渗透。反渗透过去的水分子随压力增加而增多。因此，可以利用反渗透从盐水中获得淡水。

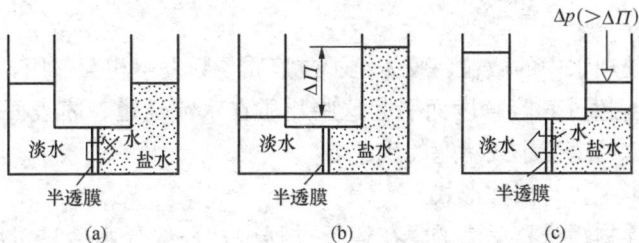

图4-1　渗透与反渗透现象

反渗透脱盐必须满足两个基本条件：①半透膜具有选择地透水而不透盐的特性。②盐水与淡水两室间的外加压差（Δp）大于渗透压差（$\Delta \Pi$），即（$\Delta p - \Delta \Pi$）>0。这里符合条件①的半透膜称为反渗透膜。

2. 渗透压

渗透压是选择操作压力和设计分离装置的重要依据。渗透压是溶液的一种固有特性，它随溶质的种类、溶液浓度和温度而变。计算渗透压公式较多，对于水的稀溶液，用式（4-1）近似计算：

$$\Pi = RT\sum c_i \tag{4-1}$$

式中：Π 为渗透压；R 为气体常数；T 为水的绝对温度；$\sum c_i$ 为溶质的浓度之和，它包括阳离子、阴离子和未电离的分子。

计算反渗透装置的渗透压时，必须考虑到反渗透对盐的浓缩所引起 $\sum c_i$ 的增加。

当溶解固形物的含量小于 2000mg/L 时，可以根据溶液的 TDS 估算渗透压：

$$\Pi = 0.714 \times \text{TDS} \times 10^{-4} \quad \text{MPa} \tag{4-2}$$

式中：TDS 为总溶解固形物含量，mg/L。

设淡水和盐水的渗透压分别为 Π_1 和 Π_2，则渗透压差 $\Delta\Pi = \Pi_2 - \Pi_1$。通常 $\Pi_2 \gg \Pi_1$，故可用盐水的渗透压（Π_2）近似代替渗透压差（$\Delta\Pi$）。

反渗透装置运行时，盐水的进口与出口浓度不同，一般用盐水平均浓度计算平均渗透压。

3. 操作压力

反渗透实际操作压力由渗透压、反渗透装置的水流阻力、维持膜足够的透水速度所必需的推动压力所决定。实际操作压力大致是渗透压的 5～20 倍或更高一些。

（二）反渗透过程污染与控制

1. 浓差极化

当水透过膜而盐类物质被截留时，在膜表面有时会形成一个边界层，边界层中的盐浓度比进水主体溶液盐浓度高，即产生浓差极化现象。它妨碍反渗透过程的有效进行，这是因为浓差极化使膜表面溶液渗透压升高，膜两侧的渗透压差 $\Delta\pi$ 也随之升高，渗透过程的推动力（$\Delta p - \Delta\pi$）下降，膜的透过性能变差，结果导致透水量和脱盐率均降低。浓差极化严重时，因边界层内盐浓度过高，某些微溶盐会在膜表面沉淀结垢，加重浓差极化的程度。

为避免浓差极化现象发生，有效的方法是改善盐水侧的流动状态，使其始终保持紊流状态，减薄边界层。反渗透膜元件在浓水通道中设置网格、运行中要求提高浓水的流速都是为了加强水流的扰动，降低浓度梯度。

2. 膜污染

膜污染是指被处理水中的微粒、胶体粒子或溶质与膜发生相互作用，或因浓差极化使某些物质在膜表面浓度超过其溶解度而引起这些物质在水流通道、膜表面或膜孔内吸附、沉积，造成孔道或水流通道变小或堵塞的现象。

反渗透膜的污染主要有四种形式。

（1）胶体、悬浮物污染。反渗透膜在运行过程中，一部分水会透过膜（参见图 4-2），水中携带的各类胶体、悬浮物等污染物便会截留在膜的表面形成污染层，这种污染主要与渗透通量的大小有关。

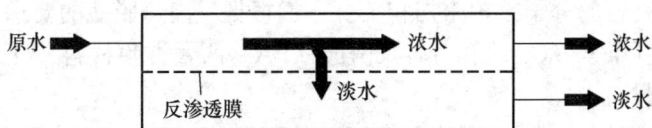

图 4-2　反渗透膜横向过滤示意

　　运行中的膜元件沿长度方向的通量分布是不均匀的，进水端大，末端小。因此，胶体、悬浮物对膜前段的污染程度要比后段严重。

　　（2）结垢。反渗透装置在运行过程中，进水侧的水逐渐被浓缩，水中部分溶解度较低的盐会以沉淀的形式析出，沉积在膜的表面或者浓水通道的网格之中。浓水侧流道中的格网会增加污染物的黏附和积累。由于有一部分没有透过膜的水沿着与膜面平行的方向流动，对污染物有冲刷作用，因此对减缓污染物的积累有利。但因为水向膜末端流动的过程中，水量逐渐减少，浓缩程度越来越高，流速越来越低，相应的冲刷作用减弱，污染物越容易截留。因此结垢容易在反渗透装置盐浓度最大的末端发生。

　　在反渗透装置中，最常见的结垢物质是 $CaCO_3$、$CaSO_4$ 和 SiO_2，但有时也会产生 CaF_2、$BaSO_4$、$SrSO_4$ 和 $Ca_3(PO_4)_2$ 等物质的结垢。

　　（3）生物污染。原水中微生物主要包括细菌、藻类、真菌、病毒和其他高等生物。反渗透在运行过程中，浓水侧微生物的滋生速度是很快的。微生物分泌的黏性液体与膜表面截留的污染物一起形成黏性的污堵层，使膜的透水率大幅度降低，这就是反渗透膜元件的生物污染。反渗透停运过程有可能滋生细菌，菌膜黏附在膜的表面，也会产生明显的污染。生物污染会导致反渗透组件间的进出口压差迅速增加，膜元件产水量下降。膜元件一旦产生生物膜，清洗就非常困难。因为生物膜的黏附力极强，不容易清除。此外，清洗后残留的生物膜将是运行后微生物再次繁殖的滋生地，细菌的再次繁殖速度将更快。

　　（4）有机物污染。污染物主要由水中有机物（如腐殖质、蛋白质、有机烃类、油）形成的。

　　膜污染通常为混合型，污染物是多种成分的混合物。一般从被污染的膜元件的浓水隔网和膜表面取样分析污染物成分。浓水隔网的低流速区最易沉积体积较大的污染物，包括 $CaCO_3$ 晶粒、生物膜、网状有机薄膜、微粒、胶体和絮凝剂。这些污物将导致系统压力升高和产水量降低。膜表面上的污染物通常为紧密附着的硅酸化合物、硫酸盐、聚合物、有机物、金属氧化物和氢氧化物等污染物。这些污物导致产水率降低和脱盐率的下降。

　　3. 膜污染的防止

　　防止膜污染，通常采取以下措施：①进水经过严格的预处理。②膜的选择。一般应该选择亲水性膜、与污染物电荷同号的荷电膜。当污染物既有带正电荷的物质又有带负电荷的物质，可选择不带电荷的膜。③膜孔径的选择。一般选择孔径比溶质尺寸小的膜。孔径比溶质尺寸稍大点的膜虽然初期透过速度较快，但随时间衰减也快。④控制进水侧溶质浓度、流速、温度、压力和 pH 值在合适范围内。

二、反渗透膜

1. 反渗透膜材料

　　膜是反渗透的关键，良好的半透膜应具备以下特性：①透水率大，脱盐率高；②机械强度大；③耐酸、耐碱、耐微生物的侵袭，稳定性好；④使用寿命长；⑤制取方便，价格较低等。

膜的性能与膜材料的分子结构密切相关。人们根据反渗透脱盐的要求，从大量的高分子材料中筛选出醋酸纤维素（CA）和芳香聚酰胺（PA）两大类膜材料。此外，复合膜的表皮层还用到其他一些材料。

从 1960 年首次研制成世界上具有历史意义的高脱盐率、高通量的非对称醋酸纤维半透膜至今，50 多年来，醋酸纤维素在膜材料中曾占有十分重要的位置。其主要原因是资源广、无毒、耐氯、价格便宜、制造工艺简单便于工业化生产等优点，此外制得的膜用途广，水渗透率高，截留率也好。尽管具有众多优点，但其抗氧化能力差，易水解，易压密，抗微生物侵蚀性能较弱等。醋酸纤维素的这些缺点，无疑限制了它在某些领域的应用。自聚酰胺复合材料问世以来，复合膜在火电厂水处理领域就很快取代了醋酸纤维素分离膜，占据了反渗透应用领域的主导地位。目前用于火电厂的反渗透膜大多为聚酰胺复合膜。

复合膜是用两种以上膜材料复合而成，是一种非对称膜。它的制法是将极薄的、有除盐作用的活性层均匀地涂刮在一种预先制好的微细多孔支撑层上。一般复合膜的断面结构模型如图 4-3 所示，大致分三层。表层超薄且很致密，起脱盐作用，故称为脱盐层，又称活性层或功能层，厚度约 $0.2\mu m$；中间一层为多孔层，厚度约 $60\mu m$；底层为一层较厚的支撑层，更进一步增加多孔层的强度，厚度约 $150\mu m$。目前，市场大部分复合膜的超薄脱盐层为交联全芳香族聚酰胺；多孔层材料以聚砜应用最普遍，其次为聚丙烯和聚丙烯腈。这是由于聚砜原料价廉易得，制膜简单，机械强度高，抗压密能力强，化学性能稳定，无毒，能抗微生物降解；支撑层常用聚酯无纺布。

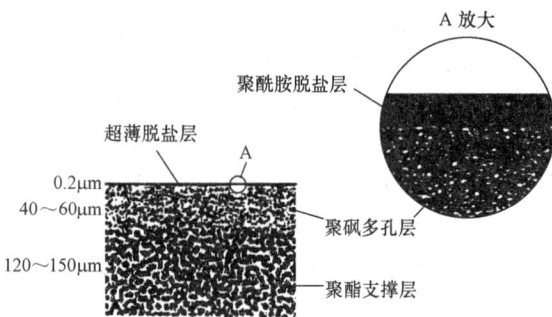

图 4-3　复合膜的断面结构模型

研究结果表明，孔径小、介电常数低的膜分离效果更好。起渗透作用的活性层只需很薄一层，膜厚度对分离效果无影响。由单一材料制成的非对称膜，有下列不足之处：①致密层与支撑层之间存在着易被压密的过渡层；②表皮层厚度的最薄极限约为 1000×10^{-10} m，很难通过减少膜厚度降低推动压力；③脱盐率与透水速度相互制约，因为同种材料很难兼具脱盐与支撑两者均优。复合膜较好地解决了上述问题，它可以分别针对致密层的功能要求选择一种脱盐性能最优的材料，针对支撑层的功能要求选择另一种机械强度高的材料。复合膜脱盐层可以做得很薄，有利于降低推动压力；它消除了过渡区，抗压密能力强。

醋酸纤维膜和复合膜的性质有以下的不同：

（1）醋酸纤维膜的运行压力很高，达到 3.0MPa 左右；而复合膜可以在 1～1.5MPa 运行。

（2）醋酸纤维膜的脱盐率较低，只有 90% 左右；而复合膜的脱盐率一般在 95% 以上，投运初期可以大于 98%。

（3）醋酸纤维膜需要进水的 pH 值要控制在 5～6 的范围内，否则膜会水解。复合膜运行的 pH 值则可为 2～11。

（4）醋酸纤维膜的抗细菌侵蚀性能较弱，进水中必须有一定的余氯。

2. 反渗透膜特性

（1）方向性。实用性反渗透膜是由表层和支撑层组成的非对称性膜，所以它具有明显的方向性。所谓方向性就是反渗透膜在工作时，水只能由表层向支撑层的方向透过膜，不能反向流动。只有水正向流动时，反渗透膜才具有脱盐能力，而且随进水压力增大，膜的脱盐率、透水量增大；若水逆向透过膜，不但没有脱盐能力，而且水会将膜的表层与支撑体剥离开来，使膜永久性损坏。

（2）膜分离的选择性。反渗透膜对水中杂质的分离特性不尽相同，一般溶质尺寸大、电荷多、电离度高、极性强、支链多的溶质，去除率高。如有机物比无机物容易分离；气体容易透过膜，碳酸化合物的去除率与 pH 值关系甚大，当 pH 值降低时，去除率降低等。

（3）压密性。在实际应用中，反渗透膜会在压力的长期作用下，随着运行时间的延长水通量缓慢下降，这种现象称为膜的压密。其原因是在压力的作用下，膜表层与多孔支撑层结合更紧密，相当于膜的表层变厚。膜压密后，透过水量逐渐减少，其减少程度称为衰减系数。对于同一膜，运行压力越高，膜的衰减系数绝对值也就越大。

膜压密属非弹性变形，一旦发生了压密化，即使泄去压力，透过性能也难以恢复。

（4）稳定性。膜稳定性越好，使用寿命就越长。在电厂水处理中，影响反渗透膜稳定性的因素主要有：①水解。膜本身的水解一般与 pH 值、温度有关。水温升高，膜的水解速度会加快。一般水处理用反渗透膜最高使用温度为 40～45℃。在电厂，一般将反渗透进水温度控制在 15～30℃ 的范围内。醋酸纤维素膜在 pH 值为 4.5～5.2 时，水解速度最低，对于不同的膜，其情况也不完全一样。②氧化。水中存在的氧化剂会对膜造成永久性的损坏。聚酰胺类复合膜比醋酸纤维膜更容易受到氧化剂的侵蚀。水中的氧化剂有游离氯、次氯酸钠、溶解氧和 6 价铬等。醋酸纤维素膜允许的游离氯的最高含量为 1mg/L，而芳香聚酰胺类复合膜的允许值只有 0.1mg/L。③溶解。乙醇、酮、乙醛、酰胺等有机溶剂，对膜有一定的溶解性，必须防止此类有机物与膜的接触。尤其是进行化学清洗时，要注意清洗剂的配方。④微生物。细菌等可以通过酶的作用分解膜，尤其是醋酸纤维素膜。防止微生物的侵蚀，是延长膜使用寿命重要的条件。

三、反渗透预处理

为了保证膜长期稳定安全运行，膜生产厂家规定了使用膜元件时的限制条件，即对反渗透装置进水的水质作了较为严格的规定。不同的生产厂家、不同的膜材料和膜元件，对进水质量的要求有所差异。具体进水水质的一般要求见表 4-1。

表 4-1　　　　　　　　　　　　反渗透的进水水质要求

项　目	单　位	中空纤维膜	醋酸纤维膜	复合膜
水温	℃	5～35	5～40	5～45
pH 值	—	—	4～6（运行） 3～7（清洗）	4～11（运行） 2.5～11（清洗）
浊度	NTU	<1.0		
污染指数	SDI	<3	<5	<5
游离氯	mg/L	<0.1，控制为 0	<1.0，控制为 0.3	<0.1，控制为 0
铁（Fe）	mg/L	<0.05（给水溶氧>5mg/L 时）		

当原水水质达不到要求时，则必须对原水进行预处理。据初步统计，我国反渗透系统运行故障中85%以上是因预处理方面引起的，所以，从设计、制造、安装、调试、运行和维护各方面都应重视反渗透的预处理。

（一）预处理工艺

水源不同，预处理工艺不一样。为了保证反渗透装置进水水质，必须针对不同水源，将各种水处理单元有机组合起来，形成一个技术上可行、经济上合算的预处理系统。水处理单元主要有混凝、澄清、过滤、吸附、杀菌、脱氯、软化、加酸、投加阻垢剂、微孔过滤和超滤等。

1. 地下水

通常情况下，除了浅井水外，大部分地下水的水质是比较稳定的。除了胶体硅、铁、锰之外，其他的污染成分很少，一般仅需过滤处理即可满足反渗透的进水要求。浅井水中有时会含有一些不容易滤除的极细的黏土微粒，需要在过滤的基础上，配合混凝处理，直流混凝过滤是一种选择。

较典型的地下水反渗透预处理工艺有：①地下水→细砂过滤；②地下水→超（微）滤；③地下水→多介质过滤（直流混凝过滤）→细砂过滤。

2. 地表水

地表水中含有有机物、悬浮物等杂质，而且水质多变，必须设置完善的混凝、过滤处理系统。有时需要在混凝澄清之后设置两级过滤设备，以确保进入反渗透的水质合格。即使采用超滤装置，混凝处理仍然是必不可少的，因为在不加混凝剂的情况下，大多数超滤对有机物的去除率很低，一般不超过20%。

较典型的地表水反渗透预处理工艺有：①地表水→混凝、澄清→多介质过滤→细砂过滤；②地表水→混凝、澄清→多介质过滤→超（微）滤；③地表水→超（微）滤。

3. 再生水

当以再生水（包括城市中水）作水源时，预处理工艺非常复杂。再生水中含有各种复杂的有机污染物，而且水质变化极大，必须有完善的预处理系统。有些再生水中的污染物可能会影响反渗透膜的化学稳定性，引起膜的降解和产水量下降，在设计时要特别注意。

较典型反渗透预处理工艺有：①再生水→混凝、澄清→过滤→超（微）滤；②再生水→过滤→超（微）滤；③再生水→超（微）滤。

工程设计时，再生水预处理系统一定要根据原水水质和使用要求来合理选择，必要时通过模拟试验来选择预处理工艺。

（二）除去悬浮固体

为了满足反渗透装置对进水浊度和SDI的要求，常在预处理系统中设置多层滤料过滤器、细砂过滤器、微滤器和超滤器等深度过滤装置。随着超滤技术的逐渐成熟，反渗透预处理系统中除去悬浮物的最后一道处理工序越来越多地使用超滤。

（三）防止结垢

防止反渗透膜结垢的方法主要有：①加盐酸或硫酸降低水中 CO_3^{2-} 及 HCO_3^- 的浓度，防止生成 $CaCO_3$ 垢；②加阻垢剂控制 $CaCO_3$、$CaSO_4$、$BaSO_4$ 和 $SrSO_4$ 等垢的生成；③用钠离子交换器除去 Ca^{2+}、Mg^{2+}、Ba^{2+} 和 Sr^{2+} 等结垢的阳离子，或联合使用弱酸氢离子交换器—除碳器同时除去这些结垢阳离子和结垢阴离子（CO_3^{2-}、HCO_3^-）；④降低水的回收率，避免浓缩倍数过大。实际应用中，多采用①、②两种方法。对于醋酸纤维素膜应首先考虑方法①，因加酸能同时发挥防止膜水解和防垢的双重作用；对于复合膜则应首先考虑方法②，因为天然水源 pH 值一般符合复合膜的要求。

1. 加酸

（1）生成 $CaCO_3$ 垢的原因。反渗透膜几乎不透过 Ca^{2+}、CO_3^{2-} 和 HCO_3^-，而 CO_2 的透过率几乎为 100%。前者导致浓水 Ca^{2+}、CO_3^{2-} 的浓度增加，后者引起浓水 CO_2 减少并使浓水 pH 值上升，而 pH 值的增大又会促使 HCO_3^- 电离出更多的结垢阴离子 CO_3^{2-}。

（2）加酸防垢的原理。加入的酸与 HCO_3^-、CO_3^{2-} 作用生成 CO_2，即

$$2H^+ + CO_3^{2-} \longrightarrow HCO_3^- + H^+ \longrightarrow CO_2 + H_2O$$

降低了结垢阴离子 CO_3^{2-} 的浓度，从而防止了垢的生成。

（3）酸的选择。一般选择 H_2SO_4 或 HCl。H_2SO_4 价廉且反渗透膜对 SO_4^{2-} 除去率比对 Cl^- 的高，故更可取。但是，若水中 Ca^{2+}、Ba^{2+} 和 Sr^{2+} 含量高，经计算存在生成硫酸盐垢的危险时，则应该选择 HCl。

（4）加酸量的计算。根据 H_2SO_4 或 HCl 与碳酸盐的化学反应，每加入 1mg/L 的 H_2SO_4（按 100% 计）产生 0.897mg/L 的 CO_2 和减少 1.244mg/L 的 HCO_3^-；同理，每加入 1mg/L 的 HCl（按 100% 计）产生 1.207mg/L 的 CO_2 和减少 1.674mg/L 的 HCO_3^-。在水温 25℃时，将反渗透进水 pH 值由 pH_1 调整至 pH_2 时所需要加入的 H_2SO_4 或 HCl 量按式（4-3）计算，即

$$G = \frac{c(HCO_3^-)_1 [1 - 10^{(pH_2 - pH_1)}]}{\alpha \times 10^{(pH_2 - 6.21)} + b} \tag{4-3}$$

式中：G 为加入的 H_2SO_4（按 100% 计）或 HCl（按 100% 计）的量，mg/L；$c(HCO_3^-)_1$ 为加酸前的进水中 HCO_3^- 浓度，mg/L；α 为生成 CO_2 系数，H_2SO_4 和 HCl 分别为 0.897 和 1.207；b 为 HCO_3^- 减少系数，H_2SO_4 和 HCl 分别为 1.244 和 1.674。

2. 加阻垢剂

（1）特点。与加酸防垢法相比，阻垢剂防垢法的特点：①药效较广。目前加酸仅限于防止 $CaCO_3$ 垢，而对其他结垢物质几乎无效。阻垢剂防垢法只要选择的药剂合适，就可以预防 $CaCO_3$、$CaSO_4$、$BaSO_4$ 和 $SrSO_4$ 等多种垢物。②使用条件较严。理论上只要加入酸量足够，预防 $CaCO_3$ 垢的效果几乎不受其他条件限制；而用阻垢剂防垢时，一般要求在合适条件下使用才不至失效。例如：水中铁铝含量应小于 0.1mg/L，pH 值不宜超过 8.5。

（2）阻垢原理。阻垢剂通过络合、分散、干扰结晶过程等综合作用，阻止微溶盐结晶，削弱垢物附着力，增强垢物流动能力，使难溶盐不至于沉积在反渗透装置内部。这些阻垢作用不能理解为单纯的化学反应，它包括若干物理化学过程。用以解释阻垢原理的有晶格畸变、分散作用等理论。

（3）阻垢剂用量。按进水水量计一般为 2～4mg/L。比较准确的加药量，应根据水质条件通过模拟试验确定。

（4）注意事项：①药品质量，药品质量直接影响阻垢效果。②剂量的控制。一是配药浓度要稳定、准确；二是加药系统一定要可靠，计量准确。如果剂量太低，阻垢效果不好；而剂量太高，阻垢剂本身会对反渗透膜造成污染。因此，当反渗透的运行流量经常变化时，应随时调整阻垢剂的加药量，以维持稳定的剂量。有些电厂因剂量控制不好，发现膜的压差增

长很快，化学清洗非常频繁。③阻垢剂对膜的污染。在实际生产中发现，有些有机聚合物阻垢剂遇到阳离子聚合电解质或高价阳离子时，会发生沉淀反应，所产生的胶状反应物会加速保安过滤器滤元的污堵，造成反渗透膜元件的污染。这些污染物的清洗十分困难，因此，对于特殊的水质要注意阻垢剂的选择。

加酸、加阻垢剂、控制微生物工艺详见循环冷却水处理。

3. 防止硅垢

大多数水源中含有 $1\sim50\mathrm{mg/L}$ 的硅酸化合物（以 SiO_2 表示）。当硅酸化合物在反渗透装置中浓缩至过饱和状态时，就会聚合成不溶性胶态硅酸沉积在膜表面。浓水中允许的 SiO_2 含量取决于 SiO_2 的溶解度。SiO_2 的溶解度随水温递增，在 $pH=7$ 的条件下，水温 $25℃$ 和 $40℃$ 时 SiO_2 的溶解度分别约为 $120\mathrm{mg/L}$ 和 $160\mathrm{mg/L}$；pH 值高的水，SiO_2 溶解度也高；水中共存金属氢氧化物会促进硅酸化合物沉积。为了避免硅酸化合物沉积，一般要求浓水中 SiO_2 浓度小于其所在条件下的溶解度。浓水中 SiO_2 的浓度近似等于进水中 SiO_2 浓度与浓缩倍数的积，增加水的回收率，浓缩倍数随之增加，浓水中 SiO_2 浓度也会增加。在温度和 pH 值一定的条件下，SiO_2 的溶解度基本为一定值，为了保证浓水中 SiO_2 不沉积，允许的水回收率与进水 SiO_2 浓度存在一定的制约关系，如图 4-4 所示（pH 值近似中性的水源）。

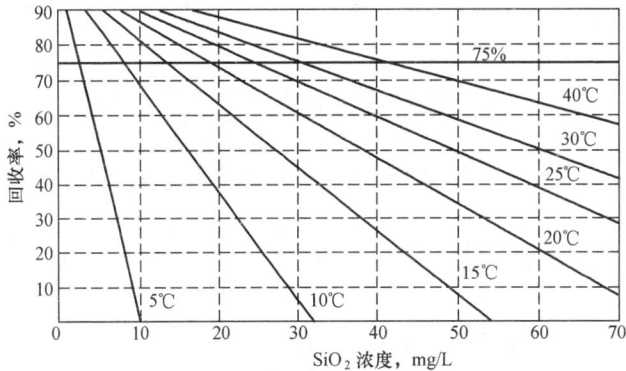

图 4-4　允许的进水 SiO_2 浓度与回收率和温度的关系

由图 4-4 可查得：对于回收率为 75% 的反渗透系统，水温 $20℃$ 和 $40℃$ 时允许的进水 SiO_2 浓度分别约为 $18\mathrm{mg/L}$ 和 $42\mathrm{mg/L}$。如果进水 SiO_2 浓度超过允许值，则应在预处理系统中考虑防止 SiO_2 沉积的措施。例如提高水温或 pH 值、超滤除去胶体硅、降低水的回收率、投加阻硅垢、石灰软化原水和镁剂除硅等。

4. 控制微生物

防治微生物的方法有混凝、活性炭吸附、杀菌、超滤、紫外线杀菌、电子除菌、定期消毒。在电厂水处理系统常用的方法是加氯（或氯的化合物）杀菌和在反渗透前采用超滤水处理技术。

若使用氧化型杀菌剂，为了防止残留杀菌剂氧化膜材料，需要限制 RO 装置入口水中杀菌剂含量（常以余氯量表示）。消除余氯的方法主要有两种：①还原法，将还原剂投加到原水中消除余氯。还原剂一般用 $NaHSO_3$（或 Na_2SO_3），用量与水中余氯量和溶解氧含量有关。若水中溶解氧不超过 $5\mathrm{mg/L}$，则 $NaHSO_3$ 投加量与余氯含量的大致比例为 $3:1$。②吸附法，用活性炭吸附余氯。

杀菌剂由计量泵加入超滤（或保安过滤器）前的水箱进水管中，与清水汇合后流入清水箱，利用水在清水箱中的停留时间杀菌；还原剂 $NaHSO_3$ 加入保安过滤器的进水管中，与保安过滤器进水汇合，利用水在保安过滤器至反渗透装置之间的停留时间除去残余杀菌剂。

5. 除去有机物

有机物不仅是微生物的饵料，而且当其浓缩到一定程度后，可以溶解有机膜材料，使膜性能劣化。水中有机物种类繁多，不同的有机物对反渗透膜的危害也不一样，因而在反渗透预处理系统设计时，很难给出一个定量指标，但如果水中总有机碳（TOC）的含量超过 $2mg/L$ 时，则应引起足够的重视。

除去有机物的方法：①氧化法，即投加氧化剂。如用 Cl_2、$NaClO$、H_2O_2、O_3 和 $KMnO_4$ 等氧化有机物。②吸附法。例如用活性炭或吸附树脂除去有机物。③生化法。例如用膜生物反应器除去有机物。

在水的预处理中，混凝澄清、直流混凝过滤及活性炭过滤联合处理的工艺，可以大大降低水中有机物，超滤对有机物的去除率与混凝澄清工艺对有机物去除率大致相当。

四、反渗透膜组件

由反渗透膜和支撑材料等制成的具有工业使用功能的基本单元称为膜元件。根据水处理工艺的需要，将一只或数只反渗透膜元件按一定技术要求串接，组装在单只反渗透膜壳里，即组成了一只反渗透膜组件。

1. 膜元件

膜元件有平板式、圆管式、螺旋卷式和中空纤维式四种形式。电厂水处理以卷式应用最为普遍，约占用户的99%，以下介绍卷式反渗透膜元件。

卷式反渗透膜元件结构如图4-5所示。膜元件核心部分由膜、进水隔网和透过水隔网围中心管卷绕而成。

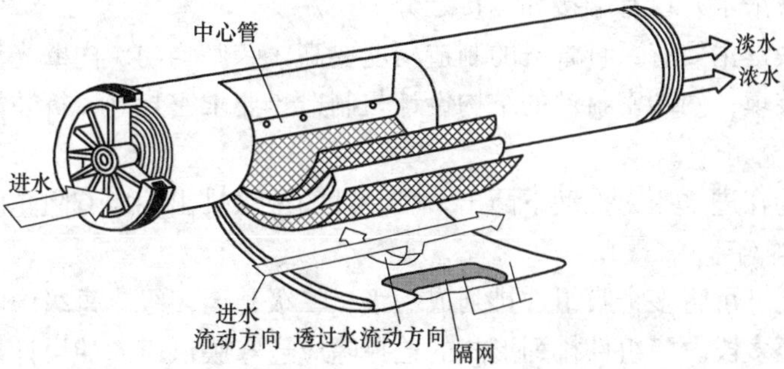

图4-5　卷式反渗透膜元件

膜、进水隔网和透过水隔网排列顺序为：

膜1/透过水隔网/膜2/进水（浓水）隔网/膜3/透过水隔网/膜4

透过水通道　　　进水（浓水）通道　　　透过水通道

膜1与膜2、膜3与膜4密封形成一个膜袋，透过水隔网位于袋中，膜袋开口与多孔中心管相连。膜袋连同进水隔网一起在中心管外缠绕成卷。膜的脱盐层面对进水隔网，支撑层面对透过水隔网。透过水隔网构成透过水通道，并起支撑膜的作用。进水隔网构成进水和浓水通道，并起扰动水流防止浓差极化作用。多孔中心管与透过水通道相通，收集透过水。在压力推动下，原液在进水隔网中流动，水量不断减少，浓度不断增加，最后变成浓水从下游排出。透过水在透过水隔网内流动，流量不断增加，最后进入中心集水管。

2. 膜组件

膜组件内部结构示意如图 4-6 所示。

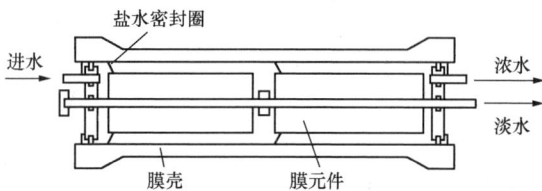

图 4-6 反渗透膜组件内部结构示意

（1）密封。反渗透需要在一定压力下才能进行，为了防止浓淡水互窜，必须采取密封措施，让这两股水流各行其道。为防止在连接处浓水的泄漏，在膜元件之间设有盐水密封圈。

密封损坏导致脱盐率下降是反渗透装置运行中的常见故障之一。

（2）外皮。卷式膜元件的最外层壳体称为外皮，膜袋被卷成像布匹样的圆柱体后再包上外皮。外皮材料一般为玻璃钢（FPR）。

（3）外接口。膜元件主要有三个外接口：进水口、浓水出口和淡水出口。膜元件中心管的两端均可作为淡水出口，膜元件两头的多孔端板（或涡轮板）的一端为进水口，另一端为浓水出口。多孔板具有均匀布水、防止膜卷凸出的作用。

（4）膜壳（压力容器）。用来装载反渗透膜元件的承压容器称为膜壳，又称为压力容器。膜壳一般由环氧玻璃钢或者不锈钢制成。由于玻璃钢具有较强的耐腐蚀性能，且价格较低，目前大多数电厂选用玻璃钢材质的膜壳。膜壳规格常用其直径表示，有直径为 4in（101.6mm）、8in（203.2mm）等多种。根据每只膜壳装填的反渗透元件数量的不同，膜壳的长度也不同。4in 膜壳能装 1~6 只膜元件，主要用于处理水量较小的系统。锅炉补给水处理系统常用 8in 膜壳，有 6 只装和 7 只装，常用的是 6 只装。膜壳端口因厂家不同可有不同结构，如进水（或浓水）口有端接和侧接之分。

膜壳质量的关键主要有：直管段的制造精度要高、壁厚均匀、内壁光滑、圆度好，否则会影响膜元件的装填；两端密封件的结构设计与制造，要求密封好、拆装简便、便于与外部管件的连接。

为了防止膜卷在进水压力推动下凸出，膜元件的浓水排出端应有阻止膜卷凸出的装置。

3. 膜组件的排列形式

根据生产需要，可将多个膜组件排列成一级、二级甚至多级，每级中的膜组件又可排列成一段、二段甚至多段。膜组件排列形式的选择除应遵守膜供应商的设计导则外，还应考虑原水水质、用户对产品水的要求和水的回收率等因素。电厂水处理中膜组件排列形式以"一级二段"和"二级反渗透"较为常用。

（1）段。段指反渗透膜组件按浓水流程串接的阶数。图 4-7 中一级的段数为一段，二级的段数为三段。随着段数的增加，系统总的回收率上升；随段数增加而浓水流量下降，为了保持各段膜表面浓水流速相同，可逐渐减少各段并联的膜组件个数，使进入各组件的进水流量相等，如一级二段膜组件排列中一、二段并联的膜组件个数比为 2:1。

（2）级。级指反渗透膜组件按淡水流程串联的阶数，表示利用反渗透膜组件对水进行脱盐处理的次数。图 4-7 所示为二级反渗透装置。随着反渗透膜组件级数的增加，淡水的纯度提高。

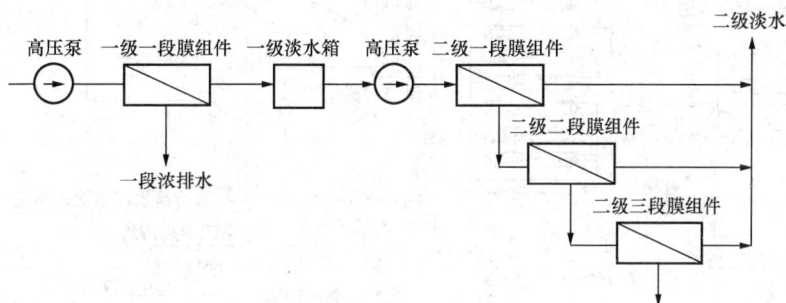

图 4-7　二级四段反渗透流程

当采用二级反渗透系统时，第二级反渗透的浓水宜循环到第一级反渗透重复使用，第二级反渗透的单根膜回收率及通量可采用较高值。两级反渗透分别设置高压泵时，宜设置二级高压泵入口缓冲水箱。由于反渗透淡水的 pH 值往往低于进水，第二级反渗透进水宜设置自动加碱设施，提高反渗透装置去除碳酸化合物的能力。

五、反渗透系统

多个膜组件组合成更大的脱盐单元，即为反渗透装置。反渗透装置外观如图 4-8 所示。广义地讲，反渗透装置应包括所有膜组件、连接管道、阀门、仪表以及高压泵等相关设备，甚至可以延伸到整个反渗透系统。

图 4-8　反渗透装置外观

反渗透系统通常包括保安过滤器、高压泵、反渗透装置本体、电气、仪表及连接管线、电缆等可独立运行的装置，此外还包括化学清洗装置，反渗透阻垢剂、还原剂等加药装置。海水反渗透系统中还包含能量回收装置（详见知识拓展）。图 4-9 所示为某厂一级两段反渗透系统（包括清洗系统），接图 3-17 超滤出水水箱加药混合器。

（1）保安过滤器。为保证反渗透本体的安全运行，即使有超滤装置，在反渗透之前仍设置保安过滤器（精度不应低于 $5\mu m$），其目的不是为了降低水的 SDI 值，是为了防止大的颗粒进入反渗透装置划破膜表面。保安过滤器的滤芯应便于快速更换，不宜采用带反洗功能的保安过滤器。

（2）高压泵。高压泵提供进水足够大的压力，可以满足反渗透要求的高压泵有离心式、

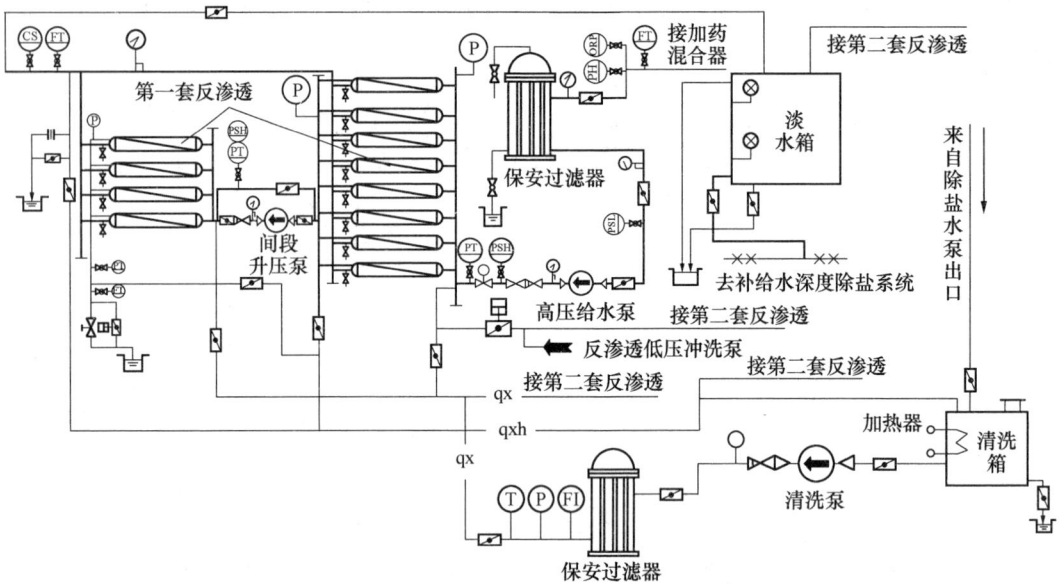

图 4 - 9　某厂一级两段反渗透系统
PSH、PSL—高、低压力计；FI—流量表；FT—流量传送器；
PT—压力传送器；CS—电导率计；ORP—氧化还原电位表

柱塞式和螺杆式等多种形式。其中，离心式又有单级、多级等形式，目前火电厂使用的大多是多级离心式水泵。这种泵的特点是效率高，可以达到 90% 以上；其能耗低，噪声小，安装比较方便。

　　选择高压泵时，主要考虑泵的流量、扬程和材质应符合反渗透装置运行的要求。

　　(3) 化学清洗装置。化学清洗装置主要由清洗溶液箱、清洗泵、保安过滤器、流量计、pH 计、温度计和系统管道、阀门组成，如图 4 - 9 所示。清洗液的 pH 值一般在 1～12 之间，有较强的腐蚀性，因此清洗系统的材料应当具有相应的耐酸碱腐蚀能力。

　　提高清洗液的温度可以提高清洗效率，有些污染物必须升温才能清洗下来，因此清洗箱应设置加热器并设有温度控制装置。一般清洗温度不低于 15℃，但不得高于膜元件允许的温度。

【任务实施】

一、反渗透装置运行

(一) 反渗透装置运行

1. 启动前的检查

(1) 预处理设备能正常投运。

(2) 进水水质合格，即 SDI<5，温度小于 45℃，余氯小于 0.1mg/L，ZD<1NTU。

(3) 超滤产水箱液位高于 1/2，淡水箱液位低于 2/3。

(4) 检查高压泵的盘车及润滑情况，核对高低压力开关连锁报警是否正常，高压泵能正常工作。

(5) 反渗透保护装置良好，如压力安全泄放阀设定正确，反渗透与投药计量泵间能连锁停机。

　　(6) 压力表，流量表，氧化还原电位表、电导表能正确检测。

　　(7) 在反渗透装置首次启动或维修后再启动前，检查反渗透压力容器与管道连接是否有误。

　　(8) 检查管件和压力容器严密无泄漏。

　　(9) 保证浓水流量控制阀处于打开位置，其开度处于待调整状态。

　　(10) 清水箱出口阀、高压泵入口阀处于打开位置，高压泵出口阀处于关闭位置。

　　(11) 反渗透装置清洗液的入口阀和出口阀，反渗透装置浓水排放调节阀处于关闭位置。

　　(12) 阻垢剂、还原剂等加药系统具备投药条件，药液箱液位在 2/3 以上，阻垢剂、还原剂药液箱出口阀、计量泵入口阀和出口阀处于打开位置，药液箱排污阀处于关闭位置。

　　2. 启动

　　下面以某厂反渗透装置为例进行介绍，反渗透装置管系如图 4-10 所示。

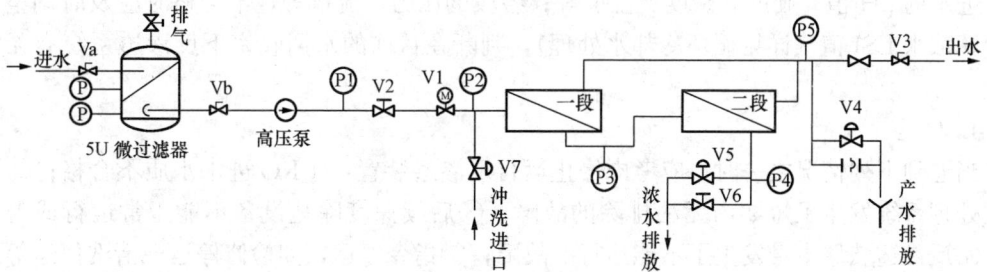

图 4-10　某厂反渗透装置管系

　　启动阶段就是反渗透装置由停机状态向正常运行状态的过渡，实际上是对反渗透系统的冲洗过程，即将 RO 装置充满水，排除空气，排放不合格的淡水。冲洗时间一般为30~60min。

　　启动手动操作步骤如下：

　　(1) 送主控柜及就地盘的电源。

　　(2) 将主控柜还原剂、阻垢剂计量泵、对应需运行装置的高压泵选择开关转至手动位置。

　　(3) 将反渗透就地盘上所需运行装置的 V4 (产水排放阀)、V1 (高压泵出口电动阀) 开关选到开的状态，运行状态转至手动位置上。

　　(4) 手动打开 V6 (浓水排放阀)、V4 (不合格淡水排放阀)，打开 V5 (浓水排放电动阀)、关闭 V3 (产水出口阀)；

　　(5) 启动还原剂、阻垢剂计量泵，开始投药。

　　(6) 将保安过滤器的进出口手动阀打开 (Va、Vb)。缓慢打开 V2 (高压泵出口手动阀)。

　　(7) 使进水连续通过反渗透装置 30~60min，以排出其中的空气，并调整 V6，使浓水排放量约为 10t/h。

　　(8) 启动高压泵。注意：在启动高压泵前，调节高低压保护开关，高压开关上限设定为 2.2MPa，低压开关下限设定为 0.1MPa；高压泵转动方向不对，将会使泵造成损坏；当高压泵启动后，微开高压泵出口阀 V2，缓缓加大其开度，保证从进水开始到流量达到规定值的时间不少于 30～60s。一般高压泵出口电动阀 V1 为慢开碟阀，因此在运行前要求把此阀门从关到开的时间设定为 30～60s，手动阀不容易调节。

3. 运行

运行阶段就是当冲洗至淡水质量达到要求后，停止排放淡水，向淡水箱或后续系统供应淡水的过程，实际是反渗透系统生产淡水的过程。在此阶段，运行人员应根据压力、回收率和流量来调整 RO 进水阀及浓水排放阀的阀门开度。

运行手动操作步骤如下：

(1) 高压泵启动约 5min 后，产水质量达到要求，打开 V3，关闭 V4，向淡水箱供水。

(2) 调节 V2、V6，控制反渗透产水流量 100t/h，浓水排放量 34t/h，回收率为 75%。

(3) 调节还原剂、阻垢剂计量泵流量至规定值。

(4) 监测有关指标，如余氯量、SDI、ORP；进水、各段产水，以及系统出水的电导率；进水的 pH 值、硬度、碱度、温度等；各段的压力、流量等，不合格时应及时调整，同时计算浓水 LSI 值（详见循环冷却水处理），判断在目前的水回收率下反渗透系统有无污垢形成。

4. 停运

当遇到下列情况之一时，应考虑停止运行反渗透装置：①RO 进水水质不合格；②反渗透预处理系统发生了短期内无法排除的故障；③后续深度除盐设备不能正常运行或需要停运；④反渗透装置本身发生了不能运行的故障；⑤指令停运，如检修停运、清洗停运等。

停运手动操作步骤如下：

(1) 关闭高压泵电动慢开阀；

(2) 当压力降至 0.5MPa 时停运高压泵，停计量泵；

(3) 关闭反渗透装置所有阀门。

注意：停机后应立即用淡水冲洗。

5. 停机冲洗

停机冲洗有两个的目：一是防止浓水侧亚稳态过饱和溶液的结晶沉积；二是防止淡水回吸。反渗透装置一般设置有程序启停装置，停用后能延时自动冲洗，即用低压淡水冲洗反渗透装置，直至浓水侧排水水质与淡水水质基本相同为止，时间通常约需 10min。停机冲洗的压力较低，一般在 0.3MPa 左右，故停机冲洗又称低压冲洗。

停机冲洗手动操作步骤如下：

(1) 打开 V4、V5、V7（冲洗水进口阀）；

(2) 打开冲洗水泵的进、出水阀，打开清洗保安过滤器的冲洗进出口阀；

(3) 启动冲洗水泵，调节出水阀，使流量约为 75t/h 左右，压力为 0.3～0.4MPa；

(4) 冲洗至进、出水电导率近似相等后停冲洗水泵，冲洗时间约 15min；

(5) 关闭 V4、V5、V7 阀。

注意：①防止背压。膜产水侧高于浓水侧的压力差称背压。由于反渗透膜的方向性，所以一般要求反渗透膜在任何情况下所承受的背压不得高于 30kPa。如果产水管线带压，当高压泵停止运行后，则可能出现较大的背压现象，所以，设计时应在产水管线上设置爆破膜、快速止回阀或自动排放阀，并与高压泵连锁，以便及时对产水隔离或泄压。应避免意外停机（如停电或因报警急停）所产生的背压和水锤对膜的损坏。②防止脱水。停机冲洗结束后，应关严反渗透装置所有进、出口阀门，防止漏水漏气，以免膜脱水变形和空气中的细菌入侵。③防止回吸。反渗透装置停止运行后，淡水从膜的透过水侧向浓水侧的渗透现象称淡水回吸，简称回吸。淡水回吸的原因是浓水侧的盐浓度高于淡水侧的盐浓度。回吸的危害是回吸水流可导致脱盐层破裂。④防止微生物。反渗透装置停运期间，必须采取措施抑制微生物生长。

某厂反渗透系统高压泵和控制阀的状态见表 4-2。

表 4-2　　　　　　　　　　　某厂反渗透系统高压泵和控制阀的状态表

运行步骤	状态\步序	启动			运行	停运			停机冲洗	停机
		启动冲洗	启动准备	启高压泵		停泵准备	停泵延时	停高压泵		
泵阀状态	超滤水提升泵	○	○	○	○	○	○			
	高压泵			○	○	○	○			
	还原剂计量泵			○	○	○	○			
	阻垢剂计量泵			○	○	○	○			
	V1（高压泵出口电动阀）			○	○	○	○			
	V2（高压泵出口手动阀）	○	○	○	○	○	○			
	RO 进水阀	○		○	○					
	V3（产水出口阀）				○					
	V4（不合格淡水排放阀）	○	○	○		○	○	○	○	
	V5（浓水排放电动阀）	○	○	○				○	○	
	V6（浓水排放阀）	○	○	○	○	○	○	○		
	V7（冲洗水进口阀）								○	
	冲洗水泵								○	
	时间	3～5min	30～60s	1min		5～10s	2～5s	30～60s	5～10min	

注　○指阀门呈开启状态。还原剂加药泵和进水阀连锁，其他加药泵和高压泵连锁。

（二）运行维护

（1）启动 RO 设备时，应缓慢开启进水阀（或设置一个慢开电动阀），防止反渗透膜因压力的瞬间突增而破坏。

（2）一般情况下，反渗透运行不允许用手动方式运行，因为反渗透系统在手动方式运行时，高压泵将无高、低压保护，如出现异常，高压泵将会烧坏。

（3）当反渗透系统在运行中出现高低报警并停机时，不可马上复位运行，必须先检查清楚原因，处理后再按复位按钮，重新启动反渗透系统。

（4）为保证高压泵进水压力不低于规定值，应对反渗透前预处理的进水压力及各台设备的压差进行监视调整。

（5）应确保送往反渗透膜元件的进水中无游离氯等强氧化剂，否则将造成膜元件不可恢复的性能下降。

（6）当保安过滤器进出口压差值增大为 0.05～0.10MPa 时，需检查过滤器、滤芯污染情况，必要时应及时更换滤芯。每次更换滤芯后，必须先冲洗 5min 并将冲洗水排掉。

（7）在清洗溶液中应避免使用阳离子表面活性剂，若使用会造成膜元件不可逆转的污染。

（8）高压泵在运行累积达 5000h 后，需要更换轴承座内的机油。

二、反渗透装置的清洗

在反渗透系统运行中，尽管已经采取了很多防止膜污染的措施，但是，膜元件的污染是不可避免的，所有的措施只能降低污染的程度或者减缓污染的速度。随着污染物在膜表面不断地积累，反渗透装置的产水量会逐步下降。当污染物积累到一定程度后，对反渗透的运行产生明显的影响，此时，就要考虑化学清洗，以除去黏附在膜表面和浓水通道中的污物，恢复膜内部的清洁状态。

根据经验，如果膜元件每隔 3 个月或者更长时间清洗 1 次，则表明预处理和反渗透系统的设计是合理的；如果 1～3 个月清洗 1 次，则需要改进运行工况，提高预处理效果；如果不到 1 个月就得清洗 1 次，则需要改进预处理设备。

1. 清洗的判断

反渗透装置是否需要进行化学清洗，目前并没有一个固定的限定指标，一般根据具体的运行情况和生产要求综合判断。通常出现下列情况之一时，需要考虑对反渗透装置进行清洗。

（1）产水量低于初始运行值的 10%～15%；

（2）脱盐率低于初始运行值的 10%～15%；

（3）反渗透的进水压力与浓水压力差值超过初始运行值的 10%～15%；

（4）反渗透装置长期停用前和 RO 装置的例行维护。

注意：应在系统运行条件与初始运行条件相同的情况下进行比较。

2. 清洗液配方

不同类型的污染物，需要选择不同的清洗液。表 4-3 列出了常见污染物的清洗液配方。配制清洗剂的水应不含游离氯，一般调节 pH 值酸用 HCl，碱用氨水或 NaOH。

表 4-3　　　　　　　　　　　　　复合膜的清洗液配方

污染物	清 洗 液 配 方
碳酸钙垢	0.2%HCl 最好；或 2.0%柠檬酸
硫酸钙垢	0.1%NaOH+1.0%EDTA 四钠最好；0.1%NaOH 或 0.25%十二烷基苯磺酸钠；2.0%三聚磷酸钠
金属氧化物	1.0%连二亚硫酸钠 Na$_2$S$_2$O$_4$ 最好；2.0%柠檬酸
胶体	0.1%NaOH 或 0.25%十二烷基苯磺酸钠最好
硅	0.1%NaOH 或 0.25%十二烷基苯磺酸钠最好；0.1%NaOH+1.0%EDTA 四钠
有机物	第一步用 2.0%三聚磷酸钠+0.8%EDTA 四钠；0.1%NaOH+1.0%EDTA 四钠；0.1%NaOH+0.03%十二烷基苯磺酸钠清洗；第二步用 0.2%HCl 清洗
微生物	0.1%NaOH 或 0.25%十二烷基苯磺酸钠作第一步清洗最好；0.2%HCl 作第二步清洗最好

注　用 0.2%HCl 清洗时，pH 值为 2；用 0.1%NaOH 清洗时，pH 值为 12；用 1.0%Na$_2$S$_2$O$_4$ 清洗时，pH 值为 5；用 2.0%三聚磷酸钠清洗时，pH 值为 10。清洗时温度通常为 40℃，不得高于膜元件允许的温度。

3. 清洗步骤

反渗透清洗装置如图 4-9 所示。清洗方式有静态浸泡和循环清洗等。静泡即用清洗液浸泡膜，时间视污染程度差别较大，大致为 1～15h。清洗的一般步骤如下：

（1）配制清洗液。用淡水在清洗箱中配制清洗液。清洗药品应充分溶解并混合均匀，然后调节 pH、温度至规定值。

（2）低流量注入清洗液。清洗液以尽可能低的压力置换元件内的水，其压力以能够克服进水到出水之间的压降又没有淡水流出为宜。低压置换操作能够最大限度地降低污垢再次沉淀到膜表面。清洗液流动方向与系统正常运行时的水流方向相同，不允许反向清洗，否则可能引起膜凸出而损坏膜元件。为了避免清洗剂被稀释，可打开浓水阀，先排出系统积水后再进行清洗。

（3）循环清洗。压力容器内的水完全被清洗液替代后，反复循环清洗并保证清洗液温度恒定，循环时间约为 15min。若回流清洗液 pH 值变化超过 0.5 则应加酸、碱进行调节，如清洗液过于浑浊，应重新配制药液。

（4）浸泡。关闭泵，让膜元件完全浸泡在清洗液中。一般在室温下浸泡时间约为 1h；若膜污染严重，则浸泡时间需加长至 10h 以上。为了在较长的浸泡时间内保持容器内清洗液浓度和温度的稳定，应采用较低的循环流量（正常清洗流量的 1/4）间断循环清洗液。

（5）高流量循环。高流量能冲洗掉被清洗液清洗下来的污染物，循环时间为 30～60 min。

（6）冲洗。用反渗透产品水或合格的预处理出水反复冲洗膜元件，冲洗时间为 20～60 min，保证清洗液全部被冲出膜元件。

如清洗工艺采取两种及两种以上药液配方，还应将原用药液冲干净后，再开始另一种药液清洗。冲洗结束后，在淡水排出阀打开状态下运行反渗透系统，直到淡水清洁、无泡沫或无清洗液，通常需要 15～30min 的时间。

在多段系统的清洗中，原则上分段进行，也可以在冲洗和浸泡步骤中多段同时进行，但是高流量循环步骤必须分段进行，以保证第一段循环流量不会太低，而最后一段不会太高。

三、膜元件的保护

1. 停运期间保护

RO 装置停运期间，为了避免膜的生物污染，应采取一定的保护措施。不同材质的膜对保护有不同的要求。一般情况下，可参照下面措施：

（1）若反渗透装置停运在 7d 内，装置可以每 12h 低压冲洗一次，每 24h 启动 30min。

（2）若反渗透装置停运时间超过 7d，可用含杀菌剂的溶液浸泡保护。这种用于保护储存膜元件的溶液又称保护液。常用的杀菌剂有氯的氧化物、甲醛、异噻唑啉酮、亚硫酸氢钠和过氧化氢等。

如采用亚硫酸氢钠时，具体措施如下：①用 1% 的食品级亚硫酸氢钠溶液置换出反渗透本体装置系统内的水，确定彻底置换后，关闭装置所有进出口阀门；注意不得有空气漏入。②随着亚硫酸氢钠被氧化，保护液中会有硫酸生成，所以保护液的 pH 值会逐渐降低。保护过程中应经常检查保护液的 pH 值。当 pH 值低于 3 时，就需要重新更换保护液。

2. 膜元件储存

（1）未拆封膜元件的储存。膜元件应存放于干燥避光处；应防止膜元件接触氧化性气体；膜元件储存的环境温度范围应在−4～45℃（干膜可以低于−4℃）。

（2）运行后膜元件的储存。当经过运行的膜元件需要从膜壳中取出单独储存时，需要进行如下处理：①从膜壳中取出膜元件前，首先要对反渗透本体装置进行化学清洗，以清除膜表面的污染物；②将膜元件从膜壳中取出，直立在 1％的亚硫酸氢钠溶液中浸泡 1h 左右，然后取出垂直放置，沥干后装入密封的塑料袋内，将塑料袋内的空气排出并封口，建议使用膜生产商原来的包装袋。

四、运行参数控制

脱盐率和产水通量是评价反渗透装置运行效果的两个最基本的指标。下面主要讨论运行参数对这两个指标的影响。

1. 进水压力

进水压力对反渗透的产水通量和脱盐率有直接的影响。如图 4 - 11 所示，随着进水压力的增加，膜的产水通量和脱盐率都会增大。由图 4 - 11 中可以看出：①随着进水压力升高，产水通量以线性增加。这是因为进水压力增加，推动力增大，因此透水量增加。②脱盐率的增加不是线性的，在低压段增长很快，但压力达到一定值后，脱盐率的变化曲线趋于平缓，不再增加。一般认为是压力增大使得膜孔径变小，脱盐率增大。

提高进水压力虽然可以增加膜产水通量和脱盐率，但是会加重膜的压密。膜压密属非弹性变形，一旦发生了压密化，即使泄去压力，透过性能也难以恢复。

因此，在实际操作中，应维持合理的进水压力。

2. 进水温度

进水温度对水通量和脱盐率的影响如图 4 - 12 所示，随进水温度的升高，反渗透的脱盐率有逐渐降低的趋势，而产水通量则几乎以线性增加。这是因为：随着温度的提高，浓水侧的盐分向淡水侧的渗透速率会加快，因而水温升高脱盐率会降低；随着温度的升高，水的黏度下降，通过膜微孔的渗透量增强，因而产水通量会升高。测试结果表明，水温每升高 1℃，水通量可以增加 3％左右。因此，提高原水温度可以增加膜的产水通量，或者减少膜元件的数量，降低设备投资费用。

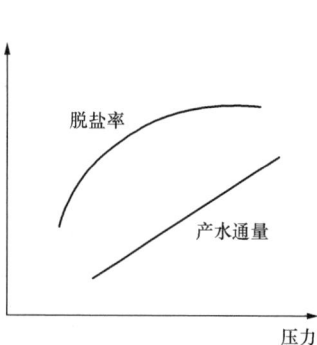

图 4 - 11　进水压力对产水通量　　　　　　图 4 - 12　温度对产水通量
和脱盐率的影响　　　　　　　　　　　　　和脱盐率的影响

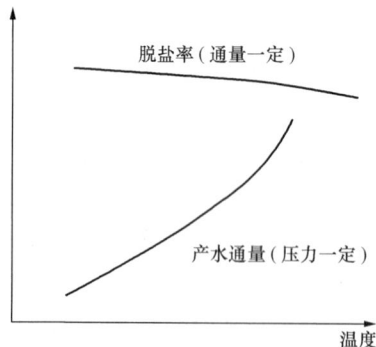

但实际运行中，提高温度应注意膜的耐热性。一般水处理用反渗透膜最高使用温度为 40～45℃。如果超温运行，将会加速膜材料的分解，缩短膜的使用寿命，严重时会损坏膜。

因此，在工程实践中，反渗透装置的进水水温一般控制在 15～25℃，不宜超过 30℃。

进水温度也是反渗透系统一个重要的设计参数。配置的膜元件数量应该能够保证在最低设计水温运行时，产水量可以达到设计值。如果不考虑低温运行的透水率，则会给用户带来很大的麻烦。例如，某电厂在进行反渗透工程技改时，膜元件的数量是按 25℃ 的水温配置的，计算出来的进水压力为 1.6MPa。而系统在冬季运行时，水温只有 8℃，进水压力必须提高至 2.0MPa 才能达到设计的产水量。结果是冬季产水量严重不足，系统长期在高压力和高压差下运行，不仅能耗高，而且反渗透膜的故障也很多（如膜元件的内部密封圈频繁损坏、泄漏），增大了设备的维护量。

3. 含盐量

含盐量对反渗透的影响有两个：①运行压力。随着进水含盐量的增加，膜渗透压增大，运行压力也随之增大。若反渗透进水压力不变，则产水通量降低。②脱盐率。在反渗透进水压力不变的情况下，在含盐量较高的范围内（如大于 1000mg/L），膜的脱盐率随进水含盐量的增加而下降。这是因为进水含盐量增加，渗透压会增加，消耗了部分进水的推动力，因而脱盐率会降低，因此出水的含盐量也随之升高。含盐量对水通量和脱盐率影响如图 4-13 所示。

在含盐量较低的范围内（如小于 800mg/L），脱盐率随含盐量递增。

4. 回收率

反渗透系统的回收率直接影响浓水的浓缩倍数。回收率越高，浓缩倍数越大，膜元件浓水侧的含盐量就越高。浓水侧的含盐量升高会带来三个问题：①膜渗透压会增大，这将抵消一部分进水压力，从而使产水通量降低；②淡水中的含盐量随之增加，降低了系统脱盐率；③浓水侧低溶解度盐类如碳酸钙、硫酸钙和硅化物等更容易结垢，膜更容易被污染，这是反渗透限制回收率提高的最主要的原因。回收率对水通量和脱盐率的影响如图 4-14 所示。

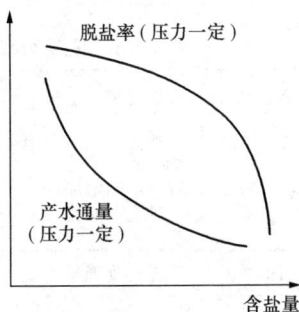

图 4-13 含盐量对产水通量和脱盐率的影响   图 4-14 回收率对产水通量和脱盐率的影响

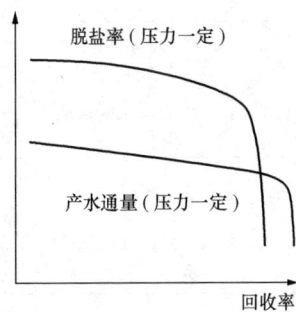

除了与反渗透的进水水质有关外，反渗透的回收率的大小还与阻垢剂的性能有关。在技术条件允许的情况下，适当的提高回收率，减少废水的排放，对提高反渗透运行的经济性是有很大好处的。与离子交换除盐系统相比，反渗透系统的废水产生量要大得多，这是反渗透的一大缺点。

5. pH 值

pH 值主要影响膜的化学稳定性，不同材质的膜元件适用的 pH 值范围差别较大。醋酸

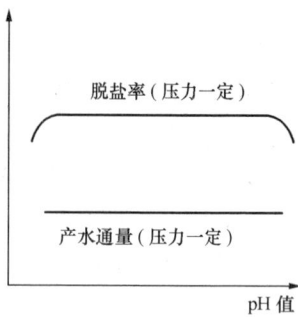

图 4 - 15　pH 值对复合膜的水通量和脱盐率的影响

纤维膜（CA 膜）容易水解，要求进水的 pH 值在 5～6 的范围内，而复合膜（PA 膜）则在 2～11 的 pH 值范围内都比较稳定。一般天然水的 pH 值为 6～8，处于 PA 膜所要求的范围内，而高于 CA 膜所要求的值。故对于 PA 膜，原水加酸的目的是防止碳酸盐垢的生成，而对于 CA 膜，原水加酸的目的不仅是为了防止碳酸盐垢，而且是为了防止膜的水解。

从产水通量和脱盐率的角度来讲，在 4～8 的 pH 值范围内，CA 膜的产水通量和脱盐率都比较稳定；当 pH 值超出此区间后，这两个参数受 pH 值的影响较大。相比之下，PA 膜适应的 pH 值范围较宽。在连续运行条件下，在 3～10 的 pH 值范围内，PA 的水通量和脱盐率都比较稳定。图 4 - 15 所示为 pH 值对复合膜的水通量和脱盐率影响。

五、常见故障与排除方法

反渗透装置常见故障与排除方法见表 4 - 4。

表 4 - 4　　　　　　　　　　　　常见故障与排除方法

现　象		原　因		解 决 方 法
产水流量	产水电导率	直接原因	间接原因	
增加	增加	膜氧化损伤	进水氧化剂多，如加氯量太大，还原剂量不足	更换膜元件；调整加药量
增加	增加	膜损伤渗漏	背压、水锤冲击、固体颗粒磨损，如漏滤料	消除背压；降低升压速度；改善保安过滤和超滤运行
增加	增加	O 形圈泄漏	老化，安装缺陷；振动	重新安装，更换 O 形圈
增加	增加	中心产水管泄漏	安装不对中或损坏；在系统启动期间进水压力急速增加	重新安装，更换膜元件；正确启动系统
减少	增加	水垢	阻垢剂和加酸的剂量不够，回收率太高	清洗，调整加药量；增加浓水排放量
减少	不变	胶体污染	预处理不当，如混凝效果欠佳	清洗；改善预处理
		生物污染	水源污染；杀菌不彻底；过滤设备生物繁殖	加强杀菌，过滤设备消毒
		有机物污染	原水污染，混凝不良，活性炭失效	清洗；改善预处理，更换活性炭
		油、阳离子聚电解质污染	水源污染，药剂不兼容	清洗，更换药剂
减少	减少	膜压密	水温偏高，运行压力高	更换膜元件；调整加热器运行工况

【知识拓展】

一、反渗透概述

反渗透（RO）是在20世纪60年代发展起来的一种新型水处理脱盐技术，具有高脱盐率（一般为90％以上），可减少酸碱用量，排水对环境污染小，操作容易，对原水水质变化适应性强，制水成本已大幅降低等优点，被广泛应用于电厂锅炉补给水处理。此外，反渗透对TOC有很好的除去率，超临界参数机组对给水中的TOC有要求，当锅炉补给水仅采用离子交换系统处理，其出水中的TOC不能满足超临界参数机组对给水品质的要求时，可采用反渗透除去；反渗透脱除水中SiO_2效果好，除去率可达99.5％，有效避免了高参数发电机组随压力升高对SiO_2选择性携带所引起的硅垢，避免了天然水中硅对离子交换树脂所带来的再生困难以及运行周期短的影响。

反渗透利用膜的高脱盐率，常用于锅炉补给水的预脱盐。对于高压以上的锅炉用水，需要增加深度脱盐设备。深度脱盐大致有三种工艺：①二级反渗透＋电除盐，适合于较高含盐量的水源；②混床除盐，适合于较低含盐量的水源；③一级复床＋混床除盐，适合于高含盐量的水源和苦咸水。

二、能量回收装置

在反渗透海水淡化系统中，从反渗透排出的浓水压力还很高，带有很高的能量。为了降低系统能耗，一般都要将这部分能量通过能量回收装置回收利用。能量回收装置是海水淡化反渗透特有的，一般将回收的能量用于海水的增压。

现有的能量回收装置有三种形式：佩尔顿能量回收装置、涡轮式能量回收装置和PX能量回收装置。

（1）佩尔顿能量回收装置。佩尔顿能量回收装置内装有一个与反渗透高压泵直联的叶轮，当反渗透排出的高压浓水进入回收装置后，推动回收装置的叶轮旋转；叶轮又通过直联轴将能量传递给高压泵，补充部分高压泵需要的动力，减少电力的消耗。佩尔顿能量回收装置只接触反渗透的浓水部分，其原理如图4-16所示，装置外形如图4-17所示。

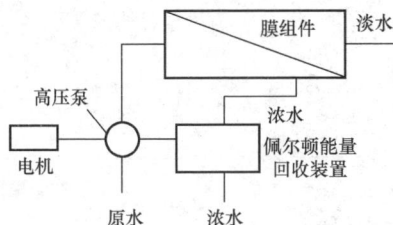

图4-16　佩尔顿能量回收装置原理　　　　图4-17　佩尔顿能量回收装置

（2）涡轮式能量回收装置。涡轮式能量回收装置的工作原理是先用高压泵对原水进行预升压，但压力还达不到反渗透要求的进水压力，不足的部分在涡轮式能量回收装置内通过吸收反渗透的高压浓排水的能量来补充，其原理和装置外形如图4-18和图4-19所示。

（3）PX能量回收装置。PX能量回收装置的工作原理是将进入反渗透装置的原水分成两路：40％～45％的水量通过高压泵增压至反渗透的运行压力；另外55％～60％的水量通过 PX 装置进行能量交换，使给水的压力增加接近反渗透的运行压力，不足部分由增压泵升压补偿达到与高压泵出口相同的压力，其原理和装置外形如图 4-20 和图 4-21 所示。

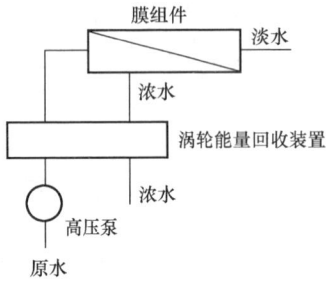

图 4-18　涡轮式能量回收装置原理

图 4-19　涡轮式能量回收装置外形

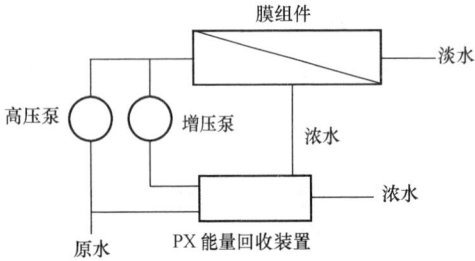

图 4-20　能量回收装置原理

图 4-21　PX 能量回收装置外形

PX 能量回收装置具有运行费用低、能量转换率高、多个串联可承受无限制的流量、维护量少及装置占地面积小等优点。

学习情境五　运行与维护离子交换器

任务一　运行与维护逆流再生离子交换器

【教学目标】

1. 知识目标

(1) 理解水的离子交换处理的原理。

(2) 理解逆流再生离子交换器的基本结构、工作原理、特点。

(3) 知道离子交换树脂的结构、命名、性能。

(4) 知道逆流再生离子交换器监督的水质指标和工艺参数。

2. 能力目标

(1) 会识读和绘制逆流再生离子交换器的结构简图。

(2) 会启动、运行、停运、再生逆流再生离子交换器，进行日常检查与维护。

(3) 能正确分析树脂污染原因，及时采取措施防止树脂污染。

(4) 能调整运行参数，判断和处理常见异常情况。

(5) 能正确使用仪器仪表检测水质和运行工况。

【任务描述】

除去水中离子态杂质最为普遍的方法是离子交换法。根据应用目的不同，组合成的工艺也不同。在电厂水处理中，H 离子交换器和 OH 离子交换器组合的一级复床除盐是最重要的一种工艺。班长组织各学习小组在仿真机（或实训室）环境下，认真分析运行规程，编制工作计划后，正确运行与维护 H 离子交换器和 OH 离子交换器，并确保一级复床除盐系统安全、经济运行。

【任务准备】

课前预习相关知识部分。根据水的离子交换工艺原理及交换过程，经讨论后编制运行与维护逆流再生离子交换器的工作计划，并独立回答下列问题。

(1) 什么是离子交换法？其原理是什么？

(2) 离子交换树脂的结构由哪几部分组成？

(3) 离子交换树脂分为哪几类？

(4) 离子交换树脂的命名原则是什么？

(5) 离子交换树脂有哪些性能？全交换容量、工作交换容量的含义是什么？

(6) 离子交换的选择性顺序如何？

(7) 新树脂要经过怎样的预处理？

(8) 树脂在使用过程中受到污染的类型有哪些？如何恢复树脂性能？

(9) 离子交换中工作层的含义是什么？影响工作层厚度的因素有哪些？

(10) 离子交换过程的排带过程和排带规律如何？

(11) 失效树脂的再生原理是什么？使用硫酸再生时应该注意哪些问题？

（12）什么是再生剂的酸耗，什么是再生剂的比耗？

（13）逆流再生离子交换器容易出现哪些问题？如何解决？

（14）如何进行顶压逆流再生？

（15）无顶压逆流再生的技术要点是什么？

（16）一级复床除盐系统在一个工作周期中出水水质是如何变化的？

（17）OH 离子交换器怎样才能彻底除硅？

（18）弱型树脂有哪些特点？

（19）在一级复床除盐系统中，为什么阳床必须放在阴床之前？

（20）在离子交换除盐系统中，除碳器的作用是什么？

（21）除碳器的原理是什么？除碳器有哪几种形式？

（22）鼓风式除碳器的工作过程是怎样的？

（23）影响除碳器效率的因素有哪些？

（24）使用强弱型树脂联合应用工艺的条件是什么？

【相关知识】

离子交换法是指某种材料遇水时，能将本身具有的离子与水中带同类电荷的离子进行交换反应的方法。这种材料称为离子交换剂。离子交换技术应用的初期，采用的只是天然的和无机质的离子交换剂，目前普遍应用的是合成的离子交换剂，因其外形很像松树分泌出来的树脂，常称离子交换树脂。

一、离子交换处理的原理

1. 离子交换原理

目前，离子交换处理一般是通过离子交换树脂来实现的。离子交换树脂是一类带有活性基团的网状结构的高分子化合物。离子交换树脂的分子结构可以人为地分为两部分：一部分称为离子交换树脂的骨架，它是高分子化合物的基体，具有庞大的空间结构，支撑着整个化合物；另一部分是带有可交换离子的活性基团，它化合在高分子骨架上，起提供可交换离子的作用。活性基团也是由两部分组成：一是固定部分，与骨架牢固结合，不能自由移动，称为固定离子；二是活动部分，遇水可以电离，并能在一定范围内自由移动，可与周围水中的其他带同类电荷的离子进行交换反应，称为可交换离子。

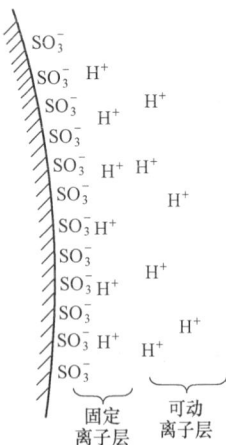

图 5 - 1　R - SO₃H 树脂的结构

以磺酸型阳离子交换树脂为例，其结构如图 5 - 1 所示。为了书写化学式方便，常把树脂骨架和固定离子用 R 表示，酸性阳树脂表示成 RH，碱性阴树脂表示成 ROH。这种表示方法不能反映树脂酸碱性的强弱，所以有时把固定离子也表示出来，磺酸型阳离子交换树脂也表示为 R - SO₃H。

当 RH 遇到含有电解质（如 NaCl）的水时，连接在树脂骨架上的活性基团能离解出可交换离子 H⁺，并向溶液中扩散，同时溶液中带同类电荷的 Na⁺ 也能扩散到整个树脂多孔结构的内部，这两种离子之间的浓度差则推动了它们的扩散和相互交换。而溶液中带相反电荷的离子（如 Cl⁻），由于受到树脂活性基团负电场的排斥而不交换。此外，由于离子交换树脂活性基团对各种离子的亲和力大小各不相同，所以在人为控制条件下，可促使树脂的可交换离子与溶液中带同类电荷的离子发生交换。

RH 与含 NaCl 的水接触时，由于树脂上 H$^+$ 浓度大，而且磺酸基对 Na$^+$ 的亲和力比对 H$^+$ 大，所以树脂上的 H$^+$ 就与溶液中的 Na$^+$ 发生交换。反应结果，使树脂活性基团上原来所带的 H$^+$ 进入溶液中，而溶液中的 Na$^+$ 则交换到树脂上，此反应可用方程式表示如下：

$$RH + Na^+ \rightleftharpoons RNa + H^+$$

交换以后，树脂由原来的 H 型变成 Na 型，失去交换水中 Na$^+$ 的能力。若在 Na 型树脂中通入浓度较大的 HCl（如 5%），此时由于溶液中的 H$^+$ 浓度较大，则又可将树脂上的 Na$^+$ 交换下来，使树脂重新带上可交换的 H$^+$（上式中的左向箭头所示），恢复了树脂的交换能力，又可重新使用。

2. 离子交换除盐原理

离子交换除盐是利用阳、阴树脂分别除去水中所含的阳离子和阴离子，生产出"纯"水。其原理是：当含盐的水依次通过氢型阳树脂（RH）和氢氧型阴树脂（ROH）时，水中所含的阳离子和阴离子分别与阳树脂中的 H$^+$ 和阴树脂的 OH$^-$ 发生离子交换，交换的结果是水中的阳离子和阴离子分别转移到阳树脂和阴树脂上，同时有等量的 H$^+$ 和 OH$^-$ 进入水中，H$^+$ 和 OH$^-$ 离子互相结合而生成水，从而除去了水中的盐类物质。

上述原理可用下列反应式表示：

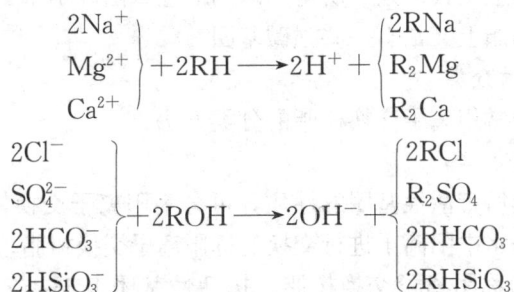

$$\left.\begin{array}{l} 2Na^+ \\ Mg^{2+} \\ Ca^{2+} \end{array}\right\} + 2RH \longrightarrow 2H^+ + \left\{\begin{array}{l} 2RNa \\ R_2Mg \\ R_2Ca \end{array}\right.$$

$$\left.\begin{array}{l} 2Cl^- \\ SO_4^{2-} \\ 2HCO_3^- \\ 2HSiO_3^- \end{array}\right\} + 2ROH \longrightarrow 2OH^- + \left\{\begin{array}{l} 2RCl \\ R_2SO_4 \\ 2RHCO_3 \\ 2RHSiO_3 \end{array}\right.$$

交换反应生成的 H$^+$ 和 OH$^-$ 结合成水，即

$$H^+ + OH^- \longrightarrow H_2O$$

离子交换反应是可逆的，离子交换反应的可逆性是离子交换树脂可以反复使用的基础，也是离子交换树脂在水处理工艺中得到广泛应用的一个重要方面。当离子交换反应进行到大部分阳树脂由 RH 型转化为 R$_2$Ca、R$_2$Mg 和 RNa 型，阴树脂由 ROH 型转化为 RCl、R$_2$SO$_4$、RHCO$_3$、RHSiO$_3$ 型后，出水中泄漏的离子量开始增加。当泄漏量超过一定值后，离子交换反应到达了终点，称树脂失效。

树脂失效后，需要利用酸、碱溶液分别对阳、阴树脂进行再生，将阳、阴树脂重新转化为 RH 型和 ROH 型，恢复其除盐能力。

二、离子交换树脂

（一）离子交换树脂的合成

目前常用的离子交换树脂合成过程一般分为两个阶段：高分子聚合物骨架的制备和在高分子聚合物骨架上引入活性基团的反应，如苯乙烯系树脂。也有些离子交换树脂是由已具备活性基团的单体经过聚合，或在聚合过程中同时引入活性基团，直接一步制得的，如丙烯酸系树脂。

下面简要介绍苯乙烯系离子交换树脂的合成方法。

1. 制备聚合物

高分子聚合物通过苯乙烯与二乙烯苯共聚制备，即

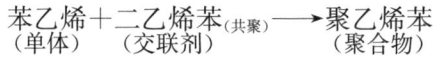

$$苯乙烯 + 二乙烯苯 \xrightarrow{\text{(共聚)}} 聚乙烯苯$$
$$\text{(单体)} \quad\quad \text{(交联剂)} \quad\quad\quad\quad \text{(聚合物)}$$

这里，苯乙烯是主体原料，二乙烯苯的作用是在聚苯乙烯线性高分子间搭桥成网，故称二乙烯苯为交联剂。聚合物中有了交联剂便成了体型（网络型）高分子化合物，成为不溶的固体，机械强度提高。在聚合物中二乙烯苯的质量分数称为树脂的交联度，用符号 DVB 表示。共聚制得的聚合物不含可交换离子，为惰性树脂，习惯称为白球。

2. 引入活性基团

在白球上引入各种活性基团，可制得交换离子不同的树脂。例如，白球经浓 H_2SO_4 处理（即磺化），引入—SO_3H 活性基团，制得强酸性阳离子交换树脂 R—SO_3H；如果白球用氯甲醚处理后再进行胺化，可制得阴离子交换树脂。用叔胺胺化制得的是季铵型阴树脂，因为季铵为强碱，故它是强碱性阴树脂。用于胺化的叔胺有两种：三甲胺[$N(CH_3)_3$]和二甲基乙醇胺[$(CH)_2NC_2H_4OH$]，用前者胺化所得产品为Ⅰ型强碱性阴树脂，用后者胺化所得产品为Ⅱ型强碱性阴树脂，Ⅰ型的碱性比Ⅱ型强，Ⅱ型的交换容量比Ⅰ型的大。如果胺化时采用 NH_3、伯胺或仲胺，所得产品则为弱碱性阴树脂。

由于合成阴树脂的反应比较复杂，所得产品的活性基团并不单一，强碱性阴树脂上常带有弱碱基团，弱碱性阴树脂上又常有一些强碱基团。

（二）离子交换树脂的分类

这里仅介绍水处理中常用离子交换树脂的分类方法。

1. 按活性基团的性质分类

离子交换树脂根据其所带活性基团的性质，可分为阳离子交换树脂和阴离子交换树脂。带有酸性活性基团，能与水中阳离子进行交换的称阳离子交换树脂；带有碱性活性基团，能与水中阴离子进行交换的称阴离子交换树脂。按活性基团上 H^+ 或 OH^- 电离的强弱程度，又可分为强酸性阳离子交换树脂和弱酸性阳离子交换树脂，强碱性阴离子交换树脂和弱碱性阴离子交换树脂。

2. 按合成离子交换树脂的单体分类

根据这种分类方法，将其分为苯乙烯系离子交换树脂、丙烯酸系离子交换树脂和酚醛系离子交换树脂等。

3. 按离子交换树脂的孔型分类

按孔型的不同，离子交换树脂可分为凝胶型和大孔型两大类。

（1）凝胶型树脂。凝胶型树脂的聚合物骨架呈透明或半透明状态的凝胶结构，网孔通常很小，平均孔径为 1~2nm，且大小不一。在干的状态下，这些网孔并不存在，当浸入水中后树脂骨架会发生溶胀，体积变大，分子或链之间的空隙相应扩大，树脂骨架呈现出一定数量的微孔，这种孔称为化学孔。

凝胶型树脂因其孔径小，不利于离子运动，直径较大的分子通过时，容易堵塞网孔，再生时也不易洗脱下来，所以凝胶型树脂易受到有机物污染。凝胶型树脂的优点是再生用酸碱量小，体积交换容量大，价格比大孔型树脂低。

（2）大孔型树脂。大孔型树脂是在合成树脂骨架的过程中，加入一定量的溶剂（致孔剂），使树脂骨架上形成20～100 nm的微孔，称为物理孔。凝胶型树脂没有物理孔。

大孔型树脂的交联度通常要比凝胶型的大，所以大孔型树脂的抗氧化能力较强，机械强度较高。对于凝胶型树脂来说，如果采用增大交联度的办法来提高其机械强度，则因制成的树脂网孔过小，离子交换速度缓慢，就失去了应用意义。通常，凝胶型树脂的交联度在7%左右，而大孔型树脂的交联度可高达16%～20%。

（三）离子交换树脂命名系统和基本规范

根据GB/T 1631—2008《离子交换树脂命名系统和基本规范》的规定，离子交换树脂的命名和规格标准模式见表5-1。

表5-1　　　　　　　　　　　　　　离子交换树脂的命名和规格标准模式

命　名						
	标 识 字 组					
		单 项 组				
国家标准号	基本名称	字符组1	字符组2	字符组3	字符组4	字符组5	字符组6

本命名由国家标准号、基本名称和单项组组成。基本名称为离子交换树脂，凡分类属酸性的，应在基本名称前加"阳"字；分类属碱性的，在基本名称前加"阴"字。

为了命名明确，单项组包含下列信息的6个字符组。

字符组1：表示离子交换树脂的型态。属大孔型树脂，在全名称前加D以示区别。

字符组2：以数字代表产品的官能团的分类，官能团的分类和代号见表5-2。

表5-2　　　　　　　　　　　　　　离子交换树脂按官能团的分类及代号

数字代号	0	1	2	3	4	5	6
分类名称	强酸	弱酸	强碱	弱碱	螯合	两性	氧化还原
官能团	磺酸基等	羧酸基、磷酸基等	季胺基等	伯、仲、叔胺基等	胺酸基等	强碱—弱酸、弱碱—弱酸	硫醇基、对苯二酚基等

字符组3：以数字代表骨架的分类，骨架的分类及代号见表5-3。

表5-3　　　　　　　　　　　　　　离子交换树脂按骨架的分类及代号

数字代号	0	1	2	3	4	5	6
骨架名称	苯乙烯系	丙烯酸系	酚醛系	环氧系	乙烯吡啶系	脲醛系	氯乙烯系

字符组4：顺序号，用以区别基团、交联剂等的差异。交联度用"×"号接阿拉伯数字表示。如遇到二次聚合或交联度不清楚时，可采用近似值表示或不予表示。

字符组5：不同床型应用的树脂代号，代号见表5-4。

表5-4　　　　　　　　　　　　　　不同用途的离子交换树脂代号

用途	软化床	双层床	浮动床	混合床	凝结水混床	凝结水单床	三层床混床
代号	R	SC	FC	MB	MBP	P	TR

字符组 6：特殊用途树脂代号，代号见表 5-5。

表 5-5 特 殊 用 途 树 脂 代 号

特殊用途树脂	核级	电子级	食品级
代号	-NR	-ER	-FR

如混床用核级大孔型苯乙烯系强酸性阳离子交换树脂表示为

国家标准号	基本名称	单项组					
		字符组 1	字符组 2	字符组 3	字符组 4	字符组 5	字符组 6
国家标准号	离子交换树脂	大孔	强酸	苯乙烯系	顺序号	不同床型树脂代号	特殊用途树脂代号
GB 1631	阳离子交换树脂	D	0	0	1×7	MB	NR

命名为 D001×7MB-NR。

（四）离子交换树脂的性能

1. 粒度

离子交换树脂应颗粒大小适中。若颗粒太小，则水流阻力大；若颗粒太大，则交换速度慢。若颗粒大小不均，小颗粒夹在大颗粒之间，会使水流阻力增加，其次也不利于树脂的反洗，因为若反洗强度大，会冲走小颗粒；而反洗强度小，又不能有效松动大颗粒。

离子交换树脂的颗粒大小不可能完全一样，所以一般不能简单地用一个粒径指标来表示。目前各国有关粒度的标准，除规定树脂"有效粒径"和"均一系数"外，还规定了树脂粒度范围和限定大于粒度范围上限或小于粒度范围下限的粒径的百分数。

有效粒径是指筛上保留 90% 体积树脂的相应试验筛筛孔孔径（mm），用符号 d_{90} 表示。

均一系数是指筛上保留 40% 体积树脂的相应试验筛筛孔孔径与保留 90% 体积树脂的相应试验筛筛孔孔径的比值，用符号 K_{40} 表示。即

$$K_{40} = \frac{d_{40}}{d_{90}}$$

显然，均一系数是一个大于 1 的数，越趋近于 1，则组分越狭窄，树脂的颗粒也越均匀。

2. 密度

离子交换树脂的密度是指单位体积树脂所具有的质量，单位常用 g/mL 表示。因为离子交换树脂是多孔的粒状物质，所以有真密度和视密度之分。所谓真密度是相对树脂的真体积而言，视密度是相对树脂的堆积体积而言。由于在水处理工艺中，树脂都是在湿状态下使用的，所以与水处理工艺有密切关系的是树脂的湿真密度和湿视密度。

（1）湿真密度。湿真密度是指树脂在水中经充分溶胀后的真密度，即

$$湿真密度(\rho_Z) = \frac{湿树脂质量}{湿树脂的真体积}$$

湿树脂的真体积是指树脂在湿状态下的颗粒体积，此体积包括颗粒内网孔的体积，但颗粒和颗粒间的空隙体积不应计入。

树脂的湿真密度与其在水中所表现的水力特性有密切关系，它直接影响到树脂在水中的

沉降速度和反洗膨胀率，是树脂的一项重要实用性能，其值一般在 $1.04\sim1.30\mathrm{g/mL}$ 之间。树脂的湿真密度随其交换基团的离子型不同而改变。

（2）湿视密度。湿视密度是指树脂在水中充分溶胀后的堆积密度，即

$$湿视密度(\rho_s)=\frac{湿树脂质量}{湿树脂的堆积体积}$$

湿视密度可用来计算交换器中装载的湿树脂重量，此值一般为 $0.60\sim0.85\mathrm{g/mL}$ 之间。树脂的湿视密度不仅与其离子型有关，还与树脂的堆积状态有关，即与大小颗粒混合的程度以及堆积密实程度有关。显然，混匀压实体积要小于反洗筛分体积，而且树脂粒度均匀性越差，则二者相差就越大。

树脂的密度与其交联度有关，交联度高，由于树脂的结构紧密，所以密度也就越大。通常阳树脂的密度大于阴树脂的，强型树脂的密度大于弱型树脂的。

3. 含水率

含水率是离子交换树脂固有的性质。为了使交换离子在树脂颗粒内部能自由运动，树脂颗粒内须含有一定的水分。树脂的含水率是指单位质量的湿树脂（除去表面水分后）所含水分的百分数，一般在 50% 左右，即

$$含水率(W)=\frac{湿树脂质量-干树脂质量}{湿树脂质量}\times100\%$$

含水率可以反映树脂的交联度和孔隙率的大小，树脂含水率大则表示它的孔隙率大和交联度低。

测定树脂含水率的关键是如何除去表面水分，而又能保持内部水分不损失。除去颗粒表面水分的方法有吸干法、抽滤法和离心法。

4. 溶胀和转型体积改变率

当将干的离子交换树脂浸入水中时，其体积会膨胀，这种现象称为溶胀。

离子交换树脂有两种溶胀现象，一种是不可逆的，即新树脂经溶胀后，如重新干燥，它不再恢复到原来的大小；另一种是可逆的，即当树脂浸入水中时其体积会胀大，而干燥时又会复原。

造成离子交换树脂溶胀现象的基本原因是活性基团上可交换离子的溶剂化作用。离子交换树脂颗粒内部存在很多极性活性基团，与外围水溶液之间，由于离子浓度的差别，产生渗透压，这种渗透压可使颗粒从外围水溶液中吸取水分来降低其离子浓度。因为树脂颗粒是不溶的，所以这种渗透压力被树脂骨架网络弹性张力抵消而达到平衡，表现出溶胀现象。树脂的溶胀性决定于以下因素：

（1）树脂的交联度。交联度越大，溶胀性就越小。

（2）活性基团。此基团越易电离，则树脂的溶胀性就越强；此基团越多，或吸水性越强，溶胀性也越大。

（3）溶液中离子浓度。溶液中离子浓度越大，则因树脂颗粒内部与外围水溶液之间的渗透压越小，所以树脂的溶胀性就越小。

（4）可交换离子。可交换离子价数越高，溶胀性就越小；对于同价离子，水合能力越强，溶胀性就越大。

强酸性阳树脂对于不同的交换离子其溶胀性大小顺序为 $H^+>Mg^{2+}>Na^+>K^+>$

Ca^{2+}。001×7 阳树脂由 Na 型转为 H 型时，体积增大 $5\%\sim8\%$；由 Ca 型转为 H 型时，体积增大 $12\%\sim13\%$。

强碱性阴树脂对于不同的交换离子其溶胀性大小顺序为 $OH^->HCO_3^-\approx CO_3^{2-}>SO_4^{2-}>Cl^-$。$201\times7$ 阴树脂由 Cl 型转为 OH 型时，体积增大 $15\%\sim20\%$。

弱型树脂转型体积改变很明显，尤其是弱酸性阳树脂，由 H 型转为 Na 型时，体积一般可增大 $70\%\sim80\%$；由 H 型转为 Ca、Mg 型时，可增大 $10\%\sim30\%$。弱碱性阴树脂由游离碱型转为 Cl 型时，体积一般增大 $15\%\sim20\%$。

因此，当树脂由一种离子型转为另一种离子型时，其体积就会发生改变，此时树脂体积改变的百分数称树脂转型体积改变率。

离子交换树脂的溶胀性对它的使用工艺有很大影响。例如，干树脂直接浸泡于纯水中时，由于颗粒的强烈溶胀，会发生颗粒破裂的现象；又如，在交换器运行的制水和再生过程中，由于树脂离子型的反复变化，会引起颗粒的不断膨胀和收缩，反复的膨胀和收缩会促使颗粒破裂、发生裂纹和机械强度降低。

5. 离子交换树脂的交换容量

交换容量是表示离子交换树脂交换能力大小的一项性能指标。按树脂计量方式的不同，其单位有两种表示方法：一是质量表示方法，即单位质量离子交换树脂中可交换的离子量，单位为 mmol/g，这里的质量既可以用湿态质量，又可以用干态质量；另一种是体积表示法，即单位体积离子交换树脂中可交换的离子量，单位为 mmol/L，这里的体积是指湿状态下树脂的真体积或堆积体积。

体积交换容量与质量交换容量有以下关系：

$$q_V = q_m(1-W)\rho_s$$

式中：q_V 为体积交换容量，mmol/mL；q_m 为干态质量交换容量，mmol/g；ρ_s 为树脂湿视密度，g/mL；W 为树脂含水率。

树脂的交换容量与其离子型有关，这是因为当树脂不同离子型时，其质量和体积是不相同的。规定的树脂基准离子型，强酸性阳树脂为 Na 型，弱酸性阳树脂为 H 型，强碱性阴树脂为 Cl 型，弱碱性阴树脂为 OH 型。

交换容量常用全交换容量和工作交换容量两个指标。

（1）全交换容量（简称全交）。全交换容量是指单位质量或体积的离子交换树脂中所有可交换离子的总量。全交表示的是树脂所带的功能基的总量，是在一定条件下的测试值，所以其数值只用来评价树脂的交换性能，而不能直接用于工程设计。

（2）工作交换容量（简称工交）。工作交换容量是在交换柱中，模拟水处理实际运行条件下测得的交换总量，即树脂在工作状态下，交换至出水中允许泄漏的离子含量达到某一指定值时树脂实际发挥的交换容量。与全交换容量不同，工交是在接近于实际运行的动态条件下测定的，其数值可用于工程设计。因为实际的运行条件与工交测试条件不是完全相同的，因此，实际运行的交换容量与工交值有一定的差别。

影响工作交换容量的因素很多，如进水中离子的浓度、交换终点的控制指标、树脂层高度和水流速度等。此外，为了节约再生剂的用量，树脂并不能得到彻底再生，这也会对工作交换容量有很大的影响。

6. 机械强度

树脂的机械强度是指树脂在各种机械力作用下，抵抗破坏的能力，包括它的耐磨性、抗渗透冲击性等。树脂在实际应用中，由于摩擦、挤压以及周期性转型使其体积胀缩等，都有可能造成树脂颗粒的破裂。破碎树脂一部分在反洗时排出，一部分细末漏过通流部分进入后续设备，导致树脂层高下降，交换容量降低，水流阻力增加，污染后续设备中的树脂，系统出水水质下降，甚至随补给水进入高温系统污染水汽品质等。因此，对树脂的机械强度有一定的要求。

国家标准规定采用磨后圆球率和渗磨圆球率来判断树脂的机械强度。此法是按规定称取一定量的湿树脂，放入装有瓷球的滚筒中滚磨，磨后的树脂圆球颗粒占样品总量的百分数即为树脂的磨后圆球率；若将树脂用酸、碱反复转型，然后用前述方法测得树脂的磨后圆球率，称为树脂的渗磨圆球率，该指标表示树脂的耐渗透压能力，用来评价树脂的机械强度。

树脂强度受树脂本身的因素和使用条件的影响，如树脂的交联度、溶胀性、压力、水温及水中氧化剂等。在生产实践中，上述因素的出现和影响往往是错综复杂的。

7. 耐热性

各种树脂所能承受的温度都有一个最高极限，超过此温度，树脂的热分解就很严重。不同树脂的热稳定性不一样，一般规律是：阳树脂比阴树脂耐热性强；盐型树脂要比酸或碱型树脂强；Ⅰ型强碱树脂比Ⅱ型耐热性强；弱碱基团要比强碱基团耐热性强；苯乙烯系强碱树脂要比丙烯酸系强碱树脂耐热性强。一般阳树脂可耐 100℃ 或更高些的温度，如 Na 型苯乙烯系弱酸型阳树脂可在 150℃ 以下使用，而 H 型应在 120℃ 以下使用；苯乙烯系阴树脂，强碱性的使用温度不超过 60℃，弱碱性的可在 80℃ 下使用；丙烯酸系强碱阴树脂的使用温度应低于 38℃。

8. 抗氧化性

不同类型树脂抗氧化性能不一样。通常，交联度高的树脂抗氧化性好，大孔型树脂比凝胶型树脂抗氧化性好。

强氧化剂对树脂骨架和活性基团都能引起氧化反应，从而使交联结构降解，活性基团遭破坏。因此，使用时应注意调整和提供适宜的介质条件，以避免因氧化而引起树脂的破坏，从而延长树脂的使用寿命。

9. 酸、碱性和中性盐分解能力

H 型阳树脂和 OH 型阴树脂在水中分别可以电离出 H^+、OH^-，表现出与酸、碱相似的某些特性，这种性质被称为树脂的酸、碱性。根据树脂电离出 H^+、OH^- 能力的大小，又将它们分为强酸型、弱酸型和强碱型、弱碱型几类。

中性盐分解能力是指树脂与水中的中性盐进行离子交换反应的能力。中性盐在与树脂发生离子交换后，在水中会生成游离酸或碱。因此，只有酸性或碱性较强的树脂才能进行此类反应。理论上，只有强型树脂（包括强酸型阳树脂和强碱型阴树脂）才具有中性盐分解能力，而弱型树脂（包括弱酸型阳树脂和弱碱性阴树脂）基本无中性盐分解能力。但是，现在生产的弱型树脂中，大多带有一定数量的强型功能基团，因此，这些树脂也具有一定的中性盐分解能力。

10. 离子交换树脂的选择性

离子交换树脂吸着各种离子的能力不同，有些离子易被树脂吸着，吸着后较难把它置换下来；而另一些离子较难被吸着，但却比较容易被置换下来，这种性能就是离子交换树脂的选择性。在离子交换水处理工艺中，离子交换树脂的选择性影响着树脂的制水和再生过程，是树脂应用中的一个重要性能。

离子交换树脂的选择性主要取决于被交换离子的结构。这有两个规律：一是离子带的电荷越多，则越易被树脂吸着，这是因为离子带电荷越多，与树脂活性基团固定离子的静电引力就越大，因而亲和力也越大；二是对于带有相同电荷的离子，原子序数大者较易被吸着。这是因为原子序数大者，形成的水合离子半径小，电荷密度大，因此与活性基团固定离子的静电引力越大。

树脂的交联度，对树脂的选择性也有重要影响。交联度越大，树脂对不同离子之间选择性差异也越大；交联度越小，这种选择性差别也越小。此外，离子交换树脂的选择性还与溶液浓度有关。

在离子交换水处理中，往往需要知道水中何种离子优先被树脂吸着，何种离子较难被吸着，即所谓选择性顺序。选择性顺序关系到各种离子在树脂层中的排列情况，根据这个顺序，可以判断水通过交换器时何种离子最容易泄漏于出水中。

强酸性阳树脂，在稀溶液中对常见阳离子的选择性顺序为

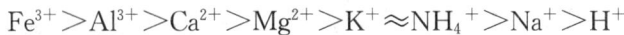

$$Fe^{3+}>Al^{3+}>Ca^{2+}>Mg^{2+}>K^+\approx NH_4^+>Na^+>H^+$$

而对于弱酸性阳树脂，例如，羧酸型阳树脂，对 H^+ 有特别强的亲和力，对 H^+ 的选择性比 Fe^{3+} 还强，其选择性顺序为

$$H^+>Fe^{3+}>Al^{3+}>Ca^{2+}>Mg^{2+}>K^+\approx NH_4^+>Na^+$$

强碱性阴树脂在稀溶液中，对常见阴离子的选择性顺序为

$$SO_4^{2-}>NO_3^->Cl^->OH^->HCO_3^->HSiO_3^-$$

而弱碱性阴树脂对 HCO_3^- 交换能力很差，对 $HSiO_3^-$ 甚至不交换，其选择性顺序为

$$OH^->SO_4^{2-}>NO_3^->Cl^->HCO_3^-$$

在浓溶液中由于离子间的干扰较大，且水合半径的大小顺序与在稀溶液中有些差别，其结果使得在浓溶液中各离子间的选择性差别较小，有时甚至出现有相反的顺序。

三、离子交换过程

离子交换反应一般是在水流动的状态下进行的。在水流动的状态下，由于交换反应的生成物不断被排除，因此离子交换反应进行得较为完全。

制水和失效树脂的再生是离子交换处理的两个主要阶段，制水是树脂交换容量的发挥过程，再生是交换容量的恢复过程。

(一) 制水时树脂层中的离子交换

1. 水中阳离子只有 Na^+ 时和 RH 树脂的交换

(1) 树脂层态。水通过交换器初期，水中 Na^+ 首先与表层树脂中 H^+ 进行交换，水中一部分 Na^+ 转入树脂中，树脂中一部分 H^+ 转入水中。当水继续向下流动时，这种交换继续进行，因此水中 Na^+ 不断减少，H^+ 不断增加。在流经一定距离后，水中原有的 Na^+ 几乎全部交换成 H^+。之后，继续向下流的水及其流过的树脂的组成都不再发生变化，交换器出水中几乎全为 H^+，而 Na^+ 含量趋于零，如图 5 - 2 (a) 所示。

随着水不断地流过，上部进水端的树脂很快全部转为 RNa，失去了继续交换的能力，交换进入下一层。这时在树脂层中形成三个层区，如图 5 - 2 (b) 所示：上部 AB 层区为失

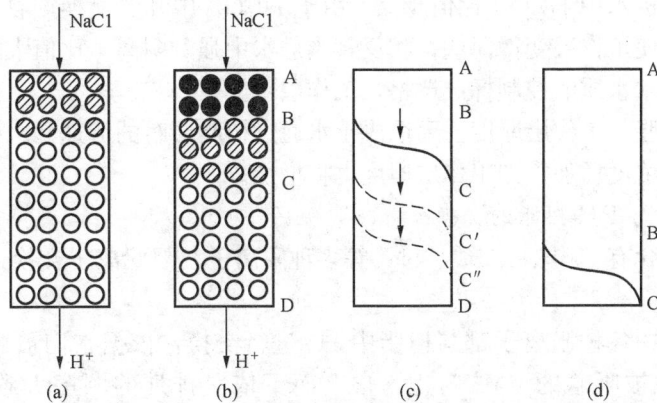

图 5-2　离子交换过程中树脂层态的变化

●—RNa；◐—RNa+RH；○—RH

效层，树脂全为 Na 型，水流经这一层区时，Na⁺ 含量不变；中部 BC 层区为工作层，在这一层区中，从 B 到 C，Na 型树脂逐渐减少至零，H 型树脂则逐渐增加到 100%，交换反应在这一层区中进行，水流过工作层时，水中 Na⁺ 逐步被 RH 树脂中的 H⁺ 交换而除去；下部 CD 层区为未工作层，树脂仍全为 H 型，水通过这一层区时，水质不发生任何变化。

如果以纵向表示树脂层高度，以横向表示树脂层中 H、Na 离子的浓度分率，那么就可以将图 5-2（b）换成图 5-2（c）所示的各离子型树脂沿树脂层高度分布的树脂层态。

随着流过水量的增加，树脂层中 H 型树脂不断减少，Na 型树脂不断增加。在树脂层态上表现为失效层逐渐加厚，工作层下移，未工作层逐渐缩小，如图 5-2（c）中逐渐下移的虚线所示。当未工作层最终消失，即工作层移至最下部出水端［见图 5-2（d）］时，出水中便开始有 Na⁺，之后出水中 Na⁺ 上升。当出水中 Na⁺ 浓度达到规定的值时，即为运行终点，树脂失效，停止通水。图（c）为运行中的树脂层态，图（d）为运行终点时的树脂层态。所以在离子交换器的最下部，有一层不能发挥其全部交换能力的树脂层，它只起保护出水水质的作用，这部分树脂层称为保护层。由此可知，随树脂层高度增加，树脂的平均利用率和工作交换容量增加。但是，随着树脂层高度的增加，水流阻力和动力消耗也将大幅增加。因此，适当增加树脂层高度有利于提高出水水质和工作交换容量，但不能无限增加树脂层高度。目前使用的离子交换设备，其树脂层高一般为 1.5～2.5m。

（2）工作层。工作层是指进行离子交换的树脂层区。由前面讨论知道，交换器运行过程中，工作层不断沿水流方向推移。当它移至出水端时，欲除去的离子便开始泄漏于出水中，为了保证出水水质，此时交换器应停止运行。工作层越厚，穿透点出现越早，交换器内树脂的交换容量利用率就越低。

影响工作层厚度的因素很多，这些因素大致可分为两个方面：一方面是影响水流沿交换器过水断面均匀分布的因素，若能使水流均匀，则可降低工作层厚度；另一方面是影响离子交换速度的因素，若能使此速度加快，则离子交换越易达到平衡，工作层便越薄。概括起来这些因素有：树脂种类、树脂颗粒大小、进水离子浓度及离子比、出水水质的控制标准、水通过树脂层时的流速以及水温等。

树脂颗粒小或提高水温，都因加快了离子交换速度而使工作层变薄；进水离子比值，例如，氢离子交换器进水中 HCO_3^- 比值越大，由于 HCO_3^- 中和了交换产物中的 H^+ 而促进了反应的进行，故可使工作层变得薄些；相反，当进水中强酸阴离子比值大时，会使工作层厚度增加。此外，出水水质的控制标准严格，工作层也就厚些。

对于给定的树脂，工作层厚度主要取决于水通过树脂层时的流速和水中离子浓度，若流速增大或水中离子浓度增加，则工作层厚度也将增加。

2. 水中阳离子与 RH 树脂的交换

天然水中通常含有 Ca^{2+}、Mg^{2+}、Na^+ 等多种阳离子，因此离子交换过程就不像只含一种离子那么简单。

通水初期，水中各种阳离子都与树脂中 H^+ 进行交换，依据它们被树脂吸着能力的大小，最上层以最易被吸着的 Ca^{2+} 为主，自上而下依次排列的顺序大致为 Ca^{2+}、Mg^{2+}、Na^+。随着通过水量的增加，进水中的 Ca^{2+} 也与生成的 Mg 型树脂进行交换，使 Ca 型树脂层不断扩大；当被交换下来的 Mg^{2+} 连同进水中的 Mg^{2+} 一起进入 Na 型树脂层时，又会将 Na 型树脂中的 Na^+ 交换出来，结果 Mg 型树脂层也会不断地扩大和下移；同理，Na 型树脂层也会不断地扩大和下移，逐渐形成 R_2Mg - Ca、RNa - Mg、RH - Na 的交换区域，如图 5 - 3 所示。图中纵向代表树脂层高度，横向代表不同离子型树脂的相对量。这种选择性强的离子不断取代选择性弱的离子在树脂层中的位置，使其分布后移，形成 "一推一" 的关系，称为离子交换过程的排代作用。当 RH - Na 交换区域移至最下端再继续通水时，则进水中选择性顺序居于末位的 Na^+ 首先穿透，泄漏于出水中，但树脂对 Ca^{2+}、Mg^{2+} 的交换仍是完全的。如果继续通水，RNa - Mg 交换区域将不断下移直至最下端，这时，Mg^{2+} 将泄漏于出水中。依此类推，最后泄漏的是 Ca^{2+}。

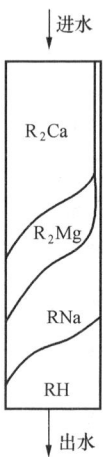

图 5 - 3 Ca、Mg、Na 在树脂层中的分布

所以当含有多种阳离子的水，由上而下通过 RH 型树脂层时，它们在树脂层中的分布规律如下：

（1）被吸着离子在树脂层中的分布，是按树脂对该离子的选择性的大小，自上而下依次分布的。最上部以选择性最大的离子为主，最下部为选择性最小的离子。

（2）各种离子的选择性差异越大，在树脂层中的分层就越明显，如上述水中不等价的 Na^+ 与 Mg^{2+}、Ca^{2+}。

（3）各种离子的选择性差异较小时，在树脂层中分层不明显。例如，同是二价的 Mg^{2+} 和 Ca^{2+}，因它们选择性的差别小。相对于 Na^+ 而言，Ca^{2+}、Mg^{2+} 的性质是相近的，所以通常把 Ca^{2+}、Mg^{2+} 一起视为二价阳离子处理。

3. 水中阴离子与 ROH 树脂的交换

生产实践中，OH 交换器总是设置在 H 交换器之后，所以 OH 交换器进水中有强酸，如 HCl、H_2SO_4；也有弱酸，如 H_2CO_3、H_2SiO_3；另外，还有微量 Na 盐。含有上述多种阴离子的水与 ROH 树脂的交换也是按它们被树脂吸着能力的大小，在树脂层中依次分布，如图 5 - 4 所示。该树脂层态具有以下特点：

（1）上部树脂交换的主要是 SO_4^{2-} 和少量 HSO_4^-；RCl 型树脂分布区域很大。

（2）当水自上而下继续通过树脂层时，依次进行 SO_4^{2-}、HSO_4^- 与 RCl 型树脂的交换，

Cl^- 与 $RHCO_3$、$RHSiO_3$、ROH 的交换，HCO_3^-、$HSiO_3^-$ 与 ROH 的交换。

（3）上部的 RCl-SO_4^{2-} 和 RCl-HSO_4^- 交换进行得比较彻底，当水进入下部进行 OH 离子交换的工作层时，水中基本上没有 SO_4^{2-} 和 HSO_4^- 存在。

（4）下部进行的 OH 离子交换是一个多组分参与的复杂交换过程，既有 Cl^- 的交换，也有 HCO_3^-、$HSiO_3^-$ 的交换。除了离子交换外，无论在水相或是在树脂相，还存在着上述两种弱酸电离平衡的转移。

（二）失效树脂的再生

失效树脂需经再生才能恢复其交换能力，再生所用的化学药剂称为再生剂，根据离子交换树脂种类和离子交换目的的不同，再生剂有 $NaCl$、HCl（或 H_2SO_4）和 $NaOH$ 等。

图 5-4 阴离子在
树脂层中的分布

1. 再生剂用量

再生单位体积树脂所用纯再生剂的量，称再生剂用量，通常用符号 L 表示，单位为 g/L 或 kg/m^3。

因离子交换反应是可逆的，故制水时树脂所吸着的离子完全有可能由再生剂中带同类电荷的离子所取代。由于再生反应只能进行到平衡状态，只用理论量的再生剂是不能使树脂的交换容量完全恢复的。因此，生产上再生剂的用量总要超过理论量。

增加再生剂用量，可以提高树脂的再生度，但当再生剂用量增加到一定程度后，再继续增加时，树脂的再生度增加却不多，如图 5-5 所示。树脂的再生度是指树脂再生后，恢复的工作交换容量与该树脂全部工作交换容量的比值。

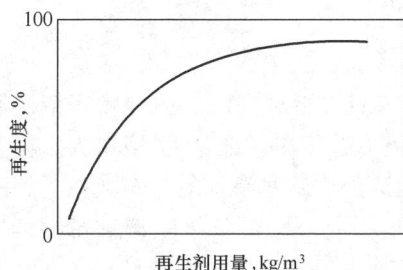

图 5-5 再生剂用量与再生度的关系

采用过高的用量是不经济的，因此生产实际中树脂并不是彻底再生的。最佳再生剂用量应通过试验确定。

2. 酸耗、碱耗和再生剂比耗

生产上常用一些表示再生剂利用率的指标，这就是再生剂耗量 W（酸耗 W_S、碱耗 W_J、盐耗 W_Y）和再生剂比耗 R。

再生剂耗量是指恢复树脂 1mol 的交换容量消耗纯再生剂的克数。再生剂为酸时称酸耗，再生剂为碱时称碱耗。

恢复树脂 1mol 的交换容量，实际用纯再生剂的量与理论量之比称为再生剂比耗。由于再生剂的实际用量是超过理论量的，所以再生剂比耗总是大于 1。

3. 再生方式

再生方式可分为顺流式、对流式、分流式和复床串联再生。在这四种再生方式中，被处理水和再生液流动方向如图 5-6 所示，其中对流式包括逆流再生式［见图 5-6（b）］和浮床式［见图 5-6（c）］。

下面以图 5-6（a）和（b）（顺流式、逆流式）为例讨论再生过程。

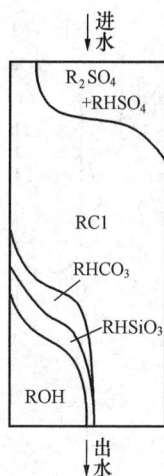

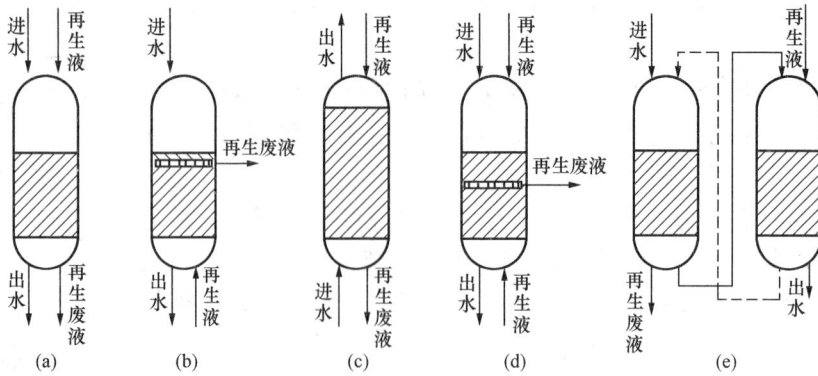

图 5-6　再生方式示意
(a) 顺流式；(b)、(c) 对流式；(d) 分流式；(e) 复床串联式

（1）顺流再生。顺流再生 H 离子交换器运行失效后、再生前和再生后的树脂层态如图 5-7所示。

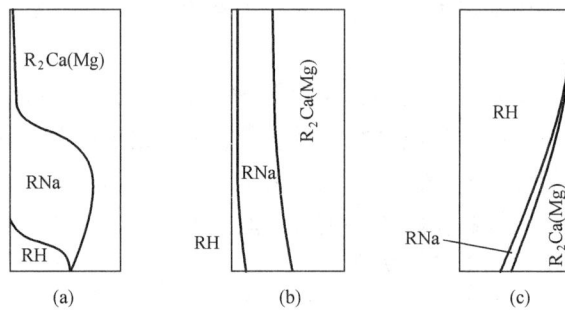

图 5-7　顺流再生氢离子交换器树脂层态
(a) 失效后；(b) 再生前；(c) 再生后

分析图 5-7（a）可知，当运行失效时，进水中离子按照树脂对它们的选择顺序依次沿水流方向分布，最下部树脂的交换容量未能得到充分利用，尚存在一部分 H 型树脂。再生前树脂需进行反洗，试验表明，经反洗后各离子型树脂在床层中基本呈均匀分布状态，如图 5-7（b）所示。再生时，由于再生液由上而下通过树脂层，故上部树脂首先接触新鲜再生液得到较充分再生，由上而下树脂的再生度逐渐降低，下部未得到再生的主要是 Ca、Mg 型树脂，也有少量 Na 型树脂，如图 5-7（c）所示。在再生的初期，一部分被再生下来的高价离子流经下部树脂层时，会将下部树脂中的低价离子置换出来，使这部分树脂转为较难再生的高价离子型，底部未失效的 H 型树脂也会因再生产物通过而转成失效态，这就会使树脂再生困难，并多消耗再生剂。所以顺流再生工艺的再生效果差。若再生前树脂未经反洗，即仍为失效后的层态［见图 5-7（a）］，则上述情况更为突出。

在顺流工艺中，由于水的流向和再生液的流向相同，所以与出水相接触的正好是再生最不完的部分。因此，即使在进水端水质已经处理得很好，而当它流至出水端时，又与再生不完全的树脂进行反交换重新使水质变差。

（2）逆流再生。逆流再生 H 交换器运行失效后（再生前）和再生后的树脂层态如图 5-8所示。由于 H 交换器失效时树脂层态对逆流再生极为有利，再生前不进行大反洗，因

此再生前仍保持失效时树脂层态分布。例如，对于强酸
H 离子交换器来说，新鲜的酸再生液首先接触底部未失
效的 H 型树脂，酸中 H^+ 未被消耗，进一步向上流动进
入 Na 型树脂层区，将 Na 型树脂再生为 H 型树脂，再
生液中尚未被消耗的 H^+ 以及被置换出的 Na^+ 继续向上
流动与 Mg 型树脂接触，将树脂转为 H 型和 Na 型，含
有 H^+、Na^+ 的再生液和被置换下来的 Mg^{2+} 再继续通过
Ca 型树脂，使 Ca 型树脂得到再生，有文献称此为挂勾
效应。由于再生液中的 H^+ 不是直接接触最难再生的 Ca
型树脂，而是先接触容易再生的 Na 型树脂并依次进行
排代，这样就大大提高了 H 型树脂的转换率，所以相
同条件下，再生效果比顺流式好。由于出水端树脂的再
生度最高，所以运行时，可获得很好的出水水质。

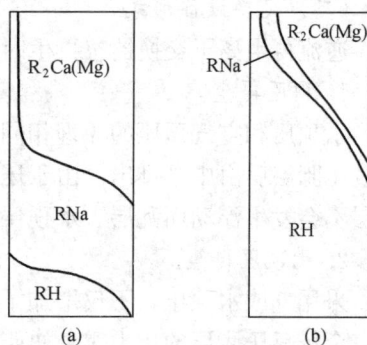

图 5-8　逆流再生 H 交换器树脂层态
(a) 失效后（即再生前）；(b) 再生后

　　　阴、阳树脂在不同再生方式时再生剂耗量、比耗参考表 5-6。

表 5-6　　　　　　　　　不同再生工艺的离子交换树脂再生剂耗量和比耗

树　　脂	再生工艺	再生剂耗量（g/mol）	比　　耗
强酸性阳离子交换树脂	顺流	NaCl 100～200 HCl≥73 H₂SO₄ 100～150	NaCl 1.7～3 HCl ≥2 H₂SO₄ 2～3
	对流	NaCl 80～100 HCl 50～55 H₂SO₄≤70	NaCl 1.4～1.7 HCl 1.4～1.5 H₂SO₄≤1.9
强碱性阴树脂	顺流	80～120	2～3
	对流	液碱 60～65 固碱 48～60	液碱 1.5～1.6 固碱 1.2～1.4

　　　为了克服顺流再生工艺出水端树脂再生度低的缺点，现在广泛采用对流再生工艺，尤其
是逆流再生工艺。

四、逆流再生离子交换器

（一）逆流再生的技术要求和相应措施

　　　由于逆流再生工艺中再生液及置换水都是从下而上流动的，如果不采取措施，流速稍大
时，就会发生和反洗那样使树脂层扰动的现象，称为乱层。乱层会使树脂层松动，并导致有
利于再生的树脂层态被打乱，影响再生效果，这样就必然失去逆流再生工艺的优点。为此，
在采用逆流再生工艺时，必须采取措施，以防止再生液向上流动时发生树脂乱层的现象。

　　　防止再生时树脂乱层可采取的措施是：在交换器内增设中间排水装置；在中间排水装置
之上，树脂层上加一层厚度为 150～200mm 的压脂层；再生时采用气（或水）进行顶压，
即顶压逆流再生；或者将中间排水装置上的孔开得较大，使这些孔的水流阻力较小，那么在
不顶压情况下，树脂层就不会发生扰动。

（二）交换设备形式

逆流再生离子交换器按再生时的顶压方法分为空气顶压、水顶压和无顶压三种形式。

1. 顶压再生

水顶压和空气顶压的原理相同。再生时，将一定压力的空气或水由交换器的上部引入，通过压脂层后由中排排出。由于压脂层中顶压气或水的流向与再生液的流向相反，从而使树脂层不会发生浮动而乱层。水顶压法的操作与气顶压法基本相同。

2. 无顶压再生

采用气或水顶压，不仅增加了一套顶压系统，而且操作也比较麻烦。无顶压逆流再生则是完全依靠压脂层的压力避免树脂乱层。其要点是将中排的排水孔直径扩大，减小中排的阻力，确保在进再生液时，压脂层中没有向上流动的再生液，而且尽量处于"干层"状态，避免压脂层内的树脂浮动。由于失去了水的浮力，压脂层可以提供足够的压力使下面的树脂层不会浮动而乱层。

与顶压再生相比，无顶压逆流再生的操作步骤除了没有顶压步骤外，其他完全相同。无顶压逆流再生的技术要点主要如下：

（1）采用小阻力中间排水系统，将中间排水装置上（简称中排）的排液孔扩大，减小排液孔的水流阻力。对于阳离子交换器来说，只要将中间排水装置的小孔流速控制在 $0.1\sim 0.15m/s$ 之间，就可在再生液的上升流速为 $7m/h$ 时不需任何顶压措施；对于阴离子交换器来说，因阴树脂的湿真密度比阳树脂小，小孔流速一般控制在 $0.1m/s$ 左右，再生液上升流速为 $4m/h$ 时不需任何顶压措施。

（2）压脂层的厚度一般在 $200mm$ 以上。

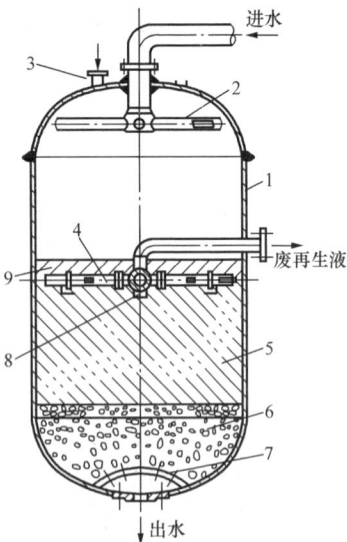

图 5-9 逆流再生离子交换器结构
1—壳体；2—十字形进水装置；
3—空气管；4—中间排水装置；
5—树脂层；6—石英砂垫层；
7—穹形孔板；8—加强筋；
9—压实层

（3）由于孔阻力减少，其排液均匀性差一些，因此无顶压逆流再生的中间排水装置的水平性更为重要。

研究结果表明，采取以上措施，就可以不需任何顶压措施而使树脂层保持稳定，并能达到逆流再生的效果。

（三）交换器的结构

逆流再生离子交换器通常是由交换器本体、体内装置及体外管系组成，其中体内基本装置有上部进水装置、中间排水装置、下部排水装置，有的还有进压缩空气装置等。逆流再生离子交换器的结构如图 5-9 所示。

1. 交换器本体

交换器本体一般是一个由碳钢制成的圆柱形承压容器。通常，设计压力为 $0.6MPa$，工作温度为 $5\sim50℃$。筒体上开有人孔、树脂装卸孔，以及用于观察交换器内部树脂状态的窥视孔。筒体及封头的内表面采用两层衬胶防腐，衬胶厚度为 $5mm$，体内附件为一层衬胶，厚度为 $3mm$。

2. 进水装置

进水装置的作用是均匀分布进水于交换器内树脂层

面上，所以也称为布水装置，它的另一个作用是均匀收集反洗排水。常用的进水装置如图5-10所示。

漏斗式及穹形孔板式进水装置结构简单，但当安装倾斜时易发生偏流，反洗时应注意树脂的膨胀高度，以防止树脂流失；十字管式是在十字管上开有许多小孔，管外包滤网或不锈钢绕丝，也有在管上开缝隙的，常用材料为不锈钢；穹形孔板式是在穹形板上开许多小孔，孔板材料多为碳钢衬胶；多孔板水帽式进水装置是在多孔板的孔中旋入水帽，布水均匀性较好，孔板材料有碳钢衬胶或工程塑料等。

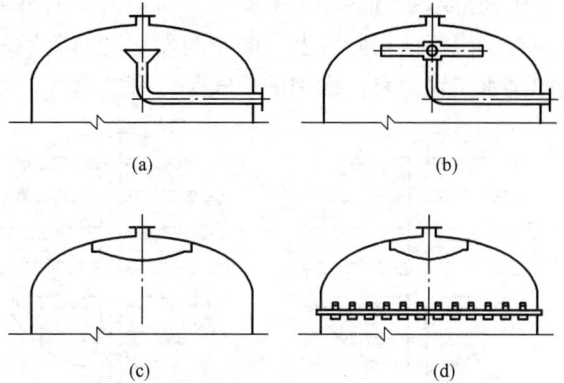

图 5-10　进水装置
(a) 漏斗式；(b) 十字管式；
(c) 穹形孔板式；(d) 多孔板水帽式

由于树脂层上方有较厚的水垫层，其高度一般相当于树脂层高度的 60%～80%，能促进进水均匀地分布于树脂层面上，因此这些进水装置都能做到布水均匀。

3. 排水装置

排水装置的作用是均匀收集处理过的水，也称为集水装置。同时它也起均匀分配反洗进水的作用，所以也称为配水装置。一般对排水装置布集水的均匀性要求较高，常用的排水装置有穹形孔板石英砂垫层式和多孔板水帽式，如图 5-11 所示。

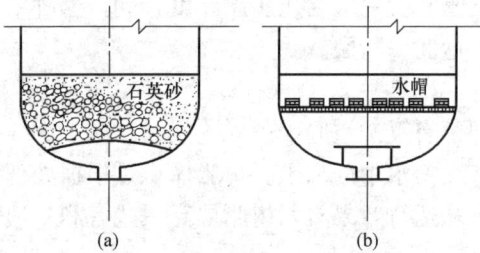

图 5-11　排水装置的常用形式
(a) 穹形孔板石英砂垫层式；(b) 多孔板水帽式

在穹形孔板石英砂垫层式的排水装置中，穹形孔板起支撑石英砂垫层的作用，其直径约为交换器直径的 1/3，常用材料为碳钢衬胶。多孔板水帽式的孔板材料为碳钢衬胶或不锈钢，水帽缝隙一般为 0.25～0.27mm。

石英砂垫层的技术要求与石英砂滤料的相同，使用前应先用 5%～10% 的 HCl 浸泡 8～12h，以除去其中的可溶性杂质。石英砂垫层的级配和厚度见表 5-7。

表 5-7　　　　　　　　　　　　石英砂垫层的级配和厚度

粒径（mm）	设 备 直 径（mm）		
	≤1600	1600～2500	2500～3200
1～2	200	200	200
2～4	100	150	150
4～8	100	100	100
8～16	100	150	200
16～32	250	250	300
总厚度	750	850	950

4. 中间排水装置

中间排水装置的作用主要是使向上流动的再生液和置换水能均匀地从此装置排走，不会因为有水流流向树脂层上面的空间而扰动树脂层；其次，它还兼作小反洗的进水装置和小正洗的排水装置。目前常用的形式是母管支管式，其结构如图 5 - 12（a）所示。支管用法兰与母管连接，支管距离一般为 150～250mm。早期采用支管上开孔或开缝隙并加装网套，网套一般内层采用 20 目尼龙网，外层用 60～70 目的涤纶丝网（有良好的耐酸性能，适用于 HCl 再生的 H 离子交换器）或绵纶丝网（有良好的耐碱性能，适用于 NaOH 再生的 OH 离子交换器）。目前普遍采用在支管上加装不锈钢梯形绕丝，绕丝的缝隙约为 0.27mm。对于大直径的交换器，常采用碳钢衬胶母管和不锈钢支管，小直径的交换器，支母管均采用不锈钢。

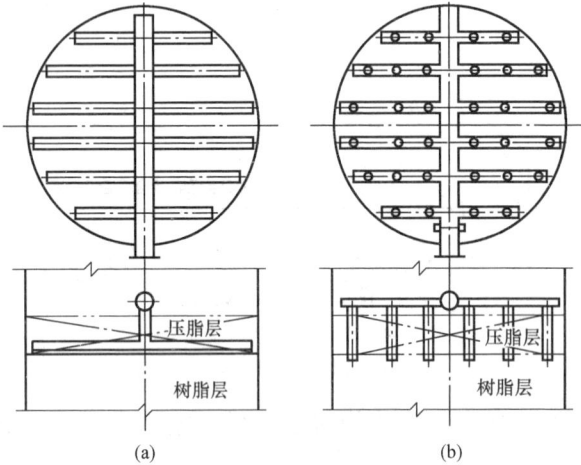

图 5 - 12　中间排水装置
（a）母管支管式；（b）插入管式

此外，常用的中间排水装置还有插入管式，如图 5 - 12（b）所示，插入树脂层的支管长度一般与压脂层厚度相同，这种中排装置能承受树脂层上、下移动时较大的推力，不易弯曲、断裂。

5. 树脂层和压脂层

逆流再生交换器内装有树脂层及压脂层，上部留有反洗空间。

（1）树脂层。树脂层的作用是作为交换剂用来交换水中的离子。树脂体积是根据处理水量、进水离子浓度以及周期运行时间计算确定的。从运行效果看，树脂层高一些有利，通常的高度为 1.5～2.5m。

（2）压脂层。设置压脂层的原意是为了在再生液向上流时，树脂不乱层。但实际上压脂层所产生的压力很小，并不能靠自身起到压脂作用。压脂层真正的作用，一是过滤掉进水中的悬浮物，使它不进入下部树脂层中，这样便于将其洗去而又不影响下部的树脂层态；二是当采用顶压再生时，可以使顶压空气或水通过压脂层均匀地作用于整个树脂层表面，从而起到防止树脂向上窜动的作用。压脂层的材料，目前一般都用树脂，即与下面同型号的树脂，其厚度约为 200mm。由于运行中树脂被压实，加上失效转型后体积的改变，所以压脂层厚度应是在树脂失效后的压实状态下，能维持在中间排液管以上的厚度。

五、一级复床除盐系统

1. 一级复床除盐系统

在电厂锅炉补给水处理中，为了除去水中盐类物质，常将 H 离子交换器和 OH 离子交换器组合成一级复床除盐系统。图 5 - 13 所示为典

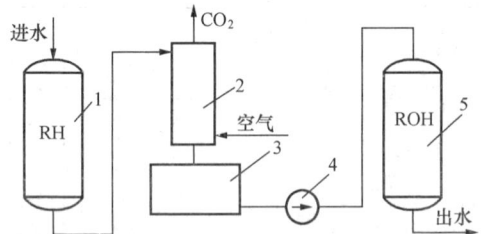

图 5 - 13　一级复床除盐系统
1—强酸 H 交换器；2—除碳器；3—中间水箱；4—中间水泵；5—强碱 OH 交换器

型的一级复床除盐系统，它由一个强酸 H 交换器、一个除碳器和一个强碱 OH 交换器串联而成。此外，一级复床除盐系统还包括酸、碱再生液系统。生产实践中，常常将装有树脂的交换器称床，交换器内的树脂层称床层。H 离子交换器、OH 离子交换器简称阳床、阴床。

2. 再生系统

阳、阴离子交换树脂的再生剂分别是酸和碱，因而必须有一套用来储存、配制、输送和投加酸、碱的再生系统。常用的酸是工业盐酸，常用的碱是工业氢氧化钠。

桶装固体碱一般干式储存，液态的酸、碱常用储存罐储存。储存罐有高位布置和低位（半地下）布置，当低位布置时［见图 5 - 14（b）］，运输槽车中的酸、碱靠其自身的重力卸入储存罐中；当高位布置时［见图 5 - 14（a）］，槽车中酸、碱是用酸泵、碱泵送入储存罐中的。

液态再生剂的输送常用方法有压力法、负压法和泵输送法。压力法是用压缩空气挤压酸、碱的输送方法，这种方式一旦设备发生漏损就有溢出酸、碱的危险；负压输送法就是利用抽负压使酸、碱在大气压力下自动流入，此法因受大气压的限制，输送高度不能太高；用泵输送比较简单易行。

将浓的酸、碱稀释成所需浓度的再生液，常用的配制方法有容积法、比例流量法和水射器输送配制法。容积法是在溶液箱（槽、池）内先放入定量的稀释水，再放入定量的再生剂，搅拌成所需浓度；比例流量法是通过计量泵或借助流量计按比例控制稀释水和再生剂的流量，在管道内混合成所需浓度的再生液；水射器输送配制法是用压力、流量稳定的稀释水通过水射器，在抽吸和输送过程中配制成所需浓度的再生液，这种方法大都直接用在再生液投加的时候，即在配制的同时，将再生液投加至交换器中。

（1）盐酸配制系统。如图 5 - 14 所示，其中图（a）为储存罐高位布置，再生剂靠储存罐与计量箱的位差，将一次的用量卸入计量箱。再生时，首先打开水射器压力水阀，调节流量，然后再开计量箱出口阀，调节再生液浓度，与此同时将再生液送入交换器中。图（b）为储存罐低位布置，利用负压输送法将酸送入计量箱中，也可以采用泵输送的办法。

为防止酸雾，盐酸再生系统中储存罐、计量箱的排气口应设酸雾吸收器。

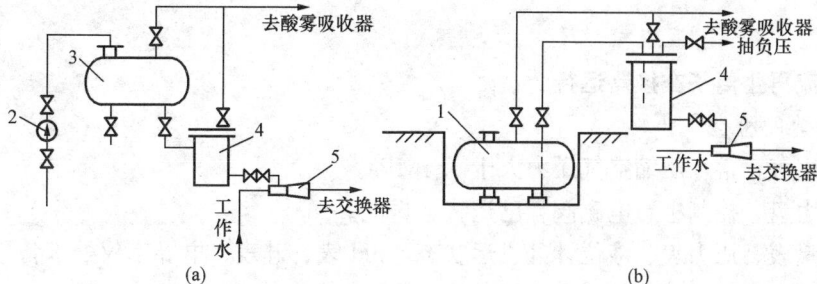

图 5 - 14 盐酸再生系统
（a）储存罐高位布置；（b）储存罐低位布置负压输送
1—低位储存罐；2—酸泵；3—高位储存罐；4—计量箱；5—水射器

（2）碱配制系统。用于再生阴离子交换树脂的碱有液体的，也可用固体的。液体碱浓度一般为 30%～42%，其配制、输送与盐酸再生系统相同。

固体碱通常含 NaOH 在 95% 以上，使用时一般先将其溶解成 30%～40% 的浓碱液，再用水射器稀释成所需浓度并送入交换器中。由于固体碱在溶解过程中放出大量热量，溶液温度升高，为此溶解槽及其附设管路、阀门一般采用不锈钢材料。

碱再生液的加热有两种方式，一种是加热再生液，它是在水射器后增设蒸汽喷射器，用蒸汽直接加热再生液；另一种是加热配制再生液的水，它是在水射器前增设热水箱，用电或蒸汽将水加热。

碱再生系统中，储存罐及计量箱的排气口宜设 CO_2 吸收器。

（3）再生系统。图 5-15 和图 5-16 所示分别为目前电厂常用的再生系统，其中图 5-15 所示系统为喷射器配制投加；图 5-16 所示系统为比例流量法配制计量泵投加。

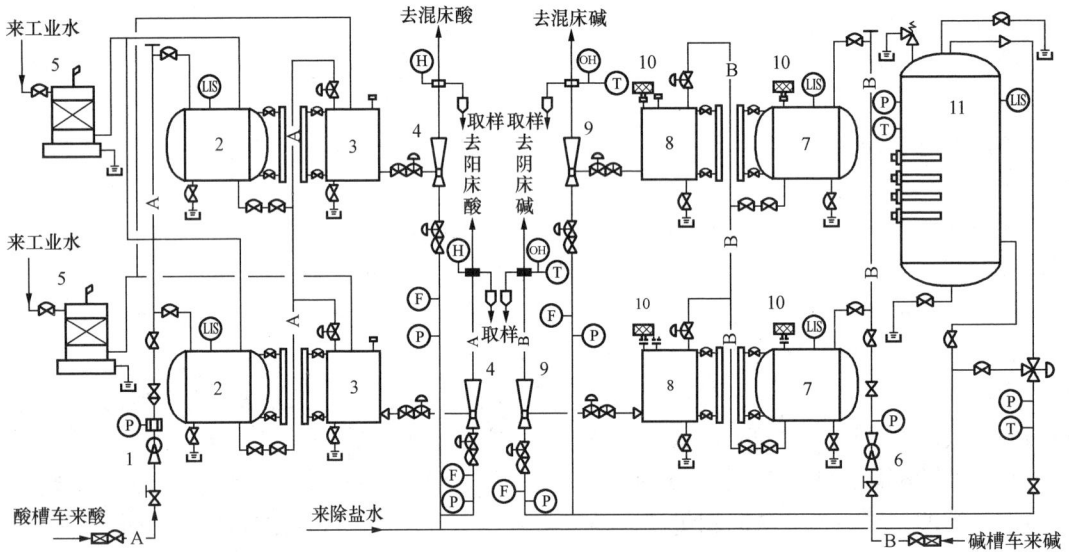

图 5-15 再生系统（喷射器投加法）

1—卸酸泵；2—高位酸储存罐；3—酸计量箱；4—酸喷射器；5—酸雾吸收器；6—卸碱泵；
7—高位碱储存罐；8—碱计量箱；9—碱喷射器；10—CO_2 吸收器；11—电热水箱

【任务实施】

一、逆流再生离子交换器运行

1. 启动前的检查

（1）仪用气正常，压缩空气压力大于 0.4MPa。

（2）动力盘、控制柜、电磁阀箱已送气、送电。

（3）流量表、压力表、液位计处投运状态，pH 表、硅表、电导率仪处于备用状态。

（4）手动阀开关灵活，气、电动阀动作正常。

（5）清水箱、淡水箱液位正常，保证清水、淡水供给。

（6）对系统内所有转动设备进行启动前的检查，符合启动条件。

（7）待投运设备处于良好备用状态。

（8）检查并开启补给水处理系统各设备以及泵进、出水手动阀。

2. 投运

（1）开启排气阀、进水阀，待交换器满水后，开正洗排水阀，关排气阀。

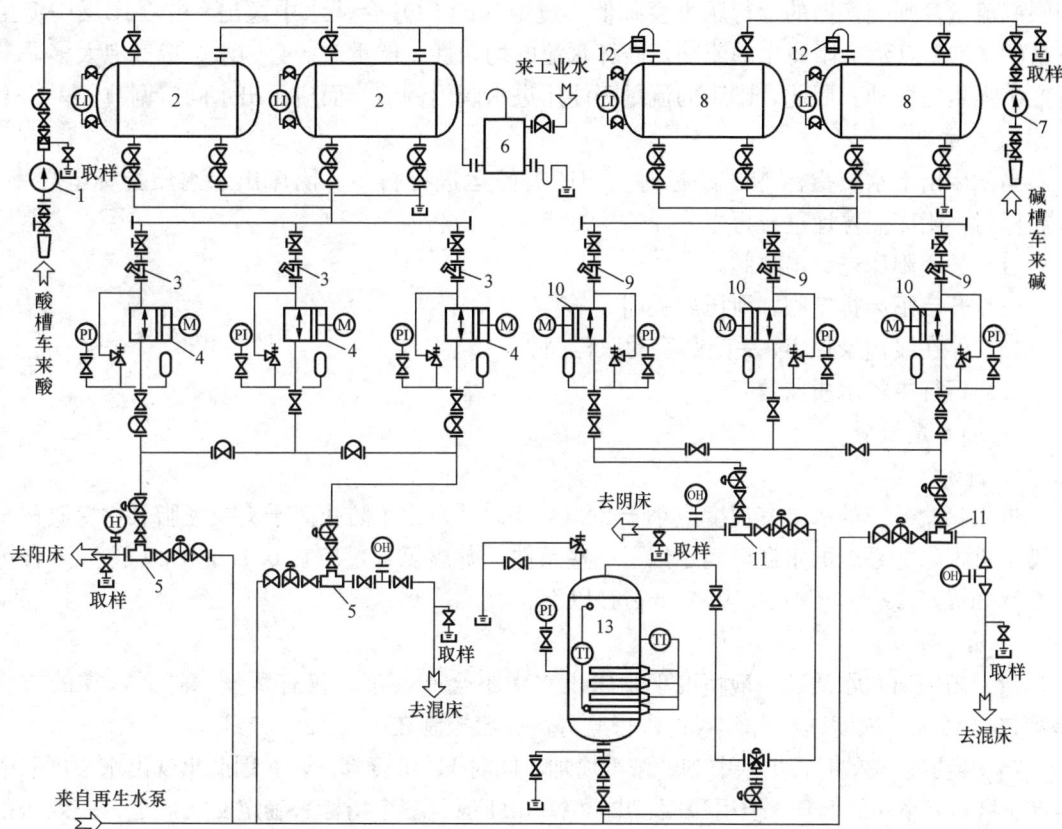

图 5-16　再生系统（比例流量法配制计量泵投加）

1—卸酸泵；2—高位酸储存罐；3—Y 型酸过滤器；4—酸计量泵；5—酸混合器；

6—酸雾吸收器；7—卸碱泵；8—高位碱储存罐；9—Y 型碱过滤器；

10—碱计量泵；11—碱混合器；12—CO_2 吸收器；13—电热水箱

（2）待交换器排水水质合格，停止排水，开启交换器出水阀，关正洗排水阀，向后续系统供水。

3. 运行

（1）每小时进行一次巡回检查，重点检查设备运行工况、转动部件振动、润滑油位等情况，并及时补油。

（2）及时调整水池、水箱水位，防止打空或溢流。

（3）按运行报表要求，对各设备出水水质进行及时分析、抄录。

（4）合理安排设备运行，尽量使设备再生工作在白班进行，并尽可能保持除盐水箱在较高液位，以备急用。

（5）调整系统出力在规定值，必要时对有关气动阀进行限位调整。

注意：阳床的流量不能用进水阀门调整。在电厂水处理系统运行中，经常可以看到一些运行人员利用阳床的进水阀调整运行流量，而将出口阀门全开，这是错误的。因为阳离子交换过程中，树脂交换下来的 H^+ 会与水中的 HCO_3^- 反应，产生大量的过饱和 CO_2。如果交换器内保持着正压，则 CO_2 会溶入水中，不会对阳床的运行产生不利影响。如果用进水阀门限制流量，则交换器的运行压力会降低，过饱和的 CO_2 会从水中逸出，并在床层中产生大量的气泡。气泡会阻碍水的流动，破坏水流的均匀性。严重时，会因水中带气泡太多，设备产生强烈的振动。因此，阳床的流量不能用进水阀门调节，而应用出水阀门调节。

4. 停运

当阳床出水水质指标 Na^+ 超标时，阳床需停运进行再生。阴床出水水质指标电导率、硅超标时，阴床需停运进行再生。

(1) 关闭阳床进、出水阀。

(2) 开启阳床排气阀，泄压后关闭。

(3) 停在线记录仪表，关闭其手动取样阀。

二、运行中的水质监督

(一) 水质监督

1. 进水水质

进入除盐系统的水，其浊度应小于2NTU。此外，为了防止离子交换树脂氧化变质和被污染，进入除盐系统的水还应满足以下一些条件：游离氯含量应在 0.1mg/L 以下，Fe 含量应在 0.3mg/L 以下，COD_{Mn} 应在 2mg/L 以下。

2. 出水水质

(1) 阳床出水水质。一般情况下阳床出水中不会有硬度，仅有微量 Na^+。可靠的方法是测定出水 Na^+ 浓度，对出水 Na^+ 进行监督，一般控制在 $100\sim200\mu g/L$。

当交换器近失效时，出水中 Na^+ 浓度增加，同时 H^+ 浓度降低，并因此出现出水酸度和电导率下降以及 pH 值上升。但用酸度、电导率、pH 值这三个指标来确定交换器是否失效是很不可靠的，因为当进水水质或混凝剂加入量变化时，这三个指标的值也将相应发生变化。

(2) 阴床出水水质。阴床一般用测定出水电导率和 SiO_2 含量的方法对其出水水质进行监督，当出水电导率大于 $5\mu S/cm$（有混床时，可放宽至 $10\mu S/cm$），或 SiO_2 大于 $100\mu g/L$ 时交换器停止运行。

一级复床除盐系统的出水水质能达到电导率小于 $5\mu S/cm$，SiO_2 浓度小于 $100\mu g/L$。

(二) 出水水质组成及水质变化

1. 阳床出水

水流经 RH 离子交换树脂后，水中各种阳离子都被交换成 H^+，其中的碳酸盐转变成弱酸 H_2CO_3，中性盐转变成相应的强酸，如 H_2SO_4、HCl 等。

在生产实践中，树脂并未完全被再生成 H 型，因此运行时出水中总还残留有少量阳离子。由于树脂对 Na^+ 的选择性最小，所以出水中残留的主要是 Na^+。图 5-17 所示为进水及经 H 离子交换后出水的水质组成。

图 5-18 所示的是阳床从正洗开始到运行失效之后的出水水质变化情况。在稳定工况下，制水阶段（ab 段）出水水质稳定，Na^+ 穿透（b 点）后，随出水 Na^+ 浓度升高，强酸酸度相应降低、电导率先下降之后又上升。

上述电导率的这种变化是因为尽管随 Na^+ 的升高，H^+ 等量下降，但由于 Na^+ 的导电能力低于 H^+，所以共同作用的结果是水的电导率下降。当 H^+ 降至与进水中 HCO_3^- 等量时，出水电导率最低。之后，由于交换产生的 H^+ 不足以中和水中的 HCO_3^-，所以随 Na^+ 和 HCO_3^- 的升高，电导率又开始升高。

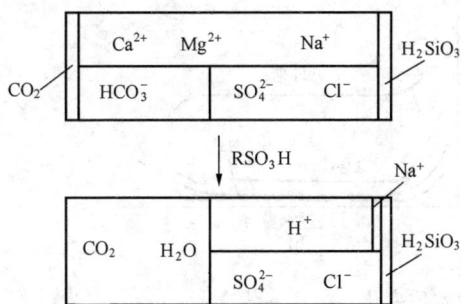

图 5-17　H 离子交换前后的水质组成图

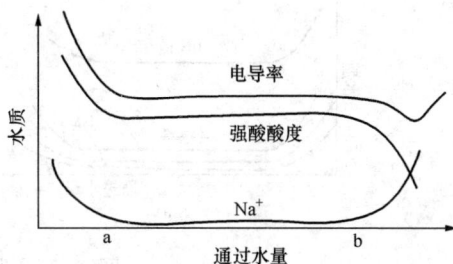

图 5-18　阳床出水水质变化

因此，为了要除去水中 H^+ 以外的所有阳离子，除盐系统中阳床必须在 Na^+ 穿透时，停止运行，然后用酸溶液进行再生。

2. 阴床出水

由于阳床出水中含有微量的 Na^+，因此进入阴床的水中除无机酸外，还有微量的钠盐，所以还有树脂与微量钠盐进行的可逆交换，其反应为

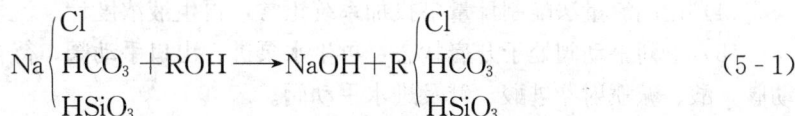

$$Na\begin{cases} Cl \\ HCO_3 +ROH \longrightarrow NaOH+R \\ HSiO_3 \end{cases}\begin{cases} Cl \\ HCO_3 \\ HSiO_3 \end{cases} \qquad (5-1)$$

强碱 ROH 型树脂对水中常见阴离子的选择性顺序为 $SO_4^{2-}>Cl^->HCO_3^->HSiO_3^-$。由此可知，强碱 OH 型树脂对水中强酸阴离子（$SO_4^{2-}$、$Cl^-$）的交换强于对弱酸阴离子的交换，对 $HSiO_3^-$ 的交换能力最差。而且由于存在如式（5-1）的可逆交换，因此出水中有少量 $HSiO_3^-$，并呈微碱性。图 5-19 所示为 OH 离子交换前后的水质组成。

一级复床除盐系统中，阴床运行末期出水水质变化有两种不同的情况，一是因阳床先失效，另一种是阴床先失效。这两种情况都可以在阴床出水水质变化曲线上反映出来，图 5-20（a）表示阳床先失效时的水质变化情况，图 5-20（b）表示阴床先失效时的水质变化情况。

当阳床先失效时，相当于阴床进水中 Na^+ 含量增大，于是阴床出水中 NaOH 含量上升，其结果是出水的 pH 值、电导率、SiO_2 和 Na^+ 含量均增大。

当阴床先失效时，表现出的现象是出水中 SiO_2 含量增大，因 H_2SiO_3 是很弱的酸，所以在失效的初期，对出水 pH 值的影响不很明显，但紧接着随 H_2CO_3、或 HCl 漏出 pH 值就会

图 5-19　OH 离子交换前后的水质组成

明显下降。至于出水的电导率往往会在失效点处先呈微小的下降，然后急剧上升，这是因为阴床未失效时，其出水 pH 值通常为 7～8，而当其失效时，交换产生的 OH^- 减少，所以电导率有微小下降。当 OH^- 减少到与进水 H^+ 正好等量时电导率最低。之后，由于出水中 H^+ 的增加而使电导率急剧增大。

三、逆流再生离子交换器再生

下面以采用压缩空气顶压、计量泵投加酸（见图 5-16）的阳床为例介绍。

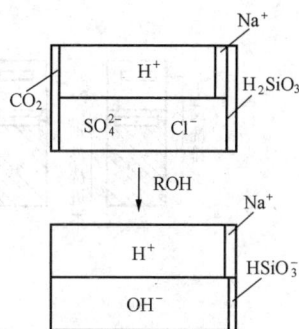

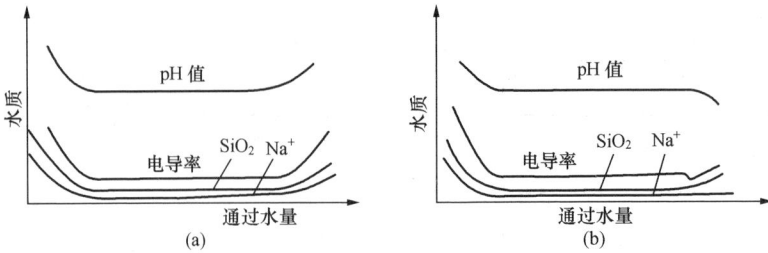

图 5-20　阴床出水水质变化

(a) 阳床先失效时；(b) 阴床先失效时

（一）再生前的准备

（1）仪用空气正常，压力大于 0.4MPa，动力盘、控制柜、电磁阀箱已送气、送电。

（2）进水水池、废水池、除盐水箱水位正常，废水泵处于运行或备用状态，液位计、液位开关处于投运状态。

（3）进水泵、再生专用除盐水泵处于备用状态。

（4）比例流量法配制计量泵投加系统正常，再生液浓度计、流量计处于投运状态。

（5）下列手动阀处于开启状态：再生水泵进、出口手动阀，待再生阳、阴床进酸、碱手动阀，酸、碱喷射器进酸、碱及进水手动阀。

（6）待再生床体有关检测仪表已停用，仪表取样阀已关闭。

（二）再生

再生操作过程示意如图 5-21 所示，交换器管路系统如图 5-22 所示。

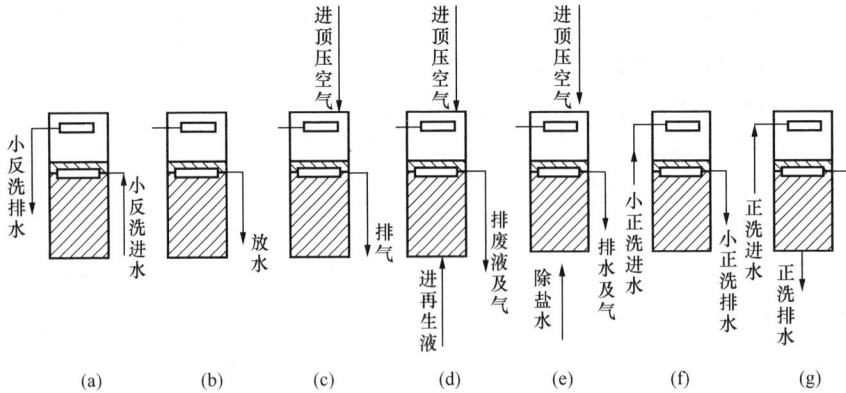

图 5-21　逆流再生操作过程示意

(a) 小反洗；(b) 放水；(c) 顶压；(d) 进再生液；(e) 逆流清洗；(f) 小正洗；(g) 正洗

1. 小反洗

为了保持有利于再生的失效树脂层不乱，不能像顺流再生那样每次再生前都对整个树脂层进行反洗，而只对中间排液管上面的压脂层进行反洗，以冲洗掉运行时积聚在压脂层中的污物。小反洗用水为该级交换器的进水，流速一般为 5～10m/h，反洗一直到排水清澈为止，一般为 10～15min。

（1）开启小反洗进水阀、反洗排水阀，逐步提高反洗水流量，以不跑树脂为准。

（2）反洗至排水清澈且无破碎树脂后停进水泵，关闭小反洗进水阀、反洗排水阀。

（3）静止约 5min，等待树脂沉降。

2. 定期大反洗

交换器经过多个周期运行后，整个树脂层被压实，而且下部树脂层也会受到一定程度的污染堵塞，使运行压差增大，因此必须定期地对整个树脂层进行大反洗（也称反洗）。大反洗的目的有两个：一是清除树脂层中的悬浮物、碎粒；二是松动树脂层。由于大反洗扰乱了树脂层，所以大反洗后再生剂用量应比平时增加 50%～100%。大反洗的周期应视进水的浊度而定，一般为 10～20 个周期。大反洗用水为运行时的进水。

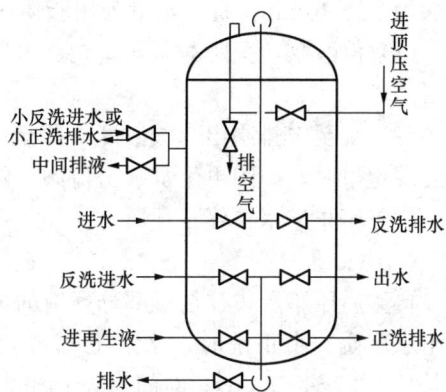

图 5-22　气顶压逆流再生离子交换器管路系统

大反洗时，由于树脂层经过长期压实，容易形成"树脂活塞流"而损坏中间排水装置，因此，大反洗前应首先进行小反洗，以松动压脂层并除去其中截留的污物；大反洗的流量应由小到大，逐步增加，以防树脂形成活塞流。

（1）开启反洗排水阀，缓慢开启反洗进水阀。调节反洗进水阀开度，控制反洗水的流量，以反洗排水冲出破碎树脂和悬浮物而不跑正常树脂为准，防止将阴树脂冲出。

（2）反洗至排水清澈且无破碎树脂后停进水泵，关闭反洗进水阀、反洗排水阀。

（3）静置，等待树脂沉降。

3. 放水

放水即放掉中间排水装置以上的水，使压脂层处于无水状态。

（1）树脂沉降后，打开中排阀、排气阀。

（2）放水至中排阀无水流出，关闭排气阀。

4. 顶压

为防止树脂乱层，从交换器顶部送入压缩空气，使气压维持在 0.03～0.05MPa。用来顶压的空气应经除油净化。

（1）开启进气阀，使气压维持在 0.03～0.05MPa。

（2）顶压至置换结束，才能关闭进气阀。

5. 进再生液

为恢复树脂交换能力，将酸液送入阳床，控制再生液浓度和流速，进行再生。

（1）预喷射。启酸混合器进水阀，酸混合器进酸阀。启动再生水泵，开启再生水泵出水阀，调节流量至规定值，稳定 5min，树脂应无翻动、乱层现象。

（2）进再生剂。投酸浓度计，开启酸计量泵入口阀、出口阀，启动泵。调整酸浓度为 2%～3%，进酸时间约为 40min。

6. 置换

停止进再生液后，维持原有的再生流速，用水将管道、床层内的还未利用的再生液"顶"出树脂层，以充分利用这部分再生剂，这一过程称为置换，又称逆流清洗。置换用水是再生液稀释水，流速和流程与进再生液时相同，它实际上是再生过程的继续。置换时间一般为 30~40min，置换水量为树脂体积的 1.5~2 倍。

（1）停酸泵，关闭酸泵入口阀、出口阀，关闭酸混合器进酸阀，维持原流量逆流清洗树脂层。

（2）洗至中排阀出水酸浓度下降至一定值（一般小于再生时酸浓度的 10%）或置换时间至规定值时，关闭再生水泵出口阀，停泵，关阳床进酸阀、酸混合器进水阀、进气阀。注意：应先停止进水再停止顶压。

7. 小正洗

再生后压脂层中往往有部分残留的再生废液和再生产物，如不清洗干净，将影响运行时的出水水质。小正洗时，水从上部进入，从中排阀排出，流速一般阳树脂为 10~15m/h（阴树脂为 7~10m/h），时间为 5~10min。小正洗用水为运行时的进水。

（1）进水排气。开启阳床排气阀、阳床进水手动阀、进水气动阀，启动进水泵供水。调节流量至规定值。

（2）小正洗。当排气阀出水后，开中排阀，关闭排气阀，进行小正洗。

8. 正洗

为了清除树脂层中残留的再生剂和再生产物，按运行方式用进水自上而下进行正洗。正洗流速一般与制水运行流速相同。

（1）小正洗之后，开启阳床正洗排水阀，关中排阀，进行正洗。

（2）洗至出水 Na^+ 含量合格（阴床要求出水电导率和硅含量合格），再生完毕。

某厂气顶压逆流再生阳床运行步骤及阀门状态见表 5-8。

表 5-8　　　　　　　　　　　阳床运行步骤及阀门状态表

运行步骤	序号	1	2	3	4	5	6	7	8	9	10
	步骤	小反洗	大反洗	放水	顶压	预喷射	进酸	置换	进水排气	小正洗	正洗
阀门状态	进水阀								○	○	○
	出水阀										
	反洗进水阀		○								
	反洗排水阀	○	○								
	正洗排水阀										○
	小反进水阀	○									
	进气阀				○	○	○	○			
	阳床进酸阀					○	○	○			
	中排阀			○	○	○	○	○		○	
	排气阀				○				○		
	混合器进水					○	○	○			
	混合器浓酸						○				
	时间（min）	10~15	50~70	10	①	5	30~40	30~40	5	5~10	10~15

注　○指阀门呈开启状态。

　　① 预喷射、进酸、置换三个步骤时间总和。

（三）逆流再生注意事项

（1）大反洗或小反洗后，应让树脂自然沉降，不能用放水的方法迫使树脂沉降，以保证树脂表面平整。

（2）为防止树脂乱层和气动阀回座，在再生过程中，应注意保持压缩空气罐的压力稳定在 0.4～0.6MPa 的范围内。

（3）逆流再生反洗操作中，应经常监测排水水质，谨防跑树脂。

（4）再生时，注意关严交换器进出口手动阀以及气动阀，以防误操作。

（5）再生时，应检查另一台交换器的有关阀门是否关严，防止酸碱漏入除盐系统和水箱。

四、运行和再生参数控制

1. 水的流速

在离子交换器运行中，提高水的流速不仅可以提高设备出力，还可以加快离子交换速度。但是，水的流速也不宜过高，过高的流速会造成水流阻力的增大，增加了动力的消耗和树脂的破损率；而且缩短了水与树脂的接触时间，交换反应进行不完全，同时增加了工作层的厚度，会造成出水水质恶化和树脂工作交换容量的降低。

运行流速的选取与进水水质、运行周期和树脂工作交换容量等因素有关，通常运行流速控制在 20～30m/h 范围内。有些交换器进水含盐量较低，运行流速可提高到 40～50m/h。

2. 压差

在离子交换器运行中，压差（水流通过交换器的压力降或称水头损失）为水流通过进水装置、压脂层、树脂层、出水装置各部分水头损失之和。压脂层的压差过大，易造成中排损坏；树脂层的压差过大，易造成树脂结块甚至破损。同时，设备各部分是按一定压力设计的，不能承受过高的压力。通常离子交换器压差控制在 0.1MPa 范围内，一般不超过 0.15MPa。

压差值的大小主要与下列因素有关：①树脂层的积污；②树脂的污染、黏结及破碎；③排水装置堵塞等。

3. 反洗流速

反洗流速低，树脂得不到充分膨胀，树脂层中积累的杂质和破碎的树脂颗粒不能较彻底被反洗水冲走，达不到反洗应发挥的作用；反洗流速高，正常的树脂就会从交换器中冲出。因此，反洗流速必须限制在合适的范围内。

反洗流速与树脂的型号和粒度有关。经验表明，反洗时使树脂层膨胀率为 50%～60% 效果较好。如 001×7 反洗流速控制为 15m/h，201×7 反洗流速控制为 6～10m/h。

4. 进再生液参数

（1）再生剂耗量。如前（见图 5-5）所述，再生剂耗量增加时，树脂的再生度会提高，工作交换容量会增大，但再生剂的利用率则越来越低，从而导致经济性差。因此，再生剂耗量应在合适的范围内。通常再生时 HCl 酸耗为 50～55g/mol；NaOH 碱耗为 60～65g/mol。

（2）浓度。从离子交换平衡观点看，再生液浓度越高，再生就越彻底。但实际上，再生液浓度的提高只是在一定范围内使再生程度提高，当浓度超过这一范围时，再生程度反而会下降。这是因为：①浓度升高，会造成相同质量再生剂的再生液体积减小，再生液与树脂接触时间缩短，未能充分利用再生剂；②根据工作层理论，浓度越大，工作层越厚，再生液也越容易穿透树脂层造成浪费;③再生液浓度高,溶液中的再生产物的浓度随之增高,反离子的干扰作用较为严重,使再生反应受到阻碍。

再生液浓度太低则可能造成再生反应不彻底,同时增加再生操作时间和自用水率,使运行经济性降低。

通常再生时 HCl 质量分数为 1.5%~3%;NaOH 质量分数为 1%~3%。最佳再生液浓度应通过现场实验确定。

(3)流速。对再生液流速的控制,主要是为了防止树脂发生乱层现象,同时保证再生液与树脂有充分的接触时间。当树脂的再生剂耗量和再生液浓度确定后,再生液的体积即为一定,一定体积的再生液流过交换器的流速越大,再生时间越少,再生效果就越差。但流速过小,则增加了再生操作时间,另外也容易造成偏流,影响再生效果。

通常再生液流速控制在 3~5m/h 以内。

(4)温度。适当提高再生液的温度,可加快离子的扩散速度,提高再生度。但由于离子交换剂的热稳定性限制,再生液的温度也不宜过高。

通常酸再生液不需加热,碱再生液加热至 40℃以内。

五、常见故障处理

逆流再生离子交换器常见故障及处理方法见表 5-9。

表 5-9　　　　　　　　　　　　　离子交换器常见故障及处理方法

现　　象	原　　因	解　决　方　法
阳床出水硬度、钠离子均超标	(1)阳床失效; (2)再生时阳床进酸量不够; (3)树脂层高度不够发生离子穿透; (4)大反洗不彻底,树脂沉降不好,发生偏流; (5)再生时进酸和置换流量控制不当,造成树脂乱层; (6)阳树脂老化或被污染; (7)反进阀未关死	(1)进行再生; (2)检查酸计量泵运行情况及开度,检查酸液稀释后的浓度和进酸时间; (3)通知检修人员,向交换器补充树脂; (4)大反洗让树脂充分膨胀后,自然沉降,禁止放水迫降; (5)重新再生,调整进酸和置换流量,严防树脂乱层; (6)进行树脂复苏或更换树脂; (7)检修阀门
阳床运行周期太短	(1)进水含盐量升高; (2)再生剂不够; (3)交换器水头损失增大,树脂污染; (4)进水装置损坏,发生偏流; (5)交换器内树脂减少	(1)进行进水水质分析,相应地缩短周期; (2)检查再生剂浓度、流量,并校正再生剂用量; (3)通知检修人员,取出树脂于清洗罐中清洗或进行复苏处理; (4)联系检修检查并消除; (5)通知检修人员,适当补充一些树脂
阳床运行中酸度突然增大	(1)生水水质发生变化,含盐量增大; (2)混凝剂量太大; (3)阳床进酸阀不严	(1)检查生水水质; (2)调整混凝剂量; (3)检查并关严阳床进酸阀,若阀门损坏联系检修人员消除

续表

现　象	原　因	解　决　方　法
阴床出水电导率、硅不合格	(1) 阳床或阴床失效； (2) 反洗进水阀不严； (3) 进碱阀不严	(1) 再生阳床或阴床； (2) 关严反洗进水阀或停运检修； (3) 关严进碱阀
阴床运行周期太短，过早出现二氧化硅	(1) 进水水质改变，阴离子含量增加； (2) 交换器水头损失增大，树脂污染； (3) 进水装置损坏，发生偏流； (4) 交换器内树脂减少，或装得太多导致配水分布不均	(1) 进行出水电导率和二氧化硅分析，并相应校正运行周期； (2) 必要时，通知检修人员，取出树脂于清洗罐中清洗或进行复苏处理； (3) 联系检修检查并消除； (4) 通知检修人员，适当补充或取出一些树脂
阳床、阴床跑树脂	(1) 运行中跑树脂原因为石英砂垫层级配不当或乱层，下部出水装置损坏； (2) 反洗时跑树脂原因为反洗强度太大； (3) 再生时跑树脂原因为中排装置损坏或涤纶网套松口、脱落	(1) 停运检修； (2) 减小反洗强度； (3) 停运检修
再生后正洗时间很长	(1) 再生不彻底，如树脂乱层； (2) 因管道阀门隔离不严，出水被进水或者再生液污染； (3) 石英砂垫层预处理不彻底，石英砂中携带的杂质缓慢释放； (4) 反洗不佳导致树脂黏结； (5) 树脂污染导致黏结	(1) 重新再生，严防树脂乱层； (2) 检查并关严阀门； (3) 重新处理石英砂垫层； (4) 调整反洗条件，重新反洗、再生； (5) 对树脂进行复苏处理
中排管排水不畅通	(1) 中排管涤纶布被污染或被碎树脂堵塞； (2) 中排管内部有异物； (3) 中排阀损坏或隔膜脱落	(1) 进行小反洗后再进行大反洗，清洗掉污物和细小树脂； (2) 联系检修人员消除； (3) 联系检修人员更换中排阀

【知识拓展】

一、影响除硅的因素

影响除硅的因素主要包括阴床进水水质和再生两个方面。

(一) 进水水质

1. 水中 Na^+ 含量

当进水中含 Na^+，硅化合物将呈 $NaHSiO_3$ 的形式，用强碱 OH 型树脂是不能将其去除完全的，因为交换反应的生成物是强碱 NaOH，逆反应很强，反应式为

$$NaHSiO_3 + ROH =\!=\!= RHSiO_3 + NaOH \qquad (5-2)$$

反之，如果进水中阳离子只有 H^+，交换反应就像中和反应那样生成电离度很小的水，反应式为

$$H_2SiO_3 + ROH =\!=\!= RHSiO_3 + H_2O \qquad (5-3)$$

由于式（5-3）消除了式（5-2）中反离子 OH^-，故除硅较完全。因此，组织好阳床的运行，减少出水中 Na^+ 泄漏量，即减少阴床进水 Na^+ 含量，就可提高除硅效果。

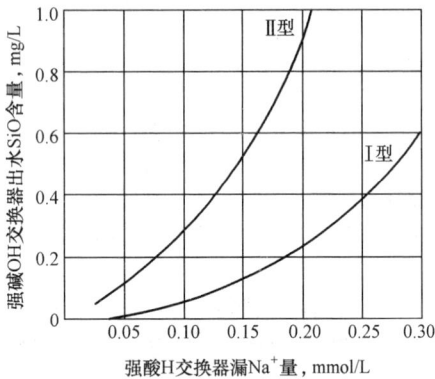

图 5-23 强酸 H 离子器漏 Na^+ 量
对强碱阴树脂除硅的影响

图 5-23 所示为阳床的漏 Na^+ 量对阴床除硅效果的影响。由图中可以看出，随阳床漏 Na^+ 量的增加，阴床出水中 SiO_2 的含量也增加，而且对 II 型树脂除硅的影响比对 I 型树脂的大。这是因为 I 型树脂比 II 型树脂碱性强，除硅能力也强的原因。

2. 水中 HCO_3^- 含量

水中含有的其他阴离子对强碱性阴树脂的除硅过程都有影响。由于树脂对各种阴离子选择性的差异，当水由上向下通过阴树脂层时，SO_4^{2-} 和 Cl^- 主要分布在上层和中层，HCO_3^- 和 $HSiO_3^-$ 主要分布在下层。由于分布的区域不同，它们对除硅的影响并不一样。强酸阴离子对出水中 $HSiO_3^-$ 残留含量的干扰不很大，主要表现在影响强碱性阴树脂的除硅交换容量，即当进水中强酸阴离子（SO_4^{2-}、Cl^-、NO_3^-）的总含量在全部阴离子中所占的比值较大时，强碱性阴树脂的除硅交换容量将减小，但此时对各种阴离子的总交换容量是增加的。当进水中含有 H_2CO_3 时，由于 HCO_3^- 的吸着性能和 $HSiO_3^-$ 的相似，最后都集中在下层树脂中，它的含量会影响到出水中残留 $HSiO_3^-$ 的含量。因此在除盐系统中，一般都将经 H 离子交换的水先用除碳器除去 CO_2，再引入强碱性阴离子交换器。

（二）再生

为了有效除硅，除了满足阴床进水水质条件外，还应提高树脂的再生度。为此，强碱 OH 交换器除了再生剂必须用强碱外，还必须满足以下条件：再生剂用量应充足、提高再生液温度、增加接触时间和提高再生剂纯度等。

1. 再生剂用量

试验表明，当再生剂用量达到某一定值后，树脂上的硅才能完全洗脱。增加再生剂用量，不仅能提高除硅效果，而且能提高阴树脂的交换容量。

2. 再生液温度

提高再生温度，可以改善对硅的洗脱效果，缩短再生时间。但由于树脂热稳定性的限制，再生温度也不宜过高。通常对于 I 型强碱性阴树脂再生温度为 40℃ 左右，II 型为 35℃±3℃。这就是为什么冬季低温时要对再生用水加热的原因之一。有些电厂在低温季节再生强碱阴床时，再生液温度过低，会发现在树脂层中出现大量的团状凝胶，这是洗脱下来的硅酸根在低温条件下转化为胶体硅，并凝结形成胶团的缘故。

3. 再生时间

延长再生剂与树脂的接触时间是保证硅酸型树脂得到良好再生的一个重要条件。一般接触时间不得低于 40min，而且随硅酸型树脂比例增加，再生接触时间应越长。对于采用强、弱阴床联合应用的系统，因为在强碱阴床中，失效树脂的主要形态为硅酸型，再生时要特别注意接触时间的控制。

4. 再生剂纯度

再生剂不纯对强碱性阴树脂的再生效果影响很大。工业碱中的杂质主要是 NaCl 和铁的化合物，强碱性阴树脂对 Cl^- 有较大的亲和力，Cl^- 不仅易被树脂交换，而且交换后不易被再生下来。所以当用含 NaCl 较高的工业碱再生时，会大大降低树脂的再生度，导致工作交换容量降低，出水质量下降。

例如，目前隔膜法制得的 2 级 30％工业液碱中规定的 NaCl 含量≤5％，1 级 42％的工业液碱中 NaCl 含量≤2％，用这样的碱再生强碱性阴树脂时，若 K_{OH}^{Cl}（ROH 树脂对 Cl^- 的选择性系数）按 15 计，则最大再生度分别为 37％和 66％。

强碱 OH 交换器再生液浓度一般为 1％～3％，再生流速≤5m/h。

此外，水流速度对强碱性阴树脂除硅也有影响。

二、阴离子交换器在系统中的位置

一级复床除盐系统中，阳床必须设在阴床之前，阳床和阴床的位置是不能互换的。若阴床放在阳床前面，就会出现以下问题：

（1）在树脂层中析出 $CaCO_3$、$Mg(OH)_2$ 沉淀。经澄清过滤的清水进入 ROH 型树脂层后，选择性强的 SO_4^{2-} 和 Cl^- 首先进行交换，其反应式为

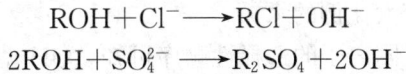

$$ROH+Cl^- \longrightarrow RCl+OH^-$$

$$2ROH+SO_4^{2-} \longrightarrow R_2SO_4+2OH^-$$

生成的 OH^- 会立刻与水中 Ca^{2+}、Mg^{2+} 发生沉淀反应，其反应式为

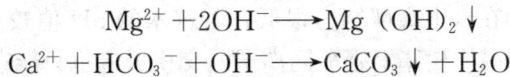

$$Mg^{2+}+2OH^- \longrightarrow Mg(OH)_2 \downarrow$$

$$Ca^{2+}+HCO_3^-+OH^- \longrightarrow CaCO_3 \downarrow +H_2O$$

由于生成的 $Mg(OH)_2$ 和 $CaCO_3$ 溶解度很小，会沉积在树脂表面，形成一个阻碍水与树脂接触的垢层，从而使离子交换难于进行，树脂的交换容量也不能得以充分发挥，水流阻力大，再生时也会造成再生剂与树脂交换反应的困难。

（2）除硅困难。阴床放强酸 H 交换器之后，水中硅以 H_2SiO_3 形式存在，硅易被除去；若强碱 OH 交换器放首位，水中硅以硅酸盐形式存在，与 ROH 的交换反应是可逆的，除硅困难。

（3）阴树脂负担大。强碱 OH 交换器放在前面时，它必须承担除去水中全部的 HCO_3^- 的任务，而在 H 交换器之后时，这些 HCO_3^- 经过强酸 H 交换器后变成 CO_2，其大部分可以通过除碳器除去。强碱性阴树脂的工作交换容量本来就较低，若放在前面，强碱 OH 交换器再生频繁，不经济。

此外，若强碱 OH 交换器放在最前面，首先接触含有悬浮物、胶态物质及可溶性盐类等的水，而强碱阴树脂的抗污染能力比强酸阳树脂差，这必然会影响强碱阴树脂的工作交换容量、周期制水量及出水水质。

三、强弱型树脂联合应用的复床除盐

在这种除盐系统中，除了使用强酸阳树脂和强碱阴树脂之外，还使用弱酸阳树脂和（或）弱碱阴树脂。强弱型树脂联合应用有多种组合方式，常见的几种复床串联方式如图5-24所示。

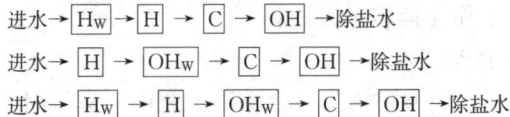

进水→ $\boxed{H_W}$ → $\boxed{H}$ → $\boxed{C}$ → $\boxed{OH}$ →除盐水

进水→ $\boxed{H}$ → $\boxed{OH_W}$ → $\boxed{C}$ → $\boxed{OH}$ →除盐水

进水→ $\boxed{H_W}$ → $\boxed{H}$ → $\boxed{OH_W}$ → $\boxed{C}$ → $\boxed{OH}$ →除盐水

图 5-24　强弱型树脂联合应用的几种常见工艺流程

图中 $\boxed{H_W}$、$\boxed{OH_W}$ 分别表示弱酸 H 交换器和弱碱 OH 交换器，$\boxed{H}$、$\boxed{OH}$ 分别表示强酸 H 交换器和强碱 OH 交换器，$\boxed{C}$ 表示除碳器。

在上述工艺流程中，强弱型树脂是复床形式。此外，还可以是双层床、双室床、双室浮动床的联合应用床型，如图 5-25 所示，图中 R_S、R_W 分别代表强型树脂和弱型树脂。

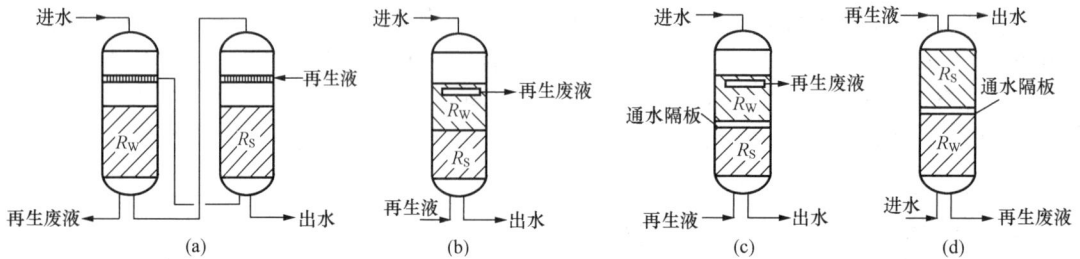

图 5-25　强弱型树脂联合应用的床型
（a）复床串联；（b）双层床；（c）双室床；（d）双室浮动床

弱酸性 H 型树脂主要用来除去水中的碳酸盐硬度，具有交换容量大、易于再生的特点，适用于处理碳酸盐硬度占有较大比例的水。

由弱碱性树脂对水中常见阴离子的选择性顺序可知，OH 型弱碱性阴树脂只能与强酸阴离子起交换反应，对弱酸阴离子 HCO_3^- 交换能力很弱，对更弱的 $HSiO_3^-$ 则无交换能力。而且由于树脂上的活性基团在水中离解能力很低，若进水的 pH 值较高，则水中 OH^- 会抑制交换反应的进行，所以弱碱阴树脂对强酸阴离子的交换反应也只能在酸性溶液中进行，在中性溶液中，弱碱阴树脂与强酸阴离子交换不完全。因此，用弱碱阴树脂处理水时，一般要求在进水 pH 值较低的条件下进行。

弱碱阴树脂具有较高的交换容量，其交换容量发挥的程度与运行流速及水温有密切的关系，流速过高或水温过低都会使工作交换容量明显降低；弱碱阴树脂极容易用碱再生成 OH型；大孔型弱碱阴树脂具有抗有机物污染的能力，运行中吸着的有机物可以在再生时被洗脱下来。因此，若在强碱阴树脂之前设置大孔型弱碱阴树脂，既可以减轻强碱阴树脂的负担，又可以减轻树脂的有机物污染。

1. 联合应用要素

（1）水质条件。强、弱型树脂联合应用的优点，只有在一定的水质条件下才能得以发挥。根据弱型树脂的交换特性，强、弱型阳树脂联合应用适用的水质条件是：碱度大于4mmol/L，过剩碱度较低，当采用阳双室（双层）床，进口水硬度与碱度的比值以 1.0～1.5 为宜；强、弱型阴树脂联合应用，适用于处理强酸阴离子含量较高（如大于 2mmol/L）或有机物含量较高的水。

（2）强、弱型树脂的配比。在强、弱型树脂联合应用中，两种树脂应保持合适的比例，以便两种树脂具有相同的运行周期，各自的交换容量得以充分发挥。两种树脂的比例可根据进水水质和它们各自的工作交换容量来计算。

2. 联合应用工艺中的运行和再生

在图 5-25 所示的强、弱型阳树脂联合应用工艺中，运行时水先流经弱酸树脂层，除去水中绝大部分碳酸盐硬度，再流经强酸树脂层时，一方面除去水中残留的碳酸盐硬度，同时除去水中其他阳离子；再生时，再生液先流经强酸树脂层，使强酸树脂得到较充分的再生，而未被利用的酸再流经弱酸树脂层时，被弱酸树脂充分利用。

同样，在强、弱型阴树脂联合应用工艺中，运行时经 H 离子交换的水先流经弱碱树脂层，除去水中的强酸阴离子，再流经强碱树脂层时，除去水中其他阴离子；再生时，再生液先流经强碱树脂层，使强碱树脂得到较充分的再生，未被利用的碱再流经弱碱树脂层时，被弱碱树脂充分利用。

因此，强、弱型树脂的联合应用，不仅会提高树脂的平均工作交换容量，保证更好的出水水质，同时也会降低再生剂比耗。

四、使用硫酸再生注意事项

使用硫酸再生时，从失效树脂上排带下的 Ca^{2+} 会与水中的 SO_4^{2-} 产生溶解度较低的 $CaSO_4$ 沉淀。因此当采用 H_2SO_4 再生时，应采取措施，以防止 $CaSO_4$ 沉淀在树脂层中析出。

再生过程中，是否析出 $CaSO_4$ 沉淀，与进水水质、再生流速和再生液浓度有关。如果进水中 Ca^{2+} 含量占全部阳离子总量的比值越大，则失效后树脂层中 Ca 型树脂的相对含量也就越大。若用浓度高的 H_2SO_4 再生，就很容易在树脂层中析出 $CaSO_4$ 沉淀，故必须对 H_2SO_4 的浓度加以限制。

除了控制再生液的浓度外，加快再生流速也是有效的。这是因为 $CaSO_4$ 从过饱和到析出沉淀还需要一段时间，加快流速可以防止 $CaSO_4$ 沉淀在树脂层中析出。

为了防止用 H_2SO_4 再生时在树脂层中析出 $CaSO_4$ 沉淀，可以采用以下再生方式：

(1) 用低浓度的 H_2SO_4 溶液进行再生。再生液浓度通常为 $0.5\%\sim2.0\%$，这种方法比较简单，但要用大量稀 H_2SO_4，再生时间长、自用水量大，再生效果也较差。

(2) 分步再生。用低浓度的 H_2SO_4 溶液以高流速通过交换器，然后用较高浓度的 H_2SO_4 溶液以较低的流速通过交换器。此外，也可采用将 H_2SO_4 浓度不断增大的办法，以达到先稀后浓的目的。每一步的酸用量和浓度，应根据经验或试验选定。

五、再生废液处理系统

化学车间的再生废液一般设有单独的处理装置，主要用来处理锅炉补给水处理系统产生的酸碱性废水。现在很多电厂将这部分废水送往废水集中处理站进行中和处理。总体来讲，这部分废水的悬浮物、COD 等一般都不高，但含盐量很高。由于 GB 8978—1996《污水综合排放标准》对排水的含盐量不做要求，因此超过排放标准的项目主要是 pH。采用酸碱中和处理即可达到排放标准。

再生废液处理系统一般包括中和池、酸储槽、碱储槽、在线 pH 计、中和水泵和空气搅拌系统等组成。运行方式大多为批量中和，即当中和池中的废水达到一定容量后，再启动废液处理系统。

常用的中和处理工艺为

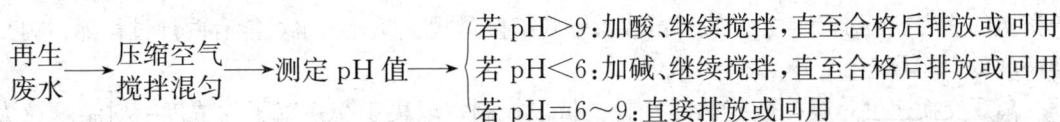

再生废水 $\xrightarrow{\text{压缩空气搅拌混匀}}$ 测定 pH 值 $\longrightarrow$
$\begin{cases}\text{若 pH}>9\text{:加酸、继续搅拌,直至合格后排放或回用}\\\text{若 pH}<6\text{:加碱、继续搅拌,直至合格后排放或回用}\\\text{若 pH}=6\sim9\text{:直接排放或回用}\end{cases}$

一般情况下，阴床排出的废碱液与阳床排出的废酸液并非是等量的，因此为了中和过剩的酸（或碱）废液，常常还需投加碱（或酸）性药剂。这些药剂可以直接投入中和池，也可以通过增加阴床（或阳床）再生剂的用量来实现。后者是一种经济合理的方法。

通常，再生阴床排出的废碱液大于阳床排出的废酸液。遇此情况，在再生阳床时，有意地增加阳床的酸耗，使阳床排出的废酸与阴床排出的废碱等量，混合后的废水 pH 值维持在 6～9 之间。该法再生废水可直接达标排放，同时，离子交换树脂的再生度得到提高，增加了周期制水量。

六、离子交换速度

在实际应用中，水总是以一定速度在流过树脂层的过程中完成离子交换的。为此，研究离子交换速度及其影响因素有重要实际意义。

1. 离子交换速度的控制步骤

离子交换过程是在水中离子与离子交换树脂上可交换基团之间进行的。树脂上可交换基团不仅处于树脂颗粒的表面，而且大量的是处于树脂颗粒的内部，当树脂与水接触时，在树脂颗粒表面会形成一层不流动的水膜。因此，离子交换过程是比较复杂的，它不单是离子间交换位置，还有离子在水中和树脂颗粒内部的扩散过程。离子交换速度实质上是表示水溶液中离子浓度改变的速度，是一种动力学过程。

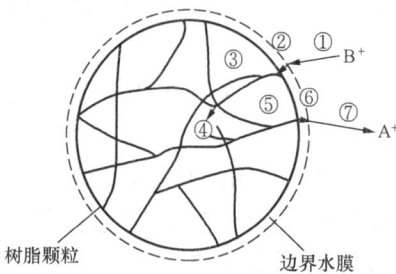

图 5 - 26　离子交换动力学过程示意

离子交换动力学过程一般可分为七个步骤，以 RA 树脂与水中 B 离子的交换为例，这七个步骤如图 5 - 26 所示。

（1）水中 B 离子在水溶液中向树脂颗粒表面的扩散，到达边界水膜层，如图中①所示；

（2）B 离子通过边界水膜的扩散，如图中②所示；

（3）B 离子在树脂颗粒网孔内的扩散，如图中③所示；

（4）B 离子和交换基团上的 A 离子相互交换，如图中④所示；

（5）被交换下来的 A 离子在树脂颗粒网孔内向颗粒表面扩散，如图中⑤所示；

（6）A 离子通过边界水膜的扩散，如图中⑥所示；

（7）A 离子从树脂表面边界水膜向水溶液的扩散，如图中⑦所示。

（5）、（6）、（7）三个步骤与（3）、（2）、（1）相似，只是被交换下来的 A 离子由树脂网孔内向水溶液中的扩散。（2）、（6）两步骤是交换离子在边界水膜中的扩散，称为膜扩散；（3）、（5）两步骤是交换离子在树脂颗粒内网孔中的扩散，称为颗粒扩散或内扩散。由于离子交换必须相继地通过上述七个步骤才能完成，所以其中若有某一步骤的速度特别慢，则进行离子交换反应的大部分时间是消耗在这一步骤上，这个步骤称为速度控制步骤。在前述的七个步骤中，（4）步骤属于离子间的化学反应，通常是很快的，它不是速度控制步骤。在水溶液是流动或搅动的条件下，离子在主体溶液中的扩散通常也比较快。所以，实际运行中离子交换的速度控制步骤常常是膜扩散或者颗粒扩散过程。此外，也可能有两种过程都影响交换速度的中间状态。

离子交换速度是膜扩散控制还是颗粒扩散控制，取决于交换离子的浓度、树脂颗粒大小、膜厚度及扩散系数等。

实践证明，当速度控制步骤由溶液浓度决定时，溶液浓度低，则趋于膜扩散控制；溶液浓度高，则趋于颗粒扩散控制。

2. 影响离子交换速度的因素

离子交换速度受许多条件的影响，若速度控制步骤不同，则对交换速度的影响也不同。

(1) 溶液浓度。水中离子浓度是影响扩散速度的重要因素，离子浓度越大，扩散速度就越快。水中离子浓度对膜扩散和颗粒扩散有不同程度的影响，当水中离子浓度较大，例如在 0.1mol/L 以上时，膜扩散的速度已相当快，颗粒扩散的速度却不能提高到与之相当的程度，这时交换速度主要受颗粒扩散支配，即颗粒扩散为控制步骤，这相当于交换器再生时的情况。若水中离子浓度较小，如在 0.003mol/L 以下时，膜扩散的速度就变得相当慢，支配着交换速度，成为控制步骤，这相当于交换器运行时的情况。

(2) 树脂的交联度。树脂交联度对离子交换速度的影响是：交联度越大，交换速度就越慢。交联度对颗粒扩散的影响比对膜扩散的大，因为它对树脂网孔的大小有很大影响；对膜扩散，只是因为它影响树脂的溶胀率，而使颗粒外表面有所改变。所以，交联度大的树脂其交换速度通常受颗粒扩散影响。

(3) 树脂颗粒的大小。当树脂颗粒减小时，不论是膜扩散还是颗粒扩散都会加快。颗粒越小，它的比表面积越大，水膜的面积也就越大，所以膜扩散速度相应增加。颗粒扩散速度受颗粒大小的影响更大，因为颗粒越小，离子在颗粒内的扩散距离会相应地缩短，所以，这两方面的因素都会加快离子交换速度。但颗粒也不宜太小，否则会增大水流过树脂层的阻力。

(4) 流速与搅拌速度。树脂颗粒表面的水膜厚度与水的搅动或流动状况有关，水搅动越激烈，水膜就越薄。因此，交换过程中提高水的流速或加强搅拌，可以加快膜扩散速度，但不影响颗粒扩散。在离子交换器运行中，提高水的流速不仅可以提高设备出力，还可以加快离子交换速度。但是，水的流速也不宜过高，流速太大时，水流阻力也会迅速增加。

由于再生过程是受颗粒扩散控制，增加再生流速并不能加快交换速度，却减少了再生液与树脂的接触时间，因此，再生过程多在较低的流速下进行。

(5) 水温。提高水温能同时加快膜扩散速度和颗粒扩散速度，因此提高水温对提高离子交换速度是有利的，但水温也不宜过高，因为水温过高会影响树脂的热稳定性，尤其是强碱性阴树脂，不耐高温，通常应在 45℃ 以下使用。

七、其他离子交换器

(一) 顺流再生离子交换器

顺流再生离子交换器是离子交换装置中应用最早的床型，这种设备运行时，水流自上而下通过树脂层；再生时，再生液也是自上而下通过树脂层，即水和再生液的流向是相同的。

1. 交换器的结构

顺流再生离子交换器内部结构如图 5 - 27 (a) 所示，外部管路系统如图 5 - 27 (b) 所示。

2. 交换器的运行

顺流再生离子交换器的运行通常分为五步，从交换器失效后算起为：反洗、进再生液、置换、正洗和制水。这五个步骤，组成交换器的一个运行循环，称为运行周期。

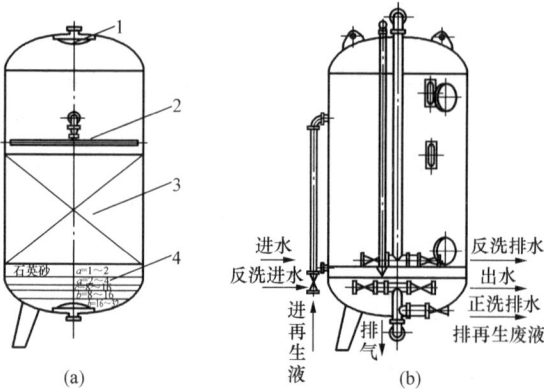

图 5-27　顺流再生离子交换器

(a) 内部结构；(b) 管路系统

1—进水装置；2—再生液分配装置；

3—树脂层；4—排水装置

3. 工艺特点

顺流再生离子交换器的设备结构简单，运行操作方便，工艺控制容易，对进水悬浮物含量要求不很严格（浊度≤5NTU）。

这种交换器通常适用于下述情况：①对经济性要求不高的小容量除盐装置；②原水水质较好的情况，以及 Na^+ 与阳离子比值较低的水质；③采用弱酸树脂或弱碱树脂时。

（二）浮床式离子交换器

浮动床（简称浮床）式离子交换器是对流再生离子交换器的另一种床型。其运行是在整个树脂层被托起的状态下（称成床）进行的，离子交换反应是在水向上流动的过程中完成。树脂失效后，停止进水，使整个树脂层下落（称落床），然后再生液自上而下通过树脂层进行再生。

1. 交换器的结构

浮动床结构如图 5-28 所示。

（1）底部进水装置。该装置起分配进水和汇集再生废液的作用。有穹形孔板石英砂垫层式和多孔板加水帽式。大、中型设备用得最多的是穹形孔板石英砂垫层式，石英砂层在流速 80m/h 以下不会乱层，但当进水浊度较高时，会因截污过多，清洗困难。

（2）顶部出水装置。该装置起收集处理好的水、分配再生液和清洗水的作用。常用型式有多孔板夹滤网式、多孔板加水帽式和弧形支管式。前两者多用于小直径浮动床；大直径浮动床多采用弧形支管式的出水装置，如图 5-29 所示，该装置的多孔支管外包尼龙网或不锈钢绕丝。

多数浮动床以出水装置兼作再生液分配装置，但由于再生液流量比进水流量小得多，故这种方式很难使再生液分配均匀。为此，通常在树脂层面以上填充约 200mm 高、密度小于水、粒径为 1.0～1.5mm 的惰性树脂层，以改善再生液分布的均匀性。或采用带双流速水帽的出水装置，以适应运行和再生时不同流速的需要。

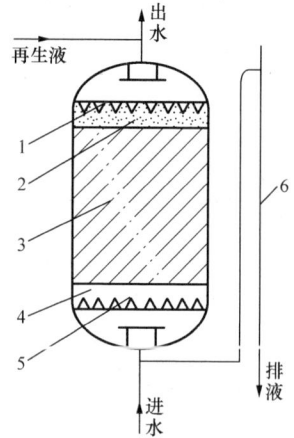

图 5-28　浮动床结构示意

1—顶部出水装置；2—惰性树脂层；3—树脂层；4—水垫层；5—下部进水装置；6—倒 U 形排液管

（3）树脂层和水垫层。运行时，树脂层在上部，水垫层在下部；再生时，树脂层在下部，水垫层在上部。

为防止成床或落床时树脂层乱层，浮动床内树脂基本上是装满的，水垫层很薄。水垫层不宜过厚，否则在成床或落床时，树脂会乱层，这是浮动床应禁止的；若水垫层厚度不足，则树脂层体积增大时会因没有足够的缓冲高度，而使树脂受压、挤碎以及水流阻力增大。合理的水垫层厚度，应是树脂在最大体积（水压实）状态下，以 0～50mm 为宜。

（4）倒 U 形排液管。浮动床再生时，如废液直接由底部排出容易造成交换器内负压而进入空气。由于交换器内树脂层以上空间很小，空气会进入上部树脂层并在那里积聚，使这部分树脂不能与再生液充分接触。为解决这一问题，常在再生排液管上加装如图 5-28 所示的倒 U 形管，并在倒 U 形管顶开孔通大气，以破坏可能造成的虹吸，倒 U 形管顶应高出交换器上封头。

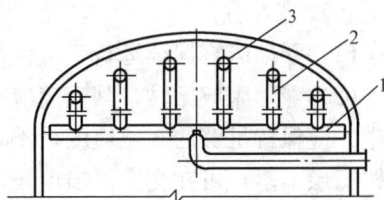

图 5-29　弧形支管式出水装置
1—母管；2—短管；3—弧形支管

2. 运行

浮动床的运行过程为：制水→落床→进再生液→置换→下向流清洗→成床、上向流清洗，再转入制水。上述过程构成一个运行周期。

（1）落床。当运行至出水水质达到失效标准时，停止制水，树脂靠自身重力从下部起逐层下落，在这一过程中同时还可起到疏松树脂层、排除气泡的作用。

（2）进再生液。一般采用水射器输送。先启动再生水泵，调整再生流速；再开启再生计量箱出口阀，调整再生液浓度，进行再生。

（3）置换。待再生液进完后，关闭计量箱出口阀，继续按再生流速和流向进行置换，置换水量为树脂体积的 1.5～2 倍。

（4）下向流清洗。浮动床清洗树脂层的操作与其他床型不同，由交换器的上部进水顺流清洗树脂层。置换结束后，开清洗水阀，调整流速至 10～15m/h 进行下向流清洗，一般需15～30min。

（5）成床、上向流清洗。用进水以 20～30m/h 的较高流速将树脂层托起，并进行上向流清洗，直至出水水质达到标准时，即可转入制水。

（6）制水。为防止落床造成乱层，流速不应小于 7m/h，根据树脂粒径、密度大小而定，一般宜维持较高流速（20～40m/h）运行。在制水过程中，要注意压力表和流量表的指示，并定期取样化验出水水质，做好记录。

3. 树脂的体外清洗

由于浮动床内树脂是基本装满的，没有反洗空间，故无法进行体内反洗。当树脂需要反洗时，需将部分或全部树脂移至专用清洗装置内进行清洗。经清洗后的树脂送回交换器后再进行下一个周期的运行。清洗周期取决于进水中悬浮物含量的多少和设备在工艺流程中的位置，一般是 10～20 个周期清洗一次。清洗方法有下述三种：

（1）水力清洗法。它是将约一半的树脂输送到体外清洗罐中，然后在清洗罐和交换器串联的情况下进行水反洗，反洗时间通常为 40～60min。

（2）气—水清洗法。它是将树脂全部送到体外清洗罐中，先用经净化的压缩空气擦洗5～10min，然后再用水以 7～10m/h 流速反洗至排水透明为止。该法清洗效果好，但清洗罐容积要比交换器大一倍左右。

（3）部分树脂清洗法。它是将约 1/3 的下部树脂移到清洗罐中清洗，清洗后的树脂送回浮动床内上部。

清洗后树脂的再生，也应像逆流再生离子交换器那样增加 50%～100% 的再生剂用量。

4. 工艺特点

（1）浮动床宜连续运行，可使出水量多，水质稳定。

（2）浮动床成床时，其流速应突然增大，不宜缓慢上升，以便成床状态良好。在制水过程中，应保持足够的水流速度，不得过低，以避免出现树脂层下落的现象。为了防止低流速时树脂层下落，可在交换器出口设回流管，当系统出力较低时，可将部分出水回流到该级之前的水箱中。此外，浮动床制水周期中不宜停床，尤其是后半周期，否则会导致交换器提前失效。

（3）由于浮动床制水时和再生时的液流方向相反，因此，与逆流再生离子交换器一样，可以获得较好的再生效果，无疑再生后树脂层中的离子分布，对保证运行时出水水质也是非常有利的。

（4）浮动床除了具有对流再生工艺的优点之外，还具有水流过树脂层时压头损失小的特点。这是因为它的水流方向和重力方向相反，在相同流速条件下，与水流从上至下的流向相比，树脂层的压实程度较小，因而水流阻力也小，这也是浮动床可以高流速运行和树脂层可以较高的原因。

（5）浮动床体外清洗增加了设备和操作的复杂性，为了不使体外清洗次数过于频繁，因此对进水浊度要求严格，一般应不大于 2NTU。

（三）分流再生离子交换器

1. 交换器结构

分流再生离子交换器的结构和逆流再生离子交换器基本相似，只是将中间排水装置设置在树脂层表面下 400～600mm 处，不设压脂层，其结构如图 5-30 所示。

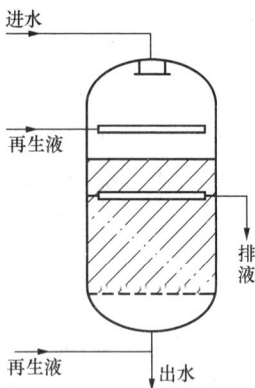

图 5-30 分流再生
交换器结构示意

2. 工作过程

交换器失效后，先进行上部反洗，水由中间排水装置进入，由交换器顶部排出，使中排管以上的树脂得以反洗。然后进行再生，再生液分两股，小部分自上部、大部分自下部同时进入交换器，废液均从中间排水装置排出。置换的流程与进再生液相同。运行时水自上而下流过整个树脂层。在这种交换器中，下部树脂层为对流再生，上部树脂层为顺流再生。因此这种再生方式又称为对顺流再生法，简称 CCCR 法。

3. 工艺特点

（1）分流再生流过上部的再生液可以起到顶压作用，所以无需另外用水或空气顶压；中排管以上的树脂起到压脂层的作用，并且也能获得再生，所以交换器中树脂的交换容量利用率较高。

（2）尽管每周期对中排管以上的树脂进行反洗，但中排管以下树脂层仍保持着逆流再生的有利层态，所以两端树脂都能够得到较好的再生，最下端树脂的再生度最高，从而保证了运行出水的水质。

（3）用 H_2SO_4 进行再生时，这种再生方式可以有效地防止 $CaSO_4$ 沉淀在树脂层中析出。因为分流再生时，可以用两种不同浓度的再生液同时对上、下树脂层进行再生，由于上部树脂层中主要是 Ca 型树脂，最易析出 $CaSO_4$ 沉淀，为此可用较低浓度的 H_2SO_4 溶液以较高的流速进行再生除去 Ca^{2+}，加之含有 Ca^{2+} 的水流经树脂层的距离短，所以可防止

$CaSO_4$ 沉淀在这一层树脂中析出。而下部树脂层中主要是 Mg 型和 Na 型树脂，故可以用最佳浓度的 H_2SO_4 溶液和最佳的流速进行再生，保证了再生效果。

（四）双层床和双室床

双层床和双室床都是属于强、弱型树脂联合应用的离子交换装置。

1. 双层床

在复床除盐系统中的弱型树脂总是与相应的强型树脂联合使用，为了简化设备可以将它们分层装填在同一个交换器中，组成双层床的形式。装填弱酸阳树脂和强酸阳树脂的称为阳双层床，装填弱碱阴树脂和强碱阴树脂的称为阴双层床。

在双层床式的离子交换器中，通常是利用弱型树脂的密度比相应的强型树脂小的特点，使其处于上层，强型树脂处于下层。在交换器运行时，水的流向自上而下先通过弱型树脂层，后通过强型树脂层；而再生时，再生液的流向自下而上先通过强型树脂层，后通过弱型树脂层。所以，双层床离子交换器属逆流再生工艺，具备逆流再生工艺的特点。双层床的结构与工作过程如图 5 - 31 所示。

为了使双层床中强型树脂和弱型树脂都能发挥它们的长处，它们应能较好地分层。为此，对所用树脂的密度、颗粒大小都有一定要求。树脂生产厂家提供有适用于双层床的专用配套离子交换树脂。

双层床的运行和再生操作与逆流再生离子交换器相同。

2. 双室双层床

双层床中的弱、强两种树脂虽然由于密度的差异，能基本做到分层，但要做到完全分层是很困难的。若在两种树脂交界处有少量树脂相混杂，对运行效果的影响并不大；若混层范围大，则混入强型树脂层中的弱型树脂不能发挥交换作用，混入弱型树脂层中的强型树脂得不到再生，使运行效果大大下降。

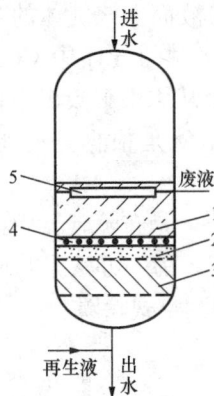

图 5 - 31　双层床结构示意
1—弱型树脂层；2—强型树脂层；
3—中间排水装置

双室双层床是将交换器分隔成上、下两室，弱、强树脂各处一室，强型树脂在下室，弱型树脂在上室，这样就避免了因树脂混层带来的问题。上、下两室间通常装有带双向水帽的多孔板，以沟通上、下室的水流。为了防止细碎的强型树脂堵塞水帽的缝隙，可在强型树脂的上面填充密度小而颗粒大的惰性树脂层。双室双层床如图 5 - 32 所示。

在此种设备中，由于下室中是装满树脂的，所以不能在体内进行清洗，需另设体外清洗装置；双室双层床的运行和再生操作与双层床相同。

3. 双室双层浮动床

在双室双层床中，如果将弱型树脂放下室，强型树脂放上室，运行时采用水流自下而上的浮动床方式，则该设备称为双室双层浮动床。

在这种设备中，由于上、下室中是基本装满树脂的，所

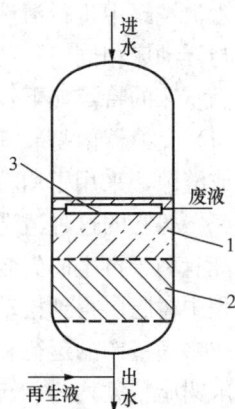

图 5 - 32　双室双层床结构示意图
1—弱型树脂层；2—惰型树脂层；
3—强型树脂层；4—多孔板；
5—中间排水装置

以不能在体内进行清洗，需另设专用的树脂清洗装置。

双室双层浮动床的运行和再生操作与普通浮动床相同。

（五）满室床

所谓满室床就是交换器内是装满树脂的。可以是单室满室床或双室满室床，其结构类似普通浮动床和双室双层浮动床。

满室床系统是由满室床离子交换器和体外树脂清洗罐组成。

满室床运行时，进水由底部进水装置进入交换器，水流由下而上流经树脂层的过程中完成交换反应，处理后的水由顶部出水装置引出。再生前先将树脂层下部约 400mm 高度的树脂移入清洗罐中进行清洗，清洗后的树脂再送回满室床树脂层的上部。接着的再生、置换、清洗与浮动床相同。

满室床的特点如下：

（1）交换器内是装满树脂的，没有惰性树脂层。为防止细小颗粒的树脂堵塞出水装置的网孔或缝隙，采用了均粒树脂。由于没有惰性树脂层，因此增加了交换器空间的利用率。

（2）树脂的这种清洗方式有以下优点：清洗罐体积可以很小，清洗工作量小；基本上没有打乱有利于再生的失效层态，所以每次清洗后仍按常规计量进行再生；在树脂移出或移入的过程中树脂层得到松动。

（3）满室床的运行和再生过程与浮动床一样，因此具有对流再生工艺的优点。但这种床型要求树脂粒度均匀、转型体积改变率小以及较高的强度，并要求进水悬浮物小于 1NTU。

八、除碳器

（一）除 CO_2 的原理

水中碳酸化合物有下式的平衡关系

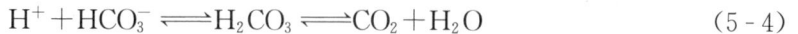

$$H^+ + HCO_3^- \Longrightarrow H_2CO_3 \Longrightarrow CO_2 + H_2O \qquad (5-4)$$

由式（5-4）可知，水中 H^+ 浓度越大，平衡越易向右移动。经 H 离子交换后的水呈强酸性，水中碳酸化合物几乎全部以游离 CO_2 形式存在。

CO_2 气体在水中的溶解度服从亨利定律，即在一定温度下气体在溶液中的溶解度与液面上该气体的分压成正比。所以，只要降低与水相接触的气体中 CO_2 的分压，溶解于水中的游离 CO_2 便会从水中解吸出来，从而将水中游离 CO_2 除去。除碳器就是根据这一原理设计的。

降低 CO_2 气体分压的办法，一是在除碳器中鼓入空气，这就是通常说的大气式除碳；另一办法是从除碳器的上部抽真空，这就是通常说的真空式除碳。

（二）大气式除碳器

1. 除碳器结构

大气式除碳器的结构如图 5-33 所示。本体是一个圆柱形常压容器，用钢板衬胶制成，上部有布水装置，下部有风室，器内装有填料层。除碳器风机一般都采用高效离心式风机，有的风机进口装有消音器和过滤网。

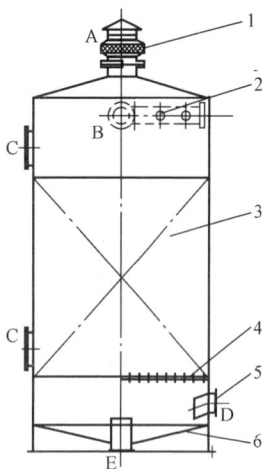

图 5-33 大气式除碳器

1—收水器；2—布水装置；3—填料层；4—格栅；5—进风管；6—出水锥底
A—排风口；B—进水口；C—人孔；D—进风口；E—出水口

2. 填料

除碳器中填料的作用是将水分散成许多水滴、水膜或小股水流，用于增大水与空气的接触面积。

过去常用瓷环作填料，近几年已逐渐被塑料多面空心球代替，塑料多面空心球有更大的比表面积。

3. 工作过程

除碳器工作时，水从上部进入，经布水装置淋下，通过填料层后，从下部排入水箱。用来除 CO_2 的空气是由风机从除碳器底部送入，通过填料层后随脱除的 CO_2 一起由顶部排出。

在除碳器中，由于填料的阻挡作用，从上面流下来的水被分散成许多小股水流、水滴或水膜，充分与空气接触。由于空气中 CO_2 的量很少，它的分压约为大气压的 0.03%，所以当空气和水接触时，水中 CO_2 便会析出并被空气带走，排至大气。

4. 影响除 CO_2 效果的工艺条件

在 20℃，当水中 CO_2 和空气中 CO_2 达平衡时，水中 CO_2 含量应等于 0.5mg/L，但在实际运行中它们尚未达到平衡。所以经过大气式除碳器后，一般可将水中的 CO_2 含量降至 5mg/L 左右。

当处理水量、原水中碳酸化合物含量和对出水中 CO_2 的要求一定时，影响除 CO_2 效果的工艺条件如下：

（1）水温。除 CO_2 效果与水温有关，水温越高，CO_2 在水中的溶解度就越小，因此除去的效果也就越好。

（2）水和空气的流动工况和接触面积。水和空气的逆向流动以及比表面积大的填料能有效地将水分散成线状、膜状或水滴状，从而增大了水和空气的接触面积，也缩短了 CO_2 从水中析出的路程和降低了阻力。

（3）风量和风压。为了有效脱除 CO_2，应有足够的风量，一般每处理 1m³ 的水需空气量 15～30m³。风机的风压与风管、填料支架的阻力以及填料种类、填料高度有关，合适的风压既能将解析出的 CO_2 吹脱，又不使水散失。

（三）真空式除碳器

真空式除碳器是利用真空泵或喷射器从除碳器上部抽真空，使水达到沸点而除去溶于水中的气体，所以也称除气器。这种方式不仅能除去水中的 CO_2，而且能除去溶于水中的 O_2 和其他气体，因此能防止后续系统中阴树脂的氧化和管道的氧腐蚀。

通过真空除碳器后，水中 CO_2 可降至 3mg/L 以下，残余 O_2 低于 0.03mg/L。

1. 结构

真空除碳器的基本构造如图 5-34 所示。由于除碳器是

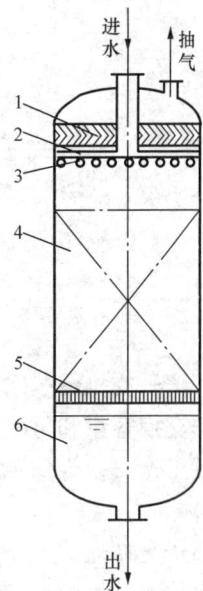

图 5-34　真空式除碳器结构
1—收水器；2—布水管；3—喷嘴；
4—填料层；5—填料支撑；6—存水区

在负压下工作的，所以要求外壳具有密闭性和足够的强度。壳体下部设存水区，其容积应根据处理水量及停留时间决定，也可在下方另设卧式水箱（见图 5-35）以增加存水的容积。

真空式除碳器所用的填料与大气式的相同。

2. 提高除 CO_2 效率的途径

提高除 CO_2 效率的途径：①采用喷淋成雾或在填料表面形成薄水膜的办法来增大水气接触面积；②增加填料层高度；③提高真空度、尽快抽除水中解吸出来的气体；④在可能的情况下提高水温等，都有利于提高除碳效果。

3. 真空除碳系统

该系统由真空除碳器及真空系统组成。真空状态可用水射器、蒸汽喷射器或真空机组形成。图 5-35 所示为水射器真空系统。图 5-36 所示为真空机组的真空系统。

真空式除碳器内的真空度使输出水泵吸水困难，为保证水泵的正常工作条件，一般设计有高位式系统和低位式系统两种布置方式。

（1）高位式系统。该系统提高了除碳器布置位置，增大除碳器内水面与水泵轴线的高度差，以满足输出水泵吸水所需的正水头，如图 5-35 所示。

（2）低位式系统。该系统在水泵吸入管上增设一个水射器，以水射器的抽吸能力克服除碳器内的负压，维持输出水泵吸水所需的正水头，如图 5-36 所示。

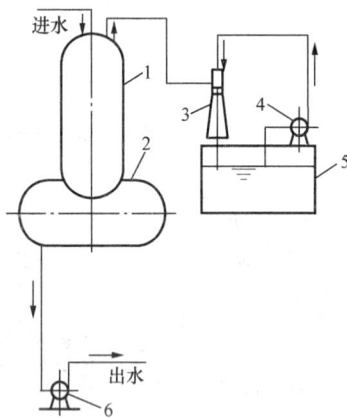

图 5-35　高位式真空除碳器系统
1—除碳器；2—水箱；3—水射器；
4—工作水泵，5—工作水箱，6—输出水泵

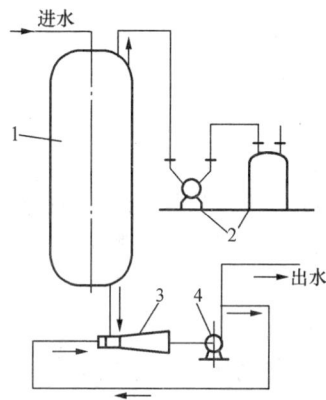

图 5-36　低位式真空除碳器系统
1—除碳器；2—真空机组；
3—水射器；4—输出水泵

九、离子交换器技术经济指标相关计算

工作交换容量和再生剂比耗是两个重要的技术经济指标。在进水水质和运行条件不变的情况下，工作交换容量越大，周期制水量也就越多。比耗越高，再生剂的利用率就越低，经济性就越差。

在离子交换器的工作过程中，树脂交换的离子量等于水中离子的去除量。后者等于交换器的出水体积与水中离子浓度降低量的乘积，因此有

$$Q = \Delta c V_w \tag{5-5}$$

式中：Q 为树脂交换的离子量；Δc 为进出水的离子浓度差；V_w 为产水体积。

根据工作交换容量的定义，如果将式（5-5）中 Q 除以交换器中树脂的体积，即为树脂的工作交换容量。生产实际中，Δc 常用进水离子平均浓度和出水离子平均浓度之差求得，因此工作交换容量可用下式表示：

$$q = \frac{(c_J - c_c)V_W}{V_R} \qquad (5-6)$$

式中：q 为树脂的工作交换容量，mol/m^3；c_J 为交换器进水中离子的平均浓度，$mmol/L$；c_c 为交换器出水中残留离子的平均浓度，$mmol/L$；V_W 为产水体积，m^3；V_R 为交换器中树脂的堆积体积（不包括压脂层树脂），m^3。

根据再生剂耗量的定义，再生剂耗量（包括碱耗 W_j、W_s）可按式（5-7）计算，即

$$W = \frac{m}{(c_J - c_c)V_W} \qquad g/mol \qquad (5-7)$$

式中：m 为一次再生所用酸或碱的质量，g；其余符号意义同式（5-6）。

交换器的工作交换容量和再生剂比耗是根据运行数据按下述方法进行计算的：

（1）强酸 H 交换器的工作交换容量。对于强酸 H 交换器中的阳树脂，其工作交换容量可根据式（5-6）变换成如下形式：

$$q = \frac{(B+A)V_W}{V_R} \qquad (5-8)$$

式中：B 为进水平均碱度，$mmol/L$；A 为出水平均酸度，$mmol/L$；其余符号意义同式（5-6）。

生产上强酸 H 交换器的工作交换容量一般在 $800\sim1000mol/m^3$ 范围内，视条件不同而异。

（2）酸耗、比耗。酸耗可根据式（5-7）变换成如下形式：

$$W_s = \frac{m}{(B+A)V_W} \qquad g/mol \qquad (5-9)$$

式中：m 为一次再生所用的纯酸量，g；$(B+A)V_W$ 为用 m 克酸量再生后的制水阶段中所交换的离子总量，mol。

根据再生剂比耗的定义，再生剂比耗为

$$R_{HCl} = \frac{W_{HCl}}{36.5} \qquad (5-10)$$

$$R_{H_2SO_4} = \frac{W_{H_2SO_4}}{49} \qquad (5-11)$$

式中：R_{HCl}、$R_{H_2SO_4}$ 为 HCl 和 H_2SO_4 的比耗；W_{HCl}、$W_{H_2SO_4}$ 为 HCl 和 H_2SO_4 的酸耗，g/mol。

（3）强碱 OH 交换器的工作交换容量。对于强碱 OH 交换器中的阴树脂，其工作交换容量可根据式（5-6）变换成如下形式：

$$q = \frac{\left[A + \frac{c(Na^+)}{23} \times 10^{-3} + \frac{c(CO_2)}{44} + \frac{c(SiO_2)}{60} - \frac{c(SiO_2)_c}{60} \times 10^{-3}\right]V_W}{V_R} \qquad mol/m^3$$

$$(5-12)$$

式中：A 为进水平均强酸酸度，$mmol/L$；$c(Na^+)$、$c(CO_2)$、$c(SiO_2)$ 分别表示 OH 交换器进水中平均 Na^+、CO_2、SiO_2 的量，mg/L；$c(SiO_2)_c$ 表示 OH 交换器出水中 SiO_2 的量，$\mu g/L$。其余符号的意义同前。

正常工作情况下，强碱 OH 交换器进水中 Na^+ 和出水中 SiO_2 已经非常少，在计算工作交换容量时可忽略不计，此时工作交换容量的计算式可近似表示为

$$q = \frac{\left[A + \dfrac{c(CO_2)}{44} + \dfrac{c(SiO_2)}{60}\right]V_W}{V_R} \quad mol/m^3 \qquad (5-13)$$

式中符号的意义同前。

(4) 碱耗、比耗。碱耗可按下式计算

$$W_J = \frac{m}{\left[A + \dfrac{c(CO_2)}{44} + \dfrac{c(SiO_2)}{60}\right]V_W} \quad g/mol \qquad (5-14)$$

式中：m 为一次再生所用的碱量（纯），g；$\left[A + \dfrac{c(CO_2)}{44} + \dfrac{c(SiO_2)}{60}\right]V_W$ 为用 m 碱量再生后制水阶段中所交换的离子总量，mol。

再生剂比耗为

$$R_{NaOH} = \frac{W_{NaOH}}{40} \qquad (5-15)$$

式中：R_{NaOH} 为 NaOH 比耗；W_{NaOH} 为 NaOH 碱耗，g/mol。

下面举一实例，介绍一级复床除盐系统中工作交换容量及再生剂比耗的计算方法。

例：某单元制一级复床除盐系统由强酸 H 交换器、除碳器和强碱 OH 交换器组成。已知 H 离子交换器直径为 2000mm，树脂层高为 1.6m；OH 离子交换器直径为 2000mm，树脂层高为 2.0m。又知 H 离子交换器进水碱度为 2.4mmol/L，出水的强酸酸度为 1.1mmol/L、Na^+ 浓度为 $23\mu g/L$；除碳器出水残留 CO_2 为 5mg/L；OH 离子交换器进出水中 $HSiO_3^-$（以 SiO_2 表示）分别为 15mg/L 和 $60\mu g/L$。若 H 离子交换器一次再生用 30% 的工业 HCl（密度 $\rho = 1.149g/cm^3$）$0.8m^3$，OH 离子交换器一次再生用 30% 的工业 NaOH（密度 $\rho = 1.328g/cm^3$）$0.38m^3$，该复床系统一个运行周期产水量为 $1436m^3$。

试分别计算该一级复床除盐的 H 交换器、OH 交换器中树脂的工作交换容量、酸耗和碱耗以及再生剂比耗各为多少？

解：

1. H 离子交换器

(1) 工作交换容量。由式（5-8）可知

$$q = \frac{(B+A)V_W}{\dfrac{\pi}{4}d^2 h} = \frac{(2.4+1.4)\times 1436}{\dfrac{3.14}{4}\times 2.0^2 \times 1.6} = 1000(mol/m^3)$$

(2) 酸耗。由式（5-9）可知

$$W_{HCl} = \frac{V_{HCl}\rho c\%}{(B+A)V_W} = \frac{0.8 \times 1.149 \times 30\% \times 10^6}{(2.4+1.1)\times 1436} = 54.87(g/mol)$$

(3) HCl 比耗。由式（5-10）可知

$$R_{HCl} = \frac{W_{HCl}}{36.5} = \frac{54.87}{36.5} = 1.50$$

2. OH 离子交换器

(1) 工作交换容量。由式（5-13）可知

$$q = \frac{Q}{V_R} = \frac{A + \dfrac{c(CO_2)}{44} + \dfrac{c(SiO_2)V_W}{60}}{\dfrac{\pi}{4}d^2 h} = \frac{\left(1.1 + \dfrac{5}{44} + \dfrac{15}{60}\right)\times 1436}{\dfrac{3.14}{4}\times 2.0^2 \times 2.0} = 335(mol/m^3)$$

（2）碱耗。由式（5-14）可知

$$W_{NaOH} = \frac{V_{NaOH}\rho c\%}{[A + c(CO_2) + c(SiO_2)]V_W} = \frac{0.38 \times 1.328 \times 30\% \times 10^6}{\left(1.1 + \frac{5}{44} + \frac{15}{60}\right) \times 1436} = 72(g/mol)$$

（3）NaOH 比耗。由式（5-15）可知

$$R_{NaOH} = \frac{W_{NaOH}}{40} = \frac{72}{40} = 1.8$$

任务二　运行与维护混合离子交换器

【教学目标】

1. 知识目标

（1）理解混合离子交换器除盐的原理。

（2）理解混合离子交换器的基本结构、工作过程、特点。

（3）知道混合离子交换器监督的水质指标和工艺参数。

2. 能力目标

（1）会识读和绘制混合离子交换器的结构简图。

（2）会启动、运行、停运、再生混合离子交换器，进行日常检查维护。

（3）能调整混合离子交换器运行参数，判断和处理常见异常情况。

（4）能正确分析树脂污染原因，及时采取措施防止树脂污染。

（5）能正确使用仪器仪表检测水质和运行工况。

【任务描述】

经过反渗透或一级复床除盐处理过的水，虽然水质已经很好，但还不能满足更高压力等级锅炉对水质的要求。当对水质要求更高时，尽管可采取增加级数的办法来提高水质，但增加了设备的台数和系统的复杂性。为了解决这个问题，通常采用在反渗透或一级复床之后串以混合离子交换器进行深度除盐。班长组织各学习小组在仿真机（或实训室）环境下，认真分析运行规程，编制工作计划后，正确运行与维护混合离子交换器，并确保除盐系统安全、经济运行。

【任务准备】

课前预习相关知识部分。根据混合离子交换器的原理及工作过程，经讨论后编制运行与维护混合离子交换器的工作计划，并独立回答下列问题。

（1）混床为什么能够得到纯度很高的水？

（2）混床除盐的原理是什么？

（3）混床可以将阳、阴两种树脂装在一起，为什么阴床内不能混有阳树脂？

（4）树脂捕捉器应该如何使用？

（5）混床的运行操作步骤有哪些？注意事项有哪些？

（6）锅炉补给水除盐系统的出水水质有哪些指标？

（7）阳树脂被铁污染后如何复苏？

（8）阴树脂被有机物污染后的特征有哪些？

（9）被有机物污染的树脂如何复苏处理？

【相关知识】

一、混合离子交换器除盐原理

所谓混合离子交换器（简称混合床或混床）就是将阴、阳树脂按一定比例均匀混合装在同一个交换器中，水通过时同时完成阴、阳离子交换过程的床型。

混床可以看作是由许许多多阴、阳树脂交错排列而组成的多级式复床。

在混床中，由于运行时阴、阳树脂是相互混匀的，所以阴、阳离子的交换反应几乎是同时进行的，或者说水中阳离子交换和阴离子交换是多次交错进行的。因此，经 H 离子交换所产生的 H^+ 和经 OH 离子交换所产生的 OH^- 都不会累积起来，而是立即互相中和生成 H_2O，这就使交换反应进行得十分彻底，出水水质很好，其交换反应为

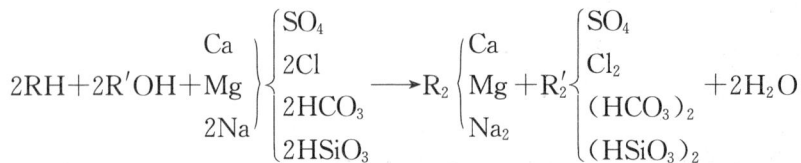

$$2RH+2R'OH+\begin{matrix}Ca\\Mg\\2Na\end{matrix}\Big\}\begin{cases}SO_4\\2Cl\\2HCO_3\\2HSiO_3\end{cases}\longrightarrow R_2\begin{cases}Ca\\Mg\\Na_2\end{cases}+R_2'\begin{cases}SO_4\\Cl_2\\(HCO_3)_2\\(HSiO_3)_2\end{cases}+2H_2O$$

为了区分阳树脂和阴树脂的骨架，式中将阴树脂的骨架用 R' 表示，以示区别。

混床中树脂失效后，应先将两种树脂分离，分别进行再生和清洗。然后再将两种树脂混合均匀，又投入运行。混床按再生方式分体内再生和体外再生两种，体外再生混床将在凝结水精处理部分介绍，本节介绍由强酸树脂和强碱树脂组成的体内再生混床。

由于生水的含盐量高，仅经过一级复床除盐处理过的水，不能满足更高压力等级锅炉用水的水质要求。尽管可采取增加级数的办法来提高水质，但增加了设备的台数和系统的复杂性。为了解决这个问题，通常采用在一级复床（或反渗透预脱盐）之后串以混床或者电除盐进行深度除盐。由于电除盐技术还不完善，混床目前还是电厂锅炉补给水处理系统中深度除盐最常用的设备。

在高参数、大容量机组的发电厂中，由于锅炉补给水的用量较大，若单独使用混床处理原水，再生将过于频繁；在处理凝结水时，由于被处理水的离子浓度低，可以单独使用混床。此外，在电子、医药等工业部门由于处理水量较小，所以也常有单独使用混床进行水的除盐。

由于水质要求高，混床中所用树脂都必须是强型的。弱酸树脂和弱碱树脂组成的混床出水水质很差，一般不采用。

二、混床中树脂

为了便于混床中阴、阳树脂分离，两种树脂的湿真密度差一般为 15%～20%，为了适应高流速运行的需要，混床使用的树脂应该是机械强度高、颗粒大小均匀。

确定混床中阴、阳树脂比例的原则是使两种树脂同时失效，以获得树脂交换容量的最大利用率。混床中两种树脂的体积比是根据它们各自的工作交换容量和进水中欲除去的阴、阳离子浓度由下式估算：

$$\frac{(V_R)_{阴}}{(V_R)_{阳}}=\frac{q_{阳}\cdot c_{阴}}{q_{阴}\cdot c_{阳}} \tag{5-16}$$

式中：$(V_R)_阴$、$(V_R)_阳$ 分别为阴、阳树脂的体积，m^3；$q_阴$、$q_阳$ 分别为阴、阳树脂的工作交换容量，mol/m^3；$c_阴$、$c_阳$ 分别为进水中欲除去的阴、阳离子浓度，$mmol/L$。

当混床用于一级复床之后时，由于进水为近中性，可视为 $c_阳 \approx c_阴$，则式（5-16）可简化为

$$\frac{(V_R)_阴}{(V_R)_阳} = \frac{q_阳}{q_阴} \qquad (5-17)$$

设计时，通常 $q_阳$ 取 $500\,mol/m^3$，$q_阴$ 取 $250\,mol/m^3$，所以用于一级复床之后的混床中阴、阳树脂的体积比常为 2:1。

三、混床结构

混床结构如图 5-37 所示。混床主要由本体、进水装置、排水装置、碱液分配装置和离子交换树脂层等组成。

（1）本体。由两个冲压成型的封头与一个用钢板卷制的筒形壳体焊接在一起制成。本体上装有上、中、下三个窥视孔，用于监视阴阳离子交换树脂的分层情况和树脂装载高度等，本体内壁衬有橡胶。此外，本体的上部和底部还设有供检修用的人孔和连接管道的管座，底部封头上还焊有支脚。

（2）上部进水装置。混床进水装置与逆流再生离子交换器相似，有穿形孔板式、十字管式、挡板式等几种形式。

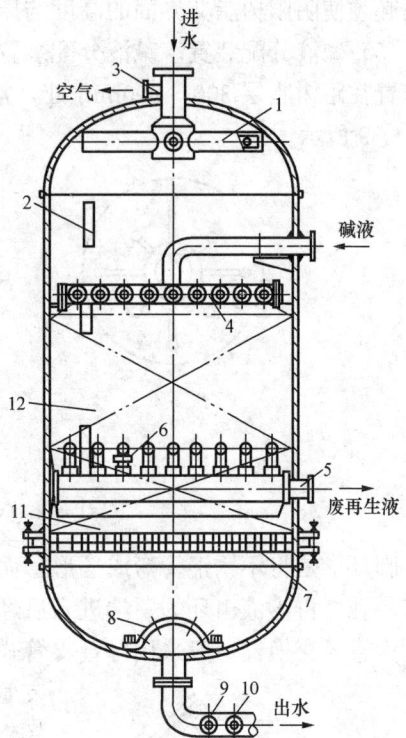

图 5-37 混床结构（再生状态时）
1—进水装置；2—窥视孔；3—空气管；4—母支管式进碱装置；5—中间排水装置；6—槽钢支架；7—多孔板；8—穿形孔板；9—压缩空气管；10—进酸管；11—阳树脂；12—阴树脂

（3）下部集水装置。集水装置是交换器的一个重要组成部件，其作用是使出水汇集流出而不使树脂外漏；在反洗和混合时由此进入反洗水和压缩空气，并使之在交换器横截面上均匀分布。集水装置的类型有支管滤水帽式、支管开孔式和多孔板水帽式。多孔板水帽式结构可靠性好、使用较多。

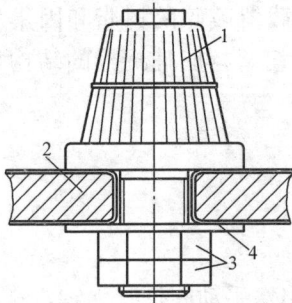

图 5-38 多孔板水帽式集水装置
1—滤水帽；2—多孔板；
3—锁母；4—塑料垫圈

多孔板水帽式集水装置如图 5-38 所示，它是在交换器的下部以叠摞的方式焊上多孔板的。其材质为不锈钢多孔板或碳钢多孔板衬胶，板上开孔装上水帽（衬上胶垫后用锁母固定），也有的在两层多孔板上开孔后中间夹涤纶网。出水经水帽或涤纶网进入多孔板下空间，再经集水管流出交换器。

（4）中间排水装置。中间排水装置用于排出再生废液和再生后阴阳树脂冲洗水。常采用支管开孔式（开孔方向为水平向，两排孔的夹角为 180°），外包两层涤纶网，其底网为 16 目，表网为 50 目。为防止树脂交叉污染，母支管应在同一高度，而且必须由母管直接通往体外排放，同

时还必须使阴阳树脂交界面的高度与床内排放点的高度一致。

（5）碱液分配装置。碱液分配装置用于再生时进碱液，应能保证再生液分布均匀。它通常布置在距树脂层 300～500mm 处，常用的形式有辐射式、圆环式和母管支管式三种，如图 5 - 39 所示。

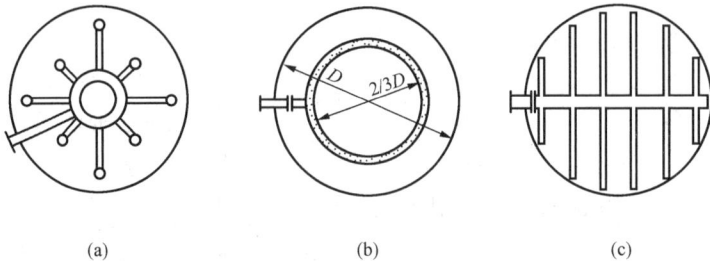

图 5 - 39 碱液分配装置
（a）辐射式；（b）圆环式；（c）母管支管式

圆环形是将不锈钢管弯成环形管而制的。圆环直径约为交换器直径的 2/3，其上均匀分布着小孔，再生液由环的一端进入后经小孔流出，均匀分布在树脂层上。

大直径交换器一般采用母管支管式。在管的两侧下方 45°开孔，孔径一般为 $\phi6$～8mm，

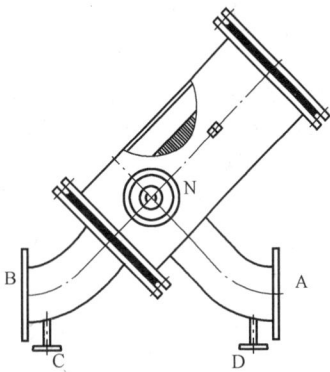

图 5 - 40　树脂捕捉器结构
A—进水口；B—出水口；C—清洗水入口；D—排污口；N—窥视镜

支管外包 20 目和 60 目的网各一层，或支管外绕 T 形不锈钢丝。

（6）酸液分配装置。酸液分配装置通常与集水装置公用，不专门设置。

（7）压缩空气分配装置。在交换器底部，接有压缩空气管，用于再生后充入压缩空气，使阴阳树脂均匀混合。集水装置通常兼作配气装置，一般不再专门设置。

（8）离子交换树脂层。离子交换树脂层是混床除盐设备的主体，由 201×7 和 001×7 阴、阳两种离子交换树脂组成。树脂装入高度一般为 1.0～1.5m，以 1.5m 居多数。

（9）树脂捕捉器。树脂捕捉器是混床的一个附属设备，与混床配套使用。用于截留破碎的树脂和因集水装置损坏泄漏的树脂，保证除盐水的质量，杜绝树脂进入热力系统。树脂捕捉器的结构如图 5 - 40 所示。

【任务实施】

一、混床运行

1. 启动前的检查

（1）检查待投运混床处于备用状态，各气动阀关闭，进、出水手动阀打开。

（2）电磁阀柜气源压力 0.45MPa 以上。

（3）投运一级除盐系统。

2. 投运

（1）开混床进水阀、排气阀，排气阀出水后开正洗排水阀，关排气阀。

（2）开各仪表取样阀，投混床电导表、硅表。

（3）正洗至排水水质合格时，开混床出水阀，往除盐水箱供水。关正洗排水阀，混床投入运行。

3. 运行

（1）按规定的时间取样、化验、抄表，控制出水水质 $DD \leqslant 0.2\mu S/cm$、$SiO_2 \leqslant 20\mu g/L$、$Na \leqslant 10\mu g/L$。

（2）每 2h 检查一次设备的运行状况和阀门开关情况以及是否有漏水、漏气现象。

（3）检查各仪表指示是否正常，如在线仪表不能正常投用，每 2h 人工测量一次，设备接近失效时，增加分析次数，严禁向除盐水箱供不合格的除盐水。

4. 停运

混床停运，通常是按规定的失效水质标准控制的，即当串联于一级复床之后时出水 $DD \geqslant 0.2\mu S/cm$ 或 $SiO_2 \geqslant 20\mu g/L$。有时是按进出口压力差控制的，也可按预定的运行时间或产水量控制。

（1）关混床进水阀、出水阀，开空气阀卸压后关闭。

（2）关闭各取样阀，停运后严防树脂脱水。

二、混床再生

（一）再生前的准备

（1）仪用气正常，压力大于 0.4MPa，动力盘、控制柜、就地电磁阀箱已送气、送电。

（2）废水池、除盐水箱液位正常。

（3）再生水泵、一级除盐系列处备用状态。

（4）混床用酸、碱计量箱内存有一次再生的酸、碱用量，计量箱液位计指示正确。

（5）酸、碱喷射器进水和进酸、碱手动阀开启，气动阀关闭。酸、碱浓度计处投运状态。再生混床进酸、碱手动阀开启，气动阀关闭。

（6）运行床相对应的有关阀门均应关严。

（7）混床出水电导率仪、硅表已停用。

（二）体内再生操作

混床管路系统如图 5-41 所示，再生液系统如图 5-15 所示。

1. 反洗分层

混床反洗的目的主要是将失效的阴、阳树脂分层，以便分别通入再生液进行再生，同时也可以清除碎树脂。

在火力发电厂水处理中，目前都是用水力筛分法对阴、阳树脂进行分层。这种方法就是借反洗的水力将树脂悬浮起来，使树脂层达到一定的膨胀高度，维持一段时间，然后停止进反洗水，树脂靠重力沉降。由于阴、阳树脂的湿真密度不

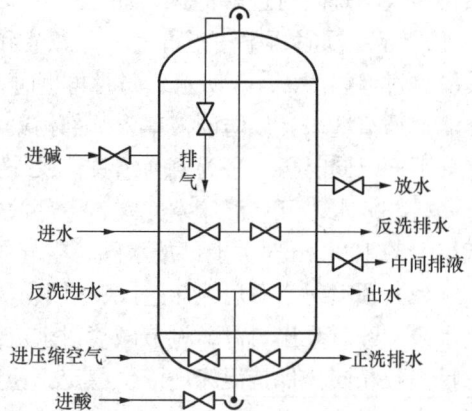

图 5-41　混床管路系统

同，所以沉降速度不等，从而达到分层的目的。阴树脂的密度较阳树脂的小，分层后阴树脂在上，阳树脂在下。所以只要控制适当，可以做到两层树脂之间有一明显的分界面。

两种树脂是否能分层明显，除与阴、阳树脂的湿真密度差、反洗水流速有关外，还与树脂的失效程度有关，树脂失效程度大的容易分层，否则就比较困难，这是由于树脂在吸着不同离子后，密度不同，沉降速度不同所致。

阳树脂不同离子型的密度排列顺序为 $H^+ < NH_4^+ < Ca^{2+} < Na^+ < K^+$；阴树脂不同离子型的密度排列顺序为 $OH^- < Cl^- < CO_3^{2-} < HCO_3^- < NO_3^- < SO_4^{2-}$。由上述排列顺序可知，失效程度大者容易分层，反之困难。

新树脂运行初期，H 型阳树脂和 OH 型阴树脂有时会出现抱团现象（即互相黏结成团），也使分层困难。为此，可在分层前先通入 NaOH 溶液以破坏抱团现象，这样还可使阳树脂转变为 Na 型，将阴树脂再生成 OH 型，从而加大阳、阴树脂的湿真密度差，这对提高阳、阴树脂的分层效果有利。

（1）启动一级除盐系列，开启混床反洗进水阀、反排阀。反洗开始时，流速宜小，待树脂层松动后，逐渐加大流量使整个树脂层的膨胀率达到 50%～70%，以不跑树脂为限，检查排水应无正常粒径树脂。

（2）反洗约 15min 后，逐渐调小流量，当排水清澈且树脂分层明显时，关闭反洗进水阀、反洗排水阀。若分界面不明显应重新分层，必要时进碱浸泡后再分层。若多次分层仍然不能使界面处于中排处，则应对树脂量进行调整，加入阳（或阴）树脂使分界面处于中排处。

（3）静置。等待树脂沉降，时间为 5～10min。

2. 再生和置换

与无顶压逆流再生相似，进再生液前，先将混床内的水位降至阴树脂层表面上 100～200mm 处。然后分别从混床的底部进酸、上部进碱，使酸碱分别通过阳树脂层、阴树脂层，废液汇集于中排后排出。进完再生液后继续通水，进行置换。混床的置换必须彻底，否则残留酸中的 Cl^-、SO_4^{2-} 或碱中的 Na^+ 会使部分已再生好的阴树脂、阳树脂失效，影响再生效果。

根据进酸、进碱和清洗步骤的不同，可分为两步法和同时再生法。两步法指再生时酸、碱再生液不是同时进入混床，而是采用碱、酸先后分别通过阴、阳树脂，其操作过程如图 5-42 所示；同时再生法指再生时，碱液和酸液同时进入混床，对阴、阳树脂分别进行再生其操作过程如图 5-43 所示。同时再生时，若酸液进完后，碱液还未进完时，下部仍应以同样流速通清洗水，以防碱液串入下部污染已再生好的阳树脂。

下面以同时再生法为例介绍具体操作。

（1）放水。开启混床空气阀、上部放水阀（无上部放水阀时用中排阀）放水，放水至树脂层上约 100mm 时关上部放水阀、空气阀。

（2）预喷射。开启混床进碱、进酸气动阀、中排阀，开启酸、碱喷射器进水阀，开启再生水泵，开启泵出口阀。调节碱喷射水流量、酸喷射水流量至规定值，调整中排排水量与进水量大致相同，保持混床内液位稳定。注意使酸、碱喷射水流量相等，注意观察混床液位是否稳定在树脂层上 100mm 处，如液位不断上升，可能由反洗进水阀或进水阀内漏（另一台混床正在制水），或中排阀开度不合适引起；如液位不断下降，可能由中排阀开度不合适引

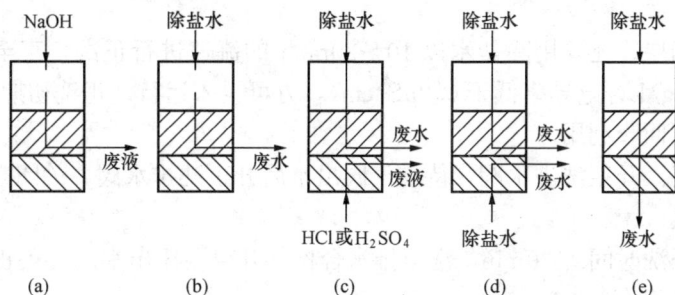

图 5-42 混床两步再生法示意
(a) 阴树脂再生；(b) 阴树脂清洗；(c) 阳树脂再生，阴树脂清洗；
(d) 阴、阳树脂各自清洗；(e) 串洗

起，应调整中排阀开度。

（3）进酸、碱。投酸、碱浓度计，开启喷射器进酸气动阀及手动阀，喷射器进碱气动阀及手动阀，调节进酸、碱浓度，进酸时间约为 35min、进碱时间约为 40min。

（4）置换。进酸碱结束后，关闭喷射器进酸阀、喷射器进碱阀，停用酸、碱浓度计，维持原流量置换约 40min。待中排出水近于中性（一般通过测定电导率判断，如电导率 $<10\mu S/cm$）时置换结束。停再生水泵，关闭其出口阀，关闭酸、碱喷射器进水阀，关闭混床进酸、碱阀，关闭混床中排阀。

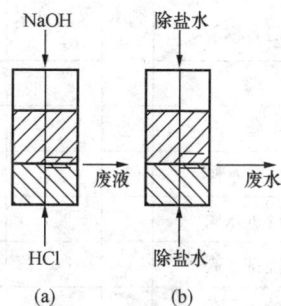

图 5-43 混床同时再生示意
(a) 阴、阳树脂同时分别再生；
(b) 阴、阳树脂同时分别清洗

（5）串洗。开启排空气阀、进水阀，当排空气阀有水溢出后，开启中排阀，关闭排空气阀，正洗阴树脂。调整流量至规定值，约 15min 后，开启正洗排水阀，关闭中排阀，延时约 25min，当排水电导率 $\leqslant5\mu S/cm$，串洗结束。关闭进水阀和正洗排水阀。

3. 阴、阳树脂的混合

树脂再生和清洗后，在投入运行前必须将分层的阴、阳树脂重新混合均匀，简称混脂。通常采用从混床底部通入压缩空气的办法搅拌混合，所用的压缩空气应经过净化处理，以防止压缩空气中有油类杂质污染树脂。

为了获得较好的混合效果，混合前应把交换器中的水面下降到树脂层表面上 100～150mm 处。此外，树脂层被搅匀后，应快速排水，迫使树脂层迅速沉降，以免树脂重新分层。若树脂下降时，采用顶部进水，对加速其沉降也有一定的效果。

（1）放水。开启混床排空气阀、上部放水阀（无上部放水阀时用中排阀），放水至树脂层面上约 100mm 处或上部放水阀无出水时，关闭上部放水阀。

（2）混合。缓慢开启混床进气阀，调整进气压力，维持系统压力在规定值，使阴阳树脂充分混合，约 3min 后关进气阀。注意储气罐压力不得低于 0.45MPa。要缓慢开启进气阀以免水帽损坏。

（3）急速排水。开启混床正洗排水阀，对树脂进行迫降。约 2min 后关正洗排水阀。检查混脂情况，若混脂不匀应重新混脂，直至合格。

4. 正洗

混合后的树脂层，还要用除盐水以 $10\sim20\text{m/h}$ 的流速进行正洗，直至出水合格后（如 SiO_2 含量低于 $20\mu\text{g/L}$，电导率低于 $0.2\mu\text{S/cm}$），方可投入运行。正洗初期可将水排入地沟，后期的正洗排水可回收利用。

（1）进水排气。开正洗进水阀，待空气阀出水后开正洗排水阀，关闭空气阀，投混床出水电导率仪、硅表。

（2）正洗。正洗时间约 20min，洗至排水合格，开启混床出水阀，关正洗排水阀向除盐水箱供水或停运备用。

体内再生混床运行步骤和阀门状态见表 5-10。

表 5-10　　　　　　　　　　　　　混床运行步骤和阀门状态

步骤〈br〉阀门名称	制水	反洗分层	静置	放水	预喷射	进再生剂	置换	串洗	放水	混合	急速排水	正洗
进水阀	○							○				○
出水阀	○											
反洗排水阀		○										
反洗进水阀		○										
正洗排水阀								○			○	○
进碱阀					○	○	○					
进酸阀					○	○	○					
排气阀				○				○		○	○	
进压缩空气阀										○		
中间排液阀					○	○	○					
上部放水阀				○						○		
浓酸阀						○						
浓碱阀						○						
酸喷射水阀					○	○	○					
碱喷射水阀					○	○	○					

注　○指阀门呈开启状态。

三、运行和再生参数控制

1. 水的流速

如前（逆流再生离子交换器运行和再生参数）所述，水的流速不宜过高。通常混床运行流速控制在 $40\sim60\text{m/h}$ 范围内。

2. 压差

通常混床压差控制在 0.1MPa 范围内。如前所述，压差值的大小主要与下列因素有关：①树脂层的积污；②树脂的污染、黏结及破碎；③排水装置堵塞等。

当混床的运行压差大于或等于 0.1MPa，而混床未失效时，可以将混床解列，进行反洗或空气擦洗降低压差，当压差仍不能消除时，应停运检查混床集水装置是否堵塞。

此外，树脂捕捉器的运行压差也控制在 0.1MPa 范围内。当压差大于或等于 0.10MPa 时，应停运检查树脂捕捉器滤网是否堵塞，或混床出口集水装置漏树脂。

3. 反洗流速

反洗流速低，不能使阴、阳树脂明显分层，且树脂层中积累的杂质和破碎的树脂颗粒不能被反洗水冲走，达不到反洗应发挥的作用；反洗流速高，正常的树脂就会从交换器中冲出。反洗时要注意起始反洗流速不宜太大，以免树脂层形成活塞流，既不利于树脂展开，还有可能损坏中排、进碱装置等。一般待树脂层松动后，再逐步加大反洗流速，直至全部床层都膨胀、展开。

一般反洗流速控制为 10m/h，使阳树脂的膨胀率应达到 50％以上，阴树脂的膨胀率应达到 70％以上。

4. 进再生液参数

（1）再生剂耗量。通常混床再生时 HCl 用量为 80kg/m³；NaOH 用量为 100kg/m³。

（2）浓度。通常混床再生时 HCl 质量分数为 5％；NaOH 质量分数为 4％。最佳再生液浓度应通过现场实验确定。

（3）流速。通常再生液流速控制在 5m/h 以内。

（4）温度。通常酸再生液不需加热，碱再生液加热至 40℃以内。

5. 进压缩空气参数

一般控制进压缩空气压力为 0.1~0.15MPa，流量为 2.0~3.0m³/(m² · min)（标准状态下）。若控制值偏低，影响阴、阳树脂搅拌混合效果；若控制值偏高，树脂磨损严重。

混合时间为 3~5min。压缩空气压力一定的条件下，初期随着混合时间越长，树脂混合的均匀度越高。当混合时间增加到一定程度后，再继续增加时，树脂的混合均匀度几乎不变，而树脂磨损程度增加。因此，阴、阳树脂混合均匀的最短时间为混合时间的最佳值。

四、常见故障处理

混床常见故障及处理方法见表 5-11。

表 5-11　　　　　　　　离子交换处理设备、水质异常情况及消除方法

现　象	原　因	消　除　方　法
混合离子交换器内树脂混合不好	（1）压缩空气气压不足，流量不够； （2）混合时进水量过大或过小，导致树脂分层不良； （3）排水位置不当； （4）中排阀未关	（1）检查压缩空气气压和流量； （2）检查和校正混合时进水流量，必要时可用手动操作重新进行混合； （3）充水后重新排水； （4）关闭中排阀
混合离子交换器制水周期太短	（1）混合离子交换器的再生不彻底； （2）再生时树脂分层不彻底引起阳树脂中混有阴树脂，或阴树脂中混有阳树脂； （3）制水前树脂混合不好； （4）树脂污染劣化； （5）一级除盐系列已失效； （6）酸、碱阀不严密	（1）检查再生剂的浓度、流量和用量； （2）延长反洗分层时间，如必要时可校正反洗进水流速； （3）参照前述混脂不好的处理方法； （4）通知检修人员，清洗或更换新树脂； （5）查明原因，进行再生； （6）关严阀门，通知检修人员消除

现　　象	原　　因	消　除　方　法
混合离子交换器出水或反洗水中发现树脂	(1) 中间排水装置，滤网或下部排水装置水嘴有损坏； (2) 反洗时进水流量过大或不稳定	(1) 通知检修人员检修消除； (2) 调节反洗水流速
混床出水电导率或 SiO_2 高	(1) 阳床、阴床或混床失效； (2) 一级除盐出水不合格； (3) 进酸、进碱阀或反洗进水阀不严； (4) 混床内部装置有缺陷，发生偏流； (5) 混床再生不彻底； (6) 再生液质量较差	(1) 停运，进行再生； (2) 查明原因并处理； (3) 关严进酸、进碱及反洗进水阀，无效时联系检修； (4) 联系检修进行消除； (5) 重新进行再生； (6) 分析酸碱质量，并汇报车间
混床阴阳树脂反洗分层不明显	(1) 反洗分层操作不当； (2) 树脂未完全失效或阴、阳树脂抱团或有气泡； (3) 树脂被污染	(1) 按规程规定进行反洗分层操作； (2) 用 2%NaOH 溶液淋洗或浸泡树脂； (3) 清洗树脂或复苏处理

【知识拓展】

一、混床运行的特点

1. 优点

(1) 出水水质优良。强酸树脂和强碱树脂组成的混床，其出水残留的含盐量在1.0mg/L以下，电导率在 $0.2\mu S/cm$ 以下，残留的 SiO_2 在 $20\mu g/L$ 以下，pH 值接近中性。

(2) 出水水质稳定。混床经再生清洗后开始制水时，出水电导率下降极快，这是由于在树脂中残留的再生剂和再生产物，可立即被混合后的树脂交换。混床在运行工况有变化时，一般对出水水质影响不大。

(3) 间断运行对出水水质影响较小。无论是混床或是复床，当停止制水后再投入时，开始时的出水水质都会下降，要经短时间后才能恢复到原来的水平。但恢复到正常所需的时间，混床只要 3~5min，而复床则需要 10min 以上。

(4) 终点明显。混床在运行末期失效时，出水电导率上升明显，这有利于运行终点的监督。

(5) 混床设备比复床少，布置集中。

2. 缺点

树脂交换容量的利用率低；树脂损耗率大；再生操作复杂；为保证出水水质，常需投入较多的再生剂。

二、离子交换除盐系统

为了充分利用各种离子交换工艺的特点和各种离子交换设备的功能，在水处理应用中，常将它们组成各种除盐系统。

1. 组成除盐系统的原则

(1) 系统的第一个交换器是 H 交换器，这是为了提高系统中强碱 OH 交换器的除硅效果和使弱碱 OH 交换能顺利进行。同时，这样设置也比较经济，因为第一个交换器由于交换过程中反离子的影响，其交换能力不能得到充分发挥，而阳树脂交换容量大，且价格比阴树脂便宜，所以它放在前面比较合适。更详细内容在本章第四节（阴离子交换器在系统中的位置）已阐述。

（2）除碳器应设在 H 交换器之后、强碱 OH 交换器之前，这样可以有效地将水中 HCO_3^- 以 CO_2 形式除去，以减轻强碱 OH 交换器的负担和降低碱耗。

（3）要求除硅时，在系统中应设强碱 OH 交换器，因为只有强碱阴树脂才能起交换 $HSiO_3^-$ 的作用，对于除硅要求高的水应采用二级强碱 OH 交换器或带混床的系统。

（4）对水质要求很高时，应在一级复床后设置混床。

（5）当原水碳酸盐硬度比较高时，在除盐系统中增设弱酸 H 交换器，弱酸 H 交换器应置于强酸 H 交换器之前。

（6）当原水中强酸阴离子含量较高时，在系统中增设弱碱 OH 交换器，利用弱碱树脂交换容量大、容易再生等特点，提高系统的经济性。弱碱 OH 交换器应放在强碱 OH 交换器之前。由于弱碱性阴树脂对水中 CO_2 基本上不起交换作用，因此它可置于除碳器之后，也可置于除碳器之前。不过将其置于除碳器之前，对弱碱性阴树脂交换容量的发挥更为有利。

（7）强、弱型树脂联合应用时，视情况可采用双层床、双室床、满室床或复床串联。

2. 常用的离子交换除盐系统

常用的离子交换除盐系统及适用情况见表 5 - 12。

表 5 - 12　　　　　　　　　常用的离子交换除盐系统

| 序号 | 系 统 组 成 | 出 水 水 质 | | 适 用 情 况 | 备　　注 |
		电导率 (25℃) (μS/cm)	SiO_2 (mg/L)		
1	H - C - OH - H/OH	＜0.2	＜0.02	高压及以上汽包炉、直流炉	
2	H_W-H-C-OH-H/OH	＜0.2	＜0.02	（1）同本表系统1； （2）碱度大于 4mmol/L，过剩碱度较低	当采用阳双室（双层）床，进口水硬度与碱度的比值等于 1～1.5 为宜，阳离子交换器串联再生
3	H-OH_W-C-OH-H/OH 或 H-C-OH_W-OH-H/OH	＜0.2	＜0.02	（1）同本表系统1； （2）进水中有机物含量高，强酸阴离子含量＞2mmol/L	阴离子交换器串联再生或采用双室（双层）床
4	H-C-OH_W-H/OH 或 H-OH_W-C-H/OH	＜0.5	＜0.1	进水中强酸阴离子含量高，但 SiO_2 含量低	
5	H_W-H-OH_W-C-OH-H/ OH 或 H_W-H-C-OH_W- OH-H/OH	＜0.2	＜0.02	（1）高压及以上汽包炉和直流炉； （2）进水碱度高，强酸阴离子含量高	可采用阳、阴双室（双层）床或串联再生

序号	系统组成	出水水质		适用情况	备　注
		电导率(25℃)(μS/cm)	SiO_2(mg/L)		
6	RO-RO-EDI	<0.1	<0.02		
7	RO-H-(C)-OH-H/OH	<0.1	<0.02		反渗透后可根据进水水质情况设置除碳器C
8	RO-(C)-H/OH	<0.1	<0.02	适用于进水含盐量较低时	反渗透后可根据进水水质情况设置除碳器C
9	RO-RO-H-(C)-OH-H/OH	<0.1	<0.02	适用于海水	反渗透后可根据进水水质情况设置除碳器C
10	DS-H-OH-H/OH	<0.1	<0.02		
11	DS-H/OH	<0.1	<0.02		

注　H—强酸 H 离子交换器；H_W—弱酸 H 离子交换器；OH—强碱 OH 离子交换器；OH_W—弱碱 OH 离子交换器；H/OH—混合离子交换器；C—除碳器；RO—反渗透器；EDI—电除盐；DS—蒸馏。

3. 复床除盐系统的组合方式

复床除盐系统的组合方式一般分为单元制和母管制。

(1) 单元制。图 5-44（a）所示为单元制组合方式的一级复床除盐系统工艺流程图，图中符号 H 表示强酸 H 交换器，C 表示除碳器，OH 表示强碱 OH 交换器。

单元制系统中，通常 OH 交换器中树脂的装入体积富余 10%～15%，其目的是让 H 交换器先失效，这样泄漏的 Na^+ 经过 OH 交换器后，在其出水中生成 NaOH，导致出水电导率发生显著升高，便于运行终点监督［见图 5-20（a）］。此时，只需监督复床除盐系统中 OH 交换器出水的电导率和 SiO_2 即可。当电导率或 SiO_2 显示失效时，H 交换器和 OH 交换器同时停止运行，分别进行再生后，再投入运行。

该组合方式易自动控制，适用于进水离子比值稳定，交换器台数不多的情况。但系统中 OH 交换器中树脂的交换容量往往未能充分利用，故碱耗较高。

(2) 母管制。图 5-44（b）所示为母管制组合方式的一级复床除盐系统工艺流程图。在此组合方式中阳、阴离子交换器分别监督，阴床进水 Na^+ 浓度一般能稳定在正常水平上。这时，阴床出水水质的变化情况如图 5-20（b）所示。近失效时，出水中 SiO_2 增加，电导率先略降而后上升，有时可利用这一现象来判断阴床的失效。但由于电导率最低点时出水 SiO_2 往往已很高，故可靠性较差。目前监督阴床失效主要还是靠人工或在线仪表测定 SiO_2。由于阴床失效时出水 SiO_2 上升很快，而人工测定速度慢，为了能及时判定失效点，应根据运行经验，在预计将失效时，缩短测定时间间隔，并可根据 SiO_2 浓度上升趋势，预先确定停止运行的时间。交换器失效后从系统中解列出来进行再生，与此同时将已再生好的备用交换器投入运行。

该组合方式运行的灵活性较大，适用于进水离子比值变化较大，处理水量大、交换器台数较多的情况。但系统复杂，故障分析难度加大。

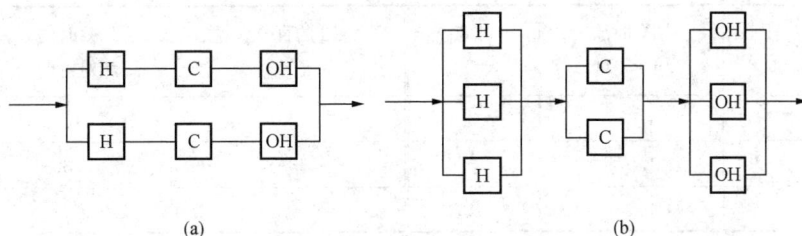

图 5 - 44　复床系统的组合方式
(a) 单元制；(b) 母管制

三、除盐水箱的水污染

除盐水由于纯度很高，缓冲性很差，在储存过程中，容易受到接触的空气、管道等的污染。其中，空气中的 CO_2 对水的污染最为迅速。被 CO_2 污染后，最主要的现象是电导率升高，pH 值降低。一般电导率可以由小于 $0.2\mu S/cm$ 升高至 $0.3\mu S/cm$ 以上，甚至可以大于 $1\mu S/cm$；pH 值由 7 左右降低至 6 以下。近年来火电厂配备的除盐水箱越来越大，除盐水的储存时间有时大于 24h，除盐水的污染更为严重。

为了防止 CO_2 对除盐水的污染，在除盐水箱中，有多种与大气隔离的装置。目前常见的有浮顶、密封球、密封膜、碱性呼吸器等装置。浮顶密封装置应用得比较早，但使用过程中容易发生卡塞等故障；密封球能够随水面自由起伏，不会发生故障，但密封效果不如浮顶式，在除盐水箱低水位或排空时，会发生浮球逸漏；密封膜和碱性 CO_2 呼吸器的密封效果比密封球好，结构较为简单，目前正在推广应用之中。

此外，设置凝汽器补水雾化装置（见学习情境八中图 8 - 10），能大大降低补给水中 CO_2 和 O_2 含量。

四、离子交换树脂使用中注意的问题

为了保证树脂的使用效果和延长其使用寿命，选用的离子交换树脂除应符合国家标准和电力行业标准外，还应储存合理，作好使用前的预处理，尤其是使用中防止树脂氧化和受污染。

（一）离子交换树脂的储存和预处理

1. 离子交换树脂的储存

树脂在储存期间，应采取妥善措施，以防止树脂失水、受冻和受热，以及霉变，否则会影响树脂的稳定性，减少其使用寿命，降低其交换容量。

（1）防止树脂失水。出厂的新树脂都是湿态，其含水量是饱和的，在运输过程和储存期间应防树脂失水。如果发现树脂已失水变干，应先用 10％NaCl 溶液浸泡，再逐渐稀释，以免树脂因急剧溶胀而破裂。

（2）防止树脂受热、受冻。树脂储存过程中温度不宜过高或过低，其环境温度一般宜在 5～40℃之间。温度过高，容易引起树脂变质、交换基团分解和滋长微生物；若在 0℃以下，会因树脂网孔中水分冰冻使树脂体积膨大，造成树脂胀裂；如果温度低于 5℃，又无保温条件，这时可将树脂浸泡在一定浓度的 NaCl 溶液中，以达到防冻的目的。NaCl 溶液的浓度与冰点的关系见表 5 - 13。

表 5 - 13　　　　　　　　　　　　　NaCl 溶液的浓度与冰点的关系

NaCl 的百分含量（%）	10℃时的相对密度	冰点（℃）	NaCl 的百分含量（%）	10℃时的相对密度	冰点（℃）
5	1.034	−3.1	20	1.153	−16.3
10	1.074	−7.0	33.5	1.180	−21.2
15	1.113	−10.8			

（3）防止霉变。使用过的树脂长期在水中存放时，其表面容易滋长微生物，发生霉变，尤其是在温度较高的环境中。为此，必须定期换水或用水反冲洗，必要时也可用 1.5％的甲醛溶液浸泡。

此外，树脂存放时，要避免直接接触铁容器、氧化剂和油脂类物质，以防树脂被污染或氧化降解。

2. 新树脂使用前的预处理

新树脂中，常含有过剩的原料、反应不完全的低聚合物和其他杂质。除了这些有机物外，树脂中还往往含有铁、铅、铜等无机杂质。因此，新树脂在使用前必须进行预处理，以除去树脂中的可溶性杂质。

新树脂的预处理一般是用稀酸稀碱溶液交替浸泡或动态清洗，用稀盐酸溶液除去其中的无机杂质（主要为铁的化合物）；用稀氢氧化钠溶液除去有机杂质。如果树脂在运输途中或储存期间脱了水，则不能将其直接放入水中，以防止因急剧溶胀而破裂，应先把树脂放在浓食盐水中浸泡一定时间后，再用水稀释使树脂缓慢溶胀到最大体积。对于阴离子交换树脂，由于它在过浓的食盐水中会上浮，不能很好浸湿，故用 10％食盐水浸泡较为合适。

工业水处理中树脂用量都比较大，所以新树脂的预处理宜在离子交换器中进行。通常的处理方法如下：

（1）水洗。将树脂装入交换器中，用清水反冲洗，以除去混在树脂中的机械杂质、细碎树脂粉末，以及溶解于水的物质。反冲洗时控制树脂层膨胀率 50％左右，直至排水不呈黄色为止。阳树脂和阴树脂在酸、碱处理前都需先进行水洗。

（2）阳树脂的预处理。将水洗后的阳树脂用约为树脂体积两倍的 2％～4％NaOH 溶液，浸泡 4～8h 后排掉，或小流量动态清洗。然后，用清水洗至排出液近中性为止。

再通入约为树脂体积两倍的 5％的 HCl 溶液，浸泡 4～8h 后排掉，或小流量动态清洗。然后，再用清水洗至近中性。

（3）阴树脂的预处理。将水洗后的阴树脂用约为树脂体积两倍的 5％HCl 溶液，浸泡 4～8h 后排掉，或小流量动态清洗。然后，再用清水洗至排出液近中性。

再通入约为树脂体积两倍的 2％～4％的 NaOH 溶液，浸泡 4～8h 排掉，或小流量动态清洗。然后，再用清水洗至近中性。

树脂经上述处理后，阳树脂转为 H 型，阴树脂转为 OH 型。

预处理后的新树脂，经过一个周期运行失效后，第一次再生时，酸碱用量应为正常再生时的 2 倍。

3. 混杂树脂的分离

在使用中，有时会碰到不同类型的树脂混在一起，需要设法将它们分离。不同类型树脂的分离常利用它们密度的不同，用自下而上的水流将它们分开，或者将它们浸泡在一种具有一定密度的溶液中，利用它们浮、沉性能的不同而分开。例如用饱和 NaCl 溶液浸泡，则强碱性阴树脂会浮在上面，而强酸性阳树脂则沉入底部。如果混杂的两种树脂密度差甚小，那么分离就比较困难。

（二）防止树脂氧化变质

在离子交换水处理设备的运行过程中，离子交换树脂常常会渐渐改变其性能，其主要原因之一是树脂的化学结构受到破坏，即变质。树脂在应用中变质的主要原因是受氧化剂的氧化作用，如水中的游离氯、硝酸根以及溶于水中的氧。当温度高时，树脂受氧化剂的作用更为严重，若水中有重金属离子，因其能起催化作用致使树脂氧化加剧。氧化结果是使树脂交换基团降解和交联骨架断裂。由此所造成树脂性能的改变是无法恢复的。

总的来说，阴树脂的稳定性比阳树脂差，所以它对氧化剂和高温的抵抗能力也差，但由于它们在除盐系统中位置不同，所以受氧化的程度也不同。

1. 阳离子交换树脂的氧化

在除盐系统中，H 交换器处于首位，所以阳离子交换树脂受氧化剂侵害的程度最为强烈。阳树脂氧化后，颜色变淡、含水量增加、树脂体积变大，因此易碎并且体积交换容量降低。

阳树脂的氧化结果使苯环间的碳链断裂，断裂产物由树脂上脱落下来以后，变为可溶性物质。这些可溶性物质中有弱酸基，因此当它随水进入阴离子交换器时，先被阴树脂吸着，吸着不完时，就留在阴离子交换器的出水中，使水的质量降低。

为了防止氧化，在以自来水为阳离子交换器进水或预处理加氯时，应设法控制阳离子交换器进水游离氯低于 0.1mg/L。除去水中游离氯常采用的方法是在阳离子交换器之前设置活性炭过滤器，另外还可在水中投加一定量还原剂（如 Na_2SO_3、$NaHSO_3$）进行脱氯。

2. 阴离子交换树脂的氧化

因阴离子交换器在除盐系统中都是布置在阳离子交换器之后，水中强氧化剂都消耗在氧化阳树脂上了，所以一般只是溶于水中的氧对阴树脂起氧化作用。此外，再生过程中碱中所含的氧化剂（如 ClO_3^-、FeO_2^{2-}）也会对阴树脂起氧化作用。

阴树脂的氧化常发生在胺基上，而不是像阳树脂那样在碳链上，最易遭受侵害的部位是其分子中的氮。强碱阴树脂受到氧化剂侵害的结果是季铵基团逐渐降解、树脂的碱性减弱，甚至降为非碱性物质，所以对中性盐分解能力，特别是除硅效果下降。

运行水温过高会使树脂的氧化速度加快。II 型强碱性阴树脂比 I 型易受氧化。

防止强碱性阴树脂氧化的方法有：在除盐系统中使用真空除气器，减少阴离子交换器进水中的氧含量；选用纯度高的碱，降低碱液中 Fe 和 $NaClO_3$ 的含量。

（三）防止树脂受污染

离子交换树脂性能改变的另一原因是树脂是受到外来杂质的污染。由污染造成的树脂性能的改变可以采取适当的措施，清除这些污染物，从而使树脂性能得到恢复，称为复苏处理。

1. 防止悬浮物污染

水中的悬浮物会堵塞在树脂颗粒间的空隙中，因而增大了床层水流阻力，若覆盖在树脂颗粒的表面上，会阻塞颗粒中微孔的通道，因而降低了树脂的工作交换容量。

　　防止这种污染，主要是加强原水的预处理，以减少水中悬浮物含量。交换器进水中的悬浮物含量越少越好，特别是对于对流式再生的设备。离子交换除盐系统要求进水悬浮物小于5mg/L（顺流再生交换器）和小于2mg/L（逆流再生交换器）。

　　此外，为了清除树脂层中的悬浮物还必须做好交换器的反洗工作。

　　2. 防止铁化合物污染

　　铁化合物污染在阳离子交换器和阴离子交换器中都可能发生，在阳离子交换器中，易于发生离子性污染，这是由于阳树脂对 Fe^{3+} 的亲和力强，所以它吸着了 Fe^{3+} 后就不易再生下来，变成不可逆交换。当原水的预处理不当，而有胶态 $Fe(OH)_3$ 混入 H 型树脂时，在酸性溶液的作用下，$Fe(OH)_3$ 溶解生成 Fe^{3+}，从而造成阳树脂的离子性污染。

　　在阴床中，易于发生胶态和悬浮态 $Fe(OH)_3$ 的污染，这是因为再生阴树脂用的碱中常含有铁的化合物，特别是工业液碱，因此在阴床再生时它们易形成 $Fe(OH)_3$ 沉淀物。

　　铁化合物在树脂层中积累，会降低其交换容量，也会污染出水水质。树脂的铁污染通常用目视检查就可以发现，一般是树脂颜色变深。有时树脂中水分含量在短期内迅速增加，也说明存在着金属污染物，因为它促进氧化，加速解链。

　　为防止树脂铁污染，应尽量减少进水中 Fe 含量，离子交换除盐系统的进水要求 Fe 含量小于 0.3mg/L。如采用含铁较高的地下水时，应采用曝气处理和锰砂过滤除铁；用铁盐作混凝剂时，应提高混凝沉淀效果，防止铁离子进入除盐系统。

　　清除铁化合物的方法，通常是用加有抑制剂的高浓度盐酸（例如 10%～15%）长时间（如 5～12h）与树脂接触，进行循环处理，必要时，对复苏酸液进行加热，温度最好能到40℃左右，可以大大提高复苏的效率。也可配用柠檬酸、氨基三乙酸、EDTA（乙二胺四乙酸）等络合剂进行综合处理。

　　如果阴树脂既被有机物污染，又被铁离子及其氧化物污染，则应首先除去铁离子及其氧化物，而后再除去有机物。

　　3. 防止阴树脂的有机物污染

　　有机物对强碱性阴树脂的污染是应用离子交换树脂以来所发生的严重问题之一。有机物污染是指离子交换树脂吸附了有机物之后，在再生和清洗时不能将它们解吸下来，以致树脂中的有机物量越积越多的现象。

　　（1）污染机理。凝胶型强碱性阴树脂之所以易受有机物污染，是由于其高分子骨架属于苯乙烯系，是憎水性的，而腐殖酸和富维酸也是憎水性的，因此两者之间的分子吸引力很强，难以在用碱液再生树脂时解吸出来。由于腐殖酸或富维酸的分子很大，以及凝胶型树脂网孔的不均匀性，因此一旦大分子有机物进入树脂中后，容易卡在树脂凝胶结构的许多缠结部位。这些有机物一方面占据了阴树脂的交换位置，另一方面有机物分子上带负电荷的酸根离子与强碱性阴树脂之间发生离子交换作用。

　　（2）污染后的症状。

　　1）清洗水量增大。在强碱性阴树脂被有机物污染的过程中，会发生再生后清洗用水量逐渐增大的现象。这是因为吸附的有机物上有羧酸基（—COOH），所以这些截留下来的有机物，就好像在阴树脂上增添了弱酸基团，起到阳离子交换树脂的作用。于是当用 NaOH 再生时，这些阳离子交换基团能转变成羧酸钠，即

$$R'COOH + NaOH \longrightarrow R'COONa + H_2O \tag{5-18}$$

而在清洗时，R′COONa又慢慢地水解，发生式（5-18）的可逆反应，即

$$R'COONa + H_2O \longrightarrow R'COOH + NaOH \qquad (5-19)$$

这样就会有NaOH不断地漏出，要使全部—COONa因水解而恢复至—COOH′则需大量清洗水。

2）工作交换容量降低。这有两种可能的原因：一是功能基被有机物遮盖，二是因正洗水量加大，正洗水中阴离子消耗了一部分交换容量。

3）出水水质恶化。树脂受到有机物污染后，由于运行中有机酸漏入水中，所以出水的电导率逐渐上升和pH值（严重时会低于6）逐渐下降，也会因碱性基团受有机物污染而使除硅能力下降，以致在运行中提前漏硅。

4）颜色发生变化。被有机物污染的树脂常常颜色变暗，由淡黄色到棕色甚至到褐色，原先透明的珠体变成不透明。若将此树脂浸泡在碱性食盐水中，这些溶液会变成有颜色的。

目前尚无关于强碱阴树脂被有机物污染程度的确切判断标准。

（3）污染的防止。防止有机物污染的基本措施是在除盐系统之前将水中有机物除去，例如进入离子交换除盐系统的进水限定$COD_{Mn} < 2mg/L$。但因有机物的种类甚多，所以现在还没有可将它们全部除去的方法。因此，还需要合理地选择树脂，并在运行中采取适当的防止措施。

1）加强水的预处理。胶态有机物可用混凝、沉淀的办法除去，也可以用超滤法滤去，或加氯破坏有机物，然后再用活性炭吸附去除残留的氯和有机物。

2）采用抗有机物污染的树脂。丙烯酸系强碱性阴树脂的高分子骨架是亲水性的，所以它和有机物之间的分子引力比较弱，进入树脂中的有机物在用碱再生时，能较顺利地被解吸出来。它能更有效地克服有机物被树脂吸着的不可逆倾向，提高了有机物在树脂中的扩散性，因此具有良好的抗有机物污染能力。

3）设弱碱阴离子交换器。弱碱性阴树脂对有机物的亲合力比强碱阴树脂小，而且大孔弱碱性阴树脂在运行时吸附的有机物在再生时容易被洗脱下来。所以，为了防止有机物污染，可以在除盐系统中的强碱性阴树脂前设大孔型弱碱阴树脂交换器，也可将它与强碱性阴树脂做成双层床或双室床。

（4）有机物污染的复苏处理。研究发现，复苏液使树脂收缩程度大者，复苏效果好。这是因为当树脂体积缩小时，降低了树脂颗粒周围溶液中反离子向树脂颗粒内的渗透压，使依赖分子吸引力结合在树脂骨架上的有机物分子容易在复苏液的作用下"剥离"出来。同时还发现，在酸性条件下，有机物中腐殖质以极难电离的弱有机酸存在，分子引力大；而在碱性条件下，有机物以钠盐形式存在，增大了有机物的溶解性。

由此可见，树脂的收缩度和复苏液的酸碱性是影响阴树脂复苏效果的两个主要因素，所以阴树脂的复苏以采用碱性氯化钠溶液为好。利用阴树脂在氯型和氢氧型两种形态下的体积膨胀率不同，通入氯化钠与氢氧化钠的混合溶液，使得树脂不断处于氯型→氢氧型→氯型的转型之中，相应的微孔不断处于收缩→扩大→收缩的循环之中，将微孔中的有机分子释放出来，从而达到复苏的目的。

对于不同水质污染的阴树脂，复苏液的配比不同，常用两倍以上树脂体积的5％～12％NaCl和1％～2％NaOH混合溶液，浸泡16～48h复苏被污染的树脂，对于Ⅰ型强碱性阴树脂，溶液温度可取40～50℃，Ⅱ型强碱性阴树脂应不超过40℃。最适宜的处理条件应通过

试验确定，采用动态循环法复苏效果更好些。

任务三　运行与维护电除盐装置

【教学目标】

1. 知识目标

（1）理解电除盐的原理。

（2）理解电除盐装置的基本结构、工作原理和特点。

（3）知道电除盐装置的进水水质指标和工艺参数。

2. 能力目标

（1）会识读和绘制电除盐装置的结构简图。

（2）会启动、运行、停运电除盐装置，进行日常检查维护。

（3）能调整电除盐装置运行参数，判断和处理常见故障。

（4）能正确使用仪器仪表检测电除盐装置水质和运行工况。

【任务描述】

电除盐装置（即 EDI 装置）是电渗析与离子交换除盐有机结合形成的新型膜分离技术，是当今世界先进的高纯水生产技术，EDI 工艺可代替传统的离子交换法来制备除盐水。在电厂水处理中，电除盐是日益重要的一种深度除盐工艺。班长组织各学习小组在仿真机（或实训室）环境下，认真分析运行规程，编制工作计划后，正确运行与维护 EDI 装置，并确保 EDI 装置安全、经济运行。

【任务准备】

课前预习相关知识部分。根据 EDI 工艺原理及工作过程，经讨论后编制运行与维护 EDI 装置的工作计划，并独立回答下列问题。

（1）离子交换膜有哪些特性？

（2）电渗析的基本原理和工作过程是怎样的？

（3）电渗析器的结构由哪几部分组成？

（4）什么是电除盐？其工作原理是什么？

（5）电除盐装置主要工作过程有哪些？

（6）电除盐装置可分为哪几类？

（7）电除盐装置由哪几部分组成？

（8）电除盐对进水水质有何要求？

（9）电除盐装置启动、运行需要注意哪些事项？

（10）电除盐模块的污染原因有哪些？如何处理？

（11）通常 EDI 清洗如何判断？

（12）电除盐有何特点？

【相关知识】

电除盐（electrodeionization，EDI）采用电能脱盐，是一种将离子交换除盐和电渗析除盐相结合的纯水制造技术。

一、电渗析脱盐

(一) 电渗析脱盐的基本原理

离子交换树脂如果不做成粒状，而制成膜状，则它就具有如下特性：阳离子交换树脂膜（简称阳膜）只允许阳离子通过，阴离子交换树脂膜（简称阴膜）只允许阴离子透过，即离子交换膜有选择透过性。如果将这些膜做成电解槽的隔膜，即在膜的两侧加两个电极，通以直流电，则离子会发生有规则的迁移，这就是电渗析的原理。

图5-45所示为电渗析器结构示意。阳膜和阴膜交替排列在正负两个电极之间，相邻两膜用隔板隔开（图中未画），水在隔板间隙中流动。当盐水进入隔室后，在直流电场作用下，阳离子⊕移向阴极，阴离子⊖移向阳极，由于离子交换膜的选择透过性，淡水室中阳离子和阴离子分别顺利透过上方阳膜或下方阴膜进入两边浓水室中，而浓水室中离子迁移则相反，阳离子和阴离子分别受到上方阴膜和下方阳膜的阻挡，不能进入两边的淡水室中，浓水室及淡水室中的水分子由于不带电荷仍保留在各自室中。随着这一过程的进行，淡水室中离子浓度下降，浓水室中离子浓度上升。因此，利用电渗析原理可实现水与盐的分离。

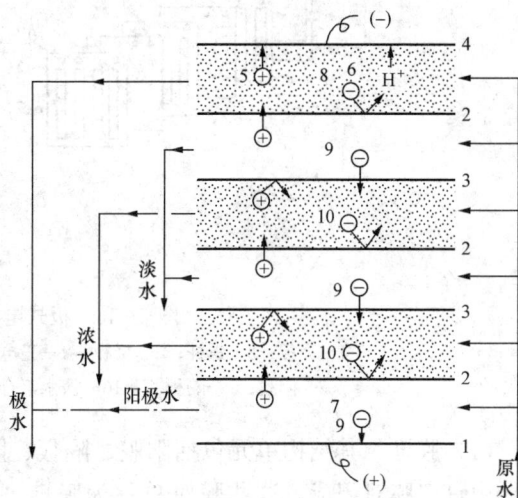

图5-45　电渗析器结构示意

1—阳极；2—阳膜；3—阴膜；4—阴极；
5—阳离子⊕；6—阴离子⊖；7—阳极室；
8—阴极室；9—淡水室；10—浓水室

电渗析分离物质的依据是：离子交换膜选择透过某些特定组分排斥其他组分，外加直流电场提供了荷电物质迁移的驱动力。

(二) 离子交换膜

离子交换膜是一种含有可交换离子基团、对溶液里的离子具有选择透过能力的高分子膜。一般在应用时主要是利用它对离子的选择透过性，所以也称为离子选择透过性膜。离子交换膜按功能及结构的不同，可分为阳离子交换膜、阴离子交换膜、两性交换膜、镶嵌离子交换膜、聚电解质复合物膜五种类型。电渗析中常用的离子交换膜为阳离子交换膜和阴离子交换膜，简称阳膜和阴膜，其中阳膜只允许阳离子通过，阴膜只允许阴离子通过。

离子交换膜可分均相膜和非均相膜两类，它们可以采用高分子的加工成型方法制造。

(1) 均相膜。先用高分子材料如丁苯橡胶、纤维素衍生物、聚四氟乙烯、聚三氟氯乙烯、聚偏二氟乙烯、聚丙烯腈等制成膜，然后引入单体如苯乙烯、甲基丙烯酸甲酯等，在膜内聚合成高分子，再通过化学反应，引入所需的活性基团。均相膜也可以通过单体如甲醛、苯酚、苯酚磺酸等直接聚合得到。

(2) 非均相膜。用粒径为200～400目的离子交换树脂和寻常成膜性高分子材料，如聚乙烯、聚氯乙烯、聚乙烯醇、氟橡胶等充分混合后加工成膜。

无论是均相膜还是非均相膜，在空气中都会失水干燥而变脆或破裂，故必须保存在水中。

（三）电渗析装置

利用电渗析原理进行脱盐的装置，称为电渗析器。电渗析器由膜堆、极区和压紧装置三大部分构成，如图 5-46 所示。

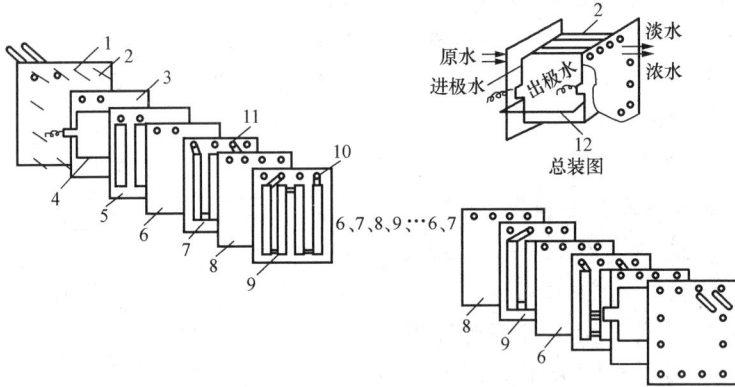

图 5-46 板式电渗析器结构示意

1—夹板；2—螺杆；3—极板；4—正电极；5—极框；6—阳膜；7—隔板甲；
8—阴膜；9—隔板乙；10—淡水汇合孔；11—浓水汇合孔；12—连接管

（1）膜堆。其结构单元包括阳膜、隔板、阴膜，一个结构单元也叫一个膜对。一台电渗析器由许多膜对组成，这些膜对总称为膜堆。隔板常用 1～2mm 的硬聚氯乙烯板制成，板上开有配水孔、布水槽、流水道、集水槽和集水孔。隔板的作用是使两层膜间形成水室，构成流水通道，并起配水和集水的作用。

（2）极区。极区的主要作用是给电渗析器供给直流电，将原水导入膜堆的配水孔，将淡水和浓水排出电渗析器，并通入和排出极水。极区由托板、电极、极框和弹性垫板组成。电极托板的作用是加固极板和安装进出水接管，常用厚的硬聚氯乙烯板制成。电极的作用是接通内外电路，在电渗析器内造成均匀的直流电场。阳极常用石墨、铅、铁丝涂钉等材料；阴极可用不锈钢等材料制成。极框用来在极板和膜堆之间保持一定的距离，构成极室，也是极水的通道。极框常用厚 5～7mm 的粗网多水道式塑料板制成。垫板起防止漏水和调整厚度不均的作用，常用橡胶或软聚氯乙烯板制成。

（3）压紧装置。其作用是把极区和膜堆组成不漏水的电渗析器整体。可采用压板和螺栓拉紧，也可采用液压压紧。

电渗析器的组装，在实践中通常用"级"、"段"和"系列"等术语来区别各种组装形式。电渗析器内电极对的数目称为"级"，凡是设置一对电极的叫做一级，两对电极的叫二级，依此类推。电渗析器内，进水和出水方向一致的膜堆部分称为"一段"，凡是水流方向每改变一次，"段"的数目就上升一位。

（四）电渗析器的极化

1. 极化的原因

电渗析器的极化包括膜的极化、阳极极化和阴极极化。后两者符合一般电极极化的规律。膜的极化符合浓差极化规律，又称为浓差极化。极化是造成电渗析器故障的主要原因之一。电渗析开始后阳膜和阴膜极化示意如图 5-47 所示。随着外加电流的增加或电渗析过程的进行，膜表面离子浓度不断下降，当离子浓度下降至接近 10^{-7} mol/L（即水电离产生的 OH^- 或 H^+ 浓度的数量级）时，水电离产生的 OH^- 和 H^+ 开始大量迁移，以补充其他离子输送电荷的不足，与此对应的外加电流密度称极限电流密度，它表示电渗析器在一定条件下最大输送电荷的能力。

电渗析器发生极化的主要原因有：①外加电流密度超过了极限电流密度；②膜存在对阳离子与阴离子的选择性透过差异；③膜表面存在滞流层，使膜表面处离子得不到及时补充。

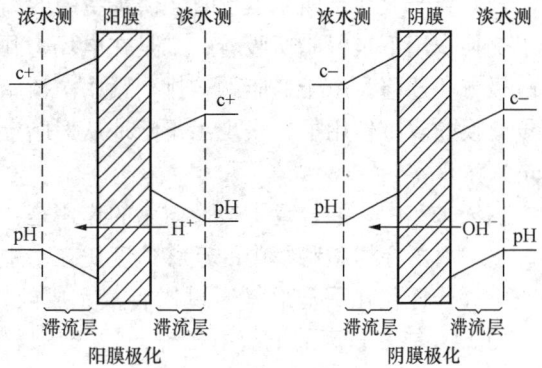

图 5-47　阳膜极化和阴膜极化示意

c+—阳离子浓度；c-—阴离子浓度

2. 极化对电渗析运行的影响

（1）pH 值变化。水的电离，一方面电耗增加；另一方面在 EDI 中，电离产生的 H^+ 和 OH^- 可使混合树脂维持在较高的再生度状态。

（2）脱盐率降低。浓差极化等会产生较大过电位，削弱了外加电动势，引起电流密度变小，脱盐率下降。

（3）结垢。电渗析器运行时，阳膜和阴膜的两边都存在滞流层，如图 5-47 所示。阳膜极化后，淡水室阳膜滞流层中 H_2O 电离出 H^+ 和 OH^-，H^+ 透过阳膜，使浓水室阳膜表面 pH 值下降，留下的 OH^- 导致淡水室阳膜表面 pH 值上升；同理，阴膜极化后，淡水室阴膜表面 pH 值下降，浓水室阴膜表面 pH 值上升。电渗析器运行时，淡水室中 Ca^{2+}、HCO_3^- 不断迁移到浓水室，导致浓水室阳膜表面的 Ca^{2+} 浓度和阴膜表面的 HCO_3^- 浓度都增加。由于浓水室阴膜表面 HCO_3^- 浓度和 pH 值都增加，故结垢倾向最大。为了防止电渗析器结垢，应严格控制进水的硬度。

3. 防止极化的方法

实用的方法主要有：①控制外加电流密度，使其低于极限电流密度。②强化传质过程，提高极限电流密度。例如适当提高水温、导入气泡搅拌、软化进水、选用搅拌效果好的隔板、采用离子传导隔网和装填离子交换树脂等。③定期酸洗。④解体清洗。⑤加阻垢剂。⑥倒换电极极性运行。

二、EDI 的工作原理

EDI 装置的结构（见图 5-48）与电渗析器类似。与电渗析器所不同的是，在 EDI 的淡水室中填充有

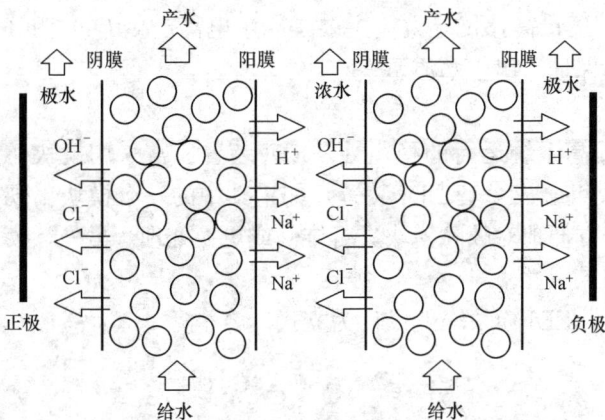

图 5-48　EDI 除盐原理示意

阳离子交换树脂和阴离子交换树脂，当原水进入隔室后，阳离子和阴离子分别借助阳树脂和阴树脂进行接力式的传递而迁出淡水室，从而实现水与盐的分离。

沿水流方向，EDI 装置淡水室主要进行着以下变化过程：

（1）离子迁移。在外加直流电场作用下，水中离子（盐类）通过离子交换膜进行选择性迁移的电渗析过程。

（2）离子交换。EDI 运行时，淡水室中的离子同时受到两种力量的作用：一是在树脂的离子交换作用下被树脂所吸着；二是在电场力作用下，吸着的离子又会从树脂上脱吸下来，向电极方向迁移。由于树脂颗粒排列紧密，树脂内部又有大量孔隙，所以离子在电场驱动和离子交换的双重作用下，表现出不断地从树脂上一个交换点向下游的另一个交换点转移，最终进入浓水室。

在淡水室中，混合离子交换树脂的作用是：①利用离子交换特性传递离子，帮助离子迁移。水中离子在树脂和膜中的迁移速度比在水中的迁移速度大 $100\sim1000$ 倍以上，因此，淡水室中离子迁移几乎全部是通过树脂来完成的。②利用树脂良好的导电特性降低淡水室电阻，使 EDI 能在较高的电流下工作。这样，强化了离子（包括弱酸离子）的迁移过程，为制备高纯水创造条件。

（3）电再生。由于离子交换树脂和离子交换膜的选择透过性，水中离子在树脂和膜中的迁移速度大，所以在树脂颗粒表面和网孔内部表面及膜的表面处，离子浓度很快降至接近于零，即产生了浓差极化，这时的电流密度称为极限扩散电流密度。若进一步增大电流密度，淡水室水中原有的离子已不能完全满足传导电流的需要，必将导致上述表面处的水被电离为 H^+ 和 OH^-，以负载部分电流，并与树脂上的可交换离子进行交换，使有相当数量的树脂以 RH 和 ROH 的形态存在，这一过程可称为树脂的"电再生"。

淡水室中离子迁移、离子交换、电再生三个过程同时存在，实现 EDI 装置连续运行。

EDI 淡水室由进水端到产水端的纵向上可分成三部分：①靠近进水端为饱和区。在这个区域里，原水中的离子与树脂发生同离子交换，传导电流是靠原水中离子的迁移完成的。②中间部分为工作区。在这个区域里，离子交换和电再生趋向平衡，因离子迁移造成水中离子含量减少，传导电流是由水中离子和水电离的 H^+、OH^- 共同完成的。③靠近出水侧为再生区。在这个区域里，原水中大部分离子已除去，含盐量很低，在膜和树脂附近的界面发生极化最严重，生成的 OH^- 和 H^+ 离子浓度最高，传导电流主要是靠水电离产生 OH^- 和 H^+ 完成的。该区树脂再生程度最高，也就保证了出水水质。

三、EDI 装置

为了保证 EDI 装置的连续制水，提高系统运行的稳定性，EDI 装置通常采用模块化设计，即利用若干个一定规格的 EDI 模块组合成一套 EDI 装置，如果其中的一个模块出现故障，在不影响装置运行的情况下，可以方便地对故障模块进行维修或更换处理。另外，模块化的设计方式还可以使装置保持一定的扩展性。

为了使极室中产生的气体易于排净，EDI 模块一般设计为立式。

（一）EDI 模块类型

1. 按结构形式分类

按离子交换膜组装在 EDI 中的形状分类，EDI 模块可分为板框式和卷式两类，前者组装的是平板状离子交换膜，后者组装的是卷筒状离子交换膜。

（1）板框式 EDI 模块，简称板式模块。它的内部为板框式结构，主要由阳电极板、阴电极板、极框、离子交换膜、淡水隔板、浓水隔板及端板等部件按一定的顺序组装而成，设备的外形一般为长方形或圆形，如图 5-49 所示。板框式 EDI 模块按其组装形式又可以分为两种，一种是按一定的产水量进行了定型生产的模块，如 GE 公司生产的 MK 系列模块、XL 系列模块等；另外一种系列是根据不同的产水量对产品进行定型生产的模块。

（2）螺旋卷式 EDI 模块，简称卷式 EDI 模块，它主要由电极、离子交换膜、淡水隔板、浓水隔板、浓水配集管和淡水配集管等组成。它的组装方式与卷式反渗透膜组件相似，即按浓水隔板→阴膜→淡水隔板→阳膜→浓水隔板→阴膜→淡水隔板→阳膜……的顺序将它们叠放后，以浓水配集管为中心卷制成型，其中浓水配集管兼作 EDI 的负极，膜卷包覆的一层外壳作为阳极，设备的外形如图 5-50 所示。

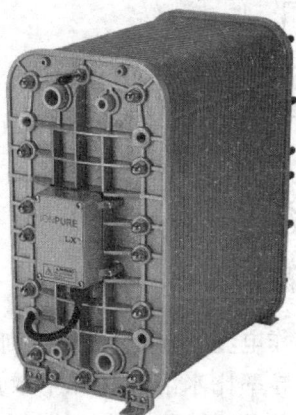

图 5-49　板框式 EDI 模块

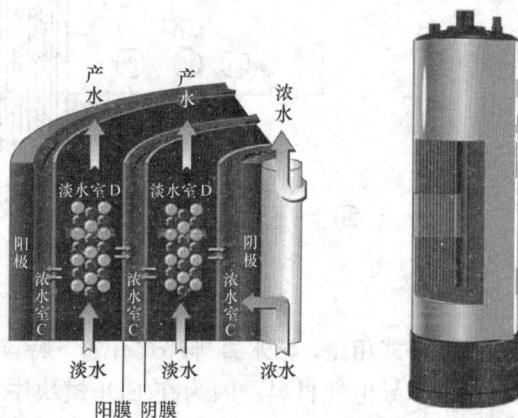

图 5-50　螺旋卷式 EDI 模块

2. 按运行方式分类

根据浓水处理方式，可将 EDI 模块分为浓水循环式和浓水直排式两类。

（1）浓水循环式 EDI 模块。浓水循环式 EDI 系统流程如图 5-51 所示，进水一分为二，大部分水由模块下部进入淡水室中进行脱盐，小部分水作为浓水循环回路的补充水。浓水从模块的浓水室出来后，进入浓水循环泵入口，经升压后送入模块的下部，并在模块内一分为二，大部分水送入浓水室内，继续参与浓水循环，小部分水送入极水室作为电解液，电解后携带电极反应的产物和热量而排放。为了避免因浓水的浓缩倍数过高而出现结垢现象，运行中将连续不断地排出一部分浓水。

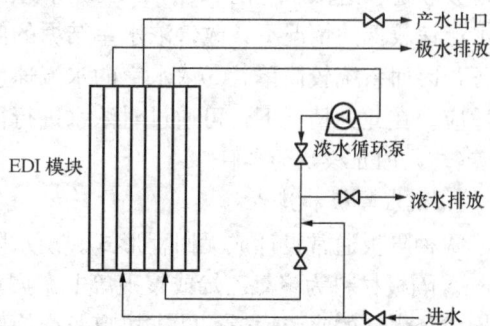

图 5-51　浓水循环式 EDI 系统流程示意

与浓水直排式相比，浓水循环式有如下特点：①通过浓水循环浓缩，提高了浓水和极水的含盐量，达到提高 EDI 模块工作电流的目的。②一部分浓水参与再循环，增大了浓水流量，即提高了浓水室的水流速度，这有利于降低膜面滞流层厚度，减轻浓差极化，减小了浓水系统结垢的可能性。③较高的工作电流使 EDI 模块中的树脂处于较多的 H 型和 OH 型状态，保证了 EDI 除去 SiO_2 等弱电解质的有效性。④需要设置一套加盐装置，因此，必须考虑加盐量和浓水循环系统的控制问题。

（2）浓水直排式 EDI 模块。如果在 EDI 模块的浓水室及极水室中也填充了离子交换树脂等导电性材料，则可以不设浓水循环系统。这种模块称为浓水直排式 EDI 模块，其系统流程如图 5 - 52 所示。

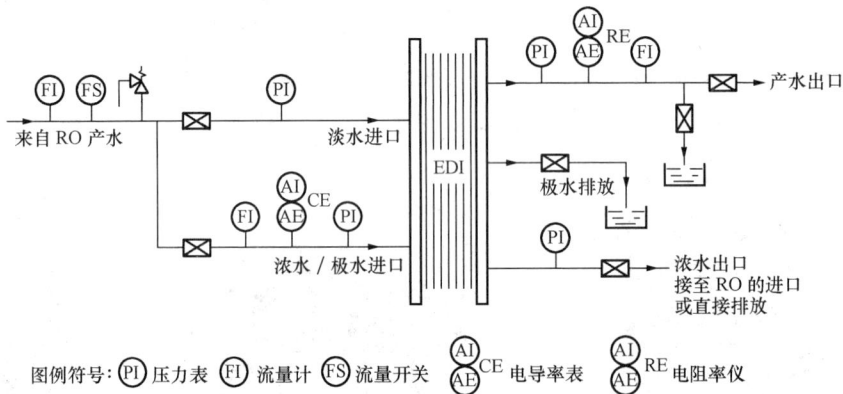

图 5 - 52　浓水直排式 EDI 装置工艺流程

与浓水循环式相比，浓水直排环式有如下特点：①提高工作电流的方法不是靠增加含盐量，而是借助于导电性材料。因为在 EDI 模块中，树脂的电导率比水溶液高几个数量级，所以，在工作电压相同的情况下，将能产生更大的工作电流，从而可以用较低的能耗获得较好的除盐效果。②对进水水质的波动有一定适应性。当进水电导率不太低时，浓水室和极水室的电阻主要取决于导电性材料，而与水中含盐量的关系不大，所以，当进水电导率波动幅度有限时，膜堆电阻基本不变，即工作电流变化小，脱盐过程稳定。③离子交换树脂可以迅速地吸收迁移进浓水室的 SiO_2 及 CO_2 等弱酸物质，并可以降低膜表面的浓差极化，使得在浓水流速较低的情况下，改善浓水室结垢的问题。④可以省掉加盐装置、浓水循环泵等辅助设备，因而系统较简单。⑤浓水室的水流速度不高。⑥进水电导率太低时，EDI 装置可能无法适应。在此种情况下，可通过对浓水进行循环或在进水中加盐的方法予以解决。

（二）EDI 模块的部件

1. 浓水隔板和淡水隔板

两种隔板通常设计成无回程形式。淡水隔板的厚度为 3～10mm，浓水隔板的厚度为 1～5mm。隔板材料为聚氯乙烯或聚砜等非金属材料。淡水隔板位于 EDI 的淡水室，其作用是：①构成淡水室的水流通道；②支持离子交换膜和离子交换填充材料；③改善淡水流态，降低离子迁移阻力。

浓水隔板位于浓水室，隔板内填充隔网，其作用是：①构成浓水室的水流通道；②强化水流紊乱，减薄层流层厚度，降低浓差极化程度，防止结垢。

隔板的结构、厚度对 EDI 性能有影响。例如，淡水隔板越厚，即离子由淡水室迁移至浓水室的距离越长，因而残留在淡水中离子越多。另外，隔板结构还会影响树脂的密实程度等。

2. 淡水室中的填充材料

淡水室的填充材料一般选用均粒强酸强碱型树脂。用均粒树脂填充隔室时，空隙均匀一致，水流通道状况相同，阻力小，运行流速高。阳、阴树脂的体积比应与进水中可交换阴、阳离子的比例相适应，如 1∶2 或 2∶3 等。填充时可将阳树脂和阴树脂交替分层填充，也可以混合均匀后填充。后者能充分利用隔板内各处极化时水分子电离产生的 H^+ 和 OH^-，使树脂保持较高的再生度，保证对 SiO_2、CO_2 的除去效果。

3. 离子交换膜

对于 EDI 装置中的离子交换膜，应具有较高的选择透过性，较低的渗水率等性能，保证浓水室在高浓度下运行，而不影响淡水室的水质。

4. EDI 电极

电极所处的工作环境差，故电极材料应耐酸碱、不腐蚀、抗氧化和难极化。此外，电极结构应保证电流分布均匀，电流密度低，排气、极水通畅。

现在常用钛涂层（如钛涂钌或铱等）材料作阳极，用不锈钢材料作阴极。

电极形式有多种，卷式 EDI 模块的阴电极为管式（同时还兼作模块的中心配集管），阳电极一般为板状或网状；板框式 EDI 模块的阳、阴电极一般为栅板式或丝状。

5. 其他部件

其他部件包括端压板（板框式 EDI 模块）、外壳（卷式 EDI 模块）、锁紧螺栓、外部接管及电源接头等。

端压板一般由轻型的铝合金制作，并喷涂防腐材料，它不仅质量轻，而且便于安装和维护；卷式 EDI 的外壳通常用玻璃钢制作，既有一定的机械强度和耐腐蚀能力，又有良好的绝缘性能。EDI 的外部接管一般采用非金属的工程塑料，如 PVC 等，这有利于本体的绝缘和防止漏电。

四、EDI 系统

若干个相同的 EDI 模块组合成更大的除盐单元，即为 EDI 装置。广义地讲，EDI 装置应包括所有模块、监测仪表、配套管道与阀门等相关设备，甚至可以延伸到整个 EDI 系统。EDI 系统通常包括 EDI 装置本体、整流器、浓水循环泵、系统管道与阀门、电气控制系统、仪表及连接管线、电缆等可独立运行的装置，此外还包括加盐系统、化学清洗装置。

1. 整流器

整流器输出的直流电压及电流应能满足 EDI 装置在各种运行条件，包括极端条件下的要求，即直流输出电压满足模块的最大电压值，直流输出电流为各模块的最大工作电流之和，且有一定裕量。

当整流器输出功率较大时，为了保证电源的稳定，应采用三相交流电输入，并设置隔离变压器。另外，为了保证整流器的运行不对附近的分析仪表产生影响，整流器的直流输出电压纹波系数应小于最大输出量的 5%。

2. 浓水循环泵

浓水循环泵的出力和扬程决定于 EDI 装置的性能参数，其泵的最大扬程（关闭压头）不能超过 EDI 的允许内压值，一般高于浓水回流压力 0.2～0.3MPa。浓水循环泵的材质一般为不锈钢。

3. 系统管道与阀门

EDI 组件的外部接口有淡水进出口、浓水进出口和极水进出口，这些接口与对应的管道之间通常采用软管连接，材质为非金属工程塑料，如 PVC 等。如选用不锈钢连接，应有防漏电措施。

系统管道上的阀门应根据需要设置，其中有调节阀、隔离阀、排气阀、取样阀和卸压阀等。

4. 测量仪表

EDI 系统中配置的测量仪表有压力表、流量表、温度计和水质监测仪表等。

5. 框架

设计的 EDI 框架不仅要考虑承担设备的运行重量，还要考虑在运行或地震时所产生的外力。框架的材料可用一般碳钢，外加防腐层，也可采用高强度玻璃钢（FRP）。

6. 加盐系统

对于 EDI 装置，若淡水室内填充树脂，而浓水室内没有填充导电材料，则淡水室靠树脂传输电流，浓水室靠溶液传输电流。由于 EDI 模块进水的含盐量低，溶液传输电流比树脂的传输电流能力低得多。因此，需向浓水室投加一定量的食盐（NaCl），维持 EDI 较高的工作电流，以保证对弱酸物质的除去率。

为了减少杂质随盐进入系统，所用 NaCl 和稀释水的纯度应符合要求，通常将分析纯或化学纯 NaCl 用除盐水稀释配制。NaCl 自动加药的控制信号用浓水电导率信号，根据浓水电导率仪发出的信号控制计量泵的启动和停运，保证浓水电导率在规定范围内。浓水电导率在 $50 \sim 500 \mu S/cm$ 之间，具体设定值由 EDI 装置的进水水质、水量确定。

7. 清洗装置

EDI 系统的化学清洗装置可以根据 EDI 装置的容量进行配置，也可以与反渗透的清洗装置共用，系统配置包括一只溶液箱、一台清洗水泵、一台精密过滤器、流量表、压力表和配套的阀门及管道等。

为节省占地面积，减少投资，也可以在清洗时临时配置一套清洗装置。

8. 控制系统

EDI 的就地控制柜包括电源、PLC 控制系统、EDI 操作平台、报警继电器、在线电导率或电阻率仪等。

EDI 装置的 PLC 控制系统应具有以下几个功能：可监视在线仪表的运行情况；可对整流器、浓水循环泵及加盐系统进行控制操作；具有内部故障诊断及报警功能；可进行远程控制，操作人员可通过操作平台对 EDI 进行操作和监控。

【任务实施】

下面以某厂 EDI 装置为例，介绍 EDI 装置的运行与维护。

一、EDI 装置运行

（一）启动

1. 启动前的检查

（1）RO 产水箱中的水位不低于 0.8m，水质达到 EDI 进水要求，并将 RO 产水箱和除盐水箱投入连锁。

（2）检查气动阀控制柜气源压力应为 0.45～0.6MPa，保证储气罐正常工作，确保气源压力稳定。

（3）确认加药箱药液液位正常。

（4）检查给水泵、浓水循环泵、加盐泵处于备用状态。

（5）检查各泵电源和控制电源，检查各就地盘柜指示灯无异常。将给水泵、浓水循环泵、加盐泵、阀门等手动/自动转换开关切换至"手动"位置，EDI 电源手动/自动转换开关放在中间"停"位置，其余开关指向"关"位置。

（6）开给水泵进出口阀、保安过滤器进出口阀，浓水和极水调节阀。

（7）确认产水管路手动蝶阀打开。

2. 启动

（1）给水充满系统。开给水进口阀和产水超标阀，并确认阀门已开启到位。启动给水泵，确认进水压力。如果压力超过 0.35MPa 则迅速停运给水泵，打开"进水高压排放阀"，检查高压原因，如给水泵出口阀开度过大。

（2）通过调整 EDI 装置的进出口阀门调节产水流量，使其符合要求。

（3）启动浓水循环泵并确定浓水流量。

（4）根据回收率确定浓水排放的流量。浓水排放的流量可通过浓水排放隔膜阀调节，使浓水流量为 200～260L/min。

（5）调整极水流量，直到符合模块设定值，极水也通过极水排放隔膜阀调节，使极水流量为 30～35L/min。

（6）确定淡水室进、出口压力。

（7）调整浓水进水压力，使其比淡水进水压力低 30～70kPa。

（8）启动加盐泵，并检查浓水电导率是否正常。

（9）按启动程序启动整流器，并检查所有模块的启动电流。模块的启动电流可能比正常运行的电流要高，一般在 1h 内降至正常水平。各个模块间的工作电流应该相差不大。

（10）对系统中的测量仪表进行设定，检查仪表的运行状况。

（11）按自动状态投运 EDI 装置。

（12）EDI 装置启动后，手动调节加盐泵，加药量为 1mg/L，控制浓水电导率在 250～350μS/cm 之间。产水电阻率应在 1h 内升至一个相对稳定的水平。当显示值大于 5MΩ·cm 时，关闭产水排放阀，系统启动完毕。

（二）运行

1. 自动投运

手动启动 EDI 装置后，当系统的流量、压力和电流均调整至符合要求时，就可以将整流器、浓水循环泵、加盐装置等转到自动状态，使 EDI 系统转入自动运行。

2. 运行记录

为了掌握 EDI 装置运行现状和查询运行的历史状态，在 EDI 系统的运行过程中，应记录以下运行参数：淡水进水压力、浓水进水压力、产水压力、浓水出口压力、浓水循环泵出口压力、浓水排放流量、浓水循环流量、极水流量、产水流量、整流器工作电压（或各个模块的工作电压）、整流器工作电流（或各个模块的工作电流）、产水电阻率、浓水电导率、进水电导率、产水温度、浓水温度。

（三）停运

EDI 装置停运时间不超过三天的，称为短期停运，否则称为长期停运。

1. 短期停运

（1）停运整流器。将 EDI 电源手动/自动转换开关置于中间"停"位置。

（2）停浓水循环泵和加盐泵。

（3）停给水泵。

（4）关闭所有进出水阀门，停止向 EDI 装置进水。

2. 长期停运

可按下述步骤停运 EDI 装置：①先按短期停运的程序（1）～（4）进行处理；②卸去 EDI 装置的内部压力；③对装置进行杀菌处理；④关闭所有的进出口阀门，以保持模块内部的湿润，防止膜组件失水变干燥；⑤断开整流器、控制盘和泵的电源。

（四）电再生

下列三种情况导致树脂失效，因而需要对模块进行电再生：①化学清洗后的模块；②较长时间停运的模块；③在低电流，甚至断电的情况下运行了一段时间的模块。

电再生的目的就是将交换到树脂上的杂质离子迁移出去，使 H 型和 OH 型树脂的份额恢复到正常水平。电再生是通过水电离出的 H^+ 和 OH^- 与树脂中的杂质离子进行交换反应来实现。为了提高再生度和再生速度，需要调整设备的运行工况，如提高工作电流，强化水的电离。

在对 EDI 模块进行再生时，可以按正常的操作程序启动 EDI 系统。当模块进入再生过程时，初始工作电流较高，产水水质较差，此时应将产水排放。当产水的电阻率逐步升高到合格值时，可以停止再生，将装置按正常的程序投入运行。

EDI 装置的电再生具体操作步骤如下：

（1）按表 5-14 调整产水流量、浓水流量、极水流量，将控制柜上的电源开关转换为"稳流"状态，提高电流到正常运行值的 1.5～2 倍，但不得超过 6A。

表 5-14　　　　　　　　　　　　EDI 模块电再生条件

型号	产水流量 （m³/h）	浓水流量 （m³/h）	极水流量 （L/h）	再生电流 （A）
CP-3600	2.0	1.20	80	<6

（2）保持上述参数运行模块。再生初期，浓水总含盐量较高，当浓水电导率降至 $200\mu S/cm$ 左右时，将浓水流量降低 50%，进水流量、工作电流及极水流量等操作参数保持不变。

（3）当浓水电导率降至 $150\mu S/cm$ 左右时，将进水流量提高至正常值，回收率提高到 90%左右，浓水流量、工作电流及极水流量等操作参数保持不变。

（4）保持上述参数，使设备运行 1h 后，将控制柜上的电源开关切换至"稳压"状态，并将运行电压调至正常运行值。

（5）将所有流量、压力恢复到正常运行状态，一直运行到产水电阻大于 $5M\Omega\cdot cm$，再生完成。

（五）注意事项

（1）EDI 装置周围应严禁烟火。由于 EDI 运行过程中会使极水产生氢气、氯气和氧气，还伴随发热。因此，为保证安全，EDI 装置周围应严禁烟火，应及时排放极水，避免 H_2 与 O_2 混合可能引起的爆炸危险。

（2）大量电流通过 EDI 模块会产生热量，需控制淡水、浓水和极水的最低流量。无水有电或流量过小造成的模块烧坏是目前 EDI 组件损伤的主要原因。因此，应保证流量满足要求，并且应定期检测流量开关的灵敏性。

（3）单个模块故障停运时，将该模块电源关闭后，应同时关闭其所有进、出水阀，以免影响水质；而在该模块重新投运时，则应先开其所有的进、出水阀，待有水出后，才能开启模块电源。

（4）装置投运后，若出现 EDI 电源开关频繁启停，应打开系统排气阀进行排气。

二、EDI 装置维护

1. 停运期间保护

EDI 装置停运期间，为了避免膜组件微生物繁殖和脱水进气，应采取一定的保护措施。不同材质的膜对保护有不同的要求。

某厂 EDI 装置保护措施如下：

（1）若 EDI 装置停运在 7d 内，装置可以每天或隔天冲洗一次，启动时间不少于 10min。

（2）若 EDI 模块需要长期储存（或发生微生物污染时），可以用一种合适的消毒剂进行消毒，然后冲洗、排尽，将模块密封。

消毒剂对模块均有一定负面影响，应尽量选用对树脂和膜无损害或副作用较小的化学药剂。常用的消毒剂有离子型及有机物消毒剂，如过氧乙酸、丙二醇等。由于氧化型消毒剂对树脂和膜均有氧化作用，使用它将缩短模块寿命，应慎用。此外，由于树脂和膜耐温性能差，不能用热水（如 80℃ 以上温度）消毒。

消毒后的模块，在下次启动前应进行再生。使用有机消毒剂消毒后，EDI 装置投运时需要经过较长的正洗时间，才能将产水 TOC 降低下来。

2. 模块的储藏

EDI 模块应安装在避免风雨、污染、振动和阳光直接照射的环境中，一般安装在室内。由于模块内的树脂和膜耐温能力有限，要求模块使用和储藏温度为 0~50℃。

短期储藏的注意事项：①确保模块密封；②膜和树脂不能脱水。

长期储藏的注意事项：①按 EDI 模块的出厂状态，排出多余的水分并保持内部湿润；②必须向模块内加入杀菌剂进行封存。按此方法处理的模块最多可保存一年。

三、EDI 装置的清洗

（一）模块的污堵

随着运行时间的延长或长期在不佳的情况下运行，EDI 膜堆和管路可能会由于 Ca^{2+}、Mg^{2+}、微生物、有机物及金属氧化物等因素而引起污染或结垢，统称污堵。污堵原因包括以下几个方面：

（1）运行的积累。即使在正常运行条件下，EDI 系统也会慢慢结垢，长时间可积累较多垢物。EDI 模块结垢主要集中在浓水室阴膜表面和阴极室。

（2）进水水质不符合要求。如果进水中的 Ca^{2+}、Mg^{2+} 等离子浓度超过规定，严重时会很快引起 EDI 模块结垢。另外，进水中 SiO_2 含量过高，也会在模块内生成很难清除的硅垢。

（3）回收率太高。

（4）微生物滋生。EDI 模块运行的过程中，可以连续地电离水分子，在模块内部形成 pH 值或高或低的局部区域，可以起到抑制微生物繁殖的作用。所以，运行中 EDI 装置不易发生微生物问题。但是，EDI 装置停运后，上述作用消失，模块内的细菌及微生物就会很快地繁殖。停运时间越长，微生物危害就越大。气温较高时，微生物问题较为突出。有的 EDI 装置，在浓水循环回路中设置有紫外线杀菌器，就是为了防止浓水系统中微生物的繁殖。

污堵严重影响 EDI 装置的工作性能，导致产水水质下降，模块的压差增大，浓水、极水及产水流量降低，电压升高等故障，因此有必要进行化学清洗。

（二）清洗的判断

虽然污垢降低 EDI 装置的运行效果，但并不意味着清洗越频繁越好，这是因为：①当污垢较少时，EDI 模块的富余容量足以弥补污垢的影响。②清洗会耽误制水和消耗化学药品，清洗不当还会伤害模块。③清洗后模块再生时间较长，通常需 10h 以上。所以，应根据 EDI 装置的运行状况作出清洗判断，确定合适的清洗时间。

若 EDI 模块中有污堵，则必然造成过水断面缩小，水流阻力系数（ξ）增加，引起流量下降和压降上升。因此，可根据流量（q_v）和压降（Δp）的变化决定清洗时间。

由水力学有关知识可知，ξ、q_v 和 Δp 之间的关系为

$$\Delta p = k\xi q_v^2 \tag{5-20}$$

式中：Δp 为浓水室或淡水室进出口压力差，MPa；k 为常数；ξ 为阻力系数；q_v 为浓水室或淡水室流量，m^3/h。

式（5-20）表明，即使 ξ 不变，q_v 的变化也可引起压降 Δp 变化，或者 Δp 的变化可以引起 q_v 变化，因此，不能仅根据流量或压降这一单一指标的变化判断污垢的多少。将式（5-20）改写成式（5-21）的形式，即

$$\sqrt{\frac{1}{k}\frac{1}{\xi}} = \frac{q_v}{\sqrt{\Delta p}} \tag{5-21}$$

由式（5-21）可以看出：比值 $q_v/\sqrt{\Delta p}$ 仅依赖于阻力系数 ξ。所以，可以根据 $q_v/\sqrt{\Delta p}$ 的变化幅度判断污垢的多少。具体判断方法如下：用式（5-21）分别计算浓水室和淡水室 $q_v/\sqrt{\Delta p}$，如果该值比初始值减少了 20%，则应采取措施，清除污垢。

根据式（5-21）决定清洗时，还应注意水温对流量和压降的影响。

（三）清洗方案

清洗前，应根据模块的运行状况或取出污垢进行分析，以确定污垢化学成分，然后用针对性强的清洗液，进行浸泡或动态循环清洗。根据污垢的主要成分，可将常见的污垢类型分为如下几种：①钙镁垢。通常是由于进水水质未达到要求或回收率控制过高而造成。易发部位为浓水室和阴极极水室。②硅垢。由进水硅酸浓度较高引起的硅垢较难除去。易发部位为浓水室和阴极极水室。③有机物污染。如果进水中有机物含量过高，则树脂和膜就会发生有机物污染。易发部位为淡水室。④铁锰污垢。当进水铁锰含量过高时，则引起树脂和膜的中毒。易发部位为淡水室。⑤微生物污染。当进水生物活性较高，或停用时间较长，气温较高

时，可引起微生物污染。

不同的污垢应选用不同的清洗方案，表 5-15 所示为某 EDI 模块清洗消毒方案。

表 5-15　　　　　　　　　　　　　　某 EDI 模块清洗方案

序号	污 垢 类 型	清 洗 方 案
1	钙镁垢	配方 1
2	有机物污染	配方 3
3	钙镁垢、有机物及微生物污染	配方 1→配方 3
4	有机物及微生物污染	配方 2→配方 4→配方 2
5	钙镁垢及较重的生物污染同时存在	配方 1→配方 2→配方 4→配方 2
6	极严重的微生物污染	配方 2→配方 4→配方 3
7	顽固的微生物污染并伴随无机物结垢	配方 1→配方 2→配方 4→配方 3

注　配方 1 为 1.8% HCl；配方 2 为 5% NaCl；配方 3 为 5% NaCl+1% NaOH；配方 4 为 0.04% 过氧乙酸+0.2% 过氧化氢。

（四）清洗步骤

下面主要介绍某 EDI 装置浓水侧清洗步骤。

1. 浓水侧清洗

用 5% 的柠檬酸或 1.8%～2.5% 的盐酸清洗浓水室和极水室。不要将酸打入淡水室，否则需用很长的运行时间来再生树脂。

（1）按系统图纸连接清洗管路。

（2）启动清洗泵，调节浓水流量为系统产水量的 30% 左右，极水流量为正常流量。测量并记录通过极水室和浓水室的水流量和压力降。

（3）用泵使清洗液循环清洗 30min，然后停泵用清洗液浸泡 5min 以上。

（4）放掉清洗箱的废液，向清洗箱中进除盐水（RO 出水），将清洗回水管改为排放（要保证药剂不会溅出），启动清洗泵，以正常或一半的压力和流速冲洗管道和模块，如此循环约三次。冲洗至出水的 pH 值在正常运行范围内，然后将清洗箱和清洗泵、管道的水排尽。

（5）将清洗临时管路断开，恢复原样。

（6）启动供水泵，浓水循环泵，继续冲洗至出口水与入口水电导率相差不超过 30μS/cm。

（7）启动电源。在再生模式下运行 EDI，直到离子进出平衡。再在标准模式下运行 EDI，直到出水水质恢复到正常水平。

注意：步骤（1）～（6）必须在断电情况下进行；配制 HCl 溶液时先加水，再向水箱中缓缓加入盐酸。

2. 淡水侧清洗

清除淡水侧有机物污染用 1% NaOH+5% NaCl 混合液。淡水侧清洗步骤与浓水侧清洗相似。

四、运行参数控制

1. 工作电压和电流

如 EDI 的工作电压过低，水中离子的迁移驱动力小，难以保证大部分离子从淡水室迁出，产品水水质差。另外，水分子不能有效电离，难以维持淡水室中树脂的再生度。相反，如工作电压过高，水的电离过多，电能消耗大，过多的 H^+ 和 OH^- 还会挤压其他离子的迁移，同样使产品水水质变差。所以 EDI 的工作电压必须控制在一定范围。

EDI 装置的工作电流随着工作电压递增（见图 5-53），当工作电流超过极限电流时，H_2O 开始电离出 H^+ 和 OH^-，膜堆电阻发生第 1 次突增，形成 $U-I$ 曲线的第 1 个拐点 (I_1, U_1)，这些 H^+、OH^- 可以将淡水室树脂所吸着的杂质离子置换下来，相当于电再生树脂；当工作电压继续增加至某值后，膜堆电阻发生第 2 次突增，形成 $U-I$ 曲线的第 2 个拐点 (I_2, U_2)，这时 H_2O 大量电离，电再生作用更强，置换下来的杂质离子更多，EDI 装置出水水质恶化。

在图 5-53 中，第 1 拐点处的 I_1 称为 EDI 的极限电流，U_1 称为 EDI 的分解电压；第 2 拐点处的 I_2 称为 EDI 的再生电流，U_2 称为 EDI 的再生电压。

EDI 的正常工作电压应控制在 $U_1 \sim U_2$ 之间，当工作电压低于 U_1 时，此时达不到膜堆的极限电流，起不到有效的除盐作用；当工作电压高于 U_2 时，此时相当于膜堆的再生过程，淡水室中离子交换树脂再生出来的杂质离子将会影响 EDI 装置的出水水质。

EDI 的工作电流与进水离子浓度、水的回收率和水温有关。进水离子浓度越高，水的回收率越高及进水的水温就越高，都会使工作电流增大。某 EDI 装置的工作电流、进水水质和产品水水质三者之间的关系如图 5-54 所示。在工作电流相同的情况下，进水电导率越低，产品水水质就越好。另外，如果在进水电导率增大的同时，适当提高工作电流，仍可保证产品水水质，但进水电导率不宜大于 $100\mu S/cm$。

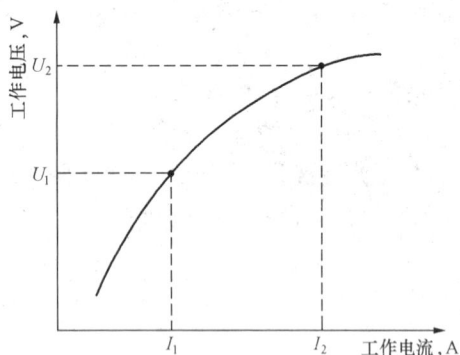

图 5-53　电压—电流关系曲线

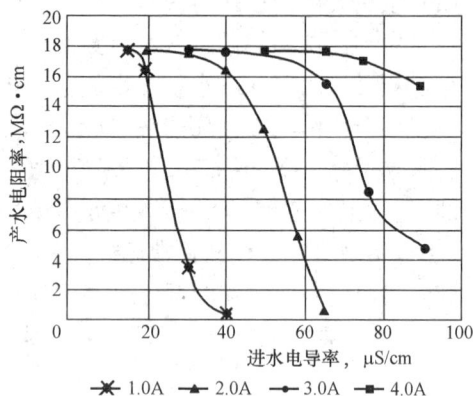

图 5-54　某 EDI 装置产水电阻率
与电流和进水电导率的关系

2. 水的流量

水的流量包括淡水流量、浓水流量和极水流量，控制适当的水流量也是 EDI 安全运行的一个重要参数。

（1）进水流量。进水流量低，则水在 EDI 装置中的停留时间长，离子有足够的时间迁出淡水室，故产水电阻率高。但是，当流量太低时，一方面，膜及树脂表面的滞流层变厚，传质效果差；另一方面，装置温升太大，可能造成模块损坏。

提高进水流量，有利于增强传质，防止浓差极化，但某些离子既来不及发生交换反应，又没有足够的时间迁出淡水室，加之随进水带入的盐量多，电流相对不足，结果是产水电阻率下降。

EDI 模块中淡水室的水流速度一般控制在 20～50m/h。

（2）浓水流量。如浓水流量过低，容易发生结垢，如流量过高，则水耗高（对直排式而言）。所以浓水循环式既有利于防止结垢，又可减小能耗和水耗。

（3）极水流量。极水流量一般控制在进水流量的 1%～3%，以保证对电极的冷却和及时排出电极反应产物。

3. 水温

如果进水温度过低，水的黏度和离子泄漏量增大，产品水水质下降。提高温度，可以加快离子迁移、促进离子交换和再生，因而可提高产水电阻率。另外，由于 CO_2、SiO_2 等弱酸性离子的水解速度随水温的升高而增加，因此提高温度，它们的去除率也有相应提高。

EDI 运行温度一般控制在 5～35℃ 之间。

4. 运行压力及压降

运行压力过高，模块不易密封，运行压力过低，不能保证出力。因此，EDI 的运行压力一般控制在 0.2～0.7MPa 之间。

淡水室压降（淡水进出口的压降）、浓水室压降（浓水室进出口的压降）、极水室压降（极水进出口的压降）、淡水与浓水间的压降，都是 EDI 运行中的重要控制参数。影响压降的因素主要有：①流量。对于新模块，压降几乎随流量呈线性关系递增。②水温。随着水温的升高，水的黏度下降，压降相应降低。③隔室数量。当流量一定时，压降与隔室数量成反比。④水的回收率。当进水总量不变时，提高水的回收率，相当于降低了分配给浓水室的水量，增加了淡水室流量，所以浓水室压降下降，淡水室压降上升。

在 EDI 中，由于淡水室、浓水室和极水室的水流通道不同，所以水流通过这三个室的压降也不同。其中，极水流量较小，而且直接排放，所以，极水室压降较低，一般小于 0.25MPa。

EDI 运行过程中，应保证淡水压力比浓水压力高 30～70kPa。如果这个压差高于 70kPa，容易造成离子交换膜变形，甚至损坏。如果这个压差小于 30kPa，则不足以防止浓水漏入淡水，引起产品水水质恶化。

5. 回收率

EDI 模块水的回收率定义为

$$y = \frac{q_P}{q_F} \times 100\% = \frac{q_P}{q_P + q_B + q_E} \times 100\% \qquad (5\text{-}22)$$

式中：y 为水的回收率，%；q_F、q_P、q_B、q_E 分别为进水总流量、产水流量、浓水排放流量和极水排放流量，m^3/h。

EDI 系统中，q_E 仅为 1%～3%，可将它看成为对式（5-22）分母没有影响的定值。从式（5-22）可知，增加回收率，浓水排放量降低。因为在 EDI 模块的运行过程中，淡水中的盐分几乎全部迁移至浓水中，所以，浓水中盐浓度随回收率递增，浓水结垢倾向增加。为了保证浓水室的结垢量不因回收率的增加而增加，所以回收率越高，要求进水硬度就越小，或者说，EDI 模块允许的回收率与进水水质有关。例如，某公司生产的模块，当进水硬度小于 0.002mmol/L 时，最高回收率为 95%；当进水硬度大于 0.02mmol/L 时，最高回收率则为 80%。

五、常见故障与排除

EDI 常见故障及处理方法见表 5 - 16。

表 5 - 16　　　　　　　　　　　　**EDI 常见故障及处理方法**

现象	可能原因	解决方法
模块压差高	模块被污染	根据污染情况选择合理方法进行清洗
	流速太高	根据要求调整流量
模块压差低	流速太低	根据要求调整流量
产水流量低	个别模块堵塞	清洗模块
	流量设定不正确	重新设定流量
	进水压力过低	确认升压泵流量及压力
产水水质差	进水水质超标	控制 EDI 装置的进水水质
	进水流量不符合要求	调整进水流量
	一个或多个模块没有电流或电流很低	检查所有熔断器、电线接头及整流器的接地情况
	浓水压力比进水和产水压力高	重新调整浓水压力
	电极接线错误	检查电源接线情况
	运行电流过低	检查浓水电导率是否过低，整流器的电流输出是否达到上限
	离子交换膜损坏	提高电流产水水质应升高，否则有可能是离子交换膜已损坏，应考虑更换模块
	锁紧螺栓锁紧力过小	按要求紧固锁紧螺栓
	模块有污堵现象	按清洗程序对模块进行清洗
浓水电导率低	浓水循环流量低	减小浓水排放量
	进水电导率下降	提高加盐量
	加盐系统工作不正常	检查加盐系统
浓水流量低	浓水循环泵故障	检查浓水循环泵
	浓水系统有结垢现象	根据污染情况选择合理方法进行清洗
	流量开关设定不正确	调节阀门增大流量

【知识拓展】

一、淡水室中的其他物理化学过程

除了前面介绍的离子迁移、离子交换、电再生主要过程外，EDI 淡水室中还进行着以下的物理化学过程：

（1）同名离子迁入。与膜固定部分电荷符号相同的离子迁入淡水室，即淡水室两侧浓室中的阳离子穿过阴膜（离子交换膜固定部分带正电荷）、阴离子穿过阳膜而进入淡水室，使淡水质量下降。同名离子迁入的原因是膜的选择性不能达到 100%，允许少量的同名离子通过。

（2）浓差扩散迁入。由于浓水的盐浓度比淡水的高，故在浓度差推动下，盐从浓水室向淡水室扩散，使淡水质量下降。

（3）水的渗透迁出。由于淡水中水的化学位比浓水中的高，所以水会渗透进入浓水室中，使淡水产量下降。

（4）水的电渗。淡水室中离子迁移的同时携带一定数量的水化水分子一起迁移。

（5）水的压渗。当浓水、淡水和极水之间存在压力差时，水会从压力高的一侧向压力低的一侧渗漏。因此，操作时应注意保持淡水压力略高于浓水压力、浓水压力略高于极水压力，防止浓水被压渗到淡水中及极水被压渗到浓、淡水中。

显然，上述物理化学过程对 EDI 装置除盐不利。改变操作条件，可以避免或控制这些次要过程的发生。

二、电极反应

电极反应随电解质的种类、电极材料及电流密度等条件的不同会有较大的差异。

1. 阳极反应

以不溶性电极作为阳极，若水溶液主要成分为 NaCl，则阳极反应的主要产物为 Cl_2 和 O_2；若水溶液主要成分为硫酸盐或碳酸盐，则阳极反应的主要产物为 O_2。释放 Cl_2 和 O_2 的反应如下：

$$2Cl^- - 2e \Longrightarrow Cl_2 \uparrow$$
$$4OH^- - 4e \Longrightarrow O_2 \uparrow + 2H_2O$$

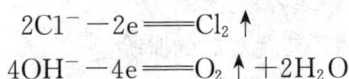

上述反应使阳极水 pH 值下降，产生的 Cl_2 和 O_2 溶于水生成 HCl 和初生态氧 [O]，所以应注意阳极和靠近阳极的膜的氧腐蚀和酸性腐蚀问题。当以可溶电极作为阳极时，还会发生电极的溶解。

2. 阴极反应

以不溶性电极作为阴极，无论是 NaCl，还是硫酸盐或碳酸盐等溶液，其阴极反应的主要产物是 H_2。释放 H_2 的反应如下：

$$2H^+ + 2e \Longrightarrow H_2 \uparrow$$

反应结果，阴极水 H^+ 减少而呈碱性，可能在阴极表面上形成 $CaCO_3$ 和 $Mg(OH)_2$ 等水垢。

若溶液中含有重金属离子，如 Cu^{2+}、Fe^{2+}、Zn^{2+}、Pb^{2+} 等，还会发生这些重金属离子在阴极上的还原沉积反应。

由于 EDI 运行过程中会使极水产生酸、碱、气体、沉积等电极反应产物，还伴随发热。因此，为保证 EDI 正常运行，应及时排放极水，带走电极反应产物和热量，避免 H_2 与 O_2 混合可能引起的爆炸危险。

三、EDI 进水要求

1. 含盐量

EDI 的工作电流中只有不到 30% 消耗于离子迁移，而约 70% 的电流消耗于水的电离，故 EDI 的电能效率低。因此 EDI 适用于处理低含盐量水（如电导率在 $40\mu S/cm$ 以下的水源）。目前常用 EDI 对 RO 的产水深度除盐。

一般用电导率和总可交换离子衡量进水含盐量。

（1）电导率。进水电导率低，EDI 产水水质好，SiO_2 及 CO_2 等弱酸性物质的去除率高。

（2）TEA（总可交换阴离子）及 TEC（总可交换阳离子）。对于 EDI 模块，电导率还不能准确地反映进水中杂质的含量，因为有些杂质并不是以离子状态存在的，如硅酸化合物和碳酸。所以，常采用 TEA 或 TEC 等指标表示进水杂质含量。TEA 中除包括水中离子态杂质外，还应包括 CO_2 等分子态杂质。

由于不同离子的迁移速率和交换能力有差异，因此，进水含盐量相同而组成不同时，EDI 产水水质也有差异。

2. 硬度

硬度是 EDI 模块的主要结垢物质。EDI 运行过程中，H_2O 会不断地电离出大量的 H^+ 和 OH^-。大量的 OH^- 迁移至浓水室阴膜表面，pH 值明显升高，加快了水垢的形成。因此，必须严格限制进水结垢物质的含量。例如，要求进水硬度小于 0.02mmol/L。

3. pH 值

进水的 pH 值影响弱电解质的电离度。弱电解质的电离度越高，与树脂发生交换反应的能力越强，在电场中迁移的份额越多，脱盐率就越高。在以 RO 淡水作为进水时，水的 pH 值取决于 CO_2 含量。因此，EDI 模块运行时，若进水 pH 值较低，意味着 CO_2 较多，也表明水中 CO_2 等弱酸性物质的电离度不高，结果是有较多的 CO_2 留在淡水室，产品水电导率较高；若进水 pH 值过高，EDI 模块容易结垢。

CO_2 的存在还会显著影响 EDI 装置对硅的脱除。

4. 氧化剂

如果进水中氯气和臭氧等氧化剂的含量过高，则可导致树脂和膜的快速降解，离子交换能力和选择性透过能力衰退，除盐效果恶化，模块寿命缩短。

被氧化降解的树脂机械强度下降，容易破碎，产生的碎片堵塞树脂间空隙，增加了水流阻力。树脂和膜的氧化产物为小分子有机物，溶入水中后，一方面使产品水 TOC 增加，另一方面污染阴树脂和阴膜。

5. 铁、锰

水中有铁、锰离子，会使树脂和膜中毒；铁、锰还会扮演催化剂的角色，会加快树脂和膜的氧化速度，造成树脂和膜的永久性破坏。

6. 硅酸化合物

硅酸化合物对 EDI 模块的影响包括两个方面：一是在浓水室结垢，二是不易除去。一般要求进水 SiO_2 含量小于 0.5mg/L。

此外，EDI 对进水中的有机物和颗粒杂质（SDI）也有一定的要求。某厂 EDI 装置对进水水质各项指标的要求见表 5-17。

表 5-17　　　　　　　　　某厂 EDI 装置规定的进水水质

指标名称	限值	单位	指标名称	限值	单位
电导率	<40	μS/cm	活性硅	<1.0	mg/L
铁、锰、硫	<0.01	mg/L	余氯	<0.02	mg/L
pH 值	4~11	/	硬度	<0.02	mmol/L
TOC	<0.5	mg/L	SDI	<1.0	/

四、EDI 除盐特点

EDI 具有以下特点：①水与盐分离的推动力为直流电场；②适用于低含盐量水的深度除盐，用于生产纯水、锅炉补给水和电子级水；③除盐非常彻底，除盐率与离子交换法基本相同，故它常作为生产纯水的终端除盐技术；④生产除盐水只需电能，不用酸碱，一般只用少量的 NaCl；⑤必须不断排放极水和部分浓水，水的利用率一般为 80%～95%；⑥EDI 装置普遍采用模块化设计，便于维修和扩容；⑦具有替代混合离子交换除盐技术的发展前景。

EDI 的应用始于 20 世纪 90 年代，目前已在电子、医药、电力、化工等行业得到了较为广泛的应用。用 EDI 可以制备出电阻率高达 $18M\Omega \cdot cm$ 的超纯水。EDI 通常与 RO 联合使用，组成 RO—EDI 系统。

RO—EDI 联合处理工艺与传统的离子交换混床相比，有以下几个特点：①可连续运行供水连续再生，不需设置再生备用设备，占地面积小；②与离子交换混床相比，阀门少，操作简单、方便；③不需再生设备和药剂，无酸碱液排放；④组件（模块）化组合，设计、安装及更换方便；⑤水的回收率高，当进水硬度小于 0.02mmol/L，回收率可达 90%～95%。浓水还可以回收作为 RO 进水。

学习情境六　认识热力系统水处理

【教学目标】

1. 知识目标

（1）理解氧腐蚀、酸性腐蚀、汽水腐蚀、应力腐蚀等腐蚀的特征、影响因素、部位，知道防止腐蚀的方法。

（2）理解热力设备结垢类型及形成原因，知道防止结垢的方法。

（3）理解蒸汽积盐原因及其特征；知道防止积盐的方法。

（4）知道热力系统水处理（炉内水处理）的目的。

（5）知道热力设备腐蚀类型。

2. 能力目标

（1）会识绘热力系统水处理示意图。

（2）能正确分析热力系统各水处理设备的功能、主要监测项目。

【任务描述】

热力系统水处理（炉内水处理）是为满足火力发电机组及蒸汽动力设备水汽质量的要求，通过物理的、化学的手段，降低水汽中的杂质，调节水的化学工况，抑制热力设备腐蚀、结垢和积盐的过程。热力系统水处理和补给水处理是电厂水处理的两个重要组成部分。班长组织各学习小组在仿真机或实训室环境下，认真分析机组水汽质量的要求，编制工作计划后，认识热力系统的水处理及各水处理设备的功能。

【任务准备】

课前预习相关知识部分。根据机组水汽质量的要求，按照电厂热力系统的水汽流程，经讨论后编制认识热力系统水处理的工作计划，并独立回答下列问题。

（1）热力系统水汽流程是怎样的？

（2）热力系统水汽中杂质的来源途径有哪些？

（3）热力系统水汽品质不良有何危害？

（4）腐蚀的定义是什么？如何区分化学腐蚀和电化学腐蚀？

（5）热力系统容易发生哪些类型的腐蚀？其主要影响因素是什么？

（6）运行时氧腐蚀主要发生在哪些部位？如何防止？

（7）水汽系统中酸性物质指哪些？来源于何处？

（8）如何防止游离二氧化碳腐蚀？

（9）如何防止锅炉酸性腐蚀？

（10）过热器和再热器管氧化皮剥离有哪些主要条件？

（11）防止过热器和再热器管氧化皮剥离的方法有哪些？

（12）流动加速腐蚀发生的原因是什么？

（13）水汽系统哪些部位容易发生应力腐蚀？影响因素有哪些？

（14）为什么汽轮机会发生酸性腐蚀？防止汽轮机酸性腐蚀有哪些方法？

（15）汽轮机初凝区容易发生哪几种类型的腐蚀？

（16）热力设备水垢常分为哪几类？如何防止水垢？

（17）蒸汽携带盐类的途径有哪些？

（18）过热器内的盐类沉积物是怎样分布的？

（19）怎样才能获得清洁的蒸汽？

（20）汽轮机内盐类沉积有何规律？

【相关知识】

一、热力系统

1. 热力系统水汽流程

火力发电机组一般是利用煤炭、石油或天然气等燃料燃烧时产生的热能来加热水，使水变成高温、高压蒸汽，然后再由蒸汽推动汽轮机，汽轮机驱动发电机发电。锅炉、汽轮机及其附属设备、管道组成了所谓的热力系统。热力系统中的各种热交换部件或水汽流经的设备，如省煤器、水冷壁（简称炉管）、过热器、汽轮机、高压加热器、低压加热器、除氧器和凝汽器等，通称为热力设备。

传递能量的水汽呈循环状运行，凝汽式发电厂水汽主要流程（见图6-1）如下：凝汽器→凝结水泵→凝结水净化装置→低压加热器→除氧器→给水泵→高压加热器→省煤器→锅炉→过热器→汽轮机高压缸→低温再热器→高温再热器→汽轮机中压缸→汽轮机低压缸→凝汽器。其中，凝汽器出口至省煤器出口的水系统，包括凝结水泵、低压加热器、除氧器、给水泵、高压加热器、省煤器及其相连的管道阀门等称为给水系统。有时为了叙述方便，而将凝汽器出口至除氧器出口称为凝结水系统或低压给水系统；将除氧器出口至省煤器出口称为给水系统或高压给水系统。

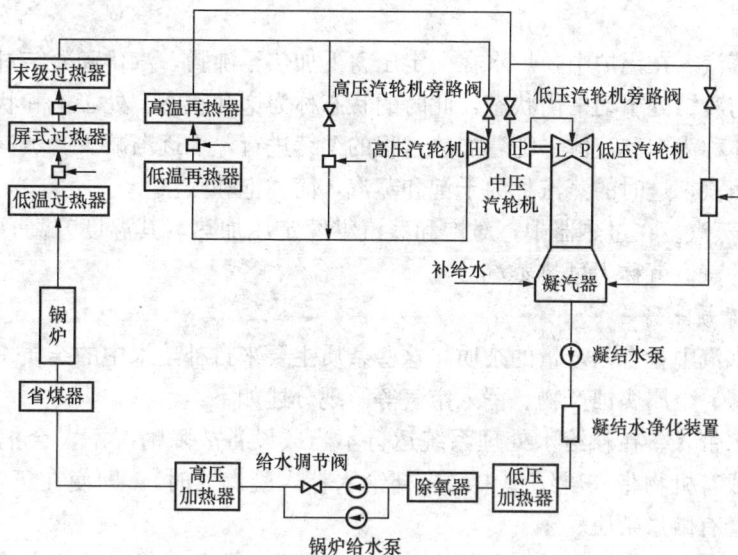

图6-1 凝汽式发电厂热力系统水汽主要流程

调节蒸汽温度的喷水减温器装于低温过热器与屏式过热器之间和屏式过热器与高温过热器之间。再热蒸汽温度的调节通过位于省煤器和低温再热器后方的烟气调节挡板进行控制，在低温再热器出口管道上布置再热器微调喷水减温器作为辅助调节手段。

在热力系统中，水、汽虽然是密封循环，但总免不了有些损失，补给水就是为了补偿此种损失而补加的水。在现代大型机组中，锅炉补给水一般是补入凝汽器，与凝结水混合并在凝汽器内经除氧后进入给水系统；在小型机组中，通常是使补给水补入除氧器后再与主凝水和各种疏水混合后进入给水系统。

2. 水汽名称

由于水在热力系统中所经历的过程不同，其水质常有较大的差别。因此，为了方便工作的需要，我们常根据生产的实际给予这些水、汽以不同的名称。

（1）原水。原水（生水）是未经净化处理的水源水，如江、河、湖的水和地下水等。

（2）补给水。生水经净化处理后，用来补充水汽循环系统中损失的水，称补给水。按其净化处理方法的不同，分为软化水和除盐水等。

（3）汽轮机凝结水。在汽轮机中做功后的蒸汽经冷凝形成的水，称为汽轮机凝结水，简称凝结水。

（4）疏水。各种蒸汽管道和用汽设备中的蒸汽凝结水，它经疏水器汇集到疏水箱或并入凝结水系统中。

（5）返回凝结水。热电厂向热用户供热后，回收的蒸汽凝结水，称为返回凝结水，简称返回水。其中又有热网加热器凝结水和生产返回凝结水之分。

（6）给水。在火电厂中常以送进锅炉系统的水称为给水。凝汽式火电厂的给水是由汽轮机凝结水、补给水和各种疏水组成；热电厂的给水还包括返回凝结水。

（7）锅炉水。在锅炉本体的蒸发系统中流动着的水，称为锅炉水，简称炉水。

（8）冷却水。用作冷却介质的水称为冷却水，用来补充循环冷却水系统中的水，称为补充水。

（9）饱和蒸汽。在锅炉中，炉水在一定压力下加热至沸腾，汽化和凝结过程虽仍在不断进行，但汽化与凝结处于动平衡状态，此时的状态称为饱和状态。处于饱和状态的蒸汽称为饱和蒸汽，液体称为饱和液体。随着加热过程的继续进行，水逐渐减少，蒸汽逐渐增多，直至水全部变成蒸汽，这时的蒸汽称为干饱和蒸汽，简称饱和蒸汽。

（10）过热蒸汽。在过热器中，对饱和蒸汽继续定压加热，其温度升高，这种超过该压力下饱和温度的蒸汽就称为过热蒸汽。

3. 水汽中杂质来源

热力系统水汽中含有一定量的杂质，这些杂质主要来自补给水中的杂质、水处理药剂携带、凝汽器泄漏、金属腐蚀产物、漏入空气等。现分述如下：

（1）补给水带入。在补给水处理系统运行不当或设备故障情况下，会把原水中的悬浮物、溶解盐类或有机物带入凝结水中（当补给水补入凝汽器时），即使在正常运行情况下，补给水中仍然会有微量杂质。

（2）水处理药剂携带。为了调节给水、炉水的化学工况，防止热力设备腐蚀、结垢、积盐，需要向水汽系统中加入 NH_3、联氨、磷酸三钠等水处理药剂。但同时也向水汽系统输入杂质。此外，停炉保护药剂的残留物也会造成水汽污染。

（3）凝汽器泄漏。凝结水含有杂质的主要原因之一是冷却水从凝汽器不严密的部位泄漏至凝结水中。在汽轮机长期运行过程中，当凝汽器的管子因制造缺陷或腐蚀而出现裂纹、穿孔或破损，或者当管子与管板的固接不良或遭到破坏时，则冷却水漏到凝结水中，这种现象称为凝汽器泄漏。凝汽器泄漏通常发生在换热管与管板的连接处。

微量的泄漏也称渗漏。即使制造和安装质量很好的凝汽器，也会因长期运行和负荷变化等因素而导致凝汽器管与管板结合处的严密性降低，造成一定程度的渗漏。

凝汽器泄漏的冷却水水量占汽轮机额定负荷时凝结水量的百分数称凝汽器的泄漏率，其值一般为 $0.01\% \sim 0.05\%$，严密性较好的凝汽器泄漏率可以达到 0.005%。即使如此，凝结水因泄漏而带入的盐量也是不可忽视的。

凝结水因冷却水的泄漏而引起的污染程度还与汽轮机的负荷有关。因为当汽轮机的负荷很低时，凝结水量大为减少，但漏入的冷却水不因负荷的改变而有多大变化，所以这时凝结水污染会更明显。

（4）金属腐蚀产物。发电厂水汽系统中的设备和管道，不可避免地要发生腐蚀，机组启动时，在水和蒸汽的冲刷溶解作用下，这些腐蚀产物会进入热力系统中。腐蚀产物的主要成分是铁的氧化物，其次还有铜的氧化物。腐蚀产物的数量与许多因素有关，如机组负荷的变化、设备停用期间保护的好坏、凝结水的 pH 值、给水中的溶解氧及 CO_2 含量等。在这些因素中，凝结水中铁、铜含量受机组负荷变化的影响最为敏感，因为负荷的变化会促进设备及管壁上腐蚀产物的脱落，导致凝结水铁铜含量明显升高。现场测定数据表明，机组启动过程中铁铜含量比正常运行值要高十几倍甚至几十倍，致使长时间的冲洗才能达到凝结水回收标准（$Fe \leqslant 80\mu g/L$）。

（5）漏入空气。空气漏入水汽系统中最常见的部位是汽轮机的密封系统、给水泵密封处和低压加热器膨胀节点处。空气漏入会使给水中含氧量增高，随空气漏入的 CO_2 增加了水中碳酸化合物含量。

（6）凝结水精处理装置释出。为减少水汽系统杂质量，在凝结水泵后设置凝结水精处理装置。但同时，精处理装置中树脂降解、破碎及残留再生剂将向水汽系统输入新杂质。

此外，热电厂返回凝结水中一般含有较多的铁、油类物质。

综上所述，在机组运行的过程中，水汽会受到一定程度的污染，使水汽中的溶解盐类和固体微粒含量增加。

4. 水汽品质不良的危害

长期的实践表明，如果水汽品质不符合规定，则可能引起以下危害：

（1）热力设备的腐蚀。火电厂热力设备的金属经常和水接触，若水质不良，则会引起金属腐蚀。腐蚀不仅缩短设备本身的使用寿命，而且由于金属腐蚀产物转入水中，使给水中杂质增多，从而加剧炉管内的结垢过程，结成的垢又会加速炉管的腐蚀，形成恶性循环。如果金属的腐蚀产物被蒸汽带到汽轮机中，则会因它们沉积下来而严重影响汽轮机的安全、经济运行。

（2）热力设备的结垢。进入锅炉的水中如果有易于沉积的物质，或发生反应后生成难溶于水的物质，则在与水接触的受热面上会生成一些固体附着物，这种现象称为结垢。垢的导热性比金属差几百倍，且它又极易在热负荷很高的部位生成，使金属壁的温度过高，引起金属强度下降，致使锅炉的管道发生局部变形、鼓包，甚至爆管；水垢能导致金属发生沉积物下腐蚀；结垢还会增加燃料消费，降低锅炉的热效率，从而影响发电厂的经济效益。热力设备结垢后需要清洗，不但增加了检修工作量和费用，而且使热力设备的年运行时间减少。

（3）过热器和汽轮机内积盐。水质不良还会引起锅炉产生的蒸汽不纯，从而使蒸汽带出的杂质沉积在蒸汽通过的各个部位，例如过热器或汽轮机，这种现象称为积盐。过热器管内积盐会引起金属管壁过热甚至爆管；汽轮机内积盐会大大降低汽轮机的出力和效率，加速叶片的腐蚀或降低密封效果。当汽轮机内积盐严重时，还会使推力轴承负荷增大，隔板弯曲，造成事故停机。

由上述分析可知，热力系统水处理的目的就是为了保证热力系统各部分有良好的水汽品质，以防止热力设备的腐蚀、结垢和积盐。因此，在热力发电厂中，水处理工作对保证发电厂的安全、经济运行具有十分重要的意义。

二、热力设备的腐蚀

材料受环境介质作用而变质或破坏的过程称为腐蚀。金属腐蚀主要是由于金属材料与环境介质的化学或电化学作用而引起的破坏或变质，有时还同时伴有机械、物理或生物作用。单纯机械应力和磨损引起的金属材料的破坏分别属于断裂和磨损的范畴，而不属于腐蚀的范畴。腐蚀的结果包括金属材料化学成分的改变（如铁变成铁锈）、金相组织发生变化（如碳钢的脱碳等）和机械性能的下降（如氢脆和晶间腐蚀导致的材料脆化）。

下面根据火电机组的实际，介绍热力设备可能发生的几种常见腐蚀。

（一）氧腐蚀

热力设备在安装、运行和停用期间都可能发生氧腐蚀。运行氧腐蚀发生的原因、特征、部位及影响因素介绍如下。

1. 氧腐蚀过程

当碳钢与含氧水接触时，碳钢表面各部位的电极电位不相等，从而形成微腐蚀电池，电极电位较负的部位为阳极区，电极电位较正的部位为阴极区。因此，在腐蚀电池的作用下，阴极区表面上主要发生溶解氧的阴极还原反应为

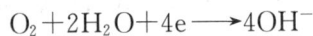

$$O_2 + 2H_2O + 4e \longrightarrow 4OH^-$$

而在阳极区表面上发生铁的阳极溶解反应为

$$Fe \longrightarrow Fe^{2+} + 2e$$

阳极反应产生的 Fe^{2+} 在遇到水中的 OH^- 和 O_2 时进一步发生反应，最后的腐蚀产物主要是 Fe_3O_4 和 Fe_2O_3 或 $FeOOH$。

如果钢表面光洁，水流速度较快，这些次生产物难以在钢表面上沉积。但是，如果钢表面比较粗糙，水流速度较慢，特别是钢表面有水垢等沉积物，水处于静止状态，这些次生产物比较容易在微电池的阳极区表面上沉积。在一般条件下，这种次生产物的沉积物常常是疏松的，没有保护性，不能阻止腐蚀的继续进行。但是，它们会妨碍水中溶解氧向金属表面扩散，使次生产物下面的溶解氧浓度低于其周围钢表面的溶解氧浓度，从而形成氧浓差腐蚀电池。这样，次生产物下面的钢表面又成为氧浓差腐蚀电池的阳极区，溶液的 pH 值降低，铁的阳极溶解反应加快，从而形成腐蚀坑。与此同时，腐蚀产生的部分 Fe^{2+} 会不断地通过疏松的次生产物层向外扩散，并在遇到水中的 OH^- 和 O_2 时发生次生反应，产生越来越多的次生产物。这样，次生产物逐渐在腐蚀坑上堆积，结果形成鼓包。

2. 氧腐蚀特征

钢铁发生氧腐蚀时，钢铁表面形成许多小鼓包或称瘤状小丘，形同"溃疡"，这些小丘的大小及表面颜色相差很大，小至 1mm，大到几十毫米。表层颜色可以从黄褐色到砖红色。小丘表面层下的腐蚀产物是黑色。把腐蚀产物除去之后，便可看到底部基体金属上有腐蚀坑，如图 6-2 所示。各层腐蚀产物的颜色不同，是因为它们的组成不同或晶态不同。低温时铁的腐蚀产物颜色较浅，黄褐色为主；温度较高时，腐蚀产物颜色较深，为砖红色或黑褐色。热力设备运行时，凡与温度较高的含氧水接触的部位，金属氧腐蚀生成的腐蚀丘表面的颜色具有高温的特点，即表面生成的是砖红色或黑褐色的 Fe_2O_3 和 Fe_3O_4，这是热力设备运行时氧腐蚀的一个特点。

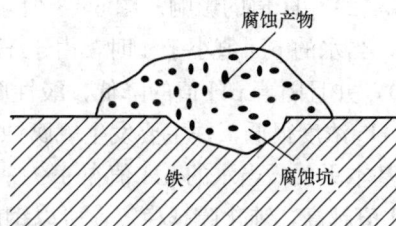

图 6-2　氧腐蚀特征示意

3. 氧腐蚀部位

金属发生氧腐蚀的原因是金属所接触的介质中含有溶解氧，所以凡有溶解氧的部位，都有可能发生氧腐蚀。但不同部位、水质条件（氧浓度、温度等）不同，腐蚀程度也就不同。

在采用除氧水工况的情况下，氧腐蚀主要发生在温度较高的高压给水系统，包括给水管道、高压加热器、省煤器等部位。另外，在疏水系统中，由于疏水箱一般不密闭，溶解氧浓度接近饱和值，并且水中溶解有较多的游离二氧化碳，因此氧腐蚀比较严重。凝结水系统也会遭受氧腐蚀，但腐蚀程度较轻，因为凝结水中正常含氧量低于 $30\mu g/L$，且水温较低。低压给水系统与凝结水系统相比，温度由 $40\sim60℃$ 升至 $140℃$ 左右，对于有凝结水精处理设备的机组，由于凝结水中的杂质基本除去，并且能保证水质的前提下，即使溶解氧浓度较高，氧对低压给水系统的腐蚀也不明显。

当除氧器出口给水的溶解氧偏高，这时即使加入联氨，因为反应温度低，反应时间短，通常在除氧器后的第一个高压加热器前都会发生不同程度的氧腐蚀，而到第二个高压加热器以后由于水中溶解氧的不断消耗而降低和随温度的升高化学除氧速度逐渐加快，水中的溶解氧含量降低到 $7\mu g/L$ 以下，氧腐蚀随着就减轻。

当除氧器运行不当或锅炉启动初期，溶解氧可能进入锅炉内。腐蚀首先发生在省煤器的进口端，随着其含氧量的增大，腐蚀可能延伸到省煤器的中部和尾部，直至锅炉的下降管遭到腐蚀。在锅炉的上升管（水冷壁）内，通常不会发生氧腐蚀，因为这里水处于沸腾状态，氧集中在气泡中，不易到达金属表面。

锅炉停用期间，整个热力系统都可能发生氧腐蚀。

4. 氧腐蚀影响因素

（1）溶解氧浓度的影响。水中的溶解氧对水中碳钢的腐蚀具有双重作用，它既可导致钢铁的腐蚀，又可使碳钢发生钝化，它所起的作用与水的纯度（电导率）、溶解氧浓度、pH值、流速等因素有关。当水中杂质较多（如水的氢电导率大于 $0.3\mu S/cm$）时，溶解氧主要起腐蚀作用，碳钢的腐蚀速度随溶解氧浓度的提高而增大。因此，当水质较差时，为了控制氧腐蚀，应尽可能除尽给水的溶解氧。但是，在高纯水中（氢电导率小于 $0.15\mu S/cm$），溶解氧主要起钝化作用。此时，随溶解氧浓度的提高，碳钢表面氧化膜的保护性加强，所以碳钢腐蚀速度降低。实验结果表明，在流动的高温水中 $[250℃，pH=9.0（NH_3），0.5m/s]$，当溶解氧的浓度提高到 $25\mu g/L$ 时，低碳钢表面上即可形成良好的 Fe_3O_4-Fe_2O_3 双层保护膜，使低碳钢的腐蚀速度由除氧条件下的 10.7mdd［$mg/(dm^2 \cdot day)$ 的缩写］降低到 1.7mdd。

（2）pH 值的影响。图 6-3 所示为 pH 值对铁在室温软水中腐蚀速度的影响。由图可见，当水的 pH 值小于 4 时，由于 H^+ 浓度较大，钢铁开始发生明显的酸性腐蚀（有氢气析出），并且随着 pH 值的降低，酸性腐蚀速度迅速增大；当水的 pH 值介于 4～9 之间时，水中 H^+ 浓度很低，铁主要发生氧腐蚀，腐蚀速度随溶解氧浓度的增大而增大，而与水的 pH 值基本无关；当水的 pH 值在 9～13 的范围内时，铁表面发生钝化，从而抑制了氧腐蚀，且 pH 值越高，钝化膜越稳定，所以钢的腐蚀速度就越低。

图 6-4 所示为低碳钢在温度 232℃、含氧量低于 0.1mg/L 的高温水中的动态腐蚀试验结果。显然，它与图 6-3 中曲线的变化规律有所不同。它表明 pH 值在 7～11 的范围内，pH 值越低，低碳钢的腐蚀速度越高；特别是当 pH＜7.5 时，碳钢的腐蚀速度随 pH 值的降低而迅速上升。因此，为了控制低碳钢的腐蚀，至少应将给水的 pH 值提高到 7.5 以上，最好在 9.5 以上。但应当注意，当水的 pH＞13 时，特别是在较高的温度和除氧的条件下，钢的腐蚀产物为可溶性的亚铁酸盐，因而腐蚀速度又将随 pH 值的提高而急剧上升。

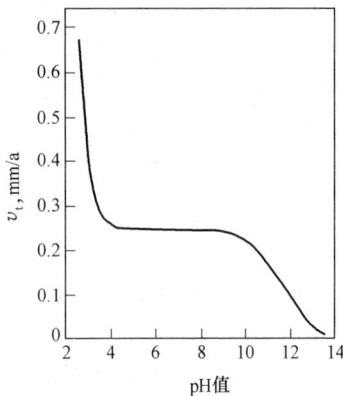

图 6-3　pH 值对铁在室温软水中
腐蚀速度的影响

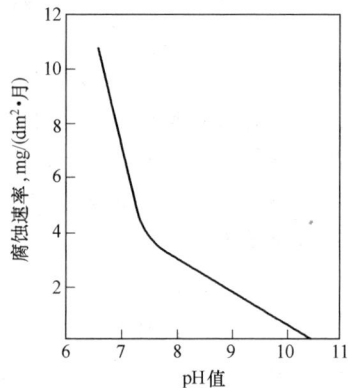

图 6-4　pH 值对碳钢在高温水中
腐蚀速度的影响

（3）温度的影响。在密闭系统内，当溶解氧浓度一定时，水温升高，铁的溶解反应和氧的还原速度加快。因此，温度越高，氧腐蚀速度就越快。温度对腐蚀形态及腐蚀产物的特征也有影响。在敞口系统中，常温或温度较低的情况下，钢铁氧腐蚀的蚀坑面积较大，腐蚀产物松软，如在疏水箱里所见到的情况；而在密闭系统中，温度较高时形成的氧腐蚀的蚀坑面积较小，腐蚀产物也较坚硬，如在给水系统中所见到的情况。

（4）离子成分的影响。水中离子种类对腐蚀速度的影响很大。水中的 H^+、Cl^-、SO_4^{2-} 等离子对钢铁表面的氧化物保护膜具有破坏作用，故随它们浓度的增加，氧腐蚀的速度也增大。特别是 Cl^- 能破坏金属表面的钝化膜，所以具有促进金属点蚀的作用。因此，为了防止给水系统的氧腐蚀，特别是在进行加氧处理时，必须严格控制凝结水和给水的纯度。

（5）水流速的影响。在一般情况下，水的流速增大，钢铁的氧腐蚀速度提高。因为随着水流速增大，扩散层厚度减小，钢的腐蚀速度将因此而提高。但是，当水流速增大到一定程度时，可能促使钢表面发生钝化，氧腐蚀速度又会下降。如果水流速度进一步增大，到一定程度后腐蚀速度又将开始迅速上升，这是因为水的冲刷作用破坏了钢表面的钝化膜，促使腐蚀加速，此时金属表面呈现出冲刷腐蚀的特征，如 AVT 水工况下省煤器管道中发生的流动加速腐蚀。

5. 氧腐蚀防止方法

（1）严格控制凝结水和给水的纯度，这是应用各种水化学工况的前提条件。

（2）依照不同水化学工况的要求，加氨适当提高凝结水和给水的 pH 值，并通过除氧或加氧控制水中溶解氧的浓度，促使钢表面形成良好的钝化膜。

（二）二氧化碳腐蚀

水汽系统中的二氧化碳腐蚀是指溶解在水中的游离二氧化碳导致的酸性腐蚀。

1. 二氧化碳腐蚀过程

碳钢在无氧的二氧化碳水溶液中的腐蚀速度主要取决于钢表面上氢气的析出速度。氢气的析出速度越快，则钢的溶解（腐蚀）速度也就越快。研究发现，含二氧化碳的水溶液中析氢反应是通过下面两个途径同时进行的：①水中二氧化碳分子与水分子结合成碳酸分子，它电离产生的氢离子迁移到金属表面上，使电子还原为氢气；②水中二氧化碳分子向钢铁表面扩散，被吸附在金属表面上，在金属表面上与水分子结合形成吸附碳酸分子，直接还原而析出氢气。

由于碳酸是弱酸，在水溶液中存在下面的电离平衡：

$$H_2CO_3 \rightleftharpoons H^+ + HCO_3^-$$

这样，在腐蚀过程中被消耗的氢离子，可由碳酸分子的继续电离而不断地补充，在水中游离二氧化碳未消耗完之前，水溶液的 pH 值维持不变，腐蚀速率基本保持不变。但是，在具有相同 pH 值的强酸溶液中，一方面由于强酸完全电离，溶液中的氢离子被腐蚀反应消耗后无以补充，溶液的 pH 值随着腐蚀反应的进行而不断地提高，腐蚀速率逐渐减小；另一方面，水中游离二氧化碳又能通过吸附，在钢铁表面上直接使电子还原，从而加速了腐蚀反应的阴极过程，这样促使铁的阳极溶解（腐蚀）速度增大。因此，二氧化碳水溶液对钢铁的腐蚀性比相同 pH 值、完全电离的强酸溶液更强。

2. 二氧化碳来源

锅炉补给水所含的碳酸化合物是水汽系统中二氧化碳的主要来源；凝汽器发生泄漏时，冷却水漏入凝结水中带入碳酸化合物；水汽系统中有些设备是在真空状态下运行的，当这些设备的结构不严密时，外界空气会漏入，这也会使系统中二氧化碳的量有所增加。例如，从汽轮机低压缸接合面、汽轮机端部汽封装置以及凝汽器汽侧漏入空气。尤其是在凝汽器汽侧负荷较低、冷却水的水温低、抽汽器的出力不够时，凝结水中氧和二氧化碳的量就会增加。其他如凝结水泵、疏水泵泵体及吸入侧管道不严密处也会漏入空气，使凝结水中二氧化碳和氧的含量增加。

碳酸化合物进入给水系统后，在高压除氧器中，碳酸氢盐会热分解一部分，碳酸盐也会部分水解，放出二氧化碳，反应方程式为

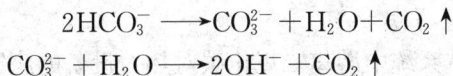

$$2HCO_3^- \longrightarrow CO_3^{2-} + H_2O + CO_2\uparrow$$

$$CO_3^{2-} + H_2O \longrightarrow 2OH^- + CO_2\uparrow$$

在除氧工况下，热力除氧器能除去水中的大部分二氧化碳。因此，在除氧器后的给水

中，碳酸化合物主要是碳酸氢盐和碳酸盐。当它们进入锅炉后，随着温度和压力的提高，几乎能完全分解成二氧化碳。生成的二氧化碳随着蒸汽进入汽轮机和凝汽器。在凝汽器中会有一部分二氧化碳被凝汽器抽汽器抽出，但仍有相当一部分二氧化碳溶入凝结水中，使凝结水受到二氧化碳污染。但是，如果凝结水精处理系统运行状况良好，可将凝结水中的二氧化碳等碳酸化合物除去。

3. 二氧化碳腐蚀部位

由二氧化碳的来源可知，二氧化碳腐蚀主要发生在凝结水系统、低压给水系统。首先，凝结水中不可避免地受到二氧化碳污染，并且凝结水水质较纯，缓冲性很小，溶有少量二氧化碳，pH 值就会显著降低。例如，室温时，纯水中溶有 1mg/L 二氧化碳，其 pH 值即可由 7.0 降至 5.5。其次，用除盐水作补给水，水中残留碱度小，只要除氧器后的给水中仍有少量二氧化碳，水的 pH 值就会明显下降，使除氧器后的设备遭受二氧化碳腐蚀。例如，采用除盐水作补给水的火电厂，有时给水泵的叶轮、导叶等部位会发生严重的腐蚀，其中就有二氧化碳的作用。另外，在疏水系统中也会发生二氧化碳腐蚀。

4. 二氧化碳腐蚀特征

在温度不太高的情况下，碳钢和低合金钢在流动介质中受二氧化碳腐蚀时，金属材料一般均匀减薄。因为在这种条件下生成的腐蚀产物的溶解度较大，易被水流带走。因此，一旦设备发生二氧化碳腐蚀，往往出现大面积损坏。

5. 二氧化碳腐蚀影响因素。

（1）金属材质。铸铁、铸钢、碳钢和低合金钢容易受二氧化碳腐蚀，增加合金元素铬的含量，可以提高钢材耐二氧化碳腐蚀的性能，如果含铬量增加到 12% 以上，则可耐二氧化碳腐蚀。例如，用除盐水作补给水时，高压给水泵的叶轮和导叶材料改用 1Cr13 不锈钢后，原先的腐蚀严重情况就得到了缓解。

（2）游离二氧化碳的含量。在密闭热力系统中，压力随温度升高而增大，二氧化碳溶解量随其本身分压的上升而增大，钢铁的腐蚀速度也随溶解二氧化碳量的增多而增大。

（3）水的温度。温度对钢铁二氧化碳腐蚀的影响较大，它不仅影响碳酸的电离程度和腐蚀速度，而且对腐蚀产物的性质有很大的影响。当温度较低时，碳钢、低合金钢的二氧化碳腐蚀速度随温度升高而增大，当温度提高到 100℃ 附近，腐蚀速度达到最大值，温度更高时，钢铁表面上生成了比较薄、致密且黏附性好的碳酸铁保护膜，因而腐蚀速度反而降低了。

（4）水的流速。随着水的流速的增大，腐蚀速度增加，但当流速增大到紊流状态时，腐蚀速度不再随流速增大而变化。

（5）水中的溶解氧。如果水中除了含二氧化碳外，同时还有溶解氧，腐蚀将更加严重。这时，金属除发生二氧化碳腐蚀外，还发生氧腐蚀，并且二氧化碳的存在使水呈酸性，原来的保护膜容易被破坏，新的保护膜难以生成，因而使氧腐蚀更严重。这种腐蚀不仅具有酸性腐蚀的一般特征，表面往往没有或只有很少的腐蚀产物，还具有氧腐蚀的特征，腐蚀表面呈溃疡状，并有腐蚀坑。这种情况常常出现在凝结水系统、给水系统及疏水系统。

6. 二氧化碳腐蚀防止方法

为了防止或减轻水汽系统中游离二氧化碳对热力设备的腐蚀，除了选用不锈钢来制造某些关键部件外，首先应设法减少进入系统的碳酸化合物。为此，可采取下列措施：①减少补给水带入的碳酸化合物。②防止凝汽器泄漏，提高凝结水质量。超临界机组的凝结水应100％地进行处理。③防止空气漏入水汽系统，在进行 AVT 时应提高除氧器和凝汽器的除气效率。

除了采取上述措施外，还普遍采取向凝结水和给水中加氨的措施来中和水中的游离二氧化碳，具体方法详见学习情境八。

（三）锅炉酸性腐蚀

1. 锅炉酸性腐蚀的原因

高参数锅炉用除盐水作补给水，锅炉水总含盐量低，一般仅 2～50mg/L，炉水的碱度很小，因此炉水的缓冲性很小。当运行中某些因素使得炉水中存在无机强酸或低分子有机酸时，能使锅炉水的 pH 值明显下降，酚酞碱度降低甚至完全消失，导致设备的酸性腐蚀。

2. 锅炉酸性物质的来源

低分子有机酸和无机强酸的来源主要有以下几个方面：

（1）补给水、冷却水进入给水系统，其含有的有机物杂质在锅炉内高温高压条件下分解，生成低分子有机酸和其他化合物。火电厂使用的原水，如果是地下水，一般几乎不含有机物质；若使用地表水，如江水、河水、湖水、水库水，则含较多的有机物。天然水中有机物的主要成分是腐殖酸和富维酸，它们都是含羧基的高分子有机酸。在正常运行情况下，原水中这些有机物在补给水处理系统中只能除去 80％左右，所以仍有部分有机物进入给水系统。

凝汽器发生泄漏时，冷却水中类似的有机物也可能直接进入给水系统。

（2）离子交换树脂降解或分解反应产生低分子有机酸。补给水和凝结水处理用的离子交换树脂若保管、使用不当，或者机械强度较差，在使用过程中可能产生破碎树脂，当树脂捕捉器失效时，破碎树脂进入水汽系统。离子交换设备进水温度过高或者水中含有较多的强氧化剂（如残余氯），则会造成树脂的降解或分解。一般阴离子交换树脂在温度高于 60℃时开始降解，到 150℃时降解速度已十分迅速；阳离子交换树脂在 150℃时开始降解，温度升高到 200℃时降解十分剧烈。

在高温、高压下，树脂降解或分解反应均释放出低分子有机酸，其中主要是乙酸，但也有甲酸、丙酸等。强酸阳离子交换树脂分解产生的低分子有机酸量比强碱阴离子交换树脂所释放的量多得多。离子交换树脂降解过程中还释放出大量的无机阴离子，如 Cl^-、SO_4^{2-}。

（3）强酸阴离子在锅炉中发生反应产生无机强酸。给水采用加氨处理，凝结水高混漏 Cl^- 和树脂降解过程中释放出 Cl^- 往往以氯化铵的形式进入锅炉中，并发生如下反应：

$$NH_4Cl = NH_3 + HCl$$

由于在弱碱性的炉水中，氨比盐酸容易挥发，使炉水的 pH 值逐渐降低。例如，某些电厂由于凝结水混床运行的终点按电导率控制，而在混床将要失效前，电导率变化不大，但混床出水已经漏 Cl^-，其浓度通常为 1～3μg/L，有时更高，进入锅炉后经深度蒸发、浓缩，炉水的 Cl^- 含量达到数个 mg/L，并导致炉水的 pH 值低于 7。

（4）没有安装凝结水精处理设备或设备停止运行时，冷却水（特别是海水）中 $MgCl_2$、$MgSO_4$ 等进入锅炉后会水解产生酸性物质，反应方程式为

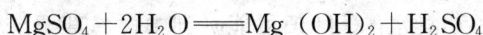

$$MgCl_2 + 2H_2O = Mg(OH)_2 + 2HCl$$
$$MgSO_4 + 2H_2O = Mg(OH)_2 + H_2SO_4$$

3. 锅炉酸性腐蚀部位和特征

锅炉设备发生酸腐蚀时，其损坏范围广，因为低 pH 值的水使金属表面原有的保护膜大面积地被破坏，因而它可能在金属与水接触的整个表面上均产生腐蚀，而不是只限于某些局部。腐蚀破坏的程度与其他因素，如锅炉热负荷、工质的流速等有关。例如，锅炉水冷壁管的酸性腐蚀一般呈现管壁均匀减薄的形态，且向火侧管壁的减薄比背火侧要严重。水冷壁管表面无明显的蚀坑，腐蚀产物附着也较少。这种酸性腐蚀常引起水冷壁管的氢脆型腐蚀破裂。对管壁进行金相检查时，可见到晶间裂纹和脱碳现象。材料机械强度和塑性下降，引起水冷壁管的脆性破裂，这就使它的危害更显严重。

4. 锅炉酸性腐蚀防止方法

锅炉的酸性腐蚀是在给水水质不良或恶化的情况下产生的。因此提高补给水的质量，以及防止凝汽器泄漏，保证给水品质是防止锅炉酸性腐蚀的根本措施。此外，还采取向汽包中加药的措施来适当提高炉水的 pH 值，具体方法详见学习情境八。

（四）汽轮机酸性腐蚀

1. 汽轮机酸性腐蚀的原因

采用软化水作为锅炉补给水时，由于炉水的含盐量和 pH 值都高，对酸碱的缓冲性较大，虽然锅炉有结垢、腐蚀现象，但汽轮机长期运行并未发现有酸性腐蚀。自采用除盐水作为补给水以来，某些电厂汽轮机的低压缸部分相继发生了酸性腐蚀现象。

这是因为水汽品质提高以后，对酸碱的缓冲性减弱，如果运行中有微量的酸性物质被蒸汽带入汽轮机，则会使初凝水 pH 值显著降低，造成汽轮机酸性腐蚀。

汽轮机酸性腐蚀发生在蒸汽开始凝结而形成初凝水的部位，因而它与蒸汽初凝水的化学特性密切相关，这些化学特性如下：

（1）氨和酸的分配系数不同，造成初凝水 pH 值低。过热蒸汽所携带的化学物质在蒸汽相和初凝水中的浓度取决于它们分配系数的大小。分配系数也称"相对挥发度"，是指汽水两相共存时某物质在蒸汽中的浓度同与此蒸汽相接触的水中该物质浓度的比值。分配系数除取决于该物质的本性外，还与水汽温度有关。若一种物质的分配系数越小，则蒸汽凝结形成初凝水时，该物质溶于初凝水的倾向就越大，导致该物质在初凝水中浓缩。过热蒸汽中携带的酸性物质的分配系数值通常都小于 1，例如，100℃时，盐酸、硫酸等的分配系数均在 3×10^{-4} 左右；甲酸、乙酸、丙酸的分配系数值分别为 0.20、0.44 和 0.92。因此，当蒸汽中形成初凝水时，它们将被初凝水"洗出"，造成酸性物质在初凝水中富集和浓缩。试验数据表明，初凝水中乙酸的浓缩倍率在 10 以上，氯离子的浓缩倍率达 20 以上；而对增大初凝水的缓冲性、平衡酸性物质阴离子有利的钠离子的浓缩倍率却不大，初凝水中钠离子浓度只比过热蒸汽中钠离子浓度略高一点。这样，初凝水中浓缩的酸性物质如果没有被碱性物质所中和，将使初凝水呈酸性，它们只有在初凝水被带到流程中温度更低的区域时才会被稀释。高参数机组采用除盐水作补给水后，一般采用氨作碱化剂来提高水汽系统介质的 pH 值。但由于氨的分配系数大，因而在汽轮机尾部汽、液两相共存的湿蒸汽区，氨大部分留在蒸汽相中。因此，即使在给水中所含的氨量是足够的，在这些部位的液相中，氨的含量也仍可能不够。

（2）氨是弱碱，它只能部分地中和初凝水中的酸性物质，导致初凝水的 pH 值低于蒸汽的 pH 值。实验结果表明，初凝水的 pH 值可能降到中性、甚至酸性 pH 值范围。这种性质的初凝水对其形成部位的铸钢、铸铁和碳钢部件具有侵蚀性。当有空气漏入热力设备水汽系统中使蒸汽中氧含量增大时，也使蒸汽初凝水中的溶解氧含量增大，从而大大增加了初凝水对低压缸金属材料的侵蚀性。

汽轮机的酸性腐蚀，主要以盐酸腐蚀为主。研究表明，有机酸一般不会使汽轮机发生酸性腐蚀。

2. 汽轮机酸性腐蚀部位

蒸汽的凝结和水的蒸发都不是瞬间就能完成的。如果把水迅速加热或冷却，则在相变时会发生水的过热或过冷现象；蒸汽的迅速膨胀，也会产生蒸汽过冷现象。因此，实际上汽轮机运行时，蒸汽凝结成水并不是在饱和温度和压力下进行的，而是在相当于理论（平衡）湿度 4% 附近的湿蒸汽区发生的，这个区域称为威尔逊线区。在威尔逊线区蒸汽才真正开始凝结而形成最初的凝结水。在再热式汽轮机中，产生最初凝结水的这个区域是在低压段的最后几级。由于汽轮机运行条件的变化，这个区域的位置也会有一些变动。

汽轮机的酸性腐蚀主要发生在低压缸初凝区的入口分流装置、隔板、隔板套、叶轮，以及排汽室缸壁等。

3. 汽轮机酸性腐蚀特征

受腐蚀部件的保护膜被破坏，金属晶粒裸露，表现为银灰色，类似酸洗后的表面。如果这些部位已经有垢的附着，则会使垢呈酸性。在机组停运后由于有空气的进入，这些垢类大都吸潮性很强，通常会在机组停运后仍然发生酸性腐蚀，并使金属表面的颜色由银灰色变为铁锈红色。隔板导叶根部常形成腐蚀凹坑，严重时，蚀坑深达几毫米，以致影响叶片与隔板的结合，危及汽轮机的安全运行。

这种腐蚀常发生在铸铁、铸钢或普通碳钢部件上，而在这些部位的合金钢部件则不发生酸性腐蚀。

4. 汽轮机酸性腐蚀防止方法

为解决汽轮机蒸汽初凝区的酸性腐蚀问题，最根本的措施是严格控制给水的纯度，确保给水的电导率小于 $0.2\mu S/cm$（氢离子交换后，25℃）。

在热力设备的水汽系统中加入分配系数较小的挥发性碱性药剂，也是防止汽轮机酸性腐蚀的一项措施。例如，在低压蒸汽条件下，联氨具有非常有利的分配系数值，80℃时为 0.27，此时若蒸汽中联氨浓度为 $20\mu g/L$，则金属表面的蒸汽初凝水膜中，联氨浓度可达 $700\mu g/L$ 以上，这样的碱性水膜对金属有很好的保护作用，联氨不但使水膜的 pH 值增高、碱性增加，还可使金属表面保护膜稳定。在汽轮机低压缸出现空气漏入的情况时，联氨又能起除氧剂的作用，还原蒸汽初凝水中的溶解氧。因此可以考虑采用将联氨或催化联氨喷入汽轮机低压缸的导气管，以减轻汽轮机中初凝区的酸性腐蚀。也可从改变受酸性腐蚀区域汽轮机部件的材质和材料性能方面考虑，如采用等离子喷镀或电涂镀措施，在金属材料表面镀覆一层耐蚀材料层，来防止酸性腐蚀。

（五）应力腐蚀

应力腐蚀是金属材料在应力和腐蚀介质的共同作用下产生的腐蚀。它是一种危险的腐蚀形式，常常会引起设备的突然断裂、爆炸，造成生命和财产的巨大损失。应力腐蚀可分为应力腐蚀破裂和应力腐蚀疲劳（简称腐蚀疲劳）两大类。

1. 应力腐蚀破裂

（1）应力腐蚀破裂的原因。应力腐蚀破裂是指金属材料在拉应力和特定的腐蚀介质共同作用下所产生的脆性断裂。应力腐蚀破裂的裂纹既有主干又有分支。主裂纹是垂直于拉应力方向而发展的，开裂中的塑性变形极少，甚至完全没有变形。

（2）应力腐蚀破裂的影响因素。

1）应力。应力是腐蚀的必要条件，但必须是拉应力并且足够大。在大多数产生应力腐蚀破裂的系统中，存在一个临界应力值。当所受应力低于此临界应力值时，不产生应力腐蚀破裂。拉应力可能有以下几个来源：金属零件在冷加工、锻造、焊接、热处理、装配过程中产生残余应力；在使用条件下的外加应力；温度变化时产生的热应力；金属腐蚀时生成腐蚀产物，由于腐蚀产物的体积往往大于基体金属的体积而产生的组织应力。

2）腐蚀介质。对于某种金属或合金，只有在特定的腐蚀介质中才可能发生应力腐蚀破裂。例如，碳钢在碱溶液中的"碱脆"，奥氏体不锈钢在含氯离子的溶液中的"氯脆"，黄铜在含氨介质中的"氨脆"。

介质的物理状态也很重要，在同样的温度和应力下，干湿交替的状态比只有单相水溶液中的应力腐蚀严重。

3）氧化剂。在氯化物溶液中，溶解氧或其他氧化剂对奥氏体不锈钢的应力腐蚀破裂起关键作用。如果没有氧化剂就不会发生破裂。

4）温度。升高温度会加速应力腐蚀破裂。产生破裂的多数合金，一般温度不低于100℃。

5）金属成分和组织。对于应力腐蚀破裂，金属材料敏感性的大小取决于它的成分和组织，成分的微小变化往往引起敏感性的显著改变；合金组织，包括颗粒大小的改变、缺陷的存在，都直接影响金属材料对应力腐蚀破裂的敏感性。

二元和多元合金的敏感性比单纯的某一种金属要高。在所有的材料中，发生应力腐蚀从难到易的顺序为碳钢、低合金钢、高合金钢、不锈钢。中碳钢的含碳量为 0.12% 时最为敏感，含碳量高于或低于此值时都不敏感。

（3）应力腐蚀破裂特征。合金材料的应力腐蚀破裂为脆性断裂。断口的宏观特征是裂纹及扩展区因介质的腐蚀作用而呈黑色或灰黑色。断口的微观特征比较复杂，与合金的成分、金相结构、应力状态和介质条件有关。裂纹的形态有沿晶、穿晶和混合几种。对于一定的合金环境体系，具有一定的裂纹形态。在一般情况下，黄铜、镍基合金、铝合金和碳钢多是沿晶裂纹；马氏体和铁素体不锈钢也是沿晶裂纹；奥氏体不锈钢多是穿晶裂纹；钛合金则是混合形式，既有沿晶的，又有穿晶的裂纹。有时，随着介质的某些性质改变，裂纹形式也发生转变。Cu-Zn 合金在铵盐溶液中，pH 值由 7 增加到 11 时，裂纹从沿晶转变为穿晶。

（4）应力腐蚀破裂部位。高参数锅炉的过热器和再热器，采用不锈钢材料，易遭受应力腐蚀破裂；在汽轮机运行时，常常发现低压缸的叶片发生应力腐蚀破裂，特别是蒸汽开始凝结的部位最容易发生应力腐蚀破裂。

（5）应力腐蚀破裂防止方法。

1）合理选材。由于 Cr-Ni 奥氏体不锈钢容易产生应力腐蚀破裂，有的国家将锅炉过热器的管材改用含 Cr12% 的高强不锈钢，例如德国有近 60% 的过热器采用这种钢材，基本上避免了应力腐蚀破裂。它的缺点是一般腐蚀速度比 Cr-Ni 奥氏体钢高。

2）改变介质环境。为了防止不锈钢过热器和汽轮机叶片的应力腐蚀破裂，电厂热力设备运行时，必须保证给水和炉水的水质，尽可能降低蒸汽中腐蚀成分的浓度。为了保护奥氏体不锈钢过热器，化学清洗时不允许用盐酸，否则，设备重新运行时残留的少量氯离子将产生应力腐蚀破裂。为了防止热力设备清洗时污染汽轮机，在清洗锅炉、凝汽器及其他有关设备时，应将汽轮机和清洗设备隔开。

3）降低应力。如果存在临界应力就将应力降低到临界应力以下。还可以用退火的方法消除残余应力，或将部件加厚，或减少载荷。普通碳钢可在 593～649℃ 温度范围内退火消除应力，奥氏体不锈钢常在 816～927℃ 内退火消除应力。

2. 应力腐蚀疲劳

（1）热力设备腐蚀疲劳原因。腐蚀疲劳是金属材料受交变应力和腐蚀介质共同作用引起的一种破坏形式。如果没有腐蚀介质的作用，单纯由于交变应力作用使金属发生的破坏称为机械疲劳。

一般认为，点蚀或其他局部腐蚀造成金属表面保护膜缺口、缝隙，引起应力集中，诱发裂纹。在腐蚀介质的作用下，金属产生疲劳裂纹所需的应力大大降低，并且没有真正的疲劳极限。因为交变应力循环的次数越多，产生腐蚀裂纹所需的交变应力就越低，一般以指定循环次数（例如 10^7）下的交变应力称为腐蚀疲劳极限。

（2）腐蚀疲劳部位。在发电厂的锅炉、汽轮机及凝汽器管的某些部位，均有可能发生腐蚀疲劳。

锅炉可能发生腐蚀疲劳的部位主要是水冷壁炉管。因为水冷壁炉管与高温炉水接触，并且在运行过程中可能承受热交变应力（如锅炉负荷波动较大时），这为炉管发生腐蚀疲劳创造了条件。此外，如果锅炉启停频繁，启停时产生的交变应力，也可能引起水冷壁炉管的腐蚀。汽轮机的叶片也可能产生腐蚀疲劳，腐蚀的部位是处于湿蒸汽区的叶片，特别是蒸汽开始凝结的地方。如果运行时给水水质不良，特别是 Cl^- 含量偏高时，上述部位发生腐蚀疲劳的可能性更大。如果停用保护不当，造成炉管或汽轮机的叶片发生点蚀，这些点蚀将在运行过程中成为疲劳源，在交变应力作用下引发腐蚀疲劳。

在锅炉汽包的管道结合处，如给水管接头处、加磷酸盐药液的管道及定期排污管与下联箱的结合处等，因金属局部受到冷热交变应力的作用，会发生腐蚀疲劳。这是因为当管道中水流的温度低于锅内水的沸点时，结合处发生冷却现象，随后，如停止加药导致水流停止时，结合处又被炉水加热，使金属受到很大的应力。

此外，在钢表面时干时湿、管道中汽水混合物的流速时快时慢，以及其他产生交变应力的情况下，也会发生腐蚀疲劳。

（3）腐蚀疲劳防止方法。防止热力设备腐蚀疲劳可采取下列措施：

1）降低设备在运行中承受的交变应力。为此，机炉启停不应过于频繁，运行中锅炉负荷也不应波动太大，以免产生交变应力。在汽包的给水管接头处加以特殊的保护套管，使汽包壁上管孔处的金属不与给水管直接接触，而在其间隔着一层蒸汽或炉水，以消除温度的剧变。

2）尽量降低介质的腐蚀性，减少给水和蒸汽中 Cl^- 等腐蚀性阴离子的含量。

3）做好机组的停备用保护，防止炉管或汽轮机的叶片发生点蚀。

（4）两种应力腐蚀比较。金属的腐蚀疲劳和金属应力腐蚀破裂所产生的破坏，有许多相似之处，有时难以区分，但仔细分析，它们之间是有区别的。从应力条件看，应力腐蚀破裂是在拉应力下产生的，而腐蚀疲劳是交变应力下产生的；从介质条件看，应力腐蚀破裂在特定的介质中才会发生，而腐蚀疲劳的产生不需要特定介质。从金属条件看，应力腐蚀破裂一般在合金中产生，而腐蚀疲劳不仅在合金中产生，而且在纯金属中也产生；从裂纹特点看，应力腐蚀破裂有主裂纹、又有分支裂纹，有沿晶、穿晶或混合形成的裂纹，而腐蚀疲劳有多条裂纹，一般很少分支或分支不明显，多是穿晶裂纹，断口有贝纹。

（六）汽水腐蚀

1. 汽水腐蚀过程

当过热蒸汽温度超过 450℃时，蒸汽可与碳钢中的铁直接发生化学反应生成 Fe_3O_4 或 Fe_2O_3 而使管壁减薄，这种化学腐蚀称为汽水腐蚀。

与水相比，蒸汽中腐蚀性杂质的含量要少得多，汽水腐蚀过程主要是氧化皮的生成、剥离、堵塞和爆管过程。氧化皮的主要化学成分是氧化铁，是铁元素被氧化的产物。

（1）制造过程形成的氧化皮。在制造过程中过热器管的氧化皮是在高温条件下形成的，通常在570℃以上的高温条件下，由空气中的氧和金属直接反应形成。该氧化皮分三层，由钢表面起向外依次为FeO、Fe_3O_4、Fe_2O_3。氧化皮的厚度根据加工的情况，可能厚些或薄些。试验表明，与金属基体相连的FeO层，其结构疏松，晶格缺陷多，并且有很多空洞，如FeO层中的黑色斑点。这种高温下形成的FeO在低于570℃时稳定性差，会分解为Fe_3O_4和Fe，很易造成氧化皮的脱落。因此，在新炉投产前，一定要用蒸汽对过热器进行吹洗，将易脱落的氧化皮吹掉，否则，在投运后汽轮机会产生大量冲蚀坑。

（2）运行中形成的氧化皮。蒸汽管道内壁在运行后所形成的氧化皮主要是由水蒸气和铁反应形成的氧化膜，该膜分两层，因此称为双层膜。内层称为原生膜，外层称为延伸膜。内层的原生膜是水蒸气对铁直接氧化的结果，生成的是FeO，颜色为黑色；外层的延伸膜的增厚过程是水蒸气对FeO进一步氧化使之形成Fe_3O_4，颜色为黑灰色。蒸汽中的溶解氧和蒸汽本身可将Fe_3O_4氧化成Fe_2O_3，颜色为红色。由于高温的蒸汽是不导电的，也就是说生成Fe_2O_3的反应是化学反应而不是电化学反应，其反应如下：

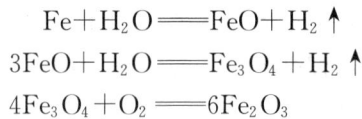

$$Fe+H_2O =\!\!=\!\!= FeO+H_2\uparrow$$
$$3FeO+H_2O =\!\!=\!\!= Fe_3O_4+H_2\uparrow$$
$$4Fe_3O_4+O_2 =\!\!=\!\!= 6Fe_2O_3$$

前两个反应都伴随着氢气放出，通过检测氢气在过热器中的增加量，可以测出蒸汽对过热器管的氧化速度。后一个反应是给水采用加氧处理形成Fe_2O_3保护膜的基本反应。在这个反应中，O_2首先与管壁上的Fe_3O_4反应，生成的Fe_2O_3保护膜阻止了O_2与铁基体接触，也就是说蒸汽中的O_2没有增加氧化膜的厚度。

（3）氧化皮的剥离。在蒸汽中钢表面生成氧化膜是一个很自然的过程。开始时，氧化膜很快形成，一旦膜形成后，进一步氧化的速度便慢了下来，与时间呈抛物线关系。但在某些不利的运行条件下，如超温或温度、压力波动的条件下，金属表面的双层膜就会变成多层膜的结构，甚至产生了剥离，这时氧化速度和时间就变成直线关系。双层膜先是变为二个双层膜，再进一步发展成为多个双层膜的多层氧化层结构，然后便开始会发生剥离。

由于钢中的合金成分，如Cr、Mo等在形成双层膜时，均富集在下面一层，该层很致密，剥离就发生在此二层膜中间。

氧化皮剥离有两个主要条件：一是垢层达到一定厚度，不锈钢为 0.10mm，铬钼钢为

0.2～0.5mm（运行 5 万 h 可以达到）；二是温度变化幅度大、速度快、频率高。

末级过热器和再热器管材通常为 1Cr19Ni9/（TP304）或 0Cr18Ni11Nb/（TP347H）等不锈钢，它们的热胀系数一般在（16～20）$\times 10^{-6}$/℃，而 Fe_3O_4 和 $FeO \cdot CrO_3$ 则分别为 9.1×10^{-6}/℃和 5.6×10^{-6}/℃。由于热胀系数的差异，当垢层达到一定厚度后，在温度发生变化，尤其是发生反复的或剧烈的变化时，氧化皮很容易从金属本体剥离。铬、钼钢管的氧化皮内外层同时剥离，剥离层厚度超过 0.2mm，而不锈钢管只剥离 0.05mm 厚的外层。

2. 汽水腐蚀部位和特征

汽水腐蚀一般发生在过热器或再热器管中，它既可能是均匀的，也可能是局部的。均匀腐蚀通常发生在金属温度超过允许温度的部位，并在金属过热部位形成密实的氧化皮。氧化皮最容易剥离的位置是在 U 形立式管的上端，尤其是出口端。因为出口端蒸汽温度最高，氧化皮最厚；因为这种 30m 长的 U 形管的自重，使立式管的上端承受着很大的拉伸力，当温度变化大时，在这个部位受到的拉伸力最大；加上热胀系数的差异，使得附在管壁上的氧化皮与金属本体间伸缩变化的差异更大。所以，立式 U 形管的上端，尤其是出口端，是氧化皮最容易剥落的位置。

局部腐蚀可能以溃疡、沟痕和裂纹等形态出现。溃疡状汽水腐蚀常发生在金属交替接触蒸汽和水的部位，这些部位金属温度的变化经常大于或等于 70℃，这样就加速了保护膜的局部破裂，使蒸汽得以反复地与裸露的局部金属表面接触，从而加快了局部的腐蚀速度，所形成的溃疡常为 Fe_3O_4 所覆盖。

3. 汽水腐蚀防止方法

一般地，蒸汽系统不进行任何化学处理，只能通过对给水和炉水的处理来间接控制蒸汽系统的腐蚀。汽水腐蚀大多与金属材料和过热状况有关，防止汽水腐蚀有以下措施：

（1）避免过热器超温运行。当更换煤种或对炉膛燃烧系统改造时，应密切监视过热器的温度。对于奥氏体合金钢来说，超过设计温度 10℃以上就可能使内表面氧化皮迅速增厚，当达到一定厚度时就容易脱落。脱落的氧化皮往往堆积在弯头处，影响蒸汽流通和热量传递，严重时导致爆管。

（2）机组应避免快启、快冷。由于奥氏体合金钢管内的氧化皮的热膨胀系数与基体差别很大，机组在进行快启或快冷的过程中因膨胀系数不同而容易脱落。建议机组启动时采用启动旁路系统。

（3）选择合适的材料。末级过热器采用高含铬量的合金钢，防止氧化皮的脱落。采用沉积稀土氧化膜、铬酸盐处理、铬化处理等技术，改善氧化膜的质量，提高金属的抗高温氧化性能和氧化膜的附着力。

（4）做好监测工作。机组运行时做好氧化皮监测工作，例如检测蒸汽中的含氢量等。锅炉检修时测量过热器和再热器管氧化皮的厚度。

三、热力设备的结垢

某些杂质进入锅炉后，在高温、高压和蒸发、浓缩的作用下，部分杂质会从炉水中析出并牢固附着在受热面上，这种现象称为结垢。这些在热力设备受热面水侧金属表面上生成的固态附着物称为水垢。如果析出的固态附着物不在受热面上附着，在锅炉水中呈悬浮状态，或沉积在汽包和下联箱底部的水流缓慢处，这些附着物称为水渣。水渣通常可以通过连续排污或定期排污排出锅炉。但是，如果排污不及时或排污量不足，有些水渣会随着炉水的循环，黏附在受热面上形成二次水垢。

（一）水垢

水垢往往不是单一的化合物，而是由许多化合物组成的混合物。其外观、物理特性及化学组分因水质不同、生成的部位不同而有很大差异。如以一级钠离子交换软化水作为锅炉补给水的热力设备（中、低压锅炉），其水垢的主要化学组分为碳酸钙、硫酸钙、硅酸钙等；以二级钠离子交换软化水作为锅炉补给水的热力设备（中、高压锅炉），其锅炉水冷壁管内的水垢化学组分常以复杂的硅酸盐为主；以除盐水作为锅炉补给水的热力设备（高压或超高压以上的锅炉），其水垢的主要化学组分主要是 Fe、Cu 的氧化物。

水垢的化学组分虽然比较复杂，但往往以某种组分为主，因此可按水垢的化学组分分成钙镁水垢、硅酸盐水垢、氧化铁垢和铜垢等。

1. 钙、镁水垢

（1）成分、特征及生成部位。在钙、镁水垢中，钙、镁盐的含量常常很大，甚至可达90%左右，按其主要化合物的形态，分成碳酸钙水垢、硫酸钙水垢、硅酸钙水垢、镁垢等。锅炉省煤器、加热器、给水管道以及凝汽器冷却水通道等部位易生成碳酸钙水垢，锅炉炉管、蒸发器等热负荷较高的受热面上容易生成硫酸钙和硅酸钙水垢。

（2）形成原因。钙镁盐类之所以能在受热面上析出形成水垢，一是因为随着水的温度升高，某些钙镁化合物在水中的溶解度下降，部分钙盐和镁盐的溶解度与炉水温度的关系如图6-5所示；二是因为水在蒸发过程中，水中盐类逐渐浓缩；三是因为水在受热过程中，水中一些钙镁的碳酸氢盐受热分解，即

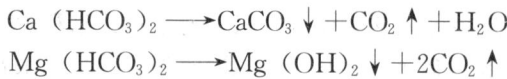

$$Ca（HCO_3）_2 \longrightarrow CaCO_3 \downarrow + CO_2 \uparrow + H_2O$$
$$Mg（HCO_3）_2 \longrightarrow Mg（OH）_2 \downarrow + 2CO_2 \uparrow$$

当水中这些钙镁盐类的离子浓度超过其溶度积时，就会从水中析出并附着在受热面上，逐渐成为坚硬的沉积物，即水垢。

在目前的高参数热力设备中，大都以除盐水为锅炉的补给水，天然水中一些常见的杂质已基本除尽，而且凝汽器的严密性较高，给水水质已很纯净，所以在热力设备的受热面上生成钙镁水垢的情况已不多见。

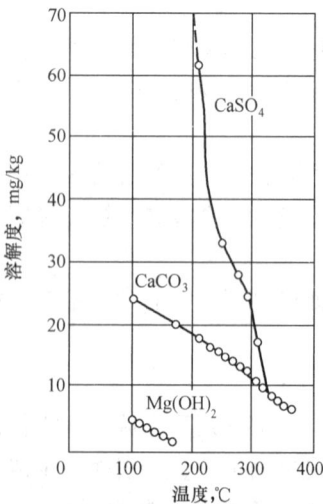

（3）防止方法。

为了防止锅炉受热面上结钙镁水垢，一是要尽量降低给水的硬度，二是应采取适当的炉水处理。这要从以下几方面着手：

1）制备高质量的补给水，降低补给水的硬度。

2）防止凝汽器泄漏，保证汽轮机凝结水的水质。冷却水漏入到凝结水中，往往是锅内产生钙镁水垢的主要原因。所以当凝结水发现有硬度时应及时查漏并及时处理。

3）采用磷酸盐处理，使进入炉水中的钙、镁离子形成一种不黏附在受热面的水渣，随锅炉排污排除掉。

2. 硅酸盐水垢

（1）成分、特征及生成部位。复杂的硅酸盐水垢的化学

图6-5　难溶钙镁盐类在炉水中的溶解度

成分，绝大部分是铝、铁的硅酸盐化合物，往往含有 40%～50% 的二氧化硅，25%～30% 的铝和铁的氧化物及 10%～20% 的钠的氧化物，钙、镁化合物的总含量一般不超过百分之几，这种水垢常常均匀地覆盖在热负荷很高或水循环不良的炉管内壁上。

（2）形成的原因。锅炉给水中铝、铁、硅的化合物含量较高，是在热负荷很高的炉管内形成硅酸盐水垢的主要原因。

（3）防止方法。应尽量降低给水中硅化合物、铝和其他金属氧化物的含量，即要求保证补给水和凝结水的水质。日常水质监测时，往往只监测给水中的可溶性硅，虽然从检测结果看，硅的含量不高，给人以误导，认为锅炉不会结硅垢，但实际上水中的全硅含量可能很高，锅炉已经有结硅垢的危险。由于检测全硅需要用氢氟酸转换法，考虑到分析操作人员的安全及环保问题，所以，不宜每天进行检测，但至少每个季度应对热力系统的水质进行一次全硅分析。另外，如果凝汽器发生泄漏，由于冷却水中含有大量的胶体硅，即使有凝结水精处理设备也无法全部除出。所以应加强凝汽器的维护与管理，防止发生泄漏，是防止结硅酸盐垢的重要方法之一。

3. 氧化铁垢

（1）成分、特征及生成部位。氧化铁垢的主要成分是铁的氧化物，其含量可达 70%～90%，表面为咖啡色，内层是黑色或灰色，垢的下部与金属接触处常有少量白色盐类沉积物，生成部位主要在热负荷很高的炉管管壁上。

（2）氧化铁垢的形成原因：①锅炉水中铁的化合物沉积在管壁上，形成氧化铁垢。锅炉水中铁化合物的形态主要是胶态的氧化铁，也有较少量较大颗粒的氧化铁和呈溶解状态的氧化铁。在锅炉水冷壁管热负荷很高的局部区域，锅炉水在近壁层急剧汽化而高度浓缩，水中的氧化铁与金属表面之间，或者产生静电吸引力，或者依靠范德华力的作用，使水中氧化铁逐渐沉积在水冷壁管成为氧化铁垢。②炉管上的金属腐蚀产物转化成为氧化铁垢。在锅炉运行时，如果炉管内发生碱性腐蚀或汽水腐蚀，其腐蚀产物附着在管壁上就成为氧化铁垢；在锅炉制造安装或停用时，若保护不当，在炉管内会因大气腐蚀生成氧化铁等铁的腐蚀产物。这些腐蚀产物有的附着在管壁上，锅炉运行后，就会转化成氧化铁垢。

由以上所述可知，形成氧化铁垢的主要原因是锅炉水含铁量大和炉管上的热负荷太高。研究证明，当炉管的局部热负荷达到 $350 \times 10^3 \, \text{W/m}^2 [30 \times 10^4 \, \text{kcal/(m}^2 \cdot \text{h)}]$ 时，锅炉水含铁量只要超过 $100 \mu\text{g/L}$，就会产生氧化铁垢。锅炉水的含铁量主要决定于给水的含铁量，炉管腐蚀对锅炉水含铁量的影响往往较小。热负荷越大，给水含铁量越高，氧化铁垢的形成速度就越快。

（3）防止方法。一是尽量减少炉水的含铁量，减小运行或停用期间的腐蚀；二是避免锅炉超负荷运行，改善锅炉运行工况，控制锅炉管壁上的热负荷在允许范围之内。

减少炉水的含铁量，除了对炉水进行适当的排污外，主要是减少给水的含铁量。为了减少给水含铁量，除了应防止给水系统发生运行腐蚀和停用腐蚀外，还必须减少给水的各组成部分（包括补给水、汽轮机主凝结水、疏水和生产返回凝结水等）的含铁量。为此，一般采取下列措施：①锅炉运行采用合适的水工况，包括采用氧化性水工况时严格控制氧含量、pH 值、电导率，保持凝结水精处理的正常运行和确保凝汽器不泄漏等；采用还原性水工况时调整好除氧器，以保证良好的除氧效果，正确进行给水联氨处理，以消除给水中残余氧，给水进行加氨或加胺类处理，以调节凝结水和给水的 pH 值等。②在给水系统或凝结水系统中装电磁过滤器或其他除铁过滤器,以减少水中的含铁量。③补给水设备和管道、疏水箱、除氧器水箱、返回水水箱等内壁衬橡胶或涂漆防腐。④减少疏水箱中疏水或生产返回水箱中水的含铁量。

此外,对于中小锅炉,科研人员还正在试验研究往炉水中加分散剂和螯合剂,以减缓或防止氧化铁垢的生成。

4. 铜垢

(1) 成分、特征及生成部位。当水垢中平均含铜量达到 20% 或更多时,这种水垢叫铜垢。铜垢的特点是牢固地贴附在金属表面且垢中每层的含铜量各不相同,表层含铜量可达到 70%~90%,越靠近金属表面,垢层的含铜量就越低,一般只有 7%~20% 甚至更低。

在局部热负荷很高的炉管内,容易结铜垢。高负荷区比低负荷区严重,向火侧比背火侧严重。

(2) 形成原因。铜垢的产生可能是一种电化学析铜的过程,热力系统中铜合金制件遭到腐蚀后,铜腐蚀产物随给水进入锅内。在沸腾的碱性锅炉水中,这些铜的腐蚀产物主要以络离子形式存在。在高热负荷的部位,一方面,锅炉水中部分铜的络离子会被破坏,使锅炉水中的铜离子含量升高;另一方面,由于高热负荷的作用,炉管中高热负荷部件的金属氧化保护膜被破坏,并且使高热负荷部位的金属表面与其他部分的金属表面之间产生电位差,局部热负荷越大时,这种电位差也越大,其结果是铜离子在带负电量多、局部热负荷高的地方获得电子而析出金属铜,即 $Cu^{2+} + 2e \longrightarrow Cu$,而在面积很大的邻近区域上进行铁释放电子过程,即 $Fe \longrightarrow Fe^{2+} + 2e$。所以铜垢总是形成在局部热负荷高的管壁上。开始析出的金属铜呈一个个多孔的小丘,小丘的直径为 0.1~0.8mm,随着许多小丘逐渐连成整片,形成多孔的海绵状的沉淀层。炉水冲灌到这些小孔中,由于热负荷很高,孔中的炉水很快就被蒸干而将水中的氧化铁、磷酸钙、硅化合物等杂质留下,这一过程一直进行到杂质将小孔填满为止。杂质填充的结果就使垢层中的铜的百分含量比刚形成而未填充杂质时低。铜垢有很好的导电性,不妨碍上述过程的继续进行,所以在已经生成的垢层中又按同样的过程生成新的铜垢层,结垢过程便这样继续进行下去。

(3) 防止方法。一方面应减缓铜部件的腐蚀,降低给水中的含铜量;另一方面应严禁超负荷运行,避免炉管局部热负荷过高。

(二) 水渣

1. 组成

水渣的组成一般也较复杂。水渣的化学分析和物相分析(X 射线衍射)结果表明,水渣是由多种物质混合组成的,而且随水质的不同,组成也各异,它的主要组成物质是金属的腐蚀产物,如铁的氧化物(Fe_2O_3、Fe_3O_4)和铜的氧化物(CuO、Cu_2O),碱式磷酸钙(羟基磷灰石)$[Ca_{10}(OH)_2(PO_4)_6]$ 和蛇纹石 $[3MgO \cdot 2SiO_2 \cdot 2H_2O]$ 等,有时水渣也可能含有某些随给水带入锅炉水中的悬浮物。

2. 分类

水渣按其性质的不同,可分为以下两大类:

(1) 不会黏附在受热面上的水渣。这类水渣较松软,常悬浮在锅炉水中,易随锅炉水的排污从锅炉内排掉,如碱式磷酸钙和蛇纹石水渣。

(2) 易黏附在受热面上转化成水垢的水渣。这类水渣容易黏附在受热面管内壁上,经高温烘焙后，转变成水垢（这种水垢松软、有黏性，又俗称为软垢），如磷酸镁和氢氧化镁等。

四、热力设备的积盐

从锅炉出来的饱和蒸汽中往往含有少量钠盐、硅酸盐等杂质，从而使蒸汽不纯，即蒸汽受到污染。蒸汽品质是指蒸汽中所含杂质的多少。所含杂质越多，蒸汽品质就越差。如果蒸汽品质差，就会在过热器和汽轮机叶片上产生积盐，影响机组的安全经济运行。

（一）蒸汽中杂质的来源

1. 水滴携带

从锅炉汽包出来的饱和蒸汽经常夹带一部分锅炉水的小水滴，使锅炉水中的钠盐、硅酸盐等杂质成分，以水溶液的形式带入蒸汽中，这种现象称为水滴携带，也称为机械携带。

蒸汽的带水量常用蒸汽湿分 W 表示，W 是指蒸汽中水滴质量占蒸汽中水、汽总质量的分率。如果以 $S_{BJ,i}$ 表示某种杂质由水滴携带而转入饱和蒸汽中的含量，以 $S_{G,i}$ 表示该种杂质在锅炉水中的含量，则它们之间有以下关系

$$S_{BJ,i} = WS_{G,i} = K_J S_{G,i}$$

式中：K_J 为机械携带系数，在数值上等于蒸汽湿分 W。

影响饱和蒸汽带水量的因素如下：

（1）锅炉负荷。锅炉负荷增加，水冷壁管内产生的蒸汽量增加，穿出汽水分界面的蒸汽泡动能增大，从而使形成小水滴的数量增加；锅炉负荷增加，由汽包引出的饱和蒸汽量增大，从而使蒸汽携带小水滴的能力增加；锅炉负荷增加，汽包内水位的膨胀现象加剧，汽空间的实际有效高度减小，不利于汽水分离。所以，锅炉负荷越大，饱和蒸汽的带水量就越大。随着锅炉负荷增加，饱和蒸汽中的含水量先是缓慢增大，当锅炉负荷增加到某一数值后，蒸汽中含水量会急剧增大，此转折点处的负荷称为锅炉的临界负荷。

（2）锅炉压力。随着锅炉压力增加，蒸汽密度随之增加，蒸汽流携带小水滴的能力增大。而且，压力增加，锅炉水的表面张力降低，容易形成小水滴。因此，锅炉的压力越高，蒸汽的带水量就越大。

（3）汽包结构。汽包直径的大小、内部汽水分离装置的形式、汽水混合物引入和引出汽包的方式等，都会对饱和蒸汽的带水量产生较大的影响。

汽包直径越大，汽空间高度就越高，汽流携带的一些较大的水滴就会升高到一定高度后靠自身质量落到水空间，从而减小蒸汽的带水量。但当汽空间高度超过 1.2m 时，蒸汽的带水量不再明显降低，因为这时蒸汽携带小水滴的能力与汽空间高度已无关系。实践证明，比较合适的汽空间高度为 0.4～0.5m，这时既可保证蒸汽带水量较小，又允许锅炉较大的热负荷；汽包内的汽水分离装置和分离效果不同，蒸汽的带水量差异很大；如果汽水混合物不能沿汽包长度均匀引入和引出，会造成局部蒸汽流速过高，增加蒸汽带水量，影响蒸汽质量。

（4）汽包水位。汽包内水位过高时，汽空间高度减小。因为对一台锅炉，汽包直径大小是一定的，水位上升，就会缩短水滴到引出口的距离，使蒸汽带水量增加。所以，锅炉运行人员应特别注意汽包内的水位膨胀现象（汽包内的实际汽水分界面比锅炉汽包外面水位计指示的水位略高，这种现象称为水位膨胀现象）。

（5）锅炉水水质。在某一范围内，锅炉水的含盐量增加，蒸汽的带水量和含盐量均成比例缓慢增加。但当锅炉水中含盐量超过某一数值时，蒸汽中的含盐量急剧增加。这时锅炉水的含盐量称为临界含盐量。产生这种现象的原因有两种解释：一种解释认为，随着锅炉水含

盐量增加，水的黏度增大，水层中的小气泡不易合并成大气泡，小气泡在水层中的上升速度小，使水位膨胀现象加剧和汽空间减小，不利于汽水分离，从而使蒸汽含盐量急剧上升；另一种解释认为，当锅炉水的含盐量达到某一值时，蒸汽泡的水膜强度提高，气泡在水面的破裂速度小于气泡的上升速度，结果在汽水分界面处形成泡沫层，水位膨胀现象加剧，汽空间高度减小，汽水分离效果变差，从而使蒸汽中的含盐量急剧上升。锅炉水中有机物和悬浮颗粒、油脂、NaOH、Na_3PO_4 等起泡物质越多，这种现象就越严重。

锅炉水的临界含盐量大小除与锅炉汽包结构和运行工况有关以外，还与锅炉补给水的水质有关。对于采用除盐水作锅炉补给水的高参数大容量锅炉，由于锅炉水的含盐量很低，一般不会达到临界含盐量。而对于以软化水作锅炉补给水的中压锅炉或采用锅内处理的低压锅炉，锅炉水的含盐量一般都比较高，有可能达到临界含盐量。

2. 溶解携带

溶解携带是指饱和蒸汽因溶解作用而携带炉水中某一种物质而使蒸汽纯度降低的现象。饱和蒸汽对某种物质的溶解携带量与炉水中该物质的浓度成正比。饱和蒸汽溶解某一种物质的能力大小，可用分配系数 K_F 来表示。分配系数 K_F 越大，饱和蒸汽溶解该物质的能力就越大。

研究表明，饱和蒸汽的这种溶解特性有两个特点：一是具有选择性，即在锅炉压力一定的情况下，饱和蒸汽对各种物质的溶解能力有较大的差异，其中对硅酸（通式为 $xSiO_2 \cdot yH_2O$）的溶解能力最大，NaOH 和 NaCl 次之，Na_2SO_4、Na_3PO_4、Na_2SiO_3 等钠盐在饱和蒸汽中几乎是不溶的，所以溶解携带也称选择性携带；另一个特点是与锅炉压力有关，饱和蒸汽对各种物质的溶解携带量随锅炉压力提高而增大。因为随着蒸汽压力提高，蒸汽的性质越来越接近于水的性质。如随着压力提高，饱和蒸汽的密度不断增加，而在沸腾温度下水的密度却不断降低。在临界点（压力 $p=22.00MPa$，温度 $t=374℃$）时，蒸汽密度等于水的密度。所以，高参数蒸汽也是一种很强的溶剂，对各种物质都有很高的溶解特性。

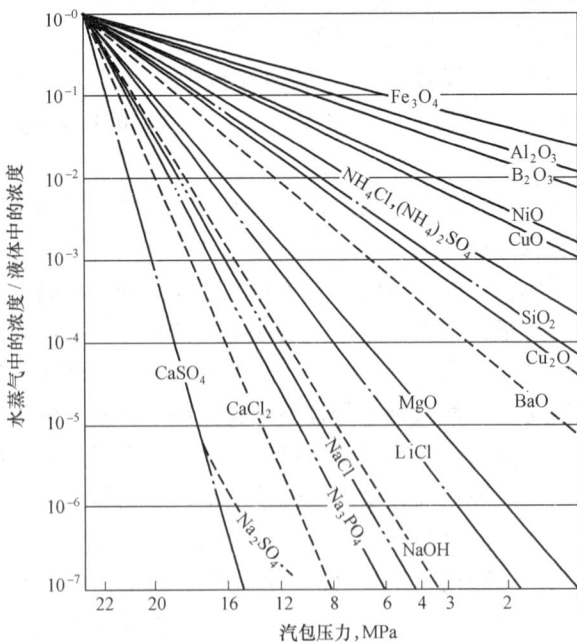

图 6-6　分配系数与锅炉压力的关系

不同物质在不同压力下的分配系数如图 6-6 所示。该图是由美国科学家 O. Jonas1978 年在 Combustion 首次发表，后来研究发现，射线图在接近临界压力时误差较大。目前，世界各国科学家正在进行这方面试验。

另外，炉水的 pH 值影响硅酸的溶解携带量。从硅酸与硅酸盐水解平衡可以看出，当降低炉水的 pH 值时，炉水中分子形态的硅酸含量增大，因此，蒸汽带硅化物之总量就增加。也就是说，硅酸的溶解携带系数随炉水 pH 值的降低而增大。由于炉水全挥发处理时，高温炉水实际的 pH 值要比炉水磷酸盐处理或氢氧化钠处理低得多，所以在同等蒸汽含硅量的情况下，就要求炉水的含硅总量低得多。以亚临界压力锅炉为例，通常炉水采用全挥发处理时的允许含硅量只有磷酸盐处理（或氢氧化钠处理）的 $1/3 \sim 1/2$。

在汽包锅炉中，饱和蒸汽中某种杂质的含量，应为水滴携带和溶解携带之和。在直流锅炉中，饱和蒸汽中某种杂质的含量，为溶解携带所致。

（二）各种物质在过热器中的沉积

当饱和蒸汽被加热成过热蒸汽时，小水滴会发生以下两种过程：①蒸发、浓缩和温度升高等作用，小水滴中的某些盐类物质因形成过饱和溶液而结晶析出；②过热蒸汽对各种物质的溶解能力比饱和蒸汽大，小水滴中的某些物质会溶解转入到过热蒸汽中，使过热蒸汽中这些物质的含量增加。

当饱和蒸汽对某物质的携带量超过该物质在过热蒸汽中的溶解度时，该物质就会沉积在过热器中，称为过热器积盐；如果饱和蒸汽对某种物质的携带量，小于该物质在过热蒸汽中的溶解度，则这种物质就不会在过热器中沉积，而被带入汽轮机中。

由于各种物质在过热蒸汽中的溶解特性不同，所以它们在过热器中的沉积规律也就不同。

1. 氯化钠

在中、低压锅炉中，由于炉水水质和蒸汽品质较差，饱和蒸汽对 NaCl 的携带量往往超过它们在过热蒸汽中的溶解度，所以经常造成 NaCl 固体在过热器中沉积。但对高压和超高压以上的锅炉来说，由于锅炉水水质和蒸汽品质较好以及过热蒸汽对 NaCl 的溶解度比饱和蒸汽大，使饱和蒸汽中携带的 NaCl 量经常小于它在过热蒸汽的溶解度，所以一般不会沉积在过热器中，而是溶解在过热蒸汽中，被带入汽轮机。

2. 氢氧化钠

在高压和超高压以上的汽包锅炉中，NaOH 在过热蒸汽中的溶解度较大，一般不会在过热器中沉积。但在中、低压锅炉中，NaOH 在过热蒸汽中的溶解度很小，饱和蒸汽中所携带的 NaOH 量超过了它在过热蒸汽中的溶解度，所以大部分会黏附于过热器的管壁上，只有一小部分带入汽轮机内。

过热蒸汽中的 NaOH 还有可能与蒸汽中或空气（停炉期间）中的 CO_2 发生化学反应，生成 Na_2CO_3，沉积在过热器中；如果过热器内有较多的 Fe_2O_3 时，NaOH 会与它发生化学反应，生成 $NaFeO_2$，沉积在过热器中。

3. 硫酸钠和磷酸钠

在饱和蒸汽中，硫酸钠（Na_2SO_4）和磷酸钠（Na_3PO_4）以水滴携带形态存在。它们在过热蒸汽中的溶解度与压力和温度有关。随温度升高，溶解度下降，所以饱和蒸汽中的小水滴在过热器中很容易因蒸发浓缩作用变成过饱和溶液，然后被蒸干以固体结晶析出。又因它们在过热蒸汽中溶解度很小，当饱和蒸汽中的含量大于过热蒸汽中的溶解度时，其中一部分沉积在过热器中，还有一部分被过热蒸汽带入汽轮机。

4. 硅酸

饱和蒸汽所携带的硅酸化合物 H_2SiO_3、H_4SiO_4，它们在过热蒸汽中因失去水分而变成 SiO_2。因为 SiO_2 在过热蒸汽中的溶解度随温度升高而增大，所以在过热器内，饱和蒸汽所携带的小水滴蒸发时，水滴中的 SiO_2 会全部溶解，转入过热蒸汽中，而不会沉积在过热器中。

综上所述，可将汽包锅炉过热器中的盐类沉积情况，按锅炉压力的不同区分如下：

(1) 中、低压锅炉的过热器中，沉积的盐类主要是 Na_2SO_4、Na_3PO_4 以及 Na_2CO_3 和 NaCl。

(2) 高压锅炉的过热器中，沉积的盐类主要是 Na_2SO_4。

(3) 超高压和亚临界压力锅炉的过热器中，盐类沉积量较少。因此类锅炉的过热蒸汽溶解盐类的能力很大，饱和蒸汽携带的盐类大都转入过热蒸汽中带往汽轮机。

在各种压力的汽包锅炉的过热器中，还可能沉积氧化铁，这些氧化铁是过热器本身的腐蚀产物。由于铁的氧化物在过热蒸汽中溶解度很小，绝大部分铁的氧化物沉积在过热器内，极少部分以固态微粒形态被过热蒸汽带往汽轮机中。

应该指出，上述讨论的是过热蒸汽只携带某一种物质时的沉积规律。当饱和蒸汽所携带的小水滴中混合有各种不同的物质时，各种物质的溶解度特性会有所变化。实际运行中，盐类沉积情况将更为复杂。

(三) 各种物质在汽轮机中的沉积

从锅炉出来的蒸汽中携带的杂质，会在汽轮机的通流部分形成沉积物。

1. 汽轮机内形成沉积物的原因

当带有各种化合物的过热蒸汽进入汽轮机后，由于膨胀做功，其压力和温度都在不断降低，各种化合物在蒸汽中的溶解度随着压力降低而减小。当其中某一种化合物在蒸汽中的溶解度减小到低于它在蒸汽中的携带量时，该化合物就会在汽轮机的蒸汽流通部分以固态的形式沉积下来，这种现象称为汽轮机的积盐。另外，蒸汽中的一些固体微粒或一些微小的 NaOH 浓缩液滴，也可能黏附在汽轮机的流通部分，形成沉积物。

2. 汽轮机内沉积物的主要成分及分布

由于上述各种原因，在汽轮机的不同级中，生成沉积物的情况各不相同，可归纳成以下几点：

(1) 不同级中沉积物量不一样。在汽轮机中除第一级和最后几级积盐量极少外，低压级的积盐量总是比高压级的多些。图 6-7 所示为某高压汽轮机各级中沉积物的量。

在汽轮机最前面的一级中，由于蒸汽参数仍然很高，而且蒸汽流速很快，杂质尚不会从蒸汽中析出或者来不及析出，因此往往没有沉积物。在汽轮机的最后几级中，由于蒸汽中已含有湿分，杂质就转入湿分中，且湿分能冲洗掉汽轮机叶轮上已析出的物质，所以在这里往往也没有沉积物。

(2) 不同级中沉积物的化学组成不同。图 6-8 所示为某超高压汽轮机各级叶轮上沉积物的化学组成。

一般来说，汽轮机高压级中的沉积物主要是易溶于水的 Na_2SO_4、Na_2SiO_3、Na_3PO_4 等；中压级中的沉积物主要是易溶于水的 NaCl、Na_2CO_3 和 NaOH 等，这里还可能有难溶于水的钠化合物，如 $Na_2O \cdot Fe_2O_3 \cdot 4SiO_2$（钠锥石）和 $NaFeO_2$（铁酸钠）等；低压级中的沉积物主要是不溶于水的 SiO_2。

铁的氧化物（主要是 Fe_3O_4，部分是 Fe_2O_3）在汽轮机各级中都可能沉积。通常在高压级的沉积物中，它所占的百分率要比低压级多些。实际上，往往沉积在各级中铁的氧化物的质量大致相同，但因低压级中沉积物的量增加，所以铁的氧化物所占的百分率在减少。

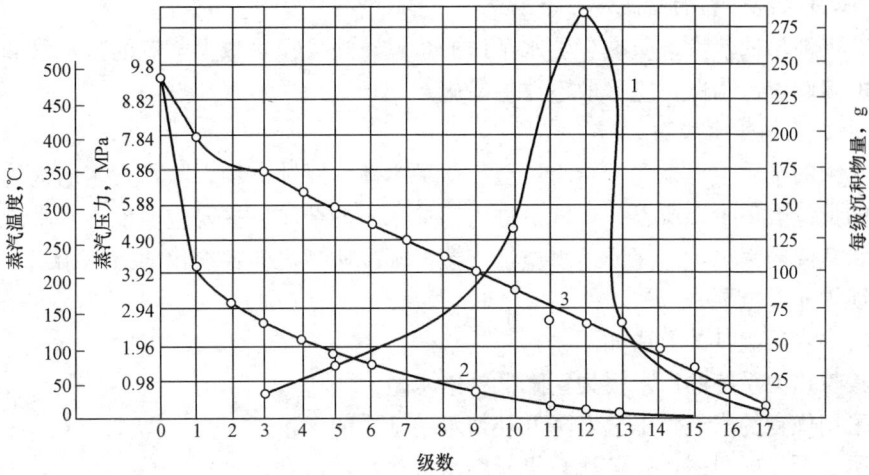

图 6-7 某高压汽轮机内沉积物分布
1—沉积物分布线；2—压力变化线；3—温度变化线

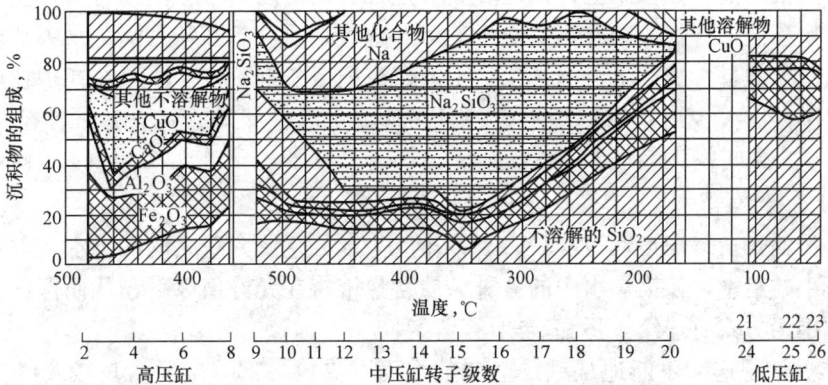

图 6-8 某超高压汽轮机叶轮上沉积物的化学组成

对于亚临界、超临界参数汽轮机，由于锅炉使用高纯度补给水，尤其是配备了凝结水除盐设备进行凝结水处理，蒸汽含钠和含硅量极少，在这种条件下，汽轮机内的沉积物主要就是金属氧化物。

（3）在各级隔板和叶轮上分布不均匀。汽轮机中的沉积物不仅在不同级中的分布不均匀，即使在同一级中，部位不同，分布也不均匀。例如，在叶轮上叶片的边缘、复环的内表面、叶轮孔、叶轮和隔板的背面等处积盐量往往较多，这可能与蒸汽的流动工况有关。

（4）供热机组和经常启、停的汽轮机内的沉积物量较少。在汽轮机停机和启动时，都会有部分蒸汽凝结成水，这对于易溶的沉积物有清洗作用，所以在经常停、启的汽轮机内，往往积盐量较少。此外，热电厂的供热汽轮机内，积盐量也往往较少，这是因为：①供热抽汽带走了许多杂质；②汽轮机的负荷往往有较大的变化（与热用户的用热情况和季节有关），在负荷降低时，汽轮机中工作在湿蒸汽区的级数增加，而湿分有清洗作用，能将原来沉积的易溶物质冲去。

（四）蒸汽系统积盐的防止

为了获得清洁的蒸汽，应减少炉水杂质的含量，还应设法减少蒸汽的带水量和降低杂质在蒸汽中的溶解量。为此，应采取下述的措施。

1. 减少进入锅炉水中的杂质

锅炉水中的杂质主要来源于给水，至于锅炉本体的腐蚀产物，除新安装的锅炉外，它在锅炉水中的量一般很少。所以，要减少进入锅炉水中的杂质，主要应保证给水水质优良。对于采用喷水减温的锅炉，应保证给水质量与蒸汽标准所规定的各项化学指标相当，这对于亚临界压力锅炉非常重要。

保证给水水质优良的方法如下：

（1）减少热力系统的汽水损失，降低补给水量。

（2）采用优良的水处理工艺，降低补给水中杂质的含量。

（3）防止凝汽器泄漏，以免汽轮机凝结水被冷却水污染。

（4）采取给水和凝结水系统的防腐措施，减少给水中的金属腐蚀产物。

（5）采用凝结水除盐处理，除掉汽轮机凝结水中的各种杂质。

对于新安装的锅炉，在制造、储运和安装过程中，锅内常常会沾染有氧化皮、铁屑、焊渣、腐蚀产物和硅化合物等杂质，启动投运后，这些杂质会不断转入锅炉水中，而使锅炉水水质（特别是含硅量）长期不合格，以致引起蒸汽质量长期不良。所以新锅炉在启动前应该进行化学清洗，以减少启动后锅炉水中各种杂质（如含硅量等）的含量，使蒸汽汽质较快合格。

2. 适当的锅炉排污

锅炉排污就是在锅炉运行过程中，经常排放一部分杂质含量大的锅炉水，并补充相同数量杂质含量小的给水，使锅炉水中的各种杂质含量维持在允许值以下，从而保证饱和蒸汽的纯度。锅炉排污方式有连续排污和定期排污两种。

连续排污就是连续不断地从锅炉汽包的水面下排放一部分杂质含量较高的锅炉水，同时也排掉锅炉水中细微或悬浮的水渣，以改善水的质量。连续排污一般是采用 $\phi 28 \sim 60$ 的钢管做排污管，它沿汽包长度水平放置，管子上均匀地开着许多直径为 $\phi 5 \sim 10$ 的小孔或在小孔上再接一个小吸污管。排污管一般安装在汽包正常水位以下 $80 \sim 300mm$ 处，这样排放时可防止带走部分蒸汽，而且此处炉水因蒸发作用杂质含量高，所以连续排污也称为表面排污。

定期排污就是从锅炉水循环系统的最低点（如汽包底部、下锅筒或水冷壁下联箱）定期排放一部分含水渣较高的锅炉水，以改善锅炉水的质量，所以定期排污也称为间断排污或底部排污。定期排污的间隔时间主要与锅炉水的水质和锅炉的蒸发量大小有关。定期排污时间很短，一般不超过 $0.5 \sim 1.0min$，每次排污水量大约为锅炉蒸发水量的 $0.1\% \sim 0.5\%$。定期排污应在低负荷下进行。因为低负荷下水循环速度低，水渣下沉，而且由于盐类隐藏的特殊性，在低负荷下排污可事半功倍。

锅炉排污总是会损失一些热量和水量，据有关资料报导，排污每增加 1% 就会使燃料消耗量增加 0.3%。所以，应在保证锅炉水水质的前提下，尽量减少锅炉排污水量。表 6-1 为我国规定的锅炉排污率（排污水量占锅炉蒸发水量的百分数）。为了防止锅炉内水渣沉积，锅炉最小排污率不小于 0.3%。

对于高参数的机组，锅炉的排污量非常小。但是很多电厂由于没有做热化学试验，无法确定最佳的运行参数，为了安全起见，锅炉连续排污控制在 $1\%\sim2\%$。做过热化学试验的锅炉，由于确定了锅炉的最佳运行参数，排污率大多数都定为 0.3%。有定期排污的锅炉，一般每周排 $1\sim2$ 次即可。

表6-1	锅炉最大允许排污率	(%)
给水类别	凝汽式电厂	热电厂
除盐水或蒸馏水	1	2
软化水	2	5

3. 完善汽包内部装置

为了保证蒸汽的纯度，通常在汽包内设置高效汽水分离装置、蒸汽清洗装置和多孔挡板等装置。汽、水分离装置有旋风分离器、波纹板和百叶窗等。

对于超高压及以下等级的锅炉，汽包内一般装有蒸汽清洗装置。蒸汽清洗就是让饱和蒸汽通过一个杂质含量很小的清洗水层，使饱和蒸汽所携带的锅炉水小水滴转入清洗水中，而饱和蒸汽原来溶解携带的杂质将按分配系数重新分配，从而使通过清洗水层的饱和蒸汽中的杂质含量明显降低。目前采用的蒸汽清洗装置如图6-9所示。

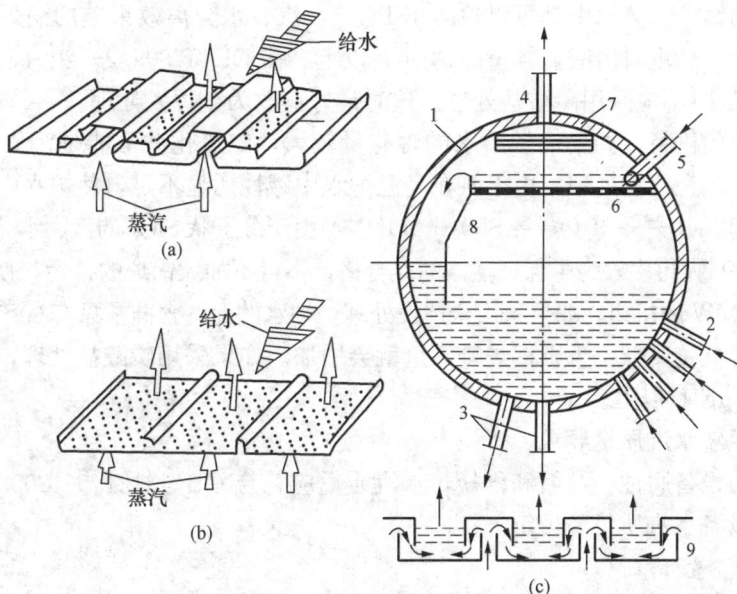

图6-9　蒸汽清洗设备工作原理示意

1—汽包；2—汽水混合物上升管；3—下降管；4—饱和蒸汽引出管；5—给水引入管；
6—清洗装置；7—百叶窗分离器；8—清洗后给水；9—钟罩式穿层清洗装置工作示意

对于亚临界压力以上的汽包锅炉，由于对全部凝结水进行了精处理，给水水质已很纯净，锅炉水中的杂质含量非常小，再在汽包内设置清洗装置并不一定能提高蒸汽的纯度，所以，目前在亚临界压力以上的汽包锅炉中有的已不再设置清洗装置。

此外，还有在以软化水作锅炉补充水的中、高压汽包锅炉上采用分段蒸发的方法来降低排污率的。

4. 使锅炉处于最佳的运行工况

锅炉的负荷、负荷变化速度和汽包水位等运行工况对饱和蒸汽的带水量有很大影响，因而也是影响蒸汽汽质的重要因素，即使汽包内部装置很完善也不例外。例如锅炉负荷过大时，汽包内蒸汽流速太大，旋风分离器等汽水分离装置会负担不了，就会使蒸汽流中的细小水滴不能充分分离出来而影响蒸汽汽质。

有时锅炉的运行工况不当还会引起"汽水共沸"现象，即饱和蒸汽大量带水，蒸汽汽质非常差，且往往因带水太多而造成过热蒸汽温度下降。锅炉运行中，若汽包水位过高、锅炉负荷超过临界负荷或者突然变化，都容易引起这种现象。

能够保证良好蒸汽汽质的锅炉运行工况，应通过专门的试验来求得，这种试验称为热化学试验。在运行中，应根据锅炉热化学试验的结果，调整好锅炉的运行工况，使锅炉的负荷、负荷变化速度、汽包水位等不超过热化学试验所确定的允许范围，以确保蒸汽汽质合格。

5. 选用合理的炉水处理方式

锅炉在相同的运行工况下，不同的炉水处理方式对蒸汽的品质影响很大，因此，应根据锅炉运行特性和给水水质，选用合理的炉水处理方式。例如，如果炉水采用磷酸盐处理，蒸汽总是按炉水中磷酸根的浓度以一定比例携带。在凝汽器无泄漏的情况下，应尽量少向锅炉添加磷酸盐。对于锅炉汽包压力特别高时，磷酸盐的溶解携带就非常严重。研究发现，凡是用磷酸盐处理的锅炉，蒸汽中都可以检测出 PO_4^{3-}，汽、水分离效果差的锅炉，在汽轮机中往往析出磷酸盐，严重时磷酸盐含量高达 50％ 以上。按 DL/T 805.2—2004，汽包的运行压力超过 19.3MPa 时不应采用磷酸盐处理。这时最好应改为全挥发处理。

对于高参数的机组，如果锅炉给水的含硅量较大，二氧化硅可能是污染蒸汽的主要杂质。如果炉水采用全挥发处理，由于氨在高温炉水中碱性明显不足，使炉水中的硅酸钠转化成二氧化硅，即 $SiO_3^{2-}+H_2O \Longrightarrow SiO_2+2OH^-$，由于分子状 SiO_2 的汽、水分配系数要比离子状态的 Na_2SiO_3 大得多，为了保证蒸汽的硅合格，不得不加大锅炉的排污，使炉水的含硅量降低。例如 350MW 的机组，如果采用全挥发处理，炉水的允许含硅量只有 $60\sim80\mu g/L$，这就要求补给水的含硅量要低，否则锅炉排污量就会增加。如果采用磷酸盐处理，炉水的允许含硅量可达到 $100\mu g/L$ 以上。

五、热力系统水汽质量要求

为防止热力设备腐蚀、结垢和积盐，水汽质量应符合 GB/T 12145—2008《火力发电机组及蒸汽动力设备水汽质量》规定。

（一）蒸汽质量标准

根据 GB/T 12145—2008，蒸汽质量应符合表 6-2 的规定。

表 6-2　　　　　　　　　　　　　　蒸 汽 质 量 标 准

过热蒸汽压力 (MPa)	钠 ($\mu g/kg$)		氢电导率 (25℃) ($\mu S/cm$)		二氧化硅 ($\mu g/kg$)		铁 ($\mu g/kg$)		铜 ($\mu g/kg$)	
	标准值	期望值	标准值	期望值	标准值	期望值	标准值	期望值	标准值	期望值
3.8～5.8	≤15	—	≤0.30	—	≤20	—	≤20	—	≤5	—
5.9～15.6	≤5	≤2	≤0.15*	≤0.10*	≤20	≤10	≤15	≤10	≤3	≤2
15.7～18.3	≤5	≤2	≤0.15*	≤0.10*	≤20	≤10	≤10	≤10	≤5	≤3
＞18.3	≤3	≤2	≤0.15	≤0.10	≤10	≤5	≤5	≤3	≤2	≤1

* 没有凝结水精处理除盐装置的机组，蒸汽的氢电导率标准值不大于 $0.30\mu S/cm$，期望值不大于 $0.15\mu S/cm$。

有关蒸汽纯度标准的说明如下：

（1）钠。控制蒸汽中的钠含量，实际上是对蒸汽中钠化合物的总量进行控制，也就控制了 NaCl 和 NaOH 这两种主要腐蚀剂的含量。因为汽轮机蒸汽中 NaCl 和 NaOH 的安全含量只是几微克/升，所以蒸汽纯度标准中规定了钠的含量。

（2）氢电导率。蒸汽（25℃）的氢电导率大小，实际反应蒸汽所携带的总含盐量。测定蒸汽的氢电导率时，水样是先通过小型氢离子交换柱后再进行测定的，这主要是为了去除蒸汽中氨的干扰，真实反映蒸汽中氯化物（$10\mu g/kg$ 相当于电导率 $0.12\mu S/cm$）、硫酸根等离子的含量。

（3）硅酸。在蒸汽纯度标准中，硅酸（SiO_2）的含量有的规定 $20\mu g/kg$，有的规定 $10\mu g/kg$。这主要是考虑到锅炉在低负荷时，蒸汽压力和温度下降后，SiO_2 在蒸汽中的溶解度可降至 $10\sim15\mu g/kg$。另外，还考虑到 SiO_2 可能与蒸汽中的其他化合物发生化学反应生成复杂的化合物，从而影响机组安全运行，所以在蒸汽纯度标准中应选用较低的极限 $10\mu g/kg$。

（4）铁和铜。为了防止金属铜和铁的氧化物在过热器和汽轮机中沉积并促进腐蚀及磨蚀，在蒸汽纯度标准中对铜、铁的含量也都作了规定。

另外，蒸汽中的氯化物是一种腐蚀性化合物，它的含量大小是引起汽轮机叶片应力腐蚀破裂的一个重要因素，所以有的国家蒸汽标准中特别对氯化物的含量作了规定。在汽轮机的低压区，NaCl 在蒸汽中的溶解度估计只有几微克/千克，所以有的国家研制了一种带有连续进样浓缩柱的离子色谱仪，这种仪器对几微克/千克的氯化物是灵敏的。

（二）炉水质量标准

汽包炉炉水水质根据制造厂的规范并通过水汽品质专门试验确定，可参照表 6-3 的规定控制。

表 6-3　　　　　　　　　　　炉 水 质 量 标 准 [①]

锅炉汽包压力 （MPa）	处理方式	二氧化硅 （mg/L）	氯离子 （mg/L）	电导率 （25℃）	氢电导率 （$\mu S/cm$）	磷酸根（mg/L） 单段蒸发	磷酸根（mg/L） 分段蒸发 净段	磷酸根（mg/L） 分段蒸发 盐段	pH 值（25℃） 标准值	pH 值（25℃） 期望值
3.8~5.8	碱化剂处理	—	—	—		5~15	5~12	≤75	9.0~11.0	—
5.9~10.0	碱化剂处理	≤2.00*	—	≤150		2~10	2~10	≤40	9.0~10.5	9.5~10
10.1~12.6	碱化剂处理	≤2.00*	—	≤60		2~6	2~6	≤30	9.0~10.0	9.5~9.7
12.7~15.8	碱化剂处理	≤0.45*	≤1.5	≤35		≤3***	≤3	≤15		9.3~9.7
>15.8	碱化剂处理	≤0.20	≤0.5	≤20	≤1.5**	≤1***			9.0~9.7	9.3~9.6
>15.8	全挥发处理	≤0.15	≤0.3	≤1.0		—	—	—		—

①除磷酸根外，均指单段蒸发的炉水。

＊汽包内有清洗装置时，其控制指标可适当放宽。炉水二氧化硅浓度指标应保证蒸汽二氧化硅浓度符合标准。

＊＊炉水氢氧化钠处理。

＊＊＊控制炉水无硬度。

有关炉水质量标准的说明如下：

（1）二氧化硅。炉水中的二氧化硅含量指标是由蒸汽二氧化硅指标决定的。蒸汽二氧化硅是由机械携带和溶解携带组成，其标准通常是 $20\mu g/kg$。当汽包的压力在 15.8MPa 以下时，二氧化硅的汽水分配系数不足 4%。200MW 以下机组的机械携带系数一般不应大于0.4%，300MW 及以上机组机械携带系数一般不应大于 0.2%。为了使蒸汽中的二氧化硅含量不超过 $20\mu g/kg$，炉水中的含硅量应低于 $20/(4\%+0.4\%)=454.5\mu g/L$。所以，规定 12.7~15.8MPa 的锅炉炉水中的二氧化硅含量不应超过 0.45mg/L。其他压力等级的标准的计算方法与此相同。

考虑到 15.8MPa 以下的锅炉，汽包内装有蒸汽清洗装置，实际上炉水的含硅量可以放宽些，具体数值由锅炉热化学试验确定。

（2）氯离子。炉水中氯离子会破坏金属表面氧化膜引起炉管腐蚀，而蒸汽中的氯离子会引起汽轮机应力腐蚀破裂，所以亚临界参数机组对氯离子的控制比较严格。按照美国PPC—2001.3（3）推荐亚临界参数机组蒸汽氯离子含量极限值 $3\mu g/kg$ 计算，考虑到我国大多数亚临界压力汽包锅炉汽包的运行压力为 18.4MPa 左右，蒸汽以 NH_4Cl、$NaCl$ 和 HCl的形式溶解携带氯离子，其总溶解携带系数约为 0.4%，机械携带系数按 0.2%。那么炉水中的氯离子最高含量的近似值为：$3/(0.4\%+0.2\%)=500\mu g/L$。所以，亚临界压力锅炉炉水中氯离子含量定为 0.5mg/L。当然，如果锅炉的运行压力超过 18.4MPa，炉水中的氯离子浓度应该控制的更低些。

（3）电导率。对电导率指标的控制有两个作用，一是控制炉水中的杂质不能过度浓缩以免引起腐蚀，二是控制磷酸盐的加药量不能太高以免引起磷酸盐的隐藏。由于炉水的成分复杂，电导率主要是综合考虑其含盐量，其数值来源于锅炉长期运行的实践经验。

（4）氢电导率。控制氢电导率可以间接控制阴离子（尤其是强酸阴离子）的含量。例如，炉水中氯离子含量达到 0.20mg/L 时就可使氢电导率增加 $2.4\mu S/cm$。

（5）磷酸根。对于汽包的压力低于 15.8MPa 以下的锅炉，采用全挥发给水处理方式时，均允许给水中有微量的硬度，所以，炉水也就有硬度。加入磷酸盐的量要兼顾消除炉水的硬度和维持炉水 pH 值的双重作用。通常锅炉的压力越低，给水的水质要求就越宽松，给水中的硬度相对也就越高。因此，所需要磷酸盐的量也就相应高些。

（6）pH 值。主要考虑锅炉运行过程中的防腐要求，通常下限不得低于 9.0。pH 值的上限通常根据锅炉的压力等级确定。对于不同压力等级的锅炉，压力等级越低，炉水 pH 值的规定值就越高。主要是考虑中、低压锅炉有用钠离子交换水作为锅炉的补给水，炉水中有游离氢氧化钠，使 pH 值有所升高。另外，压力低的锅炉，补给水水质相对较差，炉水中的含硅量增加较多，往往是高参数锅炉的十几倍甚至上百倍，而硅酸的溶解携带与炉水的 pH 值有关，即随着炉水的 pH 值的升高而降低。所以，提高炉水的 pH 值可以控制蒸汽的含硅量。

（三）给水质量标准

给水的硬度、铁、铜、钠、二氧化硅的含量和氢电导率，应符合表 6-4 的规定。

全挥发处理给水的 pH 值、溶解氧、联氨和总有机碳（TOC）应符合表 6-5 的规定。

加氧处理给水的 pH 值、氢电导率、溶解氧含量和 TOC 应符合表 6-6 的规定。

有关给水质量标准的说明如下：

（1）钠。给水的含钠量只对直流炉作了规定，因为给水经过直流炉后水中的钠几乎全部进入蒸汽，含钠量如果过高，过热器和汽轮机可能会发生钠盐的沉积。由于给水进入汽包炉后其钠盐进入炉水中，而炉水中往往加入毫克/升级的磷酸三钠或氢氧化钠，相比之下给水的含钠量要小得多。即使炉水采用全挥发处理，给水中的钠会在炉水和蒸汽之间进行二次分配，进入蒸汽的钠也非常少。

表 6 - 4   给 水 质 量 标 准

炉型	过热蒸汽压力 (MPa)	钠 ($\mu g/L$)		氢电导率（25℃）($\mu S/cm$)		二氧化硅 ($\mu g/L$)		铁 ($\mu g/L$)		铜 ($\mu g/L$)	
		标准值	期望值	标准值	期望值	标准值	期望值	标准值	期望值	标准值	期望值
汽包锅炉	3.8～5.8*	—	—	—	—	应保证蒸汽二氧化硅符合标准		≤50	—	≤10	—
	5.9～12.6	—	—	≤0.30	—			≤30	—	≤5	—
	12.7～15.6	—	—	≤0.30	—			≤20	—	≤5	—
	>15.6	—	—	≤0.15**	≤0.10	≤20	≤10	≤15	≤10	≤3	≤2
直流锅炉	5.9～18.3	≤5	≤2	≤0.15	≤0.10	≤15	≤10	≤10	≤10	≤3	≤2
	>18.3	≤3	≤2	≤0.15	≤0.10	≤10	≤5	≤5	≤3	≤2	≤1

* 还应监督硬度，硬度应不大于 2.0。

** 没有凝结水精处理除盐装置的机组，给水氢电导率应不大于 0.30$\mu S/cm$。

表 6 - 5   全挥发处理给水的 pH 值、联氨和 TOC 标准

炉型	过热蒸汽压力 (MPa)	pH（25℃）	溶解氧 ($\mu g/L$)	联氨 ($\mu g/L$)	TOC ($\mu g/L$)
汽包锅炉	3.8～5.8	8.8～9.3	≤15	—	—
	5.9～15.6	8.8～9.3（有铜给水系统）或 9.2～9.6*（无铜给水系统）	≤7	≤30	≤500**
	>15.6				≤200**
直流锅炉	>5.9				≤200

* 对于凝汽器管为铜管、其他换热器管均为钢管的机组，给水 pH 值控制范围为 9.1～9.4。

** 必要时监测。

表 6 - 6   加氧处理给水 pH 值、氢电导率、溶解氧的含量和 TOC 标准

pH 值（25℃）	氢电导率 (25℃)($\mu S/cm$)		溶解氧 ($\mu g/L$)	TOC ($\mu g/L$)
	标准值	期望值		
8.0～9.0	≤0.15	≤0.10	30～150	≤200

注 采用中性加氧处理的机组，给水的 pH 控制在 7.0～8.0（无铜给水系统），溶解氧 50～250$\mu g/L$。

（2）氢电导率。标准中采用氢电导率而不用电导率，其理由是：①因为给水采用加氨处理，氨对电导率的贡献远大于杂质的贡献；②由于氨在水中存在以下的电离平衡：$NH_3 \cdot H_2O = NH_4^+ + OH^-$，经过 H 型离子交换后可除去 NH_4^+，并生成等量的 H^+，H^+ 与 OH^- 结合生成 H_2O。由于水样中所有的阳离子都转化 H^+，而阴离子不变，即水样中除 OH^- 以外，各种阴离子是以对应的酸的形式存在，是衡量除 OH^- 以外的所有阴离子的综合指标，其值越小说明其阴离子含量越低。由于不同的阴离子对电导率的贡献不同，所以它是一个综

合指标。在 25℃ 时，$35.5\mu g/L$ Cl^-、$48\mu g/L$ SO_4^{2-} 和 $59\mu g/L$ CH_3COO^- 对氢电导率的贡献分别是 0.426、0.430 和 $0.391\mu S/cm$。例如，给水的氢电导率规定为不大于 $0.2\mu S/cm$，如果水中的阴离子除 OH^- 以外只有 Cl^-，那么 Cl^- 的浓度不应超过 $12.1\mu g/L$。

（3）二氧化硅。一般认为，给水中硅、铜、铁含量较高时，在热负荷很高的锅炉炉管内易形成硅酸盐水垢；给水中的硅进入锅炉，由于蒸汽的携带，产生的硅酸盐最终沉积在汽轮机通流部位上，故在给水质量监督中，二氧化硅不仅是检测对象，也是作为控制指标予以重视。

（4）铁、铜。铁、铜含量是衡量给水系统腐蚀的指标，是其他水质指标综合反应的结果。对铁、铜含量进行限制的另一个原因是防止腐蚀产物随给水进入锅炉后形成二次水垢。

（5）pH 值。无论溶解氧浓度高低，铜合金最佳防腐蚀的 pH 值均为 8.8～9.1，而碳钢为 9.6 以上。对于有铜系统，为了兼顾铜、铁的腐蚀，pH 值定为 8.8～9.3。这种规定还是倾向于铜合金，因为铜设备比较精密、壁比较薄，其腐蚀产物容易被蒸汽携带，影响汽轮机的安全、经济运行。对于无铜系统，pH 值定为 9.0～9.6。在机组运行过程中，pH 值超过 9.6 对于防止水汽系统的腐蚀已经没有必要了，而低于 9.0 给水系统的含铁量就会明显增高，即腐蚀速度加快。

（6）溶解氧。全挥发处理时，在正常情况下，经过除氧器热力除氧后水中的溶解氧浓度已经能够达到小于 $7\mu g/L$ 的水平，这时加联氨的主要作用是使水处于还原性。如果水中的溶解氧浓度仍然较高，这时加联氨的作用是除去水中的一部分溶解氧并使水处于还原性。由于热力除氧需要消耗蒸汽，存在经济性问题；化学除氧由于溶解氧浓度和联氨浓度都很低，存在反应速度问题，所以溶解氧浓度不宜定得太低，$7\mu g/L$ 的水平已经能够达到电力系统安全运行的要求。国外有的标准定为 $5\mu g/L$，其实际意义不大。

加氧处理时，在氧化膜的形成过程中，只要饱和蒸汽中没有氧，给水中的溶解氧浓度允许高些，这时往往给水的氢电导率也会升高，其原因是给水系统的管壁以及管壁上的 Fe_3O_4 氧化膜中所含有机物被氧化，形成低分子有机酸。当 Fe_3O_4 全部转换为 $\alpha\text{-}Fe_2O_3$ 后，给水的氢电导率就会恢复到加氧前的水平。在氧化膜的转换过程中，允许给水的氢电导率达到 $0.2\mu S/cm$。如果超过此值就应减少加氧量。对于汽包锅炉，实施给水加氧处理稳定运行后，虽然溶解氧量定为 $10～80\mu g/L$，但最好控制为 $50～70\mu g/L$，只有在负荷波动时，不得已可短时间偏上限或下限运行。对于直流锅炉，实施给水加氧处理稳定运行后，虽然溶解氧量定为 $30～300\mu g/L$，但最好控制为 $50～100\mu g/L$，只有在负荷波动时，不得已可短时间偏上限或下限运行。

（7）联氨。有铜系统通常规定联氨的剩余浓度高些，无铜系统通常规定联氨的剩余浓度低些。规定联氨的剩余浓度小于 $30\mu g/L$，是因为没有必要维持过高的联氨剩余浓度，有时反而会使给水的含铁量增高。

（8）TOC。总有机碳是指水中有机物的总含碳量，它是以碳的数量表示水中含有机物的量。控制有机物的目的是防止热分解产生有机酸。与 GB/T 12145—1999 相比，去掉了含油指标，增加了 TOC 指标，这主要是 TOC 所包含的内容更宽。

（四）凝结水质量标准

凝结水泵出口水质量应符合表 6-7 的规定。

表 6-7　　　　　　　　　　　　凝结水泵出口水质量标准

锅炉过热蒸汽压力（MPa）	硬度（μmol/L）	钠（μg/L）	溶解氧[①]（μg/L）	氢电导率[①]（25℃）（μS/cm）	
				标准值	期望值
3.8～5.8	≤2.0	—	≤50	—	—
5.9～12.6	≤1.0	—	≤50	≤0.30	—
12.7～15.6	≤1.0	—	≤40	≤0.30	＜0.20
15.7～18.3	≈0	≤5 *	≤30	≤0.30	＜0.15
18.4～25.0	≈0	≤5	≤20	≤0.20	＜0.15

①直接空冷机组凝结水溶解氧浓度标准值应小于100μg/L，期望值小于30μg/L。配有混合式凝汽器的间接空冷机组凝结水溶解氧浓度宜小于200μg/L。

* 凝结水有精处理除盐装置时，凝结水泵出口的钠浓度可放宽至10μg/L。

有关凝结水泵出口水质量标准的说明如下：

（1）硬度。冷却水漏入或渗入凝结水中，使凝结水中含有钙、镁盐类，会导致给水硬度不合格，应对凝结水硬度进行监督。

（2）溶解氧。凝结水中溶解氧主要来源于凝汽器和凝结水泵不严密漏入的空气。凝结水含氧量较大，会造成凝结水系统腐蚀，使给水中腐蚀产物增多，影响给水水质，应对凝结水中溶解氧进行监督。

（3）电导率。为了及时发现凝汽器的泄漏，应连续测定凝结水的电导率。为提高测定的灵敏度，应将凝结水水样通过氢离子交换后，用工业电导率仪连续测定。

（4）含钠量。用工业钠度计监测凝结水中钠离子，可更直观、更灵敏和更可靠地及时迅速发现凝汽器的微小泄漏。对于用海水、苦咸水作冷却水或冷却水含盐量较高时，此法尤为适用。

凝结水经精处理除盐后水质质量应符合表6-8的规定。

表 6-8　　　　　　　　　　　　凝结水除盐后的水质质量标准

锅炉过热蒸汽压力（MPa）	氢电导率（25℃）（μS/cm）		钠（μg/L）		铜（μg/L）		铁（μg/L）		二氧化硅（μg/L）	
	标准值	期望值	标准值	期望值	标准值	期望值	标准值	期望值	标准值	期望值
≤18.3	≤0.15	≤0.10	≤5	≤2	≤3	≤1	≤5	≤3	≤15	≤10
＞18.3	≤0.15	≤0.10	≤3	≤1	≤2	≤1	≤5	≤3	≤10	≤5

【任务实施】

下面以某超临界参数机组为例，认识热力系统水处理。

一、认识超临界参数机组水汽质量要求

蒸汽参数超过水的临界状态的压力（22.129MPa）和温度（374.15℃）的机组称为超临界参数机组。超临界参数机组的主蒸汽压力一般为24MPa左右，主蒸汽和再热蒸汽温度为540～560℃。

超临界参数火力发电机组必须采用直流炉。这是因为当压力等于或超过临界压力时，蒸汽的密度和水的密度相同，汽水无法进行分离。

超临界参数机组热负荷和蒸汽参数高，因此，对水汽品质的要求也高。GB/T 12145—1999《火力发电机组及蒸汽动力设备水汽质量》虽然有超临界参数机组水汽质量的内容，但不够全面，对超临界参数机组水汽质量指标要求比较宽松；DL/T 805.4—2004《火电厂汽、水化学导则》虽然有超临界参数机组水汽质量的内容，但主要偏重亚临界以下参数的机组，没有规定超临界参数机组有关蒸汽、凝结水和补给水的质量标准。为保证超临界参数机组安全、经济运行，我国制订了 DL/T 912—2005《超临界火力发电机组水汽质量标准》。

根据 DL/T 912—2005，给水进行加药、除氧或加氧调节控制应符合表 6-9 的规定，给水、蒸汽质量应符合表 6-9 的规定。挥发处理时，凝结水精处理装置前凝结水溶解氧浓度应小于 30μg/L，经过凝结水处理装置后凝结水的质量应符合表 6-10 的规定。

表 6-9 给水溶解氧含量、联氨浓度和 pH 值标准

处理方式	pH 值（25℃）		溶解氧（μg/L）	联氨（μg/L）
	有铜系统	无铜系统		
挥发处理	8.8～9.3	9.0～9.6	≤7	10～50
加氧处理[①]	8.5～9.0	8.0～9.0	30～150	

① 有铜系统应通过专门试验，确定在加氧后不会增加水汽系统的含铜量，才能采用加氧处理。

表 6-10 超临界火力发电机组给水、蒸汽和凝结水的质量标准

项目		氢电导率（25℃）（μS/cm）	二氧化硅（μg/L）	铁（μg/L）	铜（μg/L）	钠（μg/L）	氯离子[①]（μg/L）	TOC[①]（μg/L）
给水	挥发处理	<0.20 (<0.15)	≤15 (≤10)	≤10 (≤5)	≤3 (≤1)	≤5 (≤2)	≤5 (≤2)	≤200
	加氧处理	<0.15 (<0.10)						
蒸汽		<0.20 (<0.15)	≤15 (≤10)	≤10 (≤5)	≤3 (≤1)	≤5 (≤2)	—	—
凝结水	挥发处理	<0.15 (<0.10)	≤10 (≤5)	≤5 (≤3)	≤2 (≤1)	≤3 (≤1)	≤3 (≤1)	
	加氧处理	<0.12 (<0.10)						

注 括号内为期望值，凝结水水质指经过精处理装置后。
①根据实际运行情况不定期抽查。

DL/T 912—2005 增加了给水、凝结水氯离子浓度指标。这是因为氯离子对水汽系统的腐蚀影响很大。国外很多标准都认为，为了防止汽轮机发生应力腐蚀破裂，蒸汽中氯离子的最高允许浓度为 3μg/kg。由于超临界参数机组的给水应与蒸汽同一质量，所以规定给水氯离子标准值≤3μg/L，期望值≤2μg/L。国内调研发现，精处理系统运行不正常会使给水中氯离子浓度增加。因此有必要增加氯离子浓度指标，以便有效减少氯离子对水汽系统的腐蚀。

随着水处理技术、热力设备防腐防垢技术和水汽品质监控技术的不断提高，特别是随着机组参数的逐渐提高，对水处理方式和水汽质量监控提出了新的要求，超临界参数机组水汽质量应符合 GB/T 12145—2008《火力发电机组及蒸汽动力设备水汽质量》规定（见表 6-2～表 6-7）。

二、认识热力系统水处理系统

该电厂热力系统采取以下水处理方式后，水汽质量符合表6-2～表6-9的规定值。

（1）凝结水精处理设备。给水质量在很大程度上取决于凝结水的水质。为了深度净化凝结水，因而设置凝结水精处理设备。凝结水精处理采用前置过滤＋深层混床处理设备，前置过滤采用管式微孔过滤器。

（2）给水处理设备。为了抑制给水系统金属材料的腐蚀，在金属材料已经选定的情况下，需要对给水的水质进行调节。主要方法有：①用碱性物质（如 $NH_3 \cdot H_2O$）中和给水中的酸性物质，防止给水系统的酸性腐蚀。②用热力和化学的方法除去给水中的氧气，防止氧腐蚀；或者用加氧的方法改变金属表面的物理化学性质，使其处于耐蚀的钝化状态，防止氧腐蚀。

该机组正常运行工况下采用加氧处理（加氨、加氧）方式，启动时采用全挥发处理（加氨、除氧）方式。

（3）炉水处理设备。为了抑制炉水对炉管的腐蚀，抑制炉水在蒸发过程中结垢，需要向汽包锅炉炉水中加入适当的化学药品调节水质。

该机组为直流锅炉，无法通过锅炉排污去除杂质，不能进行炉水处理。

此外，为了保证超临界参数机组水汽的高纯度，还考虑了以下方面：①凝汽器采用钛管和钛板，低加采用不锈钢管，高加采用碳钢管，使系统成为无铜系统，从系统材质上保证机组给水对铜的高要求。②加强化学监督。③防止机组凝汽器发生泄漏，制定严格的凝结水水质异常时的处理标准、处理措施和相应处理预案，做到早发现、早检查、早堵漏，努力将机组凝汽器发生泄漏引起的影响降到最低。④每次机组检修或停备用时应选择合适的保护措施，确保停运阶段热力系统不发生腐蚀，机组启动时严格按要求进行水侧和蒸汽侧的冲洗，严格按标准控制点火和冲转的汽水品质。

三、认识热力系统腐蚀和沉积部位

超临界参数机组热力系统杂质进入、腐蚀和沉积（水系统为结垢，蒸汽系统为积盐）部位示意如图6-10所示。

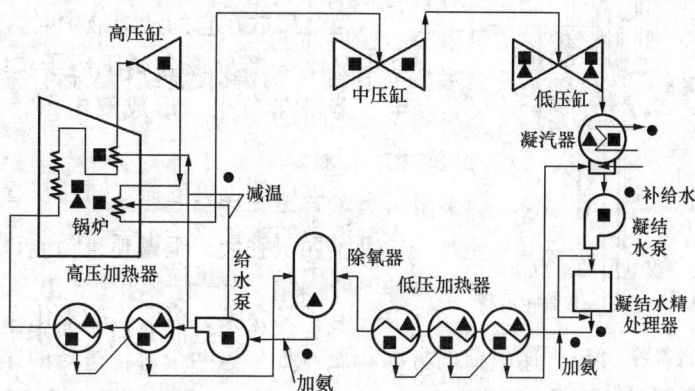

图6-10　热力系统杂质进入、腐蚀和沉积部位示意
●杂质进入；▲腐蚀；■沉积

【知识拓展】

一、腐蚀分类

由于腐蚀领域涉及的范围极为广泛，发生腐蚀的金属材料和环境以及腐蚀的机理也多种多样，因而腐蚀的分类有多种方法。下面介绍几种常用的分类方法。

（1）按腐蚀环境分类。根据腐蚀环境不同，金属腐蚀可分为干腐蚀、湿腐蚀、熔盐腐蚀和有机介质中的腐蚀四类。

（2）按腐蚀机理分类。根据腐蚀过程的特点，金属的腐蚀分为化学腐蚀和电化学腐蚀。化学腐蚀是指金属表面与非电解质直接发生纯化学作用而引起的破坏，在化学腐蚀过程中，电子的传递是在金属与氧化剂之间直接进行的，所以没有电流产生。金属的电化学腐蚀是指金属表面与电解质发生电化学作用而产生的破坏，反应过程中电子通过金属定向传递，其结果必有电流产生。

电化学腐蚀是最普遍、最常见的腐蚀。湿腐蚀和熔盐腐蚀均属此类，热力设备的腐蚀也大都属于电化学腐蚀。

（3）按腐蚀形态分类。一般根据金属被破坏的基本特征可把腐蚀分为全面腐蚀和局部腐蚀两大类。

二、电化学腐蚀的基本原理

1. 电极电位

金属具有独特的结构形式，它的晶格可以看成是由许多整齐地排列着的金属正离子和在各正离子之间游动着的电子组成。如果把一种金属浸入水溶液中，则在水分子的作用下它的正离子会和水分子形成水化离子，从而转入溶液中。现以金属铁为例，将其转化过程简单表示如下：

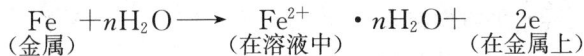

$$\underset{\text{（金属）}}{Fe} + nH_2O \longrightarrow \underset{\text{（在溶液中）}}{Fe^{2+}} \cdot nH_2O + \underset{\text{（在金属上）}}{2e}$$

其结果是有若干金属离子转入溶液中，并且有等电量的电子留在金属表面上。发生这种过程后，金属表面带负电，水溶液则带正电。这样，在金属表面和此表面相接的溶液之间形成了双电层，如图 6 - 11（a）所示。

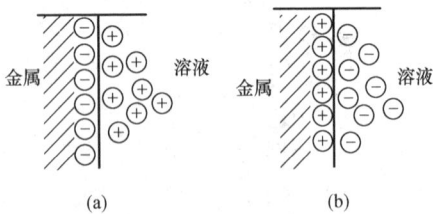

图 6 - 11 双电层的示意
(a) 金属带负电荷；(b) 金属带正电荷

当金属放在它的盐溶液中时，金属也可以从溶液中吸附一部分该金属正离子，因而其表面带正电、溶液带负电，形成双电层，如图 6 - 11（b）所示。

双电层的正负电荷之间存在着吸引力，所以转入溶液中的水化离子不会远离金属表面。而且，转入溶液中离子的量通常也极其微小，因为留在金属上的电子又会吸引溶液中的水化离子到金属表面上去，这个过程和前一个过程传递电荷的方向相反。如果这两个过程进行的速度相等，就会建立起平衡，这样离子转入溶液的过程就被自动抑制了。由于金属表面和溶液间存在着双电层，所以有电位差，这种电位差称为该金属在此溶液中的电极电位。电极电位的高低与溶液中氧化态、还原态物质的活度和温度等有关，服从能斯特公式。某金属的标准电极电位就是把它浸在含有该金属离子活度等于 1mol/L 的溶液中的电极电位。

电极电位数值的高低反映了电极反应的倾向。电极电位越正（越高），电极上就越倾向于发生得电子的还原反应；电极电位越负（越低），电极上就越倾向于发生失电子的氧化反应。例如，由于锌的标准平衡电位比铜低，所以当锌和铜在水中接触时锌将发生氧化反应而被腐蚀。

2. 腐蚀电池

如前所述，金属在溶液中形成双电层会阻止金属继续溶解，但如将金属上的电子引出，则金属的溶解过程又将继续进行。例如，将锌片与铜片浸入一电解质溶液中，当达到平衡后，锌、铜和溶液界面间都分别建立起双电层。但由于这两种金属转入溶液中的能力不一，在锌片上聚集的电子比铜片上多，所以当用导线将两者连接时（见图6-12），有电流通过。此时，锌片上的电子通过导线流向铜片，原有双电层的平衡被破坏，锌片上的锌离子继续转入溶液。这个过程可以一直进行到锌片全部溶解为止。显然，这是一种化学能转变为电能的装置，称为原电池。

金属发生电化学腐蚀的过程和原电池中发生的反应一样。当某种金属和水溶液相接触时，由于金属的组织和金属表面相接触的介质不可能完全均匀，因此在金属的某两个部分会形成不同的电极电位，所以也会组成原电池。这种原电池是使金属发生电化学腐蚀的根源，称为腐蚀电池。

腐蚀电池必须包括阴极、阳极、电解质溶液和外电路四个不可分割的组成部分，如图6-13所示。相应地，腐蚀电池的工作历程主要由阳极过程（金属的溶解反应过程）、阴极过程（氧化剂的还原反应过程）、电解质溶液中的离子导电过程和外电路（通常就是被腐蚀金属的基体）中的电子导电过程这四个基本过程组成。由于金属的溶解主要发生在腐蚀电池的阳极表面上，所以腐蚀集中于金属表面上的阳极区，而阴极区主要起传递电子的作用，通常不会发生可觉察的金属损失。

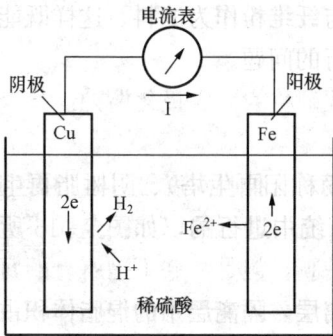

图6-12　锌-铜原电池

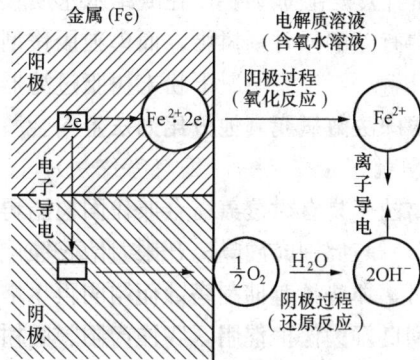

图6-13　腐蚀电池的组成和工作历程
（Fe在含氧水溶液中的腐蚀过程）

腐蚀电池的四个基本过程既相互独立，又通过腐蚀电池的工作电流串联起来。因此，电化学腐蚀的速度取决于其中阻力最大、最缓慢的过程（速度控制过程）。如果我们能增大速度控制过程的阻力，就可有效地控制金属的腐蚀速度。例如，对锅炉的给水进行除氧就是通过增加阴极过程的阻力来抑制金属的腐蚀；停炉保护时经常采用的"热炉放水、余热烘干"，方法则是通过增加离子导电过程的阻力来控制金属的腐蚀。

3. 极化和去极化

因为金属的电化学腐蚀是由腐蚀电池引起的,所以其腐蚀速度决定于腐蚀电池所产生电流的大小。按照腐蚀电池两极的电位差、欧姆定律和法拉第定律,可估算腐蚀速度。在腐蚀电池中,金属基体就是它的外电路,所以它是一种短路电池,按理通过它的电流应很大,腐蚀很快,但是实践证明,这种估算值要比实际的腐蚀速度大几十、几百以至几千倍。这是因为当电池形成闭合回路后,即使腐蚀时间非常短,其两极的电位差也会比原先的数值小得多。这种电位差比起始值减小的现象称为极化。图 6-14 所示为电池闭合前和闭合后电极极化使电极电位改变的情况。从图中可以看出,当电池接通后,阴极电位变低(称为阴极极化),阳极电位变高(称为阳极极化),阴极和阳极的电位差变小。

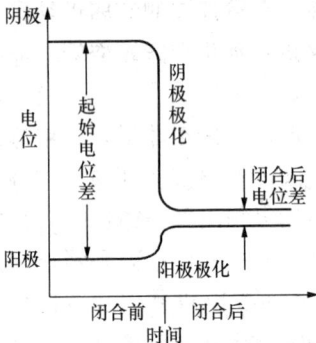

图 6-14　电极极化使电极电位改变的情况

通常,腐蚀电池中阳极极化的程度不大,只有当阳极上氧化产物的积累使金属表面状态发生变化,产生了所谓钝态的情况下,才显示出显著变化。在阴极部分,假使接受电子的物质不能迅速扩散,或者阴极反应产物不能很快的排走,则由于金属传送电子的速度很快,由阳极传送过来的电子就会堆积起来,产生严重的阴极极化。由于发生极化作用,腐蚀电流的强度降低,腐蚀过程的进行缓慢得多。所以,在发生电化学腐蚀的情况下,溶液中必定有易于接受电子的物质,它在阴极上接受电子,起消除阴极极化的作用。此种作用通常称为去极化,起去极化作用的物质称为去极化剂。例如,当水溶液的 pH 值低时,水中 H^+ 浓度大,此时 H^+ 就是去极化剂,它的去极化作用为

$$2H^+ + 2e \longrightarrow 2H \longrightarrow H_2$$

这种 H^+ 充当去极化剂发生的金属腐蚀过程,称为氢去极化腐蚀。

当水中有溶解氧时,氧可以成为去极化剂,氧的去极化作用为

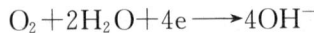

$$O_2 + 2H_2O + 4e \longrightarrow 4OH^-$$

这种水中溶解氧充当去极化剂发生的金属腐蚀过程,称为氧去极化腐蚀。

4. 保护膜

金属腐蚀产物有时覆盖在金属表面上,形成一层膜。这种膜对腐蚀过程的影响很大,因为它能把金属与周围介质隔离开来,使腐蚀速度降低,有时甚至可以保护金属不遭受进一步腐蚀。所以,那些具有抑制腐蚀作用的膜,常称为保护膜。但是,并不是所有的腐蚀产物膜都可以起到良好的保护作用,腐蚀产物膜必须具有下列性质才能起到保护作用:致密,即没有微孔,腐蚀介质不能透过;能将整个金属表面全部完整地覆盖住;不易从金属上脱落。

金属表面能否形成良好保护膜,是影响金属腐蚀的一个重要因素。

三、其他热力设备腐蚀类型和特点

(一)其他热力设备腐蚀类型

除前面介绍的氧腐蚀、酸性腐蚀、应力腐蚀、汽水腐蚀外,热力设备可能发生以下的腐蚀。

1. 磨损腐蚀

磨损腐蚀是在腐蚀性介质与金属表面间发生相对运动时,由介质的电化学作用和机械磨

损作用共同引起的一种局部腐蚀。例如,凝汽器管水侧发生的冲刷腐蚀就是一种典型的磨损腐蚀;在高速旋转的给水泵叶轮表面的液体中不断有蒸汽泡形成和破灭,气泡破灭时产生的冲击波会破坏金属表面的保护膜,而发生空泡腐蚀(空蚀)。给水系统常因湍流的冲击而发生的流动加速腐蚀(FAC)。

2. 流动加速腐蚀

流动加速腐蚀(FAC)是由于水流速过高或处于湍流状态时,对碳钢和低合金钢材料表面氧化膜的冲击而造成的腐蚀。

(1)发生机理。在给水系统中,金属铁离子在低含氧的金属表面会形成双层 Fe_3O_4 氧化膜——致密的内伸 Fe_3O_4 层和多孔疏松的 Fe_3O_4 外延层,氧化膜不太致密,附着力差,在水流的冲击下撕裂、溶解,使氧化膜破坏。钢铁表面在当时的水环境下继续腐蚀又形成氧化膜,之后又被高流速水破坏,如此恶性循环造成了钢铁的快速腐蚀减薄状态,直到管道腐蚀泄漏。

(2)发生部位。在水流突然改变方向,突然缩径的部位最容易发生 FAC。AVT 工况下给水系统特别是省煤器管道中的紊流区(弯头、三通、变径处)。

(3)抑制措施。可用下列方法之一解决流动加速腐蚀问题:①更换材料。使用含铬的材料使金属表面的氧化膜附着力增强,一般不会发生 FAC。②改变介质的性质。将还原性水处理方式改为氧化性处理方式。③改进设计,避免产生水流急变的部位。例如,尽量不使用缩径的管系,尽量避免使用 90°的弯头。当不可避免时,应增加弯头的曲率半径。

3. 点蚀

点蚀又称孔蚀,是在金属表面上产生小孔的一种极为局部的腐蚀形态。这类孔蚀的直径可大可小,有些蚀孔是孤立的,有些紧挨在一起,看上去像一片粗糙的表面。一般孔的表面直径与其深度相当。孔蚀是破坏性和隐患性较大的腐蚀形态之一。它经常发生在表面有钝化膜或保护膜的金属表面上。因为这些小孔通常被腐蚀产物覆盖,检查孔蚀常常比较困难。腐蚀集中在个别点上,腐蚀向纵深发展,最终造成金属构件腐蚀穿孔,而这时失重只占整个构件的很小的百分比。

(1)发生部位。热力设备中的点蚀主要发生在不锈钢部件上,铜和铜合金部件也可能发生点蚀。例如,凝汽器不锈钢管水侧管壁与含氯离子的冷却水接触,在一定条件下可能导致不锈钢管发生点蚀;汽轮机停运时保护不当,不锈钢叶片有可能发生点蚀,这些腐蚀点又可能在运行时诱发叶片发生腐蚀疲劳。

(2)影响因素。①溶液成分。溶液中的氧化剂,如 O_2、H_2O_2 等是孔蚀发生的必要条件,它们是阴极去极化剂。氧化性金属离子的氯化物、溴化物是强烈的致孔剂,$CuCl_2$、$FeCl_3$ 对很耐腐蚀的合金也能引起孔蚀。孔蚀一旦发生,$CuCl_2$、$FeCl_3$ 在不需要氧的情况下就能促进腐蚀,因为它们的阳离子都能在阴极还原。②流速。孔蚀经常发生在静滞的状态,如在水箱或不流动的管道底部的残留液体中。有流速或提高流速通常会使孔蚀减轻。例如,不锈钢海水冷却泵在运行的很长时间里腐蚀很轻,但在机组检修期间,因为海水的滞留,发生了严重的孔蚀。③冶金因素。具有自钝化的金属或合金对孔蚀比较敏感,例如,不锈钢这一类合金比其他各类金属或合金都容易受孔蚀破坏;在敏化范围内对不锈钢进行热处理,其耐孔蚀能力下降;在光洁的表面不容易发生孔蚀和局部腐蚀。

4. 缝隙腐蚀

缝隙腐蚀是因缝隙内介质不易流动而形成滞留状态，促使缝内的金属加速腐蚀，发生在缝隙内的局部腐蚀形态。只有缝宽在 0.025～0.1 之间才可能形成强烈的腐蚀，在这种情况下，液体能流入，流入后呈滞流状态。缝窄了，液体进不到缝内；缝宽了，液体能进行对流。这两种情况都不会发生缝隙腐蚀。

（1）腐蚀特征。缝隙腐蚀可以发生在所有金属与合金上，特别易发生在依靠钝化耐腐蚀的金属及合金上。这类腐蚀常与孔穴、垫片底面、搭接缝、表面沉积物以及螺帽和铆钉帽下的缝隙内积存的少量的静止溶液有关。在任何侵蚀性溶液、酸性或中性溶液中都可能发生，含 Cl^- 的溶液最容易引起缝隙腐蚀。另外，与点蚀相比，对同一种合金来说，缝隙腐蚀更易发生，缝隙腐蚀的临界电位要比点蚀电位低。

（2）影响因素。除了前面讲到的缝隙宽度是造成缝隙腐蚀的主要因素外，温度、pH 值、Cl^-、材料组成元素及含量对缝隙腐蚀的影响与对点蚀的影响是相同的。腐蚀介质流速的影响则是：流速加大时，一方面会增加缝隙腐蚀；另一方面，有可能把沉积物冲掉，则会使缝隙腐蚀减轻。

（3）防止措施：①新设备用对接焊，而不用铆接或丝杆连接。焊缝应打坡口，要焊实、焊透，以免内部产生微孔和缝隙。②搭接焊的焊缝，要用连续焊，避免跳弧、断弧。③尽量使用整的，不易吸水的垫片，如聚四氟乙烯。④设计容器时要使液体能完全排净，避免锐角和静滞区。液体能完全排净则便于清洗，还可以防止固体在容器底部沉积。⑤经常检查设备，并除去沉积物或腐蚀产物。⑥长期停用的设备应取下湿的填料和垫片。⑦对于埋地管道回填时，应尽量提供均匀的环境。⑧如有可能，应及早从工艺流程中除去悬浮的固体。⑨对于有焊缝的管子，采用焊接的方法而不用胀接的方法或采用两者结合的方法。例如，在安装凝汽器钛管时应先采用胀接后再焊接，而不能像铜管那样采用胀接。

5. 氢脆

金属在使用过程中，可能有原子氢扩散进入钢和其他金属，使金属材料的塑性和断裂强度显著降低，并可能在应力的作用下发生脆性破裂或断裂，这种腐蚀破坏称为氢脆或氢损伤。在金属发生酸性腐蚀或进行酸洗时都可能有原子氢产生，水垢下面生成的原子氢受到沉积物的阻碍，无法扩散到汽水混合物区被汽水带走，使金属管壁与水垢之间积聚大量的氢。这些氢有一部分可能与钢中的 Fe_3C 发生反应生成甲烷气体（$Fe_3C+4H \longrightarrow 3Fe+CH_4\uparrow$），甲烷在钢中的扩散能力很低，极易聚集在晶界原有的微观空隙内，随着反应不断进行，晶间上的甲烷量不断积聚增多。与原先氢原子所占的容积相比，甲烷的分子很大，无法在钢中扩散，于是在晶粒间产生巨大的局部内压力，其数值可达 $1.8 \times 10^4 MPa$，于是沿晶界生成晶间裂纹，进而产生微裂纹，使钢的性能急剧降低。氢脆易发生在比较致密的炉管沉积物下。

6. 晶间腐蚀

晶间腐蚀是金属材料在特定介质中，沿晶粒边界或晶界附近所发生的腐蚀现象。这种腐蚀首先在晶粒边界上发生，然后沿晶界向纵深处发展。这时，虽然从金属外观看不出有明显的变化，但其机械性能确已大为降低了，所以常造成设备突然破坏。

晶间腐蚀主要可能发生在 304 系列等奥氏体不锈钢部件上。

（1）腐蚀原因。晶间腐蚀是由晶界的杂质，或在晶界区某一合金元素增多或减少，使晶界区域与晶粒内部之间有较大的电化学性能差异而引起的。例如,奥氏体不锈钢经高温处理(1050~1150℃)后,迅速冷却可获得单相组织。但是,这种组织处于不稳定状态,当再次升温到427~816℃时(敏化处理,如焊接时),由于碳不断地向晶粒边界扩散并和铬化合,形成碳化铬($Cr_{23}C_6$)化合物沿晶界析出,而碳在不锈钢晶粒内部的扩散速度大于铬的扩散速度,内部的铬来不及向晶界扩散,形成碳化铬所需的铬主要来自晶界附近,结果就使晶界附近的含铬量大为减少,当晶界铬的质量分数低于12%时,就形成所谓的"贫铬区"。在腐蚀介质作用下,贫铬区活化变为阳极溶解区,此时晶内仍处于含18%高铬的正电位稳定态而起阴极作用。于是便形成了小阳极(晶界区域)和大阴极(晶内区域)腐蚀电池,导致晶界在大的电流密度下加速溶解而引起晶界腐蚀。

(2)影响因素。影响晶间腐蚀的因素有:①热处理。金属和合金的晶间腐蚀与温度和回火时间有关。对于不同金属的热处理,晶间腐蚀倾向不同,但大多遵循在某一温度区间、回火在某一时间范围内容易出现晶间腐蚀倾向,避开其中之一,就可降低晶间腐蚀倾向。②元素成分。元素成分对晶间腐蚀的影响见表6-11。

表6-11　　　　　　　　　　　元素成分对晶间腐蚀的影响

元素	晶间腐蚀倾向	备注
C	随含碳量增加而增加	含碳量低于0.009%的不锈钢不发生晶间腐蚀
Cr	随含铬量增加而降低	退火温度在450~500℃时无效
Ni	随含镍量增加而增加	出现晶间腐蚀的时间缩短
Ti、Nb、Ta	随着含量的增加而降低	需要加热至900℃进行稳定化处理
N	促使晶间腐蚀,并使晶间腐蚀的温度范围扩大	
Mo	在铬-镍不锈钢中加入2%~3%Mo对晶间腐蚀无影响	
Mn	含量在5%~14%时晶间腐蚀倾向增加	

因此,影响奥氏体不锈钢晶间腐蚀的关键元素是碳,其他合金元素的影响也与碳的溶解度和碳化物的析出有关。

(3)防止措施。①降低含碳量。降低奥氏体不锈钢中的碳含量是控制晶间腐蚀的重要措施。实验结果表明,0Cr18Ni9不锈钢中的含碳量大于0.03%时,腐蚀将迅速增加。②添加钛、铌等合金元素(稳定化元素,比铬更易于形成碳化物),减少形成碳化铬的可能性。③工艺措施。控制在危险温度区的停留时间,防止过热,快焊快冷,使碳来不及析出。

7. 电偶腐蚀

由于两种不同金属在腐蚀介质中互相接触,导致电极电位较负的金属在接触部位附近发生局部加速腐蚀称为电偶腐蚀。例如,凝汽器换热器管一般采用耐蚀性材料黄铜、白铜或不锈钢,而一般两端的管板又采用普通碳钢,以胀接方式与铜管连接。由于在腐蚀介质中碳钢的电极电位较负,就会发生电偶腐蚀,导致钢板受到腐蚀。虽然钢板比较厚,一般为25~40mm,难以使钢板腐蚀穿孔,但钢板受到腐蚀后导致胀接部位的严密性降低,使冷却水的泄漏率增大,影响水汽质量。

8. 锅炉炉水的介质浓缩腐蚀

它发生在高参数汽包锅炉机组的锅炉水冷壁管的蒸发区。主要是在炉水蒸发浓缩形成浓酸或浓碱时发生，尤其是当凝汽器泄漏，使水质恶化时。这是锅炉运行时出现的一种特有的腐蚀形态，也称为运行腐蚀。

9. 锅炉烟侧的高温腐蚀

这主要是指锅炉水冷壁管、过热器管、再热器管的外表面，以及在锅炉炉膛中的悬吊件表面发生的一类腐蚀，包括由烟气引起的高温氧化和由锅炉燃料燃烧产物引起的熔盐腐蚀，其中后者比较严重。

水冷壁管的熔盐主要是硫化物或硫酸盐，还原性气氛是水冷壁发生熔盐腐蚀的必要条件。局部缺氧、不完全燃烧均会形成还原性气氛。防止锅炉烟气侧的高温腐蚀可采取改善燃烧的措施，如改进制粉，调整各燃烧器的燃料分配，增加二次风量，改变风煤配比和对部分侧墙供给局部热风。另外，控制燃料中的氯和硫的含量可降低腐蚀速度。

10. 锅炉尾部受热面的低温腐蚀

由于烟气中的 SO_3 和烟气中的水分反应生成 H_2SO_4，而使锅炉尾部烟道的空气预热器烟侧表面发生腐蚀。防止锅炉尾部受热面的低温腐蚀应在合理选材的基础上，采取提高受热面壁温、低氧燃烧等措施。

综上所述，凝结水系统最容易发生 CO_2 腐蚀，也可能发生低温氧腐蚀；低压给水系统主要是以水侧中、低温氧腐蚀为主，其次是汽侧发生氨腐蚀。另外，在出现两相流的部位容易发生流动加速腐蚀；高压给水系统常发生氧腐蚀、流动加速腐蚀；锅炉本体可能发生酸性腐蚀、氢脆、垢下腐蚀、碱性腐蚀、碱脆、锅炉炉水的介质浓缩腐蚀、腐蚀疲劳等；蒸汽系统可能发生汽水腐蚀、点蚀、缝隙腐蚀、酸性腐蚀、应力腐蚀破裂、腐蚀疲劳、晶间腐蚀、固体颗粒冲击腐蚀以及停用期间沉积物腐蚀等。

（二）热力设备腐蚀的特点

热力设备的腐蚀除了具有腐蚀的一般特点之外，还有其特殊之处：

（1）热负荷在热力设备的腐蚀过程中起很重要的作用。水冷壁管、过热器管和省煤器管的腐蚀，除了汽水分层或汽塞的部位以外，都集中在热负荷较高的部位，如炉管的向火侧。

（2）机组的运行工况对热力设备腐蚀的影响较大。对于水汽侧，生水水质变化、水处理设备运行状况变化、给水和炉水处理方式变化、热力设备运行状况变化都将引起汽、水品质改变。对于烟气侧，燃料成分和热力设备运行状况变化，烟气成分也明显改变。此外，介质温度、金属表面状态、各部分受力状态都会因锅炉运行状况的变化而改变。由于这些因素的变化，腐蚀的类型和程度也将改变。

（3）随着机组参数的提高，腐蚀速度增加。因为水、汽温度和压力升高，金属腐蚀的热力学倾向增加，腐蚀的反应速度加快。所以，在同一水质条件下，亚临界参数机组比超高压机组腐蚀严重，超临界参数机组又比亚临界参数机组腐蚀严重。同时，机组参数提高，设备的材质改变，补给水的纯度提高，腐蚀的形态也会发生改变。

四、防止热力设备腐蚀的方法

影响金属腐蚀因素可分为金属材料和腐蚀介质两方面。因此，防止金属腐蚀主要从提高材料的耐蚀性和减小介质的侵蚀性两方面来考虑。防止热力设备腐蚀的方法主要有合理选材与防腐蚀设计、表面保护技术、介质处理和电化学保护技术。

1. 合理选材与设计

合理选材和防腐蚀设计是首要环节。合理选材主要是根据材料所要接触的介质的性质和条件，材料的耐蚀性能，以及材料的价格，选择在这种介质中比较耐蚀、满足设计和经济性要求的材料。如在凝汽器的空冷区采用 BFe30-1-1 白铜管代替黄铜管，可防止铜管的氨腐蚀。这里，防腐蚀设计主要是防蚀结构设计和防蚀强度设计。

2. 表面保护技术

表面保护技术就是利用覆盖层尽量避免金属和腐蚀介质直接接触而使金属得到保护。金属表面的保护性覆盖层可分为金属镀层和非金属涂层。金属镀层的制造方法主要有热镀、渗镀、电镀等；非金属涂层可分为无机涂层（包括搪瓷、橡胶、玻璃涂层以及化学转化涂层，如金属表面的氧化膜和磷化膜等）和有机涂层。对热力设备来说，腐蚀介质多为高温高压的水或蒸汽，常规表面保护方法大都不适用，而主要是通过水质调节使金属表面形成稳定、致密、完整、牢固的氧化物膜来防止高温介质的侵蚀。

3. 介质处理

介质处理的目的是降低介质的腐蚀性，促使金属表面发生钝化。为此，通常可采用下列方法：

（1）控制介质中溶解氧等氧化剂的浓度。例如，为了控制直流机组水汽系统热力设备的氧腐蚀，不仅可采取给水除氧的方法，而且可采取给水加氧的方法；锅炉酸洗过程中，为了抑制 Fe^{3+} 的腐蚀作用，可向酸洗液中添加适量的还原剂以控制 Fe^{3+} 的浓度。

（2）提高介质的 pH 值。提高介质的 pH 值（如给水的 pH 值调节）一方面可中和介质中的酸性物质，防止金属的酸性腐蚀（如给水系统的游离二氧化碳腐蚀）；另一方面，可使溶液呈碱性，促进金属的钝化。

（3）降低气体介质中的湿分。例如，在热力设备干法停用锅炉保护过程中，使用干燥剂吸收空气中的湿分。

（4）向介质中添加缓蚀剂。在腐蚀介质中加入少量某种物质就能大大降低金属的腐蚀速度，这种物质称为缓蚀剂。例如，锅炉酸洗缓蚀剂和循环冷却水缓蚀剂等。

4. 电化学保护

电化学保护就是利用外部电流使金属的电极电位发生改变从而防止其腐蚀的一种方法。它又包括阴极保护和阳极保护两种方法：

（1）阴极保护。阴极保护是在金属表面上通入足够大的外部阴极电流，使金属的电极电位负移、阳极溶解速度减小，从而防止金属腐蚀的一种电化学保护方法。这种保护方法又可分为牺牲阳极保护和外加电流保护两种方法。牺牲阳极保护是在被保护金属上连接一个电位较负的金属（牺牲阳极），使被保护金属成为它与牺牲阳极所构成的短路原电池的阴极，从而以牺牲阳极的溶解为代价来防止被保护金属的腐蚀。外加电流保护是将被保护金属与直流电源（或恒电位仪）的负极相连，该电源的正极与在同一腐蚀介质中的另一种电子导体材料（辅助阳极）相连，这样被保护金属在它与辅助阳极构成的电解池中作为阴极，发生阴极极化，电极电位被控制在阴极保护的电位范围内，从而以消耗电能为代价来防止被保护金属的腐蚀。例如凝汽器水侧管板和管端部、地下取水管道外壁等均可采用牺牲阳极或外加电流阴极保护。

（2）阳极保护。阳极保护是在金属表面上通入足够大的阳极电流，使金属的电极电位正移，达到并保持在钝化区内，从而防止金属腐蚀的一种电化学保护方法。阳极保护通常是将被保护的金属与直流电源（或恒电位仪）的正极相连，这样被保护金属在它与辅助阴极构成的电解池中作为阳极，发生阳极极化，电极电位被控制在钝化区的电位范围内而得到保护。此时，由于金属表面可形成在腐蚀介质中非常稳定的保护膜（金属表面发生钝化），从而使金属的腐蚀速度大为降低。因此，阳极保护只适用于可能发生钝化的金属，如碳钢或不锈钢浓硫酸储槽的阳极保护。

总而言之，为了防止热力设备的腐蚀，首先应尽可能地选用在使用介质中耐蚀的金属材料，并按防腐蚀的要求合理地进行热力设备的设计、制造和安装。设备投运之前，必须进行化学清洗。设备投运之后，在运行过程中，不仅要注意保持热力设备的正确的运行方式，而且应严格控制水汽品质、合理地组织水化学工况；在设备停用期间，确保进行适当的停用保护。另外，还应安排适当的定期检修，并在必要时进行化学清洗。

五、过热器和汽轮机内沉积物的清除

1. 汽包锅炉过热器的水洗

过热器中的沉积物主要是溶于水的钠盐，采用水洗的办法就可清除。水洗一般用凝结水进行，为了提高冲洗效果，减少冲洗水耗，水温应尽可能地提高（最少应不低于70℃）。在不可能用凝结水冲洗的情况下，也可用除盐水或给水来冲洗。当需要清除金属腐蚀产物及其他难溶沉积物时，应在锅炉进行化学清洗时，将过热器一并进行清洗。

2. 汽轮机内盐类沉积物的清除

汽轮机内盐类的清除主要有以下方法：

（1）机械方法。一般是在汽轮机大修时用机械方法，可清除不溶于水的沉积物。机械方法有机器喷砂清除和人工清除。

（2）低负荷湿蒸汽清洗法。汽轮机维持低负荷运行，在主蒸汽管道上加装喷水装置，向送往汽轮机的蒸汽中喷除盐水或凝结水。喷入水量应控制蒸汽湿度小于2%。清洗过程中以汽轮机排汽凝结水含 Na^+ 量作为监视指标，当汽轮机凝结水中含 Na^+ 量与喷入水的含 Na^+ 量相同时，可认为清洗干净。

（3）空载（即不带负荷）运行湿蒸汽清洗法。转速控制800r/min左右，降低进入汽轮机的蒸汽温度，以凝结水含 Na^+ 量作为监督指标，清洗完毕后，逐渐升高蒸汽温度，升温速度不超过2℃/min，直至汽轮机恢复正常运行。

六、锅炉热化学试验

锅炉热化学试验的目的就是按照预定的计划，使锅炉在各种不同工况下运行，以求取最优运行条件，即通过热化学试验查明锅炉水水质、锅炉负荷及负荷变化速度、汽包水位等运行条件对蒸汽汽质的影响，从而可确定下列运行标准：①锅炉水水质标准，如含盐量（或含钠量、含硅量等）；②锅炉最大允许负荷和最大负荷变化速度；③汽包最高允许水位。此外，通过热化学试验还能鉴定汽包内汽水分离装置和蒸汽清洗装置的效果，确定有没有必要改装或调整这些装置。

热化学试验并不是经常进行的，只有在遇到下列一种情况时，才需进行。①新安装的锅炉，投入运行一段时间后。②锅炉改装后，例如汽水分离装置、蒸汽清洗装置和锅炉的水汽系统等有变动时。③锅炉的运行方式有很大的变化时，例如：需要锅炉超铭牌负荷运行（也叫超出力）；改变锅炉负荷的变化特性，比如从稳定负荷改为经常变动的负荷；锅炉燃烧工况变化，如从燃煤改为燃油，从燃油改为燃煤，或者改变煤种；给水水质发生变化，如补给水的处理方法有改变，或者当用 Na 离子交换水时补给水率有很大变化。④已经发现过热器

和汽轮机积盐，需要查明蒸汽汽质不良的原因时。

　　在同一发电厂中，各台锅炉都应单独地进行热化学试验。如果有几台同型号锅炉的运行工况和给水水质等大体相同，当其中一台进行了热化学试验后，可将已求得的运行条件在另几台锅炉上进行检验性试验，确证可行后，才能按此条件运行；如不行，就需另作热化学试验。

学习情境七　运行与维护凝结水精处理设备

【教学目标】

1.知识目标

（1）理解凝结水精处理设备的作用。

（2）理解凝结水精处理设备的基本结构、工作原理、特点。

（3）知道凝结水特点。

（4）知道高速混床中树脂的特点及树脂的分离方法。

（5）知道凝结水精处理设备监督的水质指标和工艺参数。

2.能力目标

（1）会识读和绘制凝结水精处理系统的流程简图。

（2）会启动、运行、停运管式微孔过滤器和高速混床，进行日常检查维护。

（3）能调整凝结水精处理设备运行参数，判断和处理常见异常情况。

（4）能正确使用仪器仪表检测凝结水精处理设备水质和运行工况。

【任务描述】

凝结水是锅炉给水的主要组成部分，凝结水量占给水总量的 90％以上。因此，给水质量在很大程度上取决于凝结水的水质。未经处理的凝结水中，一般都含有一定量的杂质。因此，对于给水质量要求很高的现代高参数机组，除了锅炉补给水需进行深度净化处理外，凝结水也需经净化处理。班长组织各学习小组在仿真机（或实训室）环境下，认真分析运行规程，编制工作计划后，正确运行与维护凝结水精处理设备，确保系统安全、经济运行。

【任务准备】

课前预习相关知识部分。根据管式微孔过滤器的工作过程，经讨论后编制运行与维护凝结水过滤设备的工作计划，并独立回答下列问题。

（1）凝结水的特点是什么？为什么要进行凝结水深度处理？

（2）凝结水精处理系统的作用是什么？

（3）凝结水精处理系统由哪些设备组成？

（4）简述凝结水精处理设备在热力系统中的连接方式。

（5）电厂凝结水处理常用过滤器包括哪些？

（6）管式微孔过滤器工作过程是怎样的？简述操作中应注意的问题。

（7）电磁过滤器工作过程是怎样的？简述操作中应注意的问题。

（8）氢型阳床过滤器工作过程是怎样的？简述操作中应注意的问题。

（9）覆盖过滤器工作过程是怎样的？简述操作中应注意的问题。

（10）高速混床的工作特点是什么？

（11）高速混床中树脂有什么特点？

（12）高速混床树脂比例如何选择？是否与补给水混床相同？

（13）高速混床应采用何种再生方式？为什么？

（14）高速混床失效树脂的分离方法有哪几种？试比较其优劣。

【相关知识】

由学习情境六所述可知，在机组运行的过程中，凝结水会受到一定程度的污染，增加了凝结水中的溶解盐类和固体微粒。消除污染源虽然是防止凝结水污染的根本办法，但完全消除是不可能的，为此凝结水精处理就成为高参数火电厂水处理的一项重要任务。

一、凝结水精处理概述

1. 凝结水的特点

（1）凝结水中杂质的含量很低。因此，对凝结水的处理常称为凝结水精处理。

（2）凝结水水量大，水温较高，工作压力较高。

（3）凝结水中杂质主要是金属腐蚀产物，微量溶解盐类和悬浮杂质。进入凝结水中的金属腐蚀产物主要是以微粒形式存在，真正呈溶解状态的很少。

2. 凝结水精处理系统的组成

凝结水精处理系统由前置过滤和除盐两部分组成。前置过滤主要用来去除水中的金属腐蚀产物、悬浮物及油类等杂质，以保证除盐设备的树脂不受污染。除盐则是去除水中的溶解盐类，为了截留可能漏出的碎树脂，离子交换器出水管道上应安装树脂捕捉器。这两个组成部分并不是每个凝结水精处理系统都必须具备的，有些系统不设前置过滤设备或不设混床除盐。

3. 精处理装置在热力系统中的连接方式

由于树脂使用温度的限制，凝结水精处理装置在热力系统中一般都是设置在凝结水泵之后、低压加热器之前，这里水温不超过 60℃，能满足树脂正常工作的基本要求。

早期的凝结水精处理系统是在凝结水泵提供的 1～1.3MPa 压力下工作的，称为低压凝结水处理系统，如图 7-1（a）所示。在这种系统中，为了将处理后的水经低压加热器再送入除氧器，需在混床之后设置凝结水升压泵，操作复杂，安全性差。

为了解决由于凝结水泵压力较低而出现的问题，可以将该泵的压力升至 4MPa，从而取消凝结水升压泵。在该系统中，凝结水处理装置在较高压力下运行，故称中压凝结水处理系统，在热力系统中的连接方式如图 7-1（b）所示。

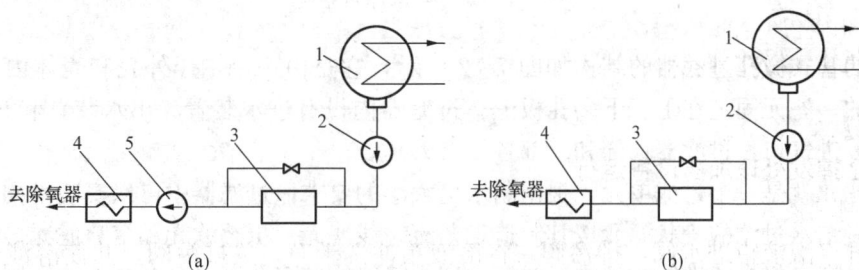

图 7-1　凝结水处理系统在热力系统中的连接方式

（a）低压凝结水处理系统；（b）中压凝结水处理系统

1—凝汽器；2—凝结水泵；3—凝结水处理装置；4—低压加热器；5—凝结水升压泵

中压凝结水精处理系统使热力系统简化，不但节省投资，而且提高了系统运行的安全性。目前凝结水精处理一般都采用中压凝结水处理系统。

4. 凝结水精处理的适用范围

在什么情况下需要进行凝结水精处理，DL/T 5068—2006《火力发电厂化学设计技术规程》一般规定如下：

（1）由直流锅炉供汽的机组，全部凝结水进行精处理，必要时还可设供机组启动时用的除铁措施。

（2）由亚临界压力及以上汽包炉供汽的机组，全部凝结水宜进行精处理。

（3）由超高压汽包锅炉供汽的汽轮机组，通常不设凝结水精处理系统；当冷却水为海水或苦咸水，且凝汽器采用铜管时，宜设凝结水精处理装置。

（4）承担调峰负荷的超高压汽包锅炉供汽的汽轮机组，若无精处理装置，可设置供机组启动用的除铁装置。

（5）采用空冷凝汽器的机组时，全部凝结水进行处理。对用于不同形式的空冷机组的精处理系统，可选择粉末树脂过滤器、前置过滤器（如粉末过滤器）加混床、阳阴分床等处理系统。

二、管式微孔过滤器

凝结水过滤处理的目的主要是：①机组启动时除去凝结水中的铁、铜腐蚀产物，缩短启动时间；②冷却水泄漏时，除去因泄漏而带入悬浮杂质，为机组按正常程序停机争得时间；③在机组正常运行阶段，凝结水过滤还起到保护混床的作用。

因此，对于凝结水过滤设备，不仅要求滤料热稳定和化学稳定性好，不污染水质，而且要求过滤面积大、水流阻力小，以适应大流量过滤的要求。目前，常用的凝结水过滤设备主要有电磁过滤器、管式微孔过滤器、氢型阳床过滤器、覆盖过滤器，本书重点介绍管式微孔过滤器，其他过滤器参见知识拓展。

1. 过滤原理

微孔过滤是利用过滤材料的微孔截留水中粒状杂质的一种过滤工艺。截留途径有筛分、吸附和架桥，筛分和架桥主要发生在滤料表面，吸附则既可以发生在滤料表面，也可以发生在滤料内部。当水自外而内通过滤层时，水中微小的腐蚀产物和悬浮颗粒被截留在滤层上。当滤元上的微孔被杂质堵塞，过滤器的运行压差增高到一定值时，使用压缩空气、水进行反洗；当出水的铁含量增高时，可以用酸对滤元进行化学清洗或更换滤芯。

2. 设备结构

常用的管式微孔过滤器的结构如图 7 - 2 所示，它是由一个承压外壳和壳体内若干管状滤元组成的，滤元固定在上、下多孔板上。过滤器内设有进水装置、出水装置和布气装置，四个方向设进气口，过滤器顶部和下部各设有人孔。

一根滤元就是一个过滤单元，根据制水量大小的要求，过滤器中可以安装不同数量的滤元。用于凝结水过滤的管状滤元按其制造工艺有绕线滤元、折叠滤元和熔喷滤元。①绕线滤元是各种具有良好过滤性能的纤维滤线按一定规律缠绕在多孔管（又叫骨架）上制成的。滤线有聚丙烯纤维线、丙纶纤维线和脱脂棉纱线等，多孔管有不锈钢管、聚丙烯管等。绕线滤元的精度，即微孔大小，是由绕线的粗细和缠绕的松紧程度决定的。内细外粗和内紧外松的绕线方式可使滤元微孔内小外大，从而实现深层过滤。②折叠滤元是用微孔滤膜折叠制作的管状过滤器件。滤芯采用超细聚丙烯纤维及无纺布或丝网内外支撑层折叠而成，外壳中心杆及端盖为聚丙烯材质，滤芯整体采用热熔焊接技术成型。③熔喷滤元是由聚丙烯粒子经加热熔融、喷丝、牵引、接受成型而制成的管状滤芯。

滤元的规格以微孔大小、滤元的外径和长度表示，滤元有多种规格。用于凝结水除铁时可选用 $5\sim10\mu m$ 的滤元，滤元的外径有 2in（50.8mm）、2.5in（63.5mm）、3in（76.2mm），长度有 60in（1524mm）、70in（1778mm）等规格。

3. 工作过程

过滤器运行时，被处理水从滤元的外侧通过滤元进入多孔骨架管内，向底部汇集后送出过滤器。滤元的流速为 $8\sim10m^3/（m^2\cdot h）$，过滤器一般运行至进出水压差上升 $0.08\sim0.1MPa$ 或运行时间超过 72h 作为运行终点。失效后的滤元，可用气吹洗和水反洗的方法除去滤元上的污物，重新投运。但经多次反洗和运行后，阻力不能恢复到设计要求时，应更换滤元。

4. 工艺特点

管式微孔过滤器具有比较大的过滤面积，流量大，压降小，截污能力强，化学稳定性好等优点。

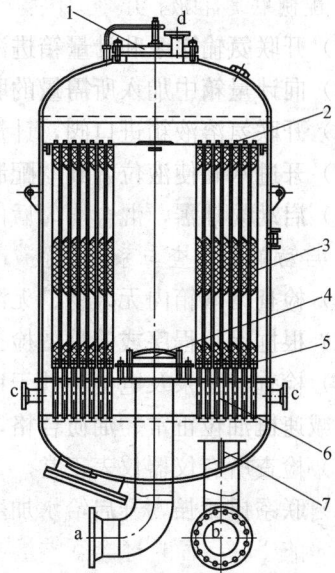

图 7 - 2　管式微孔过滤器
1—人孔；2—上部滤元固定装置；3—滤元；
4—进水装置；5—滤元螺纹接头；6—布
气管；7—出水装置
a—进水口；b—出水口；
c—进气口；d—排气口

三、高速混床

凝结水含盐量非常低，适合直接采用强酸树脂和强碱树脂组成的 H/OH 混床除盐。凝结水混床除盐原理与补给水除盐中所述混床一样，由于阴、阳树脂相互混合得比较均匀，阴、阳离子交换反应几乎是同时进行，经阳离子交换产生的 H^+ 和经阴离子交换产生的 OH^- 都不会累积起来，消除了反离子的影响，交换反应进行得彻底。但由于凝结水精处理的特定条件，所以凝结水混床又有其自己的特点。

（一）混床的工作特点

与补给水混床相比，凝结水混床的工作特点如下所述。

1. 运行流速高

汽轮机凝结水具有水量大和含盐量低的特点，所以宜采用高流速运行的混床，运行流速一般为 $100\sim120m/h$，所以常称高速混床，简称高混。但混床的运行流速也不可能无限提高，因为过高的运行流速会使工作层变厚、水流阻力增加、树脂受压破碎等诸多问题，所以目前凝结水混床的最高运行流速为 $150m/h$。

2. 工作压力较高

根据高速混床在热力系统中所处位置和承受压力，凝结水混床分为低压混床和中压混床，目前一般都采用 $3.0\sim3.5MPa$ 的工作压力，称为中压混床。

3. 失效树脂宜体外再生

用于凝结水除盐处理的混床宜采用体外再生。所谓体外再生是将混床中的失效树脂外移到另一套专用的再生设备中进行，再生清洗后又将树脂送回混床中运行。凝结水混床之所以用体外再生大致有以下几个原因：

（1）可以简化混床的内部结构，减少水流阻力，便于混床高流速运行。

（2）混床失效树脂在专用的设备中进行反洗、分离和再生，有利于获得较好的分离效果和再生效果。

（3）采用体外再生时，酸碱管道与混床脱离，这样可以避免因酸碱阀门误动作或关闭不严使酸碱漏入凝结水中。

（4）在体外再生系统中有存放已再生好树脂的储存设备，所以能缩短混床的停运时间，提高设备的利用率。

体外再生混床不足之处是增加了树脂输送及再生、储存设备；树脂的损耗较大。

（二）混床的树脂

基于高速混床特定的运行环境，对树脂有一些特殊要求。

1. 机械强度

若树脂的机械强度不高，易发生机械性破碎。树脂的碎粒不但会影响水质，增大水流过树脂层时的压降，而且还会影响混床阴、阳树脂的分离效果。由于混床大都采用体外再生，树脂在传送过程中易磨损、并可能会破裂。此外，凝结水流速高，混床从停运状态到投入运行压力变化速度快，树脂颗粒要承受较大的水流压力。因此，通常选用机械强度高，耐磨性好，不易破碎的大孔树脂。大孔型树脂的孔径大和交联度较高，抗膨胀和收缩性能较好，因而不易破碎。但是，大孔树脂也存在价格贵、交换容量低，老化后易被污染、增大正洗水量以及 Cl^-、SO_4^{2-} 泄漏量高等缺点。

常规凝胶型树脂的孔径小、交联度低，抵抗树脂"再生—失效"反复转型膨胀和收缩而产生的渗透压力较差，所以容易破裂。近年来，凝胶型树脂由于质量的提高，越来越多地应用在凝结水处理中。因此，有的电厂采用大孔型和凝胶型树脂混用。凝结水混床的实际运行结果也表明，选用大孔型树脂或高强度凝胶型树脂，混床压降可控制在 0.2MPa 以下，树脂破损率大大降低。

2. 粒度

高速混床通常采用均粒树脂。均粒树脂是指 90% 以上质量的树脂颗粒集中在粒径偏差 ±0.1mm 这一狭窄范围内颗粒几乎相同的树脂，或树脂的均一系数 K 小于 1.2。传统树脂的粒度范围较宽，最大粒径与最小粒径之比约为 3:1，而均粒树脂的粒度范围较窄，最大粒径与最小粒径之比约为 1.35:1。高速混床采用均粒树脂，是因为：①便于树脂分离，减轻交叉污染；②树脂层水流阻力小、压降小；③清洗水耗低。

高速混床通常选用的阳树脂粒径为 0.67~0.99mm，阴树脂粒径为 0.54~0.99mm。

3. 耐热性

凝结水温度较高，尤其是空冷机组凝结水水温一般高于环境温度 30~40℃。因此，用于高速混床的树脂要求具有较好的耐高温能力。

4. 阴阳树脂比例

凝结水混床必须是由强酸性阳树脂和强碱性阴树脂组成。混床中阳、阴树脂的比例取决于两种树脂各自的工作交换容量和进水中欲除去的阴、阳离子浓度。

精处理混床阳阴树脂比例的选择是否合适，可影响混床的周期制水量即运行周期。如超临界参数机组投运初期，给水为加氨全挥发工况，pH 值较高，达到 9 以上，加氨量非常大，致使凝结水中含有大量的氨，是凝结水含盐量的几百倍，阳树脂的交换容量主要消耗在去除铵离子上，要保证阳阴树脂交换容量的匹配，就要提高阳树脂的比例。试验表明，阳阴树脂比例采用 2:1 或 3:2 是较合适的。当机组进入平稳正常运行阶段，水质满足要求时，应转入加氧运行状态，此时维持给水 pH 值在 8.5～9.0，加氨量减少许多，仅为原来十分之一，阳树脂的交换容量消耗在去除铵离子上的也就减少了很多，此时主要是去除凝结水中的盐分，如此时仍维持 2:1 阳阴树脂比例，则当阴树脂失效时，大量阳树脂还处于未失效状态，造成浪费，也不能获得最长的运行周期，由于阳树脂的工作交换容量要大于阴树脂，此时阳阴树脂比例应为 1:2 或 2:3。可见，对于超临界参数机组，根据给水加药运行方式的不同，有不同的阳阴树脂比例要求。鉴于这种矛盾，现在一般选用 1:1 的树脂比例，这是一个折中的方案，并非一个最佳方案，最佳方案应是根据凝汽器泄漏、机组给水工况、混床运行方式（氢型混床或铵型混床）、冷却水水质及是否设有前置阳床等，调整阳阴树脂比例，以获得混床最长的运行周期、最高的总交换容量，也是最经济的运行方式。

DL/T 5068—2006 规定阳、阴树脂比例参照下列条件选择：①当混合离子交换器按氢型方式运行时，阳、阴树脂比例宜为 2:1 或 1:1；当给水采用加氧处理时，阳、阴树脂比例宜为 1:1。②当混合离子交换器按铵型方式运行时，阳、阴树脂比例宜为 1:2 或 2:3。③有前置氢离子交换器时，阳、阴树脂比例宜为 1:2 或 2:3。

（三）混床的结构

凝结水中压高速混床有柱形和球形两种，球形混床为垂直压力容器，承压能力比柱形高。

混床的内部结构有多种形式，但基本要求是相同的，即保证进、出水的水流分布均匀；进树脂要保持树脂面平整，排树脂要彻底。

图 7-3 所示为目前应用较多的一种中压混床的内部结构。混床上部的进水分配装置为二级布水形式，即进水经挡板反溅至交换器的顶部，再通过进水挡圈和布水板上的水帽，使水流均匀地流入树脂层，保证了良好的进水分配效果。混床底部的集水装置采用双盘碟形设计，上盘上安装双流速水帽（见图 7-4），出水经水帽流入位于下盘上的出水管。上盘中心处设排脂管，双速水帽反向进水可清扫底部残留的树脂，使树脂输送彻底，无死角，树脂排出率可达 99.9% 以上。混床内还设置了压力平衡管，可平衡床内的压差。

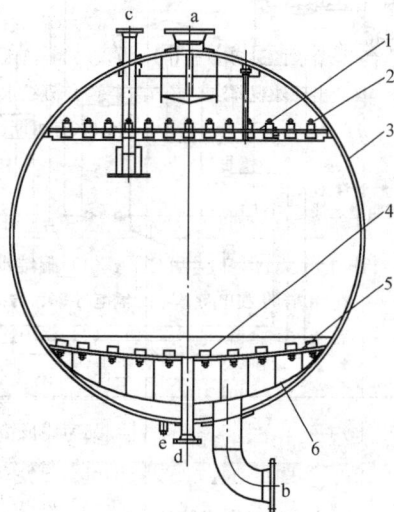

图 7-3　球形混床的内部结构
1—上部布水水帽；2—孔板；3—壳体；
4—下部集水水帽；5—碟形孔板；
6—碟形板
a—进水口；b—出水口；c—进脂口；
d—出脂口；e—排污口

（四）混床失效树脂的分离

高速混床采用体外再生方式。体外再生是指将混床中的失效树脂外移到另一专用的设备中进行再生，经再生后的树脂又送回混床运行。

常用树脂分离技术包括高塔分离法、锥体分离法和中间抽出法等，这里介绍高塔分离法和锥体分离法，其他方法参见知识拓展。

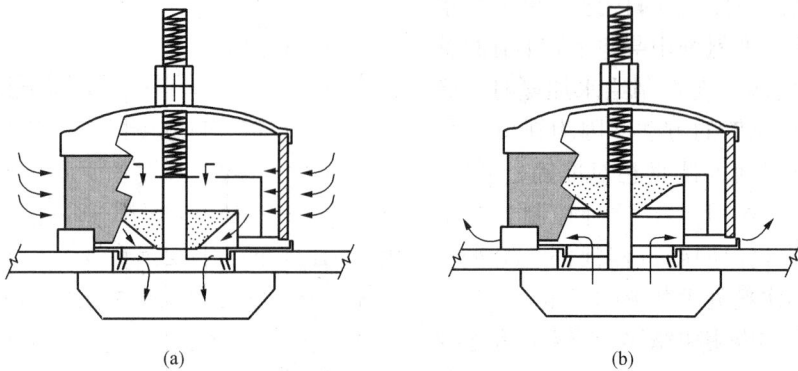

图 7 - 4 双流速水帽工作示意

(a) 运行时；(b) 反洗时

1. 高塔分离法

高塔分离法又称完全分离法，高塔分离系统是由树脂分离塔、阴再生塔、阳再生塔（兼储存）以及罗茨风机和压缩空气储罐等组成。混床失效树脂的分离是在分离塔中进行的，图 7 - 5 所示为某厂凝结水精处理的高塔分离系统。

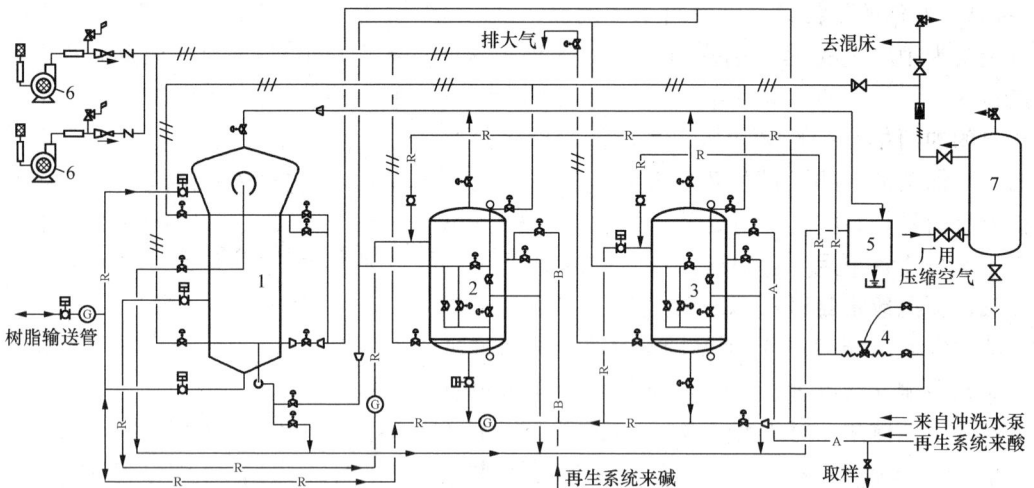

图 7 - 5 高塔分离系统

1—分离塔；2—阴再生塔；3—阳再生/储存塔；4—树脂装卸斗；5—废水树脂捕捉箱；
6—罗茨风机；7—压缩空气储罐

（1）分离塔结构。该塔的下部为一个直径较小的长筒体，上部为直径逐渐扩大的锥体，塔高约 8500mm，设计压力约为 0.60MPa，工作温度 5～50℃。塔体材质为碳钢衬胶，塔体上设有失效树脂进脂口和阳、阴树脂出脂口，及必要数量的窥视窗。塔内上部有布水装置，底部有配水装置。在塔内设定一过渡区，即混脂区，高度不大于 1m，在此区内阴、阳树脂比例约 25∶75，即在阴、阳树脂的理论界面上 250mm 设阴树脂出脂口。分离塔的反洗膨胀高度大于树脂层高度的 100%，以保证阴阳树脂彻底分离。分离塔结构如图 7 - 6 所示。

分离塔上部布水装置为梯形绕丝支母管形式，底部配/排水装置为双盘蝶形板＋双速水帽形式。

分离塔独特的结构具有以下特点：①反洗时水流在直段筒体内呈均匀的柱状流动。②塔内没有会引起搅动及影响树脂分离的中间集管装置，所以反洗、沉降及输送树脂时能将内部搅动减到最小。③将分离塔的断面减小，使高度和直径的比例更为合理，减少了树脂混脂区的容积。④上部倒锥体提供了阳树脂充分膨胀，而阴树脂又不被冲走的空间；下部的细长筒体使阴阳树脂界面处有近 1 米高度的隔离树脂层保留在分离塔中，从而保证了阴、阳树脂的彻底分离，分离后阴、阳树脂的混脂率都在 0.1% 以下。

（2）分离过程。混床中的失效树脂送至分离塔后，按下述步骤进行：

1）空气擦洗。进行一次空气擦洗使较重的腐蚀产物从树脂层中分离出来，以便分离树脂。擦洗前先将分离塔水位降至树脂层上面约 200mm 处，擦洗后接着用水从上至下淋洗除去腐蚀产物，或先进水，然后用从上部进压缩空气，下部排水的方法将腐蚀产物除去。

2）水反洗使阴、阳树脂分层。反洗初期，用高流速，即超过两种树脂的终端沉降速度，将塔内树脂提升到上部锥体部位，然后调节阀门开度，使流速降至阳树脂的终端沉降速度，并维持一段时间，再慢慢降低速度，使阳树脂平整沉降下来；进一步调整阀门开度使流速降至阴树脂的终端沉降速度，并维持一段时间，再慢慢降低流速使阴树脂沉降。上述过程是通过调节反洗进水阀门的开度，控制其反洗强度，或通过控制主、辅反洗阀门来实现的。

在树脂的分离过程中，由阳树脂出脂阀少量脉冲进水，对最底部的树脂进行扰动，以防形成树脂死角。

3）树脂的转移。待树脂沉降分离后，上部的阴树脂用水力输送，由阴树脂出脂管送至阴树脂再生塔，直至阴树脂出脂口底线界面以上的树脂已完全送出。分离塔中剩下的混脂及阳树脂经第二次分离后，再将下部的阳树脂用水力通过位于分离塔底部的阳树脂出脂管送至阳树脂再生塔。阳树脂的送脂量由位于塔内侧壁上适当位置的树脂位开关控制，当树脂面降至树脂位开关处，即停止输送阳树脂。中部的"界面树脂"（即混脂）留在塔内参与下次分离。

在树脂从分离塔送出的过程中，除从上部进水将树脂送出外，仍有部分水从底部进入，以维持树脂不乱层。

此分离法中，因分离塔上出脂口的位置是固定的，所以树脂总体积以及阳、阴树脂比例应保持不变，否则树脂界面与阴树脂的出脂口会发生错位。

2. 锥体分离法

锥体分离法是因分离塔底部设计成锥形而得名的。锥体分离系统由锥形分离塔（兼阴再

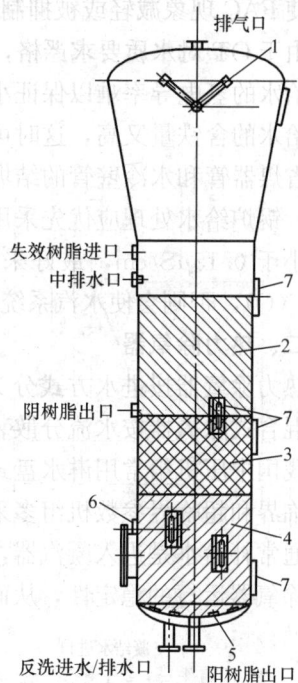

图 7-6 高塔分离塔
1—布水装置；2—阴树脂区；3—混脂区；
4—阳树脂区；5—配/排水装置；
6—树脂位控制开关；7—窥视窗

生）、阳再生塔（兼混合、储存）、混脂塔（习惯称隔离罐）、罗茨风机及树脂界面检测装置等组成。典型的锥体分离系统如图 7-7 所示。

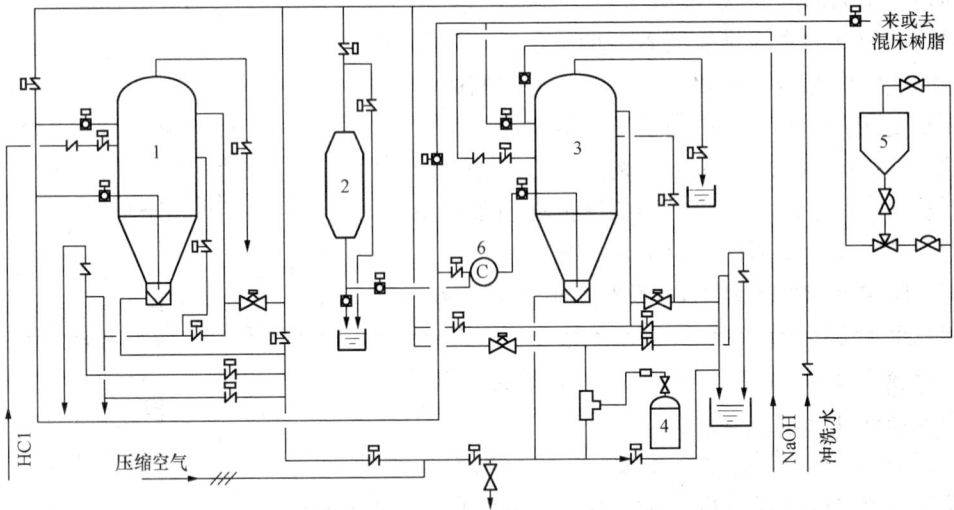

图 7-7　锥体分离系统
1—阳再生塔；2—隔离罐；3—分离/阴再生塔；4—CO_2 瓶；5—树脂装卸斗；6—树脂界面检测装置

（1）分离塔结构。分离脂下部呈锥体形，采用碳钢橡胶衬里，塔体上设有若干窥视窗和接口。该塔的作用除了对树脂进行分离外，再就是对阴树脂进行空气擦洗及再生。

锥体分离法具有以下特点：

1）分离塔采用了锥体结构，树脂在下降过程中，过脂断面不断缩小，所以界面处的混脂体积小，分离后的混脂量仅占树脂总量的 0.3%；锥形底较易控制反洗流速，避免树脂在输送过程中界面扰动。

2）底部进水下部排脂系统，确保树脂面平整下降，从而减少混脂量。

3）安装有"树脂界面检测装置"。为保证阴树脂不随阳树脂送出，在树脂输送管上安装了树脂界面检测装置，该装置采用电导率检测或光电检测仪检测阳、阴树脂界面。电导率检测的原理是根据阳树脂的电导率大于阴树脂的电导率，当树脂输送管道上阴树脂出现时电导率急剧下降就反馈信号产生联动，自动停止输送。在送出阳树脂的后期，为了提高阴、阳树脂界面的灵敏度，在输送水中引入 CO_2 气体，以增大水的电导，而 CO_2 遇到阴树脂时，因被吸着（$ROH + CO_2 \longrightarrow RHCO_3$）而又使电导率降低。光电检测的原理是根据阴阳树脂的颜色不同而对光的反射的差异，将色差信号转换成电信号，从而联动自动停止输送。

（2）分离过程。混床中的失效树脂送至分离塔后，按下述步骤进行：

1）反洗分层。由底部通入反洗水，先快速进水反洗约 20min，接着慢速反洗约 10min，利用阳、阴树脂膨胀高度及下降速度不同而分层。

2）静置。使树脂自然沉降。

3）阳树脂送出。从分离塔底部进水，将阳树脂从底部出脂管送至阳再生塔。在送出阳树脂的同时再引一向上的水流通过树脂层，使树脂交界面沿锥体平稳下移。

4）分离塔树脂二次分离。留在分离塔中的树脂用 NaOH 处理（阴树脂转为 ROH 型，阳树脂转为 RNa 型），增大阳、阴树脂密度差，然后进行第二次分离。

5) 将下部混脂送入隔离罐，参与下次分离。

6) 用水冲洗树脂管道中可能残留的树脂，分别冲至阳再生塔、隔离塔和阴再生塔。

这种分离法因为是底部排脂，所以树脂总体积以及阳、阴树脂比例发生改变不会影响树脂分离。

四、凝结水精处理系统

图 7-8 所示为某电厂 600MW 超临界参数机组凝结水精处理系统。每台机组配两台过滤器，按 $2 \times 50\%$ 全流量配置；每台机组设有三台高速混床，单台出力为凝结水全流量的 50%，两台运行，一台备用，凝结水 100% 处理；每台混床后都装有树脂捕捉器；精处理系统、过滤系统及混床系统都设有旁路单元，混床还设有再循环单元。

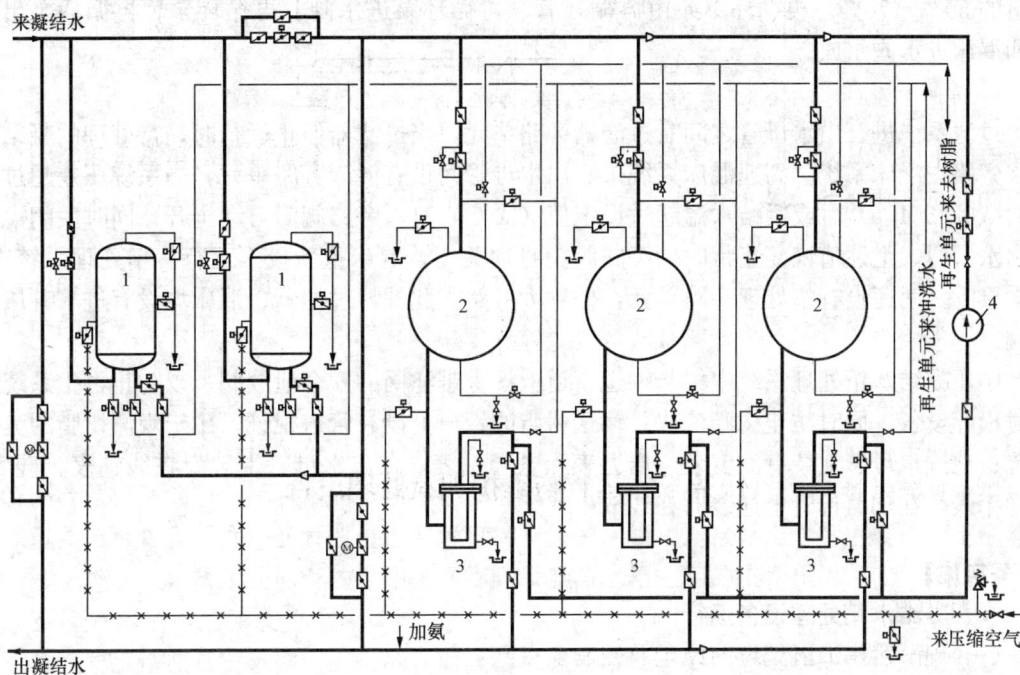

图 7-8　凝结水精处理系统
1—过滤器；2—高速混床；3—树脂捕捉器；4—再循环泵

1. 管式微孔过滤器

(1) 技术参数。过滤器直径 DN1600，设计出力为 $710 \sim 847 m^3/h$，设计压力为 4.0MPa，工作温度不大于 $50℃$，最大运行压差为 0.12MPa。

(2) 滤元。绕线式，长度为 70in (1778mm)，滤元流量为 $8 \sim 10 m^3/(m^2 \cdot h)$，骨架材料和过滤材料均为聚丙烯，微孔为 $5\mu m$（正常运行时）或 $10\mu m$（启动时）。

过滤系统设置有两台反洗水泵和两台压缩空气储罐，分别用于过滤器滤元的水冲洗和空气吹洗。

2. 高速混床

从国内现已运行的凝结水处理系统高速混床的运行情况看，都能满足水质要求，树脂的装填比例根据水质或机组运行方式会有所不同外，其他没有区别。

主要技术参数为：设计流速为 $100 \sim 120 m/h$，设计出力为 $710 \sim 847 m^3/h$，工作压力不大于 4.0 MPa，工作水温度不大于 50℃，树脂层高度为 1200mm，阴、阳树脂比例为 1∶1，最大运行压差不大于 0.35MPa。

3. 树脂捕捉器

混床出口安装有树脂捕捉器，设计出力、压力和温度以及材质与高速混床相同。内部滤元一般采用不锈钢材料制成，滤元梯形绕丝间隙 0.2mm。额定出力压差 0.05MPa，最大出力压差 0.1MPa，当压差大于 0.3MPa 时，应对其进行反冲洗，洗去截留的碎树脂微粒。树脂捕捉器配备有差压变送器，具有压差显示和报警功能，并配有冲洗滤元的管路系统。

4. 再循环单元

混床系统中设有再循环单元，以供混床投运初期正洗水再循环处理，其流量为一台混床流量的 50%～70%。再循环单元由再循环管、再循环泵进水阀、再循环泵、再循环泵出口阀和混床进水阀组成。

5. 旁路

过滤系统进、出水母管之间有过滤器旁路单元，当过滤器停止运行时，待处理的凝结水经该旁路去混床系统。高速混床系统进、出水母管间设有混床旁路单元，当系统压差超过设定值（0.35MPa）时或凝结水温超过设定值（50℃）时，旁路阀门自动全开，同时关闭混床进出水阀门。上述值恢复正常时，旁路阀门自动关闭，混床重新投入运行。精处理系统进、出水母管之间还设有精处理旁路单元，俗称大旁路。此外，过滤器、混床均设有进水升压旁路阀。

中压凝结水精处理系统中树脂输送管道上设有带滤网的安全泄放阀，以防止再生系统超压时损坏设备，同时防止树脂流失；输送树脂的管道上设有管道视镜，用于观测树脂的流动情况；在进水母管上装有温度表、压力表和电导率表，在出水母管上装有在线钠表、硅表、电导率表，在加氨母管上还装有在线 pH 表。

【任务实施】

一、凝结水精处理设备运行

（一）管式微孔过滤器运行

管式微孔过滤器的管路系统如图 7-9 所示。管式微孔过滤器的运行分为投运、停运和反洗三个过程。

1. 投运

（1）投运。开过滤器排气阀和进水升压阀，当排气阀出水后关闭过滤器排气阀开始升压，压力升高至 3.5MPa 后，顺序开过滤器进水阀、过滤器出水阀，关旁路阀（当一台过滤器投运时旁路关 50%，两台过滤器都投运时旁路阀全关）。

（2）运行监督。过滤器运行中一般监测压差和除铁率两个指标。①进水与出水的压差。当压差大于 0.12MPa 时，过滤器退出运行，进行反洗。②除铁率。除铁率根据设计指标而异，一般要求不低于 80%。

2. 停运

打开过滤器旁路阀，顺序关闭过滤器进水阀、出水阀，开排气阀卸压至 0.1MPa，关闭过滤器排气阀，过滤器停运。

3. 反洗

（1）排水。开排气阀和中排水阀，将滤元顶部以上的水排除。

（2）空气擦洗。开排气阀和进压缩空气阀，对滤元进行空气吹洗。

（3）水冲洗。开反洗进水阀和底部排水阀，由内向外对滤元进行水冲洗。

上述（2）、（3）可重复多次，分别反洗排水至过滤器2/3处、1/3处、底部。

（4）充水。开排气阀和反洗进水阀向器内充水，至滤元管板处（或1/3处、2/3处、顶部）。

（5）曝气清洗。开进压缩空气阀，使器内升压到0.2MPa，然后快速开底部排水阀，卸压排水，迅速排出器内污物。

上述（4）、（5）步可进行多次。

（6）充水。开排气阀和反洗进水阀向器内充水至排气阀有水为止。

（7）升压。开进水升压阀，升压至运行压力时即可转入运行。

过滤器运行步骤和阀门状态见表7-1。

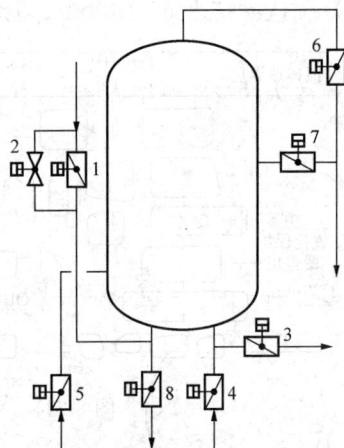

图7-9　管式微孔过滤器的管路系统
1—进水阀；2—升压阀；3—出水阀；4—反洗进
水阀；5—进压缩空气阀；6—排气阀；
7—中排水阀；8—底部排水阀

表7-1　　　　　　　　　过滤器运行步骤和阀门状态

步骤 / 阀门名称	运行	停运卸压	排水	空气擦洗	水冲洗	充水	曝气清洗		充水	升压
							进气升压	卸压排水		
进水阀	○									
升压阀										○
出水阀	○									
反洗进水阀					○	○			○	
底部排水阀					○			○		
进气阀				○			○			
排气阀		○	○	○		○		○	○	
中排水阀			○							

（二）高速混床运行

1. 启动前的检查

（1）检查混床系统应具备运行条件，无漏水、漏气现象。

（2）所有分析仪器、仪表、药品应齐全完好。

（3）所有检测仪表均处于良好的备用状态。

（4）检查储气罐压力不低于0.4MPa。

（5）操作站、就地电磁阀箱已送电、送气，具备操作条件。

（6）待投混床进、出口手动阀处于开启状态。

（7）再循环泵及电机处于良好的备用状态，再循环泵进、出口手动阀处于开启状态。

（8）确认凝结水 Fe＜1000μg/L，水温小于 50℃。

2. 投运

高速混床的管路系统如图 7-10 所示。

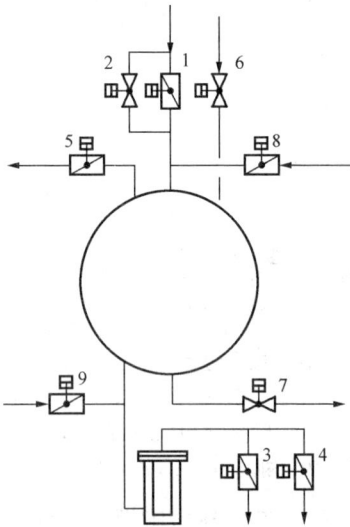

图 7-10　混床管路系统

1—进水阀；2—进水升压阀；3—出水阀；
4—再循环阀；5—排气阀；6—进脂阀；
7—出脂阀；8—进冲洗水阀；
9—进压缩空气阀

（1）充水排气。启动冲洗水泵，打开混床冲洗水阀、排气阀，现场确认排气阀有水排出后，关闭冲洗水阀、排气阀，停冲洗水泵。

（2）升压。开高速混床升压阀，开始升压。当高速混床内压力升至与进口母管压力相等时，关闭升压阀。

（3）循环正洗。开混床进水阀、再循环阀，启动再循环泵，开再循环泵出口阀，系统开始循环正洗，直至出水水质合格（电导率小于 0.2μS/cm）。

（4）投运。停再循环泵，关闭再循环阀，打开高速混床出水阀。检查系统压力稳定后，缓慢关闭高速混床旁路阀。

3. 运行

设备投运后，运行人员每小时巡回检查设备运行情况，每 2h 记录一次运行参数及水质分析结果，发现异常情况应及时查明原因并联系有关人员处理。

当出现下列情况之一者，则停止混床运行：

（1）出水水质超过规定值（见学习情境六中表 6-7 和表 6-9）。

（2）混床进、出水压力差大于 0.35MPa。

（3）凝结水水温高于 50℃。

（4）进入混床的凝结水铁含量大于 1000μg/L。

第（1）种情况是混床正常失效停运，出水水质不合格表明混床需要再生；其他为混床非正常停运或非失效停运，遇这些情况时，混床只需停运但不需再生，等情况恢复正常后又继续启动运行。

4. 停运

（1）停运。关闭失效混床进水阀、出水阀及各仪表取样阀。

（2）卸压。开排气阀，压力降至小于 0.1MPa 后关闭排气阀。

操作注意事项：①若是切换操作，应确认备用混床正常投运后再进行停运操作；若无备用混床，应先将旁路阀开启 50％左右；若是将两台混床都撤出（比如机组停运），应先将旁路阀完全打开。②若是用自动程序停运，必须有备用床，若是半自动程序停运，应先投运备用混床。

5. 树脂送出

树脂送出是指将混床失效树脂外移至体外再生系统。树脂输送方法有多种，一般由下述步骤完成：气力输送—水力/气力合送—冲洗树脂管道。可以先水力输送（简称水送），也可以先气力输送（简称气送），这两种方法均能把树脂输送干净。若先水送，应从底部进气，把树脂松动后再用水送，否则树脂要堵塞出脂口；若先气送，应在混床上部维持一个气室，压力在 0.3～0.4MPa，即在气压作用下把树脂与水同时压出去。

本书以某厂锥体分离再生系统（见图 7-7）为例进行介绍。锥体分离塔接口如图 7-11 所示。

（1）松动树脂。混床卸压后，开启混床排气阀、进压缩空气阀、输送树脂进气阀，松动混床内压实的树脂层，2min 后关闭各阀门。

（2）水送。开启分离塔排气阀、进脂阀、中排水阀、底部排水阀；开混床进冲洗水阀、出脂阀、树脂隔离阀；启动冲洗水泵，开冲洗水泵出口阀，用水输送树脂。约 20min 后，关闭进冲洗水阀。

（3）气送。开启进压缩空气阀、输送树脂进气阀，水气切换阀。继续用气输送树脂，5min 后关闭各阀门。

（4）管路冲洗。开启进冲洗水阀，进行管路冲洗。10min 后停冲洗水泵，关闭上述阀门。

6. 树脂送入

树脂送入是指已再生的树脂从阳再生塔输送至混床。

（1）树脂送入。开混床排气阀、再循环阀、混床排水阀、进脂阀；开阳塔出脂阀、正洗进水阀、去混床树脂阀，树脂隔离阀。启动冲洗水泵，开冲洗水泵出口阀，将阳塔再生处理好的树脂移入混床，从送树脂管道窥视镜观察树脂是否完全输送，约 50min 后树脂送完后，用水继续冲洗几分钟，然后将阳塔和混床各阀门关闭。

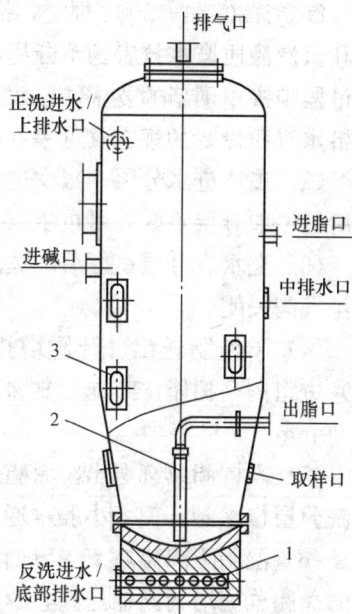

图 7-11　锥体分离塔
1—底部配水装置；2—出脂管；
3—窥视窗

（2）混床充水。开混床排气阀、进冲洗水阀，向混床内充水。混床排气阀出水后，关冲洗水泵出口阀，停运冲洗水泵，并将混床进冲洗水阀关闭。

（3）水位调整。开混床再循环阀、再循环管排水阀，调整混床水位在树脂层面上 150～200mm。然后将再循环阀、排水阀关闭。

（4）树脂混合。开混床进压缩空气阀，混合树脂进气阀，持续时间约 10min。

（5）树脂沉降。树脂混合均匀后，关闭进压缩空气阀，立即开混床再循环阀、混床总排水阀，并启动冲洗水泵，打开混床进冲洗水阀，迫使树脂沉降。

（6）充水。树脂沉降后，关混床出口再循环阀，混床充水。

（7）备用。混床排气阀出水后，关冲洗水泵出口阀，停运冲洗水泵，关进冲洗水阀。

（三）高速混床树脂再生

1. 树脂清洗

（1）排水。开分离塔排气阀、中部排水阀，排水 3min 左右，然后将中部排水阀关闭。

（2）水位调整。开分离塔上部正洗进水阀，启动冲洗水泵，开冲洗水泵出口阀，调整水位至树脂层面上 200mm 左右。关闭正洗进水阀。

（3）空气擦洗。开分离塔进压缩空气阀，启动罗茨风机、开罗茨风排空阀（30s 后关闭）。对分离塔树脂进气空气擦洗 3～5min，然后，停罗茨风机，关分离塔进压缩空气阀。

（4）正洗。开分离塔正洗进水阀，底部排水阀，对树脂进行清洗。

（5）排水。正洗 5min 后，关分离塔正洗进水阀，开底排阀，排水 3min 后将底部排水阀关闭。

（3）～（5）步可重复多次，直至正洗出水澄清为止。

2. 树脂分离

（1）快速进水分层。开分离塔反洗分层排水阀、反洗分层进水阀，运行冲洗水泵。在操作过程中要及时调整分离塔反洗进水阀的开度，充分搅动树脂，但应避免有效树脂颗粒跑出。

（2）慢速进水分层。减少进水量，利用树脂密度差，使树脂缓慢分层，同时观察树脂分层情况。如分层不好，可重复（1）、（2）步序。

（3）充水。分层良好后，关反洗分层排水阀，向分离塔内缓慢充水，至排气阀溢水后，将排气阀关闭。

（4）阳树脂送出。开阳塔排气阀、倒 U 形排水阀、反洗出水阀、进脂阀，开分离塔 CO_2 进口阀，树脂出口阀、树脂输送阀，加大反洗进水流量进行阳树脂转送，持续时间约 20min。

（5）阳树脂继续送出。树脂转送快接近树脂分界面时，减小反洗进水量，同时开分离塔反洗分层排水阀，使一小股水通过反洗分层排水阀排出，有利于树脂的有效转送。

（6）混脂去隔离塔。当界面检测装置检测到混脂界面时，开隔离塔排气阀混脂输送阀，同时关闭分离塔树脂输送阀，CO_2 进口阀及阳塔进脂阀、反洗出水阀。

（7）冲脂到隔离塔。混脂转送完全后（由测试控制或通过窥视镜观测），关分离塔反洗分层进水阀、树脂出口阀、反洗分层排水阀，开树脂输送阀、树脂管道冲洗阀，将残留在管道的树脂冲洗至隔离塔。

（8）冲脂到分离塔。1min 后，开分离塔排气阀，树脂出口阀，关闭隔离塔混脂输送阀、排气阀，冲洗分离塔树脂出口处的一段树脂管道。

（9）冲脂到阳塔。1min 后，开阳塔排气阀、进脂阀、倒 U 形排水阀。同时，关分离塔排气阀，树脂出口阀、树脂输送阀，冲洗阳塔树脂进口处的一段树脂管道。冲洗 1min 后，将各阀关闭。

3. 阳树脂再生

（1）倒 U 形排水。开阳塔排气阀、倒 U 形排水阀，进行水位调整，至倒 U 形排水阀不出水。

（2）预喷射。开阳塔进酸阀、酸稀释用水阀，调整好再生用水量。

（3）进酸。启动酸计量泵，开酸混合三通进酸阀，调整酸液浓度为 5% 左右，进行阳树脂再生。

（4）置换。停运酸计量泵，维持原流量进行置换。

（5）空气擦洗。关阳塔进酸阀、倒 U 形排水阀、酸稀释用水阀。开反洗出水阀、进空气阀，启动罗茨风机（开罗茨风机排空阀，30s 后将其关闭），调整进气量，进行空气擦洗。3～5min 后停运罗茨风机，关阳塔进空气阀、反洗出水阀。

（6）正洗。开底部排水阀、正洗进水阀，启动冲洗水泵，开冲洗水泵出口阀。

（7）排水。正洗 2min 后，关冲洗水泵出口阀、阳塔正洗进水阀，从底部排部分水。

（8）倒 U 形排水。将底部排水阀关闭，开倒 U 形排水阀，至倒 U 形排水阀无水排出时，关闭倒 U 形排水。

（9）水位调整。开正洗进水阀，调整水位至树脂层上 200mm 左右，然后关闭正洗进水阀。

（5）～（9）步序可根据擦洗效果重复进行多次，直至排水澄清。

（10）空气擦洗。开阳塔反洗出水阀、进空气阀，启动罗茨风机，调整进气量，进行树脂的空气擦洗。

（11）反洗。擦洗完毕后，停罗茨风机，关阳塔进空气阀，开阳塔反洗进水阀、冲洗水泵出口阀，进行树脂反洗。

（12）进水。反洗至排水澄清后，关阳塔反洗进水阀、反洗出水阀，开正洗进水阀，补充水量。

（13）正洗。排气阀出水后，开底部排水阀，关排气阀，对树脂层进行正洗。正洗至出水澄清、电导率小于 10μs/cm 时，正洗合格，将阳塔各阀门关闭，关冲洗水泵出口阀，停运冲洗水泵。

4.阴树脂再生

（1）部分排水。开分离塔排气阀、底部排水阀、倒 U 形排水阀，进行树脂再生前的水位调整。

（2）倒 U 形排水。关闭分离塔底部排水阀，利用倒 U 形排水阀进行排水，至倒 U 形排水阀不出水。

（3）预喷射。开分离塔进碱阀、热水箱进水阀、热水箱三通调温阀，调整再生用水量为规定值，再生液温度为 30～40℃。

（4）进碱。启动碱计量泵，开碱混合三通进碱阀，调整碱液浓度为 5% 左右，进行阴树脂的再生。

（5）置换。停运碱计量泵，关碱混合三通进碱阀，维持原水流量进行置换。

（6）空气擦洗。关分离塔进碱阀、倒 U 形排水阀、热水箱进水阀、热水箱三通调温阀。开反洗分层排水阀、进空气阀，启动罗茨风机，调整进气量，进行阴树脂再生后的空气擦洗。

（7）正洗。空气擦洗 3～5min 后，停运罗茨风机，关分离塔进空气阀、反洗分层排水阀，开底部排水阀、正洗进水阀、冲洗水泵出口阀。

（8）排水。正洗 2min 后，关冲洗水泵出口阀、分离塔正洗进水阀，从底部排部分水。

（9）倒 U 形排水。将底部排水阀关闭，开倒 U 形排水阀，至倒 U 形排水阀无水排出时，关闭倒 U 形排水。

（10）水位调整。开正洗进水阀，调整水位至树脂层面上 200mm 左右，然后关闭正洗进水阀。

（6）～（10）步序可根据擦洗效果重复进行多次，直至排水澄清。

（11）空气擦洗。开分离塔反洗分层排水阀、进空气阀，启动罗茨风机，调整进气量，进行树脂的空气擦洗。

（12）反洗。擦洗完毕后，停罗茨风机，关分离塔进空气阀、排气阀，开分离塔反洗分层进水阀、冲洗水泵出口阀，进行树脂反洗。

（13）二次分层。继续反洗进水，对阴树脂进行二次分层。

（14）补水。开排气阀、关反洗分层排水阀，将分离塔补满水。

（15）混脂去隔离塔。关分离塔排气阀，进水顶压。同时，开隔离塔排气阀、混脂输送阀，开分离塔树脂出口阀，将二次分层的混脂转至隔离塔。

（16）树脂管道冲洗。关分离塔反洗分层进水阀，开树脂管道冲洗阀、分离塔排气阀，冲洗树脂输送管道。

（17）正洗。关树脂管道冲洗阀、分离塔反洗分层进水阀、分离塔排气阀，开分离塔正洗进水阀、底部排水阀，对分离塔树脂进行正洗。正洗至出水澄清、电导率小于 $10\mu S/cm$ 时，正洗合格，将分离塔各阀门关闭，关冲水泵出口阀，停运冲洗水泵。

5. 树脂混合及贮存

（1）阴树脂送至阳塔。开阳塔排气阀、反洗出水阀、进脂阀、分离塔反洗分层进水阀，启动冲洗水泵，开冲洗水泵出口阀、分离塔树脂出口阀、树脂输送阀。将阴树脂送至阳塔。

（2）排水。关冲洗水泵出口阀，关分离塔反洗分层进水阀、分离塔树脂出口阀、树脂输送阀、阳塔反洗出水阀、进脂阀。开阳塔底部排水阀，排部分水。

（3）反洗。排水至一定液位后，关阳塔底部排水阀，开冲洗水泵出口阀、阳塔反洗进水阀。反洗搅动树脂层，并补水至树脂层面上 200mm 处。然后，关闭冲洗水泵出口阀、阳塔反洗进水阀。

（4）混脂。启动罗茨风机，开阳塔进空气阀。利用压缩空气将树脂充分混合。

（5）混脂排水。树脂充分混合均匀后，关阳塔进空气阀，停运罗茨风机。开阳塔反洗出水阀、底部排水阀。

（6）慢进水。排水 2min 后，关闭阳塔反洗出水阀、底部排水阀，开冲洗水泵出口阀、阳塔正洗进水阀，进水迫降混合后的树脂。

（7）快进水。加大进水量快速进水。

（8）正洗。进水至排气阀出水后，关闭排气阀，开阳塔底部排水阀，对树脂层进一步正洗。正洗至排水电导率小于 $0.2\mu S/cm$ 时，正洗合格，关闭阳塔正洗进水阀、底部排水阀。

（9）隔离塔混脂去分离塔。开分离塔排气阀、反洗分层出水阀、中部排水阀、树脂出口阀；同时，开隔离塔混脂输送阀、混脂送回进水阀，将隔离塔的混合树脂转回分离塔。转送完全后，关冲洗水出口阀，停运冲洗水泵，并将分离塔、隔离塔的各阀门关闭。

6. 注意事项

（1）转送阳树脂前，要确认分层良好。

（2）部分步骤可能出现流量不稳定，应先检查该调节阀的气源压力是否满足用气要求。

（3）树脂冲洗接近合格时，应加强监测。

（4）在树脂倒送过程中，注意各树脂阀的启闭状态，以免将树脂误送其他设备中造成事故。

（5）在进行空气擦洗、水反洗时，值班人员要调整好流量，加强巡回检查，防止跑树脂。

（6）再生过程中，进酸、碱时要特别注意再生床的运行情况，加强巡回检查，避免酸碱泄露造成人员伤害。

（7）再生前，应检查酸碱计量箱有足够高的液位，不可边进液边向计量箱注入酸碱，防止计量箱酸碱液外溢。

（8）再生进酸碱时，稀释水流量不要随意调整，应通过调节酸碱计量泵冲程来调整浓度大、小。

（9）加强检查储水箱水位，防止因水位低而影响再生。

（10）值班人员进行再生操作时，应戴防护眼镜，穿耐酸工作服，确保人身安全。

二、运行参数控制

（一）管式微孔过滤器运行参数控制

1. 压力和压差

管式微孔过滤器必须在一定压力和压差范围内运行。若压差过大易造成滤元破裂，大量水从裂缝部位穿出，从而影响出水水质；压差过大表明滤层严重污染，清洗不易洗净。同时，设备各部分是按一定压力设计的，不能承受过高的压力。

如某厂管式微孔过滤器设计压力为 4.0MPa，最大运行压差为 0.12MPa。当管式微孔过滤器的运行压差大于 0.12MPa 时，应停运进行清洗。若充分反洗或酸洗后，其压差仍不能降低而影响出力时，应更换滤元。

2. 流量

管式微孔过滤器的流量不宜过大。流量太大会使出水水质下降，而且运行时会因压差的加大，过滤周期缩短。如某厂设计流量为 $710\sim847m^3/h$。

3. 温度

受滤元骨架材料和过滤材料使用温度限制，通常工作温度不大于 50℃。

（二）高速混床运行和再生参数控制

1. 运行参数

（1）流量。运行流量与混床尺寸、设计处理量有关，以某 300MW 机组为例，凝结水 100％ 处理，每台机组配 4 台高速混床（ϕ1800），树脂采用 D001 和 D201 以 1：2 体积比混合，树脂层高 1500mm，运行流量为 $279\sim372m^3/h$。

（2）工作压力和压差。一般控制工作压力不大于 4.0MPa，正常运行压差不大于 0.175MPa，最大运行压差不大于 0.35MPa。

（3）温度。受树脂使用温度限制，凝结水温度一般控制在 5～40℃，超过 50℃ 开启混床旁路系统。

2. 再生参数

（1）再生时间。阳树脂、阴树脂再生时间要求大于或等于 30min。

（2）再生剂用量。氢型运行时，盐酸和氢氧化钠再生水平均为 $100kg/m^3$ 树脂。

（3）再生液浓度。盐酸浓度为 4％～8％，氢氧化钠浓度为 4％。

（4）再生流速。阳树脂为 4～8m/h，阴树脂为 2～4m/h。

（5）再生温度。HCl 溶液是常温，NaOH 溶液为 40℃。

（6）再生剂品质。盐酸品质要求如下：HCl≥31％，Fe 含量≤0.01％，SO_4^{2-}≤0.007％，As 含量≤0.0001％；氢氧化钠品质要求如下：NaOH≥32.0％，Na_2CO_3≤0.06％，NaCl≤0.007％，Fe_2O_3≤0.0005％。

三、常见故障处理

管式微孔过滤器常见故障及处理方法见表 7-2。

表 7-2　　　　　　　　　　　管式微孔过滤器常见故障及处理方法

序号	异常情况	可　能　原　因	处　理　方　法
1	过滤器出水 Fe 含量高	(1) 滤芯流速太快； (2) 滤芯损坏； (3) 滤芯接合处泄漏	(1) 降低滤芯流速； (2) 更换滤芯； (3) 重新安装
2	过滤器压差上升快	(1) 进水金属腐蚀产物含量过高； (2) 滤芯流速太快； (3) 滤芯微孔被堵塞	(1) 加强滤芯反冲洗，当凝结水 Fe 大于 $1000\mu g/L$ 时直接排放； (2) 降低滤芯流速； (3) 加强滤芯反冲洗，或更换滤芯

高速混床及再生系统常见故障及处理方法见表 7-3。

表 7-3　　　　　　　　　　　高速混床及再生系统常见故障及处理方法

序号	异常现象	可　能　原　因	处　理　方　法
1	混床运行周期短	(1) 再生不彻底； (2) 运行流速高； (3) 树脂老化； (4) 树脂污染； (5) 树脂损失量大； (6) 布水装置故障，出现偏流； (7) 入口水水质变化； (8) 给水加氨量过大	(1) 重新再生； (2) 调节旁路阀开度； (3) 更换新树脂； (4) 处理树脂； (5) 查原因补充树脂； (6) 联系检修处理，清除偏流； (7) 检查凝汽器是否泄漏，并予以清除； (8) 调整加氨量
2	混床运行压差大	(1) 流速过高； (2) 树脂层被压实； (3) 进水金属腐蚀产物较多； (4) 破碎树脂过多； (5) 树脂污染； (6) 混床出水水帽坏，漏树脂引起出水树脂捕捉器堵	(1) 降低流速； (2) 查找原因，并延长反洗时间； (3) 加强树脂的空气擦洗； (4) 提高反洗强度，洗去树脂碎粒，延长反洗时间，确定树脂破碎原因，并予以消除； (5) 清洗、复苏，不能复苏时更换树脂； (6) 检查混床出水水帽，清理出水树脂捕捉器
3	混床出水水质不合格	(1) 混床失效； (2) 再生效果差； (3) 树脂混合不好； (4) 产生偏流； (5) 进水水质劣化	(1) 停运再生； (2) 重新再生； (3) 可重新混合投运； (4) 消除偏流； (5) 查明原因汇报值长
4	混床放氯	(1) 碱液中 NaCl 含量高； (2) 阳、阴树脂混合不均匀	(1) 选用纯度高的碱； (2) 重新混合树脂
5	混床出水 pH 值偏低	(1) 混床树脂混合不均匀； (2) 树脂热降解； (3) 树脂被有机物污染	(1) 重新混合树脂； (2) 水温高时凝结水旁路或选用热稳定性好的树脂； (3) 消除污染源或树脂复苏处理

续表

序号	异常现象	可 能 原 因	处 理 方 法
6	混床出水电导率不合格	(1) 混床树脂失效； (2) 再生效果差； (3) 阳、阴树脂混合不均匀； (4) 氢电导交换柱失效	(1) 停止运行，进行再生； (2) 检查再生剂用量、再生液浓度、再生流速是否合理，并予以调整； (3) 重新混合树脂； (4) 再生交换柱树脂
7	树脂非正常损失	(1) 底部出水装置泄漏； (2) 反洗、擦洗强度过大； (3) 树脂输送过程损失	(1) 联系检修处理； (2) 严格控制流量； (3) 查找原因并消除
8	树脂流失	(1) 下部出水装置泄漏树脂； (2) 反洗流速过高； (3) 树脂磨损	(1) 检查确定泄漏部位，并消除； (2) 降低反洗流速； (3) 添加树脂至正常高度（长期运行损失一些树脂属正常现象）
9	树脂混合气源压力低	(1) 混合进气阀开度小； (2) 储气罐压力低； (3) 气源管堵塞或泄漏	(1) 联系检修处理； (2) 汇报值长处理； (3) 联系检修处理
10	树脂分层不完全	(1) 反洗流量控制不当； (2) 反洗分层时间短	(1) 调整适当流量； (2) 延长分层时间
11	再生液浓度低（或高）	(1) 喷射器或计量泵故障； (2) 酸稀释水流量过高（或低）； (3) 酸、碱浓度计故障	(1) 检查喷射器运行是否正常，调整喷射器喉管距离； (2) 调整至适当流量； (3) 校核酸、碱浓度计
12	碱再生液温度高（或低）	(1) 稀释水流量不正确； (2) 温度控制器故障	(1) 调节稀释水流量； (2) 检修温度控制器
13	树脂捕捉器差压高	树脂捕捉器滤网堵塞	投备用混床，解列有关混床。开启树脂捕捉器释放阀除去滤网上的细树脂。若排水中有较多正常粒径的树脂，则应检查混床出水水帽，紧固已松动的水帽，更换破损水帽

【知识拓展】

一、其他过滤设备

（一）电磁过滤器

（1）过滤原理。在励磁线圈中通以直流电产生磁场，借助该磁场将过滤器中填料磁化。当水通过填料层时，水中磁性物质会被吸引在填料表面，达到除去水中铁腐蚀产物的目的。凝结水中铁颗粒、Fe_3O_4 和 γ-Fe_2O_3 颗粒等铁的腐蚀产物就属磁性物质，因此可以利用磁性吸引的方法去除。

（2）结构。电磁过滤器主要由非磁性材料制成的承压圆筒体、环绕筒体的励磁线圈和压缩空气源三部分组成，在筒体内填充由磁性材料制成的填料，其结构如图 7-12 所示。

电磁过滤器中的填料种类很多，早期曾使用钢球或外镀镍纯铁球，这就是钢球电磁过滤器。目前使用的是涡卷钢毛复合基体作填料的高梯度电磁过滤器，这种电磁过滤器是使用一

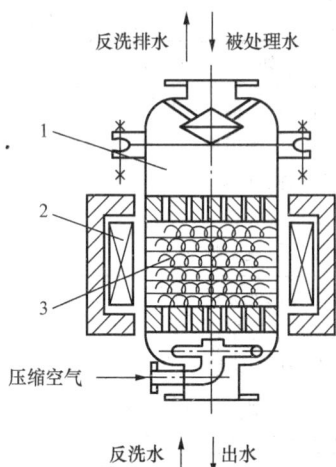

反洗排水 ↑　↓ 被处理水

1

2

3

压缩空气

反洗水 ↑　↓ 出水

图 7 - 12　高梯度电磁过滤器
1—筒体；2—励磁线圈；3—填料

种空隙率达 95% 的 30～200μm 的钢毛，与空隙率小的涡卷合起来作填料层（高度为 800～1000mm）。在强磁场作用下，钢毛被磁化，在筒体内产生分布不均匀的磁力线，在空间产生极高的磁场梯度，因而这种电磁过滤器称为高梯度电磁过滤器或复合型高梯度电磁过滤器。该填料磁场强度高，能从水中吸引很微小的磁性物质，吸附量大，运行水流阻力小。

励磁线圈的冷却方式有强迫通风和通水冷却两种，大型设备常采用水冷却方式。设备投运时，应先开强迫通风风机或者接通励磁线圈冷却水，再开启励磁电源。

（3）运行。过滤器工作时，在励磁线圈中先通以直流电产生磁场，再将处理水经过填料层。高梯度电磁过滤器的运行流速为 400～800m/h，运行终点通常以额定流量下的阻力上升值来确定，一般采用比初投运时阻力上升 0.05～0.1MPa 作为运行终点，也有用制水量来决定运行终点的。

运行结束后，需经反洗以清除填料中积存的金属腐蚀产物，恢复其清洁状态后才能再次运行。反洗前先切断直流电，然后在线圈中通以逐渐减弱的交流电，使填料退磁，接着用空气-水自下而上冲洗，将填料上吸引的腐蚀产物冲洗下来，并随冲洗水排掉。电磁过滤器单纯用水反洗，其洗净率较低，要首先用压缩空气擦洗，以后再用水反洗，气压为 0.2～0.4MPa，擦洗强度为 1500m³/(m² · h)（标准状态下），时间为 4～6s；水反洗强度为 800m³/(m² · h)，时间为 10～12s。上述空气—水反洗操作重复 2～4 次。

（4）工艺特点。电磁过滤器可以直接过滤高温水；过滤速度可达到 200～1000m/h，小型装置处理能力大；运行操作简单；反洗水量少，而且不像覆盖过滤器那样反洗时有废弃的滤料；设备构造简单，容易维修。

但电磁过滤器的除铁效果不稳定，对铁氧化物是有选择性地去除，顺（弱）磁性氧化铁难以去除。机组在采用加氧处理时，氧化铁主要以顺磁性 α - Fe_2O_3 形式存在，电磁过滤器起不到除铁的作用，不适用于给水采用 OT、AVT（O）方式（详见学习情境九给水处理）运行的机组；给水采用 AVT（R）方式运行的机组，凝结水除铁率为 60%～90%，对铜的除去率低，约 50%。除铁效果与磁场强度、氧化铁形态、进水铁含量以及水的流速等因素有关。

（二）前置氢离子交换器

前置氢离子交换器是阳离子交换器兼作过滤设备，它所用的树脂应是耐热的（有时温度可达到 100℃）强酸型阳离子交换树脂，对悬浮的物质具有过滤能力，对阳离子具有交换能力。树脂的粒径为 0.3～1.2mm，树脂层高一般为 600～1200mm，滤速 90～120m/h，对树脂的强度要求较高。前置氢离子交换器运行的终点可按以下方式进行控制：①出水的含铁量达到一定的数值，如 5μg/L；②出水的 pH 值升高到一定的数值，如 pH>7；③出水的漏钠量达到一定数值，如 1μg/L；④以漏氨为失效判断标准。

树脂层的清洗可用空气擦洗，此法是反复地用通空气和水正洗的操作方法进行床层的擦洗，一直洗到出水清洁为止。失效树脂用酸进行再生，使树脂恢复成氢型，树脂中的金属腐蚀产物基本可去除干净。

使用前置氢离子交换器的主要目的是除去凝结水中的铁和氨，延长凝结水混床的运行周期。它的除铁效率一般为 $50\%\sim70\%$，除氨效率可达到接近于 100%，在机组正常运行情况下，工作周期可达一个月。但它的缺点也较为突出，就是设备体积大，占地面积也大；必须配备酸再生设施，运行操作复杂，也产生酸性废水；而且由于腐蚀产物中氧化铁颗粒的粒径有的非常小，特别是机组在采用加氧处理后，氧化铁变得非常致密，粒径很小，阳床树脂层无法做到完全截留。

（三）覆盖过滤器

1. 过滤原理

将粉状滤料覆盖在特制的多孔管件（称为滤元）外表面，使它形成一个薄层，作为滤膜，水由管外通过滤膜和孔进入管内，进行过滤。由于起过滤作用的是覆盖在滤元上的滤膜，故常称为覆盖过滤。

覆盖过滤器所用的滤料要求呈粉状、化学稳定性好、多孔隙。该滤料也称助滤剂，因为在铺滤膜时，滤料是随水流一起进入过滤器的，好像助滤剂一样。常采用的助滤剂为棉质纤维素纸浆粉，它是将干的纸浆板粉碎，并经 30 目的筛子过筛而成的。如用活性炭（$100\sim200$ 目）作助滤剂，则可将水中的含油量从 $10\mathrm{mg/L}$ 降至 $5\mathrm{mg/L}$。因活性炭化学稳定性好、多孔吸附力强，具有良好的除油效果。一般只需将活性炭在纸浆覆盖的滤元上再覆盖 $2\sim3\mathrm{mm}$ 厚即可。有的电厂用煤粉作助滤剂，对返回水除油，也取得良好的效果。

2. 结构

覆盖过滤器的结构如图 7-13 所示，其壳体为一圆筒，底部为圆锥形，进口处设有一水分配罩，防止水流冲击。在筒体内的上部，沿水平方向装有一块多孔板，多孔板的每个孔中固定一个滤元。多孔板将整个过滤器分成上下两部分：下部是进水区，上部是出水区。

滤元本体可由不锈钢管或工程塑料管制成，管外刻有许多纵向齿槽，在每条齿槽中的管壁上开有许多直径为 $3\mathrm{mm}$ 的小圆孔。为了使滤元各部分的进水均匀，在齿槽上部的孔距可大于下部的孔距。在齿棱上刻有许多螺纹（螺距为 $0.7\sim0.8\mathrm{mm}$），沿此螺纹绕不锈钢丝（直径为 $0.4\sim0.5\mathrm{mm}$），即组成滤元。管上端有一部分不开齿槽，称为光管。在光管上部，靠近管口处，车有螺纹，用来将滤元固定在多孔板上，管口敞开作为滤元的出水口；滤元下端也有一小段不开齿槽的螺纹管，用来拧上半球形螺帽，以封闭滤元下端的管口。

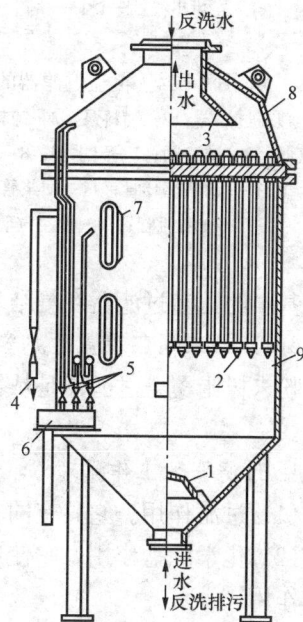

图 7-13 覆盖过滤器结构示意图
1—水分配罩；2—滤元；3—集水漏斗；
4—放气管，5—取样管及压力表；
6—取样槽；7—观察孔；
8—上封头，9—本体

这些滤元直立吊装在水平多孔板上，上端用不锈钢螺帽锁在多孔板上，下端用钢条焊成的网固定，以防滤元摆动。为了保证运行时滤元间水流均匀畅通，布置滤元时应使覆盖了滤料后的管间净距不小于 $25\mathrm{mm}$。多孔板与滤元的连接要严密以防漏水。

这种覆盖过滤器投入运行后，在集水漏斗与上封头之间会聚集空气，此空间称为上气室；筒体内多孔板下，滤元的光管区还会形成另一聚集空气的区域，称为下气室。在下气室的筒体上装有放空气管，该管上装有可以快开的放气阀。

在覆盖过滤器中，各滤元的表面都是过滤面积，所以它与堆放粒状滤料的过滤器相比，其产水率大得多，即在相同出力的情况下，其体积要小得多。

由于上述覆盖过滤器的滤元是管状的，称为管式覆盖过滤器。滤元也可做成叶片形式而构成叶片式等其他形式的覆盖过滤器。

3. 运行

管式覆盖过滤器的运行系统如图 7-14 所示。覆盖过滤器的运行分铺膜、过滤和去膜三个步骤。

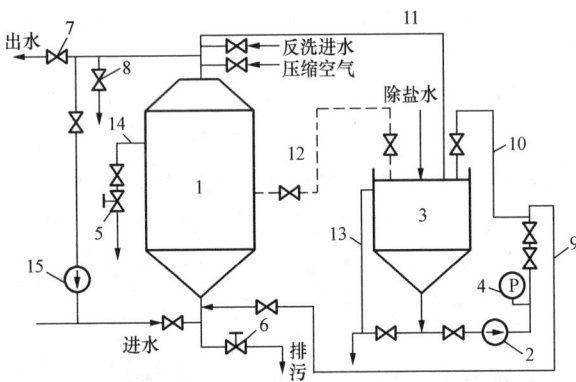

图 7-14　覆盖过滤器的运行系统示意图

1—覆盖过滤器；2—铺料泵，3—铺料箱；4—压力表；5—快开放气阀；6—排渣阀；7—出水阀；8—旁路放水阀；9—铺料母管；10—滤料循环管；11—回浆管；12—滤料大循环管；13—溢流管；14—放空气管；15—出水循环泵

机组启动时，凝结水含铁量高达 $500 \sim 3000 \mu g/L$，经覆盖过滤器过滤后，出水含铁量一般在 $10 \sim 30 \mu g/L$；机组正常运行时，进水含铁量小于 $50 \mu g/L$，过滤后的出水含铁量在 $10 \mu g/L$ 以下。

4. 应用中存在的问题

国内最初使用的前置过滤器为自行研制的覆盖纸粉过滤器，这种过滤器存在问题有：操作复杂，运行人员需密切注意机组工况的变化，否则易造成脱膜；纸粉进入混床，影响了混床的运行工况，甚至会透过混床，进入给水系统；运行费用较高等。基于以上原因，以纸粉为铺膜基料的覆盖过滤器在凝结水精处理中将很少被采用。

（四）粉末树脂覆盖过滤器

粉末树脂覆盖过滤器是从覆盖过滤器发展而来的，其设备结构及运行方式与覆盖过滤器相同。

1. 过滤器的工作原理

（1）过滤作用。它具有同覆盖过滤器一样的过滤作用。

（2）化学除盐作用。它使用了有离子交换作用的强酸、强碱粉末树脂，因此，具有化学除盐作用。

（3）吸附作用。使用了吸附能力强的强碱阴树脂作为过滤介质，对水中悬浮物和胶体硅的去除更为有利。

2. 过滤器的工作过程

正常运行时，粉末树脂被铺覆在过滤器内滤元外表面，形成一层树脂滤层。过滤凝结水时，水中悬浮颗粒被拦截，溶解性离子被树脂滤层交换除去，使出水达到设计要求。随着过滤和离子交换的进行，树脂层失去离子交换能力，滤层被逐渐堵塞，当出水电导率、二氧化硅值或过滤器进出口压差达到设定值时，过滤器失效退出运行，进行爆膜清洗，清洗废水排至废水处理系统处理。

（1）铺膜过程。铺膜是将带有滤料的水通过滤元，使滤料在滤元外侧形成均匀滤膜。一般先在树脂混合箱中充入一定量的水，加入滤料，启动搅拌器，将箱中的水和滤料搅拌成均匀的悬浊液。若滤料为纤维粉，则浓度配为 2%～3%，粉末树脂可配成 4%～5%，以不堵塞树脂注射泵为宜。搅拌时间为 10～15min。当树脂搅拌均匀后可开始铺膜。铺膜过程中通过调节树脂注射泵出口阀来调节注射流量，注射时间不宜过短，一般控制为 20～25min，否则会影响铺膜质量。铺膜流速的大小和滤料的干视密度有关，应通过试验来确定。合适的铺膜流速、注射时间及铺膜浓度有利于使所有滤元上都覆盖一层完整均匀的滤膜。

（2）过滤过程。运行前滤元表面先铺上滤料，运行时过滤器进水从过滤器的底部总管进入，通过拱形布水板及上端挡板和布水管均匀地通过过滤器滤元。出水通过滤元由外而内将过滤后的水收集在滤元内部，然后由滤元排入过滤器的集水室，最后由排水管排出。过滤通量的设计涉及滤元数量、过滤器规格和运行压差等参数。设计通量小，滤元数量多，过滤器直径增大；设计通量大，滤元数量大，运行压差高，滤元的使用寿命变短。

在过滤器流量较低或备用状态时，为了防止滤层的脱落，需要启动护膜保持泵在过滤器进出口之间形成一个循环，用来增加过滤器的出口流量及必须的压差，过滤器出口流量低于设计值时，启动护膜泵，过滤器出口流量高于设计值时，停止护膜保持泵（护膜保持泵流量不计入过滤器出口流量），如图 7-15 所示。

（3）爆膜过程。过滤器开始运行时进出水压差很小，一般为 0.01～0.05MPa，当压差达到 0.175MPa 时，需要对过滤器进行爆膜。先用压缩空气爆膜，控制进气压力为 0.4～0.6MPa，将废树脂粉从滤元上吹洗下来。进气阀应选择快开阀，开启时间控制在 1～2s，开启太慢会影响爆膜效果，进气时间控制在 5s，进气量为 10～15m³（标准状态下）。气反洗完成后进行水反洗，反洗流量 80m³/h，反洗时间 1～2min，利用排水将废树脂粉带出过滤器。一般整个过程需要重复多次才可以将滤元表面洗净。由于滤元比较高，爆膜时

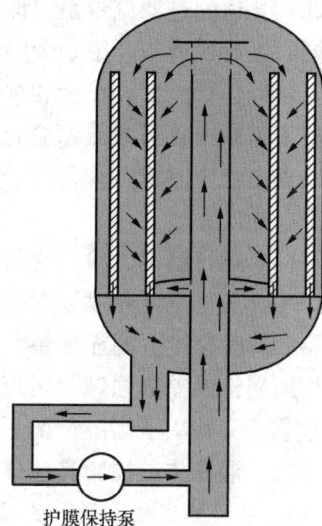

护膜保持泵

图 7-15　过滤器备用护膜示意

的水位控制尤为重要。为了达到较好的爆膜效果，一般采用三段式爆膜：将水位分别放至滤元顶部、距顶部 1/3 处、距顶部 2/3 处三个部位进行爆膜，一般各爆膜 3 次，必要时可增加爆膜次数来改善效果。

3. 应用中注意的问题

（1）除铁及除盐效果。粉末树脂过滤器对悬浮物、铁、胶态 SiO_2 等杂质具有较强的过滤和吸附能力，实践表明，除铁效率为 80%～90%，除铁效果明显。

由于采用的滤料为高再生度的阴阳树脂粉末，粉末树脂覆盖过滤器具有一定的除盐功效。由于粉末树脂的粒径在 $50\mu m$ 以下，大大增加了树脂与水的接触面积和反应速度，单位质量的工作交换容量明显增大，通常情况下，粉末树脂工作交换容量是传统颗粒树脂的 2～3 倍。由于每次所用树脂总量为 100kg 左右，仅是高速混床的 1/50，总交换容量并不大。

（2）滤料配比。阴阳树脂及纤维粉的配比直接影响运行周期、出水水质、运行压差等指标的变化，尤其是增加阴树脂加入量会明显增大起始压差，铺膜数量也会影响起始压差，但不明显。启动阶段由于悬浮固体多，可选择单独使用纤维粉，也可以选择比例为 2：1 的阳（铵型）阴（氢氧型）混合树脂和纤维粉一起使用，树脂与纤维粉的比例在 1：2～2：1 之间；正常运行阶段，可选择比例为 1：1 的阳（铵型）阴（氢氧型）混合树脂和纤维粉一起使用，树脂与纤维粉的比率在 4：1～8：1 之间，也可以仅选择比例为 1：1 的阳（铵型）阴（氢氧型）混合树脂；在夏季工况时，凝结水水温高，可同正常工况一样铺涂阴阳树脂粉，也可不涂阴树脂粉。

（3）运行压差。过滤器的运行压差除与过滤流量、铺膜数量、阴树脂量等有关外，还与树脂层污染程度密切相关。机组启动阶段凝结水水质较差，过早投入过滤器会使差压很快超标，一般要求凝结水铁含量降到 $1000\mu g/L$ 以下，才允许投运过滤器。颗粒很细的树脂粉末对运行水流会产生很大阻力，影响设备出力。为了防止滤层的水流阻力过大，树脂层不能铺得太厚。过滤流量越大，压差就越大，这是因为大流量情况下树脂层很容易被压实，使压差升高，但此时树脂层并未失效，当再次降低流量时压差往往降不下来，使得运行周期缩短。因此，合适的过滤流量是保证运行周期的一种有效手段，凝结水流量大时可以考虑两台过滤器同时运行或适当开手动旁路。

（4）运行周期。在凝结水含盐量低，精处理以去除悬浮物和腐蚀产物为主的情况下，由于粉末树脂覆盖过滤器除盐能力较弱，其失效终点不应根据出水电导率或出水硅含量确定，应以进出水压差或出水含铁量确定。按照这个标准每台粉末树脂过滤器的正常运行周期能达到 20～30d。

（5）运行温度。粉末树脂过滤器适用于空冷机组很大程度上是基于粉末树脂是一次性使用，不必考虑温度超过 60℃ 出现的阴树脂降解问题。实际上，当水温超过 65℃ 时，强碱阴树脂的降解速度会明显加快。在凝结水水质较好而水温高的情况下，可以考虑少使用甚至不使用耐温性能差的强碱阴树脂，而单独用铵型阳树脂与纤维粉作为滤料。这样既能保证凝结水水质，又解决了高温情况下粉末树脂过滤器退出运行的问题。

二、混床失效树脂其他分离方法

1. 中间抽出法（又称为 T 塔系统法）

该分离技术是在由分离塔（兼作阳树脂再生塔，简称阳再生塔）、阴树脂再生塔（简称阴再生塔）、储存塔和混脂塔（兼树脂处理）组成的系统中进行的，如图 7-16 所示。此系统中，也可不单设树脂储存塔，而与阴再生塔合二为一。

在分离塔中设定"混脂区"作为阳、阴树脂的隔离层，隔离层中的混脂体积占树脂总体积的 15%～20%。当失效的混床树脂在分离塔中反洗分层后，上部是密度小的阴树脂层，下部是密度大的阳树脂层，在阳、阴树脂的界面处会有一混脂层。转移树脂时，先将混脂层上部的阴树脂送出至阴再生塔，再将中间的混脂层从分离塔中抽出，送入混脂塔，阳树脂留在分离塔中进行再生。

混脂层的存在主要是树脂颗粒大小不均造成的，混入阳树脂中的阴树脂可在阳再生塔中经水反洗使其漂浮到阳树脂上面而随反洗水排去，但混入阴树脂中的小颗粒阳树脂或阳树脂碎粒，则不可能通过水反洗的方式除去，因为阳树脂的密度比阴树脂大的原因。因此，在 T 塔系统中设有树脂处理塔，如图 7-17 所示。

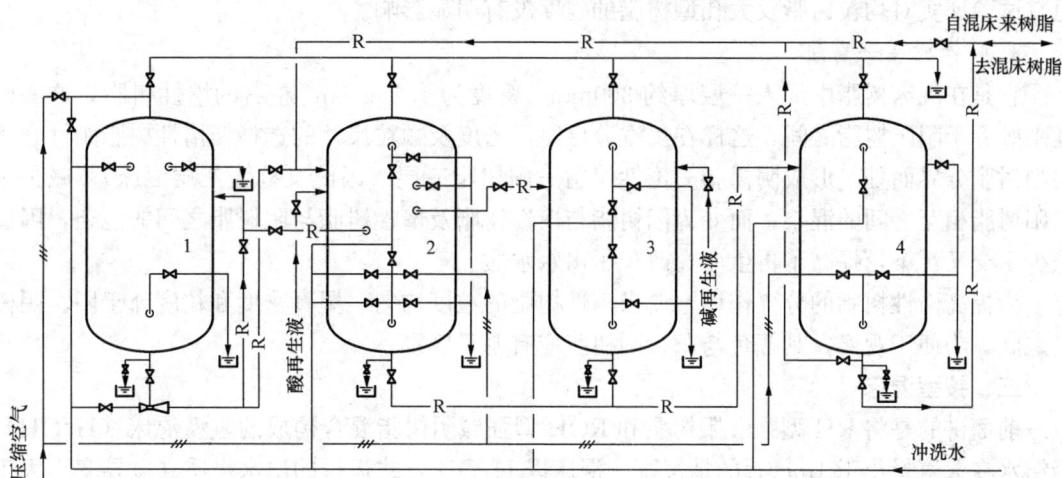

图 7-16　中间抽出法分离系统

1—混脂塔；2—分离/阳再生塔；3—阴再生塔；4—树脂储存塔

　　在树脂处理塔内设有斜状筛板，需要处理的树脂送入该塔后，在塔内进行循环，在树脂循环过程中筛去破碎的树脂，并由筛板下方排除。但在筛脂过程中，树脂容易卡于网孔堵塞筛网，同时斜状筛板上堆积树脂过多产生架桥，细碎树脂筛除率低，效果不理想。

　　在 T 塔系统中，因分离塔上出脂口的位置是固定的，所以树脂的总体积及阳、阴树脂的比例应保持不变，否则树脂界面与出脂口就会发生错位。

　　2. 浮选分离法（又称为浓碱分离法）

　　通常强酸阳树脂的湿真密度为 1.24～1.26，强碱阴树脂的湿真密度为 1.09～1.10，若选用一种密度介于阳、阴树脂之间的溶液浸泡混合树脂，那么阳树脂会下沉，而阴树脂则上浮。利用这一特性，从而实现阳、阴树脂完全分离，这就是所谓的浮选分离法。

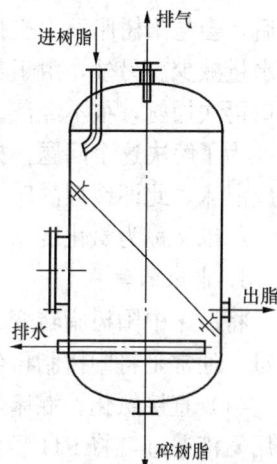

图 7-17　树脂处理塔

　　为了分离阴树脂中夹杂的阳树脂，可用 NaOH 作为浮选剂（注意：阳树脂中夹杂的阴树脂应用反洗漂浮除去，而不能用 NaOH 作浮选剂，因为这样将使全部阳树脂转为 RNa 型）。通常浮选剂选择 14%～16% 的 NaOH 溶液，其密度为 1.15～1.18，介于阳、阴树脂的湿真密度之间。

　　浮选分离过程：首先在分离塔中用水力反洗的方法使阳、阴树脂分层，然后将上部阴树脂和界面处的混脂送入阴树脂再生塔，并向其通入 14%～16% 的 NaOH，这时阴树脂转为 ROH 型而上浮，混脂中的少量阳树脂转为 RNa 型而下沉，再将下沉的阳树脂送至阳再生塔。

　　浮选分离法用于有细颗粒的阳树脂混杂在阴树脂中时，分离效果十分彻底。但混床树脂再生的碱耗较高。另外，高浓度的碱液对普通凝胶型树脂产生渗透压，对其破坏程度较大，但有试验证实对均粒树脂及大孔型树脂的强度没有明显影响。

3. 惰性树脂分离法

它是在混床树脂中加入一层厚约 300mm、密度为 $1.15g/cm^3$ 左右的惰性树脂，这一密度刚好界于阴阳树脂之间，这样在反洗分层时，密度及颗粒尺寸的选择使惰性树脂刚好介于阴阳树脂分界面处，形成阴树脂—惰性树脂—阳树脂三层（因此又称为三层混床），减少了阴阳树脂相互之间的混杂，而变为阳树脂与惰性树脂及惰性树脂与阴树脂之间的混杂，因此减少了交叉污染，提高了再生度，改善了出水水质。

为提高惰性树脂的分离作用，要求惰性树脂的粒度均匀、湿真密度和粒度介于阳、阴树脂之间，为便于观察，其颜色与阳、阴树脂应有明显区别。

三、铵型混床

前面讲的是将 RH 型强酸阳树脂和 ROH 型强碱阴树脂混合构成的氢型混床（H/OH）。凝结水在含氨量小于 1mg/L 的情况下，混床以 H/OH 方式运行的出水水质（电导率不大于 $0.15\mu S/cm$）、运行周期（不低于 8 天）都能满足机组的要求，因此目前多数都是以 H/OH 型混床运行。但它的缺点是把不应该除去的 NH_4^+ 也除去了。由于热力系统防止酸性腐蚀的需要，给水采用了加氨处理，凝结水中含有一定量的 NH_4^+，pH 值较高，这些 NH_4^+ 进入混床后，会与阳树脂发生交换，降低阳树脂对水中 Na^+ 的交换容量，使运行周期缩短，周期制水量减少。另外，由于凝结水中 NH_4^+ 被混床树脂交换，为了防腐蚀需要，还必须在混床出口再次加氨，很不经济。

为了解决这个问题，提出了将混床中 RH 树脂转为 RNH_4 树脂，即由 RNH_4 和 ROH 构成混床，此即铵型混床（NH_4/OH）。由于 RNH_4 树脂是通过 RH 树脂与氨水交换转换来的，所以又称为氨化混床。

1. 混床的氨化

将混床中阳树脂转变为 RNH_4 树脂是氨化混床应用的关键。由于 RNa 转变为 RNH_4 很困难，通常是将阳树脂再生为 RH 型再转变为 RNH_4 型，具体做法有以下两种：

（1）直接氨化。混床失效后树脂送出，再生后阳树脂为 RH 型，阴树脂为 ROH 型。然后用氨液通过，将 RH 型阳树脂转变为 RNH_4。由于 $NH_3 \cdot H_2O$ 是离解度很低的弱碱，在溶液中 NH_4^+ 浓度低，与 RNa 型阳树脂的离子交换需要很长时间才能完成，目前较少应用。

（2）运行氨化。混床再生为 H/OH 型，先以 H/OH 混床运行，利用凝结水中氨对混床进行氨化，此即运行氨化。运行氨化可分为三个阶段：①H/OH 混床运行阶段。树脂吸收水中 Na^+ 及 NH_4^+，直至 NH_4^+ 穿透；②转型阶段。从出水中有 NH_4^+ 穿透开始直至出水 Na^+ 含量与进水 Na^+ 含量相等，在此阶段出水 NH_4^+ 含量逐渐上升，出水 Na^+ 含量也逐渐上升，并出现一个 Na^+ 含量的峰值（其数值可能仍在允许范围内）；③NH_4/OH 混床运行阶段。进出水中 NH_4^+ 含量几乎相等，RNH_4^+ 对水中 Na^+ 进行交换，直至出水氢电导率等指标超过标准。

2. 铵型混床运行条件

（1）树脂必须有很高的再生度。与 H/OH 型混床相比，NH_4/OH 型混床要达到同样的出水水质，对树脂再生度的要求要高得多。下面以采用此两种混床来净化含有 NaCl 的水为例来说明。如某凝结水混床，当要求出水 Na^+ 含量为 $1\mu g/L$，Cl^- 含量为 $1.5\mu g/L$ 时，若选择性系数 K_H^{Na}（RH 树脂对 Na^+ 的选择性系数）取 1.5，$K_{NH_4}^{Na}$ 取 0.77，K_{OH}^{Cl} 取 17，则 H/OH

型混床阳、阴树脂再生度分别为 61%、12%；NH_4/OH 型混床阳、阴树脂再生度分别为 99.7%、93.3%。可以看出，NH_4/OH 型混床的树脂必须有很高的再生度。

为提高混床树脂的再生度，可以采取以下措施：①提高阴阳树脂的分离程度；②完善再生工艺，包含提高再生液纯度、调整再生剂用量及改进某些再生操作（如碱液加热）等。

（2）良好的转型水质。为了实现铵型混床运行，除了保证树脂的深度再生外，还必须保证在树脂由 RH 转为 RNH_4 阶段良好的水质条件，即在树脂由 RH 转为 RNH_4 阶段，凝汽器严密性好，以保证混床进水中 Na^+ 含量应低。目前，铵型混床一般都是借运行初期阶段凝结水中的氨来使之转型的。在 H/OH 运行阶段，混床中 RH 树脂在交换水中 NH_4^+ 的同时，也与 Na^+ 交换。由于水的 pH 值较高，所以水中以 NH_4^+ 为主，树脂主要转为 RNH_4。但若进水中 Na^+ 含量高，那么树脂转为 RNa 的量也增大，若超过 NH_4/OH 型混床允许的 RNa 型树脂浓度分率，那么，在混床漏 NH_4^+ 时，Na^+ 也同时泄漏。因此，在凝汽器发生泄漏时，混床就不能继续按 NH_4/OH 方式运行，而应采用 H/OH 型方式。

3. 铵型混床的优缺点

（1）优点。运行周期长，再生操作少，再生药剂和自用水量少，降低加氨量，经济效益明显。

（2）缺点。树脂需要深度再生，对进水水质波动的适应性差，除硅能力比氢型混床弱。

学习情境八 运行与维护给水处理设备

任务一 运行与维护全挥发处理设备

【教学目标】

1. 知识目标

（1）理解热力除氧、联氨除氧、加氨的原理。

（2）理解给水全挥发处理方式及各自适用范围。

（3）理解给水氨浓度与 pH 值、电导率的关系。

（4）知道给水全挥发处理的作用。

（5）知道全挥发处理给水质量标准规定监督的项目及依据。

2. 能力目标

（1）会识读和绘制给水加氨、加联氨系统的流程简图。

（2）会配制、投加联氨、氨药液，调整加药量。

（3）能进行给水处理系统的日常检查、运行调整与日常维护。

（4）能正确分析给水水质与给水加药系统运行之间的关系，正确判断并排除给水加药系统故障。

（5）能正确取样、使用仪器仪表检测给水水质和运行工况。

【任务描述】

为了抑制给水系统金属材料的腐蚀，需要对给水的水质进行调节，即给水处理。给水处理方法主要有全挥发处理和加氧处理。对于给水纯度不太高（如氢电导率大于 $0.15\mu S/cm$）或有铜机组，一般采用全挥发处理。班长组织各学习小组在仿真机（或实训室）环境下，认真分析运行规程，编制工作计划后，正确进行全挥发处理设备的启动、运行、停机等操作，练习日常检查、运行调整、日常维护、故障分析判断与处理，确保全挥发处理设备安全、经济运行。

【任务准备】

课前预习相关知识部分。根据全挥发处理原理和加药系统工作过程，经讨论后编制运行与维护加药系统的工作计划，并独立回答下列问题。

（1）给水处理的作用是什么？

（2）什么是给水还原性全挥发处理？

（3）什么是给水弱氧化性全挥发处理？

（4）电厂热力系统除氧方法有哪些？

（5）除氧器的运行需要注意哪些要素？

（6）联氨的作用是什么？联氨除氧的合理条件是什么？

（7）给水加氨的作用是什么？

【相关知识】

一、给水处理概述

1. 给水处理的作用

给水处理是指向给水中加入水处理药剂，改变水的成分及其化学特性，如 pH 值、氧化-还原电位等，以抑制给水对金属材料的腐蚀；减少随给水带入锅炉的腐蚀产物和其他杂质；防止因减温水引起混合式过热器、再热器和汽轮机积盐。

2. 给水处理的方式

随着机组参数和给水水质的提高，给水处理工艺也在不断发展和完善，目前有两种处理方式，即全挥发处理（all volatile treatment，AVT）和加氧处理（oxygenated treatment，OT），其中全挥发处理包括还原性全挥发处理和弱氧化性全挥发处理。

（1）还原性全挥发处理。还原性全挥发处理是指在对给水进行热力除氧的同时，向给水中加入氨和还原剂（又称除氧剂，如联氨）的处理方式。该方式维持一个除氧碱性水工况，以使钢表面上形成较稳定的 Fe_3O_4 保护膜，这就是"联氨-氨"碱性水化学工况。因为它采用的药品都是挥发性的，而且给水具有较强的还原性，通常给水的氧化还原电位（ORP）$< -200mV$，故称为还原性全挥发处理 [all volatile treatment（reduction），AVT（R）]。

（2）弱氧化性全挥发处理。弱氧化性全挥发处理是指对给水进行热力除氧的同时，只向给水中加氨，但不再加除氧剂进行化学辅助除氧的处理方式。该方式给水具有一定的氧化性，通常给水的 ORP 在 $0\sim80mV$ 之间，故称为氧化性全挥发处理 [all volatile treatment（oxidation），AVT（O）]。

（3）加氧处理。加氧处理是指向锅炉给水中加入一定量的氧或过氧化氢的处理方式（oxygenated treatment，OT）。该方式给水中含有微量的溶解氧而具有较强的氧化性，通常给水的 ORP$>100mV$。

二、给水 pH 值调节

给水的 pH 值调节就是往给水中加一定量的碱性物质，使给水的 pH 值保持在适当的碱性范围内，从而将给水系统中钢铁和铜合金材料的腐蚀速度控制在较低的范围，以保证水汽中铁和铜的含量符合规定的标准。目前火电厂中用来调节给水 pH 值的碱化剂一般采用氨（NH_3）。给水加氨处理的实质就是用氨来中和给水中的游离二氧化碳，并碱化介质，把给水的 pH 值提高到规定的数值。

1. 给水加氨处理的原理

氨在常温常压下是一种有刺激性气味的无色气体，极易溶于水，其水溶液称为氨水。一般市售氨水的密度为 $0.91g/cm^3$，含氨量约 28%。氨在常温下加压，很容易液化，液氨沸点为 $-33.4℃$。由于氨在高温高压下不会分解、易挥发、无毒，因此可以在各种压力等级的机组及各种类型的电厂中使用。

给水加氨后，水中存在下面的平衡关系：

$$NH_3 \cdot H_2O \Longleftrightarrow NH_4^+ + OH^-$$

因而水呈碱性，可以中和给水中的游离二氧化碳，其中和反应为

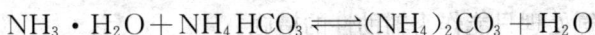

$$NH_3 \cdot H_2O + CO_2 \Longleftrightarrow NH_4HCO_3$$

$$NH_3 \cdot H_2O + NH_4HCO_3 \Longleftrightarrow (NH_4)_2CO_3 + H_2O$$

实际上，在水汽系统中 NH_3、CO_2、H_2O 之间存在着复杂的平衡关系。在热力设备运行过程中，水汽系统中有液相的蒸发和汽相的凝结，以及抽汽等过程。氨又是一种易挥发的物质，因而氨进入锅炉后会挥发进入蒸汽，随蒸汽通过汽轮机后排入凝汽器。在凝汽器中，富集在空冷区的氨，一部分会被抽气器抽走，尚有一部分氨溶入了凝结水中。随后当凝结水进入除氧器后，随除氧器排汽而损失一些，剩余的氨则进入给水中继续在水汽循环系统中循环。AVT 运行试验表明，氨在凝汽器和除氧器中的损失率为 20%～30%。如果机组设置有凝结水精处理系统，则氨将可能全部被除去。因此，在加氨处理时，估计加氨量的多少，要考虑氨在水汽系统和水处理系统中的实际损失情况。一般通过加氨量调整试验来确定。

2. 给水 pH 值的控制范围

在确定给水 pH 值的控制范围时，要先考虑水的 pH 值对金属表面保护膜稳定性的影响。根据图 6-4 所示的试验结果，从减缓碳钢的腐蚀考虑，应将给水的 pH 值调整到 9.5 以上。

但是，目前很多热力系统中的凝汽器、低压加热器等都使用了铜合金材料，所以还必须

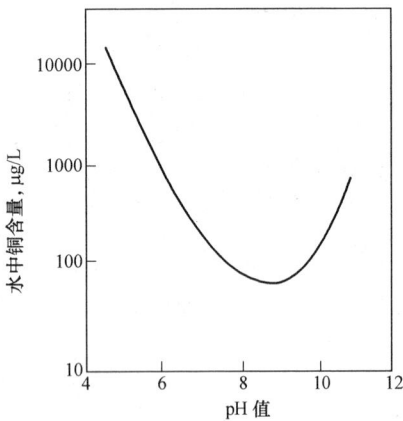

图 8-1　水中铜含量与 pH 值的关系

考虑到 pH 值对铜合金的腐蚀影响。图 8-1 所示为水温为 90℃ 时，用氨碱化的水中铜含量与 pH 值的关系，水中铜含量间接地表示了铜材的腐蚀速度。从图 8-1 可以看出，当 pH 值在 8.5～9.5 之间，铜合金的腐蚀最小；pH 值高于 9.5 或低于 8.5，尤其是低于 7 时，铜合金的腐蚀都会迅速增大。因此，目前在采用除氧处理时，对钢铁和铜合金混用的热力系统，为兼顾钢铁和铜合金的防腐蚀要求，一般将给水的 pH 值控制在 8.8～9.3 的范围内。如果仅凝汽器管为黄铜管的机组，应将给水的 pH 值调节到 9.1～9.4；对无铜热力系统，一般是将给水的 pH 值控制在 9.2～9.6 的范围内，但是，控制给水 pH 值在这个范围，对发挥凝结水净化系统中的离子交换设备的最佳效能是不利的，因为这将使精处理混床的运行周期缩短。

3. 给水加氨处理存在的问题

给水加氨处理的防腐效果十分明显，但因氨本身的性质和热力系统的特点，它也存在不足之处。如前所述，由于 NH_3 的分配系数较大，NH_3 在水汽系统各部位的分布不均匀，对给水进行加氨处理时，会出现某些地方的 NH_3 过多，另一些地方的 NH_3 过少的矛盾。另外，NH_3 的电离平衡常数随水温的升高而显著降低，如温度从 25℃ 升高到 270℃，NH_3 的电离平衡常数会从 1.8×10^{-5} 降到 1.12×10^{-6}。这样，给水温度较低时比较合适的加氨量，在给水温度升高后就显得不够，不足以维持必要的给水 pH 值。这是造成高压加热器碳钢管束腐蚀加剧的原因之一，由此还造成高压加热器后给水含铁量增加的不良后果。为了维持高温给水中较高的 pH 值，必须增加给水的含氨量，这就可能使水汽中氨浓度过高，从而缩短精处理混床的运行周期。因此，防止二氧化碳腐蚀应尽量降低给水中碳酸化合物的含量和防止空气漏入系统，加氨处理只能作为辅助性的措施。

三、给水除氧

目前电厂给水除氧的方法包括两类：热力除氧和化学除氧。热力除氧除去给水中大部分的溶解氧，化学除氧作为辅助手段，除去残留在给水中的溶解氧。

（一）热力除氧

根据气体溶解定律（亨利定律），一种气体在与之相接触的液相中的溶解度与它在气液分界面上气相中的平衡分压成正比。在敞口设备中把水温提高时，水面上水蒸气的分压增大，其他气体的分压下降，则这些气体在水中的溶解度也下降，因而不断从水中析出。当水温达到沸点时，水面上水蒸气的压力和外界压力相等。其他气体的分压降至零，溶解在水中的气体可能全部逸出。利用气体溶解定律，在敞口设备（如热力除氧器）中将水加热到沸点，使水沸腾，这样水中溶解的氧就会析出，这就是热力除氧的原理。由于气体溶解定律在一定程度上也适用于二氧化碳等其他气体，热力法不仅可除去水中溶解的氧，也能同时除去水中的二氧化碳等其他气体。而二氧化碳的去除，又会促使水中的碳酸氢盐的分解，所以热力法还可除去水中部分碳酸氢盐。

热力除氧器的功能是把水加热到除氧器工作压力下的沸点，并且通过喷嘴产生水雾及淋水盘或填料形成水膜等措施尽可能地使水流分散，以使溶解于水中的氧及其他气体能尽快地析出。热力除氧器按其工作压力不同，可分为真空式、大气式和高压式三种。真空式除氧器的工作压力低于大气压力，凝汽器就具有真空除氧作用。因此，在高参数、大容量机组中，通常是将补给水补入凝汽器，而不是补入除氧器，这进一步改善了除氧效果，可使给水达到"无氧"状态。大气式除氧器的工作压力（约为 0.12MPa）稍高于大气压力，常称为低压除氧器。高压式除氧器在较高的压力（一般大于 0.5MPa）下工作，其工作压力随机组参数的提高而增大。超临界参数机组通常采用卧式高压除氧器，其工作压力常在 1MPa 以上，除氧头壳体采用碳钢-不锈钢（内壁）复合钢板制成，所有内部构件材料也均为不锈钢。

为提高除氧效果，通常应满足下列基本条件：

（1）不论在何种压力下进行除氧，都应保证将水加热到相应压力下的饱和温度。加热不足，将会引起除氧效果恶化。

（2）除氧器的除氧效果，取决于传热和传质两个过程。为此，应使欲除氧的水分散成细小的水滴，以获得适当的水与加热蒸汽的接触面积，这样，不仅加速传热和传质过程，而且有利于溶氧从水中扩散出来。

（3）除氧器内应有足够的流通面积，使加热蒸汽的流通自由通畅。

（4）保证水和蒸汽有足够的接触时间。

（5）除氧器应有足够的排汽，以保证氧气和其他不凝结气体的充分排出。

（6）送入的补给水量应稳定。当突然有大量补给水送入除氧器时，则有可能恶化除氧效果。因此，补给水应连续均匀地进入，不宜间断。

（二）化学除氧

化学除氧的药品，必须具备能迅速地和氧完全反应，反应产物和药品本身对锅炉的运行无害等条件。对高压及更高参数的机组，给水进行化学除氧常用的药品为联氨。

1. 联氨的性质

联氨又称肼，在常温下是一种无色液体，易溶于水，它和水结合成稳定的水合联氨（$N_2H_4 \cdot H_2O$），水合联氨在常温下也是一种无色液体。在 25℃ 时，联氨的密度为

1.004g/cm³，100％水合联氨的密度为 1.032g/cm³，24％的水合联氨的密度为 1.01 g/cm³。在 101.3kPa 时联氨和水合联氨的沸点分别为 113.5℃和 119.5℃；凝固点分别为 2.0℃和 −51.7℃。

联氨易挥发，当溶液中 N_2H_4 的浓度不超过 40％时，常温下联氨的蒸发量不大。联氨蒸汽对呼吸系统和皮肤有侵害作用，所以空气中的联氨蒸汽量不允许超过 1mg/L。联氨能在空气中燃烧，其蒸汽量达 4.7％（按体积计）时，遇火便发生爆炸。无水联氨的闪点为 52℃，85％的水合联氨溶液的闪点可达 90℃。水合联氨的浓度低于 24％时，则不会燃烧。

联氨水溶液呈弱碱性，因为它在水中会电离出 OH^-：$N_2H_4+H_2O \Longrightarrow N_2H_5^++OH^-$，25℃时的电离常数为 $8.5×10^{-7}$，它的碱性比氨的水溶液弱（25℃时，氨的电离常数为 $1.8×10^{-5}$）。

联氨会热分解，其分解产物可能是 NH_3、N_2 和 H_2，分解反应为：$5N_2H_4=3N_2+4NH_3+4H_2$，在没有催化剂的情况下，联氨的分解速度取决于温度和 pH 值。温度越高，分解速度就越高；pH 值增高，分解速度降低。

联氨是还原剂，不但可以和水中溶解氧直接反应，将氧还原：$N_2H_4+O_2=N_2+2H_2O$，还能将金属高价氧化物还原为低价氧化物，如将 Fe_2O_3 还原为 Fe_3O_4、CuO 还原为 Cu_2O 等。

2. 影响联氨除氧反应的因素

联氨除氧反应是个复杂的反应，并且水的 pH 值、水温等对反应速度有影响。

联氨在碱性水中才显强还原性，它和氧的反应速度与水的 pH 值关系密切。如图 8-2 所示，水的 pH 值在 9～11 之间时，反应速度最大。

温度越高，联氨和氧的反应就越快。如图 8-3 所示，水温在 100℃以下时，此反应很慢；水温高于 150℃时，反应很快。但是若溶解氧量在 $10\mu g/L$ 以下时，实际上联氨和氧之间不再反应，即使提高温度也无明显效果。

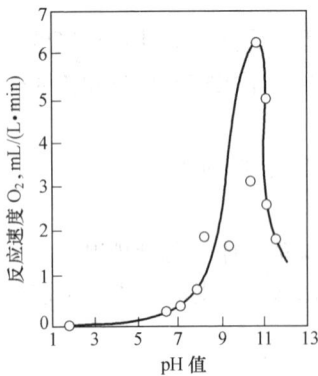

图 8-2　水的 pH 值对联氨和
氧反应速度的影响

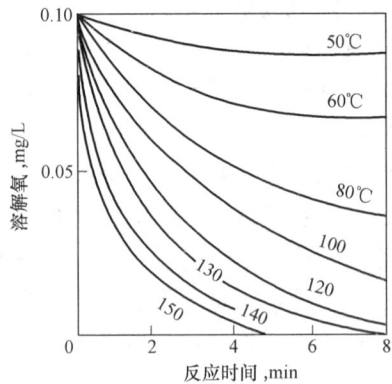

图 8-3　水温对联氨和氧
反应速度的影响

因此，为了取得良好的除氧效果，给水联氨处理的合适条件应是：水温 150℃以上，水的 pH 值 9 以上，有适当的联氨过剩量。

四、全挥发处理加药系统

1. 药品

向给水系统加药，由于给水的电导率要求较低，通常要求氨、联氨的纯度应为化学纯或以上级别。对于超临界参数机组，至少要求氨、联氨的纯度为分析纯或以上级别。加氨处理可以使用的药品有液氨和浓氨水；联氨处理所用药剂一般为40%联氨的水合联氨溶液，也可以用更稀一些（如24%）的水合联氨溶液。

由于联氨有毒，易挥发，易燃烧，所以在保存、运输、使用时要特别注意。联氨浓溶液应密封保存，水合联氨应储存在露天仓库或易燃材料仓库，联氨储存处应严禁明火，操作或分析联氨的人员应戴眼镜和橡皮手套，严禁用嘴吸管移取联氨。药品溅入眼中应立即用大量水冲洗，若溅到皮肤上，可先用乙醇清洗受伤处，然后用水冲洗，也可以用肥皂清洗。操作联氨的地方应当保证通风良好，冲洗水源充足。

2. 加药部位

(1) 氨。因为氨是挥发性很强的物质，不论在水汽系统的哪个部位加入，整个系统的各个部位都会有氨，但在加入部位附近的设备及管道中水的pH值会明显高一些。若低压加热器传热管是铜管，给水的pH值不宜太高；给水通过碳钢制的高压加热器后，含铁量往往上升，为抑制高压加热器碳钢管的腐蚀，要求给水的pH值高一些好。因此，可以考虑将给水加氨处理分为两级。对有凝结水净化设备的系统，在凝结水净化装置的出水母管及除氧器出水管道上分别设置加氨点，进行两级加氨处理。在第一级加氨时，将水的pH值调节到8.8～9.0；在第二级加氨时，则控制到9.0～9.3。也可按调整试验结果确定pH值，以使系统中铜和铁的腐蚀均较低。

(2) 联氨。加联氨点一般设置在除氧器出水管道上，也可将加联氨点提前至低压加热器的入口母管上。试验研究和运行经验表明，在100%的凝结水除盐净化的条件下，在低压加热器之前的凝结水中添加联氨，可以提高铜合金的稳定性，降低水中的含铜量；当给水中溶解氧量低于$10\mu g/L$时，氧不会和联氨起作用，而优良的除氧器调整在最佳工况下运行时，给水中的溶解氧一般可低于$10\mu g/L$。所以有研究人员认为，有必要将联氨加至亚临界和超临界压力机组的低压加热器之前。

3. 药液的配制与投加系统

(1) 氨。加药前，应先将其配成0.3%～0.5%的稀溶液，然后，用加药泵加入凝结水净化装置的出水母管和除氧器下水管中。加药过程中，应根据凝结水和给水的pH值手工调整氨计量泵的冲程，也可根据凝结水和给水的电导率或pH值监测信号，采用可编程控制器或工程控制计算机通过变频器控制加药泵，进行自动加药。

某电厂给水加氨系统如图8-4所示。

(2) 联氨。某电厂给水联氨加药系统如图8-5所示。

与加氨系统相似，联氨加药系统一般由溶液箱、过滤器、计量泵等组成。但为了尽量避免操作人员接触浓联氨，该系统设有浓联氨计量箱。加药前先将浓联氨通过输送泵注入该计量箱进行计量，然后再打开加药箱进口门将浓联氨引入溶液箱，然后加除盐水稀释至一定浓度（如0.1%），搅拌均匀，即可启动加药泵投加联氨。加药过程中，应根据凝结水和给水含氧量手工调整联氨计量泵的冲程，也可根据凝结水和给水含氧量监测信号，采用可编程控制器或工程控制计算机通过变频器控制加药泵进行自动加药，以控制

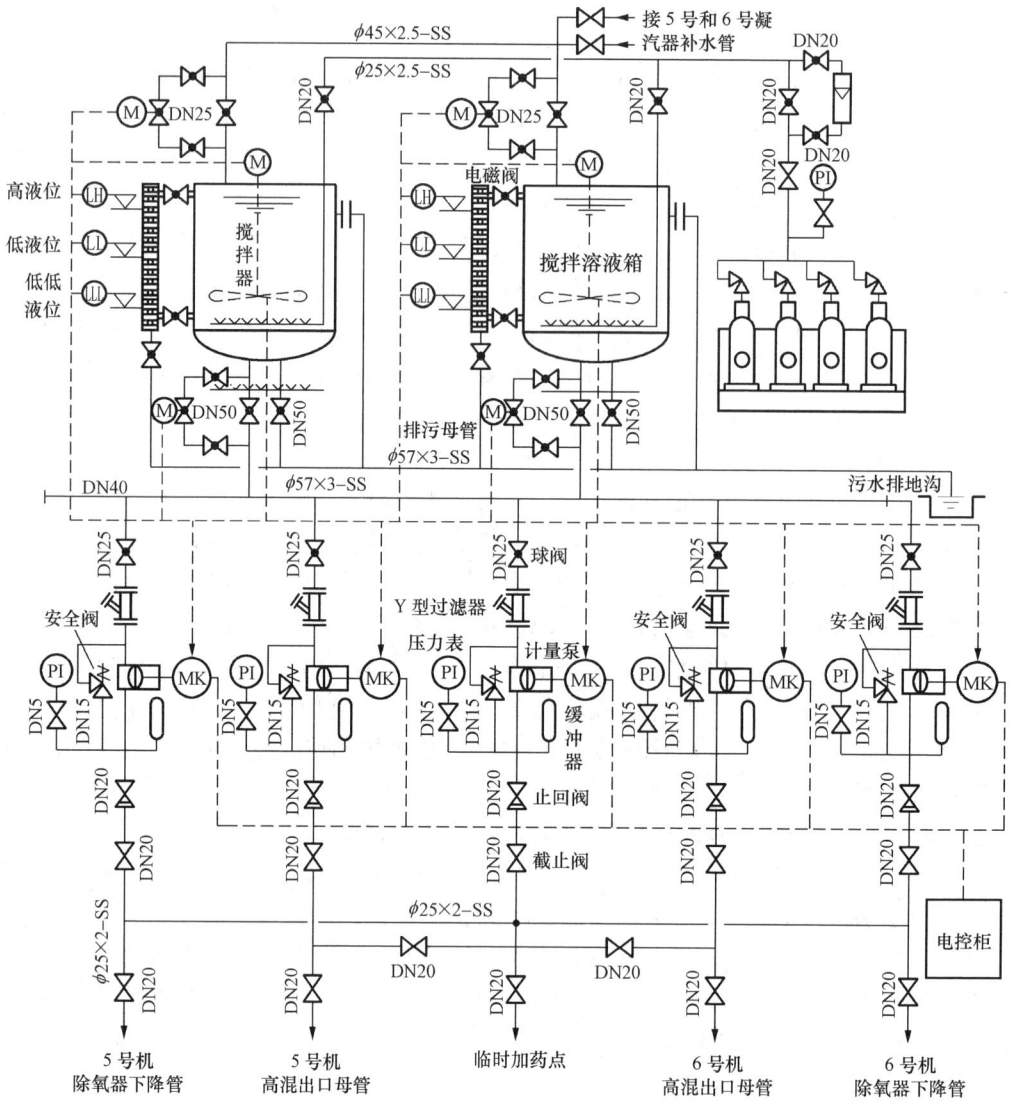

图 8-4　某厂给水加氨系统

水中含氧量小于 $7\mu g/L$。

【任务实施】

一、全挥发处理加药设备运行

1. 配制氨液

（1）开启溶液箱进水阀，排污阀，将溶液箱冲洗干净，关排污阀，并使溶液箱充适量水。首次使用或长时间停运后必须进行此步骤，设备正常运行情况下的补充配药则不进行此项操作。

（2）根据需要配制的药液量计算溶液箱"配制液位"和需要的液氨量。

（3）开启氨溶液箱进氨门、氨罐出氨门。

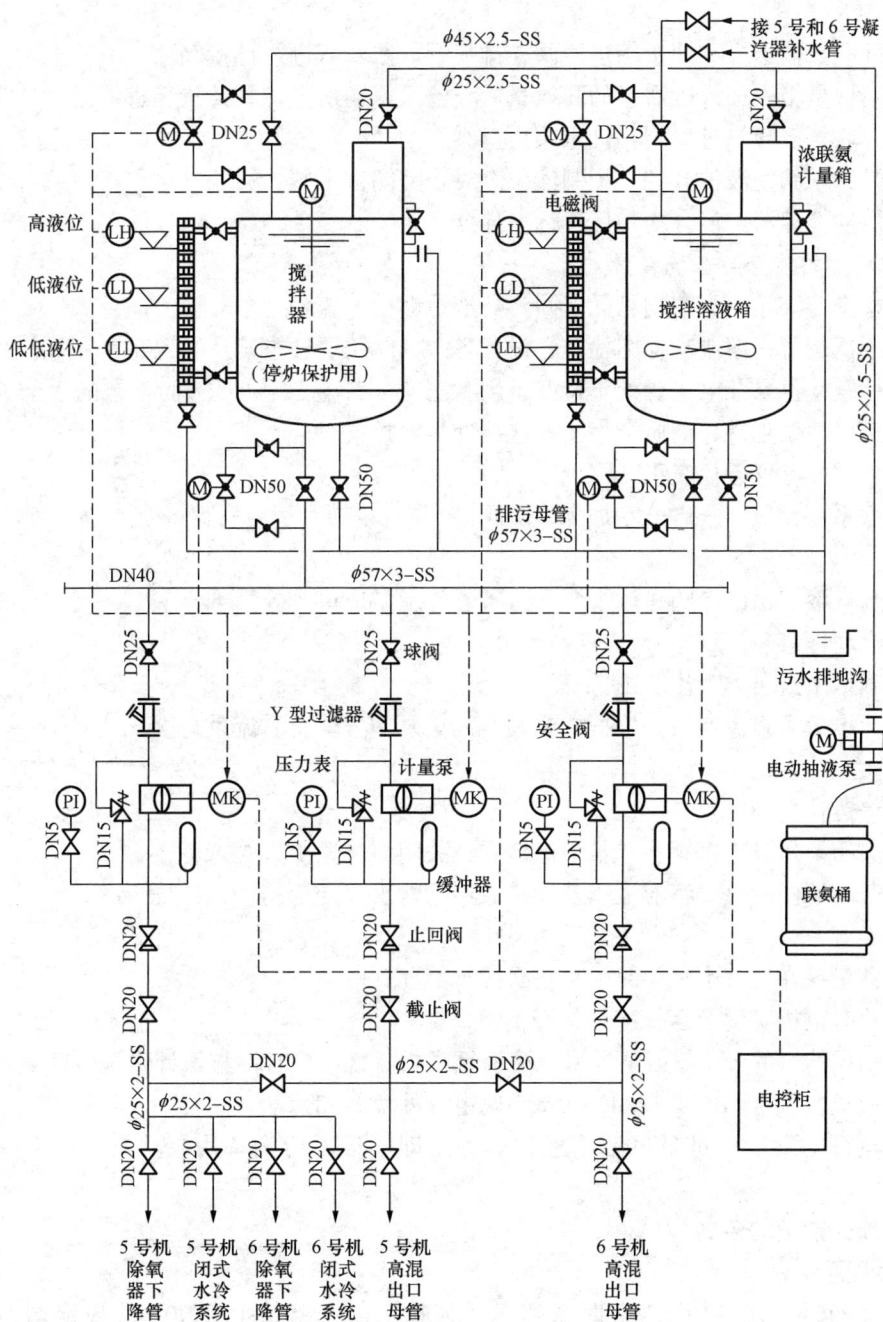

图 8-5 某电厂给水联氨加药系统

（4）向溶液箱中加入所需量的液氨量后，关闭氨罐出氨门、氨溶液箱进氨门。

（5）开启配药用除盐水总门、氨溶液箱进水门，待溶液箱水位上升到"配制液位"时，关闭进水阀。

（6）启动搅拌器，搅拌均匀后停运搅拌器。

（7）检查溶液箱进水门是否关严，以免溢流。

2. 配制联氨溶液

(1) 开联氨输送泵和计量箱进液阀、排气阀，浓联氨进入计量箱。

(2) 向计量箱中加入所需量的联氨量后，停联氨输送泵，关计量箱进液阀。

(3) 开联氨溶液箱进口阀，计量箱出口阀。

(4) 开进水阀使液位升到"配制液位"时，关闭进水阀。

(5) 启动搅拌器，混合均匀后停运搅拌器。

3. 启动前的检查与系统在线

(1) 检查溶液箱内无杂物、无泄漏，药液足够。

(2) 根据运行程序或流程图检查、设置各阀门阀位，检查确认管路正常完好。

(3) 检查计量泵及电机皆处于良好备用状态（如计量泵转向正确），泵的手动冲程调节灵活，减速机油位正常、油质合格，各连接处螺栓拧紧。

(4) 检查所有仪器仪表正常。

(5) 联系单元长，开启给水加药一次阀。

4. 运行

(1) 开启溶液箱出口阀、计量泵进口阀、计量泵出口阀。

(2) 启动计量泵。

(3) 确认出口压力表指示正常。

(4) 待出口压力稳定后，根据需要调节计量泵冲程至所需流量。

5. 停运

(1) 停运计量泵。

(2) 关闭计量泵进口阀、计量泵出口阀，关闭溶液箱出口阀。

(3) 若长期停运时，将溶液箱及计量泵用除盐水（配药用水）冲洗干净。

6. 正常维护

(1) 计量泵在运行中每小时检查一次运行情况；

(2) 检查电机温度及运行声音是否正常；

(3) 根据给水的 pH 值或电导率、溶解氧或联氨量，及时调整氨计量泵、联氨计量泵冲程，给水质量应符合 GB/T 12145—2008 规定（见表 6-3）。

(4) 运行中发现计量泵声音不正常等应立即停运，切换备用泵，及时联系检修人员处理。

二、加药剂量的控制

1. 氨量的控制

(1) 加药量。在采用 AVT 时，加氨量应按 DL/T 805.4—2004 的规定调整，无铜机组的 pH 值控制在 9.0～9.6 的范围内；有铜机组的 pH 值控制在 8.8～9.3 的范围内。

实际所需的加氨量，要通过运行调整试验来确定。在调整试验中，一方面要确保给水 pH 值在水汽质量标准规定的范围内，另一方面要使给水中的铜、铁含量保持在最低水平，以减轻锅内的结垢速度和避免引起腐蚀。

(2) 加药量的控制。可分为自动加药和手动加药。自动加药的控制信号有 pH 值和电导率两种。电导率控制是根据氨浓度与电导率的关系间接控制加氨量，由于氨量与 pH 值有一定的对应关系，因而也间接地控制了给水的 pH 值，低浓度氨与电导率、pH 值的关系如图 8-6 所示。在控制给水加氨时，最好采用控制电导率的方法。因为在电厂化学仪表中，电导率的测量相对准确、可靠，运行维护量更小。但是，这种控制方法不适用于水质恶化，如凝汽器泄漏、给水受污染且无凝结水精处理装置的机组。

凝结水加氨量根据凝结水流量信号控制调节，给水加氨量应根据给水流量和给水电导率信号控制调节。凝结水、给水加药宜采用自动运行方式，可解决手动加药比主系统启停滞后的问题。

2. 联氨量的控制

（1）加药量。DL/T 805.4—2004 规定有铜系统联氨的过剩浓度比无铜系统高，正常运行中控制省煤器入口处给水中的联

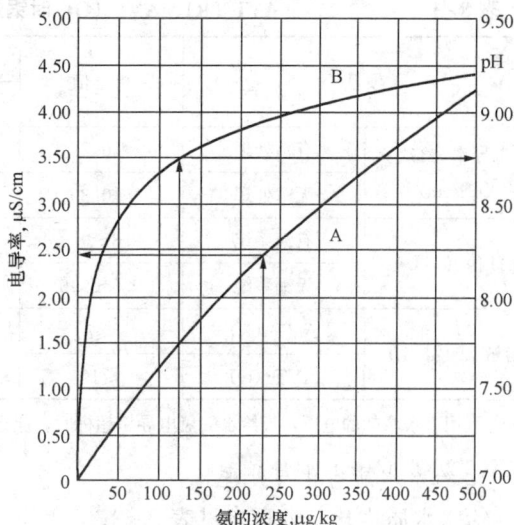

图 8-6 低浓度的氨与电导率、pH 值的关系
曲线 A—氨的浓度与电导率的关系；
曲线 B—氨的浓度与 pH 值的关系

氨过剩量为 $10\sim50\mu g/L$（有铜机组）或小于 $30\mu g/L$（无铜机组）；联氨加药点设置在低压加热器入口母管上的有铜系统，应改为控制除氧器入口联氨的含量。在锅炉启动阶段，应加大联氨的加药量，一般控制为 $100\mu g/L$。

（2）加药剂量的控制方法可分为自动加药和手动加药。自动加药的控制信号用凝结水或给水流量信号，有的电厂同时用给水联氨含量控制调节。药液配制可采用手动配置。加药泵自动调节方式宜采用变频调节。

三、常见故障处理

给水的氢电导率、pH 值和溶解氧是影响锅炉腐蚀的主要因素，必须使用在线表计连续监测。铁、铜含量可进行定期监测。对于水中的硬度和含油量，可根据具体情况进行间隔时间更长的定期监测。对于滨海电厂，检测凝结水的含钠量是不可缺少的项目。

1. 异常情况处理的一般原则

当给水质量劣化时，应迅速检查取样是否有代表性，化验结果是否正确，并综合分析系统中水、汽质量的变化，确认无误后，应首先进行必要的化学处理，并立即向有关负责人汇报。负责人应责成有关部门采取措施，使给水质量在规定的时间内恢复到标准值。下列三级处理的含义如下：

一级处理——有造成腐蚀、结垢、积盐的可能性，应在 72h 内恢复至正常值。

二级处理——肯定会造成腐蚀、结垢、积盐，应在 24h 内恢复至正常值。

三级处理——正在进行快速腐蚀、结垢、积盐，应在 4h 内恢复至正常值，否则停炉。

在异常处理的每一级中，如果在规定的时间内尚不能恢复到正常值，则应采取更高一级的处理方法。对于汽包锅炉，在恢复标准值的同时应采用降压方式运行。

AVT（R）、AVT（O）时锅炉给水水质异常的处理值见表 8-1。

表 8 - 1　　　　　　　　　AVT（R）、AVT（O）时锅炉给水水质异常①的处理值

项目		标准值	处理值		
			一级	二级	三级
氢电导率（25℃）（μS/cm）	有精处理	≤0.20	0.21～0.35	0.36～0.60	>0.60
	无精处理	≤0.30	0.31～0.40	0.41～0.65	>0.65
pH 值（25℃）	有铜系统	8.8～9.3	<8.8 或>9.3	—	—
	无铜系统	9.0～9.6	<9.0 或>9.6	—	—
溶解氧（μg/L）	AVT（R）	≤7	8～20	>20	—
	AVT（O）	≤10	11～20	>20	—

① 用海水冷却的电厂，当给水的氢电导率超标时，应迅速检测凝结水的含钠量，如果大于 $400\mu g/L$，应紧急停炉。

2. 给水水质劣化与处理

给水水质劣化与处理参见表 8 - 2。

表 8 - 2　　　　　　　　　　给水水质劣化与处理

序号	设备故障、水质异常现象	原因分析	处理方法
1	给水的硬度不合格或出现外观浑浊	（1）凝汽器泄漏； （2）疏水有硬度； （3）补给水有硬度； （4）凝结水泵的密封水如果压力过高，冷却水有可能进入低压给水系统； （5）给水中含油	（1）凝汽器查漏、堵漏； （2）将疏水排掉； （3）水质不合格时应停止使用，对除盐水进行处理； （4）检查密封水压力； （5）查找油的来源并消除； 当给水的硬度不合格时，应加强汽包排污和蒸汽品质监督，严重时应降压运行甚至停炉
2	给水的氢电导率、含硅量不合格	（1）凝结水、补给水或生产返回水的氢电导率、含硅量不合格； （2）锅炉连续排污扩容器送往除氧器的蒸汽严重带水	（1）应加强汽包锅的排污和蒸汽品质监督，严重时应采取降压运行甚至停炉； （2）及时调整扩容器的排污方式，降低水位运行
3	含铁量或含铜量不合格	（1）组成给水的各路水源受到污染； （2）给水系统管道腐蚀严重； （3）机组启动初期，管道冲洗不彻底； （4）给水的 pH 值偏低或偏高。尽管 pH 值在合格的范围内，但长期接近标准的上限或下限。一般地，pH 值偏高，给水的含铜量偏高，pH 值偏低，给水的含铁量偏高	（1）检查各路水源，如有异常立即处理； （2）严格加强给水 pH 值和 N_2H_4 调整； （3）进行换水，加强锅炉排污； （4）调整加氨量
4	给水 pH 值不合格	（1）凝汽器泄漏； （2）给水加氨过多或过少； （3）酸性水进入给水系统	（1）凝汽器查漏、堵漏； （2）调整至合适加氨量； （3）化验组成给水各路水源，杜绝酸性水进入系统

续表

序号	设备故障、水质异常现象	原因分析	处理方法
5	给水溶氧不合格	(1) 除氧器运行工况不正常； (2) 除氧器内部装置有缺陷； (3) 除氧器排汽不足； (4) 给水泵入口侧不严； (5) 取样管不严漏入空气； (6) 凝结水溶氧高； (7) 给水加联氨量不足	(1) 联系调整除氧器运行工况； (2) 联系消缺； (3) 联系调整除氧器排汽门开度； (4) 查明原因，进行密封处理； (5) 查出漏气部位并消除； (6) 联系查漏、堵漏调整凝汽器过冷度； (7) 给水增加联氨量

【知识拓展】

一、AVT 水工况的局限性

1. AVT（R）水工况的局限性

在 20 世纪 80 年代以前，在世界范围内几乎所有的锅炉给水都采用 AVT（R）水工况，该水工况对于有铜系统的机组，兼顾了抑制铜、铁腐蚀的作用；对于无铜系统的机组，通过提高给水的 pH 值抑制铁腐蚀。但是后来试验发现，水质在达到一定的纯度后，加除氧剂只对铜合金有腐蚀抑制作用，对钢铁不但没有好处，有时反而会使给水和湿蒸汽系统发生流动加速腐蚀（FAC）。

流动加速腐蚀是指在特定的条件下，碳钢在高流速水中发生的快速腐蚀。在流体管道中，金属铁离子在低含氧的给水系统中发生如下化学反应：

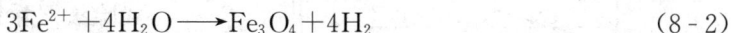

$$Fe + 2H_2O \longrightarrow Fe^{2+} + 2OH^- + H_2 \tag{8-1}$$

$$3Fe^{2+} + 4H_2O \longrightarrow Fe_3O_4 + 4H_2 \tag{8-2}$$

原金属表面会形成双层 Fe_3O_4 氧化膜——致密的内伸 Fe_3O_4 层和多孔疏松的 Fe_3O_4 外延层。如果化学条件符合要求，随着氧化层的增厚，氧化层将管道与给水隔离，从而降低腐蚀速度。但是，当水的流速过高或处于紊流状态时，在水流的冲击下，式（8-1）产生的 Fe^{2+} 在式（8-2）发生之前就被给水带走，或者由于水的氧化能力非常弱，不能将 Fe^{2+} 氧化为 Fe^{3+} 并转化为具有保护作用的 $\alpha-Fe_2O_3$。同时，已形成的 Fe_3O_4 膜不是很紧密，附着力差，特别是在 $150 \sim 200\ ℃$ 条件下，溶解度较高，不耐冲刷，从而导致钢铁的快速腐蚀。

对于有铜系统，总是优先采用 AVT（R）；对于无铜系统，如果出现给水的含铁量较高（大于 $10\mu g/L$）、高压加热器疏水调节阀门经常卡涩，水汽系统的弯头处有冲刷减薄等现象，不宜采用 AVT（R），宜采用 OT 或 AVT（O）。

2. AVT（O）水工况的局限性

20 世纪 80 年代末期，随着人们对环保意识和公共安全卫生意识的逐渐加强，联氨的使用越来越受到置疑。为此，在世界范围内开展两方面的研究，一是开发无毒的新型除氧剂来代替联氨；二是取消除氧剂，改为弱氧化性处理，即 AVT（O）。后者更符合国际水处理的研究方向，即尽量少向水汽系统加化学药品，加药越简单越好。我国在 20 世纪 90 年代初开始研究 AVT（O）水工况，并于 1994 年在电力系统中试用。

AVT（O）水工况，给水呈弱氧化性状态，反而会使无铜系统的机组给水的含铁量减小，使 FAC 现象减轻或被抑制。

由于 OT 对水质要求严格，对于没有凝结水精处理设备或凝结水精处理运行不正常的机组，给水的氢电导率难以保证小于 $0.15\mu S/cm$ 的要求，就无法采用 OT。而采用 AVT（R）时，给水的含铁量又高，这时可以采用 AVT（O）。这种处理方式通常会使给水的含铁量降低，省煤器管和水冷壁管的结垢速率也相应降低。因此，除凝汽器外，无其他铜合金材料的机组，锅炉给水处理应优先采用 AVT（O）。如果有凝结水精处理设备，给水的氢电导率能保证小于 $0.15\mu S/cm$，最好采用 OT。如果低压给水系统含铜合金部件，一般不宜采用 AVT（O），否则会使水汽系统含铜量增高，严重时结铜垢。

二、热力除氧器

热力除氧器按进水方式分为混合式和过热式两类，火电厂中应用较多的是混合式除氧器。混合式除氧器按水流分散装置的基本构造可分为淋水盘式、喷雾填料式和喷雾淋水盘式等。我国中压机组常用淋水盘式除氧器，高压和超高压机组主要采用喷雾填料式除氧器，现代亚临界和超临界参数机组多采用卧式喷雾淋水盘式除氧器。此外，在高参数、大容量机组中，通常补给水是进入凝汽器，而非除氧器。这不仅充分利用了凝汽器的除氧作用，而且可提高除氧器运行的稳定性，从而进一步改善了除氧效果，可使给水达到"无氧"状态。

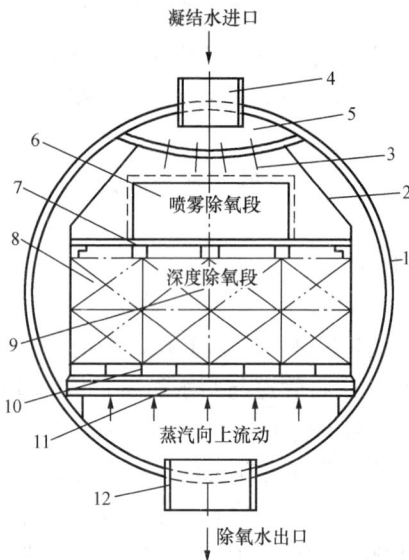

图 8-7　卧式除氧器除氧头的横断面
1—除氧头；2—侧包板；3—弹簧喷嘴；4—进水管；
5—进水室；6—喷雾除氧段空间；7—布水槽钢；
8—淋水盘箱；9—深度除氧段空间；10—栅架；
11—工字架托架；12—除氧水出口管

1. 卧式喷雾淋水盘除氧器

这是目前国内外大型火电机组配套的先进除氧器之一。它横卧于除氧水箱上，与立式除氧器相比，所占空间小。卧式除氧器与系统管道的连接均用焊接短管。安装时仅焊接一根下水管和两根蒸汽连通管，就与除氧水箱连接为一体，故除氧器本体的安装焊接工作量较小。

卧式除氧器除氧头的横断面和纵剖面图如图 8-7 和图 8-8 所示。除氧器本体由圆形筒身和两只椭圆封头焊接而成，本体材料采用复合钢板（20g＋1Crl8Ni9Ti），所有内部构件与管接头材料均为 1Crl8Ni9Ti，以防止金属腐蚀，减少除氧水的含铁量。凝结水通过进水管引入除氧器的进水室。进水室由一个弓形不锈钢罩板与两端的两块挡板焊接在筒体上而成。弓形罩板上沿除氧器长度方向均布着数十只弹簧喷嘴和几只排气管的套管。整个除氧空间由两侧的两块侧包板（见图8-7）与两端密封板焊接后组成，上部空间是喷雾除氧段空间，下部空间是装满淋水盘箱的深度除氧段。

如图 8-7 所示，凝结水进入进水室后，因凝结水的压力高于除氧器内汽侧的压力，使喷嘴上的弹簧被压缩，喷嘴打开，凝结水由喷嘴中喷出，成为细小的水滴，进入喷雾除氧段。雾化的凝结水滴在喷雾除氧段中与过热蒸汽充分接触，凝结水被加热到沸点，水中绝大部分气体在这里被除掉。穿过喷雾除氧段的水喷洒在布水槽钢中，从槽钢两侧均匀地流出分

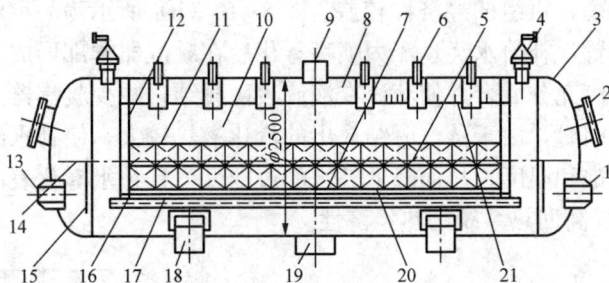

图 8-8　卧式除氧器除氧头的纵剖面

1—进气管；2—搬物孔；3—除氧器本体；4—安全阀；5—淋水盘箱；6—排气管；7—淋水盘箱栅架；
8—进水室；9—进水管；10—喷雾除氧段空间；11—布水槽钢；12—内部人孔门；13—进汽管；
14—钢板平台；15—布汽孔板；16—搁栅架工字钢；17—承工字梁；18—蒸汽连通管；
19—除氧水出口管；20—深度除氧段；21—弹簧喷嘴（多个）

配给许多淋水盘箱。淋水盘箱由多层一排排小槽钢上下交错布置而成。水从上层小槽钢两侧分别流入下层的小槽钢中，层层交错的小槽钢共有 19 层，使水在淋水盘箱中有足够的停留时间。当水均匀分布在许许多多小槽钢上，形成无数水膜向下流动时，就与过热蒸汽充分接触，此时水汽热交换面积很大。流经淋水盘箱的水不断再沸腾，水中的气体被进一步除去，出水中的溶氧量小于 $7\mu g/L$，所以装有淋水盘箱的这段空间称为深度除氧段。从水中逸出的气体向上经排气管排向大气。

卧式除氧器两端各有一个进汽管，过热蒸汽从进汽管进入除氧器时，由布汽孔板将蒸汽在除氧器的下部断面上均匀分布，使蒸汽均匀地从下而上进入深度除氧段，再流向喷雾除氧段空间。这样蒸汽向上流，水向下喷淋，便形成汽水逆向流动，以达到良好的除氧效果。卧式除氧器出水管和蒸汽连通管通过过渡管直接与除氧水箱相连接，出水管主要作用是把除过氧的水送进水箱，蒸汽连通管的作用是平衡除氧器与水箱之间的工作压力。

2. 凝汽器的真空除氧

凝汽器总是在真空条件下运行的，而凝结水温通常处于凝汽器工作压力下的沸点，所以凝汽器相当于真空除氧器。为了利用凝汽器良好的除氧作用，除了在运行方面要保证凝结水不要过冷（水温低于相应压力下的沸点）外，还应在凝汽器中安装使水流分散成细水流或小水滴的装置。图 8-9 所示为设在凝汽器集水箱中的一种真空除氧装置，凝结水自入口进入淋水盘，因淋水盘上有小孔，故水自小孔流出时表面积增大，这可促进除氧；从小孔流出的水流遇到角铁溅成小水滴，再次除氧。不能凝结的气体通过集水箱和设于凝汽器上的除气联通管，进入空气冷却区的低压区，最后由抽气器抽走。

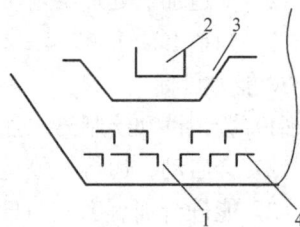

图 8-9　凝汽器中的真空除氧装置
1—集水箱；2—凝结水入口；
3—淋水盘；4—角铁

传统的补水方法是把锅炉补给水通过除盐水泵送到除氧器，在现代大型机组中，锅炉补给水一般是补入凝汽器。图 8-10（a）所示为一种将补给水引入凝汽器的装置，补给水通过凝汽器喉部补水管上的小孔进入凝汽器，补水管上部设有一个罩子，以防水滴上溅。由于补水以水柱的形式直射凝汽器冷却管束，排汽与低温的补给水换热不充分，使补水后凝结水过冷度较大，含氧量较高，机组的经济性较差。图 8-10（b）所示为一种将补给水采用喷嘴雾化后引入凝汽器的装置，补给水经过压力喷嘴雾化后在凝汽器喉部形成一定粒径的雾滴，雾滴在下降过程中与排汽充分混合并使蒸汽在液滴表面凝结，减少凝汽器主凝结区的负荷，提高机组的运行真空；同时，由于蒸汽凝结放出的汽化潜热较大，使补水的温度能够升高到接近排汽压力下对应的饱和温度，从而降低补水的过冷度，且补水雾化表面积增大，提高除去 O_2 和 CO_2 的效果，提高回热系统的热经济性。

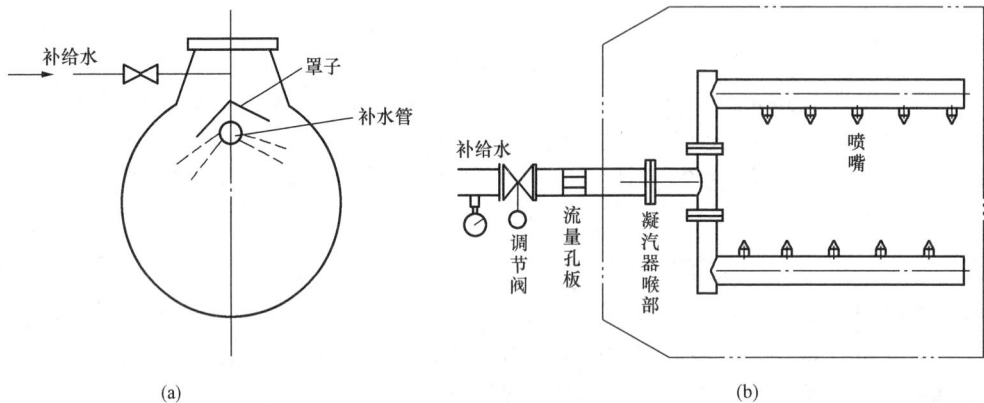

图 8-10　补给水引入凝汽器装置
（a）小孔式；（b）雾化喷嘴式

任务二　运行与维护加氧处理设备

【教学目标】

1. 知识目标

（1）理解给水加氧处理的原理及控制要点。

（2）知道加氧处理给水质量标准规定监督的项目及依据。

（3）知道 DL/T805.4—2004 中各种给水处理方式的比较和选择。

2. 能力目标

（1）会识读和绘制给水加氧系统的流程简图。

（2）会启动、运行、停运加氧系统，调整加药量。

（3）能进行加氧系统的日常检查、运行调整与日常维护。

（4）能正确分析给水水质与加氧系统运行之间的关系，正确判断并排除加氧系统故障。

（5）能正确取样、使用仪器仪表检测给水水质和运行工况。

【任务描述】

为了抑制给水系统金属材料的腐蚀，需要对给水的水质进行调节，即给水处理。给水处理方法主要有全挥发处理和加氧处理。对于给水纯度高（如氢电导率小于 $0.15\mu S/cm$）的无铜机组，一般采用加氧处理。班长组织各学习小组在仿真机（或实训室）环境下，认真分析运行规程，编制工作计划后，正确进行加氧处理设备的启动、运行、停机等操作，练习日常检查、运行调整、日常维护、故障分析判断与处理，确保加氧处理设备安全、经济运行。

【任务准备】

课前预习相关知识部分。根据加氧处理原理和加药系统工作过程，经讨论后编制运行与维护加药系统的工作计划，并独立回答下列问题。

(1) 给水加氧处理的原理是什么？

(2) 联合水处理的原理是什么，有什么特点？

(3) 中性水处理的原理是什么，有什么特点？

(4) 实施加氧处理需要哪些条件？

(5) 为什么汽包炉加氧处理的控制要比直流炉复杂和困难？

(6) 采用加氧处理的机组是否需要配置除氧器，为什么？

(7) 选择给水处理方式的原则是什么？

【相关知识】

一、加氧处理概述

给水加氧处理（OT）包括联合水处理和中性水处理两种加氧处理。

AVT 给水处理（水质调节）方法，虽然应用很广泛，但是对于超临界压力机组和亚临界压力直流锅炉机组，该方法的防腐蚀效果并不能完全保证机组的长期安全、经济运行。为解决 AVT 水工况存在的问题，德国在 20 世纪 70 年代中叶提出了对给水进行加氧处理的中性水工况，即中性水处理（neutral water treatment，NWT）。NWT 就是利用溶解氧的钝化作用原理，在高纯度锅炉给水中加入适量的氧化剂（氧气或过氧化氢），以促进金属表面的钝化，从而达到进一步减少金属腐蚀之目的。虽然 NWT 在直流锅炉上的应用取得了显著的效果，但是在 NWT 工况下给水为中性高纯水，其缓冲性很小，稍有污染即可使给水的 pH 值降低到 6.5 以下，此时加氧不仅不会促进金属的钝化，而且会加速金属的腐蚀。

为了克服 NWT 的这一不足，德国在 NWT 的基础上发展出联合水处理（CWT），即向电导率小于 $0.15\mu S/cm$ 的给水中加入适量的氨，将给水的 pH 值提高到 8.0～9.0，再加入微量的气态 O_2（30～150$\mu g/L$），以使钢表面上形成更稳定、致密的 Fe_3O_4-Fe_2O_3 双层钝化保护膜，从而达到进一步减少锅炉金属腐蚀之目的。这是加氧处理和加氨碱化处理的联合应用，所以称为联合水处理（combined water treatment，CWT）。

目前，国内普遍应用的 OT 为 CWT，而且广泛使用加氧处理（或 OT）这一名词。

二、加氧处理原理

在除氧的条件下，给水的 pH 值在 9.0～9.5，这相当于 AVT 水工况下的情况，钢铁不会受到腐蚀。这是因为在水中含有微量氧的情况下，碳钢腐蚀产生的 Fe^{2+} 和水中的氧反应，能形成 Fe_3O_4 氧化膜，其反应式可写为

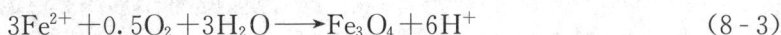

$$3Fe^{2+}+0.5O_2+3H_2O\longrightarrow Fe_3O_4+6H^+ \tag{8-3}$$

但是，这样产生的氧化膜中 Fe_3O_4 晶粒间的间隙较大，如图 8-11 所示。这样，水可以通过这些晶粒间隙渗入到钢材表面而引起腐蚀，所以这样的 Fe_3O_4 膜的保护效果较差，不能抑制 Fe^{2+} 从钢材基体溶出。

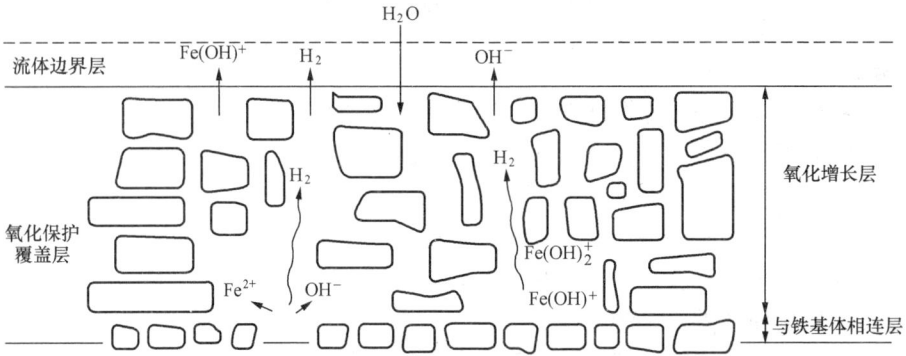

图 8-11　采用 AVT（R）的氧化膜结构示意

如果向高纯水中加入了足量的氧化剂，如气态氧，不仅可加快反应式（8-3）的速度，而且可通过下列反应在 Fe_3O_4 膜的孔隙和表面生成更加稳定的 α-Fe_2O_3，反应式为

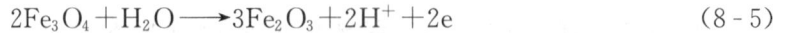

$$4Fe^{2+} + O_2 + 4H_2O \longrightarrow 2Fe_2O_3 + 8H^+ \tag{8-4}$$

$$2Fe_3O_4 + H_2O \longrightarrow 3Fe_2O_3 + 2H^+ + 2e \tag{8-5}$$

这样，在加氧水工况下形成的碳钢表面膜具有双层结构，一层是紧贴在钢表面的磁性氧化铁层（Fe_3O_4，内伸层），其外面是含尖晶石型的氧化物层（Fe_2O_3）。氧的存在不仅加快了 Fe_3O_4 内伸层的形成速度，而且在 Fe_3O_4 层和水相界面处又生成一层 Fe_2O_3 层，使 Fe_3O_4 表面孔隙和沟槽被封闭，而且 Fe_2O_3 的溶解度远比 Fe_3O_4 低，所以形成的保护膜更致密、稳定，如图 8-12 所示。而且，如果由于某些原因使保护膜损坏，水中的氧化剂能迅速地通过上述反应修复保护膜。

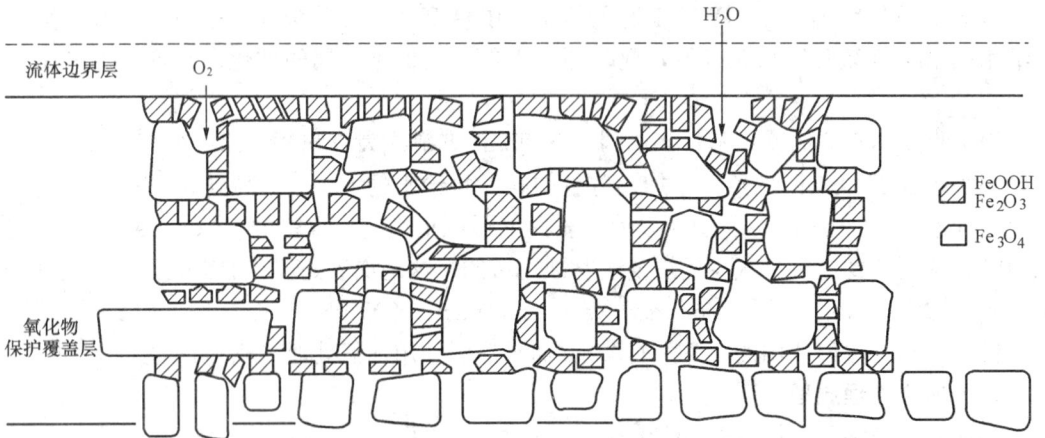

图 8-12　采用 OT 的氧化膜结构示意

因此，与除氧工况相比较，加氧工况可使钢表面上形成更稳定、致密的 Fe_3O_4-Fe_2O_3 双层保护膜，其表层呈红色，厚度一般小于 $10\mu m$，多数晶粒的尺寸小于 $1\mu m$。

三、加氧处理的给水质量标准

1. OT 主要水质指标

（1）电导率。如前所述，只有在纯水中氧才可能起钝化作用，所以给水能保持足够高的纯度是实施 OT 水工况的首要前提条件。实验结果表明，在电导率为 $0.1\mu S/cm$ 的纯水中，O_2 浓度大于 $100\mu g/L$ 时，碳钢腐蚀速率极低；当电导率大于 $0.3\mu S/cm$ 时，碳钢的腐蚀速率随 O_2 浓度的增加而显著加大。因此，DL/T 805.4—2004 要求给水氢电导率的标准值小于 $0.15\mu S/cm$，期望值小于 $0.1\mu S/cm$。设有凝结水精处理装置的机组，其出水氢电导率一般都小于 $0.15\mu S/cm$，并经常小于 $0.1\mu S/cm$。因此，上述指标是完全可以达到的，其前提是凝结水必须 100％经过净化处理。

（2）溶解氧浓度。在 OT 水工况下，DL/T 805.4—2004 要求汽包锅炉给水溶解氧量为 $10\sim80\mu g/L$，直流锅炉溶解氧量为 $30\sim300\mu g/L$。给水中的氧浓度不能太低，否则难以形成更稳定、致密的 Fe_3O_4-Fe_2O_3 双层保护膜。但是，如果氧浓度过高，不仅钢铁在少量氯化物杂质的作用下容易发生点蚀，而且可能导致过热器或汽轮机低压缸部件的腐蚀。研究发现，当水中氧浓度提高到 $100\mu g/L$ 后，奥氏体不锈钢部件的应力腐蚀开始加剧。实际运行中，一般控制汽包锅炉给水溶解氧量为 $50\sim70\mu g/L$，直流锅炉溶解氧量为 $50\sim100\mu g/L$。因此，当钢表面已形成良好的钝化膜，给水中铁含量下降到标准值或期望值以下，水中溶解氧浓度只要能保持给水铁含量基本稳定即可。

（3）pH 值。CWT 工况给水的 pH 值过低，水的缓冲性差，特别是当水的 pH（25℃）值小于 7.0 时，碳钢会遭受到强烈的腐蚀；而 pH 值过高会使凝结水除盐设备的运行周期缩短。因此，美国 EPRI 导则推荐全铁凝结水-给水系统的给水 pH 值控制范围为 $8.0\sim8.5$，我国 DL/T 912—2005 和德国的标准都推荐将给水的 pH 值控制在 $8.0\sim9.0$ 这样一个较宽的范围内，但是具体执行时，我国采用的 pH 值往往偏上限，即 pH 值为 $8.5\sim9.0$。对于有铜机组，实际运行的 pH 值控制范围对给水中铜含量影响很大。我国有铜机组的 CWT 运行经验表明，控制给水中铜含量不超过 AVT 运行时的水平，关键在于 pH 值的控制范围，并且这个范围相当窄。例如，黄浦电厂 CWT 运行时给水 pH 值控制在 $8.7\sim8.9$ 之间。因此，对于不同的机组，最佳的 CWT 给水 pH 值范围应该根据实际情况通过试验来确定，不应机械地执行标准。

（4）汽包下降管炉水的氢电导率和溶解氧。汽包炉加氧处理的控制要比直流锅炉复杂和困难。由于汽包锅炉炉水的蒸发和再循环可使杂质浓缩，浓缩后的炉水，其氢电导率也随之增加，使得氧的作用由阳极钝化剂变为阴极去极化剂。当炉水中存在大量氧时，就会发生水冷壁管的氧腐蚀，这时少量氯化物就可降低钢的氧化还原电位，破坏钝化膜，造成炉管腐蚀损坏。为防止水冷壁腐蚀，进入水冷壁的氧含量及阴离子（主要是 Cl^-）的含量必须受到监测和控制，因此 DL/T 805.4—2004 规定汽包下降管炉水的氢电导率应小于 $1.5\mu S/cm$，溶解氧含量应小于 $10\mu g/L$。

因为炉水取样点对溶解氧的测量影响很大，有些汽包锅炉从连续排污管引出的炉水的铁含量很小，但锅炉的结垢速率很高，与实际情况不符，说明以前炉水取样点主要是为监测炉水含盐量而设计的。亚临界压力锅炉的汽包结构与中、高压锅炉不同，给水分配管布置在汽包的底部紧靠下降管的入口。给水中的氧进入汽包后大部分自然要向汽包空间逸出，剩余部分混入炉水，通过下降管进入受热面。炉水经加热和汽水分离装置后脱氧，因此无氧的炉水在循环过程中不断地将给水未来得及逸出的氧稀释后带入水冷壁。为防止水冷壁氧腐蚀，应监测水冷壁入口的水质，即锅炉下降管的水质。由于测试条件的限制，炉水中的微量 Cl^- 不易在线监测，所以通过监测下降管炉水的氢电导率来间接反映有害阴离子的含量，如在

25℃时，$100\mu g/L$ Cl⁻对氢电导率的贡献为$1.200\mu S/cm$。如果现场具备测量微量阴离子的条件时，可通过排污控制下降管炉水的Cl^-浓度小于$100\mu g/L$。

2. OT 给水质量标准

DL/T 805.4—2004 规定，锅炉给水质量标准按表 8-3 控制。随着热力设备防腐防垢技术和水汽品质监控技术的不断提高，特别是随着机组参数的逐渐提高，对水处理方式和水汽质量监控提出了新的要求，给水质量应符合 GB/T 12145—2008《火力发电机组及蒸汽动力设备水汽质量》的规定（见表 6-4、表 6-6）。

表 8-3　　　　　　　　　　　OT 时锅炉给水质量标准

锅炉过热蒸汽压力 (MPa)	汽包锅炉				直流锅炉	
	12.7～15.8		15.9～18.3		>5.9	
	标准值	期望值	标准值	期望值	标准值	期望值
氢电导率①（25℃）（$\mu S/cm$）	≤0.15	≤0.10	≤0.15	≤0.10	<0.15	≤0.10
pH 值（25℃）中性处理	6.7～8.0	—	—	—	8.0～9.0	
pH 值（25℃）碱性处理	8.0～9.0		8.0～9.0			
溶解氧②（$\mu g/L$）	10～80		10～80		30～300	
铁（$\mu g/L$）	≤5	≤3	≤5	≤3	<10	≤5
铜（$\mu g/L$）	≤3	—	≤3	≤2	<5	≤3
钠（$\mu g/L$）	—				<5	
二氧化硅（$\mu g/L$）	≤20	—	≤20	≤10	<10	
硬度（$\mu mol/L$）	≈0		≈0		—	—
油（mg/L）	≈0		≈0		—	—

① 汽包下降管炉水的氢电导率应小于$1.5\mu S/cm$。
② 汽包下降管炉水的溶解氧含量应小于$10\mu g/L$。

四、加氧系统

CWT 水工况下，除了 pH 值的控制范围之外，氨的加药方法均与 AVT 水工况相同。下面介绍加氧系统。

CWT 氧化剂应采用纯度大于 99% 的气态氧。为了保证凝结水和给水系统的溶解氧浓度，通常设备两个加氧点：一点设置在凝结水精处理装置出口的凝结水管道，另一点设置在除氧器出口的给水管道。气态氧通过专门的加氧系统加入水汽系统，图 8-13 所示为某厂加氧系统示意。

该系统采用汇流排，其主要作用是将多个氧气瓶并联，以便使这些气瓶输出的氧气汇集在一起，经过减压处理后集中提供给系统。该汇流排分 A、B 两侧，分别向凝结水和给水系统加氧。每侧可并联 5 个氧气瓶，每瓶氧气可用 3 天左右，5 瓶氧气可用约 15 天。为了提高系统的安全性和耐用性，将减压阀设在汇流排出口母管上，使后续输氧管道具有低、中压的耐压性即可，可防止氧气在高压状态下长距离输送而产生泄漏等事故。操作柜作为加氧装置的控制柜，布置于主厂房加药间内，可以方便地对加氧流量进行控制。

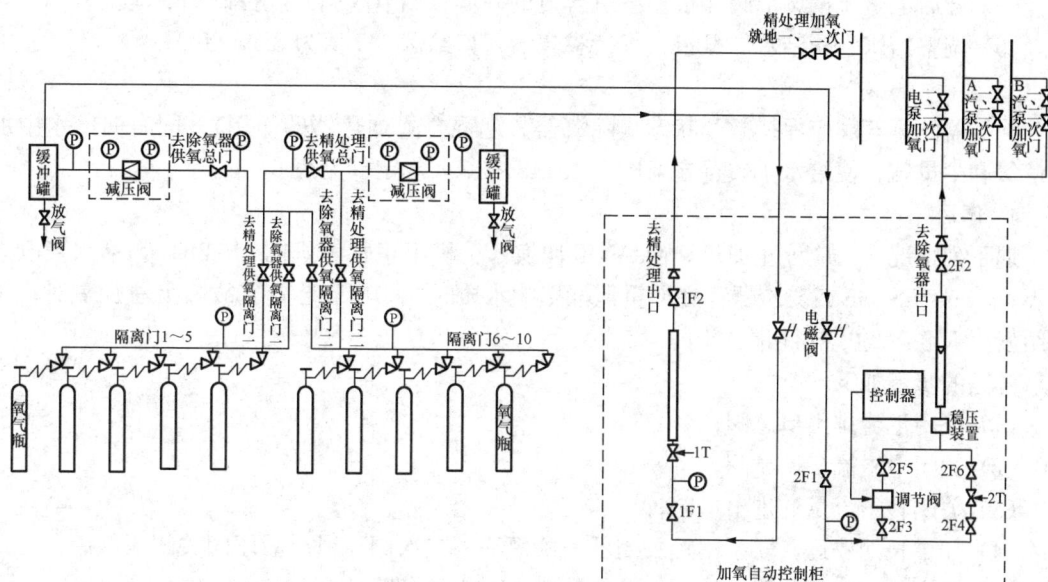

图 8-13 某厂加氧系统示意

由于给水加氧点设在给水泵入口侧,系统内部压力较低,给水加氧瓶中的氧气可得到比较充分的利用。但是,凝结水加氧点设在凝结水泵出口侧,系统内部压力较高,当 A 侧氧气瓶组的压力下降至约 4.0MPa 时,就不能继续向凝结水系统加氧了。此时,为了避免氧气浪费,可将汇流排的 A 侧与 B 侧相互切换。

【任务实施】

一、加氧设备运行

下面以某 600MW 机组为例,介绍加氧设备运行。

1. 启动前检查

(1) 检查各阀门阀位、管路严密,无泄漏。

(2) 检查电源是否正常,电器控制工况是否符合要求。

(3) 确认氧气瓶连接正确,压力正常,氧量充足。凝结水加氧氧瓶压力大于 4.2MPa,给水加氧氧瓶压力大于 2.0MPa。

(4) 检查所有仪器仪表是否正常。

(5) 满足加氧的如下条件:机组负荷大于 350MW,一台以上给水泵运行,省煤器入口给水氢电导率小于 0.15μS/cm,且有下降趋势。

(6) 接好氧气瓶,打开氧气瓶出口角阀,打开氧气瓶至汇流排角阀,用肥皂水试验接头处应无泄漏。

2. 启动

(1) 打开减压阀进出口阀,打开汇流排出口总阀,通过减压阀调整加氧压力,将凝结水加氧压力调至 3.8MPa 左右,给水加氧压力调至 1.8MPa 左右。

(2) 开启转子流量计进出口阀。

(3) 联系集控打开就地加氧一、二次阀。

（4）开启电磁流量调节阀，根据溶氧含量的高低，调节阀门开度控制加氧流量。

（5）调整给水、凝结水加氨量，维持省煤器入口给水 pH 值为 8.0～9.0。

3. 运行

除氧器的排气阀应保持微开状态（除氧器只起混合式加热器的作用），同时向给水中加微量氧和少量氨，使给水水质符合 GB/T 12145—2008 规定（见表 6 - 3）。

4. 停运

遇下列情况之一应停止加氧，向 AVT 切换：①机组正常停机前 1～2h；②给水氢电导率不小于 0.2μS/cm 或凝汽器存在严重泄漏影响水质时；③加氧装置有故障无法加氧时；④机组发生 MFT（主燃料切除）时。

停运的步骤如下：

（1）关闭汇流排出口总阀；

（2）关闭电磁流量调节阀；

（3）关闭转子流量计进出口阀；

（4）如果长期停运，联系集控关闭就地加氧一、二次阀，退出减压阀关闭氧气瓶；

（5）提高自动加氨装置的控制值，使给水 pH 值提高至 9.0～9.5；

（6）加大除氧器、高低压加热器排气门开度。保持 AVT 方式至停机保护或机组正常运行。

有些加氧系统在凝结水和给水加氧母管上分别设置一个电动阀，它们分别与凝结水和给水的氢电导率信号连锁，当水质不满足要求时，电动阀自动关断，停止加氧。

5. 注意事项

（1）减压阀的高压腔和低压腔都装有安全阀，当压力超过许用值时，自动打开排气，压力降到许用值即自行关闭。平时禁止扳动安全阀。安装时，应注意连接部分的清洁，防止杂物进入减压阀。连接部分漏气一般是由于螺纹预紧力不够或垫圈损坏。发现漏气时，应适当扳紧或更换密封垫圈。发现减压阀有损坏或漏气、低压表压力示值不断上升或压力表不能回零等现象，应及时修理。

（2）汇流排应按规定使用一种介质，不得混用，以免发生危险。汇流排严禁接触油脂，以免发生火灾。汇流排不得安装在有腐蚀性介质的地方。不得通过汇流排逆向向气瓶内充气。汇流排投入使用后，应进行日常维护，严禁敲击管件。正常使用中，应每年对压力表进行计量检测。

（3）氧气瓶出口阀开启速度不得过快，防止有可燃物进入时，造成静电打火引起燃爆，在气体骤然膨胀时炸管伤人。另外，气瓶出口高压软管安全使用期一般为 1.5～2 年，在安全使用期后应及时更换。氧气瓶出口高压软管不可过量弯曲，应尽量在自然状态下连接。

二、加氧量的控制

1. 加氧量的确定

加氧初始阶段，一般控制凝结水或给水含氧量为 150～300μg/L。同时应监测各取样点水样的氢电导率、含铁量和含铜量的变化情况。如果给水和蒸汽的氢电导率随氧的加入升高，但未超过 0.2μS/cm，而且凝结水的氢电导率变化不大，则可保持给水中含氧量在 300μg/L 左右。若给水和蒸汽的氢电导率超过 0.2μS/cm，则适当减小加氧量，以保持给水和蒸汽的氢电导率小于 0.2μS/cm。当蒸汽中的溶解氧达到 30～150μg/L 时，调节加热器的排汽门，并监测疏水的含氧量直到大于 $30\mu g/L$ 为止。对低压加热器为铜合金的系统，应经过专门的调整试验，选择适宜的 pH 值和含氧量的控制范围，确保不会增加汽水系统的铜含量。

最终加氧量应通过加氧试验确定。当加氧量较小时，加氧流量可能小于流量计的最低刻度，流量计无显示，这是正常情况。

2. 加氧量的控制

(1) 手动控制方法。加氧量通过控制柜面板上给水或凝结水加氧流量计下的手动调节阀调节。

(2) 自动控制方法。由凝结水精处理系统出口母管和给水管路氧表或凝结水流量表和给水流量表送出的模拟信号与气体质量流量调节器联锁实现（通常在其旁路中还设置一个手动调节阀）。

三、常见故障处理

在运行中，最重要的监督项目是给水氢电导率，通过对其监测可及时、准确地掌握给水纯度的变化。当给水氢电导率偏离控制指标时，应迅速检查取样的代表性或确认测量结果的准确性，采取相应的措施，分析水汽系统中水汽质量的变化情况，查找并消除引起污染的原因，以保持 OT 所要求的高纯水质。

(1) 汽包锅炉 OT 时的异常处理。当给水或汽包下降管炉水氢电导率超过 OT 的标准值时，应及时转为 AVT (O)。

(2) 直流锅炉 OT 时的异常处理。直流锅炉给水采用 OT 时水汽质量偏离控制指标时的处理措施见表 8 - 4。

表 8 - 4　　　　　　　　　　直流锅炉 OT 时给水水质异常的处理措施

氢电导率（25℃）（$\mu S/cm$）	应采取的措施
0.15～0.2	立即提高加氨量，调整给水 pH 值到 9.0～9.5，在 24h 内使氢电导率降至 $0.15\mu S/cm$ 以下
≥0.2	停止加氧，转为 AVT (O)

【知识拓展】

一、加氧处理注意事项

实行 OT 水化学工况必须注意的事项如下：

(1) 锅炉应用给水加氧的前提是机组配置有全流量凝结水精处理设备。凝结水精处理设备的运行条件和出水品质的好坏，是锅炉给水加氧处理是否能正常进行的重要前提条件。直流锅炉要求给水的氢电导率要小于 $0.15\mu S/cm$，凝结水精处理应保证出水的氢电导率小于 $0.10\mu S/cm$；汽包锅炉要求给水的氢电导率要小于 $0.10\mu S/cm$，凝结水精处理应保证出水的氢电导率小于 $0.075\mu S/cm$。

(2) 要注意防止凝汽器和凝结水系统漏入少量空气。否则，给水的电导率会增加，漏进空气中的 CO_2 会使水的 pH 值下降，在这种条件下，加入氧化剂反而会加速金属的腐蚀，导致凝结水、给水中 Fe 和 Cu 含量的增加。

(3) 实行 CWT 水工况时，不能停止或间断加药。实践表明，CWT 水工况下钢表面上的保护膜在机组运行过程中经常"自修补",中途停止加药或间断加药,防蚀效果不好。

（4）实行 CWT 水工况时,除氧器的排气阀由全开调至微开的位置,以便使给水保持一定的含氧量。但是,在这种情况下,除氧器作为一种混合式给水加热器以及承接高压加热器疏水、汇集热力系统其他疏水和蒸汽等还是必要的;另外,它还可除去水汽系统中部分不凝结气体和微量二氧化碳,并有利于机组变负荷运行时给水中溶解氧浓度的控制。对于凝结水系统不严密的机组,空气中二氧化碳容易进入系统引起酸性腐蚀,关闭除氧器排气门需谨慎。

二、加氧处理的适用范围

给水加氧处理工艺的核心是氧在水质纯度很高的条件下对金属有钝化作用。为保证水质纯度（氢电导率小于 $0.1\mu S/cm$）,要求系统必须配置凝结水精处理混床。采用加氧处理工艺的另一条件是低压加热器管材最好不是铜材,因为在氧化条件下铜氧化膜的溶解度较高,氧化铜腐蚀产物最终将转移到汽轮机高压缸沉积下来。但如果热力系统氧化铁腐蚀产物造成较为严重的结垢问题,即使低压加热器管是铜材,也可通过专项试验确定加氧处理水质的具体控制参数,在尽可能减小铜氧化物溶解的前提下,采用给水加氧处理,取得抑制铁氧化物的结果。

三、给水处理方式的比较

（1）AVT（R）是在物理除氧后,再加氨和除氧剂使给水呈弱碱性的还原处理。对于有铜系统的机组,兼顾了抑制铜、铁腐蚀的作用。对于无铜系统的机组,通过提高给水的 pH 值抑制铁腐蚀。采用 AVT（R）时,个别机组在给水和湿蒸汽系统容易发生 FAC。更换材料或改变给水处理方式可以消除或减轻 FAC。

（2）对于无铜系统的机组,采用 AVT（O）后通常给水的含铁量会有所降低,省煤器和水冷壁管的结垢速率相应降低。

（3）采用 OT 可使给水系统 FAC 现象减轻或消除,给水的含铁量降低,省煤器和水冷壁管的结垢速率也降低,锅炉化学清洗周期延长;同时,由于给水 pH 值的降低,可使凝结水精处理混床的运行周期延长。但是 OT 对水质要求严格,对于没有凝结水精处理设备或凝结水精处理运行不正常的机组,给水的氢电导率难以达到小于 $0.15\mu S/cm$ 的要求,不宜采用 OT。

（4）采用 AVT（R）方式,给水的含铜量和汽轮机的铜垢沉积量通常小于 AVT（O）和 OT 方式。

四、给水处理方式的选择

（1）根据水汽系统的材质和给水水质来选择给水处理方式。

（2）采用目前的给水处理方式,机组无腐蚀问题,可按此方式继续运行。

（3）如果采用目前的给水处理方式,机组存在腐蚀问题,应通过图 8-14 所示的流程选择其他给水处理方式,选择步骤如下:

1）当机组为无铜系统时,应优先选用 AVT（O）方式;如果给水氢电导率小于 $0.15\mu S/cm$,且精处理系统运行正常时,宜转为 OT 方式,否则按原处理方式继续运行。

2）当机组为有铜系统时,应采用 AVT（R）方式,并进行优化;如果给水氢电导率小于 $0.15\mu S/cm$,且精处理系统运行正常时,还可以进行加氧试验,确定水汽系统的含铜量合格后转为 OT 方式,否则按原处理方式继续运行。

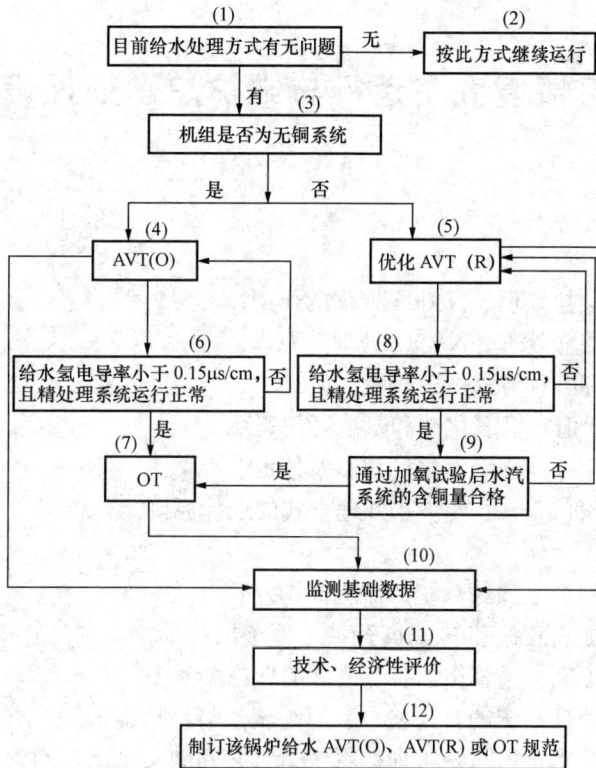

图 8-14　选择锅炉给水处理方式的流程

学习情境九　运行与维护炉水处理设备

【教学目标】

　　1. 知识目标

　　（1）理解炉水磷酸盐处理、NaOH 处理的作用。

　　（2）理解炉水磷酸盐处理、NaOH 处理的原理。

　　（3）理解炉水处理各种方式的适用范围。

　　（4）理解炉水 pH 值、氢氧化钠和氨浓度的关系。

　　（5）知道炉水质量标准规定监督的项目及依据。

　　（6）知道 DL/T 805.2—2004 炉水处理方式的选择原则。

　　2. 能力目标

　　（1）会识读和绘制炉水加药系统的流程简图。

　　（2）会配制、投加磷酸盐和 NaOH 药液，调整加药量。

　　（3）会查炉水 pH 值、氢氧化钠和氨浓度的理论关系图。

　　（4）能进行炉水处理系统的日常检查、运行调整与日常维护。

　　（5）能正确分析炉水水质与炉水加药系统运行之间的关系，正确判断并排除炉水加药系统故障。

　　（6）能正确取样、使用仪器仪表检测炉水水质和运行工况。

【任务描述】

　　热力系统的水汽循环过程中，少量的杂质随给水进入汽包，在高温、高压条件下，随着炉水不断浓缩，可能引起热力设备结垢、腐蚀和积盐等危害。炉水处理就是向炉水中加入适当的化学药品调节水质，使炉水在蒸发过程中不发生结垢现象，并能减缓炉水对炉管的腐蚀。班长组织各学习小组在仿真机（或实训室）环境下，认真分析运行规程，编制工作计划后，正确进行炉水处理设备的启动、运行、停机等操作，练习日常检查、运行调整、日常维护、故障分析判断与处理，确保炉水处理设备安全、经济运行。

【任务准备】

　　课前预习相关知识部分。根据炉水处理原理和加药系统工作过程，经讨论后编制运行与维护加药系统的工作计划，并独立回答下列问题。

　　（1）什么是炉水处理？一般包括哪几种处理方法？

　　（2）汽包锅炉和直流锅炉是否都可以采用炉水处理？为什么？

　　（3）炉水磷酸盐处理采用的药品是什么？有什么要求？

　　（4）炉水磷酸盐处理的原理是什么？

　　（5）试述炉水磷酸盐处理四种方式的异同。

　　（6）什么是磷酸盐隐藏现象？发生原因是什么？如何避免？

　　（7）采用磷酸盐处理时的炉水质量标准是什么？

（8）炉水氢氧化钠处理的原理是什么？

（9）炉水氢氧化钠处理的炉水质量标准是什么？

（10）采用炉水氢氧化钠处理的条件是什么？

（11）炉水氢氧化钠处理有什么优点？

（12）如何确定氢氧化钠的加药剂量？

【相关知识】

一、炉水处理概述

由于给水中微量溶解盐类、悬浮物、胶体以及溶解气体等各种杂质进入锅炉后，在高温、高压条件下蒸发，炉水不断浓缩。如果不对炉水进行处理，必然会使锅炉发生腐蚀、结垢和汽水共腾等故障。由于直流锅炉中所有的给水一次性全部加热为蒸汽，没有炉水的循环，无法进行排污，不能进行炉水处理，只有汽包锅炉可以进行炉水处理。

炉水处理是指向炉水中加入适当的化学药品，使炉水在蒸发过程中不发生结垢现象，并能减缓炉水对炉管的腐蚀，在保证锅炉安全运行的前提下尽量降低锅炉的排污率，以保证锅炉运行的经济性。

目前，火电厂常用的炉水处理有磷酸盐处理、氢氧化钠处理和全挥发处理三种方式：

（1）磷酸盐处理（phosphate treatment，PT）。为了防止炉内生成钙镁水垢和减少水冷壁管腐蚀，向炉水中加入适量磷酸三钠的处理。

（2）氢氧化钠处理（caustic treatment，CT）。为了减缓水冷壁管腐蚀，向炉水中加入适量氢氧化钠的处理。

（3）全挥发处理。（all volatile treatment，AVT）锅炉给水加氨和联氨或只加氨，炉水不再加任何药剂的处理。

由于全挥发处理不在炉水加任何药剂（详见学习情景八），因此炉水处理加药设备仅涉及磷酸盐处理和氢氧化钠处理。目前我国汽包锅炉大部分采用磷酸盐处理。

二、炉水磷酸盐处理

（一）磷酸盐处理作用

（1）防止在水冷壁管生成钙镁水垢及减缓其结垢的速率。在锅炉水呈沸腾状态和 pH 值较高（pH＝9～10）的条件下，加入一定数量的磷酸盐后，炉水中的钙离子与磷酸根离子发生以下反应：

$$10Ca^{2+}+6PO_4^{3-}+2OH^- \longrightarrow Ca_{10}(OH)_2(PO_4)_6\downarrow$$

反应生成的碱式磷酸钙溶度积很小，呈松散的水渣状态，可借锅炉排污排出炉外。所以，当锅炉水中保持有一定量的过剩 PO_4^{3-} 时，可使炉水中的钙离子浓度很低，从而达到防止钙垢（$CaSO_4$、$CaSiO_3$ 等）的目的。

另外，随给水进入锅内的 Mg^{2+} 量通常是较少的，锅炉水中 PO_4^{3-} 含量适当时，在沸腾着的碱性炉水中，它会与给水带入的 SiO_3^{2-} 发生以下反应：

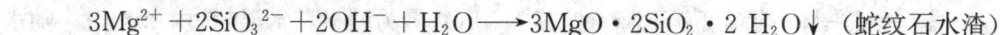

$$3Mg^{2+}+2SiO_3^{2-}+2OH^-+H_2O \longrightarrow 3MgO\cdot2SiO_2\cdot2H_2O\downarrow（蛇纹石水渣）$$

此反应生成的蛇纹石呈水渣形态，易随锅炉水的排污排出。

（2）增加炉水的缓冲性，防止水冷壁管发生酸性或碱性腐蚀。

（3）降低蒸汽对二氧化硅的溶解携带，改善汽轮机沉积物的化学性质。

（二）磷酸盐处理的方式

炉水磷酸盐处理已有几十年的应用历史，目前已有多种处理方式。

1. 磷酸盐处理（phosphate treatment，PT）

为了防止炉内生成钙镁水垢和减少水冷壁管腐蚀，向炉水中加入适量磷酸三钠的处理。

2. 协调 pH - 磷酸盐处理（congruent phosphate treatment，CPT）

为了防止炉水产生游离氢氧化钠，同时向锅炉水中加入 Na_2HPO_4 和 Na_3PO_4，维持 Na^+ 与 PO_4^{3-} 的摩尔比为 2.6～3.0，pH 值为 9～10 的磷酸盐处理（为了防止发生酸性磷酸盐腐蚀，将 Na^+ 与 PO_4^{3-} 的摩尔比由原来的 2.3～2.8 提高到 2.6～3.0）。协调 pH - 磷酸盐处理包含国外所称等成分磷酸盐处理，在我国统称协调 pH - 磷酸盐处理。

3. 低磷酸盐处理（low phosphate treatment，LPT）

为了防止炉内生成钙镁水垢和减少水冷壁管腐蚀，向炉水中加入少量磷酸三钠的处理。

4. 平衡磷酸盐处理（equilibrium phosphate treatment，EPT）

维持炉水中磷酸三钠含量低于发生磷酸盐隐藏现象的临界值，同时允许炉水中含有不超过 1mg/L 的游离氢氧化钠，以防止水冷壁管发生酸性磷酸盐腐蚀以及防止炉内生成钙镁水垢的处理。

（三）磷酸盐处理可能出现的问题

随着机组参数和给水水质的提高，磷酸盐处理不断出现一些新的问题，主要有：①采用 PT、CPT 和 LPT 均可能发生磷酸盐隐藏现象。②磷酸盐隐藏现象可使有些锅炉发生酸性磷酸盐腐蚀。③使极少数锅炉的过热器和汽轮机发生积盐现象。

1. 易溶盐的隐藏现象

当汽包锅炉负荷升高时，炉水中的某些易溶盐（Na_3PO_4、Na_2SiO_3 和 Na_2SO_4 等）的浓度明显降低，当负荷降低或停炉时，这些盐类的浓度重新增高，这种现象称为盐类的隐藏现象，也称为盐类的"暂时消失"现象。采用磷酸盐处理时，易发生磷酸盐隐藏现象。

（1）发生易溶盐隐藏现象的主要原因。这种现象说明，当锅炉在高负荷下运行时，水冷壁管热负荷升高，管内沸腾过程加剧，使靠近管壁层的水中，某些易溶的磷酸钠盐等达到或超过其饱和浓度，因而能在金属表面上以固相析出，形成沉积物（磷酸钠盐不仅会形成沉积物，而且和炉内的腐蚀产物及管壁保护膜发生反应），从而使炉水中这些易溶钠盐的浓度下降，造成"暂时消失"现象。所以这种现象与锅炉参数和热负荷有关，锅炉参数越高、炉膛热负荷越大、锅炉汽化过程越剧烈，也就越容易发生这种"暂时消失"现象。

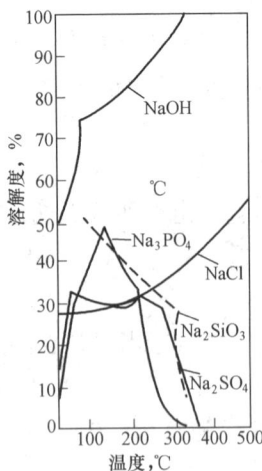

图 9-1 钠化合物在水中溶解度与温度的关系

另外，这种现象还与易溶盐在高温炉水中的溶解特性有关。在高温水中，某些钠化合物在水中的溶解度随温度升高而下降，如图 9-1 所示。从图中可看出，Na_2SiO_3 和 Na_3PO_4 在水中的溶解度，先随水温升高而增大。当温度达到一定值后继续上升，其溶解度就下降。尤其 Na_3PO_4 最为明显，水温超过 120℃时，随水温升高溶解度急剧下降。高参数锅炉的炉水温度一般超过 300℃以上，这时 Na_3PO_4 的溶解度是很小的。所以，在高热负荷的炉管内很容易达到过饱和。

（2）防止磷酸盐隐藏现象的方法。改变炉水 Na^+ 与 PO_4^{3-} 的摩尔比和改善锅炉的运行工况，能减少磷酸盐隐藏现象的发生。改善锅炉的运行工况可从以下方面入手：①改善燃烧工况，使炉膛内各部分的炉管受热均匀；防止炉膛结渣，避免局部热负荷过高。②改善锅炉水的流动工况，以保证水循环正常进行。例如，设计时应尽量避免水平蒸发管，防止水流不畅，发生汽塞。

2. 酸性磷酸盐腐蚀

酸性磷酸盐腐蚀（APC）是近几年才确认为与磷酸盐隐藏和再溶出相关的一种腐蚀形式。当炉水中 Na^+ 与 PO_4^{3-} 的摩尔比低于 2.5，炉水温度大于 177℃ 且沉积在管壁上的磷酸盐浓度超过一个临界值（这个临界值随温度的升高而降低）时就会发生这种腐蚀。腐蚀发生时磷酸钠盐和炉管表面 Fe_3O_4 保护膜反应生成 $NaFePO_4$，反应导致炉水 pH 值升高，PO_4^{3-} 浓度降低；当温度和压力降低时，反应产物 $NaFePO_4$ 溶解于水，产生低 Na^+ 与 PO_4^{3-} 摩尔比的酸性溶液，pH 值降低，严重时炉水 pH 会低于 9。这种酸性溶液不仅会引发炉管全面腐蚀，而且当隐藏现象发生频繁，炉水 pH 值波动频繁而难以控制时，还会导致水冷壁管氢脆的发生。

三、炉水氢氧化钠处理

（一）氢氧化钠处理原理

氢氧化钠处理（caustic treatment，CT）的原理：在炉水中，氢氧化钠与氧化铁反应生成了二价和三价铁的羟基络合物，使金属表面形成致密的保护膜，从而减缓水冷壁管的腐蚀。

研究表明，锅炉水冷壁氧化膜的完整性与炉水中氯离子浓度、氧浓度和氢氧根浓度有关，在汽包炉水冷壁产生蒸汽处，随着热负荷的升高，氯离子会浓缩而降低金属的电位，同时，金属表面大量的汽泡对氧化膜的冲击作用以及氧化膜本身产生的内应力都是破坏氧化膜的潜在因素。特别是像氯离子这样的一些强酸阴离子，还会形成酸性环境破坏氧化膜。这时氨作为碱化剂不能中和管壁局部的酸性介质，只有氢氧根具有使金属的电位随热负荷的升高而明显升高的特点，可以使水冷壁高热负荷区的金属表面保持钝化状态。一般认为，锅炉炉水中 NaOH 含量大于等于炉水中氯离子浓度的 2.5 倍时，就能有效抑制氯离子对氧化膜的破坏。因此，炉水氢氧化钠处理的目的是在溶液中保持适量的 OH^-，抑制因炉水中氯离子、机械力和热应力对氧化膜的破坏作用。

（二）氢氧化钠处理使用条件

（1）锅炉热负荷分布均匀，水循环良好。

（2）在采用氢氧化钠处理前宜对锅炉进行化学清洗。如果水冷壁的结垢量小于 $200g/m^2$，也可直接转化为氢氧化钠处理；结垢量大于 $200g/m^2$，需经化学清洗后方可转化为氢氧化钠处理。

（3）给水氢电导率（25℃）应小于 $0.20\mu S/cm$。

（4）水冷壁有孔状腐蚀的锅炉应谨慎使用。

（三）氢氧化钠处理优缺点

1. 采用 CT 的优点

（1）降低了水冷壁酸性腐蚀的风险。由于 NaOH 在高温状态下的碱性比磷酸盐和氨强，所以降低了水冷壁酸性腐蚀的风险。

（2）有利于实施给水加氧处理。由分析可知，尽量降低炉水氯离子和 O_2 的浓度，适当维持氢氧根的浓度，是汽包炉给水加氧处理的原则。其中，提高氢氧根的浓度和维持尽量低的氯离子浓度是关键，即主要靠适量的氢氧根来抑制氯离子的破坏作用，维护氧化膜的完整性。试验结果证明，NaOH 可以使氯离子在有氧的条件下触发腐蚀的临界浓度提高到毫克/升级水平。

（3）NaOH 能提高炉水 pH 值，增强 Fe_3O_4 氧化膜的稳定性和保护性，降低铁垢的形成速度。

（4）与磷酸盐处理相比，CT 可以避免因负荷波动引起的磷酸盐"隐藏"现象所产生的问题，且炉水水质比较容易控制。此外，该种处理方式不会出现磷酸盐垢。

（5）CT 可以减缓硅酸盐垢形成速度，降低垢中硅酸盐的含量。

2. 采用 CT 的缺点

（1）不能防止钙镁水垢的生成。当凝汽器发生泄漏时，即使加强锅炉排污，也可能导致水冷壁结垢、腐蚀，必须及时添加 Na_3PO_4。

（2）可能发生碱性腐蚀。如果水冷壁有孔状腐蚀，即使氢氧化钠浓度不超标也可能发生碱性腐蚀。在水冷壁高热负荷区，游离的 NaOH 会在沉积物下使锅炉水高度浓缩，当锅炉水中游离的 NaOH 浓度仅为 $1\sim5mg/L$ 时，沉积物下 NaOH 的质量分数可达到 $5\%\sim10\%$。当沉积物下 NaOH 的质量分数大于 5% 时，即可发生碱性腐蚀。但只要不存在诸如胀、铆接不严密处的锅炉水深度浓缩区和保证沉积物下 NaOH 的质量分数小于 5%，就不会发生碱性腐蚀。

（3）对给水水质要求严格。采用 CT 时，给水氢电导率（25℃）应小于 $0.20\mu S/cm$，要比磷酸盐处理严格。

四、炉水处理加药系统

1. 药品纯度

按照 DL/T 805.2—2004 的要求，锅炉汽包压力为 $5.9\sim15.8MPa$ 时，使用的磷酸盐的纯度应为化学纯或以上级别；锅炉汽包压力为 $15.9\sim19.3MPa$ 时，使用的磷酸盐、氢氧化钠的纯度应为分析纯或以上级别。

2. 药液的配制与投加系统

为了药剂装卸、储存、配制方便，磷酸盐的配制一般都是在水处理车间或动力车间零米加药间进行。

配制时，首先将磷酸三钠在溶液箱内配制成 $5\%\sim8\%$ 的浓溶液，过滤后送至磷酸盐溶液储存箱。储存箱安置在锅炉房内，靠近加药地点。加药时，先将储存箱中的浓溶液稀释成 $1\%\sim5\%$ 的稀溶液，然后引入计量箱内，再用计量泵加入汽包内；也可在溶液箱直接配制，如图 9-2 所示。首先将磷酸三钠或氢氧化钠在溶液箱内配制成稀溶液，启动搅拌器使其完全溶解和混合均匀，打开出药阀，启动计量泵，从溶液箱中流出的磷酸盐经过滤器除去杂质，由计量泵升压后加入汽包内。

向锅炉汽包中加药通常也称高压加药。这时计量泵的压力至少比汽包运行的最高压力高 1MPa 以上。为了获得较高的压力，通常使用柱塞泵。通过调整柱塞泵的冲程或药剂浓度来调整加药量。

有的电厂设置了炉水 PO_4^{3-} 自动测试仪表，利用仪表产生的电信号，通过微机系统控制计量泵的冲程来调节加药量。

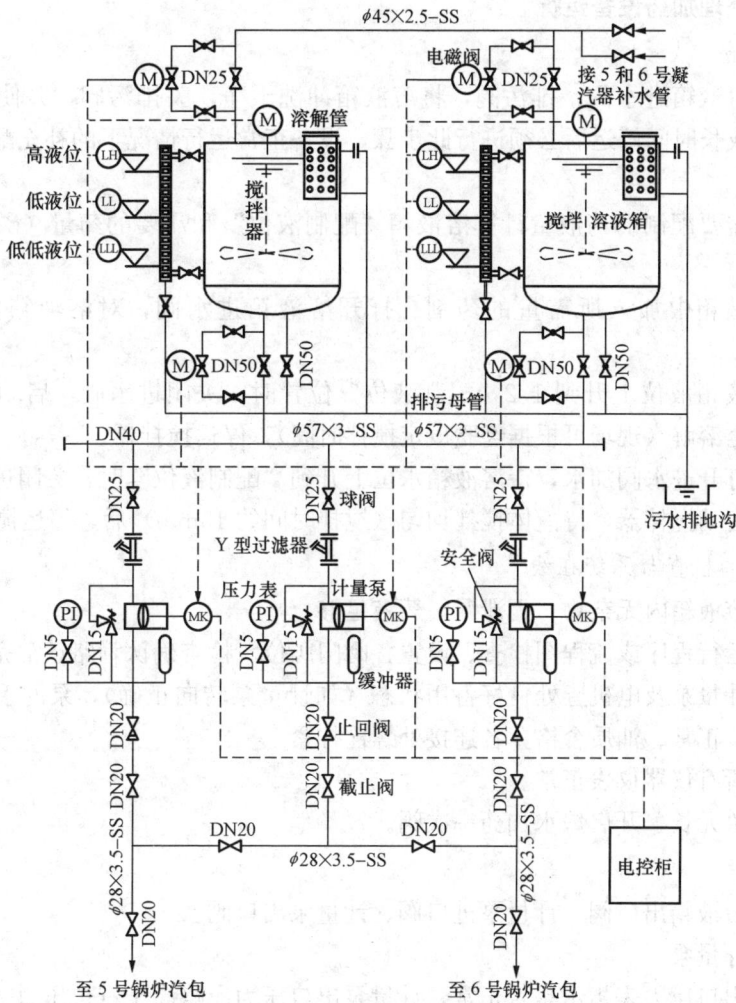

图 9-2 药液的配制与投加系统

3.加药部位

加药时将磷酸盐或氢氧化钠加入汽包内。汽包内的加药管应沿汽包轴向水平布置，比连续排污管低 100～200mm，药液宜从加药管的中部进入，如图 9-3 和图 9-4 所示。加药管的出药孔应沿汽包长度方向水平或朝下均匀布置，小孔孔径为 3～5mm。

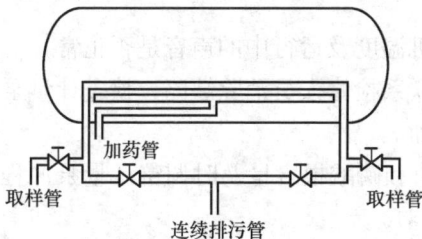

图 9-3 汽包两侧取样与加药示意

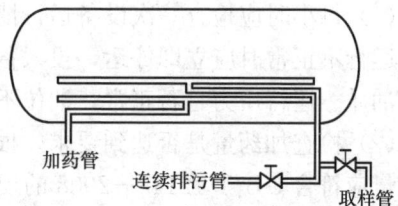

图 9-4 汽包一侧取样与加药示意

【任务实施】

一、炉水处理加药设备运行

1. 配制药液

（1）开启溶液箱进水阀，排污阀，将溶液箱冲洗干净，关排污阀，并使溶液箱充适量水。首次使用或长时间停运后必须进行此步骤，设备正常运行情况下的补充配药则不进行此项操作。

（2）根据需要配制的药液量计算溶液箱"配制液位"和需要的药量（磷酸盐或氢氧化钠）。

（3）向溶液箱中加入所需量的药剂。打开溶液箱进水阀，对溶液箱内的药品进行稀释。

（4）待溶液箱液位上升到 1/2 "配制液位"位置时，关闭进水阀，启动搅拌器搅拌药液，至药剂完全溶解（现场可根据经验设定搅拌时间），停运搅拌器。

（5）重新打开进水阀加水，待溶液箱水位上升到"配制液位"时，关闭进水阀。

（6）重新启动搅拌器，待液体搅拌均匀（搅拌时间约 15min）后，停运搅拌器。

2. 启动前的检查与系统在线

（1）检查溶液箱内无杂物、无泄漏，药液足够。

（2）根据运行程序或流程图检查、设置各阀门阀位，检查确认管路正常完好。

（3）检查计量泵及电机皆处良好备用状态（如计量泵转向正确），泵的手动冲程调节灵活，减速机油位正常、油质合格，各连接处螺栓拧紧。

（4）检查所有仪器仪表正常。

（5）联系单元长，开启炉水加药一次阀。

3. 运行

（1）开启溶液箱出口阀、计量泵进口阀、计量泵出口阀。

（2）启动计量泵。

（3）检查出口压力表指示是否正常，计量泵出口压力应略高于汽包压力。

（4）待出口压力稳定后，根据需要调节计量泵冲程至所需流量。

4. 停运

（1）停运计量泵。

（2）关闭计量泵进口阀、计量泵出口阀，关闭溶液箱出口阀。

（3）若长期停运时，将溶液箱及计量泵用除盐水（配药用水）冲洗干净。

5. 运行维护

（1）每小时应检查一次设备运行情况。注意电机温度及运行中的声音是否正常，发现计量泵运行不正常时应立即停运，投入备用泵运行并联系检修人员消除缺陷；检查计量泵的油位、油质、运行压力是否正常，油位不足时及时补加。

（2）检查加药量是否达到要求。根据炉水 pH 值和磷酸根含量及时调整计量泵冲程，炉水质量应符合 GB/T 12145—2008 的规定（见表 6-3）。

（3）检查溶液箱液位是否正常。检查药品（磷酸盐和氢氧化钠）的储存情况，发现药品不足要及时领用或采购。药液无法满足使用需要时及时配制。

二、加药剂量的控制

（一）炉水磷酸盐处理

1. 加药剂量的确定

由于磷酸盐与炉水中的钙镁离子的实际反应很复杂，一般不能精确计算加药量。实际操作时大多根据需要维持炉水中磷酸根的浓度来调整加药量。

2. 加药剂量的控制

（1）按调节方式控制。分为自动加药和手动加药。自动加药的控制信号可来自磷酸盐在线仪表信号，也可以来自炉水电导率在线仪表信号。前者要求磷酸盐在线仪表的检测应准确，后者要求凝汽器（钛管或不锈钢管）无泄漏，给水中无硬度。由于炉水中磷酸盐的浓度相对比较稳定，即使手动加药也能满足锅炉正常运行的需要。

（2）按运行方式控制。分为连续加药和间断加药。采用连续加药的方式，炉水中的磷酸根浓度波动范围较小，药品的注入剂量应与配药浓度、注入流量协调一致。间断式自动加药要设定磷酸盐浓度的上下限，并且上下限应在标准规定的范围之内，并留有余度。低于下限自动启动计量泵，高于上限自动停止加药。

（二）炉水氢氧化钠处理

1. 加药剂量的确定

炉水氢氧化钠处理（CT）的加药量是根据炉水中需要的游离氢氧化钠浓度确定的。但炉水中游离氢氧化钠的浓度不像磷酸根那样可以直接测量，也不能通过测量炉水的pH值直接求出，主要是因为炉水中含有的氨对测量结果会产生影响。因此，在锅炉正常运行期间，炉水中的氨含量和pH值通过取样直接测定，炉水中游离氢氧化钠的浓度则常通过查炉水pH、氢氧化钠和氨浓度的理论关系图（见图9-5）确定。

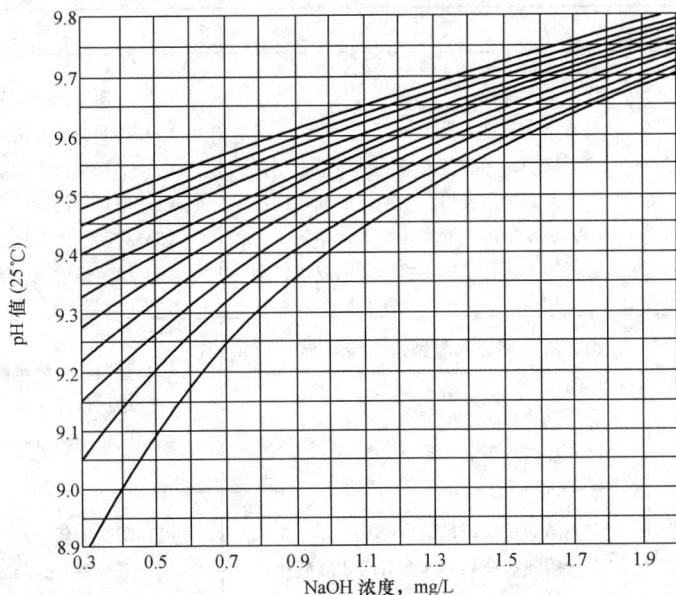

图9-5　pH值、NaOH和氨浓度理论关系图

注：图中曲线自下而上表示不同的氨浓度：0；0.1；0.2；0.3；
0.4；0.5；0.6；0.7；0.8；0.9；1.0。

由图 9-5 可知，当炉水的 pH 值低于 9.4 时，炉水中的游离氢氧化钠的浓度不可能超过 1.0mg/L。当炉水的 pH 值低于 9.57 时，炉水中的游离氢氧化钠的浓度不可能超过 1.5mg/L。这对控制不同压力等级的炉水游离氢氧化钠浓度的上限提供快捷的方法。

2. 加药量的控制

（1）手动控制方法。将 NaOH 配制成浓度约 0.1％的稀溶液，用计量泵注入汽包。根据检测的炉水氨、pH 值计算游离 NaOH 的含量，调节计量泵的出力实现对炉水中 NaOH 含量的控制。

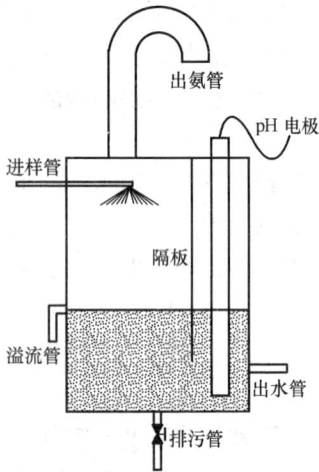

图 9-6　脱氨装置

（2）自动控制方法。为了消除氨对 pH 值的影响，首先进行脱氨处理，然后检测脱氨后炉水的 pH 值。采用图 9-6 所示的脱氨装置，可除去炉水中 90％的氨。对于压力为 5.9～15.6MPa 的汽包锅炉，游离氢氧化钠的浓度不应超过 1.5mg/L；脱氨后炉水的 pH 值的上、下限分别为 9.57 和 9.20；对于压力为 15.7～18.3MPa 的汽包锅炉，游离氢氧化钠的浓度不应超过 1.0mg/L；脱氨后炉水的 pH 值的上、下限分别为 9.40 和 9.20；实施时先配制 0.1％左右浓度的 NaOH 溶液，用计量泵注入汽包。可用脱氨后炉水的 pH 值信号控制计量泵的出力，实现对炉水 NaOH 含量的控制。

三、常见故障处理

炉水质量劣化处理的一般原则与给水水质异常时处理原则相似。炉水水质异常情况及消除方法见表 9-1。

表 9-1　　　　　　　　　　　炉水水质异常情况及消除方法

序号	现象	原因	消除方法
1	炉水外状浑浊	（1）给水浑浊； （2）给水硬度太大； （3）锅炉排污装置失灵或排污量不足； （4）新炉投运或检修后锅炉启动初期； （5）炉水中混入油类； （6）锅炉运行工况不稳，负荷变化急剧	（1）查明原因并消除； （2）查明原因并消除； （3）严格执行锅炉的排污制度； （4）增加排污量，直至水质合格； （5）查明原因并杜绝漏油之处； （6）稳定锅炉运行工况
2	炉水电导率超标	（1）给水部分（凝结水、除盐水等）电导率高； （2）锅炉排污不正常； （3）加药量太大	（1）查明不合格水源并消除； （2）增加排污量； （3）调整加药量
3	炉水 pH 值低	（1）磷酸盐加药量不当； （2）磷酸盐药品不纯含有酸式磷酸盐； （3）酸性水进入锅炉； （4）给水加氨不足； （5）排污量过大	（1）调整加药量； （2）更换磷酸盐药品； （3）查明酸性水来源，杜绝其进入锅炉； （4）调整给水加氨量； （5）调整排污量

续表

序号	现象	原因	消除方法
4	炉水含硅量、含钠量超标	(1) 给水含硅量、含钠量超标； (2) 锅炉排污不足； (3) 磷酸盐不纯； (4) 新炉在启动时，管道冲洗不彻底	(1) 查明给水各路水源水质，改善给水水质； (2) 开大连续排污，必要时定期排污； (3) 更换合格药品； (4) 搞好启动前的冲洗，并加强排污
5	炉水 PO_4^{3-} 不合格	(1) 加药量不当； (2) 锅炉排污不当； (3) 系统内硬度大； (4) 锅炉运行工况发生急剧变化，发生"盐类暂时消失"现象； (5) 加药设备存在缺陷或管道被堵塞； (6) 药品不纯	(1) 调整加药量； (2) 根据炉水水质调整排污量； (3) 查明来源并消除，加强炉水磷酸盐处理和锅炉排污； (4) 调整锅炉运行工况，防止发生"盐类暂时消失"，并适当排污； (5) 检修设备存在缺陷或疏通管道； (6) 更换药品

紧急处理措施如下：

(1) 加大锅炉的排污量及泄漏检查：①如果出现给水有硬度或炉水的 pH 值大幅度下降或升高、凝结水中的含钠量骤增等现象之一时，均应加大锅炉排污量，同时查找异常原因，及时消除其缺陷；②对于有凝结水精处理的机组，应检查混床漏氯离子及漏树脂等情况并对炉水中的氯离子进行测定；③对于没有凝结水精处理的机组，重点检查凝汽器是否发生泄漏。然后根据出现的具体情况，再采用（2）、（3）规定的处理措施。

(2) 加大磷酸盐的加药量。如果进入炉水的钙镁过多，使磷酸根的浓度大幅度下降，则应加大磷酸盐的加入量。

(3) 加入适量的 NaOH 以维持炉水的 pH 值。如果炉水的 pH 值大幅度下降，应及时加入适量的 NaOH 使炉水的 pH 值合格。

【知识拓展】

一、磷酸盐处理技术的发展

炉水磷酸盐处理技术已经有 70 年的历史，在世界范围内有 65% 的汽包锅炉使用炉水磷酸盐处理。由于早期锅炉参数比较低，水处理工艺落后，炉水中经常出现大量的钙、镁离子，为了防止水冷壁管结垢不得不向锅炉中加入大量的磷酸盐以除去炉水中的硬度成分。这样炉水的 pH 值就非常高，碱性腐蚀倾向特别明显。为了防止发生碱性腐蚀，我国在 20 世纪 80 年代初曾经大力推广 CPT，并将 Na^+ 与 PO_4^{3-} 的摩尔比定为 2.3～2.8。在当时的技术水平和设备状况下，CPT 起到了一定的防腐、防垢作用。

随着锅炉参数和给水水质的提高以及运行工况的改变，采用 CPT 后磷酸盐的隐藏现象越来越明显，由此引起的酸性磷酸盐腐蚀越来越突出。这种处理方式在锅炉负荷变化时炉水的 pH 值难以控制，特别是负荷下降时 pH 值下降，往往导致酸性磷酸盐腐蚀，所以 DL/T 805.2—2004 将 CPT 时 Na^+ 与 PO_4^{3-} 的摩尔比提高到 2.6～3.0。但是，由于该处理方法磷酸盐隐藏现象仍然较严重，所以不推荐使用。

自 20 世纪 80 年代以来水处理工艺有了很大进步，高压以上锅炉的补给水全部采用混床除盐水，有的机组还配备凝结水精处理设备或凝汽器管材选用耐腐蚀的钛管，使得炉水中基本没有硬度成分。这时炉水磷酸盐处理的主要作用由原来的除去硬度逐渐延伸为调节 pH 值、防止水冷壁管的腐蚀。对于高参数锅炉，炉水中的磷酸盐含量越高越容易发生局部浓缩沉积和隐藏现象，对锅炉安全运行危害很大。因此提出了 LPT 和 EPT。根据调查，采用 LPT 和 EPT，有 50% 的锅炉发生磷酸盐隐藏现象，只有不足 20% 的锅炉发生酸性磷酸盐腐蚀。所以我国目前使用这两种磷酸盐处理方式的锅炉正在逐渐增多。

比较几种炉水磷酸盐处理方法，其特点不同：①采用 CPT，即使 Na^+ 与 PO_4^{3-} 的摩尔比为 2.6~3.0 时，有些锅炉仍发生磷酸盐隐藏现象，甚至导致酸性磷酸盐腐蚀，所以不推荐使用该处理方法；②与 CPT 相比，采用 PT 处理时炉水水质容易控制，虽然也存在磷酸盐隐藏现象，但不易发生酸性磷酸盐腐蚀；③采用 LPT 时锅炉发生磷酸盐隐藏的程度会减轻或消除，锅炉很少发生酸性磷酸盐腐蚀；④采用 EPT 时锅炉不会发生磷酸盐隐藏现象。

二、炉水处理方式的选择

锅炉点火启动期间应优先使用 PT 方式，锅炉运行期间，可根据机组的特点选择不同的炉水处理方式。

如果锅炉采用 PT 时，有轻微的磷酸盐隐藏现象，但没有引起腐蚀，可按此方式继续运行；如果磷酸盐隐藏现象严重，应通过图 9-7 所示的步骤选择其他炉水处理方式。

三、磷酸盐处理加药量的估算

由于磷酸盐与炉水中的钙镁离子的实际反应很复杂，一般不能精确计算加药量。实际操作时大多根据需要维持炉水中磷酸根的浓度来调整计量泵的注入剂量或用配药浓度来调整。加药量可按以下公式进行估算：

（1）锅炉启动时需要加入磷酸三钠量（Q_{LI}）可按下式计算：

$$Q_{LI} = \frac{1}{0.25} \times \frac{1}{\varepsilon} \times \frac{1}{1000} \times V_G(S_{LI} + 28.36H) \quad kg$$

式中：0.25 为磷酸三钠（$Na_3PO_4 \cdot 12H_2O$）中含 PO_4^{3-} 的值；28.36 为使 1mmol/L $\left(\frac{1}{2}Ca^{2+}\right)$ 的离子变成 $Ca_{10}(OH)_2(PO_4)_6$ 所需要的毫克数；ε 为磷酸三钠的纯度，工业品一般为 92%~98%，化学纯及以上级别为 99% 以上；V_G 为锅炉水系统的容积，m^3；S_{LI} 为锅炉水中应维持的 PO_4^{3-} 浓度，mg/L；H 为炉水的硬度，mmol/L。

【例】　某 330MW 机组 V_G=124.4m^3，S_{LI}=3mg/L，H=0.2mmol/L，则 Q_{LI}=4.4kg。

（2）锅炉运行时磷酸三钠的加药量（Y_{LI}）可按下式计算：

$$Y_{LI} = \frac{1}{0.25} \times \frac{1}{\varepsilon} \times \frac{1}{1000} \times (28.36HW_{GE} + W_PS_{LI}) \quad kg/h$$

式中：H 为给水的硬度，mmol/L。W_{GE} 为锅炉给水流量，t/h；W_P 为锅炉排污流量，t/h。

其他符号同上。

四、确定平衡磷酸盐处理的平衡点

在实施 EPT 时，首先按图 9-8 找到不发生磷酸盐隐藏现象的炉水允许最大 PO_4^{3-} 浓度（即平衡点），若能在锅炉运行中维持炉水 PO_4^{3-} 浓度小于平衡点浓度，就能保证不发生磷酸

(1) 目前的磷酸盐处理方式有无问题 —— 无 —— (2) 按此方式继续运行

有

(3) 分析原始数据并进行有关检测

(4) 评价目前炉水处理方式

无磷酸盐隐藏现象 ← (4) → 有磷酸盐隐藏现象

(24) 重新改变处理方式

(5) 考虑转为EPT、LPT、CT、AVT或OT

(10) 给水污染是否严重 —— 无 —— (6) 有无凝结水精处理, 运行是否可靠

是

否 是

(12) 优化PT　　(11) 转为CT ← (8) 化学清洗锅炉 ← (7) 转为AVT或OT

(14) 若以前磷酸盐隐藏、腐蚀严重转为EPT

(13) 若以前有磷酸盐隐藏现象, 但腐蚀较轻转为LPT

(15) 控制磷酸盐的含量在PT的范围内

(16) 在凝汽器无泄漏的前提下, 根据磷酸盐的隐藏程度降低其含量, 游离氢氧化钠最高浓度不超过1mg/L

(21) 如果仍发生隐藏,说明磷酸盐浓度仍然高

(17) 停止加药, 关闭排污, 升负荷, 确定平衡浓度

(20) 继续确认平衡浓度,注意磷酸盐的隐藏 ← (18) 锅炉正常运行, 检测磷酸盐浓度

(19) 制订该锅炉的炉水PT、LPT、EPT或CT规范　　(9) 制订该锅炉AVT或OT规范

(22) 监测并与基础数据比较

(23) 检查实施情况,有无问题 —— 有

无

(25) 正常运行

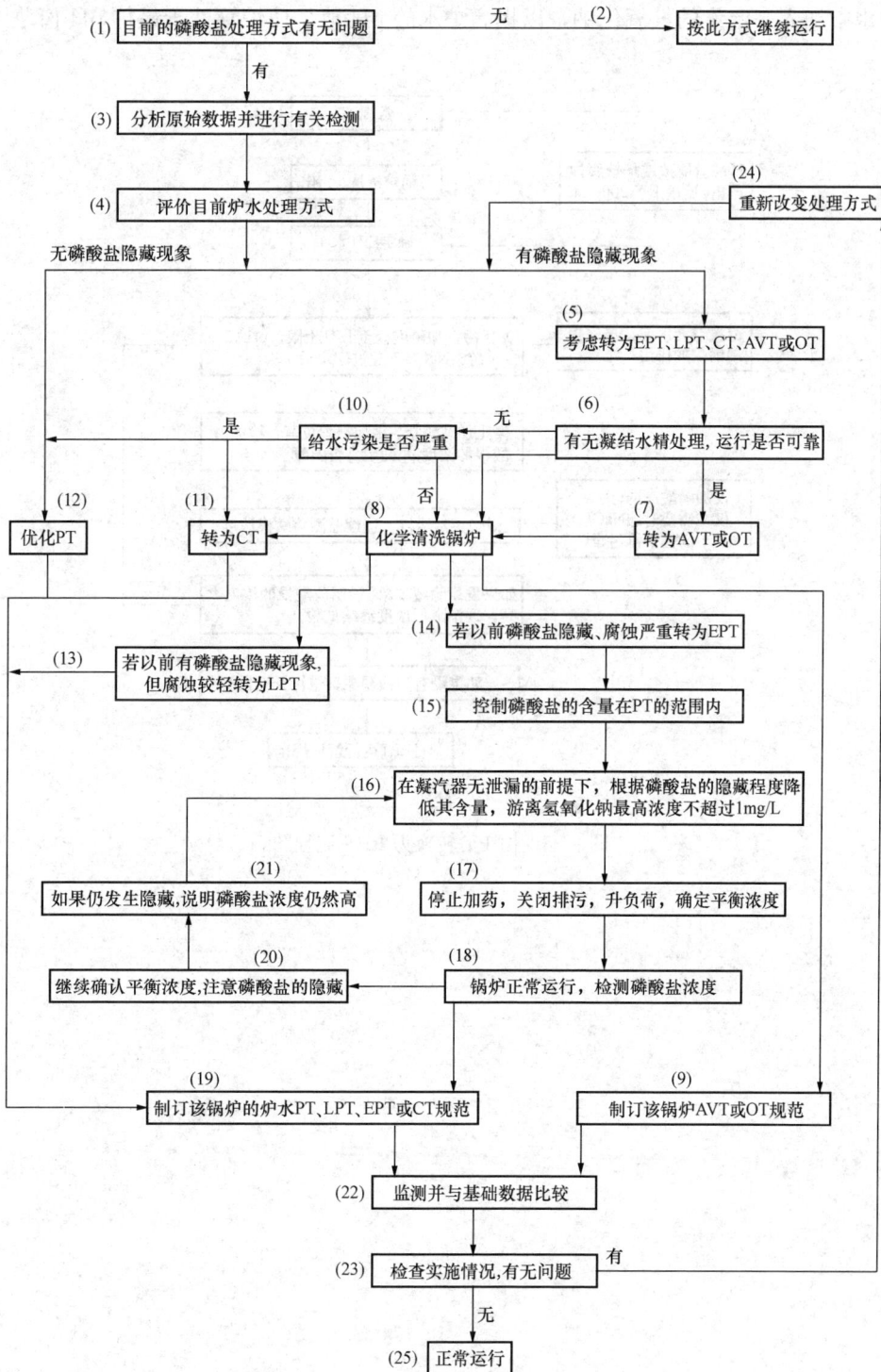

图9-7　选择汽包锅炉炉水处理方式流程图

盐隐藏现象。此外，由于炉水中 PO_4^{3-} 浓度降低，炉水的碱性不足，pH 值也会降低，因此，需向炉水中加入一定量的氢氧化钠，以提高炉水的 pH 值，使炉管处于最佳 pH 值范围内。

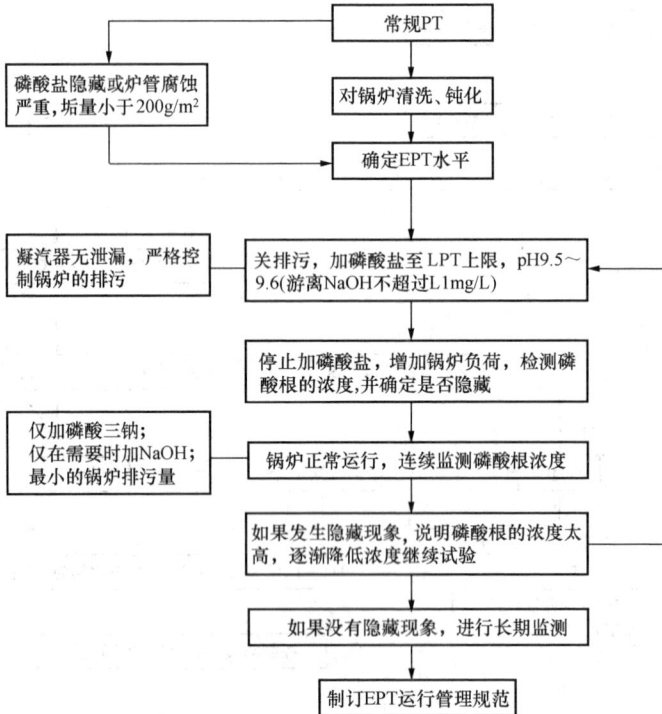

图 9-8 由 PT 转换为 EPT 流程图

学习情境十　认识电厂其他水处理

任务一　认识循环冷却水处理

【教学目标】

1. 知识目标

(1) 知道循环冷却水系统及其特点，循环冷却水处理的目的。

(2) 理解浓缩倍数。

(3) 理解沉积物、腐蚀、微生物的类型及形成原因。

(4) 知道控制水垢、微生物常用的方法。

2. 能力目标

(1) 会识读和绘制循环冷却水处理系统示意图，并能正确分析各水处理设备的功能、主要监测项目。

(2) 会计算浓缩倍数。

(3) 会判断水质稳定性。

【任务描述】

循环冷却水中含有悬浮物、胶体、有机物、藻类和高浓度的无机盐等，如果不进行适当处理，会在系统中产生沉积物的附着、设备腐蚀和微生物的大量滋生，以及由此形成的黏泥污垢堵塞管道等问题。班长组织各学习小组在仿真机或实训室环境下，认真分析循环水水质特点，编制工作计划后，认识循环冷却水处理系统及各水处理设备的功能。

【任务准备】

课前预习相关知识部分。根据循环水水质特点，经讨论后编制认识循环冷却水处理的工作计划，并独立回答下列问题。

(1) 火电厂的冷却水系统有几种类型？

(2) 循环冷却水中的杂质有哪些？其来源如何？

(3) 为什么要对循环水进行处理？

(4) 影响冷却水系统微生物滋生的因素有哪些？

(5) 冷却水系统中的微生物有哪些类型？

(6) 循环水系统采用的杀菌剂有哪些类型？

(7) 凝汽器管有哪些腐蚀形式？

(8) 如何判断凝汽器铜管内是否有附着物生成？

(9) 冷却水系统中容易形成的沉积物有哪些类型？如何形成的？

(10) 循环水的浓缩倍数如何计算？

(11) 循环水水质稳定性的判断方法有哪些？

(12) 什么是安定性试验？

(13) 防止凝汽器铜管内结垢有哪些途径？

（14）循环水的处理工艺有哪些？

（15）凝汽器铜管常用清洗方法有哪些？

【相关知识】

一、冷却水系统

用水来冷却工艺介质的系统称作冷却水系统，火电厂的冷却水系统根据流程可划分为三种形式。

（1）直流冷却。直流式冷却水系统是指冷却水通过凝汽器或其他冷却器后直接排出。该系统不需要冷却塔等冷却水处理构筑物，因此投资少、操作简单，但是需要占据大量水资源，不符合我国节约使用水资源的要求，且将对其水源（江、河、湖、泊）造成热污染。在火电厂中，除海滨电厂使用海水直流冷却外，早期建设的一些使用直流冷却水系统的机组大多已得到了改造，直流冷却方式将逐渐被淘汰。

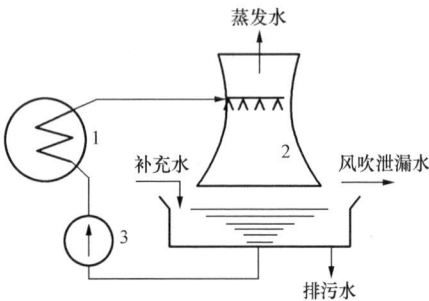

图 10 - 1　开式循环冷却水系统
1—凝汽器；2—冷却塔；3—循环水泵

直流冷却方式除了定期杀菌外，一般不需要对冷却水进行任何处理。

（2）开式循环冷却。冷却水流经冷却器后，再通过冷却塔（或喷水池）降温，又重新返回冷却器循环使用的冷却方式。火电厂的凝汽器、工业冷却水系统很多采用冷却塔循环冷却。凝汽器的循环冷却水系统如图 10 - 1 所示。

开式循环冷却水系统冷却水用量大，电厂一般采用源水作补充水。由于冷却水在循环使用中水质不断浓缩，需要对冷却水进行一定程度的处理。

（3）闭式循环冷却。该系统的冷却水为全封闭循环，不与外界直接接触，冷却水的再冷却是通过另一台换热设备来完成的，如图 10 - 2 所示。该系统对冷却水水质要求高，一般采用除盐水或凝结水作补充水，故用水量越大，水处理费用就越高。因此，闭式循环系统一般只适用于小水量或缺水地区。在常规火电厂中，它一般用于发电机的定子冷却、转子冷却和水汽取样冷却等。在间接空冷机组中，表面式凝汽器的冷却也是闭式循环冷却，冷却水使用除盐水，冷却水通过凝汽器受热后，由空冷散热器冷却，然后用循环泵返回系统重复使用。

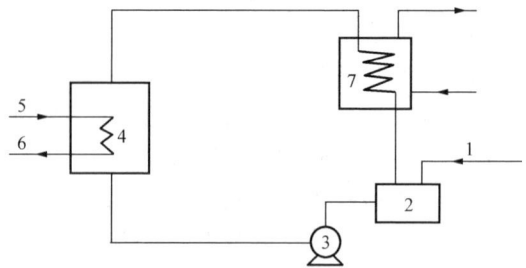

图 10 - 2　闭式循环冷却水系统
1—补充水；2—密闭储槽；3—循环水泵；4—换热器；
5—待冷却的工艺物料；6—冷却后的工艺物料；
7—冷却热水的换热器

闭式循环系统冷却水量损失很少，水质一般不发生变化，故水处理较单纯。该系统存在严重的腐蚀问题，为了防止换热设备的腐蚀，一是多采用黄铜管、紫铜管和不锈钢等耐腐蚀性材料，二是投加 $0.5 \sim 1.0 mg/L$ 的铜缓蚀剂。

本书主要介绍电厂普遍应用的开式循环冷却水系统的水处理。

二、循环水的冷却

1. 水的冷却原理

循环水的冷却是通过水与空气接触，由蒸发散热、接触散热和辐射散热三个过程共同作用的结果。

（1）蒸发散热。因水表面空气的快速流动，降低了水面的水蒸气分压，一部分水因此而蒸发并吸收水的热量，从而使水冷却。

（2）接触散热。水与空气对流接触时，如果空气的温度低于水的温度，则水中的热量会直接传给空气，使空气温度升高，水温降低，两者温差越大，传热效果就越好。

（3）辐射散热。辐射散热不需要传热介质的作用，而是由一种电磁波的形式来传播热能的现象。辐射散热只是在大面积的冷却池才起作用。在其他类型的冷却设备中，辐射散热可以忽略不计。

循环水的降温主要是靠水在冷却塔中的蒸发作用。但由蒸发作用而产生的散热量，可因大气的相对湿度不同而有很大差异。在冬季，这部分热量占冷却系统全部散发热量的50%~60%，在夏季为85%~100%。

2. 冷却塔

冷却塔是循环冷却水蒸发降温的关键设备。在冷却塔中，热水从塔顶向下喷溅成水滴或水膜状，空气则由下向上与水滴或水膜逆向流动，或水平方向交错流动，在气水接触过程中进行热交换，使水温降低。冷却塔的形式很多，目前火电厂的冷却塔多设计成双曲线型的自然通风冷却塔，如图 10-3 所示。

冷却塔一般包括配水系统、淋水装置（或填料）、通风设备、收水器和集水池几部分。

（1）风筒。风筒的作用是创造良好的空气动力条件，减少通风阻力，并将塔内的湿热空气送往高空。

（2）配水系统。配水系统的作用是将水均匀地分配到冷却塔的整个淋水面积上。对配水系统的基本要求是：在一定的水量变化范围内，保证配水均匀且形成微细水滴，系统本身水流阻力和通风阻力较小，并便于维修管理。

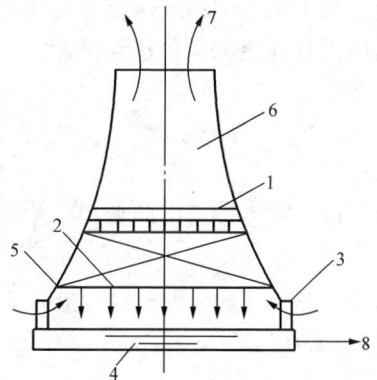

图 10-3　自然通风冷却塔

1—配水系统；2—填料；3—百叶窗；
4—集水池；5—空气分配区；6—风筒；
7—热空气和水蒸气；8—冷水

（3）淋水填料。淋水填料的作用是将配水系统溅落的水滴，经多次溅落成微细小水滴或水膜，增大水和空气的接触面积，延长接触时间，从而保证空气和水的良好热、质交换作用。水的冷却过程主要是在淋水填料中进行，所以是冷却塔的关键部位。填料一般由水泥板或聚氯乙烯板等制成。

（4）收水器。将排出湿热空气中所携带的水滴与空气分离，减少逸出水量损失和对周围环境的影响。

（5）集水池。设于冷却塔下部，汇集淋水装置落下的冷却水。

三、循环冷却水的水质特点

1. 水中杂质的来源

循环水中含有悬浮物、胶体、高浓度的无机盐、有机物和微生物等。这些杂质的来源主要有三个。

（1）来自补充水。补充水中含有无机盐、悬浮物、胶体、有机物等杂质。

（2）在冷却塔内由空气带入的。在循环水与空气的逆流传热过程中，同时发生水对空气的洗涤作用，空气中的灰尘随之进入冷却水体。空气向水体传质的量很大，以 135MW 机组为例，循环冷却水量约为 11900m^3/h；冷却塔进出水温差为 10℃；1kg 循环水的温度每降低 1℃ 需要 0.2m^3 的空气，国家环境空气质量二级标准的总悬浮颗粒物（TSP）值为 0.3mg/m^3，由此估算每天进入水体的悬浮物的量达到 171kg。与此同时，进入水体的还有砂粒、树叶、微生物以及二氧化硫、硫化氢、氨等可溶解气体。

（3）循环水在循环过程中自生的，主要是细菌、藻类和生物黏泥等杂质。空气中带入的微生物源进入水中后，随着水的循环进入到冷却水系统的各个部分。在沉积物积聚区域，由于高温以及氮、磷、硫、有机物等高营养源，使得微生物在这些区域的繁殖异常迅速。即使没有新的微生物带入，在这些区域微生物仍可生长和扩大，不断产生微生物黏泥。

2. 循环冷却水的浓缩

（1）水量平衡。循环冷却水在循环过程中，会因蒸发、风吹、渗漏和排污等损失部分水量。为了使冷却系统保持所需的循环水量，在运行中应不断向循环水系统补充水。当循环水的损失和补充水的量达到平衡时，有

$$P_{ma} = P_Z + P_F + P_{bl} \qquad (10 - 1)$$

式中：P_{ma} 为补充水率，%；P_Z 为蒸发损失率，%；P_F 为风吹渗漏损失率，%；P_{bl} 为排污损失率，%。

（2）蒸发损失。蒸发损失率可用（10 - 2）式估算，即

$$P_Z = Z(t_2 - t_1) \times 100\% \qquad (10 - 2)$$

式中：Z 为系数，与环境温度等因素有关，其值见表 10 - 1；t_2、t_1 为分别为冷却塔进口和出口的水温，℃。

表 10 - 1　　　　　　　　　　　　　系 数 Z 的 取 值

环境温度（℃）	0	10	20	30	40
Z（1/℃）	0.10	0.12	0.14	0.15	0.16

（3）风吹和渗漏损失。风吹损失、渗漏损失一般根据经验估算。若冷却塔中装有良好的收水器，风吹损失明显下降，风吹损失率为 0.2%～0.5%，渗漏损失应视具体情况而定。通常，开式循环冷却系统中风吹和渗漏损失率为 1.0%～2.0%。

（4）浓缩倍数。循环水比补充水的含盐量高，通常用浓缩倍数（或浓缩倍率）表示循环水中盐类的浓缩程度。浓缩倍数的含义是循环冷却水中的含盐量或某种离子的浓度与新鲜补充水中的含盐量或某种离子浓度的比值。因为水中 Cl^- 一般不会生成沉淀物或氧化还原，更不会挥发，所以经常采用循环水中的氯离子浓度 $c(Cl_{\bar{x}})$ 与补充水中氯离子浓度 $c(Cl_{ma}^-)$ 的比值，表示循环水中含盐量的浓缩倍数，记作

$$k = \frac{c(Cl_{\bar{x}})}{c(Cl_{ma}^-)}$$

如果循环水采用的是氯化处理，则可考虑用 K^+、总溶解固体、电导率等的比值表示浓缩倍数。

由于蒸发损失不带走水中盐分，而风吹渗漏、排污损失带走水中盐分，假如补充水中的盐分在循环冷却系统中不析出，则循环冷却系统将建立如下的盐类平衡，即

$$P_B \cdot c(\mathrm{Cl}_B^-) = (P_F + P_P) \cdot c(\mathrm{Cl}_X^-) \tag{10-3}$$

将上式移项得

$$k = \frac{c(\mathrm{Cl}_X^-)}{c(\mathrm{Cl}_B^-)} = \frac{p_B}{P_F + P_P} = \frac{P_B}{P_B - P_Z} \tag{10-4}$$

需要说明的是，采用这种计算方法时，一定要注意补充水的水质是稳定的。如果补充水水质不稳定，则要根据具体补水水质情况先计算出补充水的平均氯离子浓度（根据各水质段的补水量加权计算），然后再利用式（10-4）计算浓缩倍数，否则计算结果毫无意义。例如，某些电厂使用不同位置的井水，水质差异较大。当切换水源时，补充水的氯离子含量降低至一半，如果仍按照原来的水质计算，浓缩倍数值将会是实际值的 2 倍，误差很大。

（5）浓缩倍数与补水率。浓缩倍数与补水率的关系如图 10-4 所示，浓缩倍数越高，补水率就越小。其中，在不同的浓缩倍数段，补水率的降低幅度是不同的。从节水的角度来讲，浓缩倍数在 1.5～2 之间为高效节水区；在 2～3 时为效益明显区；在 3～4 时为节水效益区；当浓缩倍数大于 5 时，节水效果不明

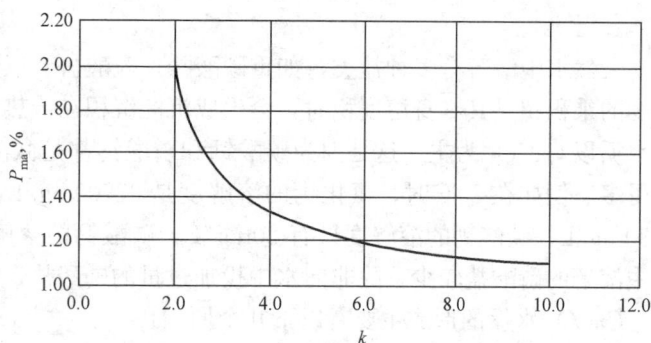

图 10-4 浓缩倍数与补水率的关系

显。在一定范围内提高浓缩倍数可以明显地节省水量，但过高的浓缩倍数会增大结垢或腐蚀的风险，循环水的处理费用也随之上升，因此，最合理的浓缩倍数值，还需要综合考虑水质、设备材质、运行成本等因素后确定。

3. 水质变化特点

补充水进入循环冷却系统后，水质将发生如下变化：

（1）浊度增加。在冷却塔中水与空气反复接触，空气中的尘埃进入冷却水中，其中 80% 左右的尘埃沉积在冷却塔底部，通过底部排污带出系统，另外 20% 左右的尘埃仍悬浮于水中。

（2）CO_2 散失。冷却塔类似除碳器，水中的 CO_2 会逸出。由于失去了 CO_2，促进平衡 $Ca(HCO_3)_2 \Longleftrightarrow CaCO_3 + CO_2 + H_2O$ 向右移动，导致 $CaCO_3$ 垢的产生。

（3）含盐量增加。这也是由水的蒸发浓缩引起的，冷却水含盐量约为补充水含盐量的 k 倍。

（4）pH 值升高。由于 CO_2 的损失和碱度的增加，冷却水的 pH 值总是高于补充水的 pH 值。开式循环冷却水的 pH 值一般为 8～9。

（5）溶解氧增加。由于水在冷却塔内喷射曝气，水中溶解氧大量增加，达到氧的饱和浓度，因而循环水对设备有较强的腐蚀性。

4. 循环冷却水处理的任务

由上述冷却水水质变化的分析可知，循环冷却水的水质比补充水的水质差，表现为腐蚀

和结垢倾向增强。由于循环水水温特别适宜微生物繁殖，微生物引起的腐蚀和黏泥现象尤为突出。因此，循环冷却水处理的任务是阻垢、防腐和杀生。

循环冷却水量大，不可能像净化锅炉补给水那样深度处理；另外，循环冷却水的压力、温度远低于锅炉炉水，也没有必要彻底除去冷却水中的杂质。循环冷却水处理通常不要求除去水中杂质，而是向水中投加某些药剂使水质趋于稳定，故循环冷却水处理又称为水质稳定处理。

四、循环冷却水系统中的沉积物及其控制

循环冷却水系统在运行的过程中，会有多种物质沉积在换热器的传热表面上，这些物质统称为沉积物。沉积物主要由水垢、淤泥、腐蚀产物和生物沉积物构成。通常，人们把淤泥、腐蚀产物和生物沉积物三者统称为污垢。

（一）沉积物的形成

1. 水垢

天然水中溶解有多种盐类，如重碳酸盐、硫酸盐、氯化物、硅酸盐等，当其阴、阳离子浓度的乘积超过其本身溶度积时，会生成沉淀沉积在传热面上，通常换热器传热表面上形成的水垢以 $CaCO_3$ 为主。这是因为碳酸钙和磷酸钙都是微溶性盐，它们的溶解度比其他盐类小得多。例如在 20℃ 时，氯化钙的溶解度是 37700mg/L；在 0℃ 时，碳酸氢钙的溶解度为 2630mg/L，碳酸钙的溶解度只有 20mg/L，磷酸钙的溶解度更小，仅为 0.1mg/L。而天然水中溶解的磷酸盐较少，除非向水中投加过量的磷酸盐，否则磷酸钙水垢将较少出现。

$CaCO_3$ 水垢的形成主要有以下几个原因：

（1）循环水存在盐类浓缩作用，使某些离子的含量超过其难溶盐类的溶度积而析出。

（2）循环冷却水的脱碳作用。根据水质概念，循环水中钙、镁的重碳酸盐和游离 CO_2 存在以下平衡：

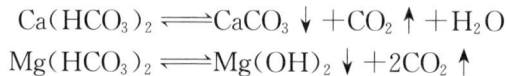

$$Ca(HCO_3)_2 \rightleftharpoons CaCO_3 \downarrow + CO_2 \uparrow + H_2O$$
$$Mg(HCO_3)_2 \rightleftharpoons Mg(OH)_2 \downarrow + 2CO_2 \uparrow$$

冷却水经过冷却塔向下喷淋时，溶解在水中的游离 CO_2 要逸出，这就促使上述反应向右进行。

（3）循环冷却水的温度上升。循环冷却水的温度在凝汽器内上升后，一方面，碳酸钙的溶解度随着温度的升高而降低；另一方面使碳酸盐平衡关系向右转移，提高了平衡 CO_2 的需要量，从而使产生水垢的趋势增加。相反，循环水在冷却塔内降温后，平衡 CO_2 的需要量也降低，当需要量低于水中实际的 CO_2 含量时，水就具有侵蚀性和腐蚀性。所以，在一些进出口温差比较大的循环冷却水系统中，有时出现冷水进口端（低温区）产生腐蚀，热水出口端（高温区）产生结垢的现象。

2. 污垢

淤泥主要是由水中携带的泥沙、黏土等悬浮物形成的沉积物，一般发生在流速较低的区域或死角。

生物沉积物又称为黏泥，是由于水中溶解的营养盐引起细菌、霉菌、藻类等微生物群的繁殖，与泥砂、无机物和尘土等相混，形成附着的或堆积的软泥性沉积物。黏泥的灼烧减量达到 25%～60%。黏泥的形成过程是很复杂的，在形成的初期，一般是一些容易沉积的菌类沉积在金属不光滑的表面并固定，然后以此为据点逐渐生长成厚厚的一层黏泥。微生物的

新陈代谢使微生物黏泥有一层黏液外壳，这层黏液外壳可能起到类似水过滤器的作用，本来悬浮在水中的泥渣、灰尘、有机物和腐蚀产物都可能被黏附在黏泥表面而被过滤下来，从而加快了污垢的沉积；有时水中的二氧化硅含量并不很高，但由于微生物的黏结作用，使二氧化硅黏附于管壁而产生硅垢；很多微生物在高温条件下会死亡，但是它们的残骸仍然会黏附在受热表面而形成污垢沉积。

腐蚀产物是由于设备腐蚀而产生的金属氧化物，主要为氧化铁、氧化铜等。

综上所述，污垢形成的主要原因是：补充水浊度高，带入冷却水中的细砂杂物较多；水质控制不当，杀菌灭藻不及时，腐蚀、漏油或其他工艺产物渗漏等。

（二）水垢的控制

1. 加酸处理

向循环水中投入酸，将水中碳酸盐硬度转变为非碳酸盐硬度，从而减少了水中参与结垢的 CO_3^{2-} 浓度。常用于循环水处理的酸是硫酸，很少用盐酸，因为硫酸比较便宜，加之盐酸中的 Cl^- 对系统有腐蚀性。加酸防垢的原理为

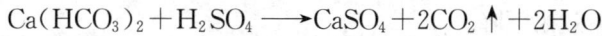

$$Ca(HCO_3)_2 + H_2SO_4 \longrightarrow CaSO_4 + 2CO_2 \uparrow + 2H_2O$$

生成的 $CaSO_4$ 有一定的溶解度，在循环水中一般达不到过饱和状态，故不会析出。

加酸的量并不需要使循环水中的碳酸氢根全部中和，只要留下的碳酸氢钙在运行中不结垢就可以。$c(1/2H_2SO_4)$ 为 1mmol，可以使水的碱度降低 1mmol/L，即 1t 水中碱度降低 1mmol/L 时，需加入 49g 硫酸。由此可根据系统水量和水处理设计需降低的碱度数值进行计算得出加酸量。

加酸地点没有严格限制，可加在补充水水流中，也可加在循环水泵入口侧的循环水渠道中，这对防止管内结垢有利。

加酸处理应控制循环水碱度低于极限碳酸盐硬度，因为碱度与 pH 值有一定关系，所以也可控制 pH 值，一般控制 pH 值在 7.4～7.8 之间。当酸加在补充水中时，一般控制水的残留碱度为 0.3～0.5mmol/L。加酸后循环水的 pH 值下降，如果加酸量太大，则可能引起设备的腐蚀和 $CaSO_4$ 垢的生成。

2. 石灰处理

石灰处理的原理及工艺参见学习情境二的知识拓展部分。在循环冷却水处理中，石灰处理的目的是去除补充水的部分碳酸盐硬度，以降低循环水结垢的危险，提高循环水的浓缩倍率。经石灰处理后，出水残留碱度一般为 1mmol/L 左右；OH^- 为 0.2～0.3mmol/L，CO_3^{2-} 为 0.7～0.8mmol/L，pH 值为 10.1～10.4。为了防止碳酸钙在铜管表面结垢，通常还要加酸调节 pH 值至 7.4～7.8。

3. 离子交换处理

在循环冷却水处理中，采用的离子交换剂一般为弱酸性阳树脂。这里，采用弱酸性阳树脂而不宜用强酸性阳树脂的原因是：前者的交换容量大（用于软化处理时，工作交换容量一般大于 $2500mol/m^3$）且容易再生，尽管它只能交换水中的碳酸盐硬度，但这正是循环冷却水处理所需要的。

弱酸性阳树脂的—COOH 基团对水中碳酸盐硬度有较强的交换能力，其交换反应为

$$2RCOOH + Ca(HCO_3)_2 \longrightarrow (RCOO)_2Ca + 2H_2O + 2CO_2 \uparrow$$

$$2RCOOH + Mg(HCO_3)_2 \longrightarrow (RCOO)_2Mg + 2H_2O + 2CO_2 \uparrow$$

　　反应的结果，不仅除去了水中的碳酸盐硬度，也同时除去了水中的碱度，降低了水中的含盐量。弱酸 H 交换器主要用于除去水中的碳酸盐硬度，所以可以用出水碱度或硬度的变化作为运行终点的控制指标。交换过程中形成的 CO_2 可在冷却塔内除去。

　　离子交换处理的缺点是系统庞大、占地面积大。同时，系统需要频繁再生，而且会产生大量的再生废液。

　　4. 阻垢处理

　　向循环水中添加少量化学药剂，就可以起到阻止生成水垢的作用，这称为阻垢处理或稳定处理，所用的药剂称阻垢剂或水质稳定剂。现在使用的药剂除了具有阻垢的作用外，还有防腐蚀、杀菌的作用。

　　(1) 阻垢性能。各种阻垢剂虽然具有不同的性能，但它们在阻垢方面有许多共性，这就是阻垢剂在其加药量很低时就可以稳定水中大量的 Ca^{2+}，当它们的剂量增至很大时，其稳定作用不再明显的改进，阻垢剂的这种性能称为阈限效应。

　　阻垢剂的阻垢效果除与其用量有关外，还与水温和水质有关，随水温、碳酸盐硬度以及 pH 值的升高，其阻垢效果下降。

　　任何阻垢剂都受到阻垢能力的限制，当循环水浓缩倍数过大，以至水中碳酸盐硬度超过它的允许值时，仍然会有 $CaCO_3$ 垢生成。所以通常要结合循环水的排污控制循环水的浓缩倍数，以达到防止 $CaCO_3$ 垢的目的。

　　(2) 阻垢原理。阻垢处理不是单纯的化学反应，它包含若干物理化学过程，用于解释阻垢原理的有晶格畸变理论、分散理论和络合理论等。

　　晶格畸变理论认为阻垢剂干扰了成垢物质的结晶过程，从而抑制了水垢的形成。现以成垢物质 $CaCO_3$ 为例加以说明。碳酸钙是结晶体，它的成长是严格按顺序由 Ca^{2+} 和 CO_3^{2-} 碰撞后彼此结合，从微小晶体按一定方向逐渐长大成大晶体。若水中存在阻垢剂，则 Ca^{2+} 和 CO_3^{2-} 形成微晶时，在它的表面会吸取水中的阻垢剂，晶格成长方向被扭偏，甚至被阻挡。这样，微晶 $CaCO_3$ 长不大，呈微小颗粒分散在水中。

　　微晶吸收阻垢剂的反应主要发生在其成长的活性点上。只要这些活性点被覆盖，结晶过程便被抑制。所以阻垢剂的用量不需很多，而且阻垢剂与成垢物质之间没有化学计量关系。

　　分散理论认为，有些阻垢剂在水中会电离，当它们吸附在某些小晶体的表面时，其表面形成新的双电层，从而它们像胶体那样稳定地分散在水体中。起这种作用的阻垢剂又称为分散剂。分散剂不仅能吸附于颗粒上，而且也能吸附于换热设备的壁面上，因而阻止了颗粒在壁面上沉积，而且，即使发生沉积，沉积物与接触面附着力比较小，沉积物比较疏松。

　　络合理论认为，有些阻垢剂如有机膦酸在水中电离出 H^+，本身成为带负电荷的阴离子。这种阴离子能与水中成垢的金属阳离子 Ca^{2+} 和 Mg^{2+} 等形成稳定络合物，使它们不能参与成垢。

　　(3) 常用阻垢剂。阻垢剂的品种很多，当前使用较广泛的阻垢剂介绍如下:

　　1) 聚磷酸盐。常用三聚磷酸钠和六偏磷酸钠，作为阻垢剂时的投加量为 $2\sim3mg/L$。水解是聚磷酸盐在应用中的主要问题，水解后使聚磷酸盐的链状结构转变为简单的正磷酸盐分子。聚磷酸盐的水解会带来以下问题: ①正磷酸盐的阻垢效果比聚磷酸盐差得多，降低了它的水质稳定效果; ②正磷酸盐是循环水中微生物良好的营养物质，因此，会促进微生物的滋生; ③正磷酸盐还有可能与 Ca^{2+} 生成水渣状的磷酸钙污垢，影响传热。有时甚至形成氧的浓差电池，促进金属的腐蚀。

影响聚磷酸盐水解的因素主要是循环水的时间、pH 值和温度。一般来说，时间越长，水解率就越高；pH 值在 7.5 左右，水解率较低；温度升高和 Ca^{2+} 浓度增加，也会使水解率增加。采用三聚磷酸钠的电厂，其水解率一般为 50%～60%。

2）有机膦酸。有机膦酸种类很多，常用的有机膦酸（盐）有氨基三甲叉膦酸（AT-MP）、羟基乙叉二膦酸（HEDP）、乙二胺四甲叉膦酸（EDTMP）。有机膦酸盐有以下特点：①具有良好的化学稳定性，不易水解和降解，在高温下不失效；②能够达到的极限碳酸盐硬度比聚磷酸盐高，特别是与聚磷酸盐复合应用时；③有机膦酸在高浓度（30mg/L 以上）下使用，对铁有良好的缓蚀作用，但有机膦酸盐对铜和铜合金有一定的侵蚀作用，原因是有机膦酸盐与铜能够形成稳定的络合物；④有机膦酸盐和聚合磷酸盐用于冷却水处理，都会在某种程度上促进微生物的生长，因此，必须同时进行杀菌处理。

3）聚丙烯酸（PAA）。PAA 是丙烯酸单体的聚合物，为低分子聚电解质，具有优良的分散能力，也有一定的螯合能力。

4）复合型阻垢剂。为了充分利用各种阻垢剂的优点，有时将各种阻垢剂进行复合配方使用，可以提高阻垢效果，称为阻垢剂的协同效应。

近年来，也有利用反渗透处理降低补充水的硬度控制水垢的工程实例，如华能杨柳青电厂等。

上述防垢处理的方法可分为两类：①处理系统的补充水。如石灰软化、离子交换软化、反渗透等。②对循环水进行处理。如加酸、加水质稳定剂等。循环冷却水防垢处理往往不是采用一种方法，而是上述两种或多种方法进行联合处理。如石灰与阻垢剂的联合处理、加酸与阻垢剂的联合处理、离子交换与阻垢剂的联合处理等。

（三）污垢的控制

1. 降低补充水浊度

作为循环水系统的补充水，其浊度越低，带入系统中可形成污垢的杂质就越少。为此，GB 50050—2007《工业循环冷却水处理设计规范》规定，循环冷却水浊度不宜大于 20NTU。在化工或其他企业中，当换热器为板式、翅片管式和螺旋板式时，循环冷却水浊度不宜大于 10NTU。对于不能满足上述要求的补充水，必须进行预处理，降低其浊度。

2. 做好冷却水的水务管理

将冷却水的浓缩倍数 k 控制在规定的范围内运行，及时连续排污；做好冷却水的水质稳定处理，尽量减少结垢量，抑制腐蚀速度并防止菌藻大量滋生。

3. 投加分散剂

在进行阻垢、防腐和杀菌灭藻水质处理时，投加一定量的分散剂，也是控制污垢的好方法。分散剂能将黏在一起的泥团杂质等分散成微小颗粒使之悬浮在水中，随着水流流动而不沉积在传热表面上，从而减少污垢或黏泥对传热的影响，同时部分悬浮物还可随排污水排出循环水系统。

4. 增加旁流过滤设备

为了除去在循环过程中因浓缩、污染等原因形成的高浓度的悬浮杂质，保证冷却水的浊度在允许的范围内，从而减少污垢的生成，可以在系统中增加旁流过滤设备。旁流量一般经验是按 1%～5%的循环水量设计，也可根据循环水系统情况及水质浊度数值等进行相应的专业计算，更精确的得出旁流过滤水量。只要控制旁流水量和进、出旁流设备的浊度，就可保证系统在长时间运行过程中浊度不会增加，维持在控制的指标内。

通常采用的旁流过滤设备有纤维过滤器、各种大流量的砂滤池等。旁流过滤器与一般过滤设备一样，通常以石英砂或无烟煤作为过滤介质，也可采用双层滤料或三层滤料。如果水中含有油污，则不能直接采用旁流过滤器，因为油污有可能污染过滤介质，使过滤发生堵塞。

此外，很多电厂采用胶球清洗技术，在运行过程中清洁铜管表面，减少污垢的形成。

五、循环冷却水系统金属的腐蚀及其控制

凝汽器是火电厂的主要换热设备，其换热面管材为耐蚀性较强的铜合金、钛或不锈钢等。这些材质不仅具有优良的导热性、良好的可塑性和必要的机械强度，而且便于机械加工。但是，在大型机组的腐蚀损坏事故中，由于凝汽器管腐蚀损坏的事故大约占30％以上。因此，对凝汽器管腐蚀进行控制，是保证机组安全运行的重要措施之一。

（一）凝汽器铜管的腐蚀

在凝汽器铜管水侧常发生选择性腐蚀、点蚀、冲刷腐蚀、电偶腐蚀、应力腐蚀和腐蚀疲劳等。

1. 选择性腐蚀

选择性腐蚀也称为脱合金化腐蚀，是指合金在腐蚀性介质中各组成元素不按它们在合金中的比例而溶解的一种腐蚀形式。通常是化学性质比较活泼，电位比较低的元素因电化学作用而被选择性地溶解在介质中，而电位比较高的元素富集在合金中。如黄铜，由于锌的选择性溶出而产生脱锌腐蚀，是凝汽器铜管腐蚀损坏的一种主要形式。

凝汽器铜管的脱锌腐蚀有层状脱锌和栓状脱锌两种形式。层状脱锌的特征是在铜管的水侧表面上呈现范围比较大又不太致密的红色紫铜层，从剖面观察有明显的分层现象，管壁虽未明显减薄，但机械强度却明显降低了。实践证明，当以含盐量较高、硬度和pH值较低的水（如海水）作为冷却水时，容易产生这种层状脱锌。栓状脱锌的特征是在铜管水侧表面发生栓状脱锌的部位常呈现腐蚀产物堆积成白色小丘状，这些腐蚀产物一般是 $ZnCl_2$、$ZnCO_3$ 和 $Zn(OH)_2$ 等。去掉这些腐蚀产物后，可见到呈海绵状的紫铜栓，如再去掉紫铜栓，则出现一个直径为 $1\sim2mm$ 的浅坑或圆孔。当以硬度较大的碱性水为冷却水时，容易发生这种栓状脱锌腐蚀。

防止或减轻黄铜脱锌最初的方法是在 70‑30 黄铜中加入1％锡（海军黄铜），后来则再加入少量的砷、锑或磷作为"缓蚀剂"。例如，在含砷海军黄铜中约含70％铜、29％锌、1％锡和0.04％砷。

我国在普通黄铜冷凝管的基础上，添加微量元素砷，开发出 H68A、HSn70‑1A、HA177‑2A 铜合金管，基本上解决了铜管的大面积脱锌腐蚀问题，提高了发电机组凝汽器铜管的使用寿命。之后又在 HSn70‑1A 合金的基础上再加入微量硼（B），制成 HSn70‑1B 冷凝管，在发电厂水质条件下使用，管子内壁表面能形成光滑、均匀、坚固、致密的保护膜，长期运行不结垢，并能全面抑制脱锌腐蚀，表现出较高的耐蚀性能。

在容易产生脱锌腐蚀的恶劣环境中，或对于关键部件，常使用铜‑镍合金，即白铜来有效防止脱锌腐蚀的发生。

2. 点蚀

在凝汽器铜管内形成的点蚀，大部分集中在水平管的底部。它的特征是：点蚀坑的底部有白色的氯化亚铜沉淀，其上有红色 Cu_2O 晶体，表面覆盖一层绿色的碱式碳酸铜和白色碳酸钙。

这种点蚀是由以下过程形成的：在铜管表面氧化膜（Cu_2O）破裂处，电位较低，发生氧化过程 $Cu \longrightarrow Cu^+ + e$，产生的 Cu^+ 与水中 Cl^- 生成氯化亚铜 $CuCl$。$CuCl$ 不稳定，而发生水解反应，生成氧化亚铜，并形成腐蚀性环境，即

$$CuCl + H_2O = Cu_2O + 2HCl$$

坑中一部分 Cu^+ 通过 Cu_2O 膜的孔隙迁移到表面时被氧化成 Cu^{2+}（$Cu^+ \longrightarrow Cu^{2+} + e$），生成的 Cu^{2+} 又与基体铜作用（$Cu^{2+} + Cu \longrightarrow 2Cu^+$）使点蚀坑向深处发展；点蚀坑中的另一部分 Cu^+ 与水中的溶解氧和碳酸盐发生如下反应：

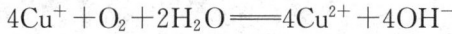

$$4Cu^+ + O_2 + 2H_2O = 4Cu^{2+} + 4OH^-$$

$$4CuCl + Ca(HCO_3)_2 + O_2 = CuCO_3 \cdot Cu(OH)_2 + CaCO_3 + 2CuCl_2$$

生成的腐蚀产物堆积在点蚀坑周围，形成小丘状，这一过程如图 10-5 所示。

实践证明，凝汽器铜管内形成点蚀与水质有关，当以硬度较高及 $c(HCO_3^-)/c(SO_4^{2-})$ 较小的水作为冷却水时，产生点蚀的倾向性增大。

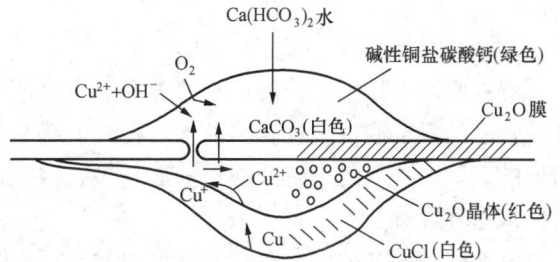

图 10-5 铜表面点蚀的形成过程示意

3. 磨损腐蚀

凝汽器铜管水侧发生的磨损腐蚀又称为冲击腐蚀或冲刷腐蚀。当冷却水中含有气体或泥砂时，就会在凝汽器铜管的入口湍流区产生冲击磨削作用，使铜管表面的氧化膜遭到破坏，形成阳极区，而保护膜未受到破坏的部位成为阴极区，在机械冲击力和腐蚀介质的共同作用下，产生磨损腐蚀。磨损腐蚀的特征是：腐蚀的部位呈槽、沟、波纹和山谷形，还常常显示有方向性。图 10-6 所示为凝汽器管壁的磨损腐蚀示意。

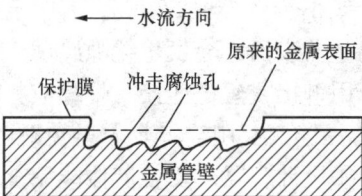

图 10-6 凝汽器铜管管壁的磨损腐蚀示意

影响磨损腐蚀的因素有：铜管表面氧化膜的耐蚀耐磨性能，氧化膜损坏后的自身修复能力、水流速度、湍流程度及水中含砂量等。

4. 应力腐蚀破裂

应力腐蚀破裂也是凝汽器铜管的一种主要损坏形式，产生腐蚀破裂应具有拉伸应力和侵蚀性介质环境两个条件。铜管的内部拉伸应力可能来自生产、运输、安装过程中产生的残留应力，也可能来自运行过程中排汽或水流的冲击、振动、膨胀不均匀等。侵蚀性介质环境可以是水中的氨及含硫氧化物等。

应力腐蚀破裂的特征是：在铜管上产生纵向或横向裂纹，严重时甚至裂开或断裂。裂纹的方向一般垂直于铜管受拉伸应力的方向，裂纹有的是沿晶性的，有的是穿晶性的。

为了消除铜管内残留的拉伸应力，在安装前必须进行现场退火处理，使残留应力不大于 $50\sim200kPa$。

5. 腐蚀疲劳

凝汽器铜管胀接在凝汽器两端的多孔板上,中间虽有支撑钢架,但在机组频繁启停、负荷变化幅度较大时,受汽轮机高速排汽的冲击仍会产生急剧的振动和扰动,使铜管中部承受交变应力的作用,进而使表面氧化膜破裂,并逐渐形成裂纹。凝汽器铜管的长度随机组容量增大而不断加长,因此大容量机组更易发生腐蚀疲劳。

6. 电偶腐蚀

如上所述,凝汽器管一般采用耐蚀性材料黄铜、白铜或不锈钢等,而一般两端的管板又采用普通碳钢,以胀接方式与铜管连接。这两种不同的金属材料在腐蚀介质中直接接触时,就会导致电偶腐蚀。电位较低的钢板为阳极,受到腐蚀,铜管为阴极不受腐蚀。虽然钢板比较厚,一般为 25～40mm,难以使钢板腐蚀穿孔,但钢板受到腐蚀后导致胀接部位的严密性降低,使泄漏率增大,影响水汽质量。

电偶腐蚀的程度除与电位差值有关外,还取决于相对面积和溶液电导率等因素。当阴极表面与阳极表面面积比率较小时,电偶腐蚀是有限的;电导率比较低的水溶液也能限制电偶腐蚀。

7. 缝隙腐蚀与垢下腐蚀

浸在腐蚀介质中的金属,在缝隙或被本身的腐蚀产物或被其他沉积物覆盖的表面上常常发生强烈的局部腐蚀。这类腐蚀常与孔穴、垫片底面、搭接缝、表面沉积物以及螺帽和铆钉帽下的缝隙内积存的少量的静止溶液有关,因此这类腐蚀称为缝隙腐蚀,有时也称为沉积物腐蚀或垫片腐蚀。

影响缝隙腐蚀的因素有:①外界因素。可在金属表面形成沉积物,如泥砂、尘埃、腐蚀产物、水垢、微生物黏泥等;金属所处的介质有腐蚀性或形成沉积物后有腐蚀性。②内在因素。首先,金属本身是不耐缝隙腐蚀的金属,耐蚀性依靠氧化膜或钝化膜的金属或合金,如 B30 白铜、不锈钢等;其次,金属与金属接触或与非金属接触要有一条缝隙,其宽度宽到液体能够流入,但又必须窄到能维持静滞,通常缝隙宽度等于或小于 0.1～0.2mm。有时金属的腐蚀产物留在表面上,但溶液能通过腐蚀产物进入到金属基体表面也会发生缝隙腐蚀。

抑制缝隙腐蚀的方法主要有:①新设备用对接焊,而不用铆接或丝杆连接。焊缝应打坡口,要焊实、焊透,以免内部产生微孔和缝隙。②搭接焊的焊缝,要用连续焊,避免跳弧、断弧。③尽量使用整的,不易吸水的垫片,如聚四氟乙烯。④设计容器时要使液体能完全排净,避免锐角和静滞区。液体能完全排净则便于清洗,还可以防止固体在容器底部沉积。⑤经常检查设备,并除去沉积物或腐蚀产物。⑥长期停用的设备应取下湿的填料和垫片。⑦对于埋地管道回填时,应尽量提供均匀的环境。⑧如有可能,应尽量减少工艺流程中悬浮的固体。如向循环水系统中补入已除去悬浮物的补充水。⑨采用焊接的方法而不用胀接的方法或采用两者结合的方法。例如,在安装凝汽器钛管时应先采用胀接后再焊接,而不能像铜管那样采用胀接。

(二) 凝汽器不锈钢管的腐蚀

自 20 世纪 80 年代末 90 年代初,我国 7 大江河水系都发生了不同程度的污染,加之节水原因,电厂循环冷却水浓缩倍率大大提高,许多电厂冷却水质变得越来越差,对凝汽器等热交换器管的耐蚀性能也提出了更高的要求。不锈钢管与铜合金管相比较,一方面具有较高的机械强度和弹性模量,而且具有更好的抗污染水体腐蚀能力;另一方面,就单位长度价格而言，目前的薄壁焊接不锈钢管与黄铜管相近，但比白铜管低得多。因此，薄壁焊接不锈钢管具有明显的竞争优势，在我国凝汽器上的应用前景十分广阔。

不锈钢的牌号很多，凝汽器上多数使用奥氏体不锈钢。奥氏体不锈钢从 1913 年在德国问世后，在随后的 70 多年内，其成分在 Cr18Ni8 的基础上有以下几方面的重要发展：①增加不锈钢中合金元素 Mo 的含量，以有效地提高不锈钢在含 Cl^- 介质中耐缝隙腐蚀和点蚀的能力。②降低不锈钢中的碳含量或加稳定化元素 Ti、Nb、Ta，以减小焊接时发生晶间腐蚀的倾向。③在不锈钢中添加 N 元素，以提高强度，补偿降低碳带来的强度降低，还可以增进耐点蚀性能和相的稳定性能。④增加 Ni 含量，以提高强度，并改善抗应力腐蚀和高温氧化的性能。在淡水、微咸水、咸水中使用的奥氏体不锈钢主要是 Fe - Cr - Ni 系合金，即美国 AISI300 系列不锈钢，包括 304、316 和 317 系列不锈钢管。

不锈钢管主要会发生以下的腐蚀。

1. 点蚀和缝隙腐蚀

不锈钢管的点蚀和缝隙腐蚀具有相同或类似的规律，影响因素包括材质和介质两个方面。其中，材质因素主要是合金元素和表面状态。①合金元素。在合金元素中，Mo 是提高不锈钢耐点蚀和缝隙腐蚀性能的最主要的合金元素；添加 0.1% ～ 0.3% 的 N 也可使不锈钢耐点蚀性能明显提高。②表面状态。表面状态对不锈钢的点蚀和缝隙腐蚀也有影响。为了减少金属表面的不均匀性，钝化处理是有效的。因此，酸洗不锈钢管后必须进行钝化处理。另外，钢表面越光洁，异物越难以附着，发生点蚀和缝隙腐蚀的概率就越小。

在冷却水中，影响不锈钢管的点蚀和缝隙腐蚀的环境因素主要有 Cl^-、SO_4^{2-}、pH 值、溶解氧量、流速和温度。Cl^- 的含量越高，pH 值越低，不锈钢管就越容易发生点蚀和缝隙腐蚀。增加溶解氧的浓度或流速，能提高金属表面的氧浓度，这在未发生腐蚀的情况下，有利于金属钝化；但腐蚀发生后，将加快缝隙和蚀孔外部的阴极反应，使局部腐蚀速度增大。流速过低时，冷却水中的悬浮物或泥沙容易在金属表面沉积，从而导致沉积物下的局部腐蚀（缝隙腐蚀和点蚀）。水温提高，将加速离子的迁移过程和阳极反应速度，一般会引起点蚀电位降低，从而增加点蚀倾向，加速缝隙腐蚀。

普通不锈钢管发生点蚀和缝隙腐蚀，一般是由于长期停用，沉积物下 Cl^- 因水的蒸发浓缩而引起的。因此，应特别注意凝汽器水侧的停用保护。

2. 应力腐蚀破裂

在含 Cl^- 的溶液中的应力腐蚀破裂（SCC）是奥氏体不锈钢的一种常见的腐蚀形态。在冷却水中，它主要与氯化物种类、Cl^- 含量和水温有关。一般认为，凡是可水解产生酸的氯化物，如 $CaCl_2$、$MgCl_2$、NH_4Cl 等，均能引起奥氏体不锈钢 SCC，并且 Cl^- 含量和水温越高，发生 SCC 的倾向就越大。但是，常温下这种倾向很小。因此，在凝汽器正常运行的冷却水温度下，不锈钢管一般不会发生 SCC。

3. 腐蚀疲劳

材料的抗拉强度、耐蚀性和晶粒度是影响腐蚀疲劳强度的主要因素。一般，增加抗拉强度、提高耐蚀性和减小晶粒度，均有利于提高材料的耐腐蚀疲劳性能。奥氏体不锈钢的腐蚀疲劳还受环境介质的腐蚀性和交变应力幅值的影响。介质的腐蚀性越强，水温越高，交变应力幅值越大，就越容易发生腐蚀疲劳。另外，点蚀可成为疲劳源而诱发腐蚀疲劳。实验结果表明，常用的 TP304、TP304L、TP316、TP316L 的腐蚀疲劳性能差别很小。

4. 其他腐蚀

不锈钢只有在较浓的酸溶液中才会发生均匀腐蚀，而在各种中性和碱性溶液中则具有良好的耐蚀性。因此，不锈钢管在凝汽器的运行工况下不会发生均匀腐蚀和氨腐蚀。

由于不锈钢管具有较高的机械强度和钝化性能，所以具有良好的耐冲刷腐蚀性能，可大幅度提高管内冷却水流速。

在淡水中，与不锈钢管连接的碳钢管板的电偶腐蚀问题并不突出。但是，为了最大限度减小胀管或焊接部位腐蚀导致冷却水泄漏的可能性，新凝汽器管板可以采用碳钢 - 不锈钢的复合材料，这种管板的水侧为与管材材质相同或相近的不锈钢，这样就可避免不锈钢管与管板间的电偶腐蚀。

虽然不锈钢管强度高、耐蚀性强，但管壁的热阻大，所以通常在凝汽器的主凝结区选用 $\phi 25 \times 0.5 mm$ 的薄壁焊接不锈钢管，但在顶部的三层管子应选用 $\phi 25 \times 0.7 mm$ 的薄壁焊接不锈钢管，以增强管材的强度和减小蒸汽冲击引起的振荡。

（三）凝汽器钛管的腐蚀

由于海水含盐量高，含砂量也高，凝汽器铜合金管水侧经常发生冲刷腐蚀和点蚀，为此可采用钛管凝汽器。美国、英国等已使用了三十多年，我国也已有二十多年。日本是应用钛管凝汽器最多的国家，也是向国外出口钛管凝汽器最多的国家。我国采用钛管凝汽器虽然只有二十多年的历史，自 1991 年后，平均每年有 2000MW 以上使用全钛凝汽器的机组投入运行，钛管年用量平均在 250t 以上，但到 20 世纪末也仅有近三十个电厂的 94 台机组钛管凝汽器投入运行，机组的累积总容量达到 26 997MW。

钛的耐蚀性与铝一样，起因于钛表面的保护性氧化膜。钛的新鲜表面一旦暴露在大气或水中后，立即会自动形成新的氧化膜。在室温大气中，该膜的厚度为 1.2～1.6nm。随着时间的延长，该膜会自动地逐渐增厚到几百纳米。钛表面的氧化膜通常是多层结构的氧化膜，它从氧化膜表面的 TiO_2 逐渐过渡到中间的 Ti_2O_3，在氧化物金属界面则以 TiO 为主。

钛在海水等自然水中几乎都不会发生任何形式的腐蚀。因此，钛在所有天然水中是最理想的耐蚀材料。例如：钛在被污染的海水中长期使用（10～20 年）未发生任何腐蚀；即使海水中有硫化物和钛表面有沉积物或海生物也不发生缝隙腐蚀和点蚀；钛还能在含有砂粒的海水中有抗高速海水（36.6m/s）冲刷腐蚀的能力；钛在海水中使用一般不发生应力腐蚀开裂，抗疲劳性能也不会明显降低。

由于钛对于海生物没有毒性，海生物在钛表面附着比较普遍。虽然不会引起钛腐蚀，表面仍保持抗腐蚀氧化膜的完整性，但可使凝汽器真空度降低，机组效率降低。为了减轻钛管表面的海生物附着，可以采取以下措施：①采用胶球清洗，保持钛管水侧的清洁；②投加杀生剂，防止生物附着、繁殖；③尽量提高冷却水的流速，减少附着物。有资料介绍，在夏季，冷却水流速为 1m/s 时，海洋生物在钛管上的附着物量是冷却水流速为 2m/s 时的 10～20 倍，所以设计流速一般应在 2.3m/s 左右。

（四）凝汽器管腐蚀的控制

控制循环冷却水系统中金属腐蚀的方法较多，可根据具体情况灵活应用。常用以下几种：①选用耐蚀材料的换热器，如凝汽器采取白铜管、不锈钢管或钛管；②添加缓蚀剂；③控制冷却水的 pH 值，如将冷却水的 pH 值控制在 8.0～9.0；④减少微生物黏附，如杀菌、胶球清洗；⑤成膜，如硫酸亚铁成膜；⑥电化学保护，如牺牲阳极、外加电流的阴极保护法；⑦涂覆防腐涂料，如凝汽器端板涂膜。其中以选择管材最为重要。

1. 选用耐蚀材料

长期以来，使用一些耐蚀金属材料制成换热设备，是控制冷却水系统金属腐蚀的一个重要措施。根据 DL/T 712—2010《火力发电厂凝汽器及辅机冷却器管选材导则》，在一定冷却水水质条件下，凝汽器管的选材应根据管材的耐蚀性和设计使用年限（不低于 20 年）等进行技术经济比较确定。作为选材依据的水质指标主要是总溶解固体（TDS）和氯离子含量；悬浮物和含砂量；水质污染指标，可用 S^{2-}、NH_3、氨-氮含量（NH_3-N）和 COD_{Mn} 四个指标衡量。

凝汽器铜管的选用原则主要有：①根据水质条件，按照 DL/T 712—2010 的规定选用我国现有的各种管材或参考选用对应的国外管材。②冷却水中的悬浮物和含砂量对管材的使用寿命有影响。对于含砂量较少、含细泥较多的水，允许含量可适当放宽。③在选用铜合金管时，冷却水水质指标应当符合以下规定：$c(S^{2-})$＜0.02mg/L；$c(NH_3)$＜1mg/L；$c(NH_3$-N)＜1mg/L；COD_{Mn}＜10mg/L。同时应设有杀菌处理和胶球清洗等措施。对于黄铜管还应进行成膜处理。④在选用凝汽器铜合金管时，空抽区的管材宜选用不锈钢或白铜。

凝汽器不锈钢管的选用原则主要有：应以不锈钢管在冷却水中不发生点蚀为主要依据来选择不同牌号的不锈钢管，并通过试验确定。

凝汽器钛管的选用原则主要有：滨海电厂或有季节性海水倒灌的电厂，凝汽器及辅机冷却器管原则上选用钛管。对于使用严重污染的淡水水源，也可选用钛管。

管板材料的选用原则主要有：①应从管板的耐蚀性和管材材质等方面进行技术经济比较。②对于 TDS＜2000mg/L 的冷却水（淡水和微咸水），可选用碳钢板，必要时实施有效的防腐涂层和电化学保护。③对于海水，可选用钛管板、复合钛管板、不锈钢管板、复合不锈钢管板或采用与凝汽器管材相同材质的管板。对于咸水，可根据管材和水质情况选用碳钢板、不锈钢管板或复合不锈钢管板。但选用碳钢板时，应实施有效的防腐涂层和电化学保护。④使用薄壁钛管时，管板应选用钛管板或复合钛管板。

2. 添加缓蚀剂

（1）聚磷酸盐。聚磷酸盐是目前使用最广泛且最经济的冷却水缓蚀剂之一。最常用的聚磷酸盐是六偏磷酸钠和三聚磷酸钠。要使聚磷酸盐能有效地保护碳钢，冷却水中既需要有溶解氧，又需要有适量的钙离子。

除了具有缓蚀作用外，聚磷酸盐还对碳酸钙和硫酸钙有一定阻垢作用。使用聚磷酸盐的关键是尽可能避免其水解成正磷酸盐以及生成溶度积很小的磷酸钙垢。

单独使用时，在开式循环冷却水系统中聚磷酸盐的使用浓度为 20～25mg/L，pH＝6.5～7.0。为了提高其缓蚀效果，聚磷酸盐通常与铬酸盐、锌盐、钼酸盐、有机膦酸盐等联合使用。

聚磷酸盐主要是作为抑制钢铁类金属腐蚀的缓蚀剂而使用。

（2）有机膦酸。有机膦酸常用的有 ATMP、HEDP、EDTMP、PBTCA 等。

有机膦酸及其盐类与聚磷酸盐有许多方面是相似的。它们都有低浓度阻垢作用，对钢铁都有缓蚀作用。但是，有机膦酸及其盐类并不像聚磷酸盐一样容易水解为正磷酸盐，这是它们一个很突出的优点。

有机膦酸对碳酸钙的阻垢作用比聚合物好得多，但分散作用不如聚合物。在保护钢铁时，有机膦酸及其盐类是一种混合型缓蚀剂。在电厂循环冷却水系统中使用有机膦酸，主要是发挥其阻垢作用。

有机膦酸及其盐类的优点是：①不易水解，特别适用于高硬度、高 pH 值和高温下运行的冷却水系统；②同时具有缓蚀作用和阻垢作用；③能使锌盐稳定在水中。它的缺点是：①对铜及铜合金有较强的侵蚀性；②价格较贵。

（3）巯基苯并噻唑。巯基苯并噻唑简写式 MBT。对于铜和铜合金，巯基苯并噻唑是一种特别有效的缓蚀剂。在冷却水系统中，很低浓度（如 2mg/L）的巯基苯并噻唑就可以使铜及其合金的腐蚀速度降得很低。

在有铜合金冷却设备的直流冷却水系统中，由于使用量大和成本高，故极少使用巯基苯并噻唑或苯并三唑作铜缓蚀剂。

巯基苯并噻唑在冷却水中容易被氯氧化而破坏其缓蚀性能。极化曲线的测量表明，巯基苯并噻唑在低浓度时是一种阳极型缓蚀剂，因此水中加药量要足够，否则，量少时会由于缓蚀剂不能完全覆盖所有金属表面，容易影响缓蚀作用。

巯基苯并噻唑的优点是：①对铜和铜合金的腐蚀控制比较有效；②用量少。它的缺点是对氯和氯胺很敏感，容易被它们氧化而破坏。

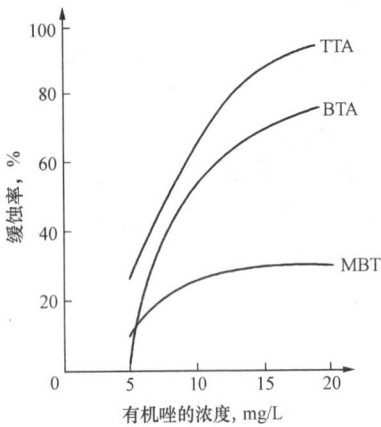

图 10 - 7　黄铜的缓蚀率与三种
芳香唑浓度的关系

（4）苯并三唑（BTA）和甲基苯并三唑（TTA）。苯并三唑是一种很有效的铜和铜合金缓蚀剂，它不但能抑制金属基体上的铜溶解进入水中，而且还能使进入水中的铜离子钝化，防止铜在钢、铝等其他金属上的沉积和黄铜的脱锌。此外，苯并三唑对铁、镉、锌、锡也有缓蚀作用。

苯并三唑和甲基苯并三唑在 pH＝6～10 之间的缓蚀率最高。它能耐氧化作用，冷却水中有游离氯存在时，它的缓蚀性能被破坏，但在游离氯消耗完后，它的缓蚀作用又会恢复。图 10 - 7 所示为水中有大量游离氯（40mg/L）时，黄铜的缓蚀率与三种芳香唑浓度的关系。由图可见，三种芳香唑抵抗氯对铜合金侵蚀的能力是不同的。

苯并三唑和甲基苯并三唑常用于制作复合缓蚀剂，用于有铜的冷却设备的密闭式循环冷却水系统中。

苯并三唑和甲基苯并三唑的优点是：①对铜和铜合金的缓蚀效果好；②更能耐受氯的氧化作用。缺点是价格较高。

3. 控制冷却水的 pH 值

对碳钢来讲，随着水的 pH 值提高，水中氢离子浓度降低，金属腐蚀过程中氢离子去极化的阴极反应受到抑制，碳钢表面生成氧化性保护膜的倾向增大，故冷却水对碳钢的腐蚀性随 pH 值升高而降低。一般情况下，pH 值升高到 8.0～9.5 时，碳钢腐蚀速率将降至接近 0.125mm/a。

循环冷却水采用碱性处理可以使大多数金属腐蚀速率降低至最低点。碱性冷却水处理，是指将循环冷却水的运行 pH 值控制在 7.0 以上的冷却水处理。这种处理实际上包括了两大类：

（1）不加酸调节 pH 值的碱性冷却水处理。在循环冷却水运行过程中，人们不再向冷却水中加酸以调节 pH 值，而是让冷却水在冷却塔内曝气达到其自然平衡 pH 值，采用这种处理方式，冷却水的 pH 值大致为 8.0～9.5。

（2）加酸调节 pH 值的碱性冷却水处理。这是指在循环冷却水运行过程中，向冷却水中加入酸（浓硫酸）以控制其 pH 值，使之保持在 7.0～8.0 之间的处理。由于 pH 值仍偏于碱性，故也归入碱性冷却水处理。

4. 胶球清洗

胶球清洗是用比换热器管子内径稍大一些的海绵橡胶球（简称胶球），借助水流的压力进入换热管内，利用胶球的挤擦作用将附在管壁上的沉积物除去的一种清洗方法。

在火力发电厂循环冷却水系统中的凝汽器，在生产运行过程中一般要进行胶球清洗操作，所使用的胶球要用循环水浸泡 24h 以上，球在充分吸水后的密度，应和所要清洗系统的循环水的密度相同，球的直径比凝汽器管内径大约 1mm。

胶球清洗装置系统如图 10-8 所示，包括循环泵、装球分配器、胶球捕集器和回收器。

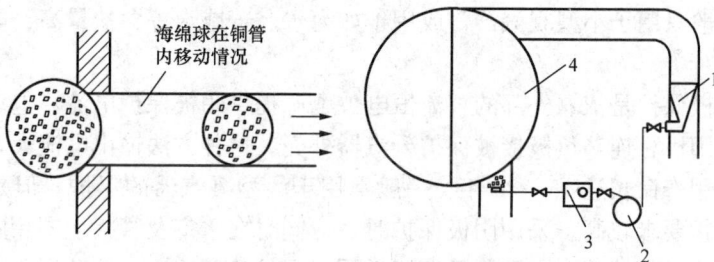

图 10-8　凝汽器胶球连续清洗系统
1—回收器；2—循环泵；3—加球室；4—凝汽器

胶球清洗的频率、每次清洗的持续时间和投球量应根据凝汽器管内附着沉积物的种类以及沉积速度等具体情况，通过试验确定。一般，每台凝汽器所需胶球数量为凝汽器管总数的 5%～10%；每清洗一次，可持续 0.5h 左右，平均每根管通过 3～5 个胶球；清洗的频率，可以从每天一次到每周一次。

5. 硫酸亚铁成膜

硫酸亚铁是在电厂铜管凝汽器的冷却水系统中广泛采用的一种缓蚀剂。加有硫酸亚铁的冷却水通过凝汽器铜管时，使铜管内壁生成一层含有铁化合物的保护膜，从而防止冷却水对铜管的侵蚀，称为硫酸亚铁镀膜。硫酸亚铁成膜为棕红或棕褐色。大多数情况下，硫酸亚铁镀膜处理对防止凝汽器铜管的冲刷腐蚀、脱锌腐蚀和应力腐蚀均有明显的效果。在火电厂，凝汽器铜管的硫酸亚铁镀膜与胶球清洗相结合进行，镀膜均匀、致密，缓蚀效果好。

成膜主要工艺步骤为：胶球擦洗→预处理（在循环水中加入预处理剂，循环时间根据小型试验结果确定）→水冲洗→成膜→通风干燥。

成膜处理可分为一次成膜和运行中成膜两种方式，成膜的工艺条件见表 10-2。

表 10 - 2　　　　　　　　　　凝汽器黄铜管成膜工作条件

成膜方式	Fe²⁺浓度	pH 值	温度（℃）	流速（m/s）	循环时间	备　注
清洗后直接成膜	$10\sim100$mg/L	$5.0\sim6.5$	$15\sim35$	$\geqslant0.1$	$72\sim96$h	用工业水调 pH 值，间断通无油压缩空气或结合现场情况曝气
运行中成膜	$0.5\sim2.0$mg/L	$7.0\sim9.0$	$15\sim35$	$1.0\sim2.0$	$45\sim60$d	在运行中，每天加药 1h，连续 $45\sim60$d，加药前配合投胶球 1h

6. 阴极保护

阴极保护可有效地防止凝汽器管板的电偶腐蚀和铜管端部的点蚀、冲刷腐蚀等局部腐蚀，并且短期即能见效。因此，它是防止凝汽器腐蚀的一项重要措施。凝汽器的阴极保护可采取牺牲阳极保护法或外加电流保护法。

牺牲阳极保护法是用一种更活泼的金属或合金与被保护金属连接在一起，依靠该合金不断地腐蚀溶解产生电流来保护被保护金属。对于电导率较低的淡水，由于牺牲阳极驱动电压较小，输出电流有限且不能调节，保护范围有限，安装时必须在水室内壁焊接数量较多的固定牺牲阳极块的安装架，并且牺牲阳极块的设计寿命一般不超过 3 年，需定期更换。因此牺牲阳极保护法一般只用于小型凝汽器，或用于如海水、苦咸水等含盐量高、电导率高的介质设备上。

外加电流阴极保护是依靠外部的直流恒电位电源提供阴极保护电流，电源正极与安装于凝汽器内的辅助阳极相连，负极接被保护凝汽器外壳。这种方法输出电流大，且可调，电位可自动控制，使用寿命长达 $15\sim20$ 年。一般常用于大型凝汽器的保护，但是，该系统比较复杂，设计和维护要求较高。采用阴极保护时，应同时在水室及管板上刷涂防蚀涂层。两种保护方法联合应用，相辅相成，即可显著降低阴极保护的费用，又可获得更好的保护效果。

六、循环冷却水系统中的微生物及其控制

（一）微生物的滋生

循环冷却水系统为生物的生长提供了良好的环境，其中生长了非常多的生物种类，包括微生物（如藻类、细菌和真菌）、软体动物（如蜗牛、贝类）、原生动物（如纤毛虫，鞭毛虫）等。除了使用海水冷却的电厂经常发生海蛎子等软体动物、原生动物附着而堵塞水通道之外，多数电厂循环水系统普遍存在、危害最大的是微生物藻类、细菌和真菌。

1. 藻类

藻类分为蓝藻、绿藻、硅藻、黄藻和褐藻等。大多数藻类是广温性的，生长的最适宜温度为 $10\sim20$℃；所需要的营养元素主要为 N、P、Fe，其次是 Ca、Mg、Zn、Si 等。其中最好的营养条件是 N：P=（$15\sim31$）：1。只要磷的浓度在 0.01mg/L 以上，就足以使藻类生长旺盛。阳光能够照射到的区域是最适宜藻类生长的，如冷却塔的水池、支撑力柱等水泥构件的表面。这些藻类植物在繁殖的过程中不断脱落进入循环水体并形成生物黏泥，对水质的污染比较严重。

藻类繁殖后，会使循环水系统中的溶解氧增加，pH 值上升。这是因为藻类含叶绿素，可以在日光下进行光合作用，并吸收碳作为营养而放出氧。在此过程中，一方面 CO_2 会转化为 O_2 和 C，另一方面 HCO_3^- 又转化为 CO_2 和 OH^-。反应的结果是，一方面使水中溶解氧增加，另一方面使 pH 值上升。在夏季藻类大量繁殖时，可使水中 pH 值上升到 9.0

以上。

2. 细菌

在冷却水系统中可以出现不同种类的细菌，比较典型的有硫细菌，铁细菌和硫酸盐还原菌等。它们的活动均可造成金属的腐蚀。

（1）铁细菌。铁细菌是在铁质管道中最常见的一种菌类，如果水中含有 $0.2\sim0.3\text{mg/L}$ 铁，一般都会存在铁细菌。丝状铁细菌容易在管道表面沉积，是形成初期生物膜的主要细菌之一。

铁细菌可以使水中的 Fe^{2+} 氧化，并以 $Fe(OH)_3$ 的形式沉积下来，在此过程中获得生长所需要的能量。由铁细菌形成的黏泥不仅可形成氧的浓差电池，而且还可以在黏泥下产生缺氧的条件，使得像硫酸盐那样的厌氧菌得以滋生。另外，水中的 Cl^- 等渗入黏泥内，还可以形成 $FeCl_3$ 等盐类的浓缩区，促进电化学腐蚀。在铁质管道内，铁细菌通常会在管道表面形成一些瘤状的突起物。在这些突起物所包覆的内部空间，发生着各种腐蚀反应。如果剥开瘤状外皮，往往会发现内部的金属基体已经受到腐蚀。

（2）硫细菌。硫细菌是一类能够氧化水中还原态硫的好氧菌，在无氧的情况下不能生长，经常在氧与硫化氢同时存在的微好气环境中发现。这种细菌能够将硫化物、亚硫酸盐、硫代硫酸盐等氧化成硫酸，造成酸性腐蚀。有时这种腐蚀作用相当强烈，甚至使水的 pH 值降至 1 以下。

（3）硫酸盐还原菌。硫酸盐还原菌是一种在厌氧条件下以有机物为营养，能够使硫酸盐还原成硫化物的细菌。该还原反应可以吸收金属表面的氢，对腐蚀过程有去极化的作用，因此硫酸盐的还原反应可以加速腐蚀过程的进行。

3. 真菌

真菌是具有丝状营养体的微小植物的总称。真菌的种类很多，如霉菌和酵母菌等。它们往往生长在冷却塔的木质结构上、水池壁上和换热器中。

真菌的特点是没有叶绿素，不能进行光合作用，大部分菌体都是寄生在动植物的遗骸上，并以此为营养而生长。大量繁殖时可以形成絮状的团，附着于金属表面形成软泥，也可堵塞管道。还有些真菌可以分解木质纤维素，如冷却塔的填料为木板，可引起木材腐烂。

（二）微生物滋生的影响因素

（1）温度。对于多数微生物来说，最适宜的生长温度为 $20\sim30℃$，高于 $35℃$ 时，大部分微生物就要死亡，因此冷却水系统微生物的污染以春秋季最为严重。在夏季，尽管微生物的滋生受到抑制，但是因为水温高，冷却效率比春秋季要低，一旦有污垢生成，就会使凝结水水温显著升高，真空恶化，造成很大的危害。

（2）光照强度。光照有利于藻类的生长。光照条件越好，藻类的生长和繁殖就越迅速。

（3）冷却水的水质条件。浓缩后循环水的 pH 值、溶解氧、硫化物、PO_4^{3-}、NH_4^+、HCO_3^-、有机物等的含量对微生物的滋生有很大的影响。

（4）凝汽器管的清洁程度。实践证明，在清洁的铜管内，微生物不易生长；在相同条件下，不洁净的旧铜管内附着的有机物量约为清洁新铜管的 4 倍，这是因为新铜管壁上有一层铜的氧化物，它可以杀死微生物，而在旧铜管内它被附着物覆盖，影响了其杀菌能力。

（三）微生物的控制——添加杀生剂

循环水中的微生物会产生黏泥和腐蚀，增加系统水阻力和污垢热阻，降低传热效率。因此，控制微生物滋长是循环冷却水处理的主要任务之一。

控制冷却水系统中微生物生长最有效和最常用的方法之一是向冷却水系统中添加杀生剂。杀生剂的品种较多，主要有：①氧化型杀生剂。如液氯、氯胺、二氧化氯、次氯酸钠、次氯酸钙和臭氧等；②非氧化型杀生剂。如氯酚类、季胺盐类、有机硫化合物、二硫氰基甲烷、丙烯醛等。

1. 杀生剂

下面介绍几种常见的杀生剂。

(1) 液氯（Cl_2）。氯是一种强氧化型杀生剂，在水中水解生成次氯酸（HClO），其化学反应为

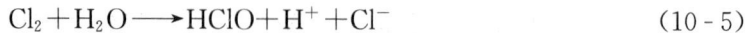

$$Cl_2 + H_2O \longrightarrow HClO + H^+ + Cl^- \tag{10-5}$$

HClO 是杀生的主要成分，从式（10-5）可看出，加入水中的 Cl_2 只有 1/2 变成了 HOCl，而另外的 1/2 变成 Cl^-，不起杀生作用。

HClO 是一种弱酸，在水中发生电离，即

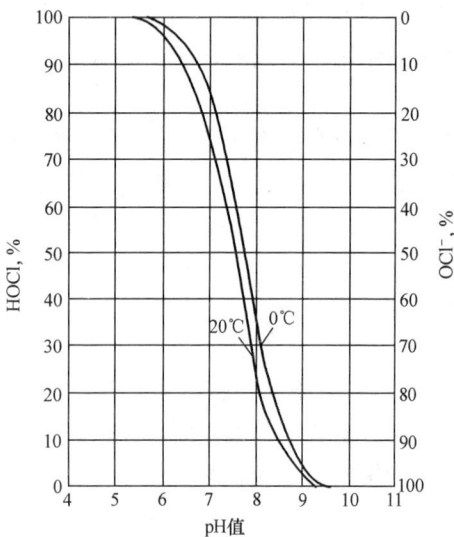

$$HClO \longrightarrow H^+ + ClO^- \tag{10-6}$$

图 10-9　水的温度和 pH 值对
HClO 所占比例的影响

HOCl 和 OCl^- 的相对比例，取决于水的温度和 pH 值。当 pH>9.0 时，OCl^- 的含量接近于 100%；当水的 pH<6.0 时，HOCl 的含量接近于 100%；当 pH=7.5 时，HClO 和 OCl^- 几乎各占 50%。水温的影响远远小于 pH 值的影响，如图 10-9 所示。

次氯酸根（ClO^-）的杀生能力比 HClO 弱得多，因此液氯处理效果随水的 pH 值下降而上升。但 pH 值太低易引起冷却水系统的酸性腐蚀，所以一般认为 pH 值在 6.5~7.5 的范围内最合适。

氯在常温常压下是黄绿色气体，有刺激性气味，有毒。常温时将氯加压到 0.6~0.8MPa，它会转变成液态。氯的工业用品是装在钢瓶中的液态氯。为了保持液态，在钢瓶中有较高的压力，所以使用时要减压使之成为气态氯，再和水混合，制成含氯水后加以应用。液态氯变成气态时，需要吸收大量的热，所以当耗氯量较大时，在液态氯瓶的出口处易冻结，从而阻碍氯瓶的放氯过程。为了解决这个问题，在放氯时可用温度不超过 40℃ 的水浇淋此氯瓶，使其保持一定的温度。

为了安全，氯瓶和加氯机等加氯设备应安设在通风良好的专用小屋里或放在露天处。专用小屋中应配备氯气中和系统及漏氯检测仪。

(2) 次氯酸钠。次氯酸钠（NaClO）是一种强氧化剂，外观为淡黄色的透明液体，有类似氯气的刺激气味，可由低浓度的食盐溶液（3% 的 NaCl 溶液）或海水电解制取。次氯酸钠在水溶液中生成次氯酸根，再经过水解生成次氯酸起杀生作用，其反应为

$$NaClO \longrightarrow Na^+ + ClO^-$$

$$ClO^- + H_2O \longrightarrow HClO + OH^-$$

因为 NaClO 含的有效氯易受阳光、温度的影响而分解，故一般利用次氯酸钠发生器在现场制取，就地投加。

（3）二氧化氯。二氧化氯（ClO_2）是一种有效的氧化性杀生剂，它的杀菌能力比氯强、比氯快，且剩余剂量的药性持续时间长。它不仅具有与氯相似的杀菌性能，而且还能分解菌体残骸，杀死芽孢和孢子，控制黏泥生长。

二氧化氯的用量小，用 2.0mg/L 的二氧化氯作用 30min 时能杀灭几乎 100% 的微生物，而剩余的二氧化氯浓度尚有 0.9mg/L。

二氧化氯的第一个特点是适用的 pH 值范围广，它在 pH=6～10 的范围内能有效地杀灭绝大多数微生物，这一特点为循环水系统在碱性条件下运行时选用适用的氧化性杀生剂提供了方便。第二个特点是它不与冷却水中的氨或大多数有机胺起反应。

二氧化氯是一种黄绿色到橙色的气体，它有类似于氯的刺激性气味。不论是二氧化氯的液体（沸点 11℃）还是气体，两者都是不稳定的，运输时容易发生爆炸事故。因此，二氧化氯必须在现场制备和使用。

（4）臭氧。臭氧（O_3）是一种氧化性很强但又不稳定的气体，在水溶液中，臭氧保持着很强的氧化性。臭氧的作用机理与其他氧化性杀生剂有许多相同之处。与氯作杀生剂不同的是，臭氧在光合作用下分解生成氧，不会增加水中氯离子浓度，冷却水排放时不会污染环境或伤害水生物。臭氧会使有机多元膦酸分解生成正磷酸盐。因此应采用低浓度臭氧处理循环冷却水，以降低多元膦酸的分解率。在冷却水中，臭氧对碳钢和不锈钢没有任何不利的影响，但臭氧对铜或铜合金有腐蚀性。如果冷却水系统中有铜质设备，则应避免游离的臭氧量过高（大于 0.1mg/L），否则铜质设备表面稳定的一价铜的氧化物有可能被氧化为二价铜的氧化物，但是，只要加入极少量的铜缓蚀剂，就可抑制臭氧对铜的腐蚀。

臭氧是通过将氧或干燥空气经过臭氧发生器中的放电管而生成的气体，添加臭氧时，首先将它溶解在水中，然后把溶有臭氧的水注入冷却水中。采用臭氧连续加注时，所需的臭氧量很小，$1m^3/h$ 的循环冷却水中仅需加入 0.1～0.2g/h 臭氧。

（5）季胺盐。季胺盐是一类非氧化型杀生剂，最常用的是十二烷基二甲基苄基氯化铵（洁尔灭）、十二烷基二甲基苄基溴化铵（新洁尔灭），以及美国 GE - SPECTROS 公司开发的 CT1300 杀生剂等。

CT1300 杀生剂是非氧化型工业成品药剂，具有刺激性气味，可自然降解，其作用机理为：通过药剂中的阳离子季胺盐活性组分与海洋生物的阴离子有机生物体相结合，切断细胞内营养物质的传送，达到杀死生物的效果。该杀生剂主要是控制贝类和藻类生物的生长，对在冷却水系统中附着能力强，危害大的贝类生物，如绿贝、藤壶（海蛎子）等具有接近 100% 的杀灭能力。季铵盐用量通常为 10～20mg/L，适宜的 pH 值为 7～9。季铵盐的缺点是：投药量大；在被尘埃、油类和碎屑严重污染的系统中，往往失效；泡沫多，因此常要与消泡剂一起使用。

（6）氯酚。氯酚是一种非氧化性杀菌剂，常用五氯酚和三氯酚钠，它们都易溶于水。两者混合使用，可起增效作用。然而，这类药剂对水生生物和哺乳动物有危害，且不易生物降解，易造成环境污染。氯酚是通过吸附与透过微生物的细胞壁后，与细胞质形成胶体溶液，并使蛋白质沉淀出来以杀死微生物的。氯酚对杀灭藻类、真菌及细菌均有效。

（7）有机硫化合物。如二硫氰基甲烷（又称二硫氰酸甲酯），对抑制藻类、真菌和细菌，尤其是硫酸盐还原菌有效。由于该药剂杀生广谱和水解产物残毒少，所以常常用于有严格排污限制或主要控制生物黏泥的冷却水系统。二硫氰基甲烷用量一般为 $10\sim25mg/L$，适宜的 pH 值为 $6.0\sim7.0$，当 pH 值超过 7.5 以后，尤其是在高碱性的水中，它会迅速水解而失效。

（8）铜盐。常用硫酸铜。它是一种古老的杀生剂，能杀菌灭藻。即使硫酸铜用量为 $1\sim2mg/L$，也能有效地控制冷却塔中的藻类繁殖。铜盐不仅对生物的毒性较大，而且它带入冷却水中的 Cu^{2+} 可引起碳钢的腐蚀。

（9）异噻唑啉酮。常用异噻唑啉酮的衍生物，如 2 - 甲基 - 4 - 异噻唑啉 - 3 - 酮和 5 - 氯 - 2 甲基 - 4 - 异噻唑啉 - 3 - 酮。它们是广谱杀生剂，即使用量低至 0.5mg/L，也能有效地杀灭藻类、真菌和细菌。它们是通过断开微生物中蛋白质的键而起杀生作用的。

异噻唑啉酮在较宽的 pH 值范围内都有优良的杀菌性能，它们是水溶性的，故能和一些药剂复配使用。在通常的使用浓度下，异噻唑啉酮与氯、缓蚀剂和阻垢剂在冷却水中是彼此相容的，它是一种低毒的杀生剂。有人认为，异噻唑啉酮是市场上一种最好的杀生剂。

异噻唑啉酮的杀菌活性会被硫化物破坏，所以它在杀灭成熟的生物膜中的硫酸盐还原菌时可能是无效的。因此它不宜用于含硫化物的冷却水系统。

2. 杀生剂使用要素

（1）与分散剂联合使用。为使杀生剂获得最佳的杀菌效果，杀生剂应与分散剂（抗污垢剂）联合使用，这样可以在很大程度上把冷却水系统中的微生物生长抑制下去。更重要的是，首先要从冷却水系统中尽可能地除去微生物和污垢，这样，它们就不会继续成为其他微生物的营养源。

（2）抗药性。抗药性又称耐药性，指微生物对药物产生的耐受和抵抗的能力。抗药性的产生使正常剂量的药物不再发挥应有的杀生效果，甚至使药物完全无效。目前，多认为抗药性的产生是微生物基因突变造成的。

在循环水处理中，如果长期连续使用某种药剂杀菌，微生物会对该药剂产生抗药性，降低杀菌效果。微生物对不同药剂产生的抗药性不尽相同，如氮硫类药剂，微生物易产生抗药性。为了消除微生物的抗药性，可以交替使用不同的杀生剂。

（3）温度和 pH 值。循环水的温度与杀生剂作用的关系很大。当温度升高时，季铵盐的作用减弱。

循环水的 pH 值对杀生剂的性能有决定性的影响。例如当 pH＞7.5 时，二硫氰基甲烷将发生水解，氯酚将转变为杀菌效果差的酚盐，2，2 - 二溴 - 3 - 氰基丙酰胺将水解而被破坏；氯在水中将不再生成次氯酸而是生成活性较差的次氯酸盐。与此相反，某些有机硫化合物、戊二醛、季鏻盐和季铵盐在碱性冷却水中则性能良好。

（4）加药方式。有连续投加和间歇投加两种。连续投加可经常保持循环水中一定的杀生剂浓度，将水中生物总量持续控制在一个较低的水平之下，但药剂消耗量大，费用高。间歇投加与连续投加不一样，在停止加药期间允许生物总量有所提高，不过，当它们的总量还未达到危害程度时，一次冲击式大剂量投药，有利于迅速将其集中杀灭。采用间歇投药时，一般每天或每隔数日投药一次，每次持续加药时间一般为 $1\sim3h$，这种方式比较经济。循环冷却水系统目前普遍采用的是间歇式投药，对于直流冷却水系统，因对排水药剂浓度的限制，所以多采用连续式投药。

杀生剂一般投于冷却水池或泵的吸水井中，后者要求在远离水泵吸水口一侧的水面下。

（5）浓缩倍数和停留时间。杀生剂在冷却水系统中的停留时间对于微生物控制方案的有效性十分重要。如果冷却水的浓缩倍数低，则杀生剂的停留时间就短，此时必须增加加药量以补偿大量未加杀生剂的补充水进入冷却水系统时对杀生剂的稀释作用。

（四）微生物控制的其他方法

冷却水系统中微生物控制的其他方法主要有以下几方面。

1. 选用耐蚀材料

在条件允许的情况下，设计时可优先选择耐微生物腐蚀的金属材料。常用金属材料耐微生物腐蚀的性能大致可以排列如下：钛＞不锈钢＞黄铜＞纯铜＞硬铝＞碳钢。

2. 控制水质

控制水质主要是控制冷却水中的氧含量、pH 值、悬浮物和微生物的养料。油类是微生物的养料，故应尽可能防止油泄漏进入冷却水系统。如果漏入冷却水系统中的油较多，则应及时清除，清除漏油的方案中应包括机械除油和化学清洗除油两部分内容。污水中的氨若进入冷却水系统，能引起硝化细菌的繁殖和降低氯的杀菌能力，应加以控制。

3. 采用杀生涂料

采用添加杀生剂的防腐涂料或防藻类的涂料，涂刷在冷却塔和水池的内壁上，可以控制冷却水系统中藻类生长，同时，还可以抑制冷却水中异氧菌的生长。

4. 阴极保护

冷却水系统中存在硫酸盐还原菌时，碳钢的阴极保护电位一般应为$-0.95V$（相对于$Cu/CuSO_4$ 电极）。这一电位可使碳钢在厌氧环境中处于免蚀状态，也就是处于热力学的稳定状态，从而防止碳钢被腐蚀。

采用牺牲阳极保护时，则应注意生物附着物的影响。有研究表明，铝合金牺牲阳极表面易长满海洋生物，导致牺牲阳极的电阻增高，阳极输出电流下降，影响阴极保护的效果；与之相反，锌牺牲阳极则极少受到生物污染的影响。

5. 清洗

进行物理清洗或化学清洗，可以把冷却水系统中微生物生长所需的养料（例如漏入冷却水中的油类）、微生物生长的基地（如黏泥）和庇护所（如腐蚀产物和淤泥）以及微生物本身从冷却水系统中的金属设备表面上除去，并从冷却水系统中排出。清洗对于一个被微生物严重污染的冷却水系统来说，是一种十分有效的措施。

清洗还可使清洗后残留的微生物直接暴露在外，从而为杀生剂直接到达微生物表面并杀死它们创造有利的条件。

6. 防止阳光照射

藻类的生长和繁殖需要阳光，冷却水系统应尽可能避免阳光直接照射。

7. 补充水预处理和循环水旁流处理

在补充水的预处理或循环水的旁流处理过程中，可采用混凝、澄清、活性炭吸附等工艺除去水中微生物。研究结果表明，混凝处理可除去补充水中 80% 左右的微生物。

在循环水的旁流处理过程中，用砂子或无烟煤等为滤料的旁流过滤是一种控制微生物生长的有效措施，该工艺可在不影响循环冷却水系统正常运行的情况下除去水中大部分微生物。

【任务实施】

下面以某电厂为例，认识循环冷却水处理。

一、分析补充水水质

该电厂补充水主要水质指标见表 10 - 3。

表 10 - 3　　　　　　　　　　　　　补充水水质分析报告

项目	单位	数量	项目	单位	数量
Ca^{2+}	mg/L	34	HCO_3^-	mmol/L	4.07
总溶解固体	mg/L	380.0	CO_3^{2-}	mmol/L	0
pH 值		7.64	全碱度	mmol/L	4.07

利用表 10 - 3 水质指标数值，可以分别计算朗格利尔饱和指数、雷兹纳稳定指数、帕科拉兹结垢指数（详见知识拓展）。根据计算结果判断，原水为结垢性水质。随着循环水浓缩倍率提高，循环水水质有严重结垢倾向。因此，应采取有力措施防止浓缩后循环水出现结垢和腐蚀的问题。

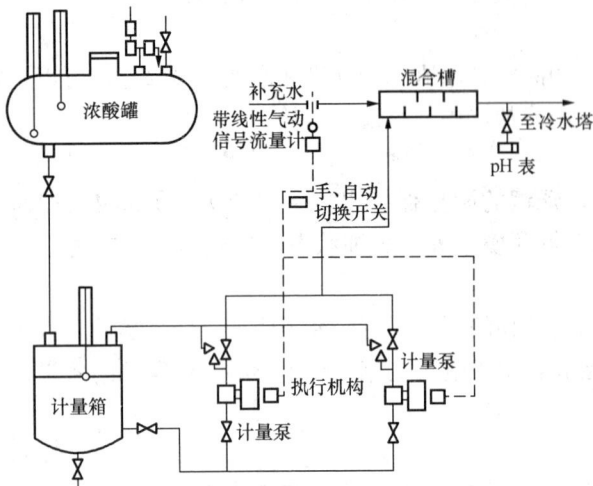

图 10 - 10　计量泵加酸系统

二、认识循环冷却水处理系统

该电厂采用硫酸＋复合阻垢缓蚀剂联合处理，间歇式加入杀生剂的循环水处理方式。该厂按试验药剂及加药量投入工业运行后，循环水浓缩倍率控制在 4.0，未发现结垢和腐蚀现象，运行情况良好，节水效果明显。

复合阻垢缓蚀剂和杀生剂加药系统与混凝剂加药系统相似，详见学习情境二（见图 2 - 9）。

硫酸加药系统采用计量泵加酸系统，如图 10 - 10 所示。一般控制循环水 pH 值比 pH_S 值（饱和 pH 值，计算方法见知识拓展）高 0.6～1。

【知识拓展】

一、水垢析出的判断

（一）碳酸钙垢析出的判断

1. 极限碳酸盐硬度法

每一种水在实际运行条件下，都有一个不结碳酸盐水垢的最高允许值，这个值就称为极限碳酸盐硬度，用 H'_{TX} 表示。其数值大小不仅与水质有关，而且还与运行条件有关，所以很难由理论推算，只能由模拟试验求得。

该方法判断标准如下：$k \cdot H_{BT} < H'_{TX}$，不结垢；$k \cdot H_{BT} > H'_{TX}$，结垢。k 为浓缩倍数，H_{BT} 为补充水碳酸盐硬度。

以上说明，为了防止循环冷却系统结垢，一是控制浓缩倍数 k，二是降低补充水的碳酸盐硬度 H_{BT}。降低浓缩倍数 k 虽然可以防止结垢，但不利于节水；通过软化的办法可以降低补充水的碳酸盐硬度，但增加了运行成本。

2. 饱和指数（L. S. I）

饱和指数又称朗格利尔（Langelier）指数，用符号 L. S. I 表示。饱和指数为水的实际 pH 值与其 pHs 值的差值，即

$$L. S. I. = pH - pHs$$

式中：pHs 为冷却水在使用温度下被 $CaCO_3$ 饱和时的 pH 值。

该方法的判断标准如下：

（1）L. S. I＜0。水中 $CaCO_3$ 未达到饱和状态，有溶解 $CaCO_3$ 的倾向，对钢材有腐蚀性，称为腐蚀型水。

（2）L. S. I＝0。水中 $CaCO_3$ 正好达到饱和，既不结垢又不会产生腐蚀，称为稳定型水。

（3）L. S. I＞0。水中 $CaCO_3$ 达到过饱和状态，有生成 $CaCO_3$ 水垢的倾向，称为结垢型水。

一般情况下，L. S. I 值在 ±0.30 范围内，可以认为水是稳定的。

pHs 值可根据该水的 pH 值、碱度、钙硬度以及总溶解固形物的值以及水温，由表 10-4 查得相应的常数代入式（10-7）算出，即

$$pHs = (9.70 + A + B) - (C + D) \tag{10-7}$$

式中：A 为总溶解固形物系数；B 为温度系数；C 为钙硬度系数；D 为甲基橙碱度（总碱度或全碱度）系数。

表 10-4　　　　　　　　　　**A、B、C、D 系数换算表**

总溶解固体 (mg/L)	A	温度 (℃)	B	钙硬度或甲基橙碱度 (以 $CaCO_3$ 计) (mg/L)	C 或 D	钙硬度或甲基橙碱度 (以 $CaCO_3$ 计) (mg/L)	C 或 D
5	0.07	0	2.60	10	1.00	130	2.11
60	0.08	2	2.54	12	1.08	140	2.15
80	0.09	4	2.49	14	1.15	150	2.18
105	0.10	6	2.44	16	1.20	160	2.20
140	0.11	8	2.39	18	1.26	170	2.23
175	0.12	10	2.34	20	1.30	180	2.26
220	0.13	15	2.21	25	1.40	190	2.28
275	0.14	20	2.09	30	1.48	200	2.30
340	0.15	25	1.98	35	1.54	250	2.40
420	0.16	30	1.88	40	1.60	300	2.48
520	0.17	35	1.79	45	1.65	350	2.54
640	0.18	40	1.71	50	1.70	400	2.60
800	0.19	45	1.63	55	1.74	450	2.65
1000	0.20	50	1.55	60	1.78	500	2.70
1200	0.21	55	1.48	65	1.81	550	2.74

总溶解固体 (mg/L)	A	温度 (℃)	B	钙硬度或甲基橙碱度 (以 CaCO₃ 计) (mg/L)	C 或 D	钙硬度或甲基橙碱度 (以 CaCO₃ 计) (mg/L)	C 或 D
1650	0.22	60	1.40	70	1.85	600	2.78
2200	0.23	65	1.33	75	1.88	650	2.81
3100	0.24	70	1.27	80	1.90	700	2.85
≥4000	0.25	80	1.16	85	1.93	750	2.88
≤13000				90	1.95	800	2.90
				95	1.98	850	2.93
				100	2.00	900	2.95
				105	2.02		
				110	2.04		
				120	2.08		

注　钙硬度或甲基橙碱度 1 mmol/L＝50 mg/L（以 CaCO₃ 计）。

在实际使用中，用饱和指数判断循环冷却水系统是否有 $CaCO_3$ 析出，常出现判断错误，原因是：①循环冷却水系统中各处的温度并不一致，特别是换热设备的进出口端，有时相差几度甚至十几度；②饱和指数未能反映结晶过饱和度的影响。生成 $CaCO_3$ 有一个结晶过程，只有当 Ca^{2+} 和 CO_3^{2-} 的浓度超过饱和浓度的几倍甚至几十倍时，才有可能析出 $CaCO_3$。③饱和指数没有考虑动力学方面的影响，如水流速度、流态、管径、管壁光滑程度等对晶体析出过程的影响；也没有考虑其他离子对碳酸盐平衡的影响，如循环水加入阻垢剂后，即使饱和指数达到 0.5～2.5，也不结垢。

3. 稳定指数

稳定指数又称雷兹纳（Ryznar）指数，用符号 R.S.I 表示。稳定指数定义为

$$R.S.I = 2pHs - pH \qquad (10-8)$$

该方法的判断标准为：当 R.S.I>6 时，腐蚀；当 R.S.I=6 时，不结垢也不腐蚀；当 R.S.I<6 时，结垢。

4. 结垢指数

结垢指数又称为帕科拉兹（Puckorius）指数，用符号 P.S.I 表示。结垢指数定义为

$$P.S.I = 2pHs - pHeq \qquad (10-9)$$

而 pHeq 值与总碱度可按式（10-10）算出或由表 10-5 查出。

表 10-5　　　　　　　　　由总碱度查平衡 pH 值　　　　　　　　　（mg/L）

总碱度的百位数 (CaCO₃ 计)	总碱度的十位数（CaCO₃ 计）									
	0	10	20	30	40	50	60	70	80	90
0	—	6.00	6.45	6.70	6.89	7.03	7.14	7.24	7.33	7.40
100	7.47	7.53	7.59	7.64	7.68	7.73	7.77	7.81	7.84	7.68
200	7.91	7.94	7.97	8.00	8.03	8.05	8.08	8.10	8.13	8.15

续表

总碱度的百位数（CaCO₃ 计）	总碱度的十位数（CaCO₃ 计）								
	0	10	20	30	40	50	60	70	80	90
300	8.17	8.19	8.21	8.23	8.25	8.27	8.29	8.30	8.32	8.34
400	8.35	8.37	8.38	8.40	8.41	8.43	8.44	8.46	8.47	8.48
500	8.49	8.51	8.52	8.53	8.54	8.56	8.57	8.58	8.59	8.60
600	8.61	8.62	8.63	8.64	8.65	8.66	8.67	8.68	8.69	8.70
700	8.71	8.72	8.73	8.74	8.74	8.75	8.76	8.77	8.78	8.79
800	8.79	8.80	8.81	8.82	8.82	8.83	8.84	8.85	8.85	8.86
900	8.87	8.88	8.88	8.89	8.90	8.90	8.91	8.92	8.92	8.93

$$pHeq = 1.465lg[甲基橙碱度] + 4.54 \qquad (10-10)$$

式中：甲基橙碱度为系统中水的总碱度（以 CaCO₃ 计），mg/L。

结垢指数判断标准为：当 P.S.I>6 时，腐蚀；当 P.S.I=6 时，不结垢也不腐蚀；当 P.S.I<6 时，结垢。

帕科拉兹认为 P.S.I 比 L.S.I 和 R.S.I 在判断水质性能上更接近实际。

5. 临界 pH 值结垢指数

晶体生长理论认为，对微溶性盐如碳酸钙，必须要出现一定的过饱和度时才能析出沉淀。沉淀析出时，与过饱和度相应的 pH 值称为临界 pH 值，它可以与饱和 pH 值进行比较。

1972 年法特诺（Feitler）用实验方法测出结垢时水的真实 pH 值，即临界 pH 值，以 pHc 表示。

当水的实际 pH 值大于它的临界 pH 值时就会结垢；小于临界 pH 值时，就不会发生结垢。因此，临界 pH 值相当于饱和指数中的 pHs 值，不同的是 pHs 值是计算值，而 pHc 值是实验测定值，各种影响因素都包含其中，其数值显然要比 pHs 值高，一般 pHc=pHs+（1.7～2.0）。

临界 pH 结垢指数完全是用实验测定值代替热力学平衡推导式来预测水中的碳酸钙是否会沉淀出来的，故更接近实际情况。

（二）实例

以表 10-3 中补充水水质分析报告结果为例计算 L.S.I、R.S.I 和 P.S.I，并判断原水（补充水）30、40℃时结垢和腐蚀倾向；判断循环水浓缩倍率 k 为 3.0、预计 pH 值为 8.3 时的结垢、腐蚀倾向水质结垢、腐蚀倾向。

解：由表 10-3 中已知原水总溶解固体=380mg/L；$c(Ca^{2+})$=34mg/L，$c(CaCO_3)$=85mg/L；$c(HCO_3^-)$=4.07mmol/L，甲基橙碱度（以 CaCO₃ 计）=203.5mg/L；pH=7.64。

循环水浓缩倍率 k=3.0，水中各种离子浓度为原水的 3 倍，即总溶解固体=1140mg/L；$c(CaCO_3)$=255mg/L；甲基橙碱度（以 CaCO₃ 计）=610.5mg/L；pH=8.30。

根据上述数值，由表 10-4 查得相应的常数代入式（10-7）～式（10-9）计算 L.S.I、R.S.I 和 P.S.I，计算结果和水质稳定性见表 10-6 和表 10-7。

表 10 - 6   原水结垢、腐蚀倾向

温度（℃）	原水			
	pHs值	L. S. I	R. S. I	P. S. I
30	7.51	0.13>0，稳定	7.38>6，腐蚀	7.10>6，腐蚀
40	7.34	0.30>0，稳定	7.04>6，腐蚀	6.76>6，腐蚀
80	6.79	0.85>0，结垢	5.94<6，结垢	5.66<6，结垢

表 10 - 7   循环水结垢、腐蚀倾向

温度（℃）	循环水			
	pHs值	L. S. I	R. S. I	P. S. I
30	6.61	1.69>0，结垢	4.92<6，结垢	4.60<6，结垢
40	6.44	1.86>0，结垢	4.58<6，结垢	4.26<6，结垢
80	5.89	2.41>0，结垢	3.48<6，结垢	3.16<6，结垢

由表 10 - 6、表 10 - 7 可以看出，根据朗格利尔饱和指数、雷兹纳稳定指数、帕科拉兹结垢指数的判断，原水基本为稳定性水质，当浓缩倍数为 3.0 时有严重结垢倾向。

二、循环冷却水系统的清洗

1. 物理清洗

物理清洗是指通过物理的或机械的方法对冷却水系统或其设备进行清洗的一类方法。前面介绍的胶球清洗是电厂常用的物理清洗方法，此外常用的物理清洗方法还有捅刷、吹气、冲洗、反冲洗、刮管器清洗、高压水射流冲洗等。

（1）捅刷。捅刷是指通过压缩空气或人工把冲杆、橡胶塞、尼龙刷等捅刷工具通过换热器管子，以除去管内的沉积物或堵塞物。这种方法比较费工，常常作为其他清洗方法的预备工序，先除去一些大的沉积物或其他方法不易除去的沉积物和堵塞物。

（2）吹气。吹气是把空气吹入换热器中，以破坏水的正常流动方式，促使换热器管壁上的沉积物松动或开裂。吹气清洗一般不影响冷却水系统的正常运行。

（3）冲洗。冲洗是最常用和最简便的清洗方法，采用较大流速的水去冲洗冷却水系统及换热器内部疏松的沉积物和碎片。在化学清洗之后，通常需要进行冲洗；在碱洗和酸洗两种工种交替进行之间，通常也需要进行冲洗。

（4）反冲洗。反冲洗是通过改变换热器中水的流向来达到清洗目的的冲洗方法，其冲洗效果比正冲洗要好。反冲洗时水流湍急，往往能松动和冲走轻的泥砂和软垢，但对于硬垢及致密的沉积物，反冲洗的效果也不好或无效。

（5）刮管器清洗。刮管器由一个杯状塑料头、一根芯棒、三个或四个杯式刮刀组成。刮管器和刮刀交错重叠覆盖在整个管子的内表面上，由喷枪喷出压力为 1.4～2.1MPa 的水驱动刮管器以 3～6m/s 的速度穿过管子，由于水的冲击作用及刮刀的刮削作用，全部软质阻塞物和硬质水垢将被刮管器推送到出口端。刮管器清洗可以在不损坏管子内壁的条件下，较有效地清除各种污垢，清洁管子的内表面。

（6）高压水射流清洗。高压水射流清洗技术是从 20 世纪 70 年代迅速发展起来的一项新

技术，就是以水为介质，通过高压水发生装置形成高压，再经过特制的喷嘴喷射出能量集中、速度很高的水射流，然后射流以其很高的冲击动能，连续不断地作用在被清洗表面，从而使垢物脱落，最终实现清洗目的。高压水射流清洗技术采用的压力越来越高，20世纪70年代国外大型清洗机压力达到100MPa，到90年代清洗机压力最高可达270MPa。

在电厂凝汽器管内壁有结垢特别是软垢存在时，采用高压水射流清洗可达到较明显的清洗效果。高压水射流清洗技术有不污染环境、可局部清洗、成本低、操作简便等特点，但清洗效果还不能完全达到化学清洗的质量要求。

2. 化学清洗

化学清洗是通过化学药剂作用使被清洗设备中的沉积物溶解、疏松、脱落或剥离的一类清洗方法。化学清洗常常与物理清洗互相配合或交替使用。

当运行机组凝汽器铜管水侧内壁垢厚达 0.5mm 以上，或污垢导致端差大于 8℃时应进行化学清洗。化学清洗通常可采用盐酸、硝酸和氨基磺酸等清洗药剂。

对大型机组凝汽器的不锈钢管来讲，其厚度在 1mm 以下，长度达到 11m 以上，价格很贵，合理选择清洗药剂保证机组安全是很重要的。不锈钢管不能采用盐酸清洗。硝酸虽然也可以作清洗剂，但不易操作，而采用氨基磺酸是比较安全的。

常用的清洗剂及其作用原理详见锅炉的化学清洗。

任务二　认识发电机内冷水处理

【教学目标】

1. 知识目标

（1）理解发电机内冷水系统腐蚀的原理及影响因素。

（2）知道发电机内冷水水质要求。

（3）知道内冷水处理设备的结构、工作原理。

2. 能力目标

（1）会识读内冷水处理系统的流程简图。

（2）能正确分析内冷水处理设备的功能。

（3）能正确使用仪器仪表检测内冷水水质。

【任务描述】

发电机在运转过程中有部分能量转换成热能，这部分热能如不及时导出，容易引起发电机定子、转子绕组过热甚至烧毁。目前，国内外的大型发电机组基本采用定子绕组水内冷，转子绕组氢内冷，铁芯氢冷的水 - 氢 - 氢型冷却方式。如何对冷却水进行处理，在保证冷却效果的同时防止内冷水系统的腐蚀是内冷水处理的主要内容。班长组织各学习小组在仿真机或实训室环境下，认真分析内冷水水质特点，编制工作计划后，认识内冷水处理系统及水处理设备的功能。

【任务准备】

课前预习相关知识部分。根据发电机内冷水水质要求，经讨论后编制认识发电机内冷水处理的工作计划，并独立回答下列问题。

（1）大型发电机组基本采用什么冷却方式？

（2）影响铜导线腐蚀的因素主要有哪些？

（3）发电机冷却水水质有何要求？

（4）简述发电机内冷水系统。

（5）发电机内冷水处理方法有哪些？

（6）简述内冷水小混床处理原理。

【相关知识】

一、发电机的水内冷

1. 发电机的冷却介质

发电机在运转过程中有部分能量转换成热能，这部分热能如不及时导出，容易引起发电机定子、转子绕组过热甚至烧毁。因此，需要用冷却介质冷却发电机定子、转子和铁芯。

发电机所用冷却介质主要有空气、氢气和纯水。

（1）空气。空气冷却能力小，通风损耗和摩擦损耗很大，单机容量增大时，需要的冷却空气流量也相应增大，这就使空冷发电机的设计尺寸增大，给发电机的制造、安装及运行管理带来很多不便。

（2）氢气。氢气的导热系数是空气的6倍以上，而且它是密度最小的气体，对发电机转子的阻力最小，所以大型发电机广泛采用氢气冷却方式。但氢冷需要有严密的发电机外壳、气体系统及不漏氢的轴密封，需增设油系统和制氢设备，对运行技术和安全要求都很高，给制造、安装和运行也带来了一定困难。

（3）纯水。纯水的绝缘性较高，热容量大，不燃烧。此外，水的黏度小，在实际允许的流速下，其流动是紊流，冷却效率高，可保证及时带走被冷体的热量。

因此，目前普遍用氢气和水作为发电机的冷却介质。

2. 发电机的冷却方式

定子或转子线圈内冷是指将发电机定子或转子线圈的铜导线做成空芯，氢气或水在里面通过的闭式循环冷却方式。氢气或水连续地流过空芯铜导线，带走线圈热量。铁芯冷却则是利用开孔或开沟槽，将冷却气体用风扇压入各个冷却部位，以提高冷却效果。

发电机的冷却方式通常是按定子绕组、转子绕组和铁芯的冷却介质区分的，一般有如下三种冷却方式：

（1）定子绕组水内冷，转子绕组氢内冷，铁芯氢冷的水-氢-氢型。

（2）定子绕组水内冷，转子绕组水内冷，铁芯氢冷的水-水-氢型。

（3）定子绕组水内冷，转子绕组水内冷，铁芯空冷的水-水-空型。

目前，国内外的大型发电机组基本采用水-氢-氢型冷却方式。

3. 发电机内冷水系统

发电机内冷水系统（水-水-氢型）如图10-11

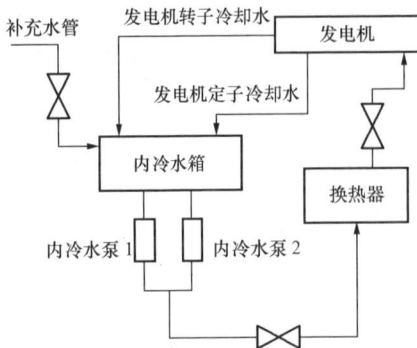

图10-11　发电机内冷水系统

所示。进入空芯铜导线的水来自内冷水箱，内冷水箱内的水通过耐酸水泵升压后送入管式冷却器、过滤器，然后再进入定子或转子线圈的汇流管，进入空芯铜导线，将定子或转子线圈的热量带出来再回到内冷水箱。内冷水箱的水（包括补充水）一般是直接引来的合格除盐水，也有的是凝结水或高混（高速混床）出水。开机前管道、阀门等所有元件和设备要多次冲洗排污，直至水质取样化验合格后方可向定子或转子线圈充水。

二、发电机空芯铜导线的腐蚀

1. 腐蚀机理

发电机空芯铜导线的材质为紫铜（工业纯铜），紫铜在不含氧水中的腐蚀速率很低，数量级仅为 10^{-4} g/（m²·h）。当水中同时含有游离二氧化碳和溶解氧时，铜的腐蚀速率大大增加。

大多数火力发电厂以除盐水作为内冷水的补充水，铜导线发生下述反应：

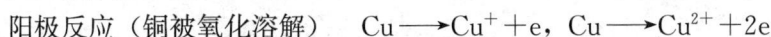

阳极反应（铜被氧化溶解） $Cu \longrightarrow Cu^+ + e$，$Cu \longrightarrow Cu^{2+} + 2e$

阴极反应（溶解氧被还原） $O_2 + 2H_2O + 4e \longrightarrow 4OH^-$

进一步反应

$$2Cu^+ + H_2O + 2e \longrightarrow Cu_2O + H_2$$

$$Cu^+ + H_2O + e \longrightarrow CuO + H_2$$

$$4Cu^+ + O_2 + 4e \longrightarrow 2Cu_2O$$

$$2Cu^+ + O_2 + 2e \longrightarrow 2CuO$$

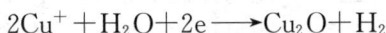

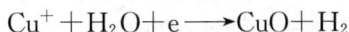

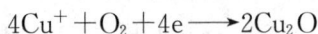

反应结果是铜表面形成一层覆盖层。

由于覆盖在铜表面上的氧化物的保护，铜的溶解受到阻滞，因而铜的腐蚀不仅取决于铜生成的固体氧化物的热力学稳定性，还与氧化物能否在铜表面上生成黏附性好、无孔隙且连续的膜有关。若能生成这样的膜，则保护作用好，可防止铜基体与腐蚀性介质直接接触；若生成的膜是多孔的或不完整的，则保护作用不好。同时，保护膜的稳定性还与介质的性质有关，如果介质具有侵蚀性，可使生成的保护膜溶解，则此保护膜也不具有阻止金属腐蚀的作用。除盐水的纯度很高，但缓冲性很小，易受空气中二氧化碳和氧的干扰，如它的 pH 值会因少量二氧化碳的溶入而明显下降。pH 值的下降会引起 Cu_2O 和 CuO 的溶解度增加，从而破坏空芯铜导线表面的初始保护膜，加剧空芯铜导线腐蚀。

2. 影响因素

（1）溶解氧含量。图 10-12 所示为中性纯水中溶解氧含量对铜的腐蚀速度的影响。从图上可以看到，随着水中溶解氧的含量增大，开始时铜的腐蚀速度增大；但当腐蚀速度增大到一定程度后，如继续增大溶解氧的含量，则铜的腐蚀速度又趋于降低。然而，我们不可能期望向水中添加氧的办法来降低铜的腐蚀速度，因为即使加入的氧量很大，也不可能使腐蚀速度比无氧或低氧时更低。

（2）水的 pH 值。图 10-13 所示为水的 pH 值对铜的腐蚀速度的影响。图中所显示的关系说明，不论是在水中溶解氧含量比较低，还是比较高的条件下，将水的 pH 值提高到中性或弱碱性范围，对降低铜的腐蚀都会有明显的效果；相反，当水的 pH 值低于中性时，铜的腐蚀就急剧增加。水的 pH 值对铜的腐蚀有如此明显的影响，主要是铜合金表面的保护膜的形成及其稳定性与水的 pH 值有很大的关系。

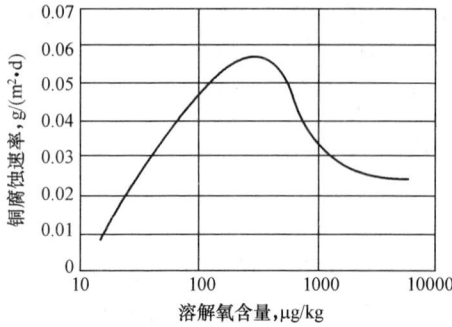

图 10 - 12 中性纯水中铜的腐蚀速度
与溶解氧含量关系

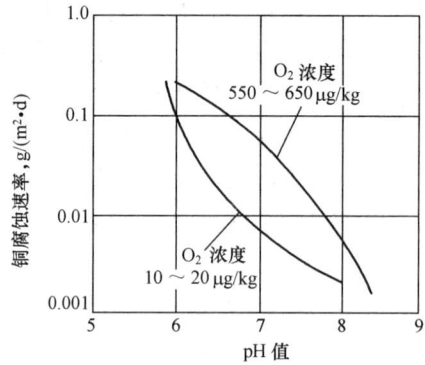

图 10 - 13 铜在除盐水中腐蚀速度
与水的 pH 值关系

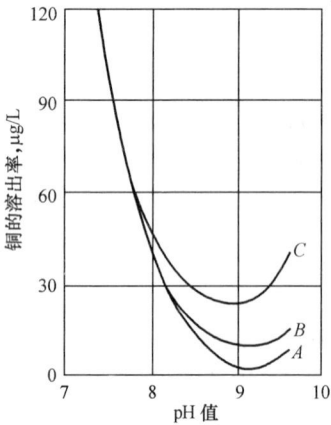

图 10 - 14 pH 值（NaOH 调节）氢
电导率对铜的溶出率的影响
A—小于 1.0μS/cm；
B—1.0～2.5μS/cm；
C—2.5～10μS/cm

（3）水中游离二氧化碳含量。水中游离二氧化碳可能破坏铜管表面的保护膜，生成的碱式碳酸铜在水流的冲刷下也比较容易剥落，从而使腐蚀的阳极过程明显加快。因此，随着二氧化碳含量的增大，铜的腐蚀速度也增大。

（4）电导率。内冷水的电导率对铜的腐蚀有一定影响。如图 10 - 14 所示，在相同的 pH 值下，铜在电导率小于 1.0μS/cm 的水中的溶出速率明显低于电导率介于 2.5～10μS/cm 的水中的溶出速率。这说明，即使提高了水的 pH 值，不同水的电导率对铜的溶出量也是不同的，电导率越高，溶出量也就越高。

电导率对内冷水系统的影响还表现在电流泄漏损失上。电导率越大、定子电压越高、冷却水系统电阻越小，泄漏电流就越高。由于内冷水采用除盐水或凝结水，阻抗很高，而且转子励磁电压较低，电导率小于 2μS/cm 时泄漏电流很小。

3. 空芯铜导线的堵塞

铜的腐蚀产物在水中的溶解度与水的温度和 pH 值有关，其关系如图 10 - 15 所示。

从图 10 - 15 所示的曲线可知，水的温度越高，pH 值越高，铜的溶解度就越低。如果内冷却水的 pH 值为 6.9，水进入导线的温度为 35℃，经过了铜导线后，水的温度增加了 10℃，即 45℃。这时，铜的溶解度就从 30g/（m² · d）下降到 16g/（m² · d）。由于溶解度的降低，水中的铜就可能达到

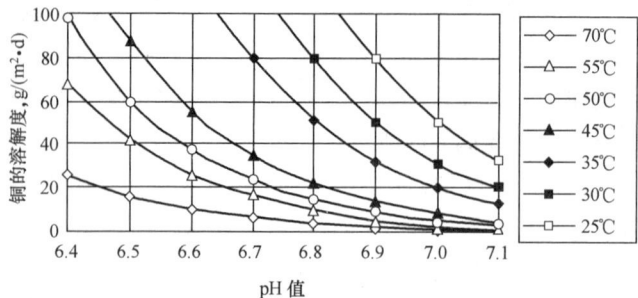

图 10 - 15 不同温度和 pH 值条件下铜的溶解度曲线

过饱和状态而析出，产生沉积物。从图 10-15 还可以看出，水的 pH 值越低，铜的溶解度随温度的变化就越大。也就是说，水中的铜经过空芯导线加热后，析出的程度就越严重。因此，保持弱碱性条件，溶解度变化较小，水中的铜较稳定。

沉积在水中的铜腐蚀产物，在定子线棒中被发电机磁场阻挡，可能导致空芯导线逐渐被铜氧化物堵塞或通流截面减小，引起发电机线圈温度上升，甚至烧毁。因此，必须采取措施防止发电机空心铜导线的腐蚀。

三、发电机内冷水水质标准

为了保证发电机的安全、经济运行，内冷水应满足下列基本要求：①有足够的绝缘性（即较低的电导率）；②对发电机铜导线和内冷水系统应无侵蚀性，以防止铜导线的腐蚀。

内冷水水质标准就是根据上述要求以及内冷水中铜导线腐蚀的规律制定的。现行的内冷水水质标准主要有 DL/T 561—1995《火力发电厂水汽化学监督导则》、GB/T 12145—2008《火力发电机组及蒸汽动力设备水汽质量标准》和 DL/T 801—2010《大型发电机内冷却水质及系统技术要求》。这些标准所规定的内冷水水质见表 10-8。

表 10-8　　　　　　　　　　发电机内冷水水质标准

标准代号、名称	电导率 (25℃)(μS/cm)	pH 值 (25℃)	Cu 含量 (μg/L)	硬度 (μmol/L)	溶解氧 (μg/L)	氨 (mg/L)	备注
DL/T 561—1995《火力发电厂水汽化学监督导则》	≤10 / ≤10	>6.8 / >7.0	≤40 / ≤200	/	/	/	添加缓蚀剂 不加缓蚀剂
DL/T 801—2010《大型发电机内冷却水质及系统技术要求》	≤2	7~9	≤40	<2	<30	<300	/
GB/T 12145—2008《火力发电机组及蒸汽动力设备水汽质量标准》	≤5 / ≤2	>6.8 / >6.8	≤40 / ≤40	/	/	/	双水内冷和转子独立循环系统定子绕组采用独立密闭系统

从发电机冷却水水质标准可以看出，我国发电机内冷水水质控制日趋严格，增大了发电机内冷水水质达标的难度，给发电机内冷水水质控制和运行提出了新的课题。

四、控制内冷水水质和防止铜导线腐蚀的方法

为了控制内冷水水质和防止空芯铜导线腐蚀，应根据内冷水水质标准的要求和纯水中铜腐蚀的规律对内冷水水质进行适当的控制和调节。为此，主要应从电导率、pH 值以及溶解氧和二氧化碳浓度这三方面着手采取适当措施。另外，为了控制空芯铜导线腐蚀还可以在内冷水中添加抑制铜腐蚀的高效缓蚀剂。

目前，国内外在控制内冷水水质及防止空芯铜导线腐蚀方面所采取的主要措施及其方法可归纳如下。

1. 控制内冷水中溶解氧和二氧化碳浓度

针对 O_2 和 CO_2 对铜腐蚀的影响，可以采用控制 O_2 和 CO_2 含量的方法以减缓或抑制铜的腐蚀。国外大型发电机已采用全密闭式水冷系统，在内部充以惰性气体维持正压，防止 O_2 和 CO_2 进入水冷系统，同时调节内冷水水质无氧并在碱性范围。或在内冷水中增设有除

氧功能的除氧树脂交换器，以除去水中的溶解氧，减缓和防止空芯铜导线的腐蚀。国内大型水冷发电机组的水冷系统虽然也设计有充氮密封系统，但由于使用和维护比较麻烦，加之 O_2 和 CO_2 对铜腐蚀的影响未引起足够的重视，实际上密封系统使用得很少，甚至有的已被拆除，几乎完全在敞开的状态下运行。可见，控制内冷水中溶解氧和二氧化碳浓度目前难以在国内的电厂中得到有效的实施。

2. 控制内冷水电导率

（1）换水法。当内冷水电导率不合格时，排掉部分不合格水，并补充除盐水或凝结水，同时靠底部排污方式将腐蚀产物排出系统。该法虽简单，但对除盐水或凝结水的消耗量较大。由于除盐水中含有大量的溶解氧和二氧化碳，易使铜导线发生腐蚀，结果只能是频繁换水。这样不仅浪费极大，而且长期运行时腐蚀产物会逐渐沉积在线圈内，易引起传热不良，线圈超温，危害极大。因此，一般情况下单纯采用换水法控制内冷水水质是不可取的，此法只能作为系统投运期间或水质不良时的一个临时性措施。

（2）旁路 H 型小混床处理法。旁路 H 型小混床处理法是控制内冷水电导率的一种比较有效的方法。这种方法是在内冷水循环系统中设置旁路 H/OH 型小混床，利用小混床对部分内冷水进行处理，可有效地降低内冷水的电导率和铜离子含量。采用此方法处理，若内冷水系统密封不严，补水量大时，水中会溶有较多 O_2 和 CO_2，内冷水的 pH 值可能偏低，使空芯铜导线腐蚀严重。为了提高内冷水的 pH 值，可向水中添加适量的 NaOH。这些因素将使小混床运行周期大大缩短，需经常更换树脂。

3. 控制内冷水的 pH 值

（1）直接加碱调节。调节内冷水的 pH 值，可以采用氢氧化钠、三乙醇胺（EA）或氨水。这种方法提高 pH 值受到溶液电导率的限制，因为 pH 值提高的同时，电导率也会增加。因此，单纯靠这种方法很难长期维持内冷水的 pH 值和电导率同时合格。

（2）旁路 Na 型小混床处理。在"旁路 H 型小混床处理＋适量 NaOH 碱化"的基础上改进的"微碱化"旁路 Na 型小混床处理法是一种对内冷水水质（电导率、pH 值和铜离子含量）进行综合控制的可行方法。与上述旁路 H 型小混床处理法不同的是，这种方法是将Na 型阳离子交换树脂（RNa）和 OH 型阴离子交换树脂（ROH）填装在旁路混床中。通过这种旁路混床对部分内冷水进行连续的离子交换处理，将内冷水中因铜导线腐蚀产生的微量铜离子转化为 Na^+，并使处理出水返回内冷水箱。这样，不仅可控制 pH 值，而且可同时控制电导率和铜离子的含量。目前，此类技术已应用于许多电厂，使用的发电机组有 1000、600、300、200、125MW 等机组。应用结果表明，该技术可以使内冷水的电导率长期稳定在 $0.2 \sim 1.0 \mu S/cm$ 的范围内，pH 值可稳定维持在 $7.4 \sim 8.3$，硬度为零，铜离子含量可降低到 $5 \sim 20 \mu g/L$。

（3）旁路 Na 型＋H 型双混床处理法。使用 Na 型混床（Na/OH）和 H 型混床（H/OH）双混床并联运行的碱性运行方式，对部分内冷却水进行处理。当内冷却水 pH 值偏低时，通过加大 Na 型混床的水流量来提高 pH 值；当内冷却水电导率偏高时，可通过加大 H 型混床水流量来降低电导率。这种运行方式虽然具有调节灵活、无需加药、安全性好等优点，但也存在操作烦琐、结构复杂、占地较多等缺点。

4. 加入铜缓蚀剂

在内冷水中投加低剂量的 BTA（苯并三氮唑）、MBT（2-巯基苯并噻唑）等铜缓蚀剂，使金属表面形成致密的保护膜从而防止铜腐蚀。该处理方法存在的问题是，内冷却水的 pH 值和电导率难以同时合格，水质不稳定。另外，缓蚀剂和铜离子易发生络合反应，在线棒内产生沉积，影响发电机安全稳定运行。国内某电厂 300MW 发电机曾因添加的缓蚀剂与铜离子发生络合，产生沉积物，造成定子线棒烧毁的事故。

目前国内仍有部分电厂采用该项技术。前国家电力公司 2001 年 1 月颁布的《防止电力生产重大事故的二十五项重点要求》（简称《二十五项反措》）中 11.3.1.5 条中规定：水内冷发电机水质应严格控制在规定范围内。水中铜离子含量超标时，为了减缓铜导线的腐蚀，125MW 及以下机组允许运行时在水中加缓蚀剂，但必须控制 pH 值大于 7.0，并建议 125MW 以上机组最好不采用加缓蚀剂法处理内冷却水。

【任务实施】

下面以某电厂为例，认识发电机内冷水处理。

某电厂发电机采用水-氢-氢冷却方式。如图 10-16 所示，内冷水处理系统由旁路 H 型小混床、树脂捕捉器、水箱呼吸装置、化学在线仪表等组成。该旁路 H 型小混床处理系统运行稳定，水质各项指标均符合 DL/T 801—2002 要求。

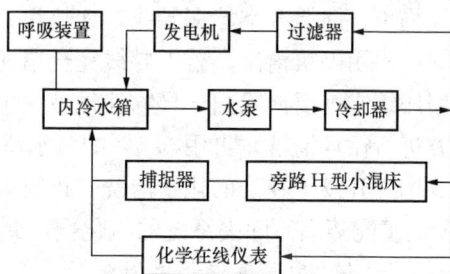

图 10-16　某厂内冷水处理系统示意

1. 水箱

水箱是闭路循环水系统中的一个储水容器。定子线圈的回水首先进入水箱，回水中如含有微量氢气可在水箱内释放。当水箱内气压高于一定值时，可通过水箱上的安全阀自动排气。水箱装有液位开关，用于自动控制补水以保持箱内正常的液位水平及对过高或过低的液位发出报警。水箱上还配有液位计，用以观察水箱液位。

内冷水系统运行时，建议水箱充氮运行，如果水箱不充氮，在常压下，大气中的氧气和二氧化碳进入水箱，空芯铜导线的腐蚀将加快。

2. 水泵

内冷水系统（定子冷却水系统）中装有两台并联的离心式水泵，两台水泵互为备用。

3. 冷却器

系统中设置冷却器以带走内冷水从定子线圈吸取的热量。内冷水系统中装有两台并联的水冷却器，每台冷却器可承担发电机 100% 所需的热交换功率。正常情况下一台运行，另一台备用。

4. 过滤器

系统中设置过滤器以除去水中的杂质。定子水系统中装有两台并联的过滤器，正常情况下一台运行，另一台备用。过滤器的两端跨接着压差开关。当过滤器两端压差增大到一定值时，压差开关动作并发出"过滤器压差高"报警信号，此时应及时将备用过滤器投入运行，清理或更换被堵塞的过滤器滤芯。

注意：在切换水泵、过滤器及冷却器时，必须先将备用装置投入使用，然后才能关闭待处理的装置，以防瞬时断水而引起发电机跳闸事故。

5. 旁路 H 型小混床

内冷水系统运行时，从冷却水路中引出一小部分冷却水（总流量的 0～10%。）流经一台混合离子交换器来实现冷却水的低电导率。在正常情况下，只需有少量的冷却水流经离子交换器，即可保证主循环水路中冷却水的电导率处于规定的范围内。只有当电导率居高不下时，才有必要增大流经离子交换器的水量。

离子交换器为不锈钢制造，直径 $\phi325$，高度 1735mm，运行周期约 1200h，处理后水电导率值为 0.1～0.5μS/cm。交换器中，阳树脂为 001×7，重 24kg；阴树脂为 201×7，重 20kg；阳阴树脂体积比为 1∶1。当监测离子交换器出口水质的电导率计显示其电导率值高于 0.5μS/cm 时，表明离子交换器中的树脂已失效，此时应从系统中切除离子交换器，更新树脂，再投入系统运行。

为了截留可能漏出的碎树脂，离子交换器出水管道上安装有树脂捕捉器。

【知识拓展】

1. 发电机空芯铜导线的清洗

如果发电机内冷水处理不当，可能发生氧化铜的沉积，进而堵塞空芯铜导线。此外，其他异物也可能堵塞空芯铜导线，如垫片、石棉盘根等。当发现空芯铜导线温升不正常时，我国一般采用停机清洗。若铜导线完全堵死，采用化学清洗前，先要用机械法清洗。机械清洗采用压缩空气反向吹扫，异物往往被吹出。化学清洗通常采用双氧水＋盐酸＋缓蚀剂的清洗配方进行循环清洗，再用 0.5％的氨水清洗，最后用纯水冲净。

国外开发了在线的化学清洗。机组运行时，向发电机冷却水箱加入一种络合剂（如 EDTA 的复配药品）除去系统的氧化铜。此方法存在内冷水电导率升高的缺点。

2. 内冷水电导率增加原因分析

（1）内冷水被污染。造成内冷水电导率增加的污染源可能有两个：H_2 或二次冷却水漏入内冷水中。氢气本身不增加电导率，但其中所含的少量 CO_2 会使电导率增加；二次冷却水漏入内冷水这种情况，只有当冷却器中的内冷水压力比二次冷却水压力低时才会发生。如果在运行过程中发现内冷水电导率增加，必须针对以上两种可能情况进行检修。

（2）离子交换器树脂已近使用寿命终点。如果没有异常污染出现，水电导率仍然很高，那么可以确定是离子交换器中的树脂已接近使用寿命终点，这时离子交换器的电导率必然上升。当电导率超过 1.5μS/cm 时，必须更换离子交换器中的树脂，再重新投入使用。

3. 离子交换器树脂更换方法

（1）关闭离子交换器出水阀门。

（2）在做好收集树脂的准备工作后，慢慢打开树脂排放阀门。待树脂全部流出后再继续冲洗 3min，以彻底清洗内部残留的树脂。

（3）关闭进水阀门，打开离子交换器上盖，打开出水阀门排除剩水。

（4）向离子交换器内注入新的树脂。

（5）慢慢打开进水阀门，使水缓缓流入交换器内。当水位上升到顶部后关闭进水阀门并将上盖复位。

（6）重新打开进水阀门并打开排气阀，当排气阀溢水后打开出水阀，关闭排气阀，树脂更换工作即告结束。

任务三　认 识 废 水 处 理

【教学目标】

1. 知识目标

（1）理解废水处理设备的结构、工作原理。

（2）知道废水来源和特点。

（3）知道废水排放标准。

2. 能力目标

（1）会识读废水处理系统的流程简图。

（2）能正确分析各废水处理设备的功能。

（3）能正确使用仪器仪表检测废水水质。

【任务描述】

火电厂是工业耗水大户，也是废水排放大户。加强废水处理、实现废水资源化，控制火电厂排水量及排水污染是电厂废水处理的主要内容。班长组织各学习小组在仿真机或实训室环境下，认真分析各种废水水质特点，编制工作计划后，认识废水处理系统及各水处理设备的功能。

【任务准备】

课前预习相关知识部分。根据电厂各种废水水质特点和处理要求，经讨论后编制认识废水处理的工作计划，并独立回答下列问题。

（1）电厂废水的种类有哪些？

（2）循环冷却水排污水的水质特点是什么？如何处理？

（3）冲灰（渣）废水的特点是什么？如何处理回用？

（4）生活污水如何处理？

（5）化学车间离子交换树脂再生废水有什么特点？如何处理？

（6）反渗透水处理系统浓缩水有何特点？

（7）脱硫废水有何特点？如何处理？

（8）曝气生物滤池处理工艺的原理是什么？

（9）简述第一类污染物和第二类污染物以及取样口的位置。

【相关知识】

一、废水的种类及收集方式

1. 废水的种类

火电厂生产过程中主要用水和排水如图 10-17 所示。

由图 10-17 可知，电厂废水的种类很多，水质、水量差异较大。根据废水的排放频率，废水分为经常性废水和非经常性废水。经常性废水是指一天中连续或间断性排放的废水，而非经常性废水是指定期检修或不定期发生的废水。按照废水的来源划分，废水主要包括循环冷却水排污水、冲灰（渣）水、机组杂排水、脱硫废水、化学水处理废水、煤泥废水、生活污水、化学清洗废水等。火电厂的废水种类和主要污染因子见表 10 - 9。

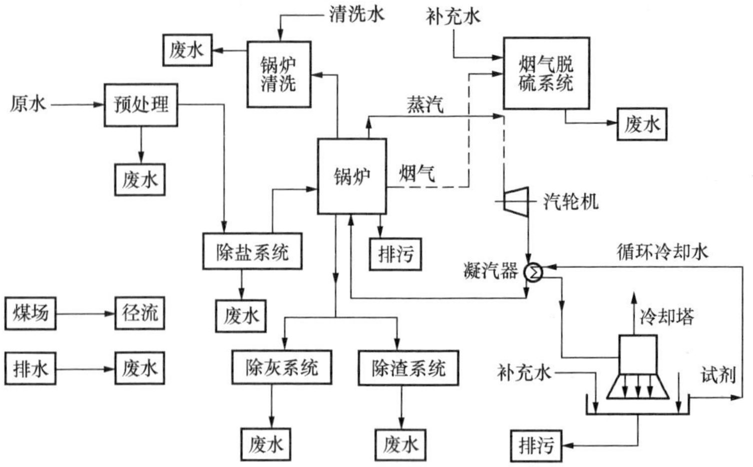

图 10 - 17　火电厂生产过程中主要用水和排水

表 10 - 9　　　　　　　　　　　　火电厂废水种类和污染因子

种　　类	废 水 名 称	污 染 因 子
经常性废水	生活污水	COD、悬浮物、氨氮
	工业水预处理装置排水	悬浮物（SS）
	反渗透浓排水	总溶解固体（TDS）
	锅炉补给水处理再生废水	pH 值、SS、TDS
	循环冷却水排污水	SS、TDS
	凝结水精处理再生废水	pH 值、SS、TDS、Fe、Cu 等
	锅炉排污水	pH 值、PO_4^{3-}
	取样装置排水	pH 值、TDS
	实验室排水	pH 值（与所用试剂有关）
	主厂房地面及设备冲洗水	SS
	输煤系统冲洗煤场排水	SS
	烟气脱硫系统废水	pH 值、SS、COD、重金属、F^-
非经常性废水	锅炉化学清洗废水	pH 值、油、COD、SS、重金属、Fe
	锅炉烟侧清洗废水	pH 值、SS
	空气预热器冲洗废水	pH 值、COD、SS、Fe
	除尘器冲洗水	pH 值、COD、SS
	油区含油污水	SS、油、酚
	停炉保护废水	NH_3、N_2H_4

2. 废水处理的方式

废水处理的方式通常有两种：一种是集中处理，另一种是分类处理。

集中处理是指将各种来源的废水集中收集，然后进行处理，这种方式的特点是处理工艺和处理后的水质相同。分类处理是指将水质类型相似的废水收集在一起进行处理。不同类型的废水采用不同的工艺处理，处理后的水质可以按照不同的标准控制。

随着国家节水政策的实施和环保法规的日益完善，火电厂废水处理正在由过去以达标排放为主向综合利用为主转化。对于新建电厂，大部分废水需要集中收集处理后回用；有些废水的水质比较特殊，则采用分类处理后循环使用或直接排放。因此，大部分电厂采用分类处理和集中处理相结合的方案。

二、废水排放标准

火电厂工业废水集中处理排放标准应符合 GB 8978—1996《污水综合排放标准》。该标准按照污水排放去向，分年限规定了 69 种污染物的最高允许排放浓度和部分行业的最高允许排水量。

在 GB 8978—1996 中，将排放的污染物按其性质及控制方式分为两类。

（1）第一类污染物。第一类污染物是指能在环境或动植物体内积蓄，对人体健康产生长远不良影响的污染物。此类废水，不分行业和排放方式，也不分受纳水体的功能类别，一律在车间或车间处理设施排出口采样，其最高允许排放浓度必须符合表 10 - 10 的规定。

表 10 - 10　　　　　　　　　　第一类污染物最高允许排放浓度

序号	污染物	最高允许排放限值	单位	备　注
1	总汞	0.05	mg/L	主要存在于脱硫废水之中
2	烷基汞	不得检出	mg/L	不常见
3	总镉	0.1	mg/L	主要存在于脱硫废水之中；灰渣废水有时也能检测到较高的重金属离子浓度，但比脱硫废水要低得多 重金属离子的浓度主要与煤质有关
4	总铬	1.5	mg/L	
5	六价铬	0.5	mg/L	
6	总砷	0.5	mg/L	
7	总铅	1.0	mg/L	
8	总镍	1.0	mg/L	
9	苯并（a）芘	0.00003	mg/L	不常见
10	总铍	0.005	mg/L	不常见
11	总银	0.5	mg/L	不常见
12	总 α 放射性	1	Bq/L	不常见
13	总 β 放射性	10	Bq/L	不常见

（2）第二类污染物。第二类污染物是指其长远影响小于第一类的污染物质，在排污单位排出口采样。按照废水排入水域的类别（包括海水水域）将污染物最高允许排放浓度分为三级，即通常所讲的"一级标准""二级标准""三级标准"。火电厂外排废水中常见的第二类污染物的种类和控制标准见表 10 - 11。

表 10 - 11　　　　　　　**火电厂外排废水常见的第二类污染物及控制标准**　　　　　（mg/L）

序号	项目	控制标准		说　明
		第一时段 （1997.12.31 前）	第二时段 （1998.1.1 后）	
1	pH 值	6～9	6～9	pH 值超过标准的废水主要是锅炉补给水处理除盐系统和凝结水精处理系统的再生废水、锅炉酸洗废水、停炉保护废水等
2	悬浮物	一级：＜70 二级：＜200 三级：＜400	一级：＜70 二级：＜150 三级：＜400	悬浮物是最常见的污染物。悬浮物较高的废水主要是预处理系统的工艺废水、煤泥废水、灰渣废水、锅炉空气预热器等冲洗废水、锅炉酸洗废水、生活污水等
3	COD	一级：＜100 二级：＜150 三级：＜500	一级：＜100 二级：＜150 三级：＜500	COD 是排放控制的重要指标之一。COD 较高的废水主要有脱硫废水、生活污水、锅炉空气预热器等冲洗废水、锅炉酸洗废水、停炉保护废水等
4	BOD	一级：＜30 二级：＜60 三级：＜300	一级：＜20 二级：＜30 三级：＜300	电厂只有生活污水的 BOD 有可能超标
5	硫化物	一级：＜1.0 二级：＜1.0 三级：＜2.0	＜1.0	硫化物主要存在于脱硫废水之中
6	石油类	一级：＜10 二级：＜10 三级：＜30	一级：＜5 二级：＜10 三级：＜20	存在于油系统冲洗废水、地面冲洗水、煤泥废水中
7	动植物油	一级：＜20 二级：＜20 三级：＜100	一级：＜10 二级：＜15 三级：＜100	主要存在于生活污水之中
8	氨氮	一级：＜15 二级：＜25	一级：＜15 二级：＜25	主要存在于生活污水之中
9	氟化物	一级：＜10 二级：＜10 三级：＜20	一级：＜10 二级：＜10 三级：＜20	主要存在于灰水、脱硫废水之中
10	磷酸盐	一级：＜0.5 二级：＜1.0	一级：＜0.5 二级：＜1.0	主要存在于循环水排污水、生活污水、锅炉排污水之中
11	TOC	无规定	一级：＜20 二级：＜30	TOC 与 COD 指标的意义是相同的，发展趋势是 TOC 将逐渐代替 COD

三、废水的特点和一般处理方法

火电厂废水处理方法包括中和、混凝、沉淀、澄清、气浮、过滤、石灰处理、生化处理、杀菌、超滤和反渗透等。在电厂废水处理应用中，常根据废水水质特点、处理后水质要求，将上述方法组合成各种废水处理系统。

1. 循环冷却水排污水

循环冷却水排污水是指循环冷却水系统在运行过程中为了控制冷却水中盐类杂质的含量而排出的高含盐量废水。其水质特点是含盐量高、水质安定性差，容易结垢，有机物、悬浮物也比较高。循环冷却水排污水的流量与蒸发量、系统浓缩倍率等因素有关。从排放角度来看，除了总磷的含量有可能超标外，循环水中的其他污染物一般都不超过国家污水排放标准的规定，大部分电厂的废水可以直接排放。

随着水资源的紧缺，循环冷却水排污水是火电厂废水回用的主要对象之一，目前主要回用于循环冷却水、锅炉补给水以及直接用于冲灰（渣）水等。一般回用处理流程如下：

循环冷却水排污水→软化（药剂法、反渗透处理法等）→循环冷却水补充水；

循环冷却水排污水→混凝、沉淀、过滤处理→超滤→反渗透除盐＋电除盐或离子交换除盐→锅炉补给水。

2. 冲灰（渣）废水

冲灰废水的水质特点是 pH 值和含盐量都比较高。通过灰浆浓缩池进行闭路循环的灰水，其悬浮物也比较高；灰场的水因为经过长时间沉淀，悬浮物一般很低。

从排放的角度考虑，主要解决 pH 值和悬浮物超标的问题。其中，悬浮物只要保证水在灰场有足够的停留时间，并采取措施拦截"漂珠"（漂浮在灰水表面的一种多孔、轻质的球状物），悬浮物大多可以满足排放标准要求。pH 值则需要通过加酸（一般加硫酸），才能使其降至 6～9 的范围内。一般在灰场排放点设有加酸装置和 pH 计。加酸装置比较简单，主要由硫酸储槽和加酸控制装置组成，其流程为：硫酸储槽→硫酸计量箱→计量泵→灰场排水沟（管）。

从回用的角度考虑，因为水质特殊、成分复杂，冲灰废水一般采用循环使用的方案，而不用于其他的途径。循环使用的处理工艺如下：

（1）厂内闭路循环处理。灰水→灰浆浓缩池→浓灰浆送往灰场；清水（回水）经处理后进入回收水池，循环使用。冲灰水系统流程如图 10-18 所示。回水处理目的是防垢，一般加酸或加阻垢剂处理。

（2）灰场返回水。灰水→灰场→澄清水经处理（加酸或加阻垢剂）

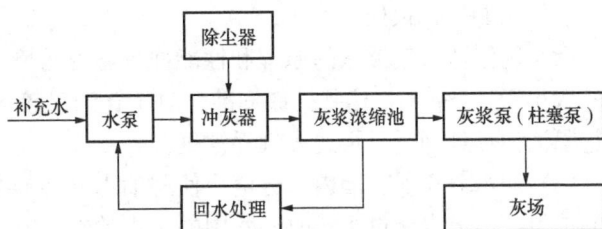

图 10-18　冲灰水系统流程

后进入回收水池→回收水泵→厂内回收水池或冲灰水前池，循环使用。

3. 化学水处理废水

化学水处理废水主要来源于锅炉补给水处理系统和凝结水精处理系统的再生废水以及反渗透水处理系统产生的浓缩水。这部分废水的悬浮物、COD 等一般都不高，但含盐量很高，pH 值可能超标。

补给水处理系统再生废水处理详见学习情境五任务一的知识拓展。反渗透水处理系统废水主要是浓缩水，一般设计反渗透回收率为 75% 左右，浓水量为进水流量的四分之一，含盐量约为原水的 4 倍，水质基本无超标项目，可以直接排放或用于绿化等。

4. 含煤废水

含煤废水来源于煤场、输煤栈桥等处的雨水、融雪以及输煤系统的喷淋、冲洗排水等。含煤废水因水质特殊，一般情况下处理后循环使用。为了达到循环使用的目的，要除去废水中的悬浮物（主要是煤粉）和油。

含煤废水处理系统包括废水收集、废水输送、废水处理等系统。煤场的废水收集一般通过沟道汇集至煤场附近的沉煤池；输煤栈桥的废水一般根据地形设置数个废水收集井，由液下泵送至沉煤池或废水池。沉煤池或废水池的作用主要是汇集废水和预沉淀，将废水中携带的大尺寸的煤粒沉淀下来，其上清液送至煤泥废水池。

含煤废水的处理系统：系统废水→沉煤池或集水井→废水池→澄清器→过滤器→清水储水池→回用于煤系统。

5. 含油废水

火电厂产生含油废水的主要有油罐脱水、冲洗含油废水、含油雨水等。其中，油罐脱水是由于重油中含有一定量的水分，在油罐内发生自然重力分离，从油罐底部定时排出的含油污水。冲洗含油废水来自对卸油栈台、点火油泵房、汽轮机房油操作区、柴油机房等处的冲洗水。含油雨水主要包括油罐防火堤内含油雨水、卸油栈台的雨水等。

火电厂含油废水的处理工艺有以下几种：①含油废水→隔油池→油水分离器或活性炭过滤器→排放；②含油废水→隔油池→气浮分离→机械过滤→排放；③含油废水→隔油池→气浮分离→生物转盘或活性炭吸附→排放。

系统中主要设备的原理和性能介绍如下：

（1）隔油池。隔油池的原理是利用油的密度比水的密度小的特性，将油分离于水的表面并撇除。油粒的粒径越大，越容易去除。用这种方法可以除去粒径在 $60\mu m$ 以上的油粒。在火电厂，隔油池主要用于油库、输油系统等处含油量很高的废水的第一级处理。隔油池维护方便，操作容易，但是处理效果较差，残油量较高，一般为 $200mg/L$ 左右，达不到排放标准，一般只能用作预处理。

（2）气浮池。气浮法的原理和性能详见学习情境二知识拓展。采用该工艺处理后，含油量一般小于 $10mg/L$，达到排放标准。对于含油量较大的油库冲洗废水、排污水等，一般先通过隔油池预处理后，再送入气浮池处理。

（3）油水分离器。国内部分电厂使用油水分离器净化含油废水。该装置中装填有亲油疏水的填料，当废水流过填料时，水中的微细油粒会在填料表面集结，逐渐长大并与水分离，这种方法称为粗粒化法（也称为凝结法）。该方法的优点是设备体积小，效率高；缺点是填料容易堵塞，除油效率容易降低。

除了上述方法之外，还有膜过滤法、生物氧化法等除油方法，在电厂中应用较少，在此不再赘述。

6. 生活污水

在火电厂，生活污水是一种特殊的废水，主要来自食堂、浴室、办公楼、生活区的排水，一般设有专用的排水系统。其水质与其他工业废水差异较大，嗅味、色度、有机物、悬浮物、细菌、油、洗涤剂等成分含量较高，含盐量略高于自来水。大部分电厂设有生活污水处理装置，处理后达标排放。近年来，也有一些电厂将其深度处理后用于循环冷却水系统。

生活污水处理应用较多的为活性污泥法。含有有机物的废水经过一段时间曝气后，水中会产生褐色絮凝体，其中含有大量活性微生物，这种污泥絮粒就是活性污泥。活性污泥结构疏松，表面积很大，对有机污染物有着强烈的吸附凝聚和氧化分解能力。在适当条件下，它自身又具有良好的凝聚和沉降性能。故它广泛地用于污水处理。

火电厂常用的生活污水处理工艺流程如图 10-19 所示。

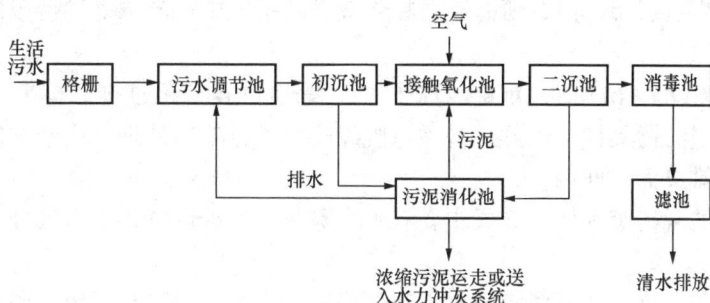

图 10-19 生活污水处理工艺流程

（1）格栅。拦截大尺寸的悬浮杂质，如树枝、漂浮物等，以防堵塞后级设备。

（2）污水调节池。收集沟道汇集的污水，因生活污水的水质和流量波动很大，因此，污水调节池的主要作用是缓冲污水流量的变化，均化污水水质，减小污水处理设备的进水水质和流量的变化幅度。其调节能力取决于污水调节池的容积。一般污水调节池的容积设计为日处理污水总量的 20%~30%。为了加强均化的效果，增加污水的溶氧量，防止杂质在池内沉淀，一般在调节池底设有曝气装置。

（3）初沉池。初沉池作用是将污水中大颗粒、易沉淀的悬浮物、砂粒等除去，以减轻后级设备的负担。

（4）接触氧化池。接触氧化池是污水处理的核心设备，其结构包括池体、填料、布水装置、曝气装置。接触氧化池工作原理：在曝气池中设置填料，将其作为生物膜的载体。待处理的废水经充氧后以一定流速流经填料，与生物膜接触，生物膜与悬浮的活性污泥共同作用，达到净化废水的目的。

低浓度下接触氧化池中生物膜能否形成及成膜后能否保持稳定的活性是接触氧化法处理的关键。填料的性质对处理效果也会产生很大影响，填料应比表面积大、空隙率高、易于挂膜，而且要耐腐蚀、强度好。常用的填料有直板、直管、半软性、软性和复合填料等。

（5）二次沉淀池。二次沉淀池用于分离曝气池出水中的活性污泥。污泥回流系统则把二次沉淀池一部分污泥再回流到曝气池，以维持曝气池中微生物具有足够高的浓度。

（6）杀菌。通过加入杀菌剂，如液氯、次氯酸钠、二氧化氯等，杀灭水中的细菌，以防有害细菌排放到其他水体。

（7）滤池。进一步去除废水中的悬浮物和有机物。

7. 脱硫废水

在各种烟气脱硫工艺中，石灰石-石膏湿法脱硫工艺因其脱硫效率高在国内外应用最为普遍，市场占有率达 90% 以上。下面以石灰石-石膏湿法脱硫工艺的废水处理为例，介绍脱硫废水处理。

脱硫废水的杂质主要来自烟气、脱硫剂和工艺水。通常，脱硫废水偏酸性，pH 值为

4～6.5，与浆液的 pH 值相同或略高；氯离子含量很高，为 0.5％～2.0％；悬浮物（SS）根据脱水设备、废水排放点位置、各类杂质含量等波动较大，从废水旋流器排出的废水 SS 含量一般为 1～10g/L，主要是石膏颗粒、SiO_2、Al 和 Fe 的氢氧化物；化学耗氧量（COD_{Cr}）通常为数十至数百毫克/升，主要由连二硫酸根（$S_2O_6^{2-}$）、工艺水浓缩的有机物、亚硫酸根等产生。另外，含有较高的氟化物，以及国家严格控制的第一类污染物重金属（汞、砷、镉、铬、铅、镍等）。所有杂质在浆液循环系统中不断浓缩，使脱硫废水中的杂质浓度很高。

脱硫废水中 COD、pH 值、重金属离子、F^- 等项目容易超过排放标准，尤其是重金属离子对环境有很强的污染性，因此，必须对脱硫废水进行单独处理。由于水质极差，脱硫废水处理后一般只排放而不回用。

国内外常见的脱硫废水处理方式主要有水力除灰、单独设置化学水处理系统、零排放的处理方式。

（1）水力除灰。该方法是脱硫废水不经处理直接进入水力除灰系统，脱硫废水中的重金属或酸性物质与灰中的 CaO 反应生成固体而得到去除，从而达到以废治废的目的，以珞璜电厂、重庆发电厂为代表。由于电厂除灰系统为水力除灰，灰浆液碱度偏高，脱硫废水偏酸性，对灰水有中和作用，其流量相对灰浆量而言极少，脱硫废水掺入水力除灰系统对除灰系统的影响很小，所以采用该方案基本不需要对水力除灰系统进行任何改造。脱硫废水直接送到灰场（或电厂水力除灰系统），不需要额外增加水处理设备，因而该方案具有投资省，运行方便的优点，但该方案不适用于干法除灰系统的电厂。

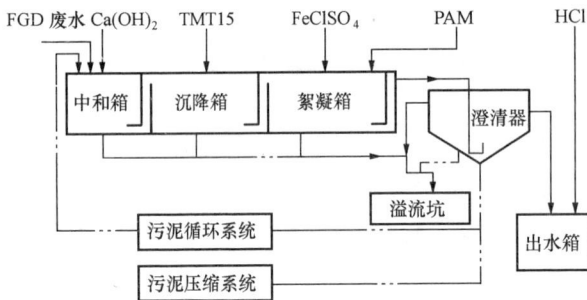

图 10-20 脱硫废水处理的原则性系统流程

（2）单独设置化学水处理系统。我国电厂脱硫废水处理系统多为消化吸收了国外的废水处理技术后设计和生产的，其原则性系统流程如图 10-20 所示。本套脱硫废水处理系统包括五个处理工序，即中和、沉降、絮凝、澄清及污泥处理系统。

1）中和。整个脱硫废水处理池由 3 个箱体组成，前一个箱体充满后溢流进入下个箱体。废水处理的第一道工序就是中和，即在中和箱中加入石灰乳将废水 pH 值调至 9 左右，使废水中的大部分重金属生成氢氧化物而沉淀，并使石灰乳中的钙离子与废水中的氟离子反应生成溶解度较小的氟化钙沉淀，与 As^{3+} 络合生成 $Ca_3(AsO_3)_2$ 等难溶物质。

2）沉降。在沉降箱中加入有机硫（TMT-15），使其与水中剩余的 Cd^{2+}、Hg^{2+} 等反应生成溶解度更小的金属硫化物而沉积下来。

3）絮凝。在絮凝箱内加入 $FeClSO_4$（或聚合铝），使水中的悬浮固体或胶体杂质凝聚成稍大的絮凝体，在絮凝箱出口处加入阴离子高分子聚电解质作为助凝剂来降低颗粒的表面张力，强化颗粒的长大过程，进一步促进氢氧化物和硫化物的沉淀，使微细絮体慢慢变成更大、更易沉淀的絮状物，同时，也使脱硫废水中的悬浮物沉降下来。

中和、沉降、絮凝三联箱保持一定的污泥循环量，其作用主要有：①保证系统定量的流量水平，可以使系统不至于发生淤堵的现象；②保证系统所加药剂的充分利用；③在系统 pH 值调节出现较大的波动时，可以较快的中和及均衡；④为系统化学沉淀反应提供足够的晶种。

4）澄清。废水自流进入澄清池，絮凝体在澄清池中与水分离。絮体因密度较大而沉积在底部，然后通过重力浓缩成污泥。大部分污泥经污泥输送泵输送到污泥脱水系统，小部分污泥作为接触污泥返回到中和箱，提供沉淀所需的晶核。澄清池上部则为净水，净水通过澄清浓缩池周边的溢流口自流到出水箱，加盐酸将其 pH 值调整到 6.0～9.0 后排放。

5）污泥处理。澄清池底部的大部分浓缩污泥经污泥输送泵送到污泥脱水机。澄清池底部的泥渣中固体物质的质量分数为 10% 左右，经压滤机脱水后，滤饼含固率为 45% 左右，最后将滤饼运送到渣场储存。污泥脱水的滤液进入污水回收池内，由污水回收泵送往中和箱内与新来的脱硫废水一道进入下一个处理循环。

图 10 - 20 所示的废水处理系统在运行过程中，一些工序得到改进。如由于排放废水有 COD 限制，该系统缺乏此功能，出水 COD 很难达标。后期脱硫废水处理系统开始采用曝气或添加无机氧化剂进行有机物的去除。

（3）零排放的处理方式。废水蒸发或"烟道"处理可以达到零排放。

四、废水集中处理站

废水集中处理站是火电厂规模最大、处理废水种类最多的一个废水处理系统。废水集中处理站主要设备包括废水收集池（废液池）、曝气风机和水泵、酸、碱储存罐、清水池、pH 值调整槽、反应槽、絮凝槽、澄清器、加药系统等。

典型的废水集中处理站设有多个废液池，根据水质的差异分类收集废水。高含盐量的化学再生废水、锅炉酸洗废液、空气预热器冲洗废水等，都是单独收集的。各池之间根据实际用途也可以互相切换。废液池容积的设计原则是在满足储存所有机组正常运行产生的废水量的基础上，再加上 1 台最大容量机组维修或化学清洗产生的废水量。因为锅炉化学清洗、空气预热器冲洗等非经常性废水的瞬时流量很大，因此废液池的容积一般较大。实质上，集中处理站的废液池平时利用率很低，大部分时间处于闲置状态，对场地的浪费很大。

1. 经常性排水的处理

该站收集的经常性排水包括锅炉补给水处理系统再生排水、凝结水精处理系统再生排水、原水预处理系统的排水和化验室排水、锅炉排污、水汽取样系统排水等。这部分废水典型的处理流程是：废水储存池→pH 值调整池→混合池→澄清池（器）→最终中和池→清水池→排放或回用。

处理系统产生的泥渣可以直接送入冲灰系统，也可以先经过泥渣浓缩池增浓后再送入泥渣脱水系统处理，浓缩池的上清液返回澄清池（器）或者废水调节池。

澄清分离设备一般选用机械搅拌澄清池（详见学习情境二）或者斜板澄清器。由于所收集的废水在大部分时间内悬浮物含量较低，澄清设备大部分时间在低浊条件下运行，为了保证处理效果，机械搅拌澄清池的上升流速比较低，一般为 0.8～1.2m/h。池中心设置刮泥耙，有效水深一般为 2～4m，废水停留时间 2～2.5h。斜板澄清器与机械搅拌澄清池相比，其优点是处理负荷高，设备体积小，占地面积少，检修方便。图 10 - 21 所示为斜板澄清器内部结构及原理示意。

2. 非经常性排水的处理

除了经常性排水之外，集中处理站还承担非经常性排水的处理。主要的非经常性排水包

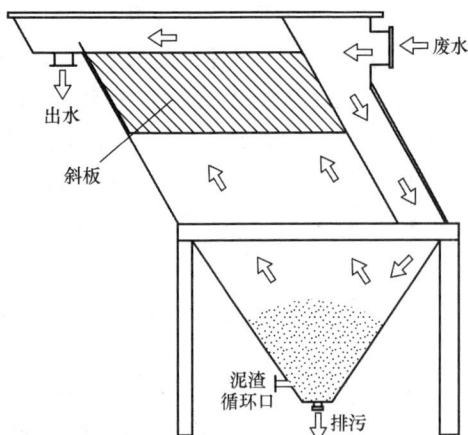

图 10-21 斜板澄清器内部结构及原理示意

括化学清洗排水（包括锅炉、凝汽器和热力系统其他设备的清洗）、锅炉空气预热器冲洗排水、机组启动时的排水、锅炉烟气侧冲洗排水等。与经常性排水相比，非经常性排水的水质较差而且不稳定。通常悬浮物（SS）浓度、COD 值和铁含量等指标都很高。由于废水产生的过程不同，各种排水的水质差异很大，有时 SS 很高，有时 COD 值很高。在这种情况下，针对不同来源的废水需要采用不同的处理工艺。

（1）锅炉停炉保护和化学清洗废水（有机清洗剂）的处理。在停炉保护废水中，联氨的含量较高；柠檬酸或 EDTA 化学清洗废液中，其残余清洗剂量很高。因此，与经常性废水相比，这类废水除了 SS 含量高外，其 COD 值也很高。为了降低过高的 COD，在处理工艺中，在常规的 pH 值调整、混凝澄清处理工艺之前，还增加了氧化处理的环节。通过加入氧化剂（通常是次氯酸钠）氧化，分解废水中的有机物，降低其 COD 值。其工艺流程是：高 COD 废水→废水储存池（压缩空气搅拌）→氧化槽→反应槽→同经常性排水。

（2）空气预热器、省煤器和锅炉烟气侧等设备冲洗排水的处理。空气预热器、省煤器、锅炉烟气侧炉管、烟囱和引风机等设备的冲洗排水也是重要的非经常性排水，其水质特点是悬浮物和铁的含量很高，不能直接进入经常性排水处理系统。需要先进行石灰处理，在高 pH 值下沉淀出过量的铁离子并去除大部分悬浮物，然后再送入中和、混凝澄清等处理系统。其工艺流程是：高铁和高 SS 废水→废水储存池（压缩空气搅拌）→加入石灰，将 pH 值提至 10 左右→沉淀分离→同经常性排水。

【任务实施】

以某 2×600MW 机组的内陆电厂为例，认识电厂废水处理。

该厂工业废水处理采用集中处理方式，废水处理系统如图 10-22 所示。

1. 化学污水的处理

化学污水（化学来废水）主要包括补给水处理系统的再生废水、凝结水精处理再生排水、化验室排水及锅炉排污水。此类废水在化水车间及主厂房内废水池收集后，送到废水处理站 1 号池，通过排水泵送至中和池，调整 pH 值至 6～9 后送入冲灰水储存池或雨水道，中和未合格者则返回 1 号储水池。

2. 煤场及主厂房来废水的处理

主厂房及煤场来废水包括煤场排水、锅炉水侧清洗水、锅炉烟气侧与空气预热器及除尘器的冲洗污水。此类污水进入 2～5 号储水池，先后通过氧化反应池（如有机污水）或 pH 值调整池、凝聚澄清池后，上层清液进入 1 号储水池。而凝聚澄清池下部的浆液，用泵送至泥渣浓缩池，其中上部清液自流入污水池，再用泵返回 2～5 号储水池，而下部泥渣通过泥渣脱水机后，将泥渣外运。

3. 有机废水及酸洗废液的处理

此类废水需进行氧化或焚烧处理。需焚烧或化学氧化的污水，数量较少。需焚烧者，由

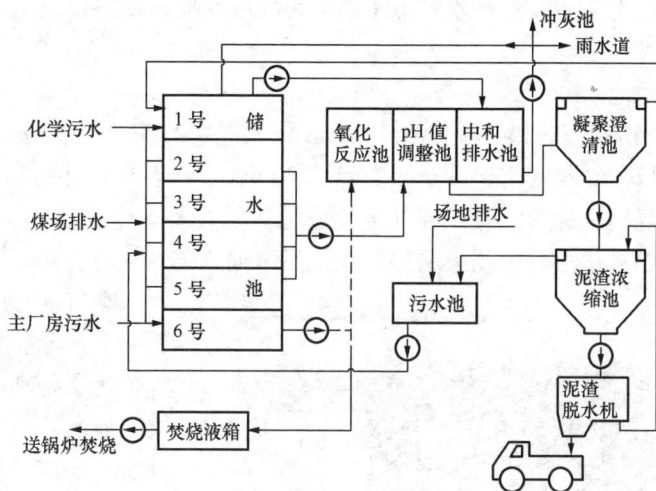

图 10-22　某内陆电厂的废水处理系统

6 号储水池进入焚烧液箱，送至锅炉焚烧系统；采用化学氧化法者，则由 6 号储水池进入氧化反应池，自流入 pH 值调整池，其后与处理 2~5 号池污水方法相同。

【知识拓展】

一、循环冷却水系统排污水回用

循环水排污水的含盐量很高，而且为结垢性水质，过去一般直接用于对水质要求很低的场合，如冲灰、冲渣等。如果要扩大这部分废水的回用范围，必须将水中的过饱和盐类除去。随着火电厂干除灰技术的发展，采用水力冲灰的电厂越来越少，这部分水已经成为最大的一股排放废水。随着水价的上涨，再加上环保减排的要求，循环水排污水的回用将会成为火电厂废水综合利用的热点。

由于含盐量很高，在现有的各种除盐技术中，反渗透是唯一的选择。但反渗透装置对进水有严格的水质要求，因此还要设置完善的预处理系统，以去除对反渗透膜元件有污染的杂质，包括有机物、悬浮物、胶体、低溶解度的致垢盐类等。由于反渗透的预处理系统很复杂，所以目前循环水排水的回收处理难度较大，主要在于回用处理的系统庞大，建设费用和运行成本都比较高。

二、厂区生活污水的回用

很多电厂有丰富的生活污水资源，因其含盐量不高，不用脱盐处理，因此回用的成本低，效益好。生活污水经过处理后一般回用于电厂循环冷却水系统。前面讨论的生活污水处理工艺一般只能达到污水排放标准，如果要进行回用，还必须对污水进行深度处理，进一步降低污水中的氨氮、BOD、COD 等。

污水回用至循环冷却水系统需要解决以下的问题：

（1）污水中含有大量的细菌和有机物，有可能在系统中形成生物黏泥。如果黏泥沉积在凝汽器铜管（或不锈钢管）的表面，除了影响换热效果外，还有可能引起金属表面的腐蚀。

（2）污水中氯离子浓度可能超过凝汽器管的耐受范围。

（3）氨氮的浓度。近年来，越来越多的研究表明，在循环冷却水系统的好氧条件下，氨氮进行硝化反应后产生强酸，循环水的 pH 值会大幅度降低，使得系统部分碳钢和铜质材料发生明显的酸性腐蚀。

三、曝气生物滤池

曝气生物滤池（biological aerated filters，BAF）是一项适用于火电厂污水深度处理的技术。该技术 20 世纪 70 年代末出现于欧洲，到 20 世纪 90 年代初已基本成熟，具有各种工艺形式。曝气生物滤池也称为淹没式曝气生物滤池，是在普通生物滤池、高负荷生物滤池、生物滤塔、生物接触氧化法等生物膜法的基础上发展而来的，被称为第三代生物滤池。

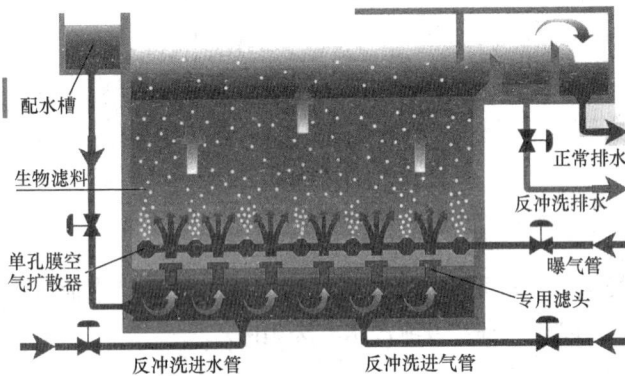

图 10-23　曝气生物滤池（BAF）结构

曝气生物滤池的结构如图 10-23 所示，它在设计上充分借鉴了污水处理接触氧化法和给水快滤池的特点，具有曝气、高速过滤、定期反冲洗等功能。其工艺原理为：在滤池中装填一定量粒径较小的粒状滤料，滤料表面生长着高活性的生物膜，滤池内部曝气。污水流经时，利用滤料的高比表面积带来的高浓度生物膜的氧化降解能力，对污水进行快速净化，此为生物氧化降解过程，同时，污水流经时，滤料呈压实状态，利用滤料粒径较小的特点及生物膜的生物絮凝作用，截留污水中的悬浮物，且保证脱落的生物膜不会随水漂出，此为截留作用；运行一定时间后，因水头损失的增加，需对滤池进行反冲洗，以释放截留的悬浮物以及更新生物膜，此为反冲洗过程。

在 BAF 工艺中，作为生物膜载体的填料（滤料）是该工艺的核心。目前，BAF 所用的滤料，根据其采用原料的不同，可分为无机滤料和有机高分子滤料。常见的无机滤料有陶粒、焦炭、石英砂、活性炭、膨胀硅铝酸盐等，有机高分子滤料有聚苯乙烯、聚氯乙烯、聚丙烯等。有机高分子滤料与微生物间的相容性较差，所以挂膜时生物量少，易脱落，处理效果并不理想，且价格高。

曝气生物滤池可以有效降低水中的 SS、COD、BOD、氨氮、磷等污染物控制指标，集生物氧化和截留悬浮固体于一体，节省了后续沉淀池（二沉池），具有容积负荷高、水力负荷大、水力停留时间短、所需基建投资少、出水水质好、运行能耗低等特点，在电厂的生活污水处理和城市中水深度处理中得到了广泛的应用。

任务四　认识锅炉化学清洗

【教学目标】

1. 知识目标

（1）理解化学清洗工艺过程。

（2）理解化学清洗质量指标。

（3）理解化学清洗中的化学监督。

（4）知道锅炉化学清洗的范围。

（5）理解锅炉化学清洗所用的药品及其作用。

2．能力目标

（1）会识读锅炉化学清洗系统流程简图。

（2）能做静态试验选择化学清洗介质和参数。

（3）能正确取样、使用仪器仪表检测清洗中的化学监测项目。

【任务描述】

为防止受热面因腐蚀和结垢引起事故，提高锅炉热效率、改善机组水汽品质，有效措施之一是对锅炉进行化学清洗。班长组织各学习小组在仿真机或实训室环境下，认真分析锅炉化学清洗介质和参数，编制工作计划后，认识锅炉化学清洗的工艺过程。

【任务准备】

课前预习相关知识部分。根据锅炉化学清洗工艺过程，经讨论后编制认识锅炉化学清洗的工作计划，并独立回答下列问题。

（1）锅炉为什么要进行化学清洗？

（2）锅炉化学清洗的范围？

（3）如何确定锅炉是否应进行化学清洗？

（4）锅炉化学清洗药剂有哪些？

（5）锅炉化学清洗一般包括哪些步骤？

（6）如何监督锅炉化学清洗过程？有哪些监督项目？

（7）如何确定锅炉垢量？

（8）如何选择锅炉化学清洗试片？材质有何要求？如何处理？

（9）锅炉化学清洗的质量要求是什么？如何进行化学清洗质量检查？

（10）如何测定化学清洗的除垢率？

【相关知识】

锅炉化学清洗是指采用一定的清洗工艺，通过化学药剂的水溶液与锅炉水汽系统中的腐蚀产物、沉积物和污染物发生化学反应而使锅炉受热面内表面清洁，并在金属表面形成良好钝化膜的方法。

一、电厂锅炉化学清洗的必要性

1．新建锅炉化学清洗的必要性

新建锅炉在制造、储运和安装过程中，不可避免地会形成氧化皮、腐蚀产物和焊渣，并且会带入沙子、尘土、水泥和保温材料碎渣等含硅杂质。管道在加工成型时，有时使用含硅、铜的冷热润滑剂（如石英砂、硫酸铜等），或者在弯管时灌砂，都可能使管内残留含硅、铜的杂质。此外，设备在出厂时可能涂覆有油脂类的防腐剂。这些杂物如果在锅炉投运前不除掉，会产生下列危害：

（1）锅炉启动时，水汽品质特别是含硅量不容易合格，影响机组的启动时间。

（2）妨碍炉管管壁的传热，造成炉管过热和损坏。

（3）在锅内形成碎片或沉渣，堵塞炉管，破坏水汽的正常流动工况。

（4）加速受热面沉积物累积，使介质浓缩腐蚀加剧，导致炉管变薄、穿孔和爆破。

2. 运行锅炉化学清洗的必要性

锅炉投入运行以后，即使有完善的补给水处理工艺和合理的锅内水工况，仍然不可避免地会有杂质进入给水系统，使热力系统遭受腐蚀。如不进行化学清洗除掉这些污脏物，将会在受热面形成水垢，影响炉管的传热和水汽流动特性，加速介质浓缩腐蚀和炉管的损坏，恶化蒸汽品质，危害机组的正常运行。因此，锅炉运行一定时间以后，必须进行化学清洗。

二、清洗范围

1. 新建锅炉的清洗范围

（1）直流炉和过热蒸汽出口压力为 9.8MPa 及以上的汽包炉，在投产前必须进行化学清洗；压力在 9.8MPa 以下的汽包炉，当垢量小于 150g/m² 时，可不进行酸洗，但必须进行碱洗或碱煮。

（2）再热器一般不进行化学清洗。出口压力为 17.4MPa 及以上机组的锅炉再热器可根据情况进行化学清洗，但必须有消除立式管内的气塞和防止腐蚀产物在管内沉积的措施，应保持管内清洗流速在 0.2m/s 以上。

（3）过热器垢量大于 100g/m² 时，可选用化学清洗，但应有防止立式管产生气塞和腐蚀产物在管内沉积的措施，并应进行应力腐蚀试验，清洗液不应产生应力腐蚀。

（4）机组容量为 200MW 及以上新建机组的凝结水及高压给水系统，垢量小于 150g/m² 时，可采用流速大于 0.5m/s 的水冲洗；垢量大于 150g/m² 时，应进行化学清洗。机组容量为 600MW 及以上机组的凝结水及给水管道系统至少应进行碱洗，凝汽器、低压加热器和高压加热器的汽侧及其疏水系统也应进行碱洗或水冲洗。

2. 运行锅炉的清洗范围

运行锅炉是否需要进行化学清洗，主要根据机组运行年限和水冷壁向火侧结垢量确定。

（1）在大修时或大修前的最后一次检修时，应割取水冷壁管，测定垢量。当水冷壁管内的垢量达到表 10-12 规定的范围时，应安排化学清洗。当运行水质和锅炉运行出现异常情况时，经过技术分析可安排清洗。

（2）以重油和天然气为燃料的锅炉和液态排渣炉，应按表 10-12 中的规定提高一级参数锅炉的垢量确定化学清洗，一般只需清洗锅炉本体。蒸汽通流部分的化学清洗，应按实际情况决定。一旦发生因结垢而导致水冷壁管爆管或蠕胀时，应立即进行清洗。

（3）当锅炉清洗间隔年限达到表 10-12 规定的条件时，可酌情安排化学清洗。

（4）当过热器、再热器垢量超过 400g/m²，或者发生氧化皮脱落造成爆管事故时，可进行酸洗。但应有防止晶间腐蚀、应力腐蚀和沉积物堵管的技术措施。

表 10-12   **运行锅炉化学清洗的条件**

锅炉类型	汽 包 锅 炉				直流锅炉
主蒸汽压力（MPa）	<5.9	5.9~12.6	12.7~15.6	>15.6	—
垢量（g/m²）	>600	>400	>300	>250	>200
清洗间隔年限（a）	10~15	7~12	5~10	5~10	5~10

三、常用清洗剂

清洗剂的作用是除掉金属表面聚积的铁的氧化物及水垢。对清洗剂的基本要求：①清洗效果好，即除铁的氧化物及水垢的效果好；②对锅炉的腐蚀性小；③成本较低，货源较充足，使用方便；④清洗后的废液易于处理。

常用的清洗剂主要是无机酸和有机酸，例如盐酸、氢氟酸、柠檬酸等。所以，化学清洗常常又称为酸洗。下面简要介绍常用的清洗剂及其作用原理。

1. 盐酸

盐酸除铁的氧化物的作用首先是溶解作用，即它和铁的氧化物反应生成溶于水的盐，其反应式为

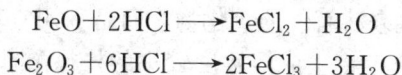

$$FeO + 2HCl \longrightarrow FeCl_2 + H_2O$$
$$Fe_2O_3 + 6HCl \longrightarrow 2FeCl_3 + 3H_2O$$

Fe_3O_4 可以看做是 FeO 和 Fe_2O_3 的混合物，它们分别与盐酸发生上述两种反应。

盐酸清洗时，盐酸不仅具有溶解氧化物的作用，而且还有剥离作用。因为一方面盐酸和一部分氧化物作用时，特别是和 FeO 反应时，破坏了氧化物和金属的连接，使氧化物剥离下来；另一方面，夹杂在氧化物中的铁和氧化物下面的铁会和盐酸反应产生氢气，逸出时会将铁的氧化物从金属表面上剥离下来。根据实际经验，盐酸清洗时溶解氧化物的量约占清洗下来氧化物总量的 40%，其余 60% 是由于剥离作用下来的。

盐酸除了能除去铁的氧化物之外，还可以除去钙、镁水垢，其反应式为

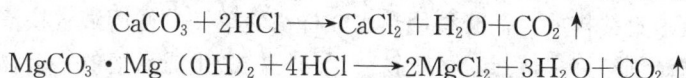

$$CaCO_3 + 2HCl \longrightarrow CaCl_2 + H_2O + CO_2 \uparrow$$
$$MgCO_3 \cdot Mg(OH)_2 + 4HCl \longrightarrow 2MgCl_2 + 3H_2O + CO_2 \uparrow$$

和清洗铁的氧化物一样，盐酸对钙、镁水垢不仅有溶解作用，而且还有使水垢剥落下来随清洗液一起排走的作用。

盐酸作为清洗剂有许多优点：清洗效果好，因为它溶解铁的氧化物能力大；价格比较便宜，货源充足，输送方便；清洗工艺容易掌握。盐酸作为清洗剂也有缺点：不能清洗奥氏体钢制造的设备，因为氯离子能促使奥氏体钢发生应力腐蚀破裂；对于以硅酸盐为主的水垢，用盐酸清洗的效果差，必须补加氟化物至清洗剂中才能获得满意的效果。但尽管盐酸有这些缺点，它还是普遍应用的一种清洗剂。

2. 氢氟酸

近年来，应用氢氟酸作为清洗剂取得了较好的效果。氢氟酸对 Fe_2O_3 和 Fe_3O_4 有很强的溶解能力。氢氟酸是弱酸，但氟离子有很强的络合能力，很容易与 Fe^{3+} 作用形成络合物，因而低浓度的氢氟酸却比盐酸和柠檬酸对氧化铁有更强的溶解能力。

此外，氢氟酸具有很强的除硅化合物的能力，其反应式为

$$SiO_2 + 6HF \longrightarrow H_2SiF_6 + 2H_2O$$

氢氟酸作为清洗剂有其独特的优点：清洗效果好，这是由于氢氟酸溶解铁的氧化物和硅化物的能力强，而且溶解速度快；氢氟酸清洗时可以在低温低浓度下进行，因为在低温（例如 30℃）和低浓度（1%）的情况下，其溶解速度已经可以满足清洗的要求；由于氢氟酸清洗时温度低，浓度小，接触时间短，所以对金属的腐蚀较轻，如果在清洗液中加入缓蚀剂，可以使某些钢材的腐蚀速度小于 1g/ (m² · h)；氢氟酸可以用来清洗奥氏体钢制造的锅炉部件，当然也就可以用来清洗过热器和再热器；由于对金属的腐蚀速度小，所以清洗时可不必

拆卸锅炉水汽系统中的阀门，因而可以简化清洗的临时装置。

氢氟酸作为清洗剂的缺点：有毒，腐蚀性大，容易烧伤人体，必须十分注意使用安全。而且来源不充足，价格较高。

氢氟酸除了单独作为清洗剂外，还可以和有机酸组成复合清洗剂。比如，有的电厂用 1% 的氢氟酸和 0.3% 的甲酸混合清洗新建锅炉，还有的电厂用 2% 的氢氟酸和 0.6% 的甲酸混合清洗运行锅炉，都获得了比较好的效果。

3. 柠檬酸

柠檬酸是目前化学清洗中应用得较广的一种有机酸，它是一种白色晶体，分子式为 $H_3C_6H_5O_7$，在水溶液中柠檬酸是三元酸，其离解度随着 pH 值的升高而增加。用柠檬酸进行清洗，主要不是用它的酸性来溶解铁的氧化物，而是利用它和铁离子生成络离子的能力。如果柠檬酸和 Fe_2O_3 直接反应，将生成溶解度较小的柠檬酸铁沉淀，为了生成易溶的络合物，需要加氨将 pH 值调至 $3.5\sim4$，柠檬酸将主要变为柠檬酸单铵，柠檬酸单铵和 Fe_2O_3 反应生成易溶于水的络合物。

根据实践经验，为了使柠檬酸洗炉取得满意的效果，必须保证以下工艺条件：柠檬酸溶液应有足够的浓度，不能小于 1%，常用 3%；温度不能低于 $85℃$，且酸洗时不应突然降低温度；清洗液的 pH 值控制在 $3.0\sim4.0$ 的范围；清洗时间一般是 $4\sim6h$；清洗液中 Fe^{3+} 浓度不能大于 0.5%。如果满足不了上述条件，就容易产生柠檬酸铁的沉淀。为了避免清洗液中的胶态柠檬酸铁铵络合物附着到金属表面上变成很难冲洗掉的有色膜状物质，清洗结束时，不能将热的废液直接排放，而必须用热水或柠檬酸单铵的稀溶液置换清洗废液。

用柠檬酸作清洗剂有许多优点：由于铁离子与柠檬酸生成易溶的络合物，清洗时不会形成大量悬浮物和沉渣；可以用来清洗奥氏体钢和其他特种钢材制造的锅炉设备；可以用来清洗结构复杂的高参数大容量机组，因为柠檬酸即使在这些系统中不能排尽而残留在设备内部，也没有危险性，柠檬酸在高温下会分解成二氧化碳和水。柠檬酸作清洗剂的缺点：清除附着物的能力比盐酸小，只能清除铁垢和铁锈，不能清除铜垢、钙镁水垢和硅酸盐水垢；清洗时要求较高的温度和流速，价格也较高。所以，通常是在不宜用盐酸的情况下才用柠檬酸。

4. EDTA

近年来 EDTA（乙二胺四乙酸）及其钠盐、铵盐也被用作清洗剂，利用其络合作用来溶解金属表面的沉积物。

EDTA 是四元弱酸，它本身难溶于水，但当羧基上的 H 被 Na^+、NH_4^+ 取代后，则其水溶性增强，也就是说，溶液 pH 值升高，其溶解度增大。因为 EDTA 是一种络合剂，可以和 Fe^{3+}、Cu^{2+}、Ca^{2+}、Mg^{2+} 等离子形成络合物，而且这些络合物都易溶于水，所以在溶液中，EDTA 能与锅炉内部沉积物中的铜铁和钙镁等金属氧化物反应，并形成可溶的稳定络合物。络合反应按 $1:1$ 的比例进行，且无论在酸性或碱性条件下，它都能使锅炉内部沉积物络合溶解，具有较强的除铁垢能力。

EDTA 清洗可分为 EDTA 铵盐和 EDTA 钠盐两种工艺。EDTA 钠盐清洗又称为协调 EDTA 清洗，其特点是：利用 EDTA 络合除垢原理，从弱酸性开始洗炉，依靠炉内络合体系自身的物理化学变化，随铁垢的不断溶解，清洗液的 pH 值自动升高，最后达到使铁钝化的 pH 值结束洗炉，实现除垢和钝化一步完成。

与 EDTA 铵盐清洗技术相比，协调 EDTA 清洗技术不仅使用方便，而且在清洗过程中清洗液的 pH 值易于控制，清洗效果较好。因此，近年来协调 EDTA 清洗技术得到越来越广泛的应用。它不仅已用于低压至超高压锅炉的化学清洗，也已成功地应用于 250～600MW 机组锅炉的化学清洗。

协调 EDTA 清洗的效果主要取决于清洗液的 EDTA 浓度、pH 值、温度和流速，以及缓蚀剂和其他添加剂。要保证清洗效果，必须使初始 EDTA 浓度足够高，必须控制一个适当的过剩 EDTA 浓度，一般取 1.5% 左右为宜；EDTA 钠盐溶液的 pH 值在 5.3～5.8 的范围内时，EDTA 主要以二钠盐和三钠盐的形式存在，其清洗能力最强，并且在适当的 EDTA 过剩量下，清洗结束时溶液的 pH 值可上升到 8.5～9.5，从而可保证良好的钝化效果；温度控制在 100～140℃ 的范围内均能取得良好的清洗效果，但为了提高清洗能力，常将温度控制在 130～140℃ 的范围内；一般认为，EDTA 清洗的流速控制在 0.5～1.0m/s 范围内便能取得良好的清洗效果；为了控制清洗液对金属基体的腐蚀，在 EDTA 清洗中常用的缓蚀剂和其他助剂主要有乌洛托品、硫脲、N_2H_4、MBT 等单体，以及 TSX-04、TSX-05 等复配物。

EDTA 清洗最突出的优点是可用同一介质实现除垢和钝化，从而克服了盐酸清洗等工艺程序多、工期长、用水量大、排放困难的缺点。但是，其药品价格高，清洗成本高，这是限制其应用的主要原因。另外，EDTA 清洗的配药工作量较大，清洗时需要 100℃ 以上的高温。

5. 氨基磺酸

氨基磺酸是固体清洗剂之一，在工业发达国家中，它的应用已十分普遍。氨基磺酸主要用于较为贵重设备的化学清洗，如大型锅炉化学清洗不能采用盐酸，硝酸虽然也可以作清洗剂，但不易操作，而采用氨基磺酸是比较安全的。氨基磺酸具有低毒、无味、不挥发、污染性小以及对金属的腐蚀性小、不产生氢脆等许多优点。此外，氨基磺酸的储存、运输与使用都十分安全、方便，所以它越来越受到清洗专业人员的重视。

氨基磺酸是一种无机固体酸，化学式为 NH_2SO_3H，分子量为 97.09，斜方晶系片状结晶。氨基磺酸易溶于水，它对金属的腐蚀性很低，加水加热溶解后，易水解为酸式硫酸铵。氨基磺酸可与金属的氧化物、碳酸盐等反应，生成溶解度很大的氨基磺酸铁、氨基磺酸钙、氨基磺酸镁等化合物，故可用于清洗设备中的水垢和钢铁表面的铁锈。它对碳酸盐、硫酸盐、磷酸盐、氢氧化物等的溶解能力强，清洗效果好，但它不能清除（溶解）硅酸盐垢。

与硫酸、盐酸溶液相比，氨基磺酸溶液对金属的腐蚀性要小得多。氨基磺酸适用于碳钢、高合金钢、不锈钢、黄铜、紫铜、铝等材料制成的设备的清洗。清洗液浓度一般可采用 3%～5%，清洗液中加入金属缓蚀剂 0.5%，温度控制在 40℃ 左右，清洗时间约 5h。

在清洗过程中，若氨基磺酸清洗液的 pH 值上升到 3.5，说明清洗液中的氨基磺酸耗尽，不能去垢了，此时应补加药液。

氨基磺酸的缺点是价格偏高，清除铁锈的能力要差一些。为了提高清洗剂对铁锈的清洗效果，人们常采用氨基磺酸和柠檬酸的复合清洗剂。

四、化学清洗的添加剂

为了提高清洗效果，降低清洗剂对锅炉金属的腐蚀，通常在清洗液中加入少量的化学药品。所加的化学药品不止一种，其作用各不相同，现分述如下。

1. 缓蚀剂

为了降低清洗剂对金属的腐蚀速度，使腐蚀速度在允许的范围之内，在清洗剂中常加入缓蚀剂。化学清洗对缓蚀剂的基本要求是：①良好的缓蚀性能，缓蚀剂不仅要降低总的腐蚀速度，而且要降低局部腐蚀速度；②不影响清洗剂的清洗能力；③有利于防止氢脆；④无毒性，使用安全方便；⑤清洗废液排放以后不污染环境。

目前，酸性介质的缓蚀剂主要是含氮、硫等原子的有机化合物，近年来常用复合缓蚀剂。如盐酸洗炉时，常用的是若丁，天津若丁的主要成分是二邻甲苯硫脲，抚顺若丁的主要成分是氯代烷基吡啶，IS-129、IS-156属咪唑啉衍生物。柠檬酸洗炉时，常用缓蚀剂的主要成分是二邻甲苯硫脲、2-巯基苯并噻唑等。氢氟酸或 EDTA 洗炉时，常用吡啶、硫脲、噻唑等的衍生物组成的复合缓蚀剂。

应采用哪一种缓蚀剂及其添加量应为多少，与清洗剂的种类和含量有关。此外，还与清洗温度和流速有关，因为每种缓蚀剂都有它所适用的温度和流速范围。缓蚀剂降低腐蚀速度的效果，一般是随清洗液温度的上升和流速增大而降低的。由于有这些因素的影响，所以缓蚀剂的选用应通过小型试验来确定。

2. 掩蔽剂

清洗含铜量高的沉积物时，清洗液会含较多的 Cu^{2+}，这些 Cu^{2+} 会在钢铁表面析出，使钢铁腐蚀，其反应式为：$Fe+Cu^{2+}\longrightarrow Fe^{2+}+Cu$，这就是镀铜现象。为了防止这种现象，可添加铜离子络合剂，即掩蔽剂，例如硫脲、NH_3 等。

3. 还原剂

清洗液中的 Fe^{3+} 会引起基体金属的腐蚀，反应式为：$Fe+2Fe^{3+}\longrightarrow 3Fe^{2+}$。当 Fe^{3+} 超过一定量时，会使钢铁腐蚀速度显著增加，甚至产生点蚀。一般希望 $Fe^{3+}<300mg/L$。当含量超过时，可以加还原剂，使 Fe^{3+} 还原为 Fe^{2+}，如加氯化亚锡，其还原反应为：$2Fe^{3+}+Sn^{2+}\longrightarrow 2Fe^{2+}+Sn^{4+}$。除了氯化亚锡作为还原剂之外，在有机酸清洗溶液中可加联氨、草酸等作还原剂。

4. 助溶剂

由于硅酸盐水垢、铜垢在一般的酸液（主要是盐酸和有机酸）中不易溶解，氧化铁在其中的溶解速度也不快。为了促进沉积物的溶解，可在清洗剂中加适量的助溶剂。

在清洗液中加氟化物可以促进氧化铁的溶解，因为氟化物和 Fe^{3+} 有络合作用，可以使溶液的 Fe^{3+} 浓度很小，这样清洗剂和氧化铁的反应容易进行。所加的氟化物一般为氟化氢铵，其加入量一般为清洗液的 0.2%～0.3%。

用盐酸洗炉时，如有硅酸盐水垢，为了促进其溶解，在盐酸中加入氟化钠或氟化铵，一般加入量为清洗液的 0.5%～2.0%，氟化物在盐酸中生成氢氟酸，氢氟酸能促进硅化合物的溶解。

5. 表面活性剂

表面活性剂又称为界面活性剂，它是能够显著降低水的表面张力的物质，这些物质是有机化合物，分子由极性基和非极性基组成，极性基是亲水的，非极性基是憎水的。表面活性剂能够在溶液/固体界面上定向排列，改变界面张力，使某些物质润湿、某些物质在水中发生乳化和促使某些溶质在水中分散等。

五、化学清洗步骤

化学清洗系统确定之后，应做好各项准备工作，包括清洗用药、清洗用水、热源、电源、备用泵、废液和废气的排放等准备工作，安装好清洗系统，落实各项安全措施。

准备工作做好之后，便可进行化学清洗。除 EDTA 洗炉工艺之外，用其他的清洗剂洗炉的步骤一般是：水冲洗→碱洗或碱煮→碱洗后水冲洗→酸洗→酸洗后水冲洗→漂洗和钝化，现分述如下。

1. 水冲洗

水冲洗的目的：对于新建锅炉，是为了冲掉锅炉安装以后脱落的焊渣、铁锈、尘埃和氧化皮等；对于运行锅炉，是为了除去运行中产生的某些可以被水冲掉的沉积物。同时，水冲洗还可以检验清洗系统是否漏水和畅通。

水冲洗的流速越大越好，以便达到冲洗的目的。实际上，流速往往受现场条件（如泵的出力）的限制，但水冲洗的流速一般应保持大于 0.6m/s。当清洗系统复杂时，可考虑分组进行冲洗。冲洗时，可先用清水冲至透明后再用除盐水置换。

2. 碱洗或碱煮

大多数情况下水冲洗后采用碱洗，但当锅炉内油脂较多，沉积物中含硅量较大时可考虑碱煮。

碱洗，通常用 $0.2\%\sim0.5\%$ Na_3PO_4、$0.1\%\sim0.2\%$ Na_2HPO_4，或者用 $0.5\%\sim1.0\%$ NaOH、$0.5\%\sim1.0\%$ Na_3PO_4，此外加 0.05% 的表面活性剂（如洗净剂）。因为奥氏体钢对游离氢氧根敏感，如果清洗系统内有奥氏体钢制造的部件，碱洗时不用 NaOH。碱洗溶液应采用除盐水或软化水配制，并以边循环边加药的方式用泵送入系统。

碱洗时，首先使系统内充以除盐水、循环并加热到 $85℃$ 以上，然后连续加入已配好的浓碱母液。加药完毕以后，维持温度 $90\sim98℃$，循环流速 $0.3m/s$ 以上，持续 $8\sim24h$。碱洗结束后，先放尽清洗系统内的碱洗废液，然后用除盐水或软化水冲洗清洗回路，一直冲到出水 $pH\leqslant8.4$，水质透明、无细颗粒沉淀物和油脂为止。

碱煮的目的，一是除油脂，二是除二氧化硅，三是松动沉积物，提高酸洗效果。碱煮所用的药品主要是 NaOH 和 Na_3PO_4 的混合液，总浓度为 $1\%\sim2\%$，有时还加 $0.05\%\sim0.2\%$ 的表面活性剂如烷基磺酸钠等。碱煮的方法是：锅内加入碱液以后，锅炉点火升温，使汽压升至 $0.98\sim1.96MPa$，并维持 $4h$，随后进行排污，排污量为额定蒸发量的 $5\%\sim10\%$。排污后再补水，然后再升压碱煮、排污，如此反复几次，直至洗净为止。当药液浓度降到开始浓度的一半时，应适当补加药剂。最后当水温到 $70\sim80℃$ 时即可排出全部废液，并用水冲洗，冲洗的要求和碱洗一样。水冲洗结束后，即可进行酸洗。

3. 酸洗

用盐酸或柠檬酸清洗时，通常采用闭式循环方式。加入清洗液的方法有两种：一种是边循环边加药。此法是先加除盐水循环，并将它加热到所需温度，然后在继续循环过程中慢慢加入事先配好的浓药液。加药的顺序是先加缓蚀剂溶液，循环均匀后再加清洗剂溶液。此法一般用于高参数锅炉。另一种方法是在清洗溶液箱中配制清洗溶液。此法事先将清洗用药加入清洗溶液箱，配成一定浓度的溶液，并加热到所需温度，然后用清洗泵把它打入清洗系统。这种方法常用于低压或中压小容量锅炉。在酸洗过程中，应经常测定清洗液的温度，并在各取样点取样测定含铁量和酸浓度，用柠檬酸清洗时，还应测定其 pH 值。当循环到预定时间或清洗液中含铁量趋于稳定或检查监视管认为清洗干净时，便可结束酸洗。酸洗结束以后，不应用放空的方法排废酸，以免进入空气造成严重腐蚀，而必须用除盐水或软化水排挤酸液并进行冲洗。为了提高冲洗效果，应尽可能提高冲洗流速。冲洗一定要进行到排出水的电导率小于 $50\mu S/cm$、pH 值为 $4.0\sim4.5$、含铁量小于 $50mg/L$ 为止。要尽可能缩短冲洗时间，以防酸洗后金属表面生锈。

当用氢氟酸清洗时，一般采用开路方式，先启动清洗泵，以一定流量向清洗系统注入预先加热到一定温度的除盐水，然后在清洗泵出口管道中加入缓蚀剂、添加剂和清洗剂。含缓蚀剂的清洗液流经整个清洗系统并维持一定时间后，停止注入清洗剂和缓蚀剂，同时尽可能增大除盐水流量进行顶酸和冲洗，这时应开关各个疏水门一次，接着漂洗，最后进行钝化。

4. 漂洗

(1) 当炉内金属在未接触空气的情况下，冲洗至出水 pH 值为 $4.0\sim4.5$，含铁量小于 $50mg/L$ 后立即建立循环，并在 30min 内完成 pH 值由 4.5 提至 9，此时观察监视管段内的金属腐蚀指示片应为银灰色，不再用柠檬酸漂洗，直接进行钝化处理。

(2) 用盐酸或柠檬酸清洗结束后，再用水进行冲洗。在冲洗过程中，有可能产生二次锈蚀。所以，水冲洗后，往往用稀柠檬酸进行一次冲洗，这种冲洗通常称为柠檬酸漂洗。通过漂洗，除去系统内残留的铁离子以及冲洗时可能产生的铁锈，为钝化处理提供更有利的条件，也可能缩短酸洗后的冲洗时间，节省水耗。漂洗时一般采用 $0.1\%\sim0.3\%$ 的柠檬酸，并添加 0.1% 缓蚀剂若丁或二邻甲苯硫脲，同时用氨水调节 pH 值为 $3.5\sim4.0$，维持温度 $75\sim90℃$，循环冲洗 2h 左右。漂洗液中总铁量应小于 $300mg/L$，若超过该值，应用热的除盐水更换部分漂洗液至铁离子含量小于该值后，方可进行钝化处理。漂洗以后，不再进行水冲洗，而用氨水调节 pH 值为 $9.0\sim9.5$，加钝化剂。

(3) 用氢氟酸清洗时，可用 pH 值为 3、含 0.1% 缓蚀剂的氢氟酸漂洗，接着用经氨水调节 pH 值为 9 的除盐水冲洗一段时间，然后进行钝化处理。

5. 钝化

漂洗以后，要立即进行钝化处理，目前钝化的方法有三种。

(1) 亚硝酸钠钝化法。它是用 $0.5\%\sim2\%$ 的 $NaNO_2$ 溶液，加氨水调 pH 值至 $9.5\sim10$，温度维持为 $50\sim70℃$，溶液在清洗系统内循环 $4\sim6h$，然后将溶液排去，结束钝化。也可在循环后再浸泡 1h。钝化时，必须先加氨调 pH 值，然后加 $NaNO_2$ 溶液。钝化结束排去钝化液以后，还要用除盐水冲洗，以免残留的 $NaNO_2$ 在锅炉运行时引起腐蚀。

(2) 联氨钝化法。此法是用除盐水配制浓度为 $300\sim500mg/L$ 的联氨溶液，并加氨调节 pH 值到 $9.5\sim10$，维持温度为 $90\sim95℃$，联氨溶液在清洗系统内循环 $24\sim30h$。很明显，液温升高，循环时间延长，钝化效果好一些。钝化结束以后，可以将钝化液排净，也可将它留在设备内作防腐剂，一直保留到锅炉启动为止。

(3) 碱液钝化法。它是用 $1\%\sim2\%$ 的 Na_3PO_4 溶液进行钝化。这种方法是先在清洗溶液箱内配制碱液，加热至 $70\sim90℃$，用清洗泵从水冷壁下部联箱打入锅炉中，循环 $10\sim12h$ 以后再用除盐水或软化水冲洗，直至排出水的碱度和磷酸根与锅炉运行时的水质标准接近为止。冲洗以后，将各部位的积水全部排干净，钝化处理就完成了。碱液钝化的效果不如前两种方法，一般只用于中低压汽包锅炉。

六、清洗效果检查

（1）清洗后的金属表面应清洁，基本上无残留氧化物和焊渣，不应出现二次锈蚀和点蚀，不应有镀铜现象。

（2）用腐蚀指示片测量的金属平均腐蚀速度应小于 $8g/(m^2 \cdot h)$，腐蚀总量应小于 $80g/m^2$。

（3）运行炉的除垢率不小于 90％为合格，除垢率不小于 95％为优良。

（4）基建炉的残余垢量小于 $30g/m^2$ 为合格，残余垢量小于 $15g/m^2$ 为优良。

（5）清洗后的设备内表面应形成良好的钝化保护膜。

（6）固定设备上的阀门、仪表等不应受到腐蚀损伤。

【任务实施】

下面以某国产 300MW 亚临界压力自然循环汽包炉为例，认识锅炉化学清洗过程。

1. 锅炉清洗工艺及范围

根据 DL/T 794—2012《火力发电厂锅炉化学清洗导则》要求，确定化学清洗工艺、计算清洗总面积、所需清洗剂总量。

2. 清洗系统流程

为确保锅炉化学清洗的效果，使清洗范围内清洗状况尽可能一致。根据锅炉结垢和具体计算决定选用两台泵作为循环动力，以保证清洗流速在清洗要求的范围内。清洗系统划分为三个回路进行循环清洗，第一回路利用清洗泵进行大循环，从省煤器上水四面水冷壁回水，通过该回路可上水、加药。第二、三回路为小循环，包括水冷壁及下水系统，清洗系统流程如下：

（1）第一循环回路（大循环）。清洗箱→清洗泵→省煤器→汽包→水冷壁→清洗箱。

（2）第二循环回路。清洗箱→清洗泵→左半水冷壁→汽包→右半水冷壁→清洗箱。

（3）第三循环回路。清洗箱→清洗泵→右半水冷壁→汽包→左半水冷壁→清洗箱。

3. 锅炉化学清洗过程

本次化学清洗的步骤可分为：①系统水冲洗，同时进行水压及升温试验；②化学清洗剂清洗；③清洗后水冲洗；④漂洗；⑤钝化；⑥废液排放；⑦废液处理。

4. 清洗质量验收

清洗结束后，对正式系统内的沉积物进行彻底清理。由电厂、监理、化学清洗公司等相关单位一起对汽包、水冷壁、联箱等清洗状况进行检查。

选取合适位置的水冷壁和省煤器进行割管检查，检查钝化膜表面状态、计算腐蚀速率、总腐蚀量以及残余垢量。对清洗效果做出综合评价，对清洗正式系统进行恢复。

【知识拓展】

一、锅炉化学清洗工艺条件的确定

1. 清洗剂的选用

详细了解所要清洗的设备和部件的制作材料，并查明锅内沉积物的状况，据此挑选出一种或几种合适的清洗用药品。

为确定清洗用药品和探求最合适的清洗条件，应进行专门试验（常称小型试验）。其方法为：将锅炉炉管的样品在各种不同组分、不同剂量和不同温度的清洗溶液中浸泡（静态试验)，或进行循环清洗(动态试验)，然后检查清洗效果及测定腐蚀速度。通过比较，选定最适宜的清洗药品和最优的工艺条件。

2. 药品剂量

所用清洗剂等药品的剂量，是随锅内沉积物的状况不同而异的。合适的剂量主要应由小型试验中清除沉积物的效果来确定，至于缓蚀剂等防腐药品的剂量，应以保证腐蚀速度最小为原则。

3. 清洗方式

化学清洗有静置浸泡和流动清洗两种方式。通常不采用浸泡方式，而采用流动清洗方式，因为后者有以下优点：

(1) 易使各部分清洗溶液的温度、药品剂量和金属的温度都很均匀，不致因温差和浓度差而造成腐蚀；

(2) 容易根据出口清洗液的分析结果，判断清洗的进度及终点；

(3) 溶液的流动可以起搅动作用，有利于清洗。

动态清洗法又分为闭式循环法和开路法。①闭式循环法。该法是将要清洗的部位组成循环回路，清洗液在系统内循环一定时间后排放。这种方法适用于盐酸、柠檬酸洗炉。②开路法。该法是将清洗液一次性通过被清洗的金属表面，不循环。开路法只适用于氢氟酸洗炉。

静置浸泡法的效果不如流动清洗的好，但因其准备工作比较简单，药品用量较少，所以当经小型试验证实的确有效，且锅炉短时间内就要投入运行或只需要清洗汽包锅炉的水冷壁管时，也可以采用。

4. 清洗液温度

清洗液的温度对清洗效果有较大影响。例如，对于铁的氧化物等沉积物，酸洗时清洗液的温度高对清除这种沉积物有利，因为它们的溶解度和溶解速度随温度升高而增大。当清洗温度下降时，已溶解的沉积物还可能再沉淀出来，但缓蚀剂抑制腐蚀的能力却是随温度的上升而下降的。当超过一定的温度时，清洗液可能完全失效，所以应选取合适的清洗液温度。

5. 清洗流速

采用流动清洗方式时，应适当控制清洗液的流速，不宜过大和过小。清洗液流速大，虽然可使沉积物的溶解速度增快，但缓蚀剂抑制腐蚀的能力却下降，所以清洗流速不能过大。清洗液的流速过小，不能保证溶液在清洗系统各部分都能充分流动，清洗效果就差。允许的最大和最小流速，可通过动态小型试验确定。

6. 清洗时间

清洗时间通常是指清洗液在清洗系统中循环流动的时间。因为清洗的化学反应随清洗剂的不同而异，所以清洗所需的时间也随清洗液的种类而不同。进行清洗时，实际时间应根据化学监督的数据来控制。

二、化学清洗的小型试验

(一) 小型试验目的

(1) 垢量的测定。

(2) 检验清洗效果和缓蚀剂的缓蚀效果。

(3) 确定各种清洗条件，制订锅炉清洗方案。

（二）腐蚀量和腐蚀速率的测定

（1）腐蚀量的测定。试验方法按 DL/T 523—2007《化学清洗缓蚀剂应用性能评价指标及试验方法》的规定。腐蚀量按式（10-11）计算，即

$$W = \frac{m_0 - m_1}{S} \qquad (10-11)$$

式中：W 为腐蚀量，g/m^2；m_0 为试片试验前质量，g；m_1 为试片试验后质量，g；S 为试片表面积，m^2。

（2）腐蚀速率的测定。试验方法按 DL/T 523—2007 的规定。腐蚀速率按式（10-12）计算，即

$$v = \frac{m_0 - m_1}{St} \qquad (10-12)$$

式中：v 为腐蚀速率，$g/(m^2 \cdot h)$；t 为反应时间，h。

其他符号的意义同前。

（三）垢量和除垢率测定方法

1. 垢量的测定

化学清洗前应进行垢量的测定。按 DL/T 794—2012《火力发电厂锅炉化学清洗导则》要求割取垢量最大的水冷壁管。宜将割下的炉管标记向火侧和背火侧的分界线，在车床上切削其外壁，使管样壁厚为 1.0mm 左右。根据天平所能承载的质量和管径大小，截取长为 30～50mm 的管段，再按分界线将管段切割成向火侧和背火侧两半。

测量管样内表面积，可用平整的硫酸纸沿着管内壁紧贴按压，然后把硫酸纸展平后，测其边长，计算管样内表面积。

称管样质量为 W_1，然后将管样浸入加有 0.2%～0.5% 缓蚀剂的 5%～6% 盐酸溶液中，加热至 60℃，并用塑料棒搅动酸液，直至管样内表面的垢均已清洗干净为止。管样在酸液中的浸泡时间以 1～2h 为宜。记录酸洗的时间，立即将管样取出，用蒸馏水冲洗，再将管样放在无水乙醇中摇晃取出，用滤纸擦净管样表面，再用热风吹干，放入干燥器内干燥 1h 后称重，记录此质量为 W_2。

管样经酸浸会有微量的腐蚀，在做此试验时，应同时放入一块空白试片，按式（10-12）测量试片的腐蚀速率，按式（10-13）计算出管样的腐蚀量，即

$$G_F = Svt \qquad (10-13)$$

式中：G_F 为管样腐蚀量，g；t 为管样与酸接触时间，h。

其他符号的意义同前。

按式（10-14）计算试验管段内表面单位面积的垢量，即

$$G = \frac{W_1 - W_2 - G_F}{S_N} \qquad (10-14)$$

式中：G 为管样垢量，g/m^2；W_1 为管样初始质量，g；W_2 为管样经酸洗后质量，g；S_N 为管样内表面积，m^2。

若管样表面可能有镀铜时，可将称重后的管样放入 1%～2% $NH_3 \cdot H_2O$ 和 0.3% $(NH_4)_2S_2O_8$ 溶液中洗铜，然后用蒸馏水冲洗，再浸入无水乙醇中，取出蒸发干燥后，称质量为 W_3。按式（10-15）计算管样垢中铜量，即

$$G_T = \frac{W_2 - W_3}{S_N}$$ (10 - 15)

式中：G_T 为管样垢中铜量，g/m^2；W_3 为管样经氨洗后质量，g。

其他符号的意义同前。

2. 除垢率的测定

（1）除垢率的定义。原始管样清洗前后单位面积的垢量差，与原始管样清洗前单位面积的结垢量之比的百分数，称为除垢率。

（2）除垢率的测定。将割取的锅炉管段，制成多个管样。取其中一个管样，按垢量的测定方法测量其原始垢量 G_0。取其他管样进行清洗试验后，按垢量的测定方法测量清洗试验后管样的垢量，即为残余垢量 G_e。按式（10 - 16）计算除垢率，即

$$\eta = \frac{G_0 - G_e}{G_0} \times 100$$ (10 - 16)

式中：η 为除垢率，%；G_0 为管样的原始垢量，g/m^2；G_e 为管样的残余垢量，g/m^2。

（四）缓蚀剂评价试验

缓蚀剂筛选评价见 DL/T 523—2007。

（五）除垢试验

1. 静态试验

割取垢量最大的锅炉水冷壁管，按垢量的测定方法加工后，测定其内表面积和质量。按实际设备被清洗面积与清洗系统水容积的比例关系，配制一定体积、一定浓度的清洗液，按 DL/T 523—2007 规定的方法进行静态试验。试验结束后，用所述的方法测量管样的残余垢量和除垢率。

通过静态试验确定清洗液的配方、浓度、温度、耗酸量，测量清洗液的除垢效率，以此为依据制定初步化学清洗方案。

2. 动态试验

依据静态试验所确定的清洗工艺参数和实际清洗时的流速，按 DL/T 523—2007 规定的方法进行动态模拟试验，进一步验证动态清洗效果。根据结果进一步完善化学清洗方案。

任务五　认识热力设备停用保护

【教学目标】

1. 知识目标

（1）理解热力设备停用保护的方法和原理。

（2）知道热力设备停用腐蚀现象及原因。

（3）知道需进行停用保护的热力设备。

（4）知道热力设备停用保护方法的选用原则。

2. 能力目标

（1）会识读热力设备停炉保护系统简图。

（2）能根据机组停运时间等实际情况选择停用保护方法。

【任务描述】

如何防止热力设备在停（备）用期间受到大面积的氧腐蚀，这是热力设备停用保护的主要内容。班长组织各学习小组在仿真机或实训室环境下，认真分析热力设备停用保护措施，编制工作计划后，认识锅炉、加热器、汽轮机、除氧器等设备的停用保护方法和措施。

【任务准备】

课前预习相关知识部分。根据热力设备的停（备）用保护原理和方法，经讨论后编制认识热力系统设备的停（备）用保护工作计划，并独立回答下列问题。

(1) 热力设备在停用期间为什么会发生腐蚀？

(2) 热力设备停用期间的腐蚀和运行期间的腐蚀有何不同？

(3) 造成热力设备停备用期间的腐蚀的因素有哪些？

(4) 什么是热力设备的停用保护？

(5) 根据防锈蚀原理，防锈蚀方法主要有哪些？

(6) 热力设备一般采取哪些停用保护措施？

(7) 试述锅炉的"热炉放水、预热烘干"保护法。

【相关知识】

一、停用腐蚀

锅炉、汽轮机、凝汽器、加热器等热力设备停运期间，如果不采取有效的保护措施，设备金属表面会发生强烈氧腐蚀，这种腐蚀常称为热力设备的停用腐蚀。多年来，我国火电机组常因停运后未采取防腐蚀措施或采取的防腐蚀措施不当，造成锈蚀和损坏，尤其是水汽侧的腐蚀，对电厂的安全经济运行造成严重影响。

1. 热力设备停用腐蚀产生的原因

(1) 水汽系统内部有氧气。因为热力设备停运时，水汽系统内部的温度和压力逐渐下降，蒸汽凝结。停运后，空气从设备不严密处或检修处大量渗入设备内部，带入的氧溶解在水中。

(2) 金属表面有水膜或金属浸于水中。由于停运放水时，不可能彻底放空，因此有些部位仍积有水，使金属浸于水中。积水蒸发或潮湿空气的影响，使水汽系统内部湿度很大。在潮湿的金属表面形成氧腐蚀电池，使金属迅速腐蚀生锈。

2. 热力设备停用腐蚀的特征

各种热力设备的停用腐蚀，主要是氧腐蚀。停用时氧腐蚀的主要形态是点蚀；停用时氧浓度比运行时大，腐蚀面积广；停用时温度低，形成的腐蚀产物表层呈黄褐色，其附着力低、疏松、易被水带走。所以停用腐蚀往往比运行时的氧腐蚀更严重。

3. 停用腐蚀的影响因素

(1) 湿度。对放水停用的设备，金属表面的潮气对腐蚀速度影响大。因为在有湿分的大气中，金属的腐蚀都是表面有水膜时的电化学腐蚀。大气中湿度大，易在金属表面结露，形成水膜，造成腐蚀增加。如果金属表面无强烈的吸湿性沾污，相对湿度低于60%，铁的锈蚀即停止。

(2) 盐量。水中或金属表面水膜中盐分浓度增加，腐蚀速度增加，特别是氯化物和硫酸盐含量增加使腐蚀速度上升很明显。汽轮机停用时，叶片等部件上有氯化物沉积时，易引起点蚀。

（3）金属表面清洁程度。当金属表面有沉积物或水渣时，妨碍氧扩散，所以沉积物或水渣下面的金属电位较低，成为阳极，而沉积物或水渣周围，氧容易扩散到金属表面，电位较高，成为阴极。由于这种氧浓差电池的存在，使腐蚀加剧。

二、停用保护

为保证热力设备的安全经济运行，热力设备在停、备用期间，必须采取有效的防锈蚀措施，以避免或减轻停用腐蚀。按照保护方法或措施的作用原理，停用保护方法可分为五类：①阻止空气进入热力设备水汽系统；②降低热力设备水汽系统的相对湿度；③加缓蚀剂；④除去水中的溶解氧；⑤使金属表面形成保护膜。

根据热力设备在停（备）用期间防锈蚀所处状态的不同，防锈蚀方法可分为干法和湿法两大类。

1. 锅炉停用保护方法

锅炉停用保护方法较多，这里介绍几种常用的、效果较好的方法。

干式保护法有：热炉放水余热烘干法、负压余热烘干法、邻炉热风烘干法、干燥剂法、充氮法、气相缓蚀剂法等。

湿式保护法有：氨水法、氨-联氨法、蒸汽压力法、给水压力法等。

（1）热炉放水余热烘干法。热炉放水是指锅炉停运后，压力降至锅炉制造厂规定值时，迅速放尽锅内存水，利用炉膛余热烘干受热面。若炉膛温度降至105℃，锅内空气湿度仍高于70%，锅炉应点火或辅以邻炉热风继续烘干。

（2）负压余热烘干法。锅炉停运后，压力降至锅炉制造厂规定值时，迅速放尽锅内存水，然后立即抽真空，加速锅内排出湿气，以提高烘干效果。

（3）邻炉热风干燥法。热炉放水后，为补充炉膛余热的不足，辅以运行邻炉热风，继续烘干，直到锅内空气湿度低于70%。

（4）干风干燥法。干风干燥法原理是保证热力设备内相对湿度处于免受腐蚀的干燥状态，将常温空气通过专门的除湿设备除去空气中的湿分，产生常温干燥空气（干风）。将干风通入热力设备，除去热力设备中的残留水分，使热力设备表面达到干燥而得到保护。与热风干燥相比，干风干燥法所消耗的能量要少得多。

（5）热风吹干法。在停炉过程中，先在较高压力下排汽，再按锅炉规程进行放水，然后启动专用的正压吹干装置，将脱水、脱油、滤尘的热压缩空气经锅炉适当的部位吹入，适当部位排出，从而吹干锅炉受热面，达到干燥保护的目的。

应用吸湿能力强的干燥剂，使锅内金属表面保持干燥。应用时，先热炉放水、烘干，除去水垢和水渣，然后放入干燥剂，如无水氯化钙、生石灰、硅胶等。此法常用于中小型机组。

（6）气相缓蚀剂法。锅炉停炉后，热炉放水，余热烘干，当锅内空气相对湿度（室温值）小于90%时，采用专门设备向锅内充入气化了的气相缓蚀剂，等锅内气相缓蚀剂含量达 $30g/m^3$ 时，停止充气相缓蚀剂，封闭锅炉。

对热力设备来说，气相缓蚀剂主要用于锅炉、高压加热器、汽轮机等设备的冷备用或长期封存，应用较多的气相缓蚀剂主要是碳酸环己胺、亚硝酸双环己胺等环己胺类化合物。

（7）氨、联氨钝化烘干法。锅炉停炉前2h，利用给水、炉水加药系统，向给水、炉水加氨和联氨，提高 pH 值和联氨浓度，在高温下形成保护膜，然后热炉放水，余热烘干。

（8）氨水碱化烘干法。给水采用氧化性全挥发处理［AVT（O）］和加氧处理（OT）机组，在机组停运前 4h，停止给水加氧，加大给水氨的加入量，提高系统的 pH 值，然后热炉放水，余热烘干。

（9）充氮法。充氮保护的原理是隔绝空气，锅炉充氮保护有两种方式：

1）氮气覆盖法。锅炉停运后不放水，用氮气来覆盖汽空间。当锅炉压力降至 0.5MPa 时，开始向锅炉充氮，在锅炉冷却和保护过程中，维持氮气压力在 0.03～0.05MPa 范围内。

2）氮气密封法。锅炉停运后必须放水，用氮气来密封水汽空间。当锅炉压力降至 0.5MPa 时，开始向锅炉充氮排水，在排水和保护过程中，保持氮气压力在 0.01～0.03MPa 范围内。

（10）氨水法。锅炉停运后，放尽锅内存水，用氨溶液作防锈蚀介质充满锅炉，防止空气进入。使用的氨液浓度为 500～700mg/L。因为浓度较大氨液对铜合金有腐蚀，因此使用此法保护前应隔离可能与氨液接触的铜合金部件。

（11）氨 - 联氨法。锅炉停运后，放尽锅内存水，用氨 - 联氨溶液作防锈蚀介质充满锅炉，除盐水配制联氨含量至 200～300mg/L，并用氨调节 pH 值至 10～10.5。

（12）蒸汽压力法。锅炉短时停运，炉水水质维持运行水质，用炉膛余热、引入邻炉蒸汽加热或间歇点火方式以维持锅炉压力在 0.4～0.6MPa 范围内，锅炉处于热备用状态。

（13）给水压力法。锅炉停运后，用符合运行水质的给水充满锅炉，并保持一定压力及溢流量，以防空气漏入。

（14）成膜胺法。机组滑参数停机过程中，当锅炉压力、温度降至合适条件时，向热力系统加入成膜胺（一种长链有机胺类物质，如十八胺、咪唑啉等），在热力设备内表面形成一层单分子或多分子的憎水保护膜，从而达到阻止金属腐蚀的目的。

2. 汽轮机和凝汽器停用保护方法

汽轮机和凝汽器在停用期间，采用干法保护。必须使汽轮机和凝汽器停运后内部保持干燥。为此，停机后，先排水，当温度降至一定值后，采用压缩空气、热风干燥或干风干燥使设备内保持干燥。为了保持汽轮机和凝汽器在停用期间内部干燥，可以在设备内部放入干燥剂或者采用成膜胺保护。

3. 加热器的停用保护方法

（1）高压加热器停用保护方法为充氮保护、氨 - 联氨法、氨水法干风干燥法或成膜胺法。

（2）低压加热器所用的管材不同，保护方法也不同。低压加热器的管材是碳钢和不锈钢材质，停用保护方法可参见高压加热器的保护方法；低压加热器的管材是铜管，所采用停用保护方法为湿法保护（将联氨含量为 5～10mg/L、pH 值为 8.8～9.2 的溶液充满低压加热器，同时辅以充氮密封，保持氮气压力在 0.03～0.05MPa 范围内）、干法保护或成膜胺保护。

4. 除氧器的停用保护方法

因停用时间长短不同，所采用的保护方法也不同。若停用时间在一周以内，通热蒸汽加热循环，维持水温大于 105℃。若停用时间在一周以上，可用下列方法保护：①充氮保护；②水箱充保护液，充氮密封；③通干风干燥；④成膜胺保护。

【任务实施】

下面以某国产300MW亚临界压力汽包锅炉为例，认识热力系统停用保护。

机炉停运后，化学值班人员应按规定停运所有的化学监督仪表，热力设备停用或备用时，必须做好停用保护工作。锅炉检修期间、锅炉水压试验后如不能立即投入运行都要进行停用保护。并针对不同的停运时间和性质确定机组的具体保护方案，确保热力系统在停用期间不发生腐蚀。

1. 蒸汽压力法保护

(1) 适用条件。机组热备用。

(2) 保养范围。炉本体、省煤器、过热器、再热器。

(3) 实施方法。停炉后，关闭所有风门、挡板和排污门，封闭炉膛，保持原水质，维持主蒸汽压力大于0.8MPa，主蒸汽压力低于0.8MPa时应点火。

(4) 注意事项和化学监督。机组运行人员应严格监督主蒸汽压力，并4h记录一次主蒸汽压力。化验员每4h化验汽水分离器水侧pH值、SiO_2和Fe一次，其水质按运行标准控制，并做好保养记录。

2. 热炉放水余热烘干法保护

(1) 适用条件。运行炉转入大小修、临时检修。

(2) 保养范围。炉本体、省煤器、过热器、再热器。

(3) 实施方法。停炉后迅速紧闭各炉门、挡板，密封炉膛，防止热量散失，严禁开风机冷却，用疏水门控制降压速度。当主蒸汽压力降至0.5～1.6MPa时，迅速放尽炉内存水，放水过程中全开空气门、排气门、放水门，自然通风将炉内湿气排出，直至锅内空气湿度达到控制标准时，停止通风干燥，而后关闭空气门、排气门和放水门，封闭锅炉。

(4) 注意事项和化学监督。在烘干过程中，应每小时测定锅内空气湿度一次，其控制标准小于70%或等于环境相对湿度，取样部位分别为空气门、放水门或疏水门、蒸汽取样门。炉膛温度降至105℃时，测得锅内空气湿度低于控制标准时，锅炉应继续烘干。

3. 成膜胺保护

(1) 适用条件。机组中修以上。

(2) 保养范围。炉本体、省煤器、过热器、再热器、汽轮机。

(3) 实施方法。停运前24h通知化学开始加药，加成膜胺保养液时关闭除氧器排空门。利用炉水加药泵、给水加药泵向系统加成膜胺保养液，加液点设在凝结水泵出口和汽包。

(4) 注意事项和化学监督。成膜胺对高混树脂有害，采用成膜胺保护的机组加成膜胺保养液前必须退出凝结水精处理系统，投运后应先冲洗机组，旁路凝结水处理系统。冲洗干净后才能投运凝结水精处理系统。

任务六　运行与维护水汽集中取样分析装置

【教学目标】

1. 知识目标

(1) 知道水汽集中取样分析装置系统的组成及各部件作用。

(2) 知道水汽集中取样分析装置仪表配备。

2. 能力目标

（1）会识读和绘制水汽集中取样系统简图。

（2）会启动、运行、停运集中取样分析装置，进行日常检查与维护。

（3）能判断和处理取样分析装置常见异常情况。

（4）能正确使用在线仪表和手动取样检测水质，判断运行工况。

【任务描述】

从热力设备生产过程中采集的水汽样品多为高温、高压介质，为了将其温度、压力降至仪表规定的允许范围内，有效的措施是安装水汽集中取样分析装置。班长组织各学习小组在仿真机（或实训室）环境下，认真学习运行规程，编制工作计划后，正确运行与维护水汽集中取样分析装置，并确保系统安全、经济运行。

【任务准备】

课前预习相关知识部分。根据水汽集中取样分析装置工作过程，经讨论后编制运行与维护水汽集中取样分析装置的工作计划，并独立回答下列问题。

（1）如何才能取得具有代表性的样品？

（2）水汽集中取样分析装置由哪几部分组成？

（3）水汽集中取样装置样品流通管路的材质有什么要求？

（4）火电厂用来冷却水汽高温样品的冷却介质是什么？

（5）水汽集中取样装置在线仪表有哪几种？作用分别是什么？

（6）汽水集中取样装置手动取样阀在不取样时是否可以关闭？为什么？

【相关知识】

一、水汽样品的采集

进行水汽质量监督时，必须从锅炉和热力系统的各部位取得具有代表性的汽、水样品（即能反映设备和系统中汽、水质量真实情况的样品）。这是正确进行汽、水质量监督的前提。否则，即使测试方法很精确，测得的数据也不能真实反映汽、水质量是否达到标准，也不能用来评价锅炉腐蚀、结垢和积盐等情况。为取得具有代表性的汽、水样品，必须做到以下几个方面：①合理选择取样点；②正确设计、安装、使用取样装置；③妥善保存样品，防止汽、水样品被污染。

1. 取样点

（1）凝结水。凝结水的取样点一般设在凝结水泵出口端的凝结水管道上，最好在凝结水垂直管道上装取样点。

（2）给水。根据具体监测项目在除氧器入口、出口以及省煤器入口处取样。最好在给水管垂直的管道上装取样点。

（3）炉水。汽包锅炉取样点设在汽包连续排污管上，直流锅炉取样点设在水冷壁出口。给水采用加氧处理的汽包锅炉，还应在炉水下降管增设取样点。

（4）饱和蒸汽。为了取得具有代表性的饱和蒸汽样品，饱和蒸汽中的水分在管内应均匀分布，同时取样器进口的蒸汽流速与管道内的流速应相同，且取样应装在垂直下行的管道上。

（5）过热蒸汽。过热蒸汽是单介质没有水分，取样点设在过热蒸汽管道上，一般采用乳头式取样器或缝隙式取样器。

2. 取样方法

取样系统会有附着物沉积，应定期冲洗，尤其是新装置或大修后投入运行的装置更应长时间冲洗。锅炉和热力系统中的汽、水温度较高，取样前 1h，应先将汽、水样品引入冷却器内进行冷却，待样品冷却至 25～30℃（南方地区夏天不超过 40℃）、流量为 500～700mL/min 时，才可进行取样。取样时先用冷却的水样冲洗取样容器三次，然后将水样出口管放入采样容器底部，当流出水的体积为采样容器体积的 5 倍以上时，容器内的水即为水样。

3. 取样瓶

取样瓶使用耐腐蚀磨口玻璃瓶或聚乙烯瓶。测硅试样要使用聚乙烯瓶。新购置的玻璃瓶，应先用 5% 盐酸，再用 1% 氢氧化钠处理 3～4h，放入水中浸泡 24h 洗净后使用。

二、水汽集中取样分析装置

从热力设备生产过程中采集的水汽样品多为高温、高压介质，必须采用降温减压及冷却装置将其温度、压力降至仪表规定的允许范围内，才能输入仪表发送器。

图 10-24 所示为某一典型水汽取样管线示意。

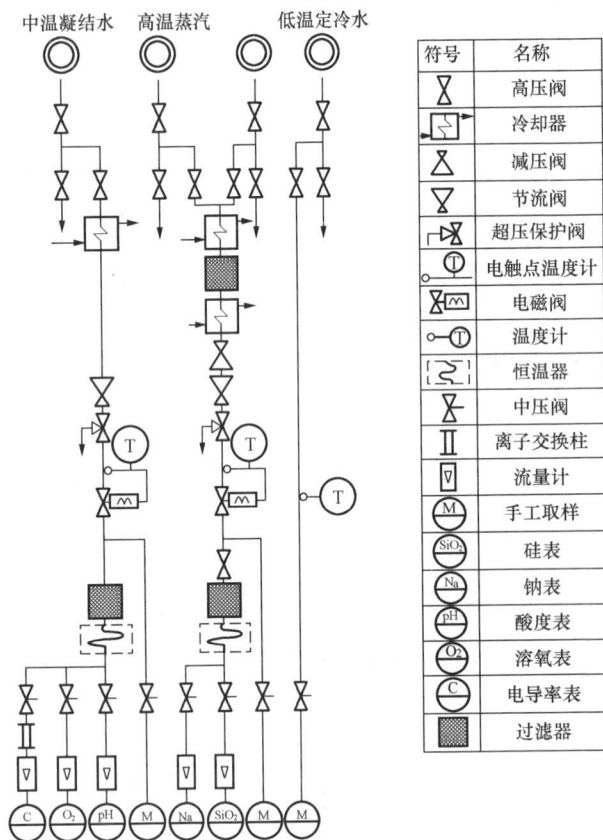

图 10-24　水汽取样管线示意

根据现场实际，将若干相邻的水汽取样管线的冷却、降压装置集中布置在一起，就构成了所谓的水汽集中取样分析装置。目前，电厂采用的水汽集中取样分析装置一般是由高温高压架和仪表取样盘组成。

1. 高温高压架

高温高压架如图 10-25 所示。对高温高压水汽样品必须进行安全可靠的降温减压，并配置有水样温度超温报警、水样断水保护等功能。

高温高压架的主要部件如下：

（1）高压阀。材质为 1Cr18Ni9Ti、压力不超过 32MPa、温度不超过 570℃。

（2）冷却器。材质为 1Cr18Ni9Ti、采用一次、二次冷却保证冷却效果。一次冷却器（或称预冷装置）将高温水汽样品的温度降至（40±5）℃，除凝结水外，其他高于 45℃的样品通常需要配备一次冷却器。二次冷却器将样品进一步冷却至 25℃左右。冷却器一般采用筒形冷却器，其体积小、冷却效果好，易于检查处理。

（3）减压调节阀。材质为 1Cr18Ni9Ti，用于高压水样的减压和调节水样流量。

（4）超压保护阀。材质为 1Cr18Ni9Ti，用于取样系统的超压保护，防止因水样压力过高损坏仪表。

（5）冷却水断水保护。用于冷却水断流时的保护，以保护仪表不被损坏。

（6）温度超温断水保护。用于水样超温时切断水样，以保护仪表不被损坏。

2. 仪表取样盘

仪表取样盘如图 10-26 所示，由低温仪表盘和手工取样架两部分合二为一。为了减少水样污染滞后现象，采样管与仪表之间的距离应尽量短，整个取样装置采用不锈钢材质。仪表架配置有电源柜、仪表的发送器、显示器、水样温度表、浮子流量计，水样恒温装置、手工取样等。

图 10-25 某厂水汽集中取样
高温高压架示意

图 10-26 某厂仪表取样盘

某 300MW 汽包锅炉化学仪表的配置参见表 10-13。

表 10-13　　　　　　　　　某厂化学仪表的配置

仪表取样点	氢电导率	电导率	Na	pH 值	O_2	SiO_2	PO_4^{3-}	N_2H_4
凝结水泵出口	√		√	√	√	√		
凝结水精处理出口	√		√	√		√		
除氧器					√			
省煤器入口	√			√		√		√
炉水		√		√		√	√	
饱和蒸汽	√		√					
过热蒸汽	√					√		
再热蒸汽		√						
取样分析装置冷却水		√						
发电机内冷水		√						

注　√指配置的。

三、冷却水系统

水汽样品的冷却介质采用除盐水，通常水温不高于 41℃。冷却水采用密闭循环，因此称闭式冷却水系统。某厂闭式冷却水系统如图 10 - 27 所示。

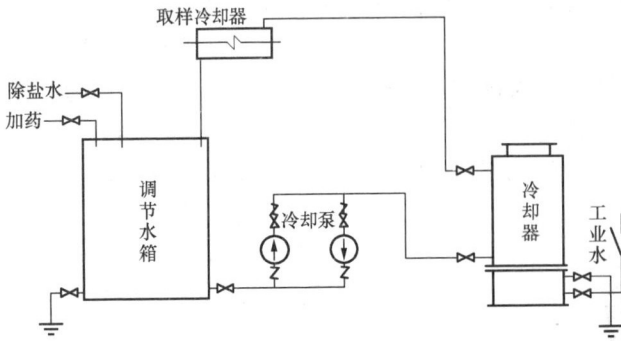

图 10 - 27　某厂闭式冷却水系统示意

被样水加热后的冷却水回到闭式冷却水系统的水箱，经冷却水泵升压进入热交换器（冷水器），同时工业冷却水从另一通道逆向进入热交换器，这样被充分冷却的除盐水又重新作为冷却水循环使用，故该冷却水系统称为二次冷却系统。

为了保证水汽集中取样分析装置的正常运行，需有足够流量的除盐水作为取样冷却器的冷却水。若冷却水中断，会导致样水温度过高而损坏设备及仪表。所以，冷却水系统配备的两台冷却泵采用连锁运行。当一台冷却泵在运行中故障停转，另一台冷却泵即自行启动，确保冷却水系统继续运行。

【任务实施】

下面以某 300MW 直流锅炉水汽集中取样分析装置为例进行介绍。

一、水汽集中取样分析装置运行

（一）启动前的检查

（1）检查冷却水泵及电机周围清洁无杂物。

（2）联轴器连接螺丝及地脚螺栓牢固，盘车灵活，保护罩完好。

（3）检查电机接地线良好，测绝缘合格。

（4）检查冷却泵轴承上润滑油的油质合格，油位正常（在油标中心线）。

（5）轴封冷却水应畅通，开启轴封冷却水后，使盘根处稍有漏水而得到润滑。

（6）检查水箱水位在 2/3 以上，水位低时应补除盐水。

（7）热交换器及减温减压装置处于良好备用状态。

（8）系统工业水管路畅通，阀门开关灵活。

（二）投运

1. 投入冷却水系统

（1）得到锅炉启动的通知后，按上述检查要求做好准备。

（2）开启减温减压装置冷却水进、出口总阀及各样水冷却器冷却水进、出口阀，再开启冷却水泵的进水阀。

（3）启动冷却水泵运行，开泵出口阀，再开工业水进、出水阀，调整热交换器出口的冷却水温在 25℃ 左右。

2. 排污

进入手工取样和分析仪表旁路的样水，从前面的排污管排，取样管道系统冲洗水从后面的排污管排掉。

3. 流量、温度调节

缓慢开启各样品回路的进样阀，调整减压阀使流量符合要求，各化学仪表中的流量取决于仪表的要求。如果样水温度高于设定温度，应检查冷却水的压力、温度和流量是否符合技术指标。

4. 投入仪表

水汽取样系统随机组在不同状态下逐步投入运行，当机组整套启动运行达到高负荷或满负荷时水汽取样系统全部投入运行，所有在线化学仪表投入运行。

（1）开启水汽取样装置降温减压架取样冷却水母管出、入口阀。

（2）开启水汽取样装置降温减压架各个取样冷却器出口阀、入口阀。

（3）当锅炉上水及进行冷态冲洗时，投入凝结水泵出口、除氧器入口、除氧器出口、省煤器入口、启动分离器、疏水扩容器等部位的取样，开启各排污阀，冲洗 30min 后关闭，通过调节减压阀调整流量（压力在 0.1MPa 左右）。

（4）锅炉点火后，投入主蒸汽左侧和右侧、再热蒸汽左侧和右侧等部位的取样，开启各排污阀，冲洗 30min 后关闭，通过调节减压阀调整流量（压力在 0.1MPa 左右）。

（5）冲转并网后，投入凝结水精处理出口母管等部位的取样，开启排污阀，冲洗 30min 后关闭，通过调节减压阀调整流量（压力在 0.1MPa 左右）。

（6）满负荷时，投入高、低压加热器疏水及暖风器疏水取样。

（7）水样正常后，启动水汽取样装置仪表二次冷却恒温控制系统（启动制冷压缩机、循环冷却泵），联系仪表班，投入各在线仪表。

（三）冷却水系统的停运

（1）当机炉停运后，化学值班员应通知机炉关闭所有取样一次阀。

（2）按水泵的停运操作，关闭水泵出水阀，停止水泵运行。

（3）关闭工业水进出口阀，停运热交换器。

（4）关闭减温减压装置进、出口总阀。

（四）注意事项

（1）操作中应戴手套，防止高温、高压蒸汽烫伤。

（2）高压取样阀、排污阀要关严。

（3）减压阀调节好位置后，禁止随意调节。

（4）当取样系统发生异常时，应采取正确措施处理，保证人身和设备安全，及时通知检修人员并汇报班长。

（五）运行维护

（1）闭式冷却水系统运行中应按水泵运行维护要求作好冷却水泵的巡视检查工作，发现异常及时处理。

（2）注意监视水箱水位，不足时应补加除盐水，并定期抽检水箱的除盐水水质。当水箱水质不合格时，应查明原因，通过排污阀排除一部分不合格的除盐水，然后补足合格的除盐水。

（3）运行中，应根据冷却效果、机炉运行情况及工业用水情况，调整工业水进水量，在保证冷却效果的情况下尽可能降低工业水的耗量。

二、运行参数控制

1. 样品流量

样品流量对水汽集中取样系统有效实现其监督监测功能至关重要。当管线样品流量低，样品到达在线化学仪表及手工取样盘的时间就长，将不能及时反映其对应主工艺系统的水汽品质的变化；取样管线的样品流量也不宜过大。这是由于经过水汽集中取样装置后的样品一般会受到污染，难以回收，过大的样品流量将加大机组的水汽损失。

一般地，根据每条管线所配置的在线化学仪表的种类和数量，将其流量调整到满足全部仪表的流量要求和小于 5min 的响应时间要求即可，通常流量为 500～700mL/min。

对于没有配置在线化学仪表的管线，可以不需要保持样品的连续排放。只要调整保持好一、二次冷却器正常连续冷却，将取样管线上的阀门设置为正常运行需要的状态，不取样时就可以关闭最后的手工取样阀，待要取样前再打开手工取样阀排水约 3 倍管线体积即可。

2. 样品温度

样品温度对于在线化学监督仪表的正常运行和手工取样工作有重大影响。

（1）样品温度过高将影响在线化学仪表的准确性，甚至可能损坏仪表的某些元部件。

（2）样品温度过高将影响手工取样和分析，不仅会影响分析结果的准确性，甚至可能对人员和取样设备（如塑料制品）造成损害。

（3）样品温度过低主要是影响监测、分析结果的准确性。

一般地，水汽集中取样系统的样品温度应尽量调整恒温在（25±2）℃，特殊情况也不能超过 45℃。

3. 冷却水流量和温度

冷却水流量和温度是保证样品冷却效果的关键。冷却水流量或温度低将导致取样冷却器冷却不足，影响样品温度。

不同水汽集中取样装置配备的冷却水系统的流量和温度要求会有差别，设计选型时应该已经选择了有足够的制冷能力。因此，实际运行中应根据冷却水系统设计的要求保持合适的冷却水流量和温度。

三、常见故障处理

水汽集中取样装置常见故障及处理方法见表 10-14。

表 10-14　　　　　水汽集中取样装置常见故障及处理

序号	故障现象	原　因	处　理　措　施
1	取样管道振动，各取样器温度显示器报警，从人工取样门中喷出蒸汽	（1）冷却水泵运行中断，连锁开关失灵或未切换到备用泵上；（2）工业水中断或流量小；（3）除盐冷却水泵虽未中断但因故障出力达不到要求	（1）关闭所有取样门及仪表入口门，开排污门，并汇报班长、值长；（2）启动备用水泵，联系维修人员处理事故泵及连锁开关；（3）汇报值长检查工业水，或切换消防水
2	水样流量小或无水样	（1）取样一次门未打开或开度小；（2）取样减压门调整过大，取样管路堵塞或泄漏；（3）排污门未关或未关严；（4）仪表流量过大	（1）联系单元长打开或开大取样一次门；（2）联系检修人员消除管路问题；（3）关严排污门；（4）调节好仪表流量，使之均符合要求

【知识拓展】

取样管嘴和取样导管

根据工艺管线的流体种类，应该选用合适的取样管嘴和取样导管。一般地，水样取样采用图 10-28 所示的取样管嘴，分定向取样（取颗粒物质）和非定向取样（取溶解物质）两种。蒸汽取样一般采用多端口取样管嘴（见图 10-29），饱和蒸汽取样则采用图 10-30 所示的取样管嘴。图 10-30 中，取样端口布置在取样管线同一侧，取样端口正对蒸汽流向安装。

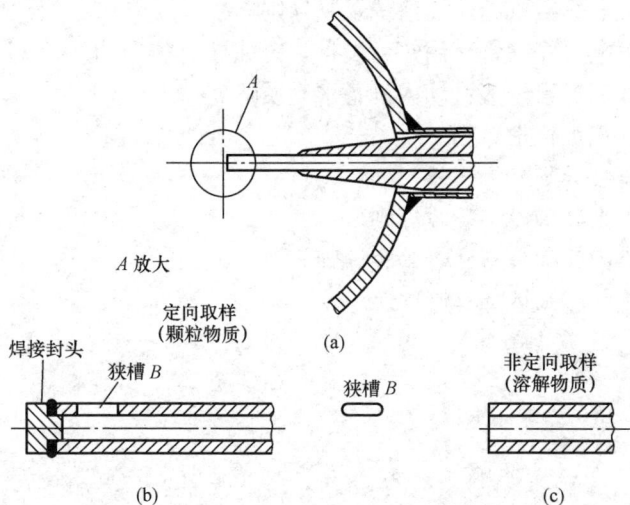

图 10-28　溶解物质及颗粒物取样管嘴示意
(a) 取样管嘴；(b) 定向取样；(c) 非定向取样

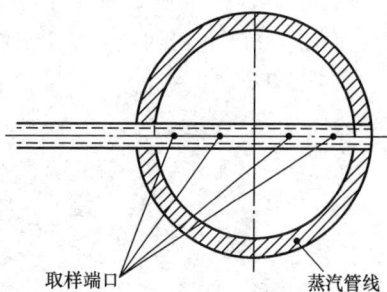

图 10-29　多端口蒸汽取样管嘴示意

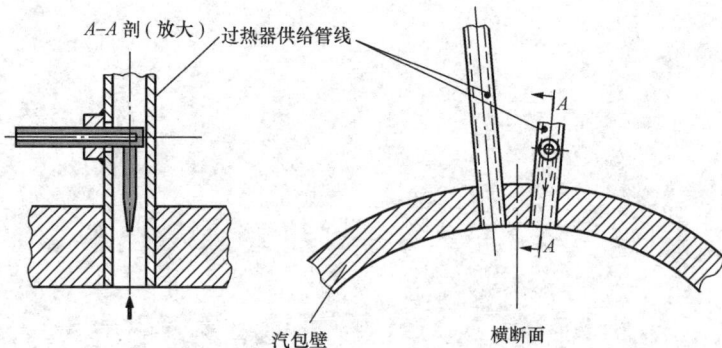

图 10-30　饱和蒸汽取样管嘴示意

对于 200mmNB 及以上的工艺管道，在每个取样点上宜设两个直径相对的取样头，两个样品在冷却前混合，每个取样头的流量通过隔离阀调整至相等。

取样管嘴和取样导管应选择抗腐蚀、不污染样品的材料，其理化性能应符合 GB/T 14976—2012《流体输送用不锈钢无缝钢管》的规定。一般用不锈钢管制成。取样导管管径一般不超过 10mm 为宜。

附　录　电厂水处理常用标准

1. DL/T 50685—2006　　《火力发电厂化学设计技术规程》
2. DL/T 7945—2012　　《火力发电厂锅炉化学清洗导则》
3. DL/T 7575—2005　　《火力发电厂凝汽器化学清洗及膜导则》
4. DL/T 9565—2005　　《火力发电厂停（备）用热力设备防锈蚀导则》
5. DL/T 121455—2008　　《火力发电机组及蒸汽动力设备水汽质量》
6. DL/T 805—2004　　《火电厂汽水化学导则》
7. DL/T 246—2006　　《化学监督导则》
8. DL/T 543—2009　　《电厂用水处理设备验收导则》
9. DL/T 665—2009　　《水汽集中取样分析装置验收导则》
10. DL/T 1039—2007　　《发电机内冷水处理导则》

参 考 文 献

[1] 陈志和. 电厂化学设备及系统. 北京：中国电力出版社，2006.
[2] 周柏青，陈志和. 热力发电厂水处理（上、下册）. 4 版. 北京：中国电力出版社，2009.
[3] 孙本达，杨宝红. 火力发电厂水处理实用技术问答. 北京：中国电力出版社，2006.
[4] 李培元. 火力发电厂水处理及水质控制. 北京：中国电力出版社，2000.
[5] 冯逸仙，杨世纯. 反渗透水处理工程. 北京：中国电力出版社，1997.
[6] 杨宝红. 火力发电厂废水处理与回用. 北京：化学工业出版社，2006.
[7] 王淑勤，赵毅. 电厂化学技术. 北京：中国电力出版社，2007.
[8] 周本省. 工业水处理技术. 北京：中国电力出版社，2002.
[9] 周柏青. 全膜水处理技术. 北京：中国电力出版社，2006.
[10] 初立杰，电厂化学. 2 版. 北京：中国电力出版社，2006 年.
[11] 电力工业技术监督标准汇编化学监督. 北京：中国电力出版社，2003.
[12] 庄秀梅. 电厂水处理技术. 北京：中国电力出版社，2007.
[13] 电力行业职业技能鉴定指导中心. 电厂水处理值班员. 2 版. 北京：中国电力出版社，2008.